“十二五”普通高等教育规划教材

ShiPin TianJiaJi

食品添加剂

（第二版）

黄　文　江美都　肖作兵　侯振建　主　编

中国质检出版社
中国标准出版社

北　京

图书在版编目(CIP)数据

食品添加剂(第二版)/黄文,江美都,肖作兵,侯振建主编. —北京:中国质检出版社,2013.3(2020.1 重印)
“十二五”普通高等教育规划教材
ISBN 978-7-5026-3722-4

Ⅰ.①食… Ⅱ.①黄… ②江… ③肖… ④侯… Ⅲ.①食品添加剂—高等学校—教材 Ⅳ.①TS203.3

中国版本图书馆 CIP 数据核字(2012)第 278352 号

内 容 提 要

食品添加剂是各高校食品专业以食品化学、食品微生物学、食品酶学等有关课程为基础的食品科学与工程专业选修的一门专业课程。研究食品加工中所使用的添加剂的特性、安全性、应用原理、应用技术及其发展趋势；应用食品添加剂技术可以改良食品的外观、风味，改善食品原来的品质，增加营养，提高质量，同时又利于食品加工的过程更顺利地进行。《食品添加剂》是食品科学和食品安全专业学生学习食品添加剂课程所使用的专业教材。

《食品添加剂》是一本讲述我国有关食品添加剂使用卫生标准法规、食品添加剂的意义、种类、选用原则及各种食品添加剂的结构、特性、使用卫生标准和应用的专业教材。通过本课程的学习，使各专业的学生了解食品添加剂的基本研究内容，了解食品添加剂对食品工业的重要性，熟练地掌握我国食品添加剂的定义、品种、分类及其在食品工业中的有益作用。掌握各类常用食品添加剂的性质、作用、应用方法和卫生标准，并理解其作用机理；全面理解食品添加剂的安全使用及我国对食品添加剂的卫生管理办法。了解我国食品添加剂的生产、应用现状及发展趋势。

中国质检出版社
中国标准出版社 出版发行
北京市朝阳区和平里西街甲 2 号（100029）
北京市西城区三里河北街 16 号（100045）
网址：www. spc. net. cn
总编室：（010）68533533　发行中心：（010）51780238
读者服务部：（010）68523946
中国标准出版社秦皇岛印刷厂印刷
各地新华书店经销
*
开本 787×1092　1/16　印张 24　字数 588 千字
2013 年 3 月第二版　　2020 年 1 月第九次印刷
*
定价：45.00 元

如有印装差错　由本社发行中心调换
版权专有　侵权必究
举报电话：(010)68510107

审定委员会

陈宗道（西南大学）

谢明勇（南昌大学）

殷涌光（吉林大学）

李云飞（上海交通大学）

何国庆（浙江大学）

王锡昌（上海海洋大学）

林　洪（中国海洋大学）

徐幸莲（南京农业大学）

吉鹤立（上海市食品添加剂行业协会）

巢强国（上海市质量技术监督局）

本书编委会

主　编　黄　文（华中农业大学）
江美都（浙江工商大学）
肖作兵（上海应用技术学院）
侯振建（南阳理工学院）

副主编　刘钟栋（河南工业大学）
刘爱国（天津商业大学）
潘江球（广东海洋大学）
周家春（华东理工大学）

参编人员　蒋予箭（浙江工商大学）
汪志君（扬州大学）
刘峥颢（河北大学）
肖平贵（福建农林大学）
邓后勤（湖南农业大学）
冯　武（华中农业大学）
范　刚（华中农业大学）
刘　莹（华中农业大学）
惠丽娟（渤海大学）
唐　文（上海应用技术学院）
于　海（扬州大学）
杜木英（西南大学）

第一版编委会

主　编　黄　文（华中农业大学）

蒋予箭（浙江工商大学）

汪志君（扬州大学）

肖作兵（上海应用技术学院）

副主编　周家春（华东理工大学）

刘峥颢（河北大学）

参　编　潘江球（广东海洋大学）

于　海（扬州大学）

杜木英（西南大学）

惠丽娟（渤海大学）

序　言

近年来，人们对食品安全的关注度日益增强，食品行业已成为支撑国民经济的重要产业和社会的敏感领域。随着食品产业的进一步发展，食品安全问题层出不穷，对整个社会的发展造成了一定的不利影响。为了保障食品安全，规制食品产业的有序发展，近期国家对食品安全的监管和整治力度不断加强。经过各相关主管部门的不懈努力，我国已基本形成并明确了卫生与农业部门实施食品原材料监管、质监部门承担食品生产环节监管、工商部门从事食品流通环节监管的制度完善的食品安全监管体系。

在整个食品行业快速发展的同时，行业自身的结构性调整也在不断深化，这种调整使其对本行业的技术水平、知识结构和人才特点提出了更高的要求，而与此相关的高等教育正是在食品科学与工程各项理论的实际应用层面培养专业人才的重要渠道，因此，近年来教育部对食品类各专业的高等教育发展日益重视，并连年加大投入以提高教育质量，以期向社会提供更加适应经济发展的应用型技术人才。为此，教育部对高等院校食品类各专业的具体设置和教材目录也多次进行了相应的调整，使高等教育逐步从偏重基础理论的教育模式中脱离出来，使其真正成为为国家培养应用型的高级技术人才的专业教育，“十二五”期间，这种转化将加速推进并最终得以完善。为适应这一特点，编写高等院校食品类各专业所需的教材势在必行。

针对以上变化与调整，由中国质检出版社牵头组织了“十二五”普通高等教育规划教材（食品类）的编写与出版工作，该套教材主要适用于高等院校的食品类各相关专业。由于该领域各专业的技术应用性强、知识结构更新快，因此，我们有针对性地组织了西南大学、南昌大学、上海交通大学、浙江大学、上海海洋大学、中国海洋大学、南京农业大学、华中农业大学以及河北农业大学等 40 多所相关高校、科研院所以及行业协会中兼具丰富工程实践和教学经验的专家学者担当各教材的主编与主审，从而为我们成功推出该套框架好、内容新、适应面广的好教材提供了必要的保障，以此来满足食品类各专业普通高等教育的不断发展和当前全社会范围内对建立食品安全体系的迫切需要；这也对培养素质全面、适应性强、有创新能力的应用型技术人才，进一步提高食品类各专业高等教育教材的编写水平起到了积极的推动作用。

针对应用型人才培养院校食品类各专业的实际教学需要，本系列教材的编写尤其注重了理论与实践的深度融合，不仅将食品科学与工程领域科技发展的新理论合理融入教材中，使读者通过对教材的学习，可以深入把握食品行业发展的全貌，而且也将食品行业的新知识、新技术、新工艺、新材料编入教材中，使读者掌握最先进的知识和技能，这对我国新世纪应用型人才的培养大有裨益。相信该套教材的成功推出，必将会推动我国食品类高等教育教材体系建设的逐步完善和不断发展，从而对国家的新世纪人才培养战略起到积极的促进作用。

教材审定委员会

2013年2月

第二版前言

• FOREWORD •

食品工业是国民经济的重要支柱行业，关系国计民生。多年以来，我国食品工业持续高速增长，满足了人们日益增长的、质量不断提高的生活需求。随着食品工业的持续发展，食品添加剂工业也处于稳定快速发展之中。目前，全世界实际使用的食品添加剂已超过了25000种，并且产量以较快速度递增，已成为食品工业中颇具生机和活力的领域之一。

然而，近期一波未平一波又起的食品安全事件引发了各方的高度关注，一些原本陌生的化学名词因为与人们熟知的食品联系在一起而变得家喻户晓。食品添加剂已经逐渐成为牟利、违法、伤害、甚至是毒品的代名词。其实，导致毒祸的添加物如三聚氰胺、苏丹红等物质并非是食品添加剂，食品添加剂成了食品安全问题的替罪羊。人们把违法添加物与食品添加剂的概念混淆了，食品添加剂正在被“妖魔化”，这种状况既不利于食品添加剂健康发展，也不利于食品安全问题的解决。实际上，几乎所有食品中都含有食品添加剂。食品添加剂不但对身体没有坏处，反而是确保食品安全的物质，可以说“没有食品添加剂就没有食品安全”。

目前，人们对食品的要求不再仅仅限于数量和价格，而对其色、香、味和营养性、食用方便性、卫生安全性等品质要求也越来越高。充分利用食品添加剂来发展食品工业，一方面在于合理、科学地使用食品添加剂；另一方面在于大力发展食品添加剂工业。在食品加工制造过程中使用食品添加剂，既可以使得加工食品色、香、味、形及组织结构改善，还能增加食品营养成分，防止腐败变质，延长食品保存期，改进食品加工工艺、提高食品生产效率。近年来我国食品添加剂工业有很大程度的发展，无论是品种还是产量和质量，都有显著提高，食品添加剂的作用与利用也越来越被人们所重视，但是与发达国家相比仍有较大的差距。食品添加剂与人们的健康密切相关，为了保证人民身体健康，保证食品的安全卫生，适应食品工业的快速发展和日益发展的国际贸易的需要，学习和掌握食品添加剂的知识十分必要，在此基础上还必须加快食品添加剂的研制、开发和生产，以满足日益发展的食品工业的需要。

“十一五”期间，我们所编写的《食品添加剂》适应了我国食品工业的发展和高等院校食品专业教育的需要。本书结合我国食品添加剂的使用情况，重点介绍了食品添加剂的定义、性质、性状、毒性、使用方法、应用范围与剂量，以及食品添加剂的作用原理、使用时的注意事项等有关知识，同时也介绍了国内外食品添加剂发展的动态以及国内外食品添加剂的管理办法和使用原则。随着食品工业的发展和食品添加剂的发展，以及人们对食品安全进一步的认识，原书的部分内容已不符合新时代的要求，一些新的内容需要更新和补充，为此，我们对《食品添加剂》进行了修订，使之更好地为广大师生服务。

本书由全国10余所高校多年从事食品添加剂教学与科研工作的教师合力编写，由黄文、江美都、肖作兵和侯振建主编。其中，前言、第一章由华中农业大学食品科技学院的黄文编写；第二章由河南工业大学粮油食品学院的刘钟栋和浙江工商大学食品科学与工程系的蒋予箭编写与修订；第三章由天津商业大学生物技术与食品科学学院的刘爱国和广东海洋大学食品科技学院的潘江球编写与修订；第四章由浙江工商大学食品科学与工程系的江美都和蒋予箭编写和修订；第五章由华东理工大学生物工程学院周家春和广东海洋大学食品科技学院潘江球编写与修订；第六章由扬州大学食品科学与工程学院的汪志君和福建农林大学食品科学学院肖平贵编写与修订；第七章由河北大学质量监督学院的刘峥颢和华中农业大学食品科技学院的黄文编写与修订；第八章由上海应用技术学院香料学院的肖作兵和唐文编写与修订；第九章由华中农业大学食品科技学院的黄文和湖南农业大学食品科技学院的邓后勤编写与修订；第十章由扬州大学食品科学与工程学院的于海和华中农业大学食品科技学院的刘莹编写与修订；第十一章由西南大学食品科技学院的杜木英和华中农业大学食品科技学院的冯武编写与修订；第十二章由渤海大学生物与食品科学学院的惠丽娟、浙江工商大学食品科学与工程系的江美都和华中农业大学食品科技学院的范刚编写和修订；第十三章由南阳理工学院生化学院食品专业的侯振建编写。另外，华中农大大学食品科技学院研究生刘莹、段昌圣、黄凡、赵双娟、苏晓龙、张晶晶、马双双、沙莎、袁岩等同学参与了本书的修订工作。

在《食品添加剂》编写过程中曾得到许多同行的热心帮助和指导，在此深表谢意。此外，由于编写人员业务水平有限，书中内容难免有不妥之处，敬请读者批评指正，更希望与我们进行探讨与交流。本书作为农林、轻工、水产、商业及综合院校食品科学与工程专业本科生、研究生的教材或参考用书，也可供食品工业、食品添加剂行业从事科研开发的工程技术人员和质量技术监督部门的同志参考使用。

编　者

2013 年 2 月

第一版前言

• FOREWORD •

食品工业是国民经济的重要支柱产业，关系国计民生。随着食品工业的持续发展，食品添加剂工业也处于稳定而快速的发展之中。目前，全世界实际使用的食品添加剂已超过了5000种，年贸易额超过200亿美元，并且以较快的速度递增，食品添加剂已成为食品工业中颇具生机和活力的领域之一。

随着我国经济的飞速发展，人民生活水平日益提高，人们对食品的要求不再仅仅局限于数量和价格，而对其色、香、味和营养性、食用方便性、卫生安全性等品质要求也越来越高。充分利用食品添加剂来发展食品工业，一方面在于合理、科学地使用食品添加剂，另一方面在于大力发展食品添加剂工业。在食品加工制造过程中使用食品添加剂，既可以使得加工食品色、香、味、形及组织结构改善，还能增加食品的营养成分，防止食品腐败变质，延长食品保存期，改进食品加工工艺，提高食品生产效率。近年来，我国食品添加剂工业有很大程度的发展，无论是品种还是产量和质量，都有显著提高，食品添加剂的作用与利用与越来越被人们所重视，但是与发达国家相比仍有较大的差距。食品添加剂与人们的健康密切相关。为了保证人民身体健康，保证食品的安全卫生，适应食品工业的快速发展和日益发展的国际贸易的需要，学习和掌握食品添加剂的知识十分必要。同时，还必须加快食品添加剂的研制、开发和生产，以满足日益发展的食品工业的需要。

本书的编写是为了适应我国食品工业的发展和高等院校食品专业教育的需要。本书结合我国食品添加剂的使用情况，重点介绍了食品添加剂的定义、性质、性状、毒性、使用方法、应用范围与剂量以及食品添加剂的作用原理、使用时的注意事项等有关知识，同时也介绍了国内外食品添加剂发展的动态以及国内外食品添加剂的管理办法和使用原则。

本书由国内十余所高校多年从事食品添加剂教学与科研工作的教师合力编写，由黄文、蒋予箭、汪志君和肖作兵担任主编。其中，第一章和第九章由华中农业大学食品科技学院的黄文编写，第二章和第四章由浙江工商大学食品生物与环境工程学院的蒋予箭编写，第六章由扬州大学食品科学与工程学院的汪志君编写，第八章由上海应用技术学院生物与食品工程系的肖作兵编写，第五章由华东理工大学生物工程学院的周家春编写，第七章由河北大学质量监督学院的刘峥颢编写，第三章由广东海洋大学食品科技学院的潘江球编写，第十章由扬州大学食品科学与工程学院的于海编写，第十一章由西南大学食品科技学院的杜木英编写，第十二章由渤海大学生物与食品科学学院的惠丽娟编写。

本书可作为农林、轻工、水产、商业及综合院校食品科学与工程专业本科生、研究生的教材或参考用书，也可供食品工业、食品添加剂行业从事科研开发的工程技术人员和质量技术监督部门的技术人员参考使用。

在本书的编写过程中曾得到许多同行的热心帮助和指导，在此深表谢意。此外，由于编写人员业务水平和时间所限，书中内容难免有不妥之处，敬请读者批评指正，更希望与我们进行探讨与交流。

编　者

2006 年 7 月

目 录

• CONTENTS •

第一章 食品添加剂概述

本章学习目的与要求

熟悉食品添加剂在食品工业中的重要意义,掌握食品添加剂的定义、分类和法定编号,熟悉食品添加剂的安全使用及管理法规与标准,了解食品添加剂的毒理学评价方法和程序、掌握每日允许摄入量和最大使用量的确定,了解我国食品添加剂发展的状况、存在的问题及发展的趋势。

第一节 食品添加剂和食品工业

一、食品添加剂是近代食品工业的重要组成部分

食品添加剂一词源于西方工业革命,在食品工业的发展中,功不可没,随着科技的发展,得到了广泛的开发与应用。特别是随着化学工业的迅猛发展,得到大量人工合成的化学品(如人工色素、糖精等)非常容易,并且价格低,使用效果好,使得化学合成品在某些方面逐步取代了天然添加剂在食品中的使用。例如,1856 年英国人 W. H. Rerking 发明了第一种人工合成色素苯胺紫以后,人工合成色素几乎全部取代了天然色素在食品中的应用。1906 年出现于市场上的用于食品的化学品已达到 12 种之多;20 世纪 30 年代使用化学品作为防腐剂还不普遍,直到 20 世纪 50 年代,化学品在食品保藏以及在食品加工中的使用才日益增长,使化学品添加剂在食品中大规模地应用并生产,形成了食品添加剂行业。随着经济的发展,人们对饮食提出了更新、更高的要求,一方面要求色、香、味、形俱佳,营养丰富;另一方面要求食用方便、清洁卫生、无毒无害、确保安全;此外还要适应工作生活快节奏和满足不同人群的消费需要,而食品添加剂就发挥着这些极其重要的作用。

食品添加剂在食品中的应用使得我们的饮食丰富多彩和更易接受,可以说,当今社会我们几乎所接触的每一种食品都与食品添加剂息息相关,普通人每天可能摄入十几种到几十种的食品添加剂。如一瓶好的啤酒,就含有十几种食品添加剂;一块蛋糕,如果没有蛋糕油,制造起来将会非常困难,谁也不会去吃那些质地坚硬的蛋糕;美味可口的榨菜,如果没有防腐剂的存在,相信很难从生产厂家运送到消费者手中,也更不会有长达几个月的保质期;具有美味的果肉饮料,如果没有增稠剂的存在,相信不会具有那么均匀的体系及丰满的口感;在超市里孩子们可能会迷恋于各种花花绿绿的糖果,但是如果没有色素的话,很难想象这些美丽色彩从何而来。有了乳化剂,才有爽滑可口的冰淇淋;有了甜味剂才有低糖、低热量的产品;有了香精,才有香气浓郁的产品。在家庭生活中也离不开食品添加剂,当前食品添加剂不仅进入了所有的食品领域,而且也是烹饪行业的配料,并进入了家庭的一日三餐。烹饪时,使用的味精、鸡精、调味料等属于食品添加剂;每天用的食盐含有抗结剂和碘,碘是营养强化剂;做馒头时的发酵粉属于食品添加剂;甚至煮粥时加入的碳酸钠也属于食品添加剂。总之,如果没有食品添加

剂,我们所面临的食品工业将不可想象,所供给我们的食品也将不可想象。我们应当不会忘记过去所供给的食品的单一性及感官的不可接受性,是食品添加剂改变了所有这一切,是食品添加剂使我们的食品、我们的生活更加丰富多彩。可以说。没有食品添加剂,现代人类的日常生活将不堪设想,食品工业将不可能在中国发展为万亿元的产业,世界食品工业的发展更将停滞不前。食品添加剂的广泛应用带动了现代食品工业的发展,二者相辅相成,可以说,没有食品添加剂,就没有现代食品工业。

美国食品工业的产值位居各工业之首,而美国的食品添加剂的销售额约占全球食品添加剂市场的一半。在美国超市的上万种的加工食品中,几乎无例外地使用了食品添加剂。据统计,国际上使用的食品添加剂品种已达25000余种,其中80%为香料。直接使用的品种约3000~4000余种,常用的有1000种左右。

实际上,纵观食品工业的成长,在食品工业的发展中,食品添加剂是功不可没的,已成为加工食品中不可缺少的基料,是近代食品工业的重要组成。它对于改善食品香、色、味,调整营养构成,改进加工条件,提高产品质量,增加花色品种,防止腐败变质,延长食品的货架期,发挥着日益重要的作用。归纳起来,食品添加剂在食品工业中的重要地位体现在4个方面。

(1)以色香味适应消费者的需要,从而体现在其消费价值;

(2)随着消费者对营养学认识的不断提高,人们愿意以高价购买各种强化食品;

(3)保鲜手段的提高取得了比之罐头、速冻品具有更有效的、更经济的加工手段;

(4)就业人员增加和单身家庭等因素,促使方便食品、快餐食品高速增长,其色香味和质量等均与食品添加剂有关。

在近几十年来,食品添加剂的生产、使用等方面已得到了很大的发展。优质的食品都添加了食品添加剂。食品工业还在日新月异地发展变化,同样促进了食品添加剂的发展。目前,有关功能性食品添加剂的研究方兴未艾,前途越来越广阔。

综观食品添加剂工业与食品工业发展的历史,我们不难看出,食品工业的需求带动了食品添加剂工业的发展,而食品添加剂工业的发展,也推动了食品工业的进步。在人们还没有认识到食品添加剂重要作用的时候,人们只是不自觉地利用食品添加剂,食品工业发展缓慢。由于食品工业的迅速发展,食品添加剂的种类和用量日益增多,使用范围也日益扩大。它们已成为现代食品工业生产中必不可少的物质,被称为“食品的灵魂”。食品添加剂工业已发展成为独立的行业,并且成为现代食品工业的基础工业之一。

二、食品添加剂和中国食品工业

食品添加剂这一名词虽始于西方工业革命,但它在中国的直接应用可追溯到10000年以前,与传统的中国饮食同样悠久。中国在远古时代就有在食品中使用天然色素的记载,如《神农本草》、《本草图经》中即有用栀子染色的记载;在周朝时即已开始使用肉桂增香;北魏时期的《食经》、《齐民要术》中也有用盐卤、石膏凝固豆浆等的记载。中国食品添加剂同样是与中国食品工业一起发展壮大的,其地位与国际食品工业一样,已成为中国食品工业重要的组成部分。

(一)中国食品工业成长为工业部门中产值居第一位的产业

改革开放以前,人们只是为了温饱而奋斗,根本无法考虑食品质量和档次。随着改革开放的深入发展、经济的发展、物质文明的丰富和国民经济的增长,食品工业才快速发展起来。从

1978年到1998年间,食品工业产值从471亿元增长到5900亿元,增加了12.5倍;2001年完成工业总产值9260多亿元。从1980年至2000年,全国食品工业年均增长速度达13.1%。在1996年以前,食品工业产值在工业总产值中居机电、纺织之后的第3位。而从1996年起,食品工业已跃居工业行业中居第一位的产业,利税总额占同期工业利税的20%,食品饮料出口创汇16亿美元。中国食品工业已成为国民经济重要的产业之一,到现在已连续15年在国民经济中居于首位,中国食品工业在国民经济中的地位日益重要。在我国人民由"温饱"向"小康"过渡的历史时期,中国食品工业发挥了重要功能并有了长足进步。

(二)食品添加剂成为中国食品工业的重要组成部分

我国食品添加剂是随着食品工业的发展而迅速发展起来的新兴工业,经过20多年的努力,在品种与数量上均有很大增长。1986年我国批准使用的食品添加剂仅有16类618种;至1990年公布批准使用的食品添加剂已有1044种,其中包括食用香料703种,已经批准食用的营养强化剂有75种以上;如今则达到了23类2000多个品种,其中香料和香精最多,达到1800多个。其中多数产品在国内达到批量生产,这几年更是得到飞速发展。随着食品添加剂的发展,食品添加剂、食品配料行业生产、应用情况活跃,绝大多数产品产销两旺,有些品种还出口到国外。目前我国食品添加剂总产值约占国际贸易额的10%,而在柠檬酸、维生素C、木糖醇、天然色素等方面我国出口量占世界第一。

尽管如此,我国的食品添加剂、食品配料生产仍不能满足市场的需要。这主要因为,中国食品工业虽然在产品数量上有了很大提高,但仍存在以下两个问题:其一,食品工业的发展落后于农业产业化发展的需要(其总产值只占农业产值的50%左右);其二,食品工业结构不合理,初级加工产值占食品加工工业总产值的一半,缺乏深加工。此外,随着经济的不断发展,人民生活水平的不断提高,人们对食品的追求有了新的要求,如营养食品、保健食品、功能食品、绿色食品等已成为消费市场的新热点,而食品添加剂对生产这些产品的品质起着至关重要的作用。

近年来,我国在食品添加剂的生产方面积极倡导"天然、营养、多功能"的方针,与国际上"回归大自然、天然、营养、低热量、低脂肪"的趋向相一致。我国地域辽阔、资源丰富,有着几千年药食同用的传统,发展天然、营养、多功能的食品添加剂有着独特的优势。然而,在食品添加剂和食品配料的生产方面,我国与世界食品工业发达国家相比还有相当大的差距,主要还是以资源优势为主,还不能满足快速发展的食品工业的需要。必须加快发展高质量的食品添加剂、食品配料的步伐,学习和引进国外高新技术及进口某些高档次产品,以便更好地推动我国食品工业的发展,提高食品市场的需求。

第二节　食品添加剂的定义、分类和法定编号

食品添加剂近20年来已成为一门新兴独立的产业,发展迅速,潜力很大。它直接影响着食品工业的发展,故其价值远远大于自身的经济价值。关于对它的认识,各国基本相似,但也有一些差异。

一、食品添加剂的定义域

食品添加剂是指为改善食品品质、色、香、味以及为防腐和加工工艺的需要而加入食品中

的化学合成或天然物质。一般可以不是食物,也不一定有营养价值,但必须符合上述定义的概念。即不影响食品的营养价值,且具有防止食品腐烂变质、增强食品感官性状或提高食品质量的使用。目前对食品添加剂的定义种类较多,不少国家都根据自己的要求和理解对添加剂进行了定义。

日本《食品卫生法》规定:“生产食品的过程中,为生产或保存食品,用混合、浸润等方法在食品里使用的物质称为食品添加剂”。换句话说,所谓食品添加剂就是为了生产、保存食品而添加的物质。从使用目的看,主要是提高食品质量和稳定性、强化营养成分、增香添味、防止氧化变质以及延长保存期等。在日本,将食品添加剂分为非天然物和天然物两大类,前者对质量指标、限量等均有严格规定,而后者则均以“按正常需要为限”,不作明确的各种限制规定。

在英国食品标签法(1996)中添加剂的定义是:“通常它本身不用作食物来消费,无论其是否具有营养价值,都不用作食品的某种特征性成分。它添加到食品中是用以满足食品在生产、加工、调理、处理、包装、运输和贮存过程中的技术要求,或者可能达到某种合理的预期结果,其本身或副产物直接或间接地成为食品的组成成分。”大多数国家的食品添加剂的定义与其是相一致的。

美国食品和营养委员会则规定食品添加剂是指:“由于生产、加工、贮存或包装而存在于食品中的物质或物质的混合物,而不是基本的食品组分”。基于此,又可将添加剂分为直接食品添加剂和间接食品添加剂两类,前者与日本对添加剂的规定相似,是指故意向食品中添加,为有意的食品添加物;而后者则是指在食品的生产、加工、贮存和包装中少量存在于食品中的物质,为无意加入的食品添加剂,例如农药残留、包装材料或者来自加工环境的某些微量物质,我们通常称之为污染物。这也是JECFA(食品添加剂联合专家委员会)的工作范畴。

《中华人民共和国食品安全法》(2009年)规定,食品添加剂是指“为改善食品品质、色、香、味以及为防腐和加工工艺的需要而加入食品中的化学合成或者天然物质。”我国的定义明确指出了添加目的和添加剂的大体类型,基本上与日本的定义有些相似,均应属于有意添加物质。

国际食品法典委员会(CAC)的定义为:“食品添加剂是指其本身通常不作为食品消费,也不是食品的典型成分,亦不管其有无营养价值。它们在食品的制造、加工、调制、处理、装填、包装、运输或保藏过程中由于技术(包括感官)的目的,有意加入食品中或者预期这些物质或其副产物会成为(直接或间接)食品的一部分,或者改善食品的性质。它不包括污染物(农残、包装材料溶出物等)或者为保持、提高食品营养价值而加入食品中的物质”。CAC的定义可谓非常详实,它明确指出不包括污染物质,也不包括食品营养强化剂。

对于营养强化剂的概念一直有分歧,我国将其列为食品添加剂的范畴,定义为:“指为增强营养成分而加入食品中的天然的或者人工合成的属于天然营养素范畴的食品添加剂”,称为“食品强化剂”。一般认为,食品营养强化剂虽有营养作用但也不能随便乱用,应参照食品添加剂的原则予以适当管理。

二、食品添加剂的作用

食品工业离不开食品添加剂是因为它们对食品工业具有非常重要的意义,其作用如下:

(一)增加食品的保藏性能,延长保质期,防止微生物引起的腐败和由氧化引起的变质

食物原料大部分来自动、植物,属于生鲜食品,每年在贮藏、运输过程中因贮藏不当造成的浪费数目惊人,这对于资源日渐短缺、人口飞速膨胀的全球是一种极大的灾难。因此,加快食品保鲜剂、防腐剂的研制,尽可能地延长食品的保质期,成为加速食品添加剂发展的动力。食品在腐败变质的同时,由于氧化还原的反应,还会出现脂肪的蠔败、色泽褐变,营养成分损失等多方面的变化,促使食品的品质下降,所以,也需要使用抗氧化剂等。

(二)改善食品的色香味和食品的质构

色、香、味、形、体等食品的感官评价,是衡量食品质量的重要指标。饮食的发展从当初果腹到人类物质享受,经历了漫长的发展过程,有着深厚的历史、文化、美学、人文、艺术等多方面的积淀。各国、各地区、甚至各民族、各阶层都有着自己鲜明的饮食特色。香精、香料、色素有着悠久的应用历史,也是当今食品添加剂中比例最大、使用最为活跃的部分。

(三)保持或提高食品的营养价值

食品添加剂的存在,一方面保护营养成分免受或少受损失;另一重要的方面是在食品中添加营养强化剂,增加营养成分的含量或通过调整营养成分的比例提高食品的营养价值,如食盐中加碘,面粉中强化铁、锌等,儿童食品中强化钙、维生素等。日常食品的营养强化,是关系着一个国家、一个民族身体素质的重要问题,也将影响国家的发展和强大。

(四)增加食品的品种和方便性

食品品种多样化是满足不同消费群体需要的前提,目前超级市场的食品种类已达到 20000 种以上,不论是色泽、形状、口味的改变,还是原料、营养、品种的调整,琳琅满目的食品极大地促进了人们的消费欲望。现代生活、工作的快节奏,使得人们对方便食品的需求大大增加,快餐食品、即食食品、速冻食品等都深受都市人的喜爱。

(五)有利食品加工操作、适应食品机械化和自动化生产

食品的加工程度越来越高,工业化生产的食品已深入到我们日常生活的每一天。食品添加剂可使食品原料更具有可加工性,适应现代化食品机械设备的大规模生产,如豆乳生产中消泡剂的使用,低聚糖生产中使用酶制剂等。

(六)满足其他的特殊需要

食品在调节人体机能和维护健康方面发挥着重要的作用,因此大力开发低糖、低脂食品成为食品工业发展的一种趋势,这使糖类、脂类替代品的开发成为重要方向。目前,肥胖、糖尿病患者激增,专用食品的开发也需要有大量食品添加剂的保证。

三、食品添加剂的分类

食品添加剂种类繁多,各国允许使用的食品添加剂的种类各不相同。据统计,国际上目前

使用的食品添加剂种类已达25000种,其中直接使用的大约为4000种,常用的有1000多种。我国共批准许可使用的食品添加剂约2000多种(含香精香料);日本许可使用的食品添加剂约1100种;美国许可使用的食品添加剂约3200种;欧盟许可使用的食品添加剂约1500~2000种。各国对于如此多的食品添加剂,为了合理使用均按自己的需求进行分类。

一般来说,目前在世界上采用的分类法主要有4种,按来源分类、按用途分类和按安全性评价分类。当然也可以根据不同的需要进行适当分类。

(一)按来源分类

一般来说,食品添加剂按其来源可分为天然的和化学合成的两大类,即天然食品添加剂和化学合成食品添加剂。天然食品添加剂是指利用动植物或微生物的代谢产物等为原料,经提取所获得的天然物质;化学合成的食品添加剂是指采用化学手段,使元素或化合物通过氧化、还原、缩合、聚合、成盐等合成反应而得到的物质。又可分为一般化学合成品与人工合成天然类似物两类。一般着色剂、香料、甜味剂、增稠剂、酶制剂等通常会分成天然、合成两类,而有些天然的产品通常又细分为植物、动物、微生物来源3类。目前使用的大多属于化学合成食品添加剂。

(二)按用途(功能)分类

这种分类方法最实用,国内的所有食品添加剂相关书籍大多按其进行分类。

按食品添加剂的用途分类可以说是最常用的分类方法,各国对食品添加剂的分类大同小异,差异主要是分类多少的不同。食品添加剂分类的主要目的是便于按用途需要,迅速查出所需食品添加剂。食品添加剂只有在应用后才能发挥其功能,而按功能分类后,在应用时只需在相应的功能类别中查找即可,方便实用。分类情况太细、太粗都会对食品添加剂的使用与选择带来一定困难。因此分类时应本着适当、实用的原则进行,不宜太粗,也不宜太细。

不同国家和机构对食品添加剂的功能判定不同,因此分类的方法也各不相同。联合国(FAO/WHO)至今尚未见正式对分类作出规定,在1983年的《食品添加剂》一书中共分20类(包括营养强化剂、酶制剂、香料等),基本上均按用途分类,但其中乳化盐类(包括20种磷酸盐)、改性淀粉和磷酸盐类则以产品分类,致使乳化盐类与磷酸盐类在品种上基本上是重复的。在《FAO/WHO食品添加剂分类系统》一书中按用途分为95类。

美国《食品、药品和化妆品法》将食品添加剂分成32类,而《食用化学法典;(FCC)》第三版中又将其分成45类。

欧共体(EEC)的分类则较为简单,共分为9类,按用途选择时有些困难,似未能发挥分类的作用;日本则分成31类。

按照《食品安全国家标准—食品添加剂使用标准》(GB 2760—2011)的规定,每个添加剂在食品中常常具有一种或多种技术作用,共有23个种类,如下所示:

E1. 酸度调节剂。用以维持或改变食品酸碱度的物质。

E2. 抗结剂。用于防止颗粒或粉状食品聚集结块,保持其松散或自由流动的物质。

E3. 消泡剂。在食品加工过程中降低表面张力,消除泡沫的物质。

E4. 抗氧化剂。能防止或延缓油脂或食品成分氧化分解、变质,提高食品稳定性的物质。

E5. 漂白剂。能够破坏、抑制食品的发色因素,使其褪色或使食品免于褐变的物质。

E6. 膨松剂。在食品加工过程中加入的,能使产品发起形成致密多孔组织,从而使制品具有膨松、柔软或酥脆的物质。

E7. 胶基糖果中基础剂物质。是赋予胶基糖果起泡、增塑、耐咀嚼等作用的物质。

E8. 着色剂。使食品赋予色泽和改善食品色泽的物质。

E9. 护色剂。能与肉及肉制品中呈色物质作用,使之在食品加工、保藏等过程中不致分解、破坏,呈现良好色泽的物质。

E10. 乳化剂。能改善乳化体中各种构成相之间的表面张力,形成均匀分散体或乳化体的物质。

E11. 酶制剂。由动物或植物的可食或非可食部分直接提取,或由传统或通过基因修饰的微生物(包括但不限于细菌、放线菌、真菌菌种)发酵、提取制得,用于食品加工,具有特殊催化功能的生物制品。

E12. 增味剂。补充或增强食品原有风味的物质。

E13. 面粉处理剂。促进面粉的熟化、增白和提高制品质量的物质。

E14. 被膜剂。涂抹于食品外表,起保质、保鲜、上光、防止水分蒸发等作用的物质。

E15. 水分保持剂。有助于保持食品中水分而加入的物质。

E16. 营养强化剂。为增强营养成分而加入食品中的天然的或者人工合成的属于天然营养素范围的物质。

E17. 防腐剂。防止食品腐败变质、延长食品贮存期的物质。

E18. 稳定剂和凝固剂。使食品结构稳定或使食品组织结构不变,增强黏性固形物的物质。

E19. 甜味剂。赋予食品以甜味的物质。

E20. 增稠剂。可以提高食品的黏稠度或形成凝胶,从而改变食品的物理性状、赋予食品黏润、适宜的口感,并兼有乳化、稳定或使呈悬浮状态作用的物质。

E21. 食品用香料。能够用于调配食品香精,并使食品增香的物质。

E22. 食品工业用加工助剂。有助于食品加工能顺利进行的各种物质,与食品本身无关。如助滤、澄清、吸附、脱模、脱色、脱皮、提取溶剂等。

E23. 其他。上述功能类别中不能涵盖的其他功能。

(三)按安全评价分类

食品添加剂的使用安全性是人民最关心的话题,因此可将食品添加剂按其安全性进行分类;目前以ADI值为判断食品添加剂毒性大小的标准。食品添加剂法典委员会(CCFCA)根据安全性评价资料,将食品添加剂先分成A、B、C类,然后再按用途各细分成两个小类。

A类

A(1)类　经食品添加剂专家委员会(JECFA)评定,认为毒理学资料清楚,已制定出ADI值,或者认为毒性有限,不需规定ADI值的。

A(2)类　JECFA已制定暂定ADI值,但毒理学资料不够完善,暂时许可使用于食品者。

B类

B(1)类　JECFA曾进行过评价,由于毒理学资料不足,未制定ADI值。

B(2)类　JECFA未进行过评价者。

C类

C(1)类　JECFA 根据毒理学资料认为在食品中使用不安全者。

C(2)类　JECFA 根据毒理学资料认为应严格控制在某些食品中作特殊应用者。

由此可以很明显地看出 3 类食品添加剂的使用安全性依次降低。很显然，A 类产品的安全性最高，尤其是 A(1)类食品添加剂，均具有明确的 ADI 值，毒理学资料清楚，因此认为只要正确合理的使用此类食品添加剂（在 ADI 值限量范围内）对人体是无害的。但应再次强调的是，这里说的 3 类产品安全性依次降低，与食品添加剂天然还是化学合成无关，使用者一定不要主观（或受误导）一味将天然、合成与毒性等概念强行联系，事实上 C 类中同样包括了许多天然食品添加剂。例如姜黄素是以姜黄根茎为原料提取纯化的黄色主要成分，早在 1921 年国际上就批准姜黄用于食品着色，但后来关于姜黄油树脂毒性试验报告证明，它对肝、肾、脾均无安全性。

（四）其他分类方法

在正常的使用过程中，最常用也最实用的分类方法是按用途分类。但是在实际应用中，可能会因某种需要而对食品添加剂提出不同的要求，或是对已分的大类再进行细分，这就要求我们对食品添加剂进行独特的分类以满足生产的需求。如为了满足运输的要求往往希望添加剂是以固体形状存在的，而有时为了添加需要又希望食品添加剂是液态的；在某些加工过程中希望所使用的添加剂是水溶性的，而有时又希望是醇溶性的等。为了满足这样的一些要求，可以对食品添加剂在用途的基础上再进行分类。

1. 按存在状态分类

所有添加剂基本上可分为固态、液态和气态 3 种类型。

气态食品添加剂很少，在上述添加剂分类表中，仅有漂白剂中二氧化硫和防腐剂中的二氧化碳、二氧化氯属于气态。液态的食品添加剂也相对较少，酸味剂中仅有磷酸、醋酸、盐酸等为液态；消泡剂中乳化硅油；焦糖色等；被膜剂的液态石蜡；稳定和凝固剂中的丙二醇；酶制剂中也有液态存在的，还有双氧水等，另外，液态添加剂最多的当属香精类物质，市售的大多数香精为液态。而大多数食品添加剂是以固态形式存在，这里不再详细列举。但是有时这种分类并不是绝对的，例如红曲红与高粱红色素，既有以固体形式存在的也有以液态形式存在的。这可能都是根据生产方便的需要而变化的。

2. 按溶解特性分类

不同的食品添加剂的溶解特性是不一样的，诸如水溶性、油溶性、醇溶性及可溶、不可溶等概念在有的加工过程中是会提出来的。因此对食品添加剂关于这方面的分类也是有必要的。比较突出的例子是在制造某些糖果过程中是不希望有水存在的，因此就要求在加工过程中不能使用水溶性的色素，而必须使用醇溶性的色素。一般将色素分为水溶性色素、醇溶性色素和脂溶性色素。

上述分类比较粗略，未包括一些微溶物质，希望这种分类会对生产有一定的指导作用。

抗氧化剂通常也按溶解性分为水溶性和油溶性抗氧化剂两类。

食用香精大多按上述两种情况综合进行分类。首先按存在状态分可为液体香精和固体香精两类，当然也存在少数半固态或膏状的产品（如一些肉香精），然后再根据溶解性和制备方法等细分。

(1)液体香精。按溶解性不同分为 3 类：①水溶性香精：水溶性香精是将各种食用香料调配成的香基溶解在蒸馏水或40% ~60%的稀乙醇中,必要时再加入酊剂、萃取物或果汁制成的产品。该香精在一般使用量(0.1% ~1%)范围内能溶解或分散在水中,有轻快的香气,但因耐热性差,主要用于清凉饮料和冷饮制品。②油溶性香精:油溶性香精是将各种食用香料用丙二醇等油溶性溶剂稀释而成。该香精香味浓,难以在水中分散,耐热,留香性能好,通常用于焙烤食品和糖果的赋香。③乳化香精:乳化香精是由食用香料、食用油、比重调节剂、抗氧化剂、防腐剂等组成的油相和由乳化剂、着色剂、防腐剂、增稠剂、酸味剂和蒸馏水等组成的水相,经乳化,高压均质制成,主要用于软饮料和冷饮等的加香、增味、着色或使之浑浊。

(2)固体香精。又称粉末香精,按制法不同分为两类:①吸附型香精:吸附型香精是将食用香料和乳糖等载体简单混合,使香料吸附在载体上制成的。②包裹型香精:是将食用香料预先与乳化剂、赋形剂混合,分散在水溶液中,经喷雾干燥制成。其稳定性、分散性好,适于各种饮料、粉末制品和速溶食品使用。

3. 按香型分类

食用香精通常也按其香型不同进行分类,大体可分为下列8类柑橘型香精:①甜橙、柠檬、白柠檬柚子、橘子、红橘等;②苹果型香精:苹果、香蕉、桃、葡萄、甜瓜、桃子、菠萝、李子、草莓等;③豆香型香精:香荚兰、可可、巧克力;④薄荷型香精:薄荷、留兰香等;⑤辛香型香精:众香子、肉桂、肉豆蔻等;⑥坚果型香精:杏仁、花生、核桃等;⑦奶香型香精:牛奶、奶油、干酪、酸乳酪等;⑧肉香型香精:牛肉、鸡、猪肉、鱼贝类等。

其实,上述分类方法也可认为是按用途分类,在上面我们以大量篇幅提及香精香料,这并不奇怪,因为香精香料在食品添加剂中可谓是数量及应用均最多的产品。

4. 按化学结构分类

由于着色剂都是靠不同的显色基团来呈不同颜色的,因此也有按分子结构来分类的。通常将着色剂分为吡咯类、多烯类、酚类、醌酮类及吡啶类等5大类。吡咯类,如叶绿素、血红素等;多烯类,如辣椒红、胡萝卜素等;酚类,如越橘红、萝卜红、红花红、沙棘红等;醌酮类,如红曲红、紫胶红、酸枣红等;吡啶类,如甜菜红等。其中酚类又可依细微结构不同分为花色素苷类和黄酮类等。

5. 按作用方式分类

对于食品抗氧化剂目前没有统一的分类标准,通常按照抗氧化剂的作用方式可分为如下几类:自由基吸收剂、金属离子螯合剂、氢过氧化物分解剂、酶抗氧化剂、紫外线吸收剂或单线态氧淬灭剂等。

自由基吸收剂。主要指在类脂氧化中能够阻断自由基连锁反应的酚类物质,如天然或合成的生育酚、香辛料提取物、黄酮类物质、BHA、BHT、TBHQ等均属于此类。它们具有给电子的功能。

酶抗氧化剂。如葡萄糖氧化酶、超氧化物歧化酶、过氧化氢酶、谷胱甘肽过氧化物酶等,其作用是除去溶解的氧或消除来自于食物体系的超氧化物。

四、食品添加剂的法定编号

食品添加剂的统一编号有利于迅速检索,尤其是对于电子计算机检索来说尤为重要。统一编号也可弥补分类之不足和因名称不统一等所致的不必要重复和差错。

随着信息技术的发展,以计算机网络为基础的电子数据交换(Electronis data interchange—

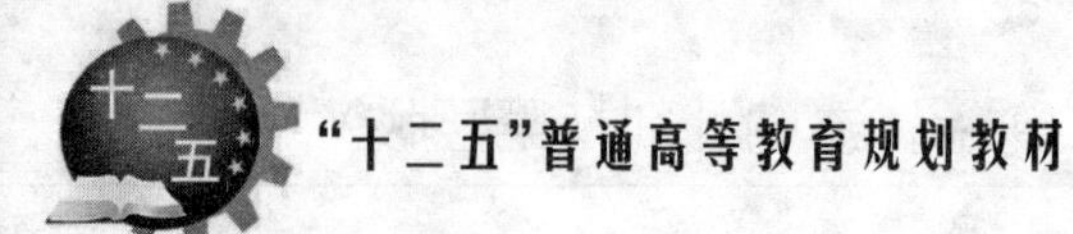

EDI)应运而生。EDI 以其传递信息的快速、有效、便捷、准确等明显优势而得以迅速发展。美国和欧共体等国家宣布自 EDI 方式办理报关等贸易业务,否则将推迟办理,由此造成的压关、压港等损失由客户承担,或不再选为贸易伙伴。

食品添加剂品种繁多,学名、俗名、地方名商品名等名称众多,难以统一;无水品、一水品、二水品等同一种化学物质的形状标准价格等各不一致。因此极需要一种在全球范围内统一的编码系统,以解决技术资料、生产、质量等需求,使之科学化、国际化、标准化和规范化。为了适应信息时代的需要,制定了食品添加剂的统一编码。

最早采用编号系统的是欧共体(EEC)的 ENo. ,按 EEC 的分类从 E100 至 E999,采用 3 位数字,由于容量有限,故对同类品又有 E×××a~等形式表示,而对改性淀粉又单独采用 4 位的"E14××"编号,似有一些凌乱,且目前收编的仅 296 种,有关香料、营养强化剂也均未收编,但沿用已久,且按商标法规定在应用添加剂的商品上只写 ENo. 而可不标名称,故要更改似有一定的难度。

FAO/WHO 曾两次制定食品添加剂的国际编码系统。第一次是 1984 年,当时建议采用一种 5 位数字的编号系统,按食品添加剂英文名称的字母顺序排列。但这一方案未能为许多国家所接受,尤其是遭到欧共体各国的反对。因为由欧共体所制定的 ENo. 已使用许多年,并在 1986 年实施的商标法中规定,在商标的配料一栏中可以不用食品添加剂的名称,而代之以 ENo. 。因此原方案放弃。第二次 FAO/WHO 在 1989 年 7 月联合国食品法典委员会(CAC)第 18 次会议上通过了以 ENo. 为基础的国际数据系统(International Numbering System——INS No.)。凡有 ENo. 者,INS 编号绝大部分均与 E 编号相同,但对 E 编号中未细分的同类物作了补充。INS 的收取原则是:"包括至少一个 CAC 成员国正式允许使用的添加剂的名单,无论是否已由 JECFA 作过评价"。并规定以后每隔两年增补一次。

现在 INS No. 不单为 EEC 各国所接受,在美国 FDA 的法定出版物(FCCⅣ,1996)中也采用,已成为国际上通用的一种编码系统。

由于 INS No. 是各方妥协的结果,因此凡 ENo. 中不包括的香料、营养强化剂等,INS No. 也不包括。

美国、日本等没有对食品添加剂进行编号。但美国食用香料制造协会自 1960~1993 年陆续分 16 次发表了属于公认为安全的各种香料名单,按字顺排列给予编号,并拟定限量,共 2834 种,已取得 FDA 的批准,而作为法定编号。

我国于 1990 年公布《食品添加剂分类和代码,GB 12493—90》,采用 5 位数字表示法。这种编号系统有比 INS 或 EEC 系统大得多的容量。唯一似感遗憾的是该 GB 参照采用 FAO/WHO 食品法典委员会 CAC/Vol ⅩⅣ(1983)年文件,但实际上该文件因未能取得各国的认可而不得不作废。因此,作为信息处理或情报交换,无法与国际上取得接轨。目前,《食品安全国家标准—食品添加剂使用标准》(GB 2760—2011)采用国标和国际数据系统(International Numbering System——INS No.)相结合的方法,与国际进行接轨。

第三节　食品添加剂的安全性问题

加了三聚氰胺的毒奶粉、加了盐酸克伦特罗的瘦肉火腿、加了多样氨基酸的牛肉膏……。2010 年前后,一波未平一波又起的食品安全事件引发了各方的高度关注,这些原本陌生的化学名词因为与人们熟知的食品联系在一起而变得家喻户晓。食品添加剂已经逐渐成为牟利、违法、伤害、甚至是毒品的代名词。实际上,这些导致毒祸的添加物并非是食品添加剂,人们把违法添加物与食品添加剂的概念混淆了,食品添加剂成了食品安全问题的替罪羊。正确看待食品添加剂安全问题十分必要,目前几乎所有食品中都含有食品添加剂,其实,食品添加剂不但对身体没有坏处,反而是确保食品安全的物质,可以说"没有食品添加剂就没有食品安全"。

一、毒性、危险性与安全性概念

提到食品添加剂,最重要的就是其安全性,但是如何安全合理的使用食品添加剂,并看待它们的毒性是我们首先应当注意的问题。

食品添加剂的安全性评价是对食品添加剂进行安全性或毒性鉴定,以确定该食品添加剂在食品中无害的最大限量,对有害的物质提出禁用或放弃的理由。

毒性是指某种物质对机体造成损害的能力。毒性大表示用较小的剂量即可造成损害;毒性小则必须用较大的剂量才能造成损害。总之,凡具有毒性的物质有可能对机体造成危害,可以说食品添加剂大都具有产生危害的可能性。

危险性是指在预定的数量和方式下,使用某种物质而引起机体损害的可能性。一般来说,某种物质不论其毒性强弱,对人体都有一定的剂量—效应关系;也就是说,一种物质只有达到一定的浓度或剂量水平,才能显示其危害作用。因此,所谓毒性是相对而言的,而安全性也是相对而言的。即使毒性很大的物质如氰化物,如用量极低并不中毒,当然是安全的。而一些低毒的物质,甚至大家公认的无毒物质纯水,当大量饮用时也会产生危害。美国马萨诸塞州的一个妇女就因为饮用大量的水而肾衰竭死亡。这形象的说明剂量决定毒性的毒理学基本原理,而安全性评价的目的就是确定食品添加剂在食品中无害的最大剂量。其实,食品添加剂的使用原理与药物一样,关键在于衡量剂量与效应的对应关系。

安全性是指使用这种物质不会产生危害的实际必然性。如前述,食品添加剂若大量使用可能产生危害作用,但这未必意味着在适当应用时会给人类带来危险性。也就是说一种物质只要剂量合适,使用得当可不致造成中毒。这就必须采用实验动物进行试验研究,在确定该物质毒性的基础上,来考虑其在食品中安全无害的最大使用量,并采取法律措施,保护消费者免受危害。

应当着重指出的是,近来随着人们追求纯天然食品热的兴起,在人们的头脑中自然而然地产生一种印象,就是凡是天然的食品添加剂都是安全可靠的,而一提到化学合成的就谈虎色变,立即想当然地认为这类食品添加剂对人体有害。其实不然,许多天然的食品物质也是非常有害的,在 Julie Miller Jones 的《食品安全》一书中详细的描述了天然存在的食品毒物,这给我们很好的警示,同时他还在书中对天然食品添加剂比合成食品添加剂安全的观点提出了质疑。很多消费者一看防腐剂就害怕,专拣"纯天然"的买。实际上,商品外包装上的"纯天然"字样是厂家在误导消费者。例如,天然的植物、动物,天然的酶制剂等也会产生污染、如果加工时不注意,就会侵入到食品里,危害人体健康。此外,植物的病虫害、喷洒的残留农药等,在提取天然色素时,也往往被携带到添加剂中,污染了食品,从而影响了人体健康。因此我们应当消除对合成添加剂的偏见态度,正确对待食品添加剂。一般来说天然食品添加剂会更安全一点,但它们之间并不存在谁更有害的说法,事实上,有些天然添加剂其毒性远较合成添加剂大。在应用食品添加剂时不应存有偏见,而毒性大小的科学判断方法是看其 ADI 值,一般来说 ADI 值越小,其毒性相对越大。

有关专家认为,食品添加剂,特别是化学合成的食品添加剂均有一定的毒性。然而,不论其毒性强弱、剂量大小,它对人体均有一个剂量与效应关系的问题,即只有达到一定浓度或剂量水平,才会产生副作用;反之,则是安全无害的。久食食品添加剂,是否会危害人体健康呢?科学试验表明不管是天然的还是合成的食品添加剂,只要按照国家标准生产,对人体绝对是安全无害的,长期吃也没有关系。

二、食品添加剂的安全性毒理学评价

毒性和安全性是食品添加剂的命脉。我们知道即使某种物质性能再好,如果有毒也不能作为食品添加剂。各种食品添加剂的能否使用、使用范围和最大使用量,各国都有严格规定,受法律制约,以保证能安全使用。这些规定是建立在一整套科学严密的毒性评价基础上的。

随着科学技术的发展,人们对食品添加剂的深入认识,一方面已将那些对人体有害,对动物致癌、致畸,并有可能危害人体健康的食品添加剂品种不被使用,另一方面对那些有怀疑的品种则继续进行更严格的毒理学检验以确定其是否可用、许可使用时的使用范围、最大使用量与残留量,以及其质量规格、分析检验方法等。我国目前使用的食品添加剂都有充分的毒理学评价,并且符合食用级质量标准,因此只要其使用范围、使用方法与使用量符合食品添加剂使用卫生标准,一般来说其使用的安全性是有保证的。

在实际操作上,对某些效果显著而又具有一定毒性的物质,是否批准应用于食品中,则要权衡其利弊。以亚硝酸盐为例,亚硝酸盐长期以来一直作为肉类制品的护色剂和发色剂使用,但随着科学技术的发展,人们不但认识到它本身的毒性较大,而且还发现它可以与仲胺类物质作用生成对动物具有强烈致癌作用的亚硝胺。但尽管这样,亚硝酸盐在大多数国家仍然被批准使用,因为它除了可使肉制品呈现美好、鲜艳的亮红色外,还具有防腐作用,可抑制多种厌氧性梭状芽孢菌,尤其是肉毒梭状芽孢杆菌,防止肉类中毒。这一功能在目前使用的添加剂中还找不到理想的替代品。况且,只要严格控制其使用量,其安全性是可以得到保证的。

(一)食品添加剂的安全性毒理学评价方法

凡列入我国《食品安全国家标准—食品添加剂使用标准》(GB 2760—2011)的食品添加剂必须都是按我国食品安全性毒理学评价程序进行安全性试验,经全国食品添加剂标准化技术委员会审定,报请卫生部批准的。根据《食品添加剂新品种管理办法》的规定,食品添加剂新品种申报时须提供省级以上卫生行政部门认定的检验机构出具的毒理学安全性评价报告。

GB 15193.1—94《食品安全性毒理学评价程序》是检验机构进行毒理学试验的主要标准依据,该标准适用于评价食品生产、加工、保藏、运输和销售过程中使用的化学和生物物质(其中包括食品添加剂)以及在这些过程中产生和污染的有害物质,食物新资源及其成分和新资源食品。该程序规定了食品安全性毒理学评价试验的4个阶段和内容及选用原则。我国卫生部发布了《食品安全性毒理学评价程序》,共分4个阶段。

毒理试验的4个阶段和内容包括:

第一阶段:急性毒性试验;

第二阶段:遗传毒性试验、蓄积毒性、致突变和代谢试验;

第三阶段:亚慢性毒性试验——90d喂养试验、繁殖试验、代谢试验;

第四阶段:慢性毒性试验(包括致癌试验)。

(二)毒理学评价试验的目的与结果判断

1. 毒理学试验的目的

(1)急性毒性试验:测定 LD_{50},了解受试物的毒性强度、性质和可能的靶器官,为进一步进行毒性试验的剂量和毒性判定指标的选择提供依据。

LD_{50}也即动物的半数致死量,是指能使一群试验动物中毒死亡一半的投药剂量,以 mg/kg 表示。它是判断食品添加剂安全性的第二种常用指标,表明了食品添加剂急性毒性的大小,也是任何食品添加剂都必须进行的毒理学评价中第一阶段急性毒性试验的指标。LD_{50}与毒性强度之间的比较关系如下:

表 1-1　LD_{50}与毒性强度之间的比较

毒性强度	LD_{50}(大鼠,经口)/(mg/kg)	对人的推断致死量
极大	<1	约 50mg
大	1~5	5~10g
中	50~500	20~30g
小	500~5000	200~300g
极小	5000~15000	500g
基本无害	>15000	>500g

如食盐的 LD_{50}为 5250mg/kg,味精的 LD_{50}为 19900mg/kg。

由于人和动物之间的感受性不同,即使在供试的动物之间也有很大差异。如麦芽酚的 LD_{50},对小鼠经口为 550mg/kg,而对大鼠经口为 1410mg/kg。因此,LD_{50}只能作为参考值,其价值远低于 ADI 值。此外,LD_{50}仅系急性毒理试验的结果,不代表亚急性和致畸突变性等毒理情况。

(2)遗传毒性试验:对受试物的遗传毒性以及是否具有潜在致癌作用进行筛选。

(3)致畸试验:了解受试物对胎仔是否具有致畸作用。

(4)短期喂养试验:对只需进行第一、第二阶段毒性试验的受试物,在急性毒性试验的基础上,通过 30d 喂养试验,进一步了解其毒性作用,并可初步估计最大无作用剂量(MNL)。

(5)MNL 也称最大耐受量、最大安全量或最大无效量,是指动物长期摄入该受试物而无任何中毒表现的每日最大摄入量,单位为"mg/kg"。它是食品添加剂长期(终生)摄入对本代健康无害,并对下代生长无影响的重要指标。

(6)亚慢性毒性试验——90d 喂养试验、繁殖试验:观察受试物以不同剂量水平经较长期喂养后对动物的毒性作用性质和靶器官,并初步确定最大无作用剂量;了解受试物对动物繁殖及对仔代的致畸作用,为慢性毒性和致癌试验的剂量选择提供依据。

(7)代谢试验:了解受试物在体内的吸收、分布和排泄速度以及蓄积性,寻找可能的靶器官;为选择慢性毒性试验的合适动物种系提供依据,了解有无毒性代谢产物的形成。

(8)慢性毒性和致癌试验:了解经长期接触受试物后出现的毒性作用,尤其是进行性和不可逆的毒性作用以及致癌作用;最后确定最大无作用剂量,为受试物能否用于食品的最终评价提供依据。

2. 各项毒理学试验结果的判定

(1)急性毒性试验:如 LD_{50} 剂量小于人的可能摄入量的 10 倍,则放弃该受试物用于食品,不再继续其他毒理学试验;大于 10 倍者,可进入下一阶段毒理学试验。凡 LD_{50} 在人的可能摄入量的 10 倍左右时,应进行重复试验,或用另一种方法进行验证。

(2)遗传毒性试验:根据受试物的化学结构、理化性质以及对遗传物质作用终点的不同,并兼顾体外和体内试验以及细胞染色体畸变分析、小鼠精子畸形分析和睾丸染色体畸变分析中选择 4 项试验,根据以下原则对结果进行判断。

①如其中 3 项试验为阳性,则表示该受试物很可能具有遗传毒性作用和致癌作用,一般应放弃该受试物应用于食品,毋需进行其他项目的毒理学试验。

②如其中两项试验为阳性,而且短期喂养试验显示该受试物具有显著的毒性作用,一般应该放弃该受试物用于食品;如短期喂养试验显示有可疑的毒性作用,则经初步评价后,根据受试物的重要性和可能摄入量等,综合权衡利弊再做出决定。

③如其中一项试验为阳性,则再选择 V79/HGPPRT 基因突变试验、显性致死试验、果蝇伴性隐性致死试验、程序外 DNA 修复合成(UDS)试验中的两项遗传毒性试验;如再选的两项试验均为阳性,则无论短期喂养试验和传统致畸试验是否显示有毒性与致畸作用,均应放弃该受试物用于食品;如有一项为阳性,而在短期喂养试验和传统致畸试验中未见有明显毒性与致畸作用,则可进入第三阶段毒性试验。

④如 4 项试验均为阴性,则可进入第三阶段毒性试验。

(3)短期喂养试验:在只要求进行两阶段毒性试验时,若短期喂养试验未发现有明显毒性作用,综合其他各项试验即可做出初步评价;若试验中发现有明显毒性作用,尤其是有剂量——反应关系时,则考虑进行进一步的毒性试验。

(4)90d 喂养试验、繁殖试验、传统致畸试验:根据这 3 项试验中所采用的最敏感指标所得的最大无作用剂量进行评价,原则是:

①最大无作用剂量大于或等于人的可能摄入量的 100 倍者表示毒性较强,应该放弃该受试物用于食品。

②最大无作用剂量大于 100 倍而小于 300 倍者,应进行慢性毒性试验。

③大于或等于 300 倍者则不必进行慢性毒性试验,可进行安全性评价。

(5)慢性毒性试验(包括致癌试验):根据慢性毒性试验所得的最大无作用剂量进行评价,原则是:

①最大无作用剂量小于或等于人的可能摄入量的 50 倍者,表示毒性较强,应该放弃该受试物用于食品。

②最大无作用剂量大于 50 倍而小于 100 倍者,经安全评价后决定该受试物可否用于食品。

③最大无作用量大于或等于 100 倍者,则可考虑允许使用于食品。

3. 食品添加剂安全性毒理学评价试验的选择

由于食品添加剂有数千种之多,有的沿用已久,有的已由 FAO/WHO 等国际组织做过大量同类的毒理学评价试验,并已取得结论。因此,我国对于食品添加剂,可按下列原则进行毒性试验:

(1)凡我国创造的新化学物质,一般要求进行上述4个阶段试验的安全性评价;

(2)凡属与已知物质(指经过安全评价并允许使用)的化学结构基本相同的衍生物,一般在进行第一、第二、第三阶段试验后,由有关专家进行评议,并决定是否进行第四阶段试验。

(3)凡属我国仿制的化学物质,如多数国家已允许使用,并有安全性证据,或WHO已订有ADI,同时又能证明我国产品与国外产品一致,一般进行第一、第二阶段后,即可进行评价,并允许用于食品,制定使用卫生标准。凡在产品质量或试验结果方面与国外资料或产品不一致,应进行第三阶段试验。

(4)鉴于食品中使用的香料品种很多,确定的化学结构很不相同,而用量则很少,在评价时可参考国际组织和国外的资料和规定,分别决定需要进行的试验。

凡属世界卫生组织已建议批准使用或已制定日许量者,以及香料生产者协会(FEMA)、欧洲理事会(COE)和国际香料工业组织(IOFI)4个国际组织中的2个或2个以上允许使用的,在进行急性毒性试验后,参照国外资料或规定进行评价。

凡属资料不全或只有一个国际组织批准的,先进行急性毒性试验和毒理学试验中所规定的致突变试验中的一项,经初步评价后,再决定是否需要进行进一步试验。

凡属尚无资料可查、国际组织未允许使用的,先进行第一、第二阶段毒性试验,经初步评价后,决定是否需进一步试验。

从食用动植物可食部分提取的单一高纯度天然香料,如其化学结构及有关资料并未提示具有不安全性的,一般不要求进行毒性试验。

(5)对于其他食品添加剂,凡属毒理学资料比较完整,世界卫生组织已公布日许量或不需限定日许量者,要求进行急性毒性和一项致突变试验,首选Ames试验或小鼠骨髓微核试验。

凡属有一个国际组织或国家批准使用的食品添加剂,但世界卫生组织未公布日许量,或资料不完整者,在进行第一、二阶段毒性试验后初步评价,以决定是否需进行进一步的毒性试验。

对于天然植物提取的单一组分,高纯度的添加剂,凡属新品种需先进行第一、二、三阶段毒性试验,凡属国外已批准使用的,则进行第一、二阶段毒性试验。

(6)进口食品添加剂:要求进口单位提供毒理学资料及进口国批准使用的资料,由省、直辖市、自治区一级食品卫生监督检验机构提出意见报卫生部食品卫生监督检验所审查后决定是否需要进行毒性试验。

三、日许量(ADI)和最大使用量(E)

日许量是每日允许摄入量(Acceptable Daily Intakes——ADI)的简称;单位为每天每千克体重允许摄入的毫克数,简写mg/kg。它是国内外评价食品添加剂安全性的首要和最终依据,也是制定食品添加剂使用卫生标准的重要依据。日许量主要由FAO/WHO所属食品添加剂专家联合委员会(JECFA)根据各国所用食品添加剂的毒性报告和有关资料自1956年起陆续制定,联合国食品添加剂法规委员会(CCFA)每年年会的主要讨论内容之一,就是对JECFA所提出的某些食品添加剂的ADI作出评价、修改或撤销,各国对此也已普遍接受。

最大使用量是指某种添加剂在不同食品中允许使用的最大添加量,通常以“g/kg”表示,是食品企业使用食品添加剂的重要依据。

根据JECFA对ADI的定义:依据人体体重,终生摄入一种食品添加剂而无显著健康危害的每日允许摄入的估计值,用mg/kg·BW表示。这是根据对小动物(大鼠、小鼠等)近乎一生的长期毒性试验中所求得的最大无作用量(MNL),取其1/100～1/500作为ADI值。所以取1/100～1/500作为人的安全率,这是考虑到人和动物之间的感受不同;人中有病人和幼弱者等耐力低下者;某些食品添加剂之间在毒性方面也有相加甚至相乘作用等因素制定的。即对动物MNL值,应不同于对人的ADI值,并根据数据取1/100～1/500作为安全率。

必须注意的是这里所说的ADI是指某种或某组物质从外界进入人体的总量。若某物质除食品外还有其他途径进入人体的情况,则需确定该物质在食品中所占摄入量的比例,再根据ADI确定食品中最大允许量。若该物质除食品外并无其他途径进入人体,就可以仅仅考虑各种食品中该物质的每日摄入总量。大多数食品添加剂属于后种情况。

确定某物质的每日摄入总量后,就需要进行人群的膳食调查,根据膳食中含有该物质的各种食品的每日摄取量,分别订出其中每种食品含有该物质的最高允许量。至于各种食品中的最大使用量是使用标准中的主要内容,这通常是根据上述各种食品中的最高允许量并略低于它而订出的,目的还是为了人体的安全。具体某种食品中的最大允许用量,还要按照该物质的毒性及在食品中的实际需要而定。

此外,各国在制定食品添加剂使用标准时,常根据各国饮食习惯,取平均摄食量的数倍作为人体可能进食的依据。因此,各国制订的允许量绝对不会超过ADI值所规定的标准。

例如,糖精钠对小鼠的MNL值为500mg/kg,FAO/WHO规定(1994)ADI值为0～5mg/kg,其安全率为1/100。如一般成人体重以70kg计,则ADI值为每人每天摄入350mg。我国GB 2760—86规定用于面包、饼干等的最大允许使用量为150mg/kg。一般成人每天对面包、饼干的最高摄入量约为0.5kg,则每人每天的最大摄食量相当于75mg,为ADI值的21.4%。因此其安全性是完全可以保证的。

四、一般公认为安全者(GRAS)

美国FDA将FEMA(美国食用香料制造者协会)推荐的2834种香料列为GRAS,另有300余种非香料的食品添加剂列为GRAS,于每年出版的美国联邦法规索引(CFR)中公布(每年小有变动)。

按FDA规定,凡属于GRAS者,均应符合下述一种或数种范畴:

(1)在某一天然食品中存在者。

(2)已知其在人体内极易代谢(一般常量范围)者。

(3)其化学结构与某一已知安全的物质非常近似者。

(4)在广大范围内证实已有长期安全食用历史者(在某些国家已安全使用30年以上者)。

五、食品添加剂的基本要求

人们对食品的要求首先是为了满足营养方面的需求,其次人们又希望得到食品良好的色、香、味、形态和组织结构,以满足感官方面的要求,而食品添加剂正是为了改善这些方面的特性而使用的。但是在满足上述两方面需求的基础上,安全性是不容忽视的,因此也就要求食品也应是无毒、无害的,这样也就为添加剂提出了相应的要求,据此对添加剂提出一些一般性要求如下:

(1)食品添加剂本身应该经过充分的毒理学评价程序,证明在规定的使用范围内对人体是无毒无害的。

(2)食品添加剂在进入人体后,最好能参加人体正常的物质代谢,或能被正常解毒过程解毒后全部排出体外,或因不被消化道消化吸收而全部排出体外;不能在人体内分解为对人体有害的物质或加入食品后形成对人体有害的物质。

(3)食品添加剂在达到一定的工艺功效后,若能在以后的加工、烹调过程中消失或破坏,避免摄入人体,则更为安全。

(4)食品添加剂要有助于食品的生产、加工、制造和贮藏等过程,具有保持食品营养、防止腐败变质,增强感官性状、提高产品质量等作用,并在较低的使用量的条件下具有显著效果。

(5)食品添加剂应有严格的质量标准,有害物质不得检出或不能超过允许的限量。

(6)食品添加剂对食品的营养成分不应有破坏作用,也不应影响食品的质量和风味。特别是不得掩盖食品原有品质。

(7)使用方便安全,易于贮存、运输与处理。

(8)添加于食品后能被分析鉴定出来。

(9)价格低廉,来源充足。

六、有关食品添加剂毒性的不同看法

按照上述评价所得出的结论,应该认为是科学、严密、可靠和安全的。但由于种种原因,各国都存在着不同的看法,有的认为严格按照法规规定来使用食品添加剂是无害的,但也有存在疑虑和认为有害的。

(1)所使用的食品添加剂的商品质量是否符合法定规定。

(2)使用食品添加剂时是否严格遵守法定的使用范围和最大允许使用量。

(3)应与间接进入食品的外来物(如农药残留、兽药、包装材料迁移物、谷物的霉菌毒素)及食品中天然存在的有害成分与所用食品添加剂相区别。

(4)是否属于食品在加工过程中由热分解所产生的诱变性物质。

(5)应该理解“绝对安全,实际上是不存在”的,无论是天然的还是合成的,只要摄入量充分的大和(或)食用时间足够的长,都会在一些人身上引起有害的结果,包括食盐、糖、动物脂肪等一般认为”绝对安全”的天然物质。因此各种食品添加剂的使用都有一个适量的问题,包括维生素等营养强化剂。

(6)婴儿代乳食品中不得使用色素、香精和糖精类。

第四节　食品添加剂管理

随着人们生活节奏的加快,即食食品的消费席卷全球。这种看起来简单的即食食品所包含的配料其实非常复杂,有许多种类。现代食品已越来越离不开食品添加剂了。如果现代人类社会失去了这些添加剂,一些即食食品的味道将大不如前。各种食品还会面临许多新问题,比如微生物污染和细菌的滋生,营养成分的缺失,等等。以英国为例,在所销售的一块肉馅土豆饼中,就有50多种不同的配料,包括提升食品鲜味的、起乳化作用的、增加稠度的等等。专家认为,复杂的食品配料体系和食品安全链加大了追踪潜在问题食品的难度,比如50种配料就有50种出错的可能。英国农业食品检验部门的有关专家就认为,即使英国食品检测部门的

能力再强,食品添加剂的标准再完善,也要面对数千种含有50种以上配料的食品,也就难以保证每次都能百分之百地检验出食品的来源和安全性。其实食品标准不健全不仅在中国,在世界各国都普遍存在,尤其体现在即食食品,也就是人们俗称的快餐的安全管理上。加强食品添加剂的管理是十分必要的。

食品添加剂作为食品中一类特殊的添加物,已经越来越多地应用于食品生产加工,由于它们大多属于化学合成物或动植物提取物,考虑其本身的安全以及可能对食品卫生质量产生的各种影响,世界各国都十分重视食品添加剂及其使用过程的卫生管理。随着法制化管理体系的不断完善,我国相继制定并实施了一系列法规与标准,无论是过去还是今天,这些法规标准均在以下方面对食品添加剂提出了严格要求:

(1)不得对消费者产生急性或潜在危害;

(2)不得掩盖食品本身或加工过程中的质量缺陷;

(3)不得有助于食品假冒;

(4)不得降低食品本身的营养价值。

一、国外对食品添加剂的管理组织及法规

(一)联合国FAO/ WHO对食品添加剂的管理

联合国粮农组织(FAO)和世界卫生组织(WHO)专门成立了一个国际性专家咨询组织——食品添加剂联合专家委员会(JECFA),评估食品添加剂、污染物等物质的安全性,在此基础上国际食品法典委员会(CAC)制定出食品添加剂的国际法典通用标准,供各国参考。

附属于FAO/ WHO的食品添加剂专家委员会(JECFA),是由世界权威专家组织以个人身份参加的,以纯科学的立场对世界各国所用的食品添加剂进行评议,并将评议结果不定期进行公布,会议基本上每年召开一次。1962年FAO/ WHO联合成立了"食品法典委员会(CAC)",下设"食品添加剂法典委员会(CCFA)",后者也每年定期召开会议,对JECFA所通过的各种食品添加剂标准、试验方法、安全性评价等进行审议和认可,再提交CAC复审后公布,以期在广泛的国际贸易中,制定统一的实验方法和评价等,克服由于各国法规不同造成贸易上的障碍。

但由于联合国是一种松散型的组织,因此其所属机构所通过的决议只能作为向各国推荐的建议,不具备直接对各国起到指令性法规的作用,因此,各国仍自行制定各自的相应法规标准,但可作为参考。

(二)美国对食品添加剂的管理

美国是最早制定有关食品安全的法规,如1908年制定了食品卫生法(Pure Food Act),随后相继制定了《食品药物和化妆品》(Food, Drug and Cosmetic Act, FD&C)、《食品添加剂法》(Food additives Act)、《肉品卫生法》(Whole - Some Meat Act)、《禽类产品卫生法》(Whole - Some Poultry Products Act),分别由美国食品与药物管理局(FDA)和美国农业部(USDA)贯彻实施。这些联邦法规对食品添加剂方面的主要作用是建立"允许使用范围、最大允许使用量和标签表示法"。

美国的《食品添加剂法》中规定,出售食品添加剂之前需经毒理试验,食品添加剂的使用安全和效果的责任由制造商承担,但对已列入GRAS者例外。凡新的食品添加剂在得到FDA批

准之前,绝对不能生产和使用。

(三)欧共体对食品添加剂的管理

欧共体成立了“欧共体食品科学委员会”,负责 EEC 范畴内有关食品添加剂的管理,包括对 ADI 的确认、是否允许使用、允许使用范围及限量,并据此编制各种食品添加剂的 EEC No.,并有各种不定期的出版物出版。

二、中国对食品添加剂的管理

在我国,食品添加剂的使用需具备 3 个条件:第一,必要性。食品加工如果可以不用食品添加剂就不能加。例如,卫生部于2011 年3 月1 日正式发布公告,撤销面粉增白剂;第二,安全性。除了科学实验之外,至少有两个发达国家使用后证明安全可靠的食品添加剂,我国才会给予批准(少数例外,如桂皮等);第三,合法性。食品企业只有使用国家批准的食品添加剂才是合法的行为。

我国在 20 世纪 50 年代开始逐渐对食品添加剂采取了管理措施,于 1973 年成立“食品添加剂卫生标准科研协作组”开始有组织、有计划的管理食品添加剂。陆续制定了《中华人民共和国标准　食品添加剂使用卫生标准》和《食品添加剂卫生管理办法》等有关法规。有些法规随着时代的变迁,为了适应新时代的需求,名称和内容都发生了一些变化。但任何一种新的食品添加剂在使用前都要依据法规经过一系列毒理学试验和严格的审批手续才能使用,还要根据试验确定使用范围和最大无毒作用量。目前,相应的法规有《中华人民共和国食品安全法》、《食品安全国家标准—食品添加剂使用标准》(GB 2760)、《食品安全国家标准—食品营养强化剂使用标准》(GB 14880)、《食品添加剂新品种管理办法》、《食品安全国家标准—复配食品添加剂通则》(GB 26687)和《食品安全国家标准—预包装食品标签通则》(GB 7718)等。

另外,中国对于生产、使用新的食品添加剂施行严格的准入制度,其主要审批程序为:

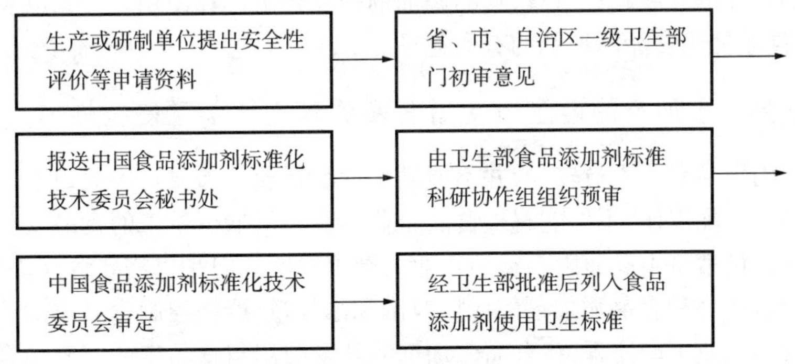

2011 年 6 月 1 日,我国第一部专门针对食品添加剂生产的管理规定《食品添加剂生产监督管理规定》(以下简称《规定》)正式实施。《规定》对食品添加剂的生产审批程序进行了细化,明确了生产者必须取得生产许可证后,方能从事食品添加剂的生产。与此同时,《规定》还进一步提高了食品添加剂的生产准入门槛,对从业人员素质、产品场所环境、厂房设施、生产设备或设施的卫生管理以及出厂检验能力等方面提出了更严格的要求。

《规定》对食品添加剂企业也提出了更为严格的要求,生产者质量义务具体包括:生产者应当对出厂销售的食品添加剂进行出厂检验,合格后方可销售;生产者应当建立原材料采购、生产过程控制、产品出厂检验以及售后服务等的质量管理体系,并做好生产管理记录;食品添加剂包装应该采用安全、无毒的材料,并保证食品添加剂不被污染;生产者应该对生产管理情况,重点是食品添加剂质量安全控制情况进行自查等。另外,《规定》还明确要求,如果生产的食品添加剂存在安全隐患的,生产者应该依法实施召回。在标识方面,《规定》要求,食品添加剂标签、说明书不得含有不真实、夸大的内容,不得涉及疾病预防、治疗功能;有使用禁忌或安全注意事项的食品添加剂,应当有警示标志或者中文警示说明。

新修订的《食品添加剂生产监督管理规定》要求食品配料中的食品添加剂须在包装上标明具体名称。这样一来以往隐身于"食品添加剂"、"防腐剂"、"增稠剂"等笼统说法背后的各种添加剂统统浮出水面。

第五节　食品添加剂的发展新动向

2010年,国家在研究制定《全国食品工业"十二五"发展规划》工作中,首次将食品添加剂行业列为其中的一个子项目,这体现了社会、经济中食品添加剂行业的重要地位。根据我国《食品添加剂和配料行业"十二五"发展规划》,将会全面引导行业健康发展,进一步推动我国食品工业的快速发展,满足新时期人们日益提高的生活需要和全面建设小康社会的需要。近年来,食品添加剂在食品工业科技创新方面的作用越来越明显,许多食品工业新技术和新产品都与食品添加剂的科学合理使用相关,食品添加剂成为了食品工业科技创新的重要基础。随着食品工业的不断发展,食品添加剂已经成为了食品工业的灵魂,发展食品添加剂是食品行业包容性增长和可持续发展的重要体现。

一、复合食品添加剂的发展为安全、高效使用食品添加剂创造了条件

从目前食品行业的发展趋势来看,食品添加剂的复合生产和使用是一条既符合行业发展,又有利于安全、高效使用食品添加剂的有效途径。

(一)复合食品添加剂的诞生为使用食品添加剂增加了安全性

由于目前国内食品专业人员较少,并不能满足食品行业的需要。因此,让少数的专业人员从事食品添加剂的复配工作,不仅能解决食品企业专业人员缺少带来的食品安全隐患,也能解决食品行业从业人员素质不高而影响食品行业的健康发展。但是仍需要食品添加剂从业人员熟悉GB 2760标准中每种食品添加剂的应用范围和添加量,严格控制食品添加剂的应用范围,同时必须熟悉食品工业生产流程,将食品添加剂的开发应用与食品生产紧密结合,将由于食品添加剂而引起的食品安全问题扼杀在摇篮里。

(二)采用复合食品添加剂可以大大提高食品添加剂的使用效率

(1)复合可以发挥各种单一食品添加剂的互补作用,从而扩大食品添加剂的使用范围或提高其使用功能。例如营养强化剂维生素A、D以及钙和磷,它们各自都有着不同的营养和功能。但是将它们单一添加或是同时添加,或是同时按一定比例添加,其人体吸收的效果则大不一

样。若将它们按一定的比例复合后,添加到食品中,不仅可以发挥它们各自的营养功效,同时还能大大促进这些营养成分在人体中的吸收和发挥较为全面的营养保健效果。

(2)通过复合,使各种食品添加剂协同增效,从而,可以降低每一种食品添加剂的用量和成本,可以达到既增强效果,又减少副作用,保障消费者健康的目的。例如某些防腐剂在酸性物质存在的条件下,其防腐效果明显增强,将这些防腐剂与酸味剂复合,就能大大的增强防腐效果;某些抗氧化剂与维生素类营养强化剂复合,可大大增强其抗氧化性能;某些甜味剂按一定的比例复合,可显著的增强各自的甜度;某些鲜味剂按比例复合后,其鲜度可以成倍增长。所以,我们可以充分利用食品添加剂之间复合产生的"相加"或"相乘"效应,从而降低每一种食品添加剂的用量,达到降低成本,提高效益的目的,同时可以使食品添加剂的副作用尽可能降低,保障人们的身体健康。

(3)通过复合,实现对某种食品添加剂的改性,使其最大限度的满足人们对其工艺性能的要求。单一的食品添加剂往往在其物理化学性能方面有着这样或那样的缺陷,有的不能满足严格的食品加工工艺(例如酸、碱、热力、压力)等方面的要求,如果采取比例复合的方法往往可以改善其特性,达到人们满意的效果。例如:某些水溶胶之间,或水溶胶与某些盐类之间可以通过比例复合,大大改善其耐酸性、凝冻性,韧性和其他加工性能。

(三)发展复合添加剂有利于更好地贯彻、执行 GB 2760 法规

采用复合食品添加剂,就可以实现食品添加剂使用"傻瓜化",减少使用中的事故和偏差,有利于 GB 2760 法规在食品生产制造过程中被更好地贯彻和执行,这对于技术力量相对薄弱的企业,尤为适合。

由此可见,通过食品添加剂的复合,可以大大改善食品添加剂的性能,拓展使用范围,提高品质和效果,方便添加和使用,降低用量和成本,减少副作用,实现了食品添加剂的"傻瓜化",不仅大大降低了超量和滥用食品添加剂的风险,而且降低了因使用者具备的知识不够而造成的安全风险。

复合食品添加剂产业的发展,已经引起有关部门、专家学者和业内人士的高度重视。这不仅将为复合食品添加剂的发展注入新的生机和活力,而且作为食品加工的重要原辅料,为食品的安全把好了严格的质量关。我们相信,在食品工业与食品添加剂行业的发展中,食品添加剂的生产高科技化、使用"傻瓜化"、产品复合化、必将成为食品添加剂工业发展的方向和潮流。

二、功能性食品添加剂和配料将成为食品添加剂新品研发的热点

当今世界,随着经济的发展和物质生活的不断改善,食品的安全、营养和健康成为消费者日益关注的热点,所以在普通食品中添加某些功能配料的功能食品,成为近年世界食品工业新的增长点。世界食品工业年增长率为 2% 左右,而功能食品年增长率达 10%,为此功能性配料也就成为国内外争相研发的重要课题,成为食品添加剂新品研发的热点。

据 2008 Specialty Chemicals. SRI 报导,世界功能性食品添加剂和配料(包括营养强化剂和食物补充剂)的销售额,2007 年达到 1344.69 亿美元,2012 年预计达 1800 多亿美元,详见表 1-1。

表 1-2 功能性食品添加剂销售情况表

国别	2007 年/(1×10^6)美元	2012 年/(1×10^6)美元	平均年增长/%
美国	47600	68436	7.6
西欧	42493	52949	4.5
中东欧	1234	1987	10
日本	16301	18115	2.1
中国	10751	19483	12.6
其他地区	16090	21682	6.1
合计	134469	182652	6.3

我国开发具有防病抗病的功能性食品添加剂,有一定的基础和历史。如红曲米(降血脂)、甘草甜(护肝)、木糖醇(不升血糖)、海藻酸钾(降血压)、胡芦芭胶(有益于糖尿病人)、竹叶抗氧剂(有益于心血管病人)等,相继列入 GB 2760 使用卫生标准。有很多企业已利用其功能,申报了保健食品,被列入药物监督局药物名单的,有护肝药物甘草酸铵,糖尿病人辅助治疗剂木糖醇等。

但是和目前国际上近期发展较快的多酚黄酮和类胡萝卜素两类抗氧剂相比,我国相对滞后,多酚黄酮起步并不晚,但因管理体制等原因,发展不理想,消费者了解也不多;类胡萝卜素,如蕃茄红素、叶黄素等我国 2005 年以后才逐步产业化。叶黄素列入 GB 2760 是 2007 年,美国 FDA 于 2003 年批准;蕃茄红素我国于 2009 年列入 GB 2760,美国为 2005 年,比美国晚了 4 年。

1. 茶多酚

茶叶中可溶性固物,占绿茶干物质的 15% ~25%,主要成份是儿茶素(黄烷醇)。研究报告指出,茶多酚中儿茶素含有两个以上的酚羟基,具有很强的供氢能力,能与自由基结合,使成为惰性化合物,因而能防止脂质被氧化,降低脂质过氧化物和致癌物丙二醛的水平。我国近年批准用茶多酚为原料生产的保健品,有调节血脂、免疫、调节血糖、耐缺氧、减肥、防龋齿等数十种,作为保健用,建议每人每日摄入量 20mg。经 20 多年的研发,茶多酚作为食品抗氧剂,既有水溶性又有油溶性,是能作为医药原料的高纯度产品。如杭州东方茶业科技公司开发的茶多酚,其含量 90% 以下的叫茶多酚;90% 以上,纯度达 98%,叫儿茶素,已出口国外。近年不论在欧、美、日等发达国家,对于纯度高的绿茶儿茶素,由于具有抗癌、抗病毒、抗菌、抗辐射、降脂、降压、防龋齿、消臭等多种功能,其研究开发始终不断。荷兰 DSM 在上海投资建设年产 40t 纯儿茶素的工厂,产品纯度 95% 以上,作为高效天然抗氧剂、预防心血管疾病的功能性添加剂和药物,并将以能溶于水的白色结晶上市。

2. 竹叶黄酮

淡竹叶是我国卫生部确认为既是食品又是药品的传统中草药,近代研究表明,竹叶中含有的黄酮成分,是其防病抗病的重要因素。竹叶抗氧化物具有优良的抗自由基能力,类似 SOD 的作用,能螯合过渡态金属离子,阻断脂肪自动氧化,在啤酒中添加竹叶抗氧化物,双乙酰回升显制受抑制。香肠中添加 0.01% 的竹叶抗氧化物,可增强抗氧化能力,改善色香味,并大幅减少硝酸盐用量。此外,竹叶抗氧化物还有较强的抑菌作用,对沙门氏菌、金黄色葡萄球菌、肉毒梭菌有一定的抑制作用,是一种天然、营养多功能的食品添加剂。在经过省级卫生系统的毒理学试验、卫生部毒理学专家审定后,2003 年 12 月经审查同意,作为新品种抗氧化剂列入 GB 2760 卫生使用标准,可应用于食用油脂、肉制品、水产制品和膨化食品,最大使用量为 0.5g/kg。由于竹叶抗氧化剂的安全、高效和低成本,在 2004 年出展日本和美国时,均受到国外食品界如化妆品界的青睐。卫生部 1999 年批准用竹叶黄酮配制的保健品竹康宁,具有免疫调节,调节血脂功能,每日摄入量 30~50mg。

3. 大豆异黄酮

大豆异黄酮主要活性成分为染料木素和大豆黄酮,是一类含有多个酚羟基的多酚化合物的总称。主要生理功能为:预防骨质疏松、预防心血管病、缓解更年期综合症。最近的动物试验说明,大豆异黄酮由于其抗氧化活性,能抑制皮肤成皮细胞的老化和抑制皮肤癌症发生的危险。大豆异黄酮不是激素,但能和雌激素受体结合发挥微弱的雌激素作用,所以叫植物雌激素。目前市场大豆异黄酮价格,纯度 40% 的约为 1100 元/kg,纯度 60% ~80% 为 2000~3000 元/kg,而纯染料木素价 1 万元/kg。早先我国大豆异黄酮,作为妇女用保健品大量从美国进口,每日摄入量有效物 30~50mg。近 5 年国内大豆异黄酮发展很快,山东三维有大豆异黄酮 30t,纯度 40%;陕西荔北有大豆异黄酮 12t,纯度 40%;其他有华药、哈高科、清华大学等生产,估计生产能力达 200t,并有部分出口。

4. 葡萄皮及籽的提取物

从葡萄中提取的多酚包括花青素(OPC)和类黄酮,有较好的抗氧化功能,有益于预防冠心病和小动脉的硬化。此外,葡萄中含有一种白黎芦醇,是一种葡萄受微生物侵垄而自身产生的植物抗毒素,有抗菌、抗炎、抗氧化、抗癌的活性,并具有防止低密度脂蛋白氧化,抑制血小板凝集的作用,每日摄入量 50~80mg。

我国葡萄籽提取物各地有不少企业生产,全国产能约 200t,实产 100~120t,以出口为主。山东盛产葡萄,有几处专业生产的企业,蓬莱海洋生物公司新建葡萄籽的提取物车间,花青素含量 95% 以上,主要用于出口国外。

5. 番茄红素

番茄红素具有极强的抗氧化,能消除体内自由基,免受氧自由基的损伤作用;清除单线态氧的速度常数,是天然抗氧剂 VE 的 100 倍,能有效保护生物膜,抑制低密度脂蛋白(LDL)的氧化,延缓细胞和人体的衰老、抑制肿瘤、低密度脂蛋白(LDL)氧化,保护肌肤免受伤害。特别明显的保健功能,是能缓解和减轻冠心病人的病情,以及对前列腺炎的防治效果。

番茄红素自然界主要存在于蕃茄和西瓜中,但含量很少,所以天然物必须从蕃茄酱中提取,因而价格昂贵,国际价天然物每公斤 6000 美元,合成物每公斤 1500 美元。我国新疆全区有蕃茄酱生产能力达 80 万 t,是番茄红素最好的生产基地。新疆红帆公司,在我国首先唯一实现了番茄下脚皮渣超临界提取番茄红素新工艺,并建立了年产 20t 生产装置,其产品已远销欧美(番茄红素世界销售额 2004 年达 1.45 亿美元)。新疆红帆是国家蕃茄红素标准起草组长单位,2001 年卫生部批准蕃茄红素胶囊为延绥衰老、养颜保健食品,作为保健品,每日摄入量 5~6mg,2009 年批准列入 GB 2760。

6. 叶黄素

叶黄素存在于绿色植物和人体的血浆和器官中,是单线态氧的有效淬灭剂,能消除羟自由基;是脂类过氧化反应的断链抗氧剂,在细胞和细胞膜中,和脂类结合而有效抑制脂质的氧化。补充叶黄素可延缓预防老年性视网膜黄斑变性(AMD)引起的视力下降,我国于 2007 年批准叶

黄素列入食品添加剂名单。新昌制药2007年曾用叶黄素试制了饮料和蛋糕;国内市场上有多种含叶黄素的护眼功能保健品,作为保健品,每日摄入量10~20mg。

目前国内市场较流行、为大家熟知的有无糖口香糖、无糖月饼等功能食品,主要针对糖尿病人和希望少摄入食糖的人群,但尚缺乏专门针对高血脂、高血压和保护及改善视力的功能食品。随着人们健康意识的提高,这类功能食品将有广阔的市场前景,相应配套的功能食品添加剂也会得到极大的拉动和发展。

以上介绍的多酚黄酮和类胡萝卜素功能性添加剂,功能明显,有针对性,技术含量和附加值高,在我国原料来源广阔、安全可靠,适合我国的国情。我国还有很多植物资源尚待开发,如橄榄黄酮、山楂黄酮、虾青素、玉米黄素等新品种。总之针对我国居民健康状况,研发各种为功能饮料和食品配套的功能性食品添加剂,具有广阔的发展前景。

思考题

1. 简述食品添加剂的定义域,我国食品添加剂的定义是什么?
2. 食品添加剂在食品工业中处于什么地位?
3. 食品添加剂在食品加工中具有什么作用?
4. 食品添加剂是如何分类的,可以分多少种类?
5. 简述食品添加剂的毒理学评价方法和步骤。
6. 如何确定每日允许量(ADI)和最大使用量(E)?
7. 在使用食品添加剂方面,是否存在着安全隐患?
8. 各国是如何管理食品添加剂的生产和使用的?
9. 简述我国食品添加剂发展的状况、存在的问题和发展的趋势。

第二章 乳化剂

本章学习目的与要求

掌握食品乳化剂概念、作用原理、HLB值概念及常见食品乳化剂的基本特性及应用,了解食品乳化剂的应用现状及乳浊液的制备。

食品是含水、蛋白质、脂肪、糖类等组分的多相体系,食品中的各种成分要经过调制、加工、运输、出售而成为商品。但其中许多成分是不相溶的,不相溶的成分之间就会形成界面。例如:油与水就很难均匀地混合,由于各组分混合不匀,致使食品中出现油水分离、焙烤食品发硬、巧克力糖起霜等现象,会影响食品质量。乳化剂正是通过改变界面的表面张力使食品的多相体系各组分相互融合,形成稳定、均匀的形态,改善内部结构,简化和控制加工过程,提高食品质量的一类添加剂。在食品加工中常使用它达到乳化、分散、起酥、稳定、发泡或消泡等目的。乳化剂还有改进食品风味、延长货架期等作用。

乳化剂与增稠剂和膨松剂一样都是改善或稳定食品各组分的物理性质或改善食品组织状态的添加剂,它们对食品的"形"和质构以及食品加工工艺性能起着重要作用。食品乳化剂是食品添加剂中消费量较大的种类,食品乳化剂大多数是表面活性剂。

第一节 乳化剂的基本概念

一、乳化现象

把水和油一起注入烧杯,稍静置,就出现分层,在分界面处形成一层明显的接触膜。即便加以强烈的搅拌使两者互相混合,但是这种机械方法的分散液态也是不稳定的。一旦静置,还会分层。如果在此体系中加入少量的乳化剂,再进行搅拌混合,则油可以变成微小液粒分散于水中,这种混合液体系从外观看来,如奶一样呈乳状,所以成为乳化液。稳定性好的乳化液静置时也很难分层,这种现象就叫乳化。乳化液在自然界中广泛存在,例如:动物的乳汁,食物中的油和脂肪在消化过程中也要被胆碱等物质所乳化,才能被肠壁细胞所吸收。乳化是乳化剂的主要作用之一,没有乳化剂就没有稳定的乳化液。

二、乳化剂与乳浊液

上述现象是如何发生的呢?简单地说,在物质相界面都存在着界面张力,由物理学方面的知识可知,界面张力有使物体保持最小表面积的趋势,在油相与水相中各自由于其界面张力的作用而尽量缩小其表面积,在接触上就表现为尽量缩小其接触面积,在界面张力和重力的共同作用下,只有当烧杯中的油、水分层时,他们的接触面积最小。而10mL油若水中分散成0.1μm的小油滴,其总的界面面积可达300m^2,约为原来的100万倍,所以界面张力会引起排斥,只有到两相分层时物体的状态最稳定。

两不混溶的液相，一相以微粒状（液滴或液晶）分散在另一相中形成的两相体系称为乳状液。所形成的新体系，由于两液体的界面积增大，在热力学上是不稳定的。为使体系稳定，需加入降低界面能的第三种成分——乳化剂。"凡是添加少量，即可以显著降低乳化体系中各种构成相（Component Phase）之间的表面张力，形成各种构成相均匀分散的稳定体系（乳化体系）的物质，产生这种效果的食品添加剂叫食品乳化剂"。乳化剂属于表面活性剂，能使两种或两种以上不相混合的液体均匀分散。乳状液中以液滴形式存在的那一相叫做分散相（或称内相、不连续相）；另一相是连成一片的，称为分散介质（或称外相、连续相）。

常见的乳状液，一相是水或水溶液，通称为亲水相；另一相是与水不相溶的有机相，如油脂、蜡以及由亲油性物质与溶剂组成的溶液，通称为亲油相或疏水相。当两种不相溶的液相如水和油混合时，能够形成两种类型的乳状液（如图 2-1 所示），即水包油（O/W）型和油包水（W/O）型。乳状液的类型与两相的相互组成和比例有关系。外相是水，内相为油的乳状液叫做水包油型乳状液，其基本特性由水决定，牛奶即为一种 O/W 型乳状液。反之，外相为油，内相为水的乳状液则称为油包水型乳状液，其基本特性由油制约，人造奶油就是一种 W/O 型乳状液。还有一种是多重型（W/O/W）乳状液，类似于冰淇淋，有气相、水相和油相。

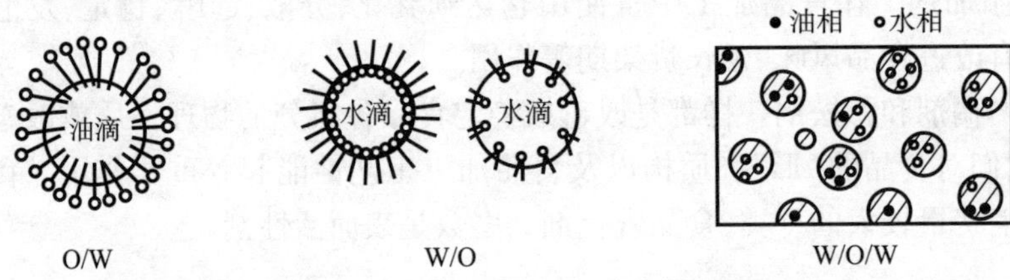

图 2-1　水包油型（O/W，oil/water）、油包水型（W/O，water in oil）和多重型乳化液示意图

制备乳状液时，使一种液体以微小的液滴分散在另一种液体中，这时被分散的液体表面积明显扩大。试验结果表明，体积为 $1cm^3$ 的一个油滴（球表面积 $4.83cm^2$，直径 1.24cm）分散成直径为 2×10^{-4}cm（2μm）的 2.39×10^{11} 个微小油滴，表面积增大到 $30000cm^2$，即增大了 6210 倍。这些微小的油滴较连成一片的油相具有高得多的能量。这种能量（也称为表面能或表面张力）同表面平行，并阻碍油滴的分布。因此，反抗表面张力必须要做功，所消耗的功 W 与表面积 ΔF 和表面张力 δ 成比例，即 $W=\Delta F\cdot\delta$。

由 $W=\Delta F\cdot\delta$ 看出，降低表面张力，可以使机械功明显减小。反之，机械能或物理化学能也可以替代乳化剂所做的功。因此，在实践中总是把这两者结合起来运用。当有固相存在时，应加入热能作为第三种能，使其融解，因为在乳化作用之前，被乳化相必须以液体形式存在。

只利用机械能制备乳状液时，得到的分散体系很不稳定。当乳状液状态破坏时，分散相粒子或质点很快聚结，最终导致两相再分离。然而，一种乳状液对于机械的、热的和时间的影响都应有足够的稳定性，这与如下内部因素有关系：

（1）内相分散的程度；

（2）界面膜的质量；

（3）外相的黏度；

（4）相体积比；

(5)两相的相对密度。

为使乳状液较长时间地保持稳定,必须加入助剂,抑制两相分离,使之成为热力学稳定的最终状态。使用稳定剂可以提高乳状液的黏度,形成机械稳定的界面膜,从而使以机械方法制备的乳状液保持稳定。常用的稳定剂大多是亲水胶体。

许多亲水胶体都具有与被乳化的粒子相互作用的能力,它们以络合的方式聚集加成到被保护的粒子上。亲水胶体可使被保护粒子的电荷或其溶剂化物膜增强或者两者同时均增强。相互作用强度取决于所用的亲水胶体和加工条件。

三、乳化剂的作用

乳化剂,也叫表面活性剂,主要有以下 3 个作用,按作用的主次排列如下:

(1)在分散相表面形成保护膜;

(2)降低界面张力;

(3)形成双电层;

无论在何种类型的乳化液中,乳化剂分子趋于集中于两种液体的界面,一端伸入内相,另一端伸入外相,在内相表面形成具有一定强度的界面膜,包住了内相液滴,使其碰撞时也相安无事,均匀地分散于外相之中。界面张力的降低,双电层的形成都可以使互不相溶的两相之间异相不太排斥,同相不易聚集,使乳化液体系保持着一种稳定的状态。

四、乳化剂的分子结构特点和组成

为什么加入乳化剂后产生乳化现象呢?这个问题可以从乳化剂的分子结构中找到解释。乳化剂分子结构由亲水和亲油基两个部分组成(见图 2-2),一部分是能被水湿润,易溶于水的基团,叫亲水基,多为含羟基的多元醇类和糖类如甘油(丙三醇)、山梨醇(已六醇)、蔗糖等;另一部分与油脂中的烃类结构相近似,易溶于油,叫亲油基,多是各种脂肪酸,如硬脂酸、油酸、中碳链脂肪酸等。这两个基团存在于一个结构中,分别处于分子的两端,形成不对称的结构,使乳化剂具有减弱油、水两相互相排斥的性质。因为,在乳化液中,乳化剂为求自身的稳定状态,在油水两相的界面上,乳化剂分子亲油基伸入(附着于)油相内,亲水基伸入(附着于)水相

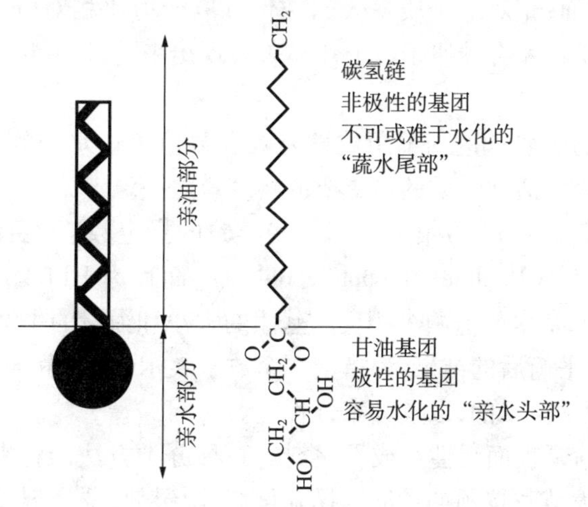

图 2-2　乳化剂的两亲分子结构示意图

内,在界面上形成乳化剂的分子膜,不但乳化剂自身处于了稳定状态,而且在客观上又改变了油、水界面原来的特性,使其中一相能在另一相中均匀地分散,形成了稳定的乳化液。分子结构的两亲特点,使乳化剂具有了把油、水两相产生水乳交融效果的特殊功能。一般乳化剂的加入量越多,界面张力的降低也越大。这样就使原来互不相溶的物质得以均匀混和,形成均质状态的分散体系,改变了原来的物理状态,进而改善食品的内部结构,提高质量。

表面活性剂分子中既存在亲水基团,又存在亲油基团,故能与水相和油相同时发生作用,于是表面活性剂分子在两相界面上发生定向排列。这是表面活性剂和乳化剂具有界面活性的先决条件。把很少量的表面活性剂溶解或分散在一种液体中,表面活性剂分子优先吸附在界面或表面上,并在其上定向排列,形成一定的组织结构(表面吸附膜或界面吸附膜);在溶液内部则缔合而形成胶束。溶液中加入表面活性剂后,由于发生这样一系列物理化学的变化,既能显著降低水的表面张力或液/液界面张力,改变体系的界面状态,从而产生润湿或反润湿,乳化或破乳,起泡或消泡,加溶等一系列作用。在实际应用中,常根据表面活性剂的作用功能和用途,分别把它叫做乳化剂、破乳剂、起泡剂、消泡剂、润湿剂、分散剂、增溶剂等。

五、乳化剂的 HLB 值

对于乳化剂亲水、亲油性质有影响的因素很多,互相的关系也很复杂。目前研究表明,以下几种因素对乳化剂的性质有较大影响。

(1)乳化剂的亲水性;

(2)亲水基的种类;

(3)亲油基的种类;

实践经验证明不同种类的亲油基的亲油性强弱顺序排列如下:

脂肪基 > 带脂烃链的芳香基 > 芳香基 > 带弱亲水基的亲油基

(4)分子结构与相对分子量。

亲油基和亲水基与所亲合的基团结构越相似,则他们的亲合性越好。

在结构方面,亲水基位置在亲油基链一端的乳化剂比亲水基靠近亲油基链中间的乳化剂亲水性要好。

在相对分子质量方面,相对分子质量大的乳化分散能力比相对分子质量小的好。直链结构的乳化剂,乳化特性是在 8 个碳原子以上才显著表现出来的,10 ~ 14 个碳原子的乳化剂的乳化与分散性较好。

目前,这四个因素的研究已达到了用数学公式和数值表达水平的只有亲水性,用 HLB 值表示,他是表征乳化剂表面活性性质的最重要的物理量之一。

1949 年,格里芬(W. C. Griffin)第一个用一些经验的指定数值表示乳化剂的亲水性,首先提出了亲水亲油平衡值(Hydrophile—Lipophile Balance,简称为 HLB)。他对 HLB 做了如下定义:HLB 是分子中亲油和亲水的这两个相反的基团的大小和力量的平衡。为了更直观,他对于这些基团的实际亲合力平衡后的结果,都指定一个数字表示,以表示分子内部平衡后整个分子的综合倾向是亲油的还是亲水的,以及其亲合程度。

Griffin 认为,HLB 值是表面活性剂或乳化剂的一种分类方法。将表面活性剂按其 HLB 值大小进行分类,可以大大节省按预期性能选择乳化剂、润湿剂、洗涤剂、增溶剂等的实验研究工作。他对许多表面活性剂的 HLB 值(0 ~ 20)做了规定。按此方法,从 HLB 值即可得知其用途。

从经验,可以得出一个 HLB 值的大致范围和应用性质的关系(参考图 2－3):凡 HLB 值在 1～3 的,可作为消泡剂;HLB 值在 3～6 的,适合作为油包水(W/O)型乳化剂;HLB 值在 7～9 的,可作为润湿剂;HLB 值在 8～18 的,适合作为水包油(O/W)型乳化剂;HLB 值在 13～15 的,可作为洗涤剂;HLB 值在 15～18 的,适合作为增溶剂。这是一种经验估计,实际上,在具体问题中往往出现较大的偏离。特别是对于 O/W 型乳状液,作为乳化剂的 HLB 值之范围可以很大,甚至只要 HLB 值在 8 以上者皆可作为乳化剂;洗涤剂及增溶剂的 HLB 值也不仅限于上述值范围内。

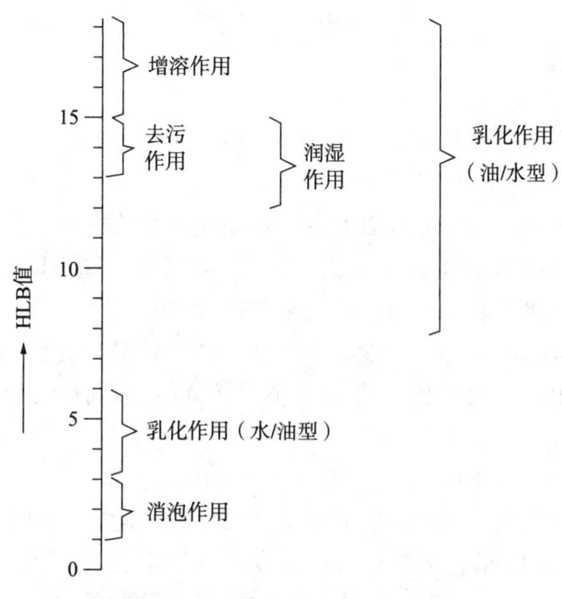

图 2－3　乳化剂的 HLB 值与其性能图

乳化剂分子中同时有亲水、亲油两基团,整个分子的倾向,取决于两类基团作用的比较,是两者亲和力平衡后,分子所表现的综合效果。

HLB 值是乳化剂最重要的特性指标,HLB 值是关于乳化剂性能的一个指标,对于了解乳化剂的功效、正确使用乳化剂有指导作用。下面介绍理论计算 HLB 值的几种公式:

①差值式

$$\text{乳化剂亲水性(HLB)} = \text{亲水基的亲水性} - \text{亲油基憎水性} \quad (2-1)$$

②比值式

$$\text{乳化剂的亲水性} = \frac{\text{亲水基的亲水性}}{\text{憎水基的憎水性}} \quad (2-2)$$

对于不同类型的乳化剂,式(2－1)、式(2－2)可以变化成不同的具体形式,如差值式的戴维斯法:

$$HLB = 7 + \sum \text{亲水基团值} - \sum \text{亲油基团值}$$

③亲水基团值和亲油基团值已由前人测出,可以从手册中查到,再根据分子结构进行计算。

如比值式的川上法:

$$HLB = 7 + 11.7\log\frac{\text{亲水基部分相对分子质量}}{\text{憎水基部分相对分子质量}}$$

又如质量百分数法：

HLB 值等于乳化剂亲水基团相对分子质量百分数的1/5。

例如：乳化剂硬脂酰乳酸钠相对分子质量中的42%是由亲水基团构成则硬脂酰乳酸钠的HLB =42/5 =8.4

④有些类型的乳化剂的HLB值无法用上述公式获得，可以采用实验的方法，如测定乳化剂的皂化值和原料脂肪酸的酸值，根据实验测定结果，用式(2-3)计算乳化剂的HLB值。

$$HLB = 20(1 - S/A) \tag{2-3}$$

S—乳化剂的皂化值；

A—原料脂肪酸的酸值。

例如：实验测定乳化剂山梨醇酐月桂酸酯皂化值为164，酸值为290，根据式(2-3)计算山梨醇酐月桂酸酯的HLB值：

$$HLB = 20(1 - S/A) = 20(1 - 164/290) = 20(1 - 0.57) = 8.7$$

如果乳化剂的HLB值用上述方法无法获得，还可以用已知HLB值的乳化剂(常用司盘span或吐温tween系列)进行乳化效果的比较来获得。

⑤一般认为，HLB值具有加和性。因而，可以预测一种混合乳化剂的HLB值。两种或两种以上乳化剂混合使用时，混合乳化剂的HLB值可按其组成的各个乳化剂的质量百分比加以核算，公式如下：

$$HLB_{a \cdot b} = HLB_a \cdot A\% + HLB_b \cdot B\%$$

式中 $HLB_{a \cdot b}$ 为混合乳化剂 a · b 的HLB值；HLBa是乳化剂a的HLB值，A%为其在混合物中所占质量百分比；HLBb是乳化剂b的HLB值，B%为其在混合物中所占质量百分比。

目前国内外市场上的许多复配乳化剂或专用乳化剂，往往就是根据HLB值的加和性调配而成的。

例如Span 60占45%，Tween 60占55%，则复合乳化剂的HLB值为：

$$HLB = 4.7 \times 0.45 + 14.9 \times 0.55 = 10.3$$

六、乳化剂胶束的形成

临界胶束浓度(Critical Micelle Concentration)是乳化剂形成胶束的最低浓度，它是乳化剂的另一个重要指标，对于确定乳化剂的最低有效作用量有指导作用。当乳化剂溶于水后，水的表面张力下降，不断地增大乳化剂的浓度，并同时测定其表面张力，我们会发现这种情况，表面张力随乳化剂浓度的增加而急剧下降之后，则大体保持不变。

解释这个问题对掌握临界胶束浓度的概念、乳化剂的基本性能和正确使用都极其重要。

为了简化问题，我们以理想状态阐述。图2-4中所示的是按(1)、(2)、(3)、(4)的顺序，逐渐增加乳化剂的浓度时，水中乳化剂分子的活动情况。

图2-4(1)是极稀溶液，水的界面上还没有很多乳化剂，界面的状态基本没变，水的表面特性与纯水差不多。图中2-4(2)比图中2-4(1)的浓度稍有上升，相当于表面张力曲线急剧下降部分，此时加入的乳化剂会很快地聚集到界面，使界面状态大大改变，界面性质与原来的差别就很大了，表现之一是界面张力急剧下降，同时水中的乳化剂分子也集聚在一起，亲油基靠拢，开始形成小胶束。图中2-4(3)表示乳化剂浓度升高到一定范围后，水的表面集聚了足量的乳化剂，形成了一个单分子覆盖膜。此时，水与空气间的界面被乳化剂最大限度地改变，

完全不同于原来的情况,这时乳化剂的浓度称临界胶束浓度。因为,再提高浓度,乳化剂的分子就会在溶液内部进行集聚,构成亲油基向内、亲水基向外球状的胶束。

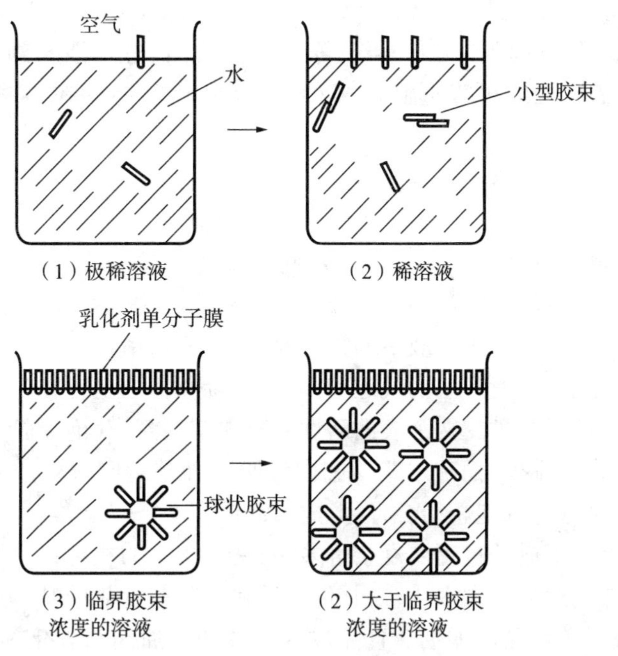

图2-4　胶束形成示意图

据上所述也可以使我们了解到不互溶的两相之间的界面被乳化剂分子完全打通的过程,CMC 是这个过程完成的标志。以临界胶束浓度为界限,水溶液界面张力以及许多其他物理性质都与纯水有很大差异。换句话说,乳化剂的浓度在稍高于临界胶束浓度时,才能充分显示其作用,在使用时,如果乳化剂的浓度低于 CMC,那么在分散相表面所形成的界面膜密度达不到所需的程度,效果往往不好。所以 CMC 是充分发挥乳化剂功效的一个重要的量的理论指标。应该指出,CMC 并非单一的浓度值,而是溶液中胶束开始形成的比较狭窄的一个浓度范围,因此,在概念上应称临界胶束浓度范围。

临界胶束浓度的测量:

乳化剂溶液的一些物理性质,除了界面张力外,电阻率、渗透压、冰点、蒸汽压、黏度、增溶性、光学散射性及颜色变化等,在 CMC 时都有显著变化,通过测定发生这些显著变化时的突变点,就可以得知临界胶束浓度。

临界胶束浓度这一特性值,主要取决于乳化剂的化学结构,特别是与疏水基因的大小有关。疏水基团大的乳化剂,其临界胶束浓度比疏水基团小的乳化剂为小。影响临界胶束浓度的外界因素有:温度、pH 和电解质浓度。

七、乳化剂的表面活性性质

在多相体系中,界面的问题非常重要;特别在生产实际和生活实际中,界面无所不在,因而对界面现象的认识和研究就有重要意义。对于许多食品,特别是在食品加工中,外相是水(液体)的分散体系有重要意义。这些分散体系是:

泡沫—气/水体系

乳状液—液/水体系

悬浮液—固/水体系

牛乳、酸乳、鱼糜、午餐肉、巧克力、面包等大多数食品，总是涉及到一种、至少两种上述分散体系，因此在加工过程中可以遇到许多种界面，乳化剂能够在这些界面上发挥其特殊作用。

（一）乳化剂在泡沫中的界面活性

有足够亲水性的乳化剂溶于水中，在简单的水泡沫（空气/水）情况下，表面活性剂或乳化剂通过降低表面张力和形成界面膜，即通过表面活性剂或乳化剂在界面上定向排列而起作用。对这种作用可简单叙述如下：在水溶液中的气泡界面上，表面活性剂的疏水基团朝向气泡内部定向排列，并富集于其上。当所产生的气泡冲破液相表面时，那里存在的表面活性剂就吸附到气泡的表面上。于是，获得一种受两个表面活性剂膜限制的液膜（泡沫膜），表面活性剂的亲水基团朝向液膜的内部定向排列，而疏水基团朝向液膜的外部定向排列。两膜之间还存在有溶液里带走的液体。多个这种气泡相结合，便形成了泡沫。

与此相反，食品泡沫形成的过程要复杂得多。其中，含水的相可以是溶液、乳状液、悬浮液或它们的混合物；泡沫的组分有碳水化合物、蛋白质和油脂等食品的基本成分，也有增稠剂、着色剂、调味剂、香精香料等食品添加剂。食品成分和各种添加剂与乳化剂发生作用，其中以乳化剂与蛋白质、油脂和碳水化合物的相互作用最为重要。

起泡时，分散相（气相）的分布率很不相同。此外，分散介质（连续的液相）也可能有不同的黏度、稠度和膨胀（扩散）性。因此，泡沫可能是细腻的、粗糙的、液态的，直至或多或少为固态的。气体的体积浓度小于74%时，由于界面张力的作用表面收缩，气泡成为球状的。当球状气泡的聚集程度高于最密集的极限时，气泡的形状从球体变成多面体，彼此间被厚为0.004～0.6μm 薄膜所隔开。泡沫中各个气泡相交处（一般是3个气泡相交）形成相互联接的蜂房式框架，即所谓平顶曲线交界（见图2－5中 p 处）。根据 Laplace 公式可知，液膜中 p 处的压力小于 b 处。于是，液体会自动地从 b 处流至 p 处，结果是液膜逐渐变薄，这就是泡沫的排液过程。在泡沫为封闭蜂窝状时，相交处之间液膜张紧变薄。液膜变薄至一定程度后，则导致其本身破裂，泡沫破坏。液膜破裂或在泡沫形成终止液膜流回到气泡相交之处时，就得到一种敞开蜂窝状泡沫。

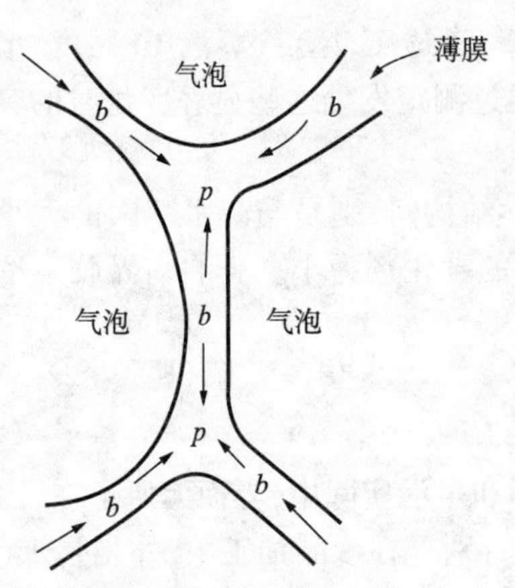

图2－5　3个气泡交界的蜂房式框架

如所有的分散体系一样，泡沫也是一种热力学上不稳定的体系。然而，泡沫的稳定性都相当大，因为被分散的气相表面发生收缩或连续的液相表面发生收缩（以蜂房式交界和浓膜形式存在），都导致表面能降低。

泡沫破坏的过程，主要是隔开气体的液膜由厚变薄，直至破裂的过程。因此，泡沫的稳定性主要取决于排液的快慢和液膜的强度。添加乳化剂能够改变泡沫的表面张力，使低表面张力升高，高表面张力降低。从而引起界面、蜂房式交界处和液膜上发生相互作用，导致界面膜（液膜）破裂（由于改变了定向排列）和泡沫破坏。这就是某些乳化剂用作消泡剂的作用机理。在一般情况下,消泡剂在溶液表面上铺展得越快,则使液膜变得越薄,消泡作用也就越强。

(二)乳化剂在乳状液中的界面活性

将两种不相混溶的液体(如油和水)加以混合后,这种混合物还要再分离成其原来的组分,这称为分层。在油/水体系中加入一种乳化剂时,它就在两种物质间的界面上发生吸附,形成界面膜。在这种界面膜中,乳化剂分子按其分子内极性发生定向排列,即亲油部分伸向油,而亲水部分朝向水定向排列。其结果是,油分子和乳化剂的亲油部分为一方与水分子和乳化剂的亲水部分为另一方之间相互作用。这种相互作用使界面张力发生变化。图 2-6 说明了各种乳化剂对大豆油/水体系的界面张力变化的作用。

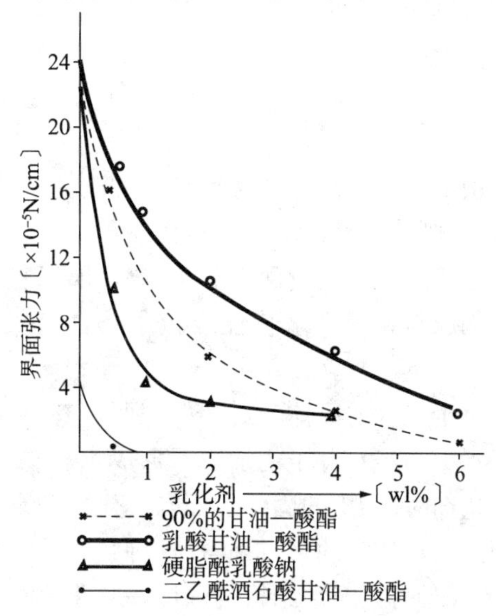

图 2-6 60℃时大豆油/水体系的界面张力与乳化剂的关系

界面张力的变化可以使一种液体以液滴形式分散于另一种液体中,即形成乳状液。界面膜具有一定的强度,对分散相液滴起保护作用,使液滴在相互碰撞中不易聚结。

乳化剂的亲水部分与水相互作用的强度决定所形成的乳状液类型。相互作用大时,水的表面张力大大下降,接近于 0,此时水发生松弛,不再力图形成液滴,而变成乳状液的外相;这就是说,油以微小油滴形式分散,形成内相或分散相,故形成水包油(O/W)型乳状液。水和乳化剂的亲水部分之间相互作用小时,水的表面张力下降得不大,同理会形成油包水(W/O)型乳状液。

在一定的条件下,乳状液的类型能够转变。例如,W/O 型乳状液可以转变成 O/W 型乳状液,反之亦然。这种现象称为倒相或转相。一般把乳状液的内相浓度大大提高时,就能发生相转变。然而,在转相时乳状液体系并不被破坏。对此,乳化剂或乳化剂体系的选择起决定性作用。

乳状液形成后,乳化剂在相界面上定向排列并形成空间的或电的"栅栏",而使乳状液稳定。由于在包围乳状液液滴的界面膜中形成液晶中间相,多余的乳化剂起稳定乳状液作用。按照拜德(Boyd)的观点,低和高 HLB 值的混合乳化剂可以形成特别稳定的界面膜,从而能很好地防止聚结。混合乳化剂中的两组分在界面上吸附后即形成"复合物",定向排列较密,界面膜为一混合膜,具有较高的强度,这对防止液滴的聚结,增加乳状液的稳定性起很大作用。实践也证明:使用混合乳化剂是提高乳化效率,增加乳状液稳定性的一种有效方法。

在某些情况下希望稳定的乳状液发生破坏,为此必须采取某种措施,以便使乳状液在一定时间内部分地或完全地破乳。有意地使乳状液破坏,导致分散相分离(分层)的过程称为破乳。在极限情况时,能够发生完全的分离或分层。对于一定的过程,只是力求达到部分分离以及增大被分散的离子。

对一定类型乳状液，适合于乳化某一体系的乳化剂能引起其油脂聚结而表现出不稳定性，这些乳化剂叫做破乳剂。对于破乳剂，要求能强烈地吸附于油/水界面，顶替原来的保护层，而新界面膜的强度大大降低，保护作用减弱，有利于破乳。油包水（W/O）型、水包油（O/W）型、非离子型或离子型乳状液用的破乳剂，有不同的性质。除使用破乳剂能达到破乳的目的外，加热和机械能也有助于乳状液破乳。因此，在实践中常使用物理机械方法和物理化学方法作为一般的破乳方法。

（三）乳化剂在悬浮液中的界面活性

把不溶性的固体物质加到一种液体中，即产生一种新的固—液界面，当固体物质被精细地分散时，则获得悬浮液。

由于乳化剂具有两亲分子结构，所以它在悬浮液中也与固体相互作用，形成界面膜。界面膜的构成与相的亲水特性或疏水特性有关。悬浮体及悬浮介质可以是亲水的，也可以是疏水的。

对于亲水的固体/水体系，表面具有极性结构基团的亲水固体，如面粉的淀粉颗粒，容易分散于水中。经水分子的加成后形成水合物层，从而防止这些悬浮粒子聚结。在这种体系中加入乳化剂时，亲水的固体表面与乳化剂的亲水部分相互作用，而乳化剂的疏水部分朝着水定向排列。从热力学的观点来看，这种状态是不稳定的，因此会发生絮凝作用。乳化剂分子连续嵌入，形成具有外亲水结构的固体—乳化剂双层，生成可再溶剂化的粒子（见图2－7）。

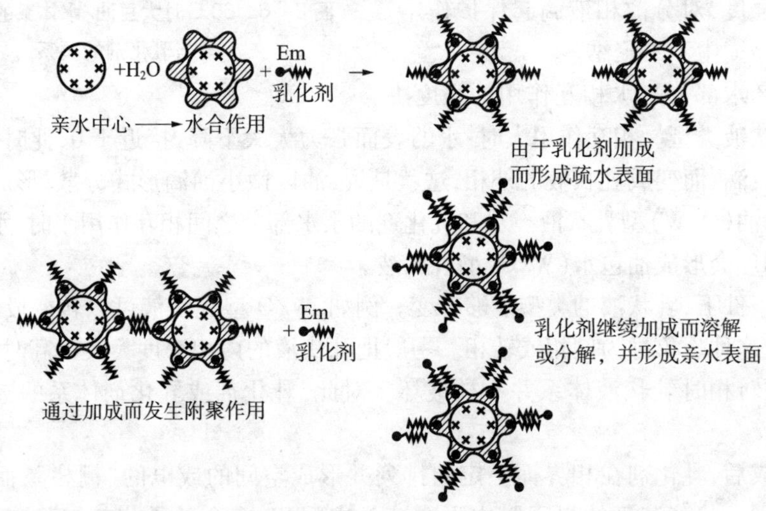

图2－7　含水的悬浮液中亲水固体物质上的界面现象

对于疏水的固体/水体系，表面为疏水的固体物质在水中，由于不能形成水合物层（外壳），而难分散于水中。将亲水性乳化剂加入这种体系中，则围绕疏水部分形成水合物外壳（见图2－8）。

在润湿和铺展过程中，这些界面现象起重要作用。在一般实践中，润湿是指固体表面上的气体被液体取代，即以固/液界面代替固/气界面的过程。润湿过程实际上可分为3类：沾湿、浸湿及铺展。它们各自在不同的实际问题中起作用。沾湿系指液体与固体接触，变液/气界面和固/气界面为固/液界面的过程。浸湿是指固体浸入液体中的过程。该过程的实质是固/气

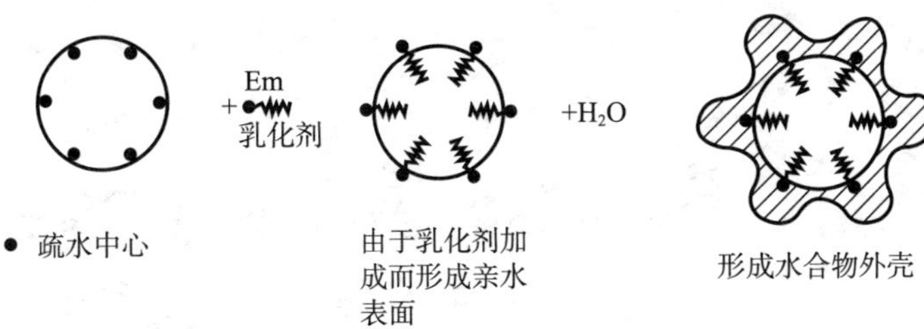

图2-8　含水的悬浮液中疏水固体物质上的界面现象

界面为固/液界面所代替,而液体表面在过程中无变化。铺展系指一种液体在物体表面上扩展,连续铺展后形成固体表面/液体/空气界面。铺展过程的实质是在以固/液界面代替固/气界面的同时,液体表面也扩展。

第二节　乳化剂的作用

一、乳化剂与食品成分的作用及在食品中的作用

乳化剂除具有表面活性的性质外,还能与食品中的碳水化合物、脂类化合物和蛋白质等成分发生特殊的相互作用,这对改进食品的加工性能、提高食品的贮藏稳定性等方面起着重要作用:

(1)通过控制油滴和脂肪球的分散、附聚状态使乳状液或泡沫稳定或部分失稳;

(2)通过与淀粉、蛋白质组分的相互作用,改善食品的货架期、质构和流变特性;

(3)通过影响中性脂肪的晶形来控制以脂肪为基质的产品的组织结构和形状。

(一)碳水化合物与乳化剂的相互作用

由于单糖及糖苷键的结构特性,碳水化合物能够形成亲水和硫水区域(层),因此,乳化剂与碳水化合物的相互作用方式有两种,即通过氢键发生的亲水相互作用及由疏水键产生的疏水相互作用。

亲水胶体可以提高外相的黏度,并能加成积聚到相界面上,从而使乳状液稳定。因为亲水胶体含有亲水基团,所以与乳化剂的亲水部分相互作用形成氢键。乳化剂对淀粉悬浮液的影响也可以用乳化剂的亲水部分和支链淀粉的亲水层之间形成氢键来说明。借助氢键形成,乳化剂加成在支链淀粉上,而形成支链淀粉—乳化剂复合体(见图2-9)。

单糖或低聚糖具有良好的水溶性,没有疏水层,因此与乳化剂不发生疏水作用。而高分子多糖则不然,与乳化剂发生疏水作用。淀粉在食品工业中占有特殊地位,因此许多学者都详细研究了乳化剂与淀粉的相互作用。淀粉由直链淀粉与支链淀粉两部分组成,乳化剂与直链淀粉相互作用形成复合体,对于面包、糕点等含淀粉食品的加工有着重要的意义,例如可增加该类食品的柔软性及保鲜性。直接淀粉一般以线型分子存在,但在水溶液中并不是线型的,在分子内氢键的作用下使链卷曲,形成α-螺旋状结构,这种α-螺旋状结构的内部有疏水作用。乳化剂的疏水基团进入这种α-螺旋结构内,并在这里以疏水方式结合起来,形成包合物,可见乳化剂能够与α-螺旋状结构内的疏水层相互作用(见图2-10)。

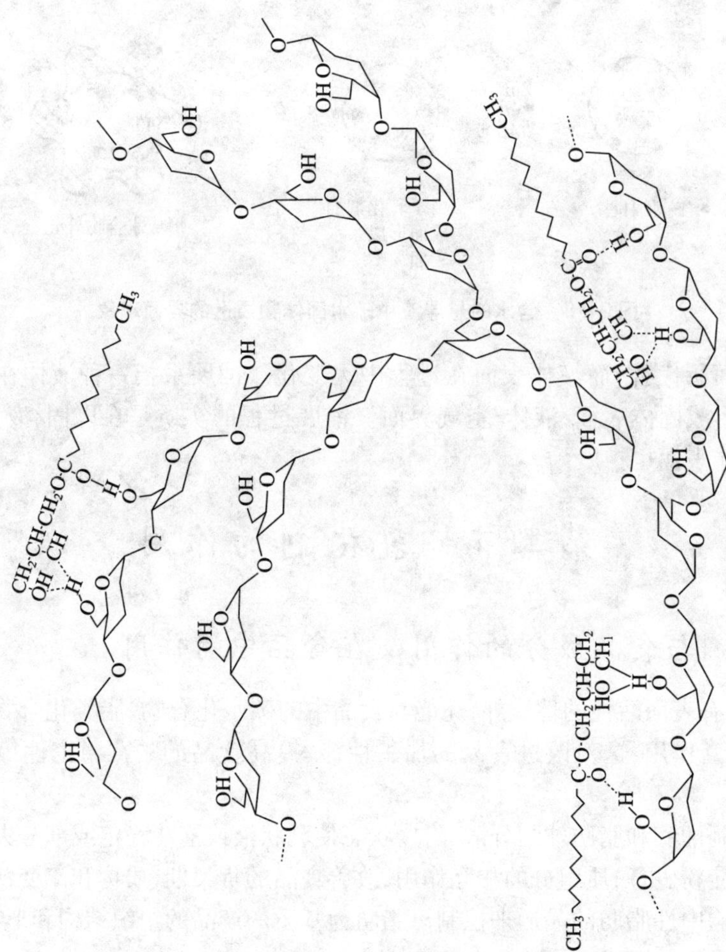

图2－9　支链淀粉－甘油单酸酯复合体示意图

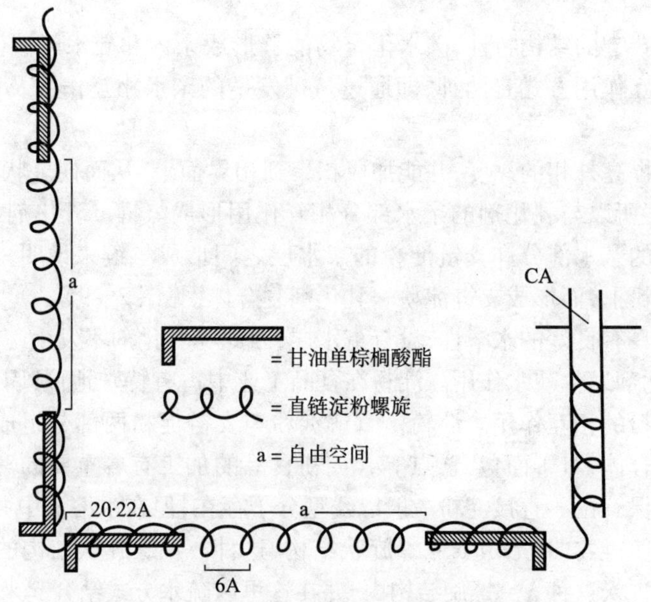

图2－10　直链淀粉－甘油单酸酯复合体示意图

各种乳化剂与直链淀粉的相互作用程度不同,复合体形成能力也不同,这与乳化剂的物理性质和结构有关。

(二)蛋白质与乳化剂的相互作用

乳化剂与蛋白质的相互作用是多方面的,并对乳化剂的乳化能力起决定性作用。多肽链的基本骨架(肽键)不能与乳化剂发生作用,而固定在多肽键上的氨基酸侧链基团能与乳化剂发生作用。所形成的键和结合方式取决于侧链基团的极性和乳化剂的种类,并与乳化剂是否带电荷及体系的 pH 有关。乳化剂与蛋白质连接或结合时,在键结合中通常都是一种键占优势,而在极少数情况下,只有一种键,就是说一般都是各种键不同程度地参与总结合。乳化剂与蛋白质相互作用,有不同的结合(键合)形式,例如,有以疏水键相互作用的疏水结合、借助于形成氢键而发生相互作用的氢键结合以及以静电相互作用的静电结合。

非极性蛋白质侧链基团与乳化剂的碳氢链相互作用形成疏水键,而发生疏水结合。发生疏水结合的一个条件是同时有水存在。在含水的环境中,非极性基团(疏水基因)相互聚集(与胶束形成时相似),并避开水相。溶剂水受非极性氨基酸残基排斥,是疏水作用的基础。预先发生的静电作用使蛋白质进入配位位置,是疏水作用的前提和先决条件。图 2－11 示意说明了各种乳化剂与非极性侧链的疏水结合。

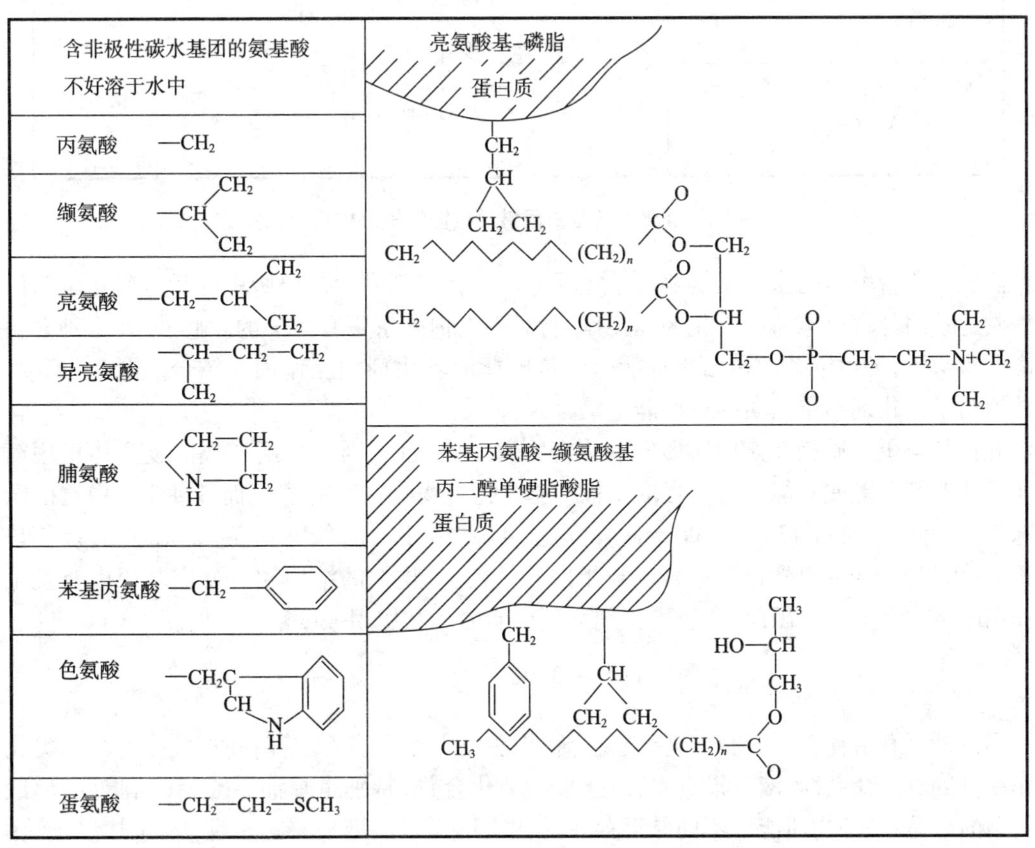

图 2－11　乳化剂与蛋白质的疏水相互作用示意图

在这种结合方式时，乳化剂的碳氢链与疏水性氨基酸残基相互作用。乳化剂的碳氢链固定在蛋白质中，而乳化剂的极性基团定向结合在粒子表面。在脂蛋白中，疏水键占优势，主要发生疏水结合。当无水存在时起作用的力是范德华引力，它的作用与疏水作用相似。

极性侧链基不带电荷的蛋白质与乳化剂的亲水分子部分能够通过氢键而相互作用（见图2-12）。在这种键合方式中，乳化剂的极性基团与蛋白质侧链相互作用，而乳化剂的碳氢链定向结合在粒子表面。

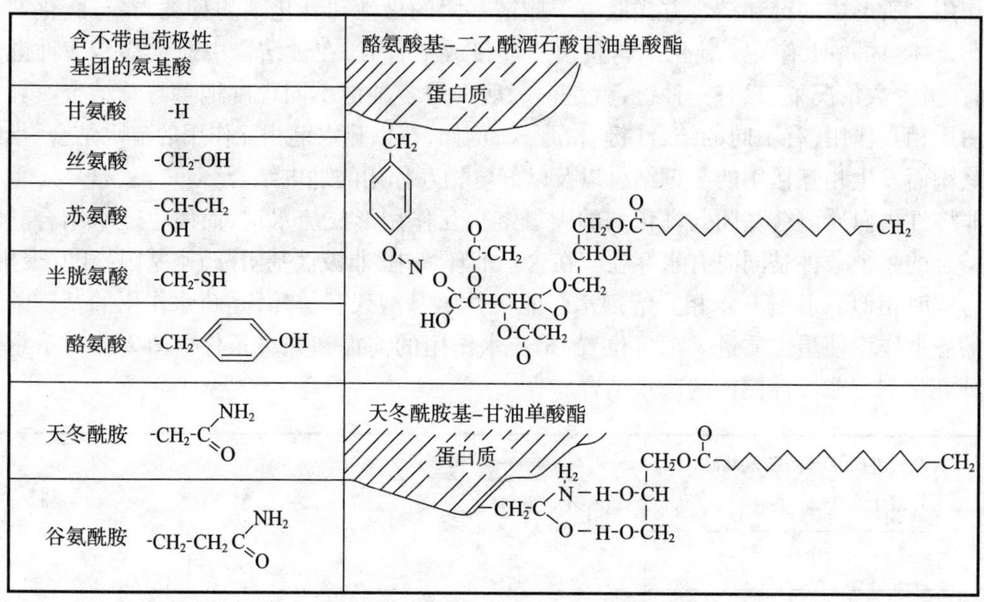

图2-12 乳化剂与蛋白质借助氢键的相互作用示意图

侧链基团带电荷的蛋白质能够与带相反电荷的乳化剂发生静电吸引作用。带正电荷的氨基酸侧链基团与带负电荷的乳化剂相互作用，对于生物体系是有意义的。此外，在一种多价金属离子参与下，带负电荷的蛋白质也能与带负电荷的乳化剂相互作用与结合。图2-13中示意地说明了乳化剂与蛋白质的这种静电结合。

乳化剂与蛋白质相互作用所形成的化合物属于脂蛋白，因为从所形成的复合体里用简单的非极性溶剂不能或只能少量地提取出极性脂类化合物（乳化剂）。然而各种脂蛋白键的结合能却很不相同：共价键125~418kJ/mol，静电能41~48kJ/mol，氢键6.3~25kJ/mol，范德华引力2.1~8.3kJ/mol。显然这些结合键与蛋白质结构、乳化剂的结构和可反应基团以及发生相互作用的条件有关系。因此，各种乳化剂与蛋白质的相互作用强度很不相同。

（三）脂类化合物与乳化剂的相互作用

不论是否有水存在，乳化剂与脂类化合物均能发生作用。有水存在时，乳化剂与脂类化合物作用，形成稳定的乳状液。没有水存在时，脂类化合物，特别是甘油三酸酯（油脂）会形成不同类型的结晶，一种物质能以不同晶型存在的性质称为多晶型现象。一种油脂（甘油三酸酯）的α-型晶体加热到接近其熔点时，迅速地放出少量热而转变成β-初级型（β'-型）晶体。β-初级型晶体再继续加热，就很快地过渡到稳定的β-终型晶体。这种转变是不可逆的。在

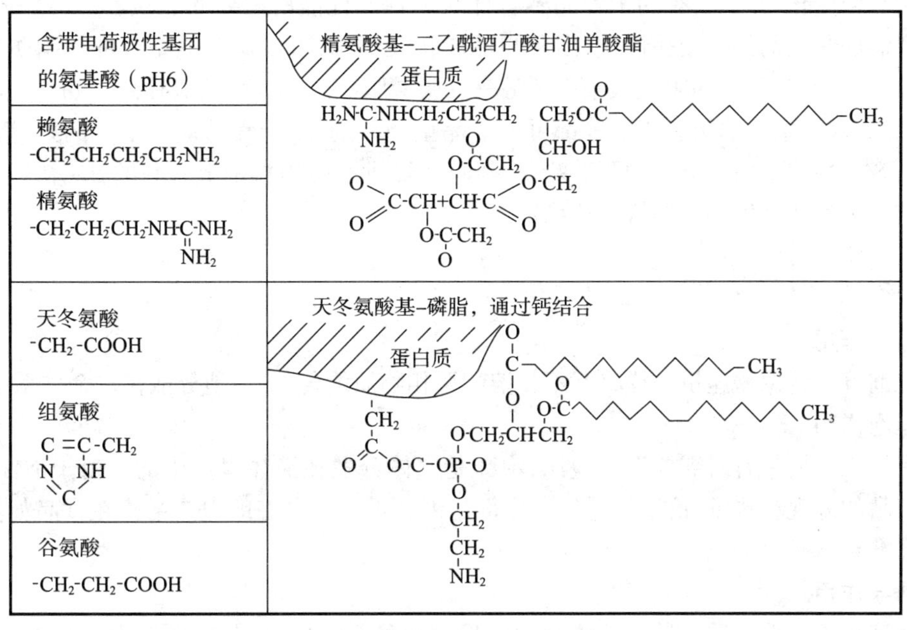

图2-13 乳化剂与蛋白质的静电相互作用示意图

一般温度下,从 α-晶型向 β-晶型过渡是一个缓慢过程。由纯甘油三酸酯熔化液形成 β-型晶体是很缓慢的,而由溶液结晶时则是迅速的。β-晶型结构比 α-晶型结构具有更高的熔点和更低的能量(内能)。当 α-结构过渡到 β-结构时,晶型从六方体结构转变成一种还没有鉴定出来的结构,此时密度大大增加,碳链之间的距离减小。β-初级晶型(β'-晶型)和 β-晶型之间可能存在一种所谓的中间晶型。这种晶型可能具有比 β'-晶型更高的熔点。鲁顿(Lutton)认为,甘油三酸酯只存在 α-、β'-和 β-晶型(见图2-14)。

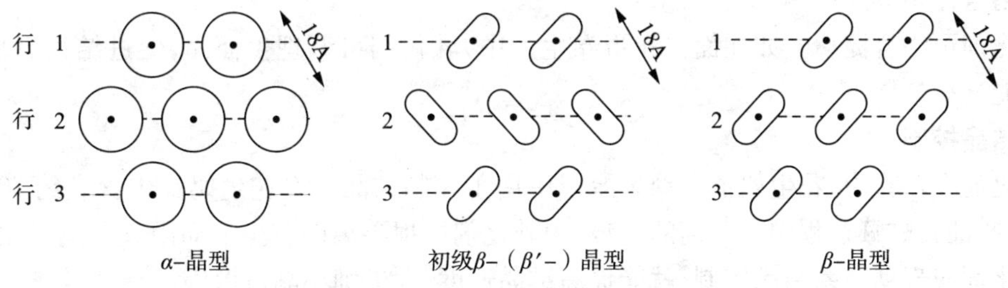

图2-14 长链烃化合物结构的断面图

在食品体系中,晶型和晶体大小在加工无水的乳化剂调配物时具有一般的作用和意义。因此,甘油-酸酯和直链淀粉的相互作用与甘油-酸酯的物理性状有关系,主要取决于其晶型。实践证明,乳化剂的 α-晶型对于许多实际应用极为有利,如提高乳化活性,使分布更容易及增大充气量等。因此,使乳化剂的 α-晶型稳定的化合物特别有意义。

油脂的不同晶型赋予食品不同的感官性能,随油脂的晶体结构变化,食品的食用性能也随之发生变化。在许多情况下,油脂的晶型是处在不稳定的 α-晶型或 β-初级晶型,并能向熔点高、能量最低的 β-晶型过渡。因此,在食品加工中需要加入具有变晶性的物质,以长时间阻碍或延缓晶型变化,并形成有利于食品感官性状和食用性能所需要的晶型。一些趋向于 α-晶型的亲油性乳化剂具有变晶性质,因此与油脂相互作用,可以调节晶型。蔗糖脂肪酸酯、失水山梨醇单硬脂酸酯(Span60)、失水山梨醇三硬脂酸脂(Span 65)、乳酸甘油单和二酸酯、乙酸甘油单和二酸酯、聚甘油脂肪酸酯等都可做为晶型调节剂,用于食品加工中。例如,熔化的油脂中加入亲油性失水山梨醇三硬脂酸酯,冷却时就形成在应用技术上有利的 β-初级晶型,并由于共结晶过程使这种晶体结构保持稳定。

二、乳化剂在食品工业中的作用

1. 乳化作用

乳化剂分子就像一座桥一样将互不相溶的两相物质均匀、稳定地分散在一个体系中。

2. 起泡作用

食品加工过程中有时需要形成泡沫,泡沫是气体分散在液体里产生的。由于泡沫的性质决定了产品的外观和味觉,恰当地选择乳化剂是极其重要的。好的泡沫结构在食品如蛋糕、冷饮甜食和糖果是必要的。

3. 悬浮作用

悬浮液是不溶性物质分散到液体介质中形成的稳定分散液,分散颗粒大小 0.1 ~ 100μm。用于悬浮液的乳化剂,对不溶性颗粒也有润湿作用,这有助于确保产品的均匀性。悬浮液乳化剂通常和稳定剂或增稠剂共用,在食品工业上,巧克力饮料是常用的悬浮液。

4. 破乳作用和消泡作用

在许多需要破乳化作用过程中,如冰淇淋的生产,常采用相反类型乳化剂或投入超出所需要的乳化剂。根据乳浊液类型,采用强的亲水性乳化剂如吐温 80,或亲油性乳化剂,如甘油单油酸酯或甘油二油酸酯,用于破坏乳浊液。食品如冰淇淋,应仔细选择乳化剂,控制破乳化作用,这有助于使脂肪形成较好颗粒,形成最好的产品。

5. 络合作用

乳化剂可络合淀粉。如在面包和蛋卷生产中,乳化剂可调理生面团,促进结构形成均匀,改善性能。

6. 结晶控制

乳化剂在巧克力、花生奶油和糖果涂层中用于控制结晶。在花生奶油中含有约 50% 的花生油,这些油在贮藏过程中有分离的趋势,用乳化剂捕捉游离的花生油而阻止分离。用少量合适的乳化剂实现糖体系结晶控制,就能提高结晶速度、促进细小晶体形成。

7. 润滑作用

甘油单酸酯和甘油二酸酯都具有较好的润滑效果,能有效的用于食品加工过程。在焦糖中加入固体甘油单酸酯和甘油二酸酯能减少对切刀、包装物和消费者牙齿的黏结力。

三、食品乳化剂在各类食品中的作用

(一)焙烤类食品

乳化剂在焙烤中的主要作用表现在以下几个方面:

(1)由于乳化剂本身亲水、亲油的特性,能增加食品组分间的亲和性,降低界面张力,提高食品质量,改善食品原料的加工工艺性能。

(2)使蛋白质网络连接更加紧密,增强面团强度。

(3)与淀粉形成络合物,使产品得到较好的瓤结构,增大食品体积,防止淀粉老化。

(4)控制食品中油质的结晶状态,阻止结晶还原,改善食品口感。

(5)提高食品持水性,使食品更加柔软,增加保鲜性,延长货架期。

如在面包类中世界各国普通使用的是甘油单硬脂酸酯,添加量为面粉重量的0.1%~0.5%。所制面包体积大,气泡小分布均匀,质地柔软、细腻、颜色白,口感好。据日本的研究和应用表明,在馒头、包子和大饼之类面食中添加食品乳化剂均可获得与面包相同的效果。近年来饼干的油脂含量不断增加,油脂量的增加是为了提高饼干的脆性,为了使油质以乳化状态均匀分散在饼干之中,为了达到防止油脂从饼干中渗出,提高其脆性、保水性和酶老化性能等目的,则在面粉中添加面粉重量0.6%左右的甘油单硬脂酸酯或蔗糖脂肪酸酯。

乳化剂在面包生产时,主要起两个作用:

①促进面筋组织的形成,起到调整剂的作用。可以提高面团的发酵和焙烤质量。它能与面团中的脂类和各种蛋白质形成氢键或络合物,像一条条锁链一样大大强化了面团在和面及醒发时形成的网络结构。实践证明,乳化剂有使面包类食品体积增大,富有弹性,柔软不掉渣,口味得到改善的功效。

②防止老化,面包的不新鲜往往是由于淀粉老化,面包失水引起的,乳化剂能与面团中直链淀粉络合,推迟了淀粉在面团存放时失水而重新结晶所致的发干、发硬,保持产品一定的湿度而使面包柔软保鲜,保持营养价值。

(二)肉制品

在肉制品生产中使用乳化剂能使配料充分乳化,均匀混合,防止脂肪离析,而且还能提高制品的保水性,防止制品析水,避免冷却收缩和硬化,改善制品的组织状态,使产品更具弹性,增加产品的白度,提高产品的嫩度,改善制品的风味,提高产品质量,同时,加入乳化剂还能够提高包装薄膜(肠衣)易剥性,总之,在肉制品加入适量乳化剂能使产品的保质期、口感以及外观等方面更具有重要意义。目前,在肉制品生产中应用最多的有大豆蛋白、酪蛋白酸钠、卵磷脂和蔗糖脂肪酸酯等。

(三)乳化剂在冰淇淋中的主要作用

(1)由于冰淇淋中含有较多的牛乳蛋白质,它的含量足以使冰淇淋混合料的O/W乳化液十分稳定。乳化剂在冰淇淋制造中所起的功能,不像在许多其他食品体系中的那样,使两个不相溶的相发生乳化,而是主要起着使脂肪球不稳定的作用。

(2)混合料进行冷却并老化,当进入老化阶段时,乳化剂的功能随即发挥。当脂肪开始结晶,乳化剂便会促使蛋白质从水-脂肪界面上移去,这种乳蛋白的解吸附作用,部分是由于乳化剂降低了界面张力所致。此时乳化剂会迁移到脂肪粒子的表面,取代蛋白质在没有乳化剂时所处位置。在凝冻过程中,乳化剂不像蛋白质对脂肪球所起的保护作用,而是易于使处于细小而均匀的脂肪球中的液态脂肪破乳化析出,使乳化液失稳或破乳,有利于脂肪的附聚与凝聚作用。这些游离脂肪附聚在搅打时形成的气泡周围,促进空气混入,以提高冰淇淋的起泡性和膨胀率。

(3)防止粗大冰晶的形成。赋予冰淇淋细腻、疏松和润滑的质构和好多干性度。

(4)改善保形性,防止贮藏过程中收缩变性,提高抗融性。

(四)糖果类

在糖果生产中,乳化剂具有控制黏度及抗黏结作用,乳化剂可以降低糖膏的黏度;增加流动性,使糖果生产在压片、切块、成型中不粘刀,糖体表面光滑,易分离,并能防止糖果融化,不粘牙,改善口感,防止与包装黏结。

1. 巧克力

巧克力是可可粉和糖的分散体保持在可可脂中的产物。乳化剂可以使可可脂与可可粉、糖均匀分散,防止巧克力起霜。磷脂、山梨醇三硬脂酸酯是常用的乳化剂防霜剂。另外,要将巧克力制成特定的形状时必须使其具有好的塑变性及低黏度,磷脂和蓖麻醇聚甘油酯配合使用可达到这个目的。同时可防止油脂酸败、改善产品光泽、风味、柔软性,节约可可脂用量。

2. 奶糖

奶糖生产中的煮熬阶段,会发生原料之间的分离,糖浆发泡、粘着的问题。加入单甘酯就可以解决问题。

3. 糯米糖

糯米糖等含淀粉量较大的糖类因淀粉失水而发硬老化,使用单甘酯就可以使以上问题得到解决。

(五)人造奶油及黄油类

人造奶油是一种典型的油包水型乳化物,因而必须添加乳化剂。黄油中也普遍掺用乳化剂,能增加制品的可塑性、乳化稳定性、改善口感和风味。此类食品多用甘油单硬脂酸酯作为乳化剂。

(六)方便食品

目前,速溶饮料、方便汤、方便面、方便饭、方便菜之类食品急剧的增长,而乳化剂的作用是提高此类商品的使用性能和延长贮藏期,故几乎无不使用乳化剂。在这类方便食品中,多用甘油单脂肪酸酯,用量为0.1% ~1.0%。

(七)乳制品

乳化剂可以形成乳脂肪球的外膜,不仅具有抗氧化效果,还可促使乳饮料的成分在水中分散成均匀稳定状态。同时,可以大大延长乳制品的保存期,甘油单脂肪酸酯的用量为鲜乳量的0.3% ~0.5%。

第三节 常用乳化剂

一、脂肪酸甘油酯类

在甘油的结构上有3个 -OH基,当它与脂肪酸酯化时,可以有单酯、双酯和三酯3种生成物。三酯就是油脂,完全没有乳化能力,双酯的乳化能力仅为单酯的1%,而且它们之间会组成比例不同的混合物。

食品乳化剂中用量最多、也是相对最简单的单硬脂酸甘油酯(简称单甘酯),从理论上说,它是由硬脂酸和甘油酯化而成,但在实际生产中,即使是称作纯硬脂酸的商品,也是由50%的硬脂酸、45%的棕榈酸和5%的油酸组成的混合物,且其分子蒸馏的单酯含量也不会超过95%,因此,所谓的单硬脂酸甘油酯,更确切地说应该是单、双硬脂酸和棕榈酸混合甘油酯,可见其具有结构的复杂性和性能的不统一性。

目前,单甘酯工业产品分为单酯含量40% ~55%的单、双混合酯(MDG),以及经分子蒸馏的单酯含量高于或等于90%的蒸馏单甘酯(DMG),其HLB值分别为5~6和3~4,纯单油酸甘油酯的HLB值为3.4,纯双油酸甘油酯的HLB值为1.8。

为了改善甘油酯的性能,甘油酯可与其他有机酸反应生成甘油酯的衍生物,这些衍生物的特点是改善了甘油酯的亲水性,提高了乳化性能和与淀粉的复合性能等,在食品加工中有独特的用途。目前我国许可使用的甘油酯衍生物有:乙酰化单甘油脂肪酸酯(HLB值为2~3.5)、双乙酰酒石酸单(双)甘油酯(HLB值为8~10)、辛癸酸甘油酪(HLB值为12.5)及4种聚甘油脂肪酸酯(HLB值在2~18范围内)。国外许可的衍生物还有乳酸、柠檬酸、琥珀酸、酒石酸的脂肪酸甘油酯。

(一)单硬脂酸甘油酯

甘油单、二酸酯和蒸馏甘油单酸酯作为乳化剂广泛应用于各种食品中,其产量约占所有食品乳化剂的46%。单硬脂酸甘油酯亦称甘油单硬脂酸酯,简称单甘酯。其分子式为$C_{21}H_{42}O_4$,相对分子质量358.57。属白色蜡状薄片或珠粒固体,不溶于水,与热水强烈振荡混合可分散于水中,为油包水型乳化剂。能溶于热的有机溶剂如乙醇、苯、丙酮以及矿物油中。凝固点不低于54℃。

一般方法制得的混合酯,其单酯含量一般在35% ~60%,双酯含量为35% ~50%,三酯含量为5% ~20%,游离的甘油、脂肪酸和脂肪酸碱盐(与催化剂反应生成)均占1% ~10%。两种位置异构的甘油单酸酯和两种位置异构的甘油二酸酯的化学结构式参见图2-15。可采用高真空分子薄膜蒸馏生产单甘酯含量达95%的产品,3种典型的“单硬脂酸甘油酯”的组成情况见表2-1。

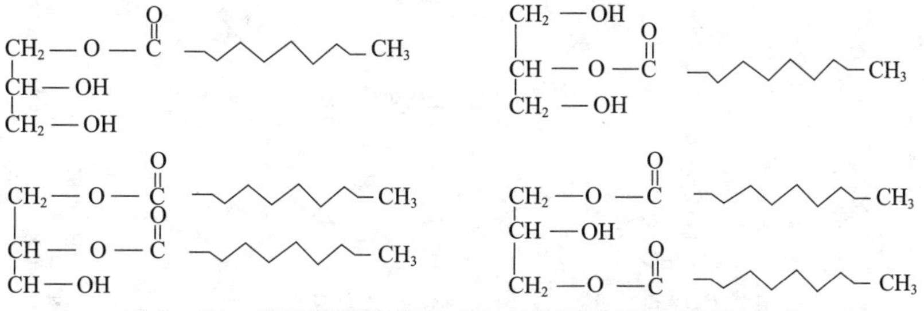

图2-15 甘油单脂肪酸酯、甘油二脂肪酸酯的化学结构式

表2-1 3种典型的单硬脂酸甘油酯的组成

组成/%	分子蒸馏产品	高单甘酯	一般单甘酯
总单甘油酯	95.00	65	50
1-单甘油酯	92.00	60	40~45
双甘油酯	3.5	34	45~50
三甘油酯	0.1	3.5	5~10

我国 GB 2760—2011 规定，单甘酯可在各类食品中的使用量及其主要用途如下：

(1)面包中除单纯使用单甘酯外，为提高面团的强化效果，常常将单甘酯与其他乳化剂加以复配使用，例如将单甘酯、琥珀酸甘油单硬脂酸酯、丙二醇单硬脂酸酯、硬脂酸钾按40:30:30:18 的比例混合均匀。使用量为面粉量的1% ~5%。

(2)在液状油脂中加入0.6%的单甘酯及其他一些乳化剂，即可用作糕点的起酥油。

(3)在生产乳脂糖和奶糖时，为增强乳化作用可添加不超过0.5%的单甘酯。在生产饴糖时使用单甘酯可防止粘牙。有日本资料报道将单甘酯、蔗糖酯、失水山梨醇脂肪酸酯、大豆磷酯以30:15:15:25 的比例复配，用作糖果乳化起泡剂。

(4)在饮料中使用由单甘酯、蔗糖酯、失水山梨醇脂肪酸酯复配的乳化剂，可使饮料增香、浑浊化，并获得良好的色泽。

(5)在自热快餐软米饭中分别添加0.2%的单甘酯和0.2%的蔗糖酯，能改善米饭的品质和防止米饭的回生。

单甘酯的使用方法有3种：第一种将单甘酯粉末与其他原料粉末(如面粉、奶粉等)直接混合均匀后投料；第二种方法将单甘酯与油脂一起加热溶化，搅拌混合后再投料，适用于人造奶油、起酥油等；第三种方法将单甘酯制成水合物，再投料使用，单甘酯能缓慢溶于70℃的4~10倍的水中，冷却至室温时生成乳白色的膏体水合物，其水合物分子的比表面比粉末单甘酯的比表面大约700倍，有利于单甘酯在水溶液中分散。制备水合物时，为了提高溶解速度，也可将单甘酯首先加热熔化成液体并加入高速搅拌的热水中。

单甘酯用量一般为0.3% ~0.5%(按产品配方中的原料质量计)，若产品中含油脂、蛋白质等成分较多，或含不易乳化的原料，则应增加分子蒸馏单甘酯的用量至1% ~5%。

(二)双乙酰酒石酸单双甘油酯

双乙酰酒石酸单双甘油酯主要包括如下3种结构形式(见图2-16)：

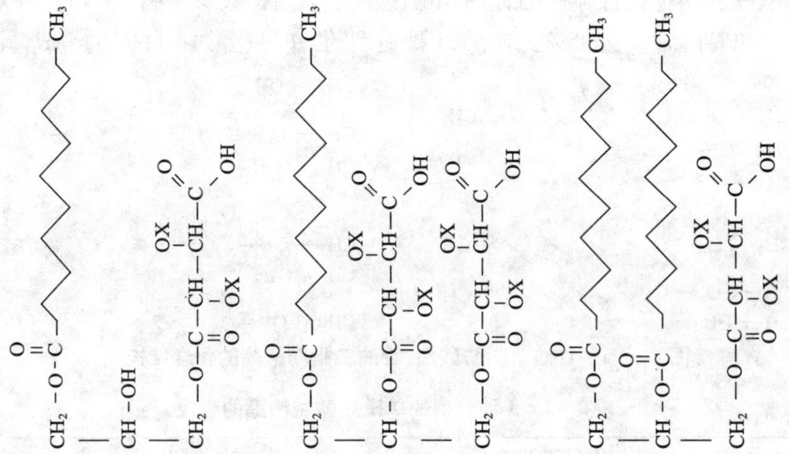

图2-16　3种双乙酰酒石酸单双甘油酯的结构式

双乙酰酒石酸单双甘油酯因生产时所用油脂碘值的不同，可以是黏稠液体脂肪样物或蜡状固体，加10%抗结剂还可制成白色粉末，有微酸臭味。能以任何比例溶于油脂，能溶于大多数常用油脂溶剂，能在甲醇、丙酮、乙酸乙酯中溶解，但不溶于其他醇类、乙酸和水。可分散于水中,并在适当长时间内抗水解。本品2% ~3%的水分散液,pH为2~3。双乙酰酒石酸单饱和C_{16-18}酸甘油酯,以α-晶型稳定,其熔点大约45℃。

与单甘酯相比,双乙酰酒石酸甘油酯有很强的表面活性,并在食品乳状液里有一定的应用。它主要用作提高焙烤产品的泡沫面团结构的促进剂。我国GB 2760—2011规定,双乙酰酒石酸甘油酯用于黄油、稀奶油、生湿面制品、生干面制品,最大用量为10g/kg。

(三)聚甘油脂肪酸酯

我国批准使用的聚甘油脂肪酸酯包括聚甘油单油酸酯(平均聚合度为6)、聚甘油单硬脂酸酯(平均聚合度为6)、三聚甘油单油酸酯及聚甘油酯的衍生物-聚甘油蓖麻醇酯,其化学通式如下:$R-CO-[-OCH_2-CHOH-CH_2]_n-OH$,式中R为脂肪酸碳链。

聚甘油脂肪酸酯由各种脂肪酸与不同聚合度的聚甘油反应制成,简称聚甘油酯(PGE)。随着甘油聚合度、脂肪酸的种类及其酯化度的不同,可以得到HLB值不同的产品。例如三聚甘油单硬脂酸酯的HLB值为6.2,四聚甘油单硬脂酸酯的HLB值为8.4,六聚甘油单硬脂酸酯的HLB值为11.0,六聚甘油三硬脂酸酯的HLB值为7.0,六聚甘油单油酸酯的HLB值为11.0,六聚甘油五油酸酯的HLB值为4.0。

聚甘油酯的外观从淡黄色的油状液体至蜡状固体都有,视其所结合的脂肪酸而定。其最大特点是在酸性条件下相当稳定,也有良好的耐热稳定性,不易发生水解,并在乳状液特别是巧克力中具有显著的降黏作用。

其用途如下:

(1)聚甘油酯适用于调制乳、植物油、冷冻饮品、可可制品等的乳化。在巧克力中作为降黏剂。亲油性的聚甘油酯在可可脂或氢化油中有抑制结晶形成的作用,能防止结晶的析出,但如采用酯化度较低的聚甘油酯,则可促进油脂结晶的形成。

(2)在罐装咖啡中,十聚甘油硬脂酸酯和十聚甘油棕榈酸酯对引起变质的嗜热脂肪芽孢杆菌、凝结芽孢杆菌和耐热性芽孢杆菌有良好的抑菌作用,从而解决了灌装咖啡不能耐受高温杀菌而易酸败变质的问题。此外,六聚甘油单辛酸酯对枯草杆菌有较强的杀菌作用,其水溶性也好,故在水性食品(如豆乳)中不单杀菌性好,且使用方便。

(3)聚甘油酯适合各类食品的乳化稳定作用。具体规定参考GB 2760—2011。

聚甘油酯的使用方法有3种:一是在饮料、冰淇淋等制品中,三聚甘油单硬脂酸酯可与其他原料同时投料,在约70℃或更高的温度溶解、搅拌、乳化,最后制得产品;第二种,由于三聚甘油单硬脂酸酯易溶于油脂,因此可将其与油脂一起加热溶解,混合,再投料;第三种,由于三聚甘油单硬脂酸酯可分散在水中并乳化,因此可将1份三聚甘油单硬脂酸酯加入到3~4份水中,加热(70℃或更高),搅拌,待溶完后再在搅拌下逐渐冷却,即可生成乳白色膏体,将此膏体投料使用,效果很好。

(四)辛,癸酸甘油酯

辛癸酸甘油酯是一种中碳链的半合成的天然脂肪酸甘油酯类产品,为无色、无味的透明液体,其黏度为一般植物油的一半。凝固点低,氧化稳定性好。与各种溶剂、油脂、一些氧化剂及维生素都有很好的互溶性。其乳化性、溶解性、延伸性和润滑性都优于普通油脂。

以椰子油或棕榈仁油、山苍子油等油脂为原料,经水解、分馏、切割,得到辛酸、癸酸,与甘油酯化,然后脱酸、脱水、脱色可制得。可用作乳化剂、润滑剂和稳定剂。我国GB 2760—2011

规定，辛癸酸甘油酯可在乳粉、氢化植物油、冰淇淋、可可制品及饮料中按生产需要适量使用。

二、蔗糖脂肪酸酯

蔗糖脂肪酸酯，简称蔗糖酯(SE)，是由蔗糖(含有 8 个亲水的 –OH，其中包括能优先参与反应的 3 个伯羟基)和脂肪酸(主要是硬脂酸、棕榈酸、油酸、月桂酸)酯化而成，主要产品为单酯、双酯和三酯的混合物。

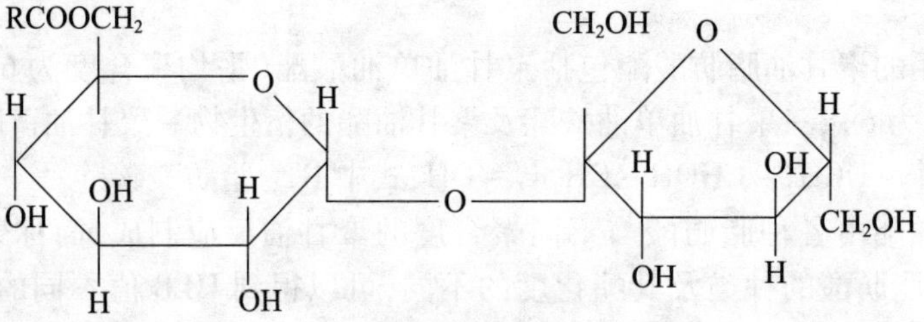

RCO为脂肪酸残基

其分子结构通式为：$(RCOO)_n C_{12} H_{12} O_3 (OH)_{8-n}$。三酯($n=3$)的 HLB 值为 3～7，双酯($n=2$)的 HLB 值为 7～10，单酯($n=1$)的 HLB 值则为 10～16，因此蔗糖酯具有 3～16 广阔的 HLB 值可供选用。

作为蔗糖酯的商品总是由多种脂肪酸和不同酯化度(某一种为主)和不同位置异构体等组成的混合体。蔗糖单、双、三脂肪酸酯的化学结构式见图 2–17。

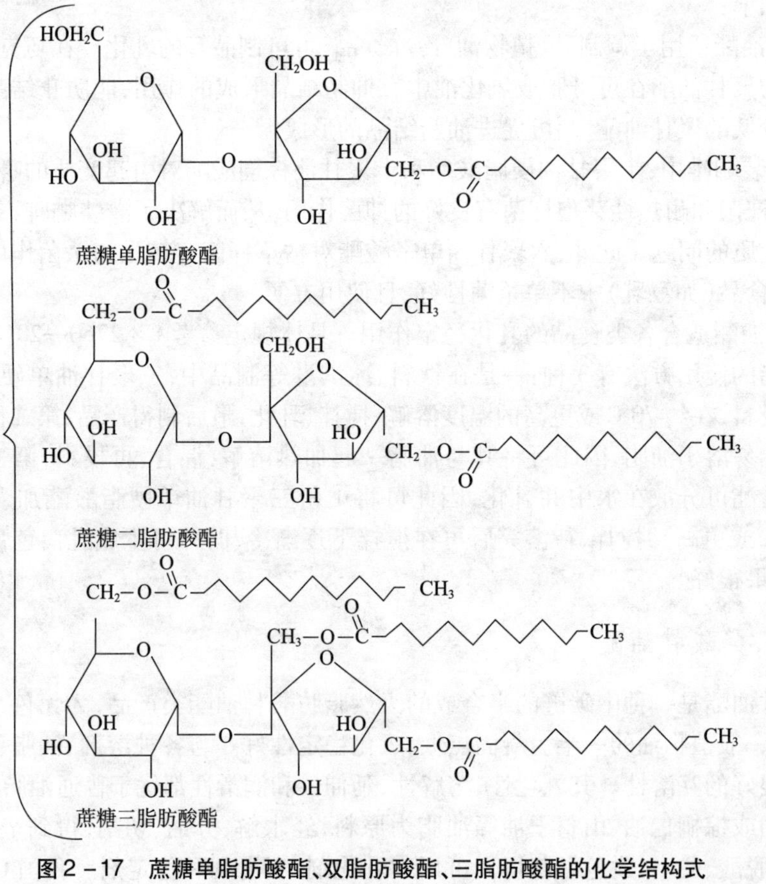

蔗糖单脂肪酸酯

蔗糖二脂肪酸酯

蔗糖三脂肪酸酯

图 2–17　蔗糖单脂肪酸酯、双脂肪酸酯、三脂肪酸酯的化学结构式

蔗糖酯一般为白色至黄色的粉末,或无色至微黄色的黏稠液体或软固体,无臭或稍有特殊的气味,易溶于乙醇、丙酮。单酯可溶于热水,但二酯和三酯难溶于水。单酯含量高,亲水性强;二酯和三酯含量越多,亲油性越强。具有表面活性,能降低表面张力,同时有良好的乳化、分散、增溶、润滑、渗透、起泡、黏度调节、防止老化、抗菌等性能。软化点50~70℃,分解温度233~238℃。有旋光性。耐热性较差,在受热条件下酸值明显增加,蔗糖基团可发生焦糖化作用,从而使颜色加深。此外,酸、碱、酶都会导致蔗糖酯水解,但在20℃以下时水解作用很小,随着温度的增高而加强。

蔗糖酯的最早合成,可追溯到19世纪中叶,但直到1959年,才首次由大日本制糖株式会社实现工业化生产。同年,在日本获准用作食品添加剂并制定出标准,1969年得到联合国粮农和世界卫生组织(WHO/FAO)食品添加剂专家委员会承认,从而将蔗糖酯的研究和工业化生产推向一个新的阶段。蔗糖酯的合成方法很多,按反应方式可分为酰氯酯化法、酯交换法、直接脱水法和微生物法。目前工业生产上仍采用酯交换法为主,包括丙二醇溶剂法、非丙二醇溶剂法和非溶剂法等,只是在溶剂和酯化剂方面作了改进。

蔗糖酯具有以下特殊性能:

1. 非多晶型性和α-晶型倾向性

蔗糖酯没有多晶型性,然而可以稳定其他乳化剂的α-晶型。蔗糖酯在食品体系中具有优良的充气作用。

2. 与面粉成分的相互作用

蔗糖酯能够与小麦面粉中的蛋白质和淀粉发生相互作用。与蛋白质相互作用,可以使酵母发酵烘烤食品的体积增大,其相互作用程度取决于被蔗糖酯化的脂肪酸数目。蔗糖单脂肪酸酯与蛋白质的相互作用最强,因此增大烘烤食品体积的效果也最大,而蔗糖二和三脂肪酸酯的这种作用大大减弱。

添加蔗糖酯可以提高糊化温度和最大黏度,其提高的幅度取决于蔗糖酯的含量及其亲水性能。亲水性较大的商品蔗糖酯 DK-Ester F-140 比亲水性小的 DK-Ester F-70 作用效果大。

3. 对巧克力料的流变性影响

使用蔗糖酯可以改变巧克力料的流变性,其作用效果与蔗糖酯的亲水性能有关。

蔗糖酯还能够降低巧克力料的黏度。高亲水性的商品蔗糖酯 DK-Ester F-140 只有低的降黏作用,且不改变流变极限(流变曲线与横座标的交点)。低亲水性的 DK-Ester F-50 和 DK-Ester F-20 具有较大的降黏作用,并可降低流变极限。

由于蔗糖酯具有以上特殊性质,使其具有以下用途:

(1)用于生湿面制品,可加强面团和提高机械抵抗力,并在揉面阶段提高水的吸收性。增加烘烤后的体积,软化面包瓤,使空腔均一,并节省起酥油。防止面团冷冻期间发生腐败,在解冻和烘烤后改善面包瓤,使其膨松、柔软。用量为面粉质量的0.1%~3.0%(HLB值11~16)。

(2)用于蛋糕可使蛋糕具有良好的形态并具有均一柔软的质构。用量为0.1%~0.5%(HLB值5~16)。

(3)用于冰淇淋,可控制冷冻时的反乳化作用,赋予非常良好的奶油色和平滑的口感,是单甘酯最好的辅助乳化剂。最大用量为0.15%(HLB值7~16)。

(4)用于肉及肉制品,可提高持水性和改善制品的弹性,防止油水分离。最大用量0.15%

(所有类型蔗糖酯)。

(5)用于水果、鸡蛋的涂膜保鲜,具有抗菌作用。最大用量为0.15%(HLB值5~16)。

(6)用于糖果,可提高熔化糖与油的乳化作用,并防止油的分离,防止粘牙齿、机器和包裹纸,给予硬糖脆性。用量为0.1%~1%(HLB值1~9)。

(7)HLB值小于3的蔗糖酯可用于油脂、起酥油、人造奶油等中。用量0.1%~1%。

用户要根据自己的产品选择适当HLB值的蔗糖酯。实际使用时,可先将蔗糖酯用适量的冷水调合成糊状,再加入所需的水,升温至60~80℃,搅拌溶解。或将蔗糖酯加到适量油中,搅拌令其溶解和分散,再加到制品原料中。另外,蔗糖酯暴露在空气中一般易潮解结块,结块后仍可使用,但不利于保存。因蔗糖酯在50℃以上即开始熔化,故蔗糖酯应密封保存于阴冷干燥处。

三、山梨醇酐脂肪酸酯

山梨醇酐脂肪酸酯商品名为司盘(Span)。制备时由于所酯化的脂肪酸的种类和数量不同,可制得一系列不同的脂肪酸酯,其有不同的HLB值和不同的性状(表2-2)。司盘(Span)的分子结构通式如下:

O
CH_2OCOR
HO　OH
OH

山梨醇酐脂肪酸酯(-COR为脂肪酸残基)

不同的山梨醇酐脂肪酸酯为淡黄色—黄褐色的油状或蜡状,有特异的臭气。司盘可溶于热乙醇、甲苯等有机溶剂中,不溶于水,可分散于热水中。我国许可使用的司盘(包括Span-20、40、60、65、80),其HLB值为2.1~8.6,随所结合脂肪酸不同而变化。可溶于水或油,适于制成油/水型和水/油型两种乳浊液。有很好的热稳定性和水解稳定性。

表2-2　不同山梨醇酐脂肪酸酯的HLB值

名　称	HLB值	性　状
山梨醇酐单月桂酸酯(Span20)	8.6	淡褐色油状
山梨醇酐单棕榈酸酯(Span40)	6.7	淡褐色蜡状
山梨醇酐单硬脂酸酯(Span60)	4.7	淡黄色蜡状
山梨醇酐三硬脂酸酯(Span65)	2.1	淡黄色蜡状
山梨醇酐单油酸酯(Span80)	4.3	黄褐色油状
山梨醇酐三油酸酯(Span85)	1.8	淡黄色蜡状

将1mol山梨糖醇和1mol脂肪酸及0.5%用量的NaOH混合,在氮气流下搅拌加热,190℃时开始酯化,当反应温度升高到230℃左右时,在进行酯化反应的同时,山梨糖醇分子内还发生脱水,而制得失水山梨醇脂肪酸酯。反应产物见图2-18。

司盘(Span)的安全性高,ADI值为0~25mg/kg。GB 2760—1996规定Span-20、40、60、

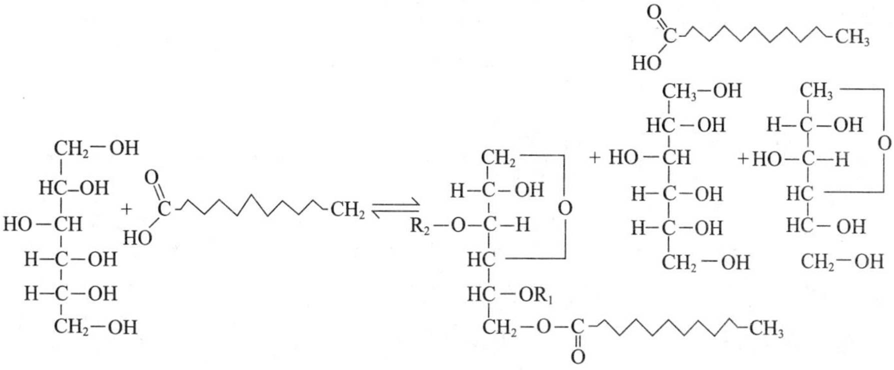

图2－18　山梨醇酐脂肪酸酯的制备示意图

65、80可用于椰子汁、果汁、人造奶油等的生产。

（1）山梨醇酐单硬脂酸酯用于冰淇淋可增大容积，用量为0.2%～0.3%；

（2）用于面包、糕点作起酥油的乳化剂，用量为面粉量的0.3%，可防止制品老化，改善品质；

（3）用于巧克力可防上起霜，以改善光泽，增进滋味，增强柔软性等，一般用量为0.1%～1%；

（4）用于奶糖可使油脂分散均匀，防止起霜，最大添加量为0.3%。

四、聚氧乙烯山梨醇酐脂肪酸酯

聚氧乙烯山梨醇酐脂肪酸酯商品名为吐温（Tween），是由司盘（Span）在碱性催化剂存在下和环氧乙烷（氧化乙烯，$\underset{O}{CH_2—CH_2}$）加成、精制而成。由于其脂肪酸种类的不同，而有一系列产品。FAO/WHO食品添加剂法规委员会许可使用的为聚氧乙烯（20）山梨醇酐脂肪酸酯。其ADI为0～25mg/kg。

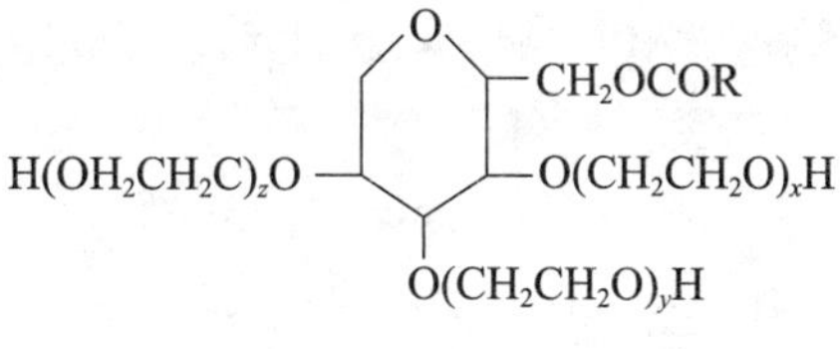

$x+y+z=20$

聚氧乙烯山梨醇酐脂肪酸酯（—COR为脂肪酸残基）

常温下聚氧乙烯（20）山梨醇酐脂肪酸酯Tween60、Tween65、Tween80为黏稠液体到膏状物，色泽为浅黄色，具有典型的油脂气味和口味。吐温（Tween）可溶于水、乙醇、丙酮等溶剂，可分散于猪油、大豆油等动植物油脂中。我国许可使用的吐温（包括Tween－20、40、60、80），其HLB值为14.9～16.7（见表2－3），随所结合脂肪酸不同而变化。吐温亲水性强，适于制成油/水型乳浊液。有很好的热稳定性和水解稳定性。

从吐温80到吐温20，其HLB值越来越大，是因为加入的聚乙烯增多之故。聚乙烯增多，乳化剂的毒性则随之增大。故吐温20和吐温40很少作为食品添加剂使用。

表2-3 不同聚氧乙烯山梨醇酐脂肪酸酯的HLB值

名　称	HLB值
聚氧乙烯山梨醇酐单月桂酸酯(Tween20)	16.7
聚氧乙烯山梨醇酐单棕榈酸酯(Tween40)	15.6
聚氧乙烯山梨醇酐单硬脂酸酯(Tween60)	15
聚氧乙烯山梨醇酐单油酸酯(Tween80)	14.9

聚氧乙烯(20)失水山梨醇脂肪酸酯的工业制造方法是,在碱催化下环氧乙烷与山梨醇脂肪酸酯和山梨醇酐脂肪酸酯进行加成反应,其中每1mol 山梨醇或相应的单酐和二酐加成20mol 环氧乙烷(见图2-19)。

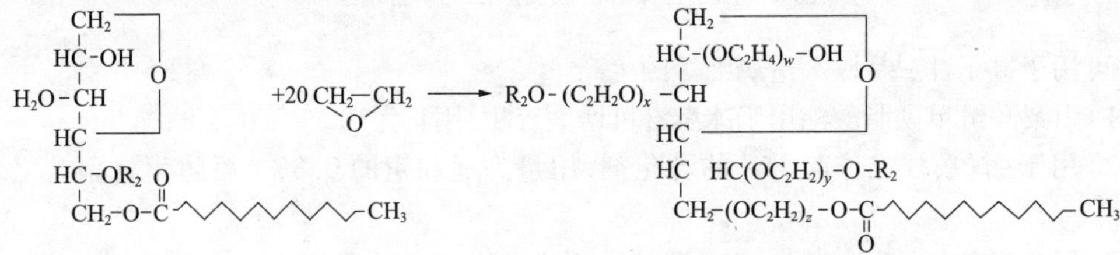

图2-19 聚氯乙烯(20)失水山梨醇脂肪酸酯的制造示意图

$w+x+y+z=20$;R_1,R_2 = H 或脂肪酸基团

我国规定聚氧乙烯山梨醇酐单硬脂酸酯(吐温60)可用于面包和调制乳,其最大使用量为:面包2.5g/kg,乳化香精1.5g/kg。聚氧乙烯山梨醇酐单油酸酯(吐温80)可用于雪糕、冰淇淋和牛乳中,其最大用量为雪糕和冰淇淋1.5g/kg,牛乳1.5g/kg。

国外广泛使用吐温60作糕点乳化剂,用量为0.45%;用于面包、糖果及可可制品涂层时,一般用量约0.5%;巧克力乳化用最约0.05%。吐温80在糖果、糕点中应用较少,主要用于乳制品。

五、硬脂酰乳酸盐

硬脂酰乳酸盐包括硬脂酰乳酸钠(简称SSL,分子式为 $C_{24}H_{43}NaO_6$)和硬脂酰乳酸钙(简称CSL,分子式为 $C_{48}H_{86}CaO_{12}$)。

$$C_{17}H_{35}-\overset{\overset{O}{\|}}{C}-O\ [\ -\overset{\overset{CH_3}{|}}{CH}-\overset{\overset{O}{\|}}{C}-O-\ ]_m-Na$$

硬脂酰乳酰乳酸钠($m=2$,SS_2L,相对分子质量450.60)

$$C_{17}H_{35}\overset{\overset{O}{\|}}{C}-O\ [\ -\overset{\overset{CH_3}{|}}{CH}-\overset{\overset{O}{\|}}{C}-O-\ ]_m-Ca/2$$

硬脂酰乳酰乳酸钙($m=2$,CS_2L,相对分子质量895.30)

SSL为硬脂酰乳酸钠和少量其他有关酸类所成钠盐的混合物,为乳白色或微黄色粉末或脆性固体,略有焦糖味,吸湿性强,易吸湿结块,在水中不溶解,但能分散于热水中,可溶于热的油脂。HLB值为8.3,熔点为39~43℃。

CSL为硬脂酰乳酸钙和少量其他酸所生成钙盐的混合物,白色至带白色的粉末或薄片状、块状固体,无臭,有焦糖样气味。难溶于冷水,稍溶于热水,经加热,强烈搅拌,可完全溶解。易溶于热的油脂中,冷却时则呈分散态析出。熔点44~51℃,HLB值为5.1。

SSL 和 CSL 受热时,色泽会加深且酸值增高,因此,它们的耐热性较差。此外,酸、碱和脂肪分解酶都会导致水解,如浓度足够时,水解作用可以相当快而完全,故在水系中不宜在较高温度下长时间保存。

SSL 和 CSL 都能与小麦中蛋白质发生强烈的相互作用,其中的亲水基团会与小麦面筋中的麦胶蛋白结合,而疏水基团则与麦谷蛋白相结合,形成面筋-蛋白的复合物,使面筋网络更为细致而有弹性,从而提高发酵面团的持气性和焙烤产品的体积。这种作用在与乳蛋白的相互作用中,也能获得良好的搅打起泡性和充气能力。

此外,这类乳化剂的脂肪基团能伸入到直链淀粉的螺旋构型中去,从而形成稳定的螺旋形复合物。因此,通过这类乳化剂可使面粉中的面筋蛋白和淀粉之间形成一种更为紧密、完整而不易受机械破坏的状态,使面团在调制过程中提高了弹性、延伸性和韧性,起到强化面团的作用;而在焙烤过程中由于其与淀粉的结合而抑制了淀粉的重新结晶和回生,起到了组织松化和防止面包老化的作用。这种作用表现在馒头中,则是体积增加,不易塌陷和老化,而且组织柔软均一,不易变硬、掉渣。

SSL 在中性 pH 时是水分散的,在 pH 低于 4~5 时,由于 SSL 中含有 15%~20% 的游离脂肪酸,溶解性受到限制。CSL 水分散性差,但油溶性比 SSL 好。SSL 和 CSL 都被用于焙烤工业,作为面团增强剂。SSL 也被用于人造奶油、咖啡作增白剂,并用于带馅奶油、酥皮等许多乳状液里。按 GB 2760—2011 的规定,适用于果酱、干制蔬菜(仅限脱水马铃薯粉)、面包、糕点、饼干、蛋白饮料等,最大用量 2.0g/kg。

六、丙二醇脂肪酸酯

丙二醇脂肪酸酯又称丙二醇单、双酯,简称丙二醇酯。

$$\begin{array}{l} CH_3 \\ \quad \backslash \\ \quad CH—OH \\ \qquad \backslash \\ \qquad CH_2—O—CO—R \end{array} \qquad \begin{array}{l} CH_3 \\ \quad \backslash \\ \quad CH—O—CO—R \\ \qquad \backslash \\ \qquad CH_2—O—CO—R \end{array}$$

丙二醇单脂肪酸酯　　　　丙二醇二脂肪酸酯

性状随结构中的脂肪酸的种类不同而异,为白色至黄色的固体或黏稠液体,无臭味。如丙二醇的硬脂酸和软脂酸酯多数为白色固体;以油酸、亚油酸等不饱和酸制得的产品为淡黄色液体。此外,还有粉状、粒状和蜡状。丙二醇单硬脂酸酯的 HLB 值约为 1.8,是 W/O 型乳化剂,不溶于水,可溶于乙醇、乙酸乙酯、氯仿等。

丙二醇酯的乳化能力比同纯度的单甘酯差,但它却具有对热稳定、不易水解的特点。丙二醇酯很少单独使用,往往与其他乳化剂混合使用。由于它具有非常优秀的充气能力,形成的泡沫轻而稳定,因而在酥蛋面包、干酪面包和蛋糕裱花奶油等食品中具有广阔的市场。按下列配方可制成粉状的蛋糕乳化剂:单脂肪酸丙二醇酯 60%、单甘酯 24%、乳酸甘油酯 15%。由于单丙酯的亲油性强,在大豆油等油脂中加入 8%~10% 单丙酯,可制备贮存稳定性好的起酥油。在奶油中加入 9%~12% 的单丙酯和少量单甘酯,可制备起泡性奶油。

七、大豆磷脂及改性大豆磷脂

1. 来源与组成

工业上生产大豆磷脂时,是在毛油中添加 2%~3% 的水(加水量与磷脂含量有关),加热

(60～80℃)搅拌,使磷脂水合,变成胶状物“磷脂浆”沉淀。通过连续离心分离方法将水合磷脂与油分离后,立即在60℃以下进行真空干燥,即得到水分含量1%以下的粗磷脂。

商品大豆磷脂是一种复杂的混合物,它含有溶于豆油中的各种磷脂、碳水化合物、甘油三酸酯、糖酯、脂肪酸、氨基酸、生育酚和各种植物固醇。大豆磷脂中含有的主要有效成分是磷脂,包括有卵磷脂、脑磷脂和肌醇磷脂。这些磷脂的分子结构式如图2-20所示。

(1) 卵磷脂成分

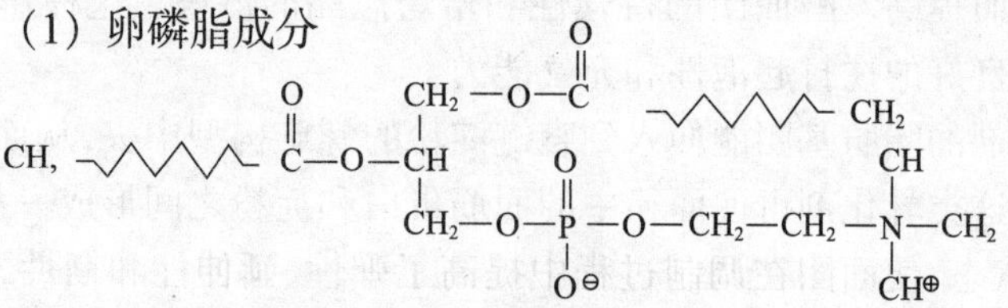

磷脂酰胆碱或胆碱磷脂(PC)

(2) 脑磷脂成分

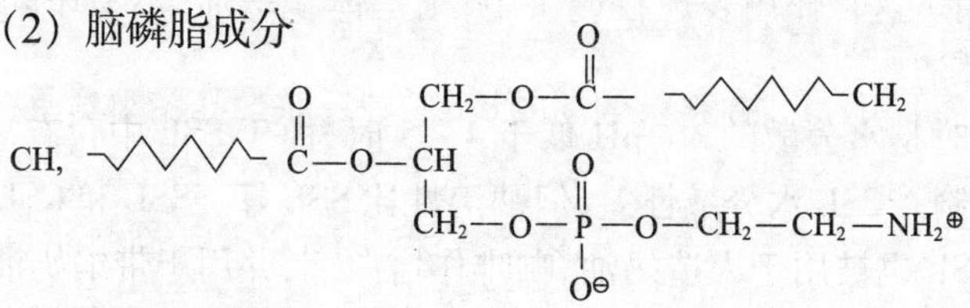

磷脂酰乙醇胺或胆胺(乙醇胺)磷脂(PE)

(3) 肌醇磷脂成分

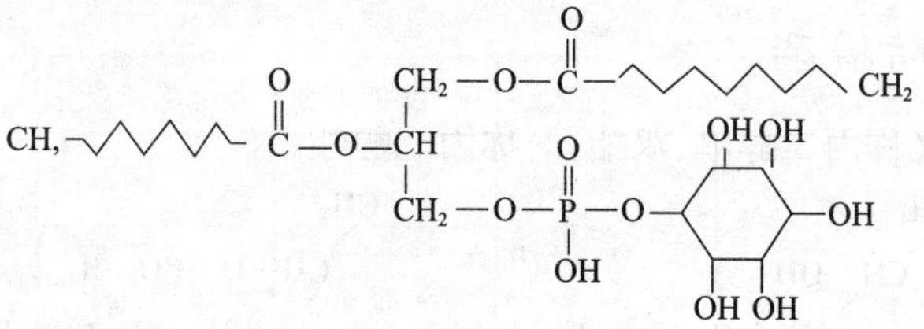

磷脂酰肌醇或肌醇磷脂(PI)

图2-20 大豆磷脂中所含磷脂的分子结构式

大豆磷脂中的磷脂含量决定其价值。此外,各磷脂成分的相互比例对于大豆磷脂的性能有重要作用,因为各种成分具有不同的性质。例如,磷脂酰胆碱(PC)含量高时有利于形成水包油(O/W)型乳状液,而磷脂酰肌醇(PI)含量高时则有利于形成油包水(W/O)型乳状液。大豆磷脂的组成变化范围见表2-4。

表2-4 大豆磷脂的组成

大豆磷脂成分	粗磷脂/%	脱油磷脂(精制磷脂)/%
磷脂酰胆碱(PC)	13～16	20～23
磷脂酰乙醇胺(PE)	14～17	21～24
磷脂酰肌醇(PI)	11～14	18～22
磷脂酸(PA)	3～8	6～12
未测定的磷脂	5～10	8～13
硬脂酰糖苷	4	7

续表

大豆磷脂成分	粗磷脂/%	脱油磷脂(精制磷脂)/%
二半乳糖甘油二酸酯	2	4
甘油三酸酯	35~40	2
硬脂酸	0.5~2	0.2
游离脂肪酸	≤2	0.1
未测定的中性脂类	≤1	0.2

2. 性状

液体精制品是淡黄色至褐色透明或半透明的黏稠状物质。稍带特异的气味和味道,经过精制和脱臭的产品几乎无气味,为半透明体。在空气中或光线照射下,迅速变为黄色,渐次变成不透明的褐色。不溶于水,在水中膨润,呈胶体溶液。溶于三氨甲烷、乙醚、石油醚和四氯化碳。不溶于丙酮。有吸湿性。与热水或 pH 值在 8 以上时更易乳化,添加乙醇或乙二醇能与磷脂形成加成物,乳化性提高。酸式盐类可破坏乳化而出现沉淀。本品易被氧化。

精制固体磷脂为黄色至棕褐色粉末或呈颗粒状。无臭。新鲜制品呈白色,在空气中能迅速氧化为黄色或棕褐色,吸湿性极强,精制的磷脂含有维生素 E,较易保存。

卵磷脂是两性离子型表面活性剂,HLB 值为 8.0。

磷脂不耐高温,80℃就开始变棕色,到 120℃时开始分解。由于加量不多,因而在产品中对温度的敏感性相对降低。

3. 用途

大豆磷脂在食品工业上有广泛的用途:

(1)用于油炸食品中,可抗氧化,防止维生素 A 氧化,保护维生素 E,增强营养素质;

(2)用于面包、糕点、面条中,能与淀粉结成亲水基团,防止产品发硬、老化;

(3)用于蛋糕、糖果,有利于脱模,在焙烤中易与加热器分离,防止焦糊炭化;在饼干等焙烤食品中,可改进分散性,增强对水分的吸收和起酥性;

(4)使巧克力乳化良好,防止微粒凝聚和蔗糖析出,增强光亮度;

(5)用于人造奶油、起酥油、煎炸油,可提高稳定性,防止油水分离和喷溅;

(6)在饮料中,可强化乳化作用,改进润滑和融乳性;在冰淇淋中,可增强乳化,防止水分和糖品析出;

(7)用于奶粉,可强化乳化作用,增溶和提高速溶性;

(8)用于肉制品,起到乳化、均质、促进磷酸盐分散的作用;

(9)在酱油中能提高稳定性,改善风味和色泽;

(10)在低脂食品中可取代油脂,代替鸡蛋。

大豆磷脂在保健食品方面的应用,近年来发展极快,风行全球。在美国的保健食品市场中,销售量占首位的是复合维生素,其次是维生素 E,大豆磷脂和蛋白质占第三位。大豆磷脂属 GRAS(一般公认安全)的食品添加剂,是不规定 ADI 值的天然营养保健食品。WHO 专家委员会的报告称:每人每日食用 22~83g 大豆磷脂,可增加营养效价总和,降低血中胆固醇而无任何副作用,确认了大豆磷脂的营养性和安全性。

4. 改性大豆磷脂

羟基化卵磷脂又称羟化卵磷脂，是通常所指的改性大豆磷脂。天然磷脂在乳酸或乙酸存在下，用过氧化氢或过氧化苯甲酰处理，碘值由90~100降至85~95后，用NaOH中和处理，即得羟基化卵磷脂。

羟基化卵磷脂呈浅黄色流动性流体至黏稠状物，其稠度取决于甘油三酯和游离脂肪酸，有特殊漂白味，部分溶于水，比粗磷脂易于水合、分散成乳状液。HLB值由3~4增至10~12，因此有较强的亲水性，适用于水包油型乳化剂。其降低油、水之间界面张力的能力远大于卵磷脂，它们的表面张力值比约1:8，因此仅需少量羟基化卵磷脂即可大大降低其界面张力。

此外，粗磷脂在磷脂酶的作用下，可使磷脂转化成水解磷脂，或酶解磷脂，从而提高其亲水、耐酸、耐盐等能力。粗磷脂与二氧化硫反应，可获得抗酸性的无色磷脂，对盐类有抗沉淀作用。在粗磷脂中加入一定量成比例的乙醇和水，可获得水溶性磷脂。如加入氯化钙、脂肪酸及植物油等稀释剂，可制成液化磷脂。也可直接加入油脂而成乳化油脂。这些产品都大大方便了应用。在粗磷脂中也可加入司盘、吐温等乳化剂，配成许多不同用途的复配型混合磷脂。

第四节　乳化液的制备

一、乳化剂的选择

乳化液的制备要根据不同的乳化对象来选择适当的乳化剂品种和适当的条件，如果选择得好，一般情况下只用3%已足够，因为食品乳化剂的临界胶束浓度都很低。但选得不好，就是用百分之几十也得不到稳定的乳化液。乳化液的制备是经验性很强的工作，想简单地把某种未知物进行乳化分散是不容易的事。但是综合几家经验可以得出，乳化液的制备工艺应主要掌握好以下3个环节：确定、配比、调整。

1. 确定

(1)乳化剂的HLB值：各种油类的乳化要求做的HLB值可以查到，为了更符合实际，还需要实验检测。

方法：用标准乳化剂Span系列和Tween系列配成不同HLB值的复合乳化剂系列。

按乳化剂:油:水=5:47.5:47.5的质量比混合，搅拌乳化，静止24h或经快速离心后，由观察乳化液的分散情况来决定哪一个乳化效果好，以此乳化油所需HLB值。若所配乳化液都很稳定，应减量再试，直到表现出差异。

(2)根据HLB值确定乳化剂"对"：在上述工作中用Span、Tween系列乳化剂确定了被乳化物所需的HLB值。为了增加乳化效果，在应用中，一般不使用单一品种的乳化剂而采用复合乳化剂，把HLB值小的和HBL值大的乳化剂混合用，所以，对于已知HLB值，会有多种不同乳化剂品种的配比，要根据所需乳化液的类型，找出其中最佳效果的一对，筛选时可以参考下列经验：

①亲油基和被乳化物结构相近的乳化剂，乳化效果好。

②乳化剂在被乳化物中易于溶解，乳化效果好。

③若乳化剂使内相液粒带有同种电荷，互相排斥，乳化效果好。

④乳化剂"对"中的乳化剂品种不能相差太大，一般在5以内。

(3)确定最佳的单一乳化剂:根据上述两步工作,再确定乳化效果最好的单一品种,如在一组乳化剂中有为HLB值8和HLB值为6的两种乳化剂,两者的乳化效果可能不一样,而具有此HLB值的各种乳化剂的乳化能力可能也不一样,要根据实际需要选出效果最佳的。在确定单一品种时还要考虑到使用方便,来源广泛,成本低廉。

(4)确定最佳乳化剂的用量:在实际应用中油、水会有不同的比例,乳化剂的用量也会有多有少,所以要根据实验确定出乳化剂的用量。

2. 配比

(1)不同HLB值的乳化剂能产生不同类型的乳化液,所以在使用复合乳化剂时,要使各组分的配比保证乳化液类型的要求。

(2)有时乳化剂HLB值等于最佳乳化HLB值,体系会发生乳化液类型的转相。这样的体现是刚好平衡的体系而不是所需稳定的体系,这种平衡的体系往往容易打破,是不稳定的,所以要调整乳化剂的配比,使大体符合最佳HLB值,以避开相转变点。

3. 调整

调整是乳化剂试配工作中最后进行的完善工作。

(1)调整乳化剂的比例,使用量适合全液相。

根据食品原料的实际情况,在乳化液中加入香料、色素和防腐剂,并根据产品的要求在指定的水硬度范围内进行。

(2)调整pH。

在乳化剂溶解时具有酸碱性,要根据实际要求调整乳化液的pH,调整时注意不要影响乳化液的性质。

(3)调黏度。

可以根据需要进行。乳化液黏度高了,提高乳化剂的HLB值可以降低其黏度,反之亦然。

二、乳化液的制备方法

1. 相的准备

乳化液的主要成分是水和油。任何一种乳化液中,虽然乳化剂和稳定剂的用量很少,然而它们对乳化的效果却起着决定性的作用。油和油溶性物质称为油相;水和水溶性物质称为水相。

(1)油相的准备

在油相中存在有低熔点固态成分时,需要把油相混合物加热到超过低熔点固态成分熔点的2~4℃。油相中存在较高熔点成分时,在加热前只需要加入2~3倍的液相油与高熔点成分混合,然后加热熔化,待熔化后,再将余下的液相油或低熔点固态成分相互混合。如果油相中高熔点成分较多时,就需要把全部混合物加热到超过高熔点成分熔点的5~10℃。边加热边搅拌。

(2)水相的准备

乳化液中水相的组成较多,既包括水和水溶性物质和能被水润湿的物质(如蛋白质、稳定剂、糊精、糖、盐类、水溶性的色素),还包括亲水性乳化剂和全部的混合乳化剂。通常将全部水相的各种组分和水在搅拌下加热,并使水相温度与油相温度一致。

2. 相的乳化

(1)间歇式乳化法

根据乳化剂 HLB 值大致可分为:

HLB 值在 10 以上的亲水型乳化剂,对于这种水溶性乳化剂,为充分发挥他的乳化特性(特别是粉状)直接使用往往效果不理想,所以应在投入物料前,先将它制成水合状态;如果 HLB 值在 10 以下的为亲油型乳化剂,应先将其溶于一定量的热油中,制成油合状态,再加入物料。

按乳化剂的加入法可分为 3 种:

乳化剂在油中法:先将溶有乳化剂的油类加热,然后在搅拌条件下加入温水,开始为 W/O 型的乳化液,再继续加水可得 O/W 型的。

乳化剂在水中法:将乳化剂先溶于水,在搅拌中将油加入,此时为 O/W 型乳化液,若欲得 W/O 型乳化液则继续加入油至相转变。

轮流加液法:每次只取少量油或水,轮流加入。这种交替加入法特别适用于制造油含量高 O/W 型乳化液。

前面,我们谈到 HLB 值低的乳化剂适用于 W/O 型的乳化液,但也有特殊的,例如,乳化剂使用最多的单甘酯,其 HLB 值约为 3 ~ 4,一般来讲它应为 W/O 性乳化剂,但它在分散相中却起 O/W 型乳化剂的作用。另一种较为特殊的是卵磷脂,试验测定 HLB 值为 3,但大多数文献中报道,还是把卵磷脂称为 O/W 型乳化剂。实际上羟基化卵磷脂正好是 O/W 型乳化剂。

一般选用带高剪切搅拌器(又称高剪切乳化机)。

(2)连续式乳化法

将加热的油相和水相按配方要求连续加到乳化设备中。一般是利用高压配料泵把油相和水相按比例送入混合喷嘴或高剪切均质泵。一般情况下,两相通过上述高剪切均质泵打入乳化液受槽,乳化液已十分均匀;若乳化液未达到均匀乳化的要求,可以用上述两种泵(离心式高剪切均质泵;螺杆式高剪切均质泵)将乳化液再打,直到满足乳化的要求。

(3)乳化液的后处理

经过上述乳化设备乳化后的乳化液,其粒径的大小以及粒子分布对于一些要求比较高的乳化液是不够的,还必须对乳化液进行高压均质。有的产品经过一次高压均质即可,有的则需要多次不同压力的高压均质才能达到要求。高压均质可以使分散相粒子变得非常小,使乳化液均匀、细腻。但在进行均质时一定要注意:由于分散相的界面成倍的扩大,表面张力大大增加,如果没有足够的蛋白质和其他表面活性剂去"修补",在不利条件下,均质不但不会使脂肪球更微细化,乳化液更稳定,反而会导致已经微细化分布的油脂粒子聚集成堆,造成乳化液失稳。

如果有足够的蛋白质和乳化剂,均质后脂肪球直径变小,其表面积增加,同时也增加脂肪球表面的蛋白质及乳化剂的吸附量,使脂肪密度增大,上浮能力变小,即球径越小,乳化液越稳定。

三、乳化液的稳定性

均质会使乳化液的黏度下降,为了使乳化液更加稳定,有时需加入适量的增稠剂(如卡拉胶、海藻酸钠等)一类亲水性胶体,使乳化液的酿度增加。

为了使乳化液能在贮藏期间保持稳定,需加入适量的防腐剂或进行杀菌。

乳化液均质后应立即进行喷雾干燥,使制得的粉状产品用水复原时迅速地冷却到20℃以下立即罐装。有些产品甚至要急冷捏合机或刮扳式交换器,使乳化液在冷却过程中同时进行很强的机械加工,使乳化液进一步乳化分散,达到预期的乳化均质目的。

第五节　乳化剂的现状与发展趋势

一、乳化剂现状

乳化剂在国际上应用已有数十年历史,发展相当迅速。1854 年 Brethelot 初次合成单甘酯,1910 年开始工业化生产,1930 年应用于人造奶油和面包等的生产,1935 年合成并应用聚甘油脂肪酸酯,1945 年美国阿托拉斯公司开发了 Span 类食品乳化剂,之后又生产了 Tween 类食品乳化剂,1959 年日本许可应用蔗糖脂肪酸酯,1961 年又批准丙二醇脂肪酸酯可用于食品。20 世纪 70 年代以来食品乳化剂的需求量逐年增加,20 世纪 80 年代中期全世界食品乳化剂的消费量为 20 万 t/年,1990 年食品乳化剂的总需求量已达 25 万 t。世界上消费量最大的乳化剂有 5 类,它们是甘油脂肪酸酯、蔗糖脂肪酸酯、山梨醇酐脂肪酸酯、丙二醇脂肪酸酯和大豆磷脂,这 5 大类乳化剂约占全部乳化剂产量的 70%,产值约占 40% 左右。甘油脂肪酸酯是世界各国用量最大的食品乳化剂,约占乳化剂总量的 50%。同时以甘油酯为母体的各种衍生物的消费量逐年上升,其应用开发研究比较活跃,如欧美各国甘油酯衍生物的消费量已约占甘油酯消费量的 20% 左右。其中以聚甘油酯用量最大,原因是聚甘油酯在巧克力制作中有显著的降黏作用。蔗糖脂肪酸酯是性能十分优良的食品乳化剂,用途十分广泛,使用量约占乳化剂总量的 10%。尽管生产蔗糖酯的原料价格低,但生产过程中溶剂耗量大,产品提纯工艺复杂和收率等原因,致使产品的售价远高于其他品种的乳化剂。因此尽管在蔗糖酯开发初期估计将会有较大的发展,而至今蔗糖酯的应用仍受到价格因素的制约。

国内食品乳化剂的品种供应、乳化剂的质量等与国外相比仍有较大的差距,市场上能买到的往往只有单甘酯、蔗糖酯、改性大豆磷脂等少数几个品种;市场上供应最多的单甘酯,单酯含量仅 40% ~50% 的产品仍占多数,在面包抗老化等方面的应用效果并不理想;大豆磷脂的质量达不到国外粗磷脂的标准,不仅浪费了资源,也影响了产品的推广;蔗糖酯的 HLB 值从 1~18,可在各种食品领域中起乳化稳定作用,但目前国内市场上高 HLB 值的蔗糖酯价格仍很高,制约了蔗糖酯的应用。食品乳化剂的消费量与国外相比差距更大,如美国年消费量 12.3 万 t,而我国年消费量目前仅 1 万多 t。

食品乳化剂配方应用研究是乳化剂研究中最为引人注目的领域。乳化剂生产厂一般仅生产几个品种的乳化剂,但可根据市场需要推出几十种复配的乳化剂供应给用户。如日本以甘油酯和蔗糖酯为主的复配乳化剂达几百种,其中仅 Span 型蛋糕发泡剂的销售量达到 2000t/年。目前国内市场上推出的复配型乳化剂系列产品的应用已经扩展到面包、蛋糕、冷饮制品、植物蛋白饮料、馒头、人造奶油、面条、水产肉制品、果汁饮料、酸奶等食品中。食品乳化剂的种类是有限和相对稳定的,但新型食品和新的食品加工工艺层出不穷,及时推出各种专用乳化剂,是乳化剂生产厂不断取得较大经济效益的关键。

二、发展趋势

"十一五"期间,我国食品工业以超过 25% 的速度快速发展,2010 年的总产值超过了 6 万亿元人民币。"十一五"期间食品添加剂行业的年均增长率保持在10%,食品添加剂总产量达到1093万t/年;食品添加剂出口额将达到57亿美元,年均增长约12%。据此推算,食品乳化剂的年均增长率保持在7%~8%,"十二五"末年食品乳化剂总产量应达到70万t以上;食品乳化剂出口额将达到10亿美元,年均增长约6%~7%。

(一)发展食品乳化剂,提高农副产品附加值

食品乳化剂70%以上的原料都来自农副产品,食品乳化剂的制造提高了农副产品的附加值,促进了食品工业的发展。我国盛产甘蔗和甜菜,广西、广东、云南、东北三省是我国的糖业基地,为以蔗糖为基础原料的蔗糖酯生产提供了可靠的保障。另外,从大豆、油菜籽、棉籽等植物中提取、制备卵磷脂类乳化剂;从小麦、谷物中提取、生产蛋白质类乳化剂等,都可以充分利用我国的农业资源优势,经过高科技生物技术精深加工生产的产品。目前这些产品的国际市场地位稳定,竞争优势已经显现。

(二)建立起健全的食品乳化剂生产、流通、使用和监管体系

"十二五"期间要完善食品乳化剂标准体系,健全产品标准,通过研究和实践,建立起食品乳化剂的生产、检验、流通、使用等完整的管理体系模式,保证产品质量,保证科学使用,快速溯源,全面保障食品安全。重点是要完善乳化剂检验程序,完备乳化剂检验设备,从原料到生产再到产品,切实保证产品质量;建立产品生产、流通、使用、溯源的管理体系,保障食品安全。根据《食品安全法》的要求,结合食品乳化剂和整个食品工业新的发展形势,为行业发展提供政策保障;完成食品乳化剂安全标准的制定和现有质量规格标准的梳理以及修订工作,加快对无国标食品乳化剂产品标准的制定工作,力争在"十二五"期间全面解决食品乳化剂国家安全标准问题,建立起一整套安全完善的检验检测体系。

(三)节能降耗,低碳环保,走可持续发展的道路

"十二五"期间继续提高乳化剂产业链综合利用水平,单位产值能耗降低10%。加大环保投入,减少环境污染,新增环保投入增加20%,走可持续发展的道路。

(四)产业结构进一步调整,加快大型企业集团建设

"十二五"期间将根据食品乳化剂和食品工业发展情况,进一步调整产业结构,抓大并小,加快企业集团建设,提高行业集约化、规模化水平,增强产业抵御外部不利因素能力,打造一批具有规模、技术领先、效益显著、服务全面的企业(集团)。争取在"十二五"末再建设两个以上销售额超过20亿元、具有自主知识产权、能为用户提供全方位服务的大型企业(集团)。

(五)要发展具有功能性的食品乳化剂,满足人们健康饮食的需要

新时期人们越来越关注身体健康,带有一定功能的如改善营养结构、适合特殊人群、调节人体机能等食品已经被广大消费者所接受。从发展来看,这些食品的功能性很多是通过食品添加剂和配料来实现的,即功能性食品添加剂和配料赋予了食品的特殊功能。功能性食品乳化剂已经成为国际的发展方向之一。例如,乳化剂中磷脂的开发成功为保健品中增添了一朵奇葩。磷脂具有良好的乳化性能,较高的HLB值,对沉积在血管壁上的胆固醇有很好的清扫

作用,有人将磷脂称为血管的清道夫,它也是人脑神经的主要构成基质,市场上已有了400种以上的磷脂保健食品。

对乳化剂的分子构成中油脂组分、油脂的分子结构研究使人们认识到它们的不同功效,如不饱和度、顺式、反式等。目前在乳化剂的生产中已在有目的的选择不同的油脂原料,采用合理的工艺,使得乳化剂在人体中正常代谢后,能进一步起到保健的功能,多不饱和脂肪酸(如亚油酸、α-亚麻酸、EPA、DHA)、中碳链脂肪酸(如辛癸酸、月桂酸)、奇数碳脂肪酸等,具有独特的营养保健功能。因此,可以开发含多不饱和脂肪酸的甘油脂肪酸酯,含中碳链脂肪酸的甘油脂肪酸酯,含奇数碳脂肪酸的甘油脂肪酸酯等具有保健功能的乳化剂产品,乙氧基化甘油单癸酸酯就是很好的例子:但如果考虑脂肪酸的特殊功能,就必须选择中短链的脂肪酸。

20世纪60年代,国外已研究发现,中碳链的脂肪甘油酯,具有治疗胃肠病的功能。一般情况下,常用油脂为长链(20~22碳)的三酸甘油酯。进入胃肠,首先要通过胰腺脂酶水解,转化成二酸甘油酯、一酸甘油酯、甘油和游离脂肪酸。才能在肠内黏膜细胞表面被吸收。而中碳链(十二碳以下)的三酸甘油酯,无需经过脂酶水解及胆盐乳化,可直接被十二指肠肠道细胞分解成脂肪酸和甘油。由此可见,中链脂肪酸酯,对于胰腺酶低下和胆汁酸低下者,迅速提供能量、缓解老年人脂肪消化不良。国外将中碳链的脂肪应用于病后调理食品、老年食品、运动员食品。乳化剂进入体内,能代谢成相应的脂肪酸而被利用。因此用中碳链脂肪酸合成的酯类乳化剂,应用于食品,除了使食品乳化并附有抑菌作用以外,进入体内,将会同样具有中碳链脂肪酸对人体的某些生理活性和功能。

(六)顺应国际发展方向,大力发展复配食品添加剂

食品乳化剂产品的发展已经由单一品种结构趋向于复配、复合型产品,即将几种基本乳化剂将其复合搭配出许多品种,发挥其协同效应。实践证明乳化剂有协同作用,它是乳化剂研究的一个重要领域,厂家能生产出的乳化剂品种有限,但可根据市场的需要,可有多种复配型乳化剂出售,这对于提高乳化剂的应用发展有十分重要意义,可以不断推出各种新型乳化剂。经过近年来的快速发展,复配食品添加剂已经成为国际食品添加剂的一个发展方向,成为行业的科技创新点和经济增长点。许多新型复配食品添加剂都是高科技的集合体,附加值很高。复配食品添加剂具有协同性、互补性、增效性等一系列特点,越来越受到消费者的欢迎。使用复配食品添加剂还可以给用户带来很大方便,提高产品质量,降低生产成本,是今后行业发展的一个重点。我国乳化剂主要是依靠经验进行复配,带有一定的盲目性,缺乏必要的理论指导和先进测试仪器的辅助,所得产品质量和性能都不尽完善,不利于推广和应用。因此,必须加强乳化剂复配技术的理论研究。同时,这些科研工作应与食品加工企业密切协作、同市场的实际需要相结合,才能使成果迅速转化为现实生产力、更快地拓展食品乳化剂的应用空间。

思考题

1. 乳化和食品乳化剂的概念。

2. 乳化剂分子的特性。

3. HLB 值的概念及计算公式。

4. CMC 的概念。

5. 食品乳化剂在食品工业中的作用。

6. 常用食品乳化剂的品种及特点。

7. 乳浊液的制备方法。

第三章　食品增稠剂

本章学习目的与要求

熟悉食品增稠剂的概念及其影响其作用效果的因素,掌握食品增稠剂的分类特点,掌握不同种类的增稠剂的特性与应用。

第一节　食品增稠剂的基本理论

一、食品增稠剂的定义及基本功能

食品增稠剂通常是指能溶解于水中,并在一定条件下充分水化形成黏稠、滑腻或胶冻液的大分子物质,又称食品胶。它是在食品工业中有广泛用途的一类重要的食品添加剂,被用于充当胶凝剂、增稠剂、乳化剂、成膜剂、持水剂、黏着剂、悬浮剂、晶体阻碍剂、泡沫稳定剂、润滑剂等,广泛分布于自然界。

在食品中需要添加的食品增稠剂其量甚微,通常为千分之几,但却能有效又经济地改善食品体系的稳定性。其原理是增稠剂分子结构中含有许多亲水基团,如羟基、羧基、氨基和羧酸根等,能与水分子发生水化作用,其分子水化后以分子状态高度分散于水中,形成高黏度的单相均匀分散体系——大分子溶液。如蒸煮马蹄糕时,容易出现上下分层的现象,难以形成爽口有弹性的糕体,并且马蹄糕冷却后有析水现象,不利于制成冷冻方便食品。而加入罗望子胶后,罗望子胶对马蹄粉的增黏作用使得粉浆混合体系的黏度大大提高,因此,那些未充分溶胀的淀粉颗粒不发生沉降,形成很好的悬浮液体系,使得蒸出的糕体均匀。

二、食品增稠剂的分类

迄今为止世界上用于食品工业的食品增稠剂已有40余种,典型的增稠剂有淀粉、变性淀粉、瓜尔豆胶、黄原胶、CMC、罗望子胶、明胶、琼脂、卡拉胶、魔芋胶等。食品增稠剂可提高食品的黏稠度或形成凝胶,从而改变食品的物理形状,赋予食品黏润、适宜的口感,并兼有乳化、稳定或使食品颗粒呈悬浮状态的作用,所以食品胶在食品中往往可以做增稠剂、稳定剂、胶凝剂、乳化剂、悬浮剂、润滑剂、组织改进剂和结构改进剂等使用。为了更方便地研究和应用它们,有必要将它们合理分类,但是由于食品胶的种类较多,组成、结构和物理化学特性各异,有的食品增稠剂同时具有多种物理化学性质,用途也多种多样,如海藻酸丙二醇具有增稠、稳定、乳化、胶凝等作用。因此研究者们一般根据其来源进行分类。

根据其来源,不同的食品胶研究者都提出了他们各自的分类方法。20世纪70年代,美国M. Glicksman等提出了他们的分类方法,他们把食品胶分为6类,即植物分泌物、提取物、粉末状物质、微生物发酵多糖、化学修饰胶和人工合成胶。这种分类方法尽管比较科学,但却比较繁琐,不容易牢记,并未被同行广泛接受。我国学者有的把它们分为动物性增稠剂、植物性增稠剂、微生物性增稠剂、酶处理生成胶；杨湘庆等在《食品胶和工业胶手册》一书中将食品胶分为3类，即天然食品胶和工业胶、半合成食品胶和工业胶及合成食品胶和工业胶。

对于食品增稠剂的分类，依据科学合理，易于辨别区分的原则，选择黄来发等在《食品增稠剂》一书中的分类方法，即根据其来源，大致可分为4类。

(一)由植物渗出液制取的增稠剂

由不同植物表皮损伤的渗出液制得的增稠剂的功能是人工合成产品所达不到的。其成分是一种由葡萄糖和其他单糖缩合的多糖衍生物，在它们的多羟基分子链中，穿插一定数量对其性质有一定影响的氧化基团，在许多情况下，羧基占很大比例。这些羧基常以钙、镁或钾盐的形式存在，而不以自由羧基的形式存在。目前有3种树渗出胶－阿拉伯胶、黄蓍胶和刺梧桐胶均比其他亲水胶的功能要多，这3种胶不管是单独还是混合在一起，均可以作为黏合剂、稳定剂、增稠剂、乳化剂、包囊剂、悬浮剂、填充剂和胶凝剂。全世界的产量约为6.5万t，预计十年内其市场需求量可以达到9万t。由于胶的结构非常复杂，因此其功能也是多种多样的。如阿拉伯胶的化学结构比较复杂，是一种含有钙、镁、钾等多种阳离子的弱酸性大分子多糖，相对分子质量约为50～100万，具有以阿拉伯半乳聚糖为主的、多支链的复杂分子结构，其乳化性质来源于其结构上的鼠李糖和含量约2%的蛋白质。一般说来，阿拉伯胶含鼠李糖和含氮量越高，则其乳化稳定性越好。

(二)由植物种子、海藻制取的增稠剂

由陆地、海洋植物及其种子制取的增稠剂，在许多情况下，其中的水溶性多糖相似于植物受刺激后的渗出液。它们是经过精细的专门技术处理而制得的，包括选种、种植布局、种子收集和处理，都具有一套科学方法。正如植物渗出液一样，这些增稠剂都是多糖酸的盐，其分子结构复杂。常用的这类增稠剂有瓜尔胶、槐豆胶、卡拉胶、海藻酸等。如瓜尔胶来源于广泛栽培的一年生草本抗旱农作物 Cyamopsistetragonolobus，这种豆科植物主要生长在印度和巴基斯坦等地的干旱和半干旱地区。瓜尔胶是中性多糖，相对分子质量约20～30万，是直链为主的大分子多糖，链上的羟基可与某些亲水胶体及淀粉形成氢键。瓜尔豆胶是一种溶胀高聚物，瓜尔豆胶与大量水的结合能力，使它在食品工业中有着广泛的应用(举例画出分子式特征，如瓜尔胶、卡拉胶)。

(三)由含蛋白质的动物原料制取的增稠剂

蛋白质类增稠剂的主要成分是蛋白质，是一种天然的营养型食品增稠剂。蛋白质类增稠剂较其他胶有其独特的特点，如明胶含有18种氨基酸和90%的胶原蛋白，具有优良的胶体保护性、表面活性、黏稠性、成膜性、悬浮性、缓冲性、浸润性、稳定性、水易溶性和营养保健等功能。蛋白质类增稠剂的主要来源是富含蛋白质的动物骨、皮的胶原、动物奶及植物如大豆、花生等高蛋白质食物。这类蛋白质类增稠剂主要品种有皮冻、明胶、蛋白胨、酪蛋白、甲壳素、壳聚糖等，其中明胶和甲壳素是在食品工业中应用相当广泛的两种增稠剂，尤其是明胶，目前其在食品工业中的需求量大大超过大多数的植物胶。

(四)以天然物质为基础的半合成增稠剂

以天然物质为基础经化学合成、加工修饰而成的食品增稠剂。一般是利用来源丰富的多

糖等高分子物为原料,通过化学、生物反应而成。这类增稠剂按其加工工艺可分为两类:

(1)以纤维素、淀粉为原料,在酸、碱、盐等化学原料作用下,经过水解、缩合、提纯等工艺制得。其代表的品种有羧甲基纤维素钠、变性淀粉、海藻酸丙二醇酯等。

(2)真菌或细菌(特别是由它们产生的酶)与淀粉类物质作用时产生的另一类用途广泛的食品增稠剂,如黄原胶、结冷胶等。它是将淀粉几乎全部分解为单糖,紧接着这些单糖又发生缩聚反应再缩合成新的分子。该新的分子链具有以下的特点:每一个葡萄糖残基除了第四碳原子仍保留原有的结构之外,部分或全部地发生羟基部位的部分氧化、大分子链间的交联、羟基上的氢原子被新的化学基取代等反应。

三、食品增稠剂的特性比较

世界上的食品有成千上万种,人们往往为了不同的目的而需要在其中使用增稠剂,以改善或赋予食品在口味、外观、形状、贮存等方面的某种特性。因此,在使用增稠剂时,首先要对使用的目的(或应用增稠剂的哪一种特性)有清楚的了解,才能根据不同增稠剂的特性进行选择,同时还必须考虑以下因素:

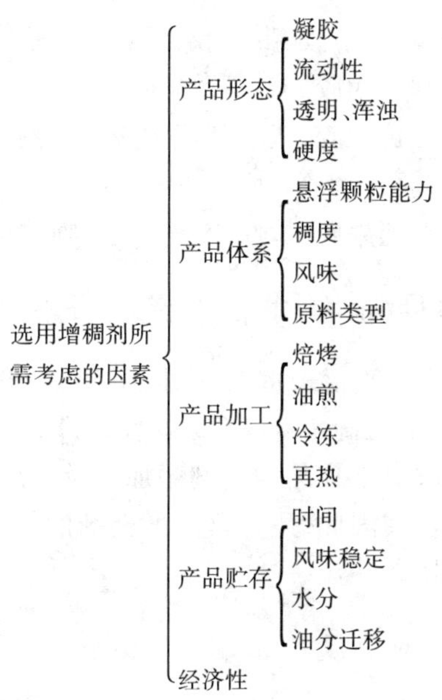

食品增稠剂在食品工业中的广泛应用,主要的原因在于它们都有着许多的功能特性。什么样的食品需要选用具有何种特性的食品增稠剂是首先要考虑的因素。比如核桃酱不仅要保持核桃的营养保健成分,还要具有良好的稳定性和风味及口感。这就需要我们选择合适的增稠剂。在核桃酱生产中添加的增稠剂一般用黄原胶、琼脂、明胶等。仿生鱼翅类菜肴一直是一道美味佳肴,增稠剂的选择和使用是相当重要一个环节。除海藻酸钠、卡拉胶、罗望子胶等典型增稠剂外,黄原胶及明胶也值得考虑。

食品增稠剂有着特定的流变学性质。食品增稠剂的化学成分大多是天然多糖及其衍生物(除明胶是由氨基酸构成外)。有些食品增稠剂的化学组成中含有非糖部分,这些非糖部分能赋予增稠剂本身特殊的功能性质。如卡拉胶的半乳糖单元上有硫酸酯基因,使其与酪蛋白有良好的亲和作用。为此,卡拉胶是一种良好的乳蛋白分子胶体保护剂。阿拉伯胶中含有2%的蛋白质组分,由于蛋白质的亲水及疏水性能及其高浓度情况下低黏度的特性,阿拉伯胶具有更好的乳化性能，是柑桔类乳化香精极好的乳化增稠剂。在食品增稠剂中，海藻酸丙二醇酯具有很强的抗酸性；瓜尔胶具有很强的增稠性；溶液假塑性、冷水中分散性、水合性及抗盐性强是黄原胶的特性；阿拉伯胶的乳化托附性较佳；琼脂具有较强的凝胶性，但凝胶透明度以结冷胶为甚；卡拉胶在乳类及含蛋白的饮料中具有很好的防止蛋白沉淀作用。根据其的特性特点，对常用增稠剂的特性作简要归类，以便能根据所须考虑因素，选择具有相应特性的增稠剂。

(1)抗酸性：海藻酸丙二醇酯、耐酸 CMC、果胶、黄原胶、海藻酸钠、卡拉胶、琼脂等。

(2)增稠性：魔芋胶、瓜尔胶、黄原胶、槐豆胶、果胶、海藻酸盐、卡拉胶、CMC、琼脂、阿拉伯胶、羟丙基淀粉、醋酸酯淀粉、乙酰化二淀粉磷酸酯等。

(3)溶液假塑性：黄原胶、槐豆胶、变性淀粉、海藻酸盐、海藻酸丙二醇酯等。

(4)吸水性：魔芋胶、瓜尔胶、黄原胶、羟丙基淀粉。

(5)凝胶强度：琼脂、明胶、卡拉胶、海藻酸盐、酸化淀粉、氧化淀粉、交联羟丙基淀粉、结冷胶等。

(6)凝胶透明度：结冷胶、明胶、卡拉胶、海藻酸钠等。

(7)凝胶热可逆性：结冷胶、琼脂、明胶、卡拉胶、低酯果胶。

(8)冷水中溶解性：黄原胶、阿拉伯胶、瓜尔胶、预糊化淀粉等。

(9)快速凝胶性：结冷胶、琼脂、明胶、卡拉胶、果胶等。

(10)乳化托附性：阿拉伯胶、黄原胶、辛烯基琥珀酸淀粉钠等。

(11)口味：果胶、明胶、卡拉胶。

(12)乳类稳定性：卡拉胶、高酯果胶、黄原胶、槐豆胶、阿拉伯胶。

四、食品增稠剂的黏度影响因素

食品增稠剂对保持食品(流态食品、凝胶食品、固态食品)的色香味、结构和食品的相对稳定性起着极其重要的作用，比较不同食品增稠剂的特性，可以了解到不同增稠剂在食品中所起到的不同作用。而作用效果则取决于食品增稠剂添加量及所处体系的环境，也即取决于增稠剂分子本身的结构和它的流变性。因此，研究食品增稠剂的结构和流变性的关系可为食品增稠剂的应用提供有力的理论依据。

(一)结构及相对分子量对黏度的影响

一般增稠剂在溶液中高度水化，容易形成网状结构或胶体溶液，表现出较高的黏度。不同的增稠剂，由于具有不同分子结构，即使在相同浓度和其他条件也相同的情况下，其黏度仍可能有较大的差异。据研究表明，同一增稠剂品种，随着平均相对分子质量的增加，形成网状结构的几率也增加，故增稠剂的黏度与相对分子质量密切相关，既相对分子质量越大，黏度也越大，例如 CMC 按相对分子质量的大小有高黏、中黏、低黏规格之分。食品在生产和贮藏过程中，由于其中的增稠剂分子发生部分降解，引起相对分子质量变小，会发生黏度下降的现象。如胶体溶液因均质作用而黏度下降；魔芋胶因贮藏时间延长而黏度降低。

(二)食品增稠剂的黏度和浓度的关系

多数食品增稠剂在极化浓度或较低浓度时，符合牛顿液体的流变特性，而在较高浓度时呈现假塑性。一般随着食品增稠剂浓度的增加，吸附的水分子增多，溶液的黏度也随之增加。但不同增稠剂,其黏度增加的幅度又不尽相同。最特殊的食品增稠剂为阿拉伯胶,它在水中可以配成浓度高达50%的溶液。多数食品增稠剂在浓度变化较小的范围内,其黏度的 $\lg\eta$ 与浓度 w 可以满足以下的方程式:

$$\lg\eta = a - bw$$

式中 a、b 特性系数,b 的数学意义为 $\lg\eta - w$ 直线的斜率,a 则为截距。

(三)应用环境对食品增稠剂黏度的影响

在应用食品增稠剂时,除了要根据实际需要选择增稠剂的品种、确定增稠剂的浓度外,还要考虑环境对黏度的影响,其中以 pH、温度和离子含量最重要。

1. pH 对食品增稠剂黏度的影响

溶液的 pH 与增稠剂的黏度及其稳定性的关系极为密切。通常,食品增稠剂会随 pH 发生变化,并且这种变化有时非常复杂。复杂的原因是由于增稠剂的结构不同随 pH 变化的敏感度有很大差别;同一增稠剂在不同 pH 条件下的敏感度也不同。例如海藻酸钠在 pH5 ~ 10 时,黏度稳定;当 $pH < 4.5$ 时,黏度明显增加;在 pH 2 ~ 3 时,海藻酸钠则沉淀析出。针对这个问题,将海藻酸经衍生化制成的海藻酸丙二醇酯对酸性介质十分稳定,在高酸条件下可呈现最大的黏度;明胶属蛋白质类,在等电点时其黏度最低;而 pH 对黄原胶黏度的影响最小,黄原胶溶液在 pH3 ~ 11 范围内黏度变化不到 10%。因此,在酸度较高的饮料、酸奶等食品中,宜选用侧链较长或较多,而位阻较大,又不易发生水解的黄原胶和海藻酸丙二醇酯等,而海藻酸钠、非耐酸 CMC 和卡拉胶等则宜在豆乳、花生乳、核桃乳等接近中性的植物性蛋白饮料中使用。

2. 温度对食品增稠剂黏度的影响

随着温度升高,分子运动速度加快,一般增稠剂溶液的黏度都会降低,比如海藻酸钠溶液在通常使用条件下,温度每升高 5 ~ 6℃,其黏度就下降 12%。这种随温度升高,黏度下降的现象,分两种情况,一种是可逆下降,另一种为不可逆下降。一般的情况下,降低的黏度会随着温度的降低而恢复,这便是可逆的下降。但如果在强酸条件下增稠剂溶液长期受热,温度升高,化学反应速度会加快,大部分胶体其水解速度大大加快,当高分子胶体解聚时,这种黏度的下降则是不可逆的,不会随温度的下降而恢复原有的黏度。为避免黏度不可逆的下降,应尽量避免胶体溶液长时间高温受热。位阻大的黄原胶和海藻酸丙二醇酯,其热稳定性较好。

3. 离子含量对食品增稠剂黏度的影响

增稠剂分子结构中是否含有阴离子以及阴离子的含量、Ca^{2+} 和 Mg^{2+} 及阳离子,离子是所形成胶体溶液黏度变化的重要原因。随着溶液中这些离子的增加,带负电荷的增稠剂被中和,溶液黏度加大或者形成凝胶。这类增稠剂有卡拉胶、海藻酸钠、魔芋胶、CMC、低酯果胶、结冷胶、氧化淀粉、黄原胶等。由于黄原胶结构中含有较多的负电荷,其耐阳离子程度较强。少量氯化钠存在时,黄原胶的黏度在 -4 ~ 93℃范围内变化很小,这是增稠剂中的特例。而这一特性,则赋予了黄原胶很广的应用范围。

(四)剪切对食品增稠剂黏度的影响

一定浓度的增稠剂溶液的黏度会随搅拌、泵送、剪切、均质等加工、传输手段而变化。较高速度的搅拌不会破坏分子链的长短,会加速分子链的伸展速度而使黏度略有升高。叶轮泵和剪切头的高速旋转能使分子链剪切而部分变短，或者使伸展的、无序的分子链变成单一分子团而使溶液的黏度降低。均质是由于剪切和空穴现象而造成增稠剂分子链变为短链，其溶液黏度降低。

（五）增稠剂的协同效应

食品增稠剂的协同效应，既有功能互补，协同增效的效应；也有功能相克，相互抑制的效应。

1. 协同增效效应

卡拉胶和槐豆胶、黄原胶和槐豆胶、黄蓍胶和海藻酸钠、黄原胶和黄蓍胶、明胶和 CMC、黄原胶和瓜尔胶、卡拉胶和魔芋胶等都有相互增效的协同效应。这种增效效应的共同点是：混合溶液经过一定水合作用后，体系的黏度大于体系中各组分增稠剂黏度的总和，或者能形成更高强度的凝胶。

A 胶有毛刺区和平滑区之分，当 B 胶或者 C 胶补充在 A 胶的平滑区时，而使溶液的黏度增加。

另外，对于没有支链或者支链很少的胶体，可以形成如下结构。

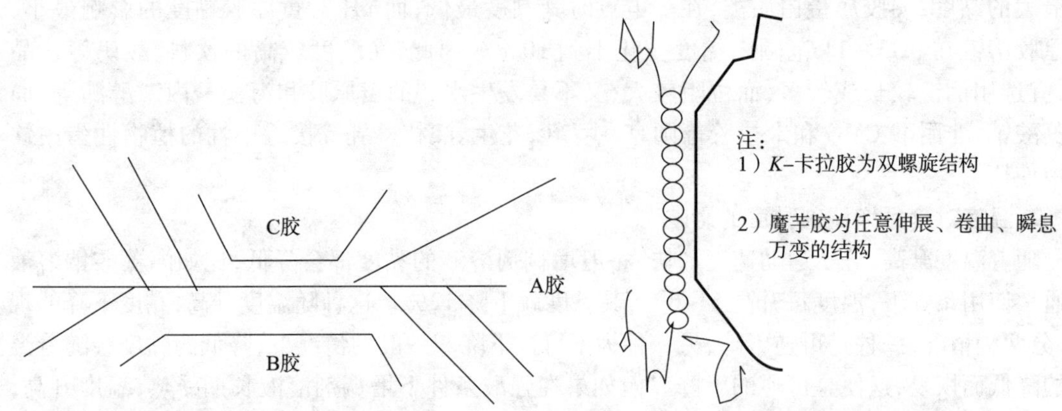

图 3－1　胶体之间的协同增效作用

图 3－2　卡拉胶与魔芋胶的协同增效作用

卡拉胶形成强而脆的凝胶，其收缩脱水性在许多应用中会带来不利。但当与其他胶结合后所引起的组织结构的变化，使之具有很多实用价值。当卡拉胶加入槐豆胶后，其弹性和刚性因之提高，并随着槐豆胶浓度的增加，其内聚力也相应增强。由于在槐豆胶的构架上有相对较多的未被取代的甘露糖基，槐豆胶自身无法形成凝胶。但它与琼脂、卡拉胶和黄原胶等亲水胶体有良好的凝胶协同效应，可使复合后的用量水平很低并能改善凝胶组织结构。而且槐豆胶最显著的特性就是与黄原胶的协效增稠和协效凝胶，可按一定比例同黄原胶复配成为复合食品添加剂后即能成为理想的增稠剂和凝胶剂。

利用各种食品胶体之间的协同效应，采用复合配制的方法，可以产生无数种复合胶，以满足食品生产的不同需要，并有可能达到最低用量水平。例如一定比例的黄原胶、魔芋胶复合使用，即使它们在水中的浓度低达 0.02%，仍可形成凝胶。

协同增稠作用是非常复杂的高聚物大分子间的相互作用，A、B 胶的协同增稠作用可能发生以下 4 种结构，见图 3－3。

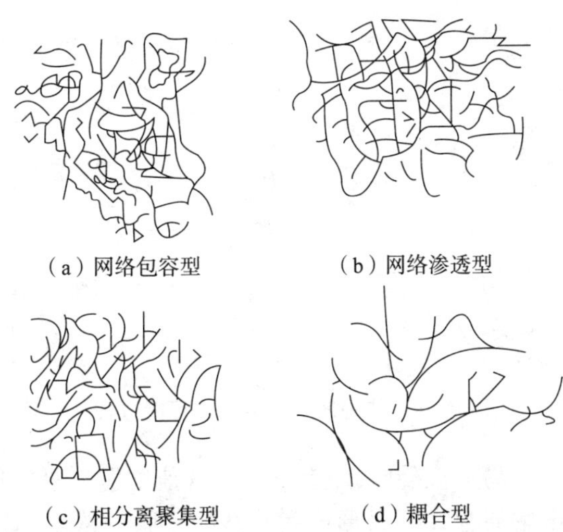

图3-3 两胶体大分子间发生“协同增稠”时的内部结构

2. 叠加减效效应

增稠剂还有一种叠加减效的效应。例如,阿拉伯胶可降低黄蓍胶的黏度。80%黄蓍胶和20%阿拉伯胶的混合物制备的乳液具有均匀、流畅的特点。这是由于阿拉伯胶的结构和黄蓍胶中的阿拉伯半乳聚糖(黄蓍胶糖)的结构相似,由于黏度变化,增强了其水溶性(阿拉伯胶在水中可配成浓度高达50%的溶液)。由于阿拉伯胶结合更多的水,因而制约了在水中可能溶胀的黄蓍胶的溶胀,其结果降低了黄蓍胶溶液的黏度。这种复合胶在制备低糖度的稳定乳液方面具有良好的应用前景。

当在极性有机溶剂中或有机极性溶剂的水溶液中加入某些增稠剂时,体系中的氢键和分子间力的作用,可以形成一定的结构黏度,使体系的黏度高于体系中任何组分的黏度。这种有机溶剂,可以选做增稠剂膜的增塑剂。例如,对CMC薄膜,甘油就是良好的增塑剂。

五、增稠剂的胶凝作用

(一)凝胶的形成

在一定条件下,高分子溶质或胶体粒子相互连接,形成空间网状结构,而溶剂小分子充满在网架的空隙中,成为失去流动性的半固体状体系,称为凝胶。部分增稠剂大分子如明胶、琼脂、果胶等在水溶液中,其大分子链间的交链与螯合,形成三维网络结构,将水分子网络在体系中,使其不能自由流动,成为半固体状,也就是凝胶。

当卡拉胶糖单元结构上6位的硫酸酯基能转成3,6-内醚键桥时,构象由$^{4}C1$转化成螺旋亲和的$^{1}C4$,从而使卡拉胶具有胶凝性能。卡拉胶胶凝过程分3个阶段:①卡拉胶在热水中溶解,分子形成混乱的卷曲状;②当温度下降到某一程度时,分子向螺旋状转化,分子间形成双螺旋体呈立体网状结构,并开始凝固;③温度继续下降,双螺旋体聚集形成凝胶。见图3-4。

增稠剂形成凝胶的胶凝临界浓度、胶凝临界温度随体系的pH、电解质的存在而变化。相对高分子质量增稠剂大分子聚集体的存在,大分子链间的交链与螯合,大分子链的强烈溶剂化,都有利于体系三维网络结构的形成,有利于形成凝胶。支链较多的多糖因受支链所形成的

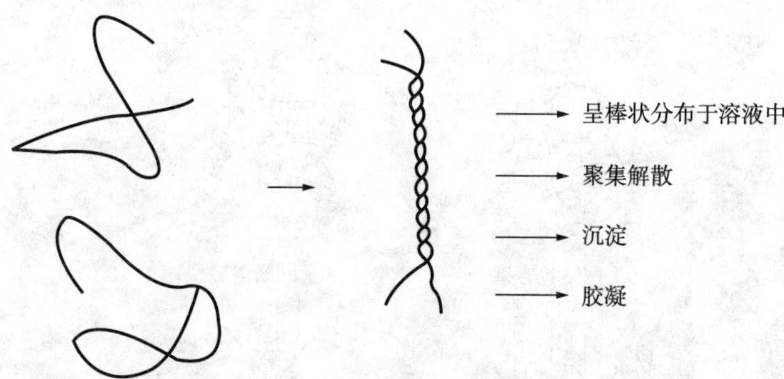

图 3-4 卡拉胶形成凝胶的可能过程

氢键及分子间排斥力影响，不易形成凝胶，但有可能与其他增稠剂复配形成凝胶。阴离子多糖如海藻酸、卡拉胶等在有电解质存在下易形成凝胶。如琼脂的浓度即使低于1%在33~38℃形成富有弹性的凝胶，是典型的凝胶剂；1%~2%的明胶溶液在30℃以下温度胶凝；1%卡拉胶溶液在引起胶凝的阳离子 K^+ 和 Ca^{2+} 的浓度为0.1%~0.9%时，于20~70℃以下温度胶凝。1%果胶溶液在pH3、可溶性固体>55%时，于室温条件下也能发生胶凝；槐豆胶和黄原胶单独使用均无法形成凝胶，槐豆胶与黄原胶、卡拉胶等复配可形成有弹性的凝胶。表3-1列出了一些食品增稠剂的凝胶形成特性。

表 3-1 食品增稠剂的胶凝特性

增稠剂	溶解性	受电解质影响	受热影响	凝胶机制	凝胶特别条件	凝胶性质	透明度
明胶	热溶	不影响	室温融化	热凝胶		柔软有弹性	透明
琼脂	热溶	不影响	能经受高压锅杀菌	热凝胶		坚固、脆	透明
K-卡拉胶	热溶	不影响	室温不融化	热凝胶	钾离子	脆	透明
K-卡拉胶与槐豆胶	热溶	不影响		热凝胶	钾离子	弹性	
1-卡拉胶	热溶	不影响	非可逆性凝胶，不融化	热凝胶	钙离子	柔软有弹性	透明
海藻酸钠	冷溶	影响		化学凝胶		脆	透明
高脂果胶	热溶	不影响		热凝胶	糖或多元醇55%以上	伸展的	透明
低脂果胶	冷溶	影响		化学凝胶	钙离子		透明
阿拉伯胶	冷溶	不影响		热凝胶		软，耐嚼	浑浊
黄原胶与槐豆胶	热溶	不影响		热凝胶	复合成胶	弹性象橡胶	

K-卡拉胶形成强而脆的凝胶，其收缩脱水性在许多应用中会带来不利。槐豆胶能使*K*-卡拉胶凝胶的脆度下降而弹性提高，使之接近于明胶凝胶体的组织结构，但如槐豆胶的比例过高，凝胶体会变的更加黏稠。

在作为交链剂的阳离子存在时，随着阳离子浓度的升高，胶体形成的凝胶强度，以及凝胶的熔化温度都会升高。海藻酸钠与钙离子、*K*－卡拉胶与钾离子形成的凝胶结构分别如图3－5、图3－6所示。

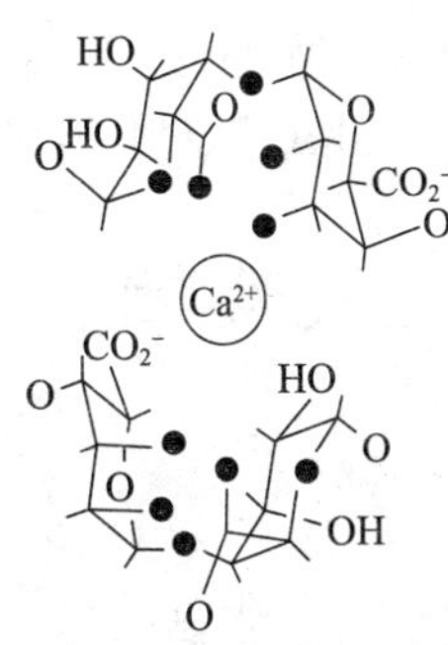

图3－5 海藻酸钠凝胶蛋盒结构模型

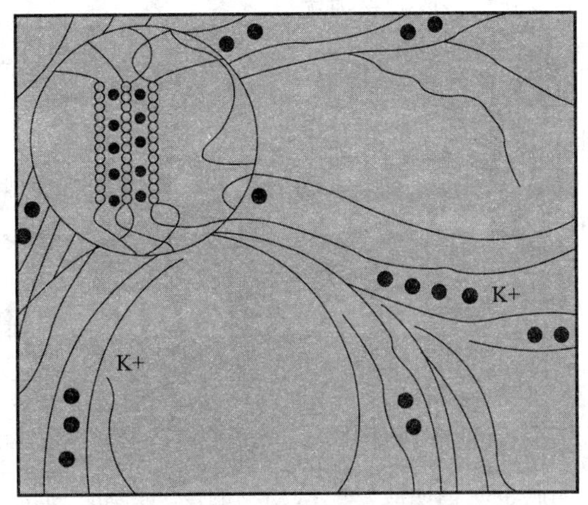

图3－6 K－卡拉胶与K^+形成的凝胶结构

(二)增稠剂凝胶的触变

在增稠剂凝胶中,增稠剂大分子间通过键合形成松弛的三维网络结构。在交链剂的存在下,大分子与大分子之间的螯合,或者螺旋性分子由于氢键和分子间力的作用,可形成的双螺旋结构均易于形成松弛的三维结构。在K^+或Ca^{2+}存在下,卡拉胶的凝胶就具有这种特点。在切变力的作用下,凝胶的切变稀化、摇溶等触变现象,都证明了凝胶松弛三维网络结构的存在。这种特性特别有利于食用涂抹酱。这是因为切变力可以破坏松弛的三维网络结构,使酱变稀,但只要外力停止,经过一段时间,已经摇溶或变稀的凝胶又可以冻结成凝胶。

具有假塑性的液体饮料或食品调味料,在挤压、搅拌等切变力的作用下发生的切变稀化现象,有利于这些产品的管道运送和分散包装。作为食品胶凝胶若呈现牛顿流体特性,人们在食用时就会黏稠,不容易被口腔唾液稀释溶解,甚至难以下咽,而当凝胶为非牛顿流体并具有较强的剪切稀化能力时,凝胶往往就不会产生黏腻的口感。如海藻酸盐制成的热不可逆凝胶,是制造人造果冻的良好原料。

六、增稠剂的乳化作用

大多数增稠剂只是因增加黏度而使乳化液得以稳定,但它们的单个分子并不同时具有乳化剂所特有的亲水、亲油性。部分高分子增稠剂在分子结构上也存在亲油基和亲水基,因此也有乳化性能。如海藻酸丙二醇基,由于其分子中含有丙二醇基,故亲油性大乳化稳定性好,可有效地作为奶油、乳酸饮料、色拉油的稳定剂。高分子乳化剂的使用,除了能增加分散相与分散介质的亲和力,降低界面张力外,还能增加分散介质的黏度。由于相对分子质量等方面的区别,与低分子乳化剂相比,具有如下特点:

(1)降低表面张力(界面张力)的能力小,多数不形成胶束;

(2)相对分子质量高,渗透力弱;

(3)起泡力差,但形成的泡沫稳定;

(4)乳化力好;

(5)分散力或凝聚力优良。

天然高分子乳化剂的相对分子质量大,在界面上不能排列整齐,因而降低表面张力不是很大。它能改善乳化体中各种组分相互之间的表面张力,使之形成均匀的分散体或乳化体,从而改进食品组织结构、口感、外观,以提高食品保存性。可用于食品的天然高分子乳化剂有阿拉伯胶、黄蓍胶、酪蛋白、酪蛋白酸钠、海藻酸丙二醇酯、大豆蛋白等。天然高分子乳化剂无毒或本身就是人体所需的营养物质,虽然有价格高的缺点,但在食品工业上却少不了它们。

第二节　常用增稠剂的性质及应用

一、明胶(Gelatin)

明胶也叫白明胶。是从动物的皮、骨、筋、韧带等含有胶原蛋白的原料中提取的高分子多肽食品胶。明胶水解生成18种氨基酸,明胶的相对分子质量:$1.5\times10^4\sim2.5\times10^5$。分子式如图3-7所示。

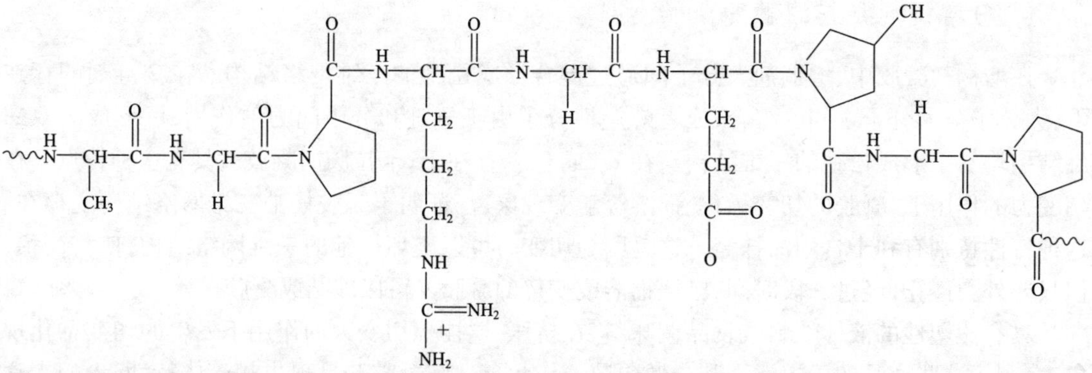

图3-7　明胶的分子式

(一)性质

明胶是大分子蛋白,其结构中的酰基、羧基和羟基具有较强的亲水作用,$—CH_2—CH_2—$具有亲油性。因此,明胶具有较强的稠度和油脂感。明胶蛋白质的表面活性使明胶有强发泡能力,容易产生泡沫。明胶在pH大于等电点或pH小于等电点的溶液中,分别变成高分子阴离子或高分子阳离子。明胶与CMC具有较好的协同增效作用。

(二)明胶的应用

食用明胶在食品中可用作胶凝剂、稳定剂、乳化剂、增稠剂、发泡剂、搅打剂、黏结剂、结晶生长调节剂和澄清剂等。

1. 明胶用作胶冻剂

日本一直把琼脂作为胶冻材料,而在我国糖果工业也多用琼脂。但是由于明胶具有的凝胶热可逆性及熔点低的性能,比使用琼脂、淀粉所制作的糖果,尤其是明胶软糖更富有弹性,易咀嚼,易消化吸收,在酸性环境下析水、脱水收缩作用低,表面光滑,不粘牙,成品率高等优点,因而在国外及我国南方城市已普遍采用明胶作为冻结剂用于明胶冻糖。

明胶在肉制品上一般都用作胶冻剂,用以提供五香猪肉、肉冻、罐头火腿(可形成透明度良好的光滑表面)、野餐食品(用明胶制成的保护性涂层可防止水平的腐败、氧化)、瓶装鱼、小鸡或口条形成胶冻(可以使汤汁增稠)。

2. 明胶用作搅打剂、发泡剂

明胶有一定的发泡能力,能形成稳定的气溶胶,凝固温度低,发泡速度快。国外有资料证明:当明胶浓度增加0.2%时,搅打时间要比其他搅打剂相比减少30%,它的单独使用比鸡蛋和乳蛋白的混合使用更方便。明胶作为搅打剂在果汁软糖、牛轧糖、水果软糖、软太妃糖、充气糖果、稀奶油等中作为稳定剂,能控制糖结晶体变小,并防止糖浆中油水相对分离。

明胶剧烈搅拌可产生大量泡沫,而且这些泡沫又能在较长的时间内保持不合并、不破碎,因此它又是一种良好的食品发泡,用来制作棉花糖。

3. 明胶用作乳化剂、黏合剂

作为乳化剂、黏合剂用于糖果制造时使用明胶,可减少脆性,有利于成型,便于切割,从而防止了各类形式糖果的破碎,提高成品率和持水性。食用明胶的黏结作用可以制作多层糖果和多层蛋糕,还可以将糖果和蛋糕制成各种造型。

4. 明胶用作稳定剂

高强度的明胶的稳定能力和较高的熔点,使其可单独用于酸奶制品、酸性稀奶油、软脂干酪、增香乳、冷冻食品——冰淇淋、低脂奶油等。在冰淇淋的生产中,食用明胶作稳定剂可以防止粗冰晶的形成,同时也能使冰淇淋的融化速率降低,再加上食用明胶的乳化作用及凝冻作用,使冰淇淋入口柔软、口感细腻。明胶在冰淇淋生产中发挥增稠、乳化、起泡、稳定的功能。有助于阻止大冰晶体的生长、提高发泡能力、提高膨胀率。在气温30℃以下,有较好的抗融性。明胶与CMC、明胶与瓜胶、明胶与酪朊酸钠可复配用与冰淇淋生产。

二、琼脂(Agar)

琼脂也称琼胶、洋菜,是从石花菜属、江蓠藻和鸡毛菜属等品种的红藻中提取的一种复杂的水溶性多糖化合物。

琼脂由琼脂糖(agarose)和琼脂果胶(agaropectin)两部分组成。作为胶凝剂的琼脂糖,是不含硫酸酯(盐)的非离子型多糖,是形成凝胶的组分,是聚半乳糖苷。其90%的半乳糖分子为D-型,10%为L-型,其大分子链链节在1,3苷键交替地相连的β-D-吡喃半乳糖残基和3,6-α-L-吡喃半乳糖残基上(见图3-8)。而琼脂果胶是非凝胶部分,是带有硫酸酯(盐)、葡萄糖醛酸和丙酮酸醛的复杂多糖,也是商业提取中力图去掉的部分。商品琼脂一般带有2%~7%的硫酸酯(盐),0~3%的丙酮酸醛及1%~3%的甲乙基,甲乙基一般连接在D-半乳糖的

图3-8 β-D-半乳糖残基和3,6脱水-α-L-半乳糖残基

C_6 或 L－半乳糖的 C_2 位置上。甲乙基的存在有助于提高琼脂的胶凝度及成胶温度，而硫酸酯及丙酮酸醛基团的存在则使其胶凝度减弱，在琼脂提取时由碱处理可除去部分硫酸酯。通常石花菜属和鸡毛菜属红藻有较高的琼脂糖及较低的甲乙基含量，而江蓠藻属一般含较高的硫酸酯，因此，琼脂的成胶能力强弱取决于品种来源及提取条件等。琼胶的相对分子质量为 $1.1 \times 10^4 \sim 3.0 \times 10^6$。

（一）琼脂的性质

琼脂不溶于冷水，易溶于热水。琼脂水凝胶的纯品是相当稳定的，那些经过消毒贮存于密封容器的高强度琼脂凝胶具有和干凝胶同样的稳定性。琼脂凝胶具有较好的热稳定性，高温高压杀菌后其凝胶强度不致降低。琼脂凝胶具有良好的抗酶解能力，酶水解的可能性为零。琼脂凝胶只有少数细菌在新陈代谢过程中以琼脂为营养物。

1. 琼脂凝胶的胶凝温度和熔化温度

质量分数 1.5% 的琼脂溶胶在 32～39℃之间可以凝结成坚实而有弹性的凝胶，生成的凝胶在 85℃以下不熔化，即使浓度低至 0.5% 也能形成坚实的凝胶，浓度在 0.1 以下，则不能胶凝而成为黏稠液体。琼脂的这种特性可用以区别于其他海藻提炼出来的胶。琼脂之所以具有特殊的应用，就是同一浓度的琼脂溶胶的胶凝温度和凝胶的熔化温度不同。另外，琼脂还具有在水中发生溶胀的能力，在冷水中吸收 20 倍的水膨胀。

2. 琼脂与电解质的相互作用

加入电解质对琼脂的胶凝性能影响很大：

（1）氯化钙、磷酸二氢钙两种钙盐均可使琼脂的胶凝性能降低，而且使琼脂的溶解性降低；

（2）氯化钠、蕉磷酸钠、磷酸二氢钠、磷酸三钠、磷酸二氢钾使琼脂的凝胶强度有不同程度的影响。氯化钠使其持水性、黏弹性降低，而几种磷酸盐对其黏弹性、持水性有不同程度的提高；

（3）钾明矾的加入使琼脂的胶凝性能显著下降，而且变得难溶，这是由于明矾对高分子多糖的絮凝作用所致；

（4）六偏磷酸钠、氯化钾、磷酸二氢钾可显著地提高琼脂的胶凝性能，包括凝胶强度、透明度、黏弹性、持水性、溶解性等均有不同程度的提高。这 3 种电解质对提高琼脂的胶凝性能具有明显的效果，其作用机理有待进一步研究。

3. 琼脂与其他食品胶的相互作用

（1）琼脂与槐豆胶、角豆胶、卡拉胶、黄原胶、明胶及糊精之间存在着协同增效作用。它们均可提高胶凝性能、持水性和黏弹性等，协同增效作用呈相似的变化趋势，只是增效程度和最适添加范围不同。

槐豆胶、角豆胶都是由半乳甘露聚糖构成，以甘露糖残基为主链，平均每隔 4 个毗邻的甘露糖残基就连接一个半乳残基支链，但支链倾向于连接在一系列连续的甘露糖残基上形成"毛发链段"和"光秃链段"，可与琼脂双螺旋结合，产生附加交联以增强凝胶强度，而"毛发链段"虽不能与琼脂双螺旋结合，但可以增强凝胶的黏弹性、持水性，且不易发生脱液收缩。

卡拉胶具有类似琼脂的双螺旋结构，与琼脂发生协同增效作用，在低比例范围内添加卡拉胶的琼脂，其黏弹性、持水性比单一琼脂凝胶好，透明度变化不大。

黄原胶类似琼脂，少量的黄原胶分子可与琼脂分子共同形成三维网状结构，但超过一定比例则会阻碍琼脂分子之间的交联，使琼脂的胶凝性能降低。

明胶为 α – 氨基酸构成的单股螺旋，且含有大比例的甘氨酸，同样具有类似槐豆胶的"毛发链段"和"光秃链段"，可用类似的机理来解释。

糊精与琼脂存在协同作用，可使琼脂的凝胶性能、黏弹性、持水性有明显提高。

（2）琼脂与瓜尔胶、果胶、羧甲基纤维素钠、β – 环状糊精、羟丙基淀粉、淀粉以及海藻酸钠之间产生拮抗作用。它能使琼脂的胶凝性能和透明度均下降，但对其持水性和黏弹性有明显的改善。

果胶和海藻酸钠均为直链的高分子化合物，无明显的侧链基团，故无法与琼脂分子交联，反而会阻碍琼脂分子形成凝胶，因此，海藻酸钠、果胶与琼脂之间发生拮抗作用，尤其是果胶。瓜尔胶虽然也是由半乳甘露聚糖分子构成，但每隔两个甘露糖残基就侧连接一个半乳糖残基，侧链密而且很短，故不能与琼脂分子交联，反而会阻碍其交联。

β – 环状糊精、羟丙基淀粉、淀粉、羧甲基纤维素钠由于它们的分子结构所决定它们不能参与琼脂分子所形成的三维网状结构，反而阻碍琼脂三维网状结构的形成，故与琼脂分子之间产生拮抗作用。

4. 蔗糖对琼脂凝胶性能的影响

添加少量蔗糖（少于 1.5%）时，会阻碍琼脂分子的交联，网状强度减弱，故琼脂凝胶强度稍有降低；随着蔗糖浓度（1.5% ~16%）的增加，蔗糖分子本身的水化作用显著加强，使凝胶中自由水减少，凝胶网络结合得紧密，强度增强；当蔗糖浓度（大于 16%）继续加大，琼脂凝胶受无凝胶作用的蔗糖分子的影响，其凝胶性能再度下降。

（二）琼脂在食品工业中的应用

琼脂的主要用途是作为微生物培养基的载体。由于琼脂溶液的胶凝性和凝胶的稳定性而使琼脂在于食品工业中也有广泛的应用。琼脂在食品工业中可作为增稠剂、凝固剂、乳化剂、保鲜剂和稳定剂。

（1）软糖：以琼脂作为凝胶剂的软糖，透明度好，具有良好的弹性、韧性和脆性，多制成水果味型、清凉味型和奶味型。水晶软糖即属于这一类软糖。糖果生产中制造琼脂软糖，用量一般为 1.5%，使用时先加水浸泡，加速其溶解，浸泡时间为 10h。

（2）水果冻：琼脂可用于制造果冻。如在配方中加入水果块、果脯等原料，即可制成相应的果肉果冻。如在配方中加入牛奶，则可制成相应的水果奶冻。

（3）糖衣食品：琼脂可作为糖衣的稳定剂，琼脂的用量为 0.2% ~0.5%。如以需要的糖量为基准，琼脂的浓度达到 0.5% ~1.0% 时，可以作为油饼透明糖衣的稳定剂。稳定剂提高了透明糖衣的黏度和在油饼表面的黏着力，促使凝胶较快速凝固并增加柔韧性，以减少表面的缺陷和裂纹。在这些应用中，琼脂经常和其他植物胶如瓜尔胶和槐豆胶混合使用。琼脂除了作为糖衣的稳定剂之外，还可以用作防止包装黏结。

（4）果粒饮料：琼脂可以作为果粒饮料悬浮剂，其使用浓度 0.01% ~0.05%，可使颗粒悬浮均匀。

（5）保鲜剂：琼脂浓度达到 0.1% ~1.0% 时，可用作蛋糕和面包的保鲜剂。

（6）肉类罐头和肉制品：琼脂常被用作罐头鸡、鸭、鱼、肉的增稠剂和胶凝剂。当这类产品为半流态时,尤其需要使用琼脂。其加入量为肉汤量的0.2% ~2.0%。对于熏制或腌制肉制品,琼脂常用作保护其胶体以防止其风味走失。用0.2% ~0.5%琼脂能形成为有效黏合碎肉的凝胶。

(7)啤酒:琼脂在啤酒生产中可作为铜的固化剂,与其中的蛋白质和单宁凝聚后沉淀后除去。从而琼脂可作为辅助澄清剂,加速和改善啤酒澄清。

三、羧甲基纤维素钠 Sodium Carboxymethyl Cellulose(CMC)

CMC为天然高分子化合物,由2个葡萄糖组成的多个纤维二糖构成(见图3-9)。构成纤维素的葡萄糖有3个能醚化的羟基,因此产品具有各种醚化度。如果平均一个羟基参与反应,醚化度DS=1,最大醚化度DS=3,平均醚化度一般为0.4~1.5。

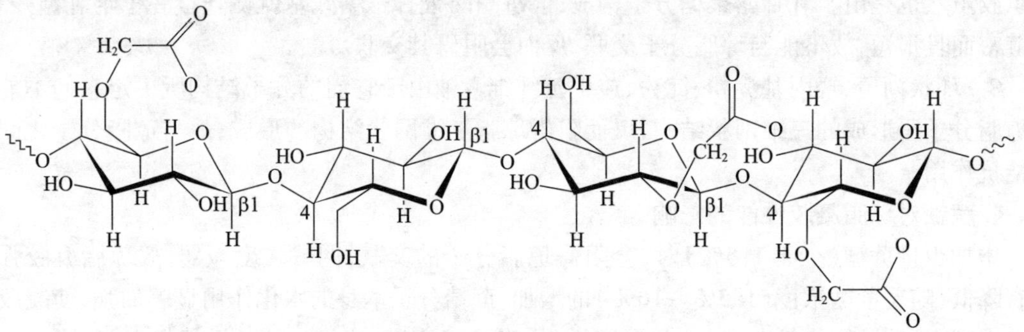

图3-9 羧甲基纤维素钠的结构

(一)CMC的性质

(1)CMC外观通过显微镜观察呈微黄色纤维状,几乎无臭无味,在搅拌下易分散水中,形成胶体溶液。CMC的聚合度越高,它的黏度就越大,其增稠和凝聚作用就越大。

(2)CMC溶液的pH降低会导致黏度下降,它的稳定性与替代度和黏度有一定的关系。替代度高而黏度低的CMC比较稳定。具有相当低pH的CMC稳定液在经一段时间后会呈现出一些凝胶状态,但通过搅拌会消失。pH7时,羧甲基纤维素钠溶液的黏度最高,在pH4~11范围较稳定。

醚化度0.8以上的CMC耐酸性和耐盐性较好。遇二价金属离子则生成盐而沉淀。聚合度越大,醚化度越小,则不易受盐类的影响。由于羧基的存在,Ca^{2+}、Mg^{2+}、Fe^{3+}可影响其黏度。重金属如银、钡、铬或Fe^{3+}等可使其从溶液可析出。如果控制离子的浓度,如调整整合剂柠檬酸钠的添加量,可形成黏稠的溶液,甚至形成软胶或硬胶。

(3)CMC是具有高分子结构的纤维素醚,分子链平行排列而成线性,相对分子质量越大分子呈柔性越强,黏度也越大。黏度可基本反应它的平均聚合度和平均链长。酸性环境会使CMC黏度下降。其原因主要是酸性环境中发生水解,引起大分子断裂,聚合度降低。因此,一般CMC宜在中性pH范围内使用。当聚合度降低(分子链变短),醚化度提高后则明显提高其耐酸性。但实际选用时也不宜过低,否则CMC的一些其他特性如增稠能力等会减弱,目前用于一般酸性食品中时,使用450~650MPas(2%,25℃,Emila)的较好。

(4)羧甲基纤维素钠溶液黏度受相对分子质量、浓度、温度及 pH 的影响,并与明胶、黄原胶、卡拉胶、槐豆胶、瓜尔胶、琼脂、海藻酸钠、果胶、阿拉伯胶、淀粉及其衍生物、羟乙基或羟丙基纤维素等有良好的协同增效作用。当与明胶配伍时,能显著提高明胶黏稠度。

(二)应用

(1)棉花糖:因 CMC 不但能使结构膨松,又能防止制品脱水收缩,故可用于棉花糖配料中。当用高黏 CMC 和适当添加明胶或琼脂,能显著提高产品咀嚼性。

(2)冷食品:充分利用 CMC 黏度假塑性,有利于冰淇淋和膨化雪糕凝冻成型,利用其形成溶液的延展性,能明显提高凝冻后冷食品的连续性。利用其具有较强悬浮稳定性的特点,能促进豆类冰棍或雪糕的分布均匀。耐酸性 CMC 广泛应用于酸性冷食品中。由于其口感黏稠,参考用量 0.4% 以下。

(3)果汁饮料、汤汁、调味汁、速溶固体饮料:由于 CMC 具良好假塑性和良好的悬浮稳定性(悬浮承托力度)较多地用于液体饮料中。如果跟其他食用果胶按一定配比合用,制成专用饮料的添加剂,效果就会更好。广泛用于果茶类,如山楂果茶;水果饮料类,如粒粒橙、椰子汁等;蔬菜汁类,如南瓜汁等。CMC 的添加量一般在 0.1% ~0.4% 为宜。酸乳及乳酸饮适合用耐酸型 CMC,它的代替度高而均匀。添加量为 0.3% ~0.4%。

(4)速食面:在方便面、速煮面和卷面中最能体现 CMC 的黏合作用和赋形功能,加入 CMC 可使方便面面条增强韧性,保持长度,不易断裂,易于成形,并能加快软化食用,使面条有细腻润滑的口感,由于 CMC 能在面条的表面形成一层薄膜,因而在降低耗油量中起很大的作用。经试验,生产 50kg 方便面可节约 1.5kg 左右的棕榈油,由此还降低了成本。一般使用高黏度的 CMC,添加剂量为 0.35% ~0.4%。

(5)面条、面包、速冻食品:可防止淀粉老化、脱水、控制糊状物黏度。若用魔芋粉、黄原胶、瓜尔胶和某些乳化剂如蔗糖酯及磷酸盐合用效果更好。

四、羧甲基淀粉钠 Sodium Carboxy Methylstarch(CMS)

构成淀粉的葡萄糖,其羟基与羧甲基(—CHCOO—)形成醚键,即形成羧甲基淀粉。其结构见图 3-10。

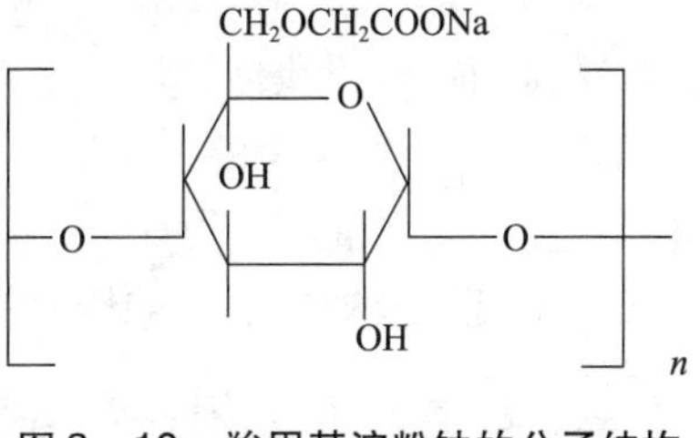

图 3-10 羧甲基淀粉钠的分子结构

(一)性质

白色粉末,无臭,无味,常温下溶于水,形成胶体状溶液。商品羧甲基淀粉钠取代度大多在 0.3 左右,糊液黏度高。在碱性和弱酸性溶液中稳定,在强酸性溶液中生成沉淀。因此,很少用于番茄酱、果酱等。与二价和三价金属置换(Ca^{2+}、Ba^{2+}、Pb^{2+}),生成不溶性沉淀。水溶液易被细菌部分分解。另外,易受 α-淀粉酶作用,易液化,黏度降低。

(二)应用

其可作为非酸性、低盐食品增稠剂、稳定剂和乳化剂。和淀粉作用,乳化效果好。

五、瓜尔胶(guar gum)

瓜尔胶又名瓜尔多糖,瓜胶,瓜尔豆胶,其存在于两种豆科植物(瓜尔豆和假补骨脂)的种子中,来源于印度和巴基斯坦,将种子碾碎、过筛、磨细、分级即得。瓜尔胶的大分子主链由β-D-甘露糖残基通过1,4甙键连接的直链多糖,侧链为α-D-半乳糖残基通过1,6甙键与主链β-D-甘露糖残基中的C_6连接。其中甘露糖残基:半乳糖残基=2:1。相对分子质量为2.0×10^5~3.0×10^6。分子式如图3-11所示。

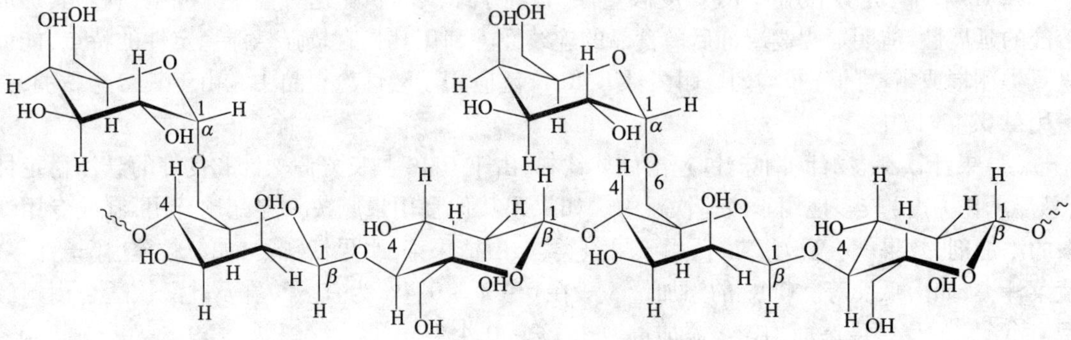

图3-11　瓜尔胶的分子结构

(一)瓜尔胶的性质

瓜尔胶水溶液为中性,受pH影响。pH6~10,黏度随pH的升高而降低;pH2~6,黏度随pH的升高而升高。其与黄原胶有协同增稠作用。瓜尔胶在溶液中虽然不产生任何离子,但可以和四硼酸钠形成凝胶,用此方法可以鉴别黄原胶中是否含有瓜尔胶。

(二)应用

由于瓜尔胶的高黏度和低价格广泛应用于食品配料中。

(1)冷食品:瓜尔胶在黄原胶和食品乳化剂的协助下在冰淇淋、雪糕和冰棍生产中发挥乳化、悬浮、起泡、黏结、增稠等作用。瓜尔胶的加入能有助于阻止大冰晶的生长、提高发泡能力、提高膨胀率。价廉物美的瓜尔胶与黄原胶、果胶、卡拉胶、琼胶、海藻酸钠或CMC复配,常用于冷食品生产,其用量一般为0.2%左右。

(2)方便面及速冻面食:其高黏度能增加面制品的延伸性,添加量在0.4%左右。

六、黄原胶(xanthan gum)

黄原胶又名汉生胶、黄杆菌胶。以糖为碳原,蛋白质水解物为氮原,加入钙盐和少量的K_2HPO_4、$MgSO_4$、水及甘兰黑腐病黄单胞菌种通过发酵后经分离提纯而制得。黄原胶大分子是由D-葡萄糖残基、D-甘露糖残基、D-葡萄糖醛酸残基按2:2:1的比例组成的多糖。相对分子质量为2×10^6~5×10^6。其分子结构如图3-12所示。

(一)黄原胶的性能

黄原胶是目前国际上集增稠、悬浮、乳化、稳定于一体,性能最优越的生物胶。黄原胶的分

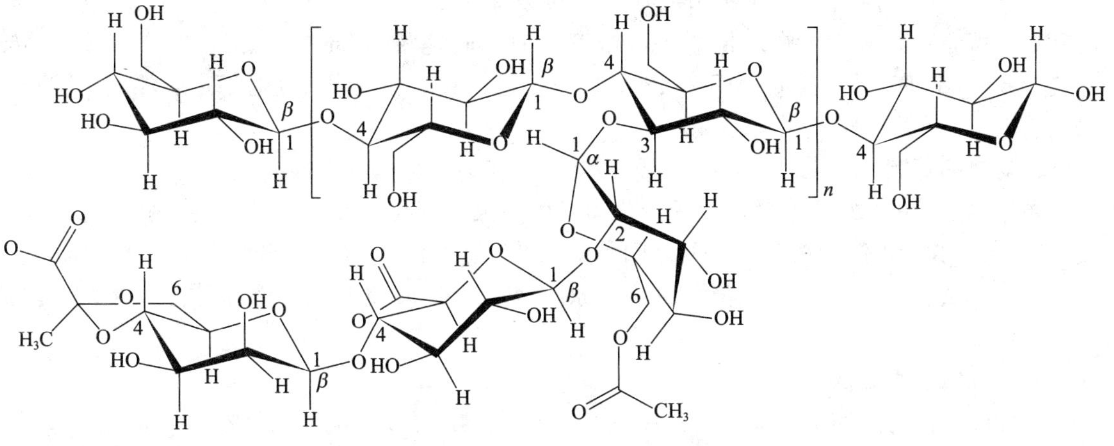

图 3－12　黄原胶的分子结构

子侧链末端含有丙酮酸基团的多少，对其性能有很大影响。黄原胶具有长链高分子的一般性能，但它比一般高分子含有较多的官能团，在特定条件下会显示独特性能。它在水溶液中的构象是多样的，不同条件下表现不同的特性。包括悬浮性、抗剪切(假塑性)、耐温、抗盐、耐酸碱、抗氧化、酶解、兼溶性和协效性等，具体表现为：

1. 悬浮性和乳化性

黄原胶对不溶性固体和油滴具有良好的悬浮作用。黄原胶溶胶分子能形成超结合带状的螺旋共聚体，构成脆弱的类似胶的网状结构，所以能够支持固体颗粒、液滴和气泡的形态，显示出很强的乳化稳定作用和高悬浮能力。黄原胶因为具有显著的增加体系黏度和形成弱凝胶(weak gel)结构的特点而经常被使用于食品或其他产品以提高 O/W 乳状液的稳定性。但是近年来发现只有当黄原胶的添加量到一定量后才能得到所预定的稳定作用。通过黄原胶对 O/W 乳状液稳定性的研究发现，在非常低($<0.001wt\%$)的黄原胶浓度下，实验体系的稳定性变化不大。0.01wt% ~0.02wt% 的黄原胶可引起样品底部富水层出现，但体系无明显分层。当黄原胶浓度加到 0.02wt% 以上，乳状液很快分层，且分层的状态取决于黄原胶添加量。只有当添加量超过 0.25wt%，黄原胶才能起到提高体系稳定性的作用。

2. 良好的水溶性

黄原胶在水中能快速溶解，有很好的水溶性。特别在冷水中也能溶解，可省去繁杂的加工过程，使用方便。但由于它有极强的亲水性，如果直接加入水中而搅拌不充分，外层吸水膨胀成胶团，从而阻止水分进入里层，从而影响作用的发挥，应此必须注意正确使用。黄原胶干粉或与盐、糖等干粉辅料拌匀后缓慢加入正在搅拌的水里，制成溶液使用。

3. 增稠性

黄原胶溶液具有低浓度高黏度的特性(1% 水溶液的黏度相当于明胶的 100 倍)，是一种高效的增稠剂。吉武科等在 25℃ 条件下，用 NDJ－1 型 3 号转子对中轩公司的黄原胶黏度测定的结果表明，随着浓度的递减，黏度并不成比例降低，0.3% 是高低黏度的分界点；0.1% 的黏度仅有 100MPa · s 左右，而许多其他胶类在浓度为 0.1% 时，黏度几乎为零。由此可见，黄原胶溶液具有低浓度高黏度的特性。

4. 假塑性

黄原胶水溶液在静态或低剪切作用下具有高黏度，在高剪切作用下表现为黏度急剧下降，但分子结构不变。而当剪切力消除时，则立即恢复原有的黏度。剪切力和黏度的关系是完全可塑的。黄原胶假塑性非常突出，黄原胶浓度为1%，转速为6r/min时，黏度为10.6Pa·s，转速增至60r/min时，黏度为1.36Pa·s，85%的黏度已损失。这种假塑性对稳定悬浮液、乳浊液极为有效。

5. 对热的稳定性

黄原胶溶液的黏度不会随温度的变化而发生很大的变化，一般的多糖因加热会发生黏度变化，但黄原胶的水溶液在10～80℃之间黏度几乎没有变化，即使低浓度的水溶液在广阔的温度范围内仍然显示出稳定的高黏度。1%黄原胶溶液（含1% KC1）由25℃加热到120℃，其黏度仅降低3%。

6. 对酸碱的稳定性

黄原胶溶液对酸碱十分稳定，在pH5～10之间其黏度不受影响，在pH小于4和大于11时黏度有轻微的变化。在pH3～11范围内，黏度最大值和最小值相差不到10%。黄原胶能溶于多种酸溶液，如5%的硫酸、5%的硝酸、5%的乙酸、10%的盐酸和25%的磷酸，且这些黄原胶酸溶液在常温下相当稳定，数月之久仍不变。黄原胶也能溶于氢氧化钠溶液，并具有增稠特性，所形成的黏溶液在室温下十分稳定。黄原胶可被强氧化剂，如过氯酸、过硫酸降解，随温度升高，降解加速。

7. 对盐的稳定性

黄原胶溶液能和许多盐溶液（K^+、Na^+、Ca^{2+}、Mg^{2+}等）混溶，黏度不受影响。在较高盐浓度条件下，甚至在饱和盐溶液中仍保持其溶解性而不发生沉淀和絮凝，其黏度几乎不受影响。有研究表明，它可在10% KCl、10% $CaCl_2$、5% Na_2CO_3溶液中长期存放（25℃、90d），黏度几乎保持不变。

8. 对酶解反应的稳定性

黄原胶稳定的双螺旋结构使其具有极强的抗氧化和抗酶解能力，许多的酶类如蛋白酶、淀粉酶、纤维素酶和半纤维素酶等酶都不能使黄原胶降解。

（二）黄原胶的增效作用

黄原胶与酸、碱、盐、防腐剂、天然的或合成的增稠剂在同一溶液体系中有良好的兼溶性。黄原胶与其他食品胶在一定条件下共混可以得到令人满意的凝胶和1+1>2的增效作用。主要与卡拉胶、槐豆胶、瓜尔豆胶有协同效应，与卡拉胶复配使用可提高弹性，与槐豆胶或瓜尔豆胶复配使用可提高黏性。利用这种作用可以拓宽多糖产品的应用范围，同时达到减少用量，降低成本，为食品工业更好地开发利用食品胶，尤其是为高盐食品优选食品胶提供理论和方法的指导。

黄原胶与多糖协同相互作用可以赋予多糖共混体系新的功能，然而对多糖的作用机理却存在着诸多争议。目前黄原胶主要与半乳甘露聚糖、葡萄甘露聚糖协同作用，对这类凝胶模型普遍认为是由于处于线团结构的黄原胶分子与半乳甘露聚糖或葡萄甘露聚糖主链之间的结合所致。

1. 黄原胶与魔芋精粉的协同增效作用

魔芋葡甘聚糖是一种复合多糖类，它是由D—葡萄糖和D—甘露糖按2:3或1:1.6的摩尔比由β—1,4键多个结合起来。而黄原胶是由黄杆菌产生的一种阴离子多糖，分子主链由D—吡喃型葡萄糖经β—1,4键连接而成，具有类似纤维的骨架结构，每两个葡萄糖中的一个C_3上连接有一个三糖侧链，侧链为两个甘露糖和一个葡萄糖醛酸组成。它们的化学组成相似，更重要的是它们分子结构上的相互作用,黄原胶分子高级结构是侧链和主链间通过氢键维系形成螺旋和多重螺旋,魔芋葡甘聚糖分子平滑,没有分支链的部分与黄原胶分子的双螺旋结构以及次级键相互结合形成三维网状结构,从而产生强烈的协同增效作用。黄原胶与魔芋精粉的共混比例可以在1:10至10:1的范围内以任意比例混合,均有显著的协同增效作用。当黄原胶与魔芋精粉的共混比例为70:30、多糖总浓度为1%,可达到协同相互作用的最大值。

2. 黄原胶与槐豆胶的协同增效作用

槐豆胶是一种半乳甘露聚糖,它是以甘露糖为主链,部分甘露糖的C-6位被半乳糖取代,分子中甘露糖(M)与半乳糖(G)之比(M/G)因其来源和提取方法不同而异。研究结果表明黄原胶与槐豆胶(LBG)在总浓度为1%,共混比例为60:40时,它们之间可以达到协同相互作用的最大值。

3. 黄原胶与瓜尔豆胶的协同增效作用

瓜尔豆胶是由配糖键结合的半乳甘露聚糖(由半乳糖和甘露糖按1:2)组成的高分子水解胶体多糖。黄原胶与瓜尔豆胶也有良好的协同效果,复配不能形成凝胶,但可以显著增加黏度和耐盐稳定性,而且彼此之间存在合适的配比。黄原胶与瓜尔豆胶最合适的配比为30:70。

4. 黄原胶与两种食品胶的三组分间的相互增效作用

在槐豆胶和瓜尔豆胶溶液以及魔芋精粉和瓜尔豆胶溶液中加入黄原胶后发现,黄原胶、槐豆胶、瓜尔豆胶的含量分别为0.2%、0.01%、0.9%时耐盐性最好,用量最少,成本最低。而黄原胶、魔芋精粉、瓜尔豆胶的含量分别为0.3%、0.01%、0.8%时耐盐性最好,用量最少,成本最低。

(三)黄原胶在食品工业中的应用

黄原胶作为一种高黏度的水溶性,具有很多优越的理化性能。在某些苛刻条件下(如pH3~9,温度80~130℃),它的性能基本稳定,比明胶、CMC、海藻胶、果胶等优越。黄原胶在食品工业中可作为乳化剂、黏合剂、悬浮剂、耐盐、耐酸增稠剂等,此外,黄原胶还可以作为抗氧化剂,在食品工业中发挥着巨大的作用。其用途、用量和作用可归纳如表3-2:

表3-2 黄原胶在食品工业中的应用

用途	用量(%)	作用
液体饮料	0.1~0.3	增稠、混悬、提高感官质量
固体饮料	0.1~0.3	更易成型、增强口感
肉制品	0.1~0.2	嫩化、持水、增强稳定性
冷冻食品	0.1~0.2	增稠、增加细腻度、稳定食品结构
调味品	0.1~0.3	乳化、增稠、稳定
馅类食品	0.5~1.5	便于成型、增强口感
面制品	0.03~0.08	增强韧性、持水、延长保质期

1. 焙烤食品

黄原胶是许多面粉制品的重要组成部分,它在高温下具有高稳定性,能维持烘烤食品的湿度,增加口感,改进食品的质量,黄原胶与淀粉混合后,能防止焙烤食品的淀粉发生变型,从而推迟了食品的老化,延长了其贮存期和货架期,同时在烘焙食品中,黄原胶能够使其增加蜂窝气泡含量,提高保水性能,增强口感,风味丰满,使用量为0.5%~1%。如黄原胶与淀粉、果酱、色素和香精混合可制成焙烤点心的馅料，这种馅料不脱水收缩；在面包、糕点中加入黄原胶，由于它对高温稳定，使焙烤的食品能保持一定的湿度，从而改进了食品的质量。黄原胶作为蛋糕的品质改良剂，可以增大蛋糕的体积，改善蛋糕的结构，使蛋糕的孔隙大小均匀，富有弹性，并延迟老化，延长蛋糕的货架寿命。方便面中加入，可提高加工过程的成品率，减少产品断碎干裂，改善口感，使产品有咬劲等。

2. 奶油制品、乳制品

奶油制品、乳制品(如冰淇淋、冰冻牛奶、果子露、冰冻果汁、干酪等)中添加少量黄原胶，可改进质量，使产品结构坚实、易切片，更易于香味释放，口感细腻清爽。在冰淇淋和乳制品中使用黄原胶(与瓜尔胶、槐豆胶复配使用)，可使制品稳定，用量为0.1% ~0.25%。黄原胶与槐豆胶和羧甲基纤维素钠复配使用，可稳定由直接酸化牛奶生产的酸奶。在冷冻食品中，对于多次冷冻解冻情况，黄原胶提供良好稳定性能和保水性能，以减少冰冻晶。黄原胶还可给予滑爽口感，延长货架寿命和耐高温性能。

3. 饮料

在果汁饮料中，由于其具有很好的流变性，使得果汁具有良好的灌注性，同时黄原胶有极强的耐酸性和与其他添加剂的良好配伍性，悬浮果肉和风味释放，在低浓度下可很好的悬浮果肉颗粒和果肉纤维，保持果汁风味、浓度、口感和组织的均一性，并控制果汁的风味释放，提供愉悦的口感。如用于饮料(加入0.025% ~0.17%)，可使饮料具有优良的口感，赋予饮料爽口的特性，使果汁型饮料中的不溶性成分形成良好的悬浮液，保持液体均匀不分层；加入0.02% ~0.06%的黄原胶和0.02% ~0.14%的CMC，可使柑橘属果肉悬浮。

4. 肉制品

在肉制品中加入黄原胶，可起到使肉嫩化的作用，同时具有持水性，提高出品率，提高制品的质量，添加量为0.05% ~0.2%。

5. 黄原胶在食品保藏中的应用

黄原胶可用于配制不含亚硫酸盐的保鲜剂，保鲜剂中添加黄原胶后，能有效地延长生菜和生果的贮存期，防止出现皱缩、干枯、褐变等生理、生化变化。黄原胶在鲜蘑菇保藏和蘑菇罐头中应用，能有效地抑制加工时蘑菇发生皱缩、褐变及组织致密化。

6. 调味料

黄原胶已广泛用于制造浇注型沙拉调料作为稳定剂。由于黄原胶对酸、碱的稳定性较好，故黄原胶在强酸或高盐调味料中更能显示其优越稳定性。其高度的可塑性可赋予产品良好的口感，提高感官质量，并能控制其可泵性、倾注性和改善色拉的附着性。如含有0.25% ~0.3%黄原胶的调味料，其稳定期大大延长并由于其高度的假塑性而能增加口感，提高食品质量。

7. 用于糖果、蜜饯

在加工淀粉软糖和蜜饯果脯等配方中加入0.05%的黄原胶和槐豆胶可改进加工性能，大大缩短加工时间。含有0.05% ~0.75%黄原胶的巧克力液体糖果，贮藏稳定性大大提高。

8. 果冻、果酱

用于果冻，黄原胶赋予其软胶状态，加工填充物时，使果冻的黏度降低从而节省动力并易于加工。在果酱中加入黄原胶，可以改善口感和持水性，提高产品的质量，添加量在0.5%左右。在奶油、花生酱等餐用糖浆中可加入0.1%的黄原胶作稳定剂，以提高制品的质量。

七、魔芋胶（KONJAC GUM；KGM；konjac glucomannan）

魔芋胶简称葡甘聚糖，根据液相色谱数据，魔芋葡甘聚糖大分子链中，乙酰基数/糖残基数为1/19。如以38个糖残基组成重复单元，葡萄糖（G）、甘露糖（M）之比为15/23。魔芋葡甘聚糖大分子链的结构，见图3－13、图3－14。

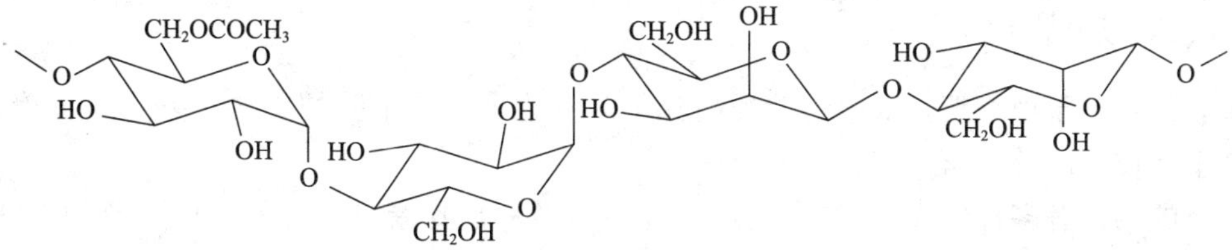

图3－13　魔芋胶的主链结构

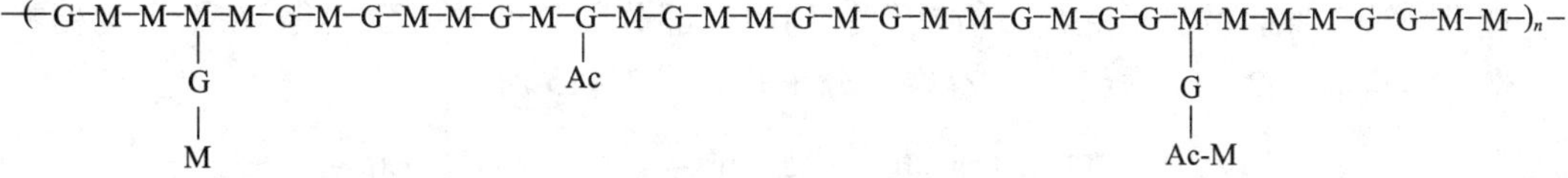

图3－14　魔芋胶分子单元结构

由图3－13、图3－14可知，主链中的葡萄糖残基和甘露糖残基（M－）以β－1－4甙键相连，支链以β－1－3甙键与主链相连，Ac－为乙酰基。N为聚合度，一般在160～315之间，相对分子质量为5000～16000。

魔芋胶在80℃以上的温度能完全溶解。由于其分子链大，而且其中有支链，因此其黏度大。因其大分子结构中，每19个单糖残基就有一个乙酰基，可用NaOH、Na_2CO_3、KOH或K_2CO_3脱去魔芋胶的乙酰基皂化。

（一）魔芋胶的性质

1. 魔芋胶的水溶性

魔芋胶是一种水溶性胶体，魔芋葡甘聚糖大分子可以与水分子通过氢键、分子偶极等作用力聚集成难以自由运动的大分子，形成黏稠的非牛顿流体。魔芋葡甘聚糖形成凝胶后，其持水量为魔芋胶本身质量的30～150倍。如：在魔芋果冻中魔芋胶的持水量为其自身质量的100～150倍；在冰淇淋、雪糕等冻结食品中其持水量可达到200倍甚至更多。魔芋葡甘聚糖大分子结合的水很难结冰。冰淇淋、雪糕中魔芋胶的持水性可抑制粗大冰晶的生成，提高了冰淇淋、雪糕的口感。

2. 魔芋胶的胶黏性

魔芋胶溶液是非牛顿流体，较浓的魔芋胶溶液的黏稠度较大，魔芋胶的持水性较强。因为魔芋胶的胶黏性，增加了制品的弹性和韧性。加有魔芋胶的通心粉、空心面、龙须面、拉面、馄饨皮等，用开水煮后不浑汤，使小麦面粉制品口感柔软。在冰淇淋、雪糕的生产过程中，魔芋胶的胶黏性改善了凝冻后冰淇淋、雪糕浆料的连续性和黏弹性。

魔芋胶水溶液的黏度主要和品种、加工方法、相对分子质量、纯度、贮存条件、产地等因素有关。

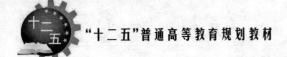

魔芋胶和黄原胶、卡拉胶能形成很强的协同增效作用。

(二)魔芋胶在食品工业的应用

魔芋精粉可以加工成魔芋豆腐、粉丝、粉皮、八宝粥、辣酱、红烧肉酱、西红柿酱、苹果酱、沙拉酱等。魔芋胶及其复配胶体是冰淇淋、雪糕和冰棍生产中不可缺少的食品添加剂。

八、果胶(Pectin)

果胶是存在于植物细胞壁中的一类高分子多糖化合物。果胶的原料主要来自于橙皮、柠檬皮及苹果皮。此外,还有甜菜、向日葵花托等。

果胶的结构有多种形式,仅本质上是一种线形 D－半乳糖醛酸甲酯连接而成的多糖。含数百至近千个脱水半乳糖醛酸残基,由 a－1,4 糖苷键共同键合在一起,其分子由 3 个单位构成一螺旋状结构,其螺旋的节距为 1.34nm。相对分子质量为 $5\times10^{5}\sim30\times10^{6}$。这种结构在很大程度上取决于原料的种类和提取方法。结构中的部分羧基可被甲醇酯化、在聚半乳糖醛酸的主链上也会有 1,2－L－冠李糖等存在。分子式如图 3－15 所示。

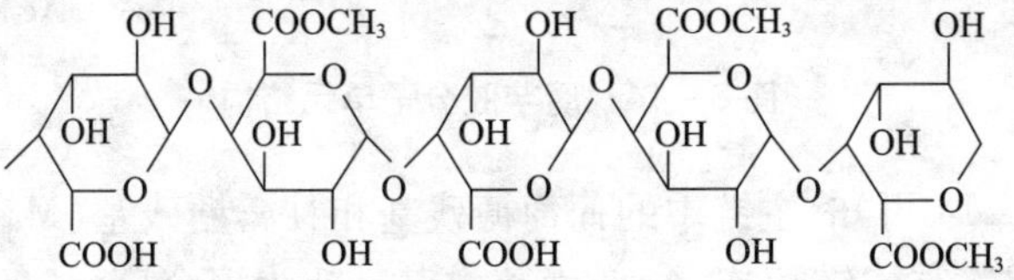

图 3－15　果胶的分子式

果胶的聚半乳糖醛酸可被甲基部分地酯化,而其自羧基可部分地或全部地用含钠、钾或铵离子的碱中和。甲氧基化的半乳糖醛酸残基数与半乳糖醛酸残基总数的比值称为甲氧基化度(DM)。如用氨使果胶酯化,部分甲酯的甲氧基转变成酰胺基,酰氨化的半乳糖醛酸残基数与半乳糖醛酸残基总数之比称为酰胺化度(DA)。它们对于果胶的性质,尤其对溶解度及与溶解度直接相关的胶凝所需的条件有重要影响。按照酯化度的不同,通常把酯化度高于 50%(相当于甲氧基含量小于 7% ～16.3%)的果胶称为高甲氧基果胶(HM－果胶),而把酯化度低于 50%(相当于甲氧基含量小于 7%)的果胶称为低甲氧基果胶(LM－果胶)。按溶解度的不同,果胶可分为水溶性果胶与水不溶性果胶两类,而水不溶性果胶中可分为六偏磷酸可溶性果胶和盐酸可溶性果胶。果胶水溶液在一定条件下能形成凝胶,故广泛应用于食品行业。

(一)果胶的理化性质

粉末果胶是通过乙醇或金属盐的沉淀法从溶液中分离出来的,结果形成一种流动性不如结晶物的纤维状物,粉末果胶的标准相对密度约为 0.7。糖溶液中糖的浓度增加时,HM 果胶在该溶液中溶解度减少。大多数 LM 果胶可溶于硬水中。加入钙盐可增加果胶溶液的黏度,因此可以解决和处理果胶浓度降低的问题。果胶溶解时加入糖并不生成凝胶,在溶液中使果胶不发生胶凝的可溶性固体可达到的确切浓度将随体系的 pH、果胶的类别和温度而变化。

(二)果胶的胶凝及其机理

1. 高酯果胶

果胶分子上带有数目不等的羧基基团和不带电荷的甲氧基基团,在特定的 pH 条件下,羧基基团以一定量的不带电荷的 COOH 及带负电荷的 COO^-形式存在。果胶分子带有负电荷的数目取决于果胶的 DM 值及体系 PH 条件。在特定的条件下,果胶上带负电荷的基团可以与其他正电荷的物质如蛋白质、金属离子等发生反应,反应程度的大小与果胶上带负电荷的基团数目密切相关。铝、铜等金属离子与果胶作用能形成沉淀(果胶生产方法之一);而蛋白质与果胶的作用又同时取决于蛋白质本身的带电荷状况,因此果胶与蛋白质的作用只局限在某一 pH 范围内,典型的应用之一就是果胶作为酸奶稳定剂。在 pH3.8 ~4.2 之间,用果胶分子包裹蛋白质分子,使蛋白质在酸性条件下加热稳定,不发生沉淀现象。

果胶分子间只有相互靠近,形成许多结合区,才能达到形成凝胶的三维空间网络而形成凝胶。减少分子间的排斥力,凝胶才容易形成。所能形成凝胶的强度、成胶温度、成胶速度等与体系的条件密切相关。果胶分子上带电荷越多,相互排斥越严重,凝胶形成就越难。由此可见,果胶的 DM 值越高,成胶就越容易。通常将 DM 值低于 65% 的高酯果胶称为慢凝固果胶,而 DM 值高于 70% ,则称为快凝固果胶。果胶分子上的带电荷总数目又与体系的酸度有关,pH 下降,带电荷的 COO^- 基团总数目减少,但只有减少到某一数值以下时,才能开始形成凝胶,显然这取决于体系的 pH 及果胶的 EM 值。如果体系的 pH 继续下降,形成更多结合区,凝胶强度也随之上升,但如果 pH 太低,过度的果胶分子间作用可导致不溶性或者说产生“预凝胶现象”(pregelation)——一种低强度、非均匀的凝胶。DM 值低的果胶形成预凝胶的 pH 要比 DM 值高的果胶为低。

另一影响凝胶形成的重要因素是果胶分子间的脱水化程度。果胶分子上带有大量的亲水基团,在水中能充分水化,形成的单个果胶分子周围都有一水分子层与其以氢键形式相接。这一水分子层的存在也阻碍了果胶分子间的相互靠近而不能形成结合区。如果体系中有其他强需水剂的存在,如蔗糖等,将会与果胶争夺水分子,导致果胶分子间脱水而能形成结合区成胶。此外,果胶分子自身带有的甲氧基是“憎水基团”,具有协助果胶分子间脱水的作用,只有当果胶分子间的脱水化达到某一程度时,才能满足凝胶形成的条件,即体系中必须有一定量的可溶性固形物。

高酯果胶体系的凝胶形成及强度与下列因素有关:

(1)体系 pH(pH 降低,COO^-数目减少,果胶分子相互间排斥力减小)。

(2)果胶质量及 DM 值(质量好,成胶能力好;DM 值越高,脱水化程度越大)。

(3)果胶含量(体系中果胶含量越高,相互间越容易形成结合区)。

(4)可溶性固形物含量(含量越高,争夺水分子越激烈)。

(5)可溶性固形物种类(不同物质争夺水分子的激烈程度不同)。

(6)温度持续时间及冷却速度。

2. 低酯果胶

低酯果胶的凝胶形成机理与高酯果胶不同。由于低酯果胶分子上带的 COO^- 相对较多,分子间难以自身形成结合区,而能与钙离子等形成“蛋盒”模型式结合区,如海藻酸钠与钙离子的凝胶形成。这种凝胶受体系中钙离子浓度的影响,而不太受糖、酸含量的影响。

低酯果胶体系的凝胶形成及强度与下列因素有关:

(1)果胶质量:分子质量高,“蛋盒”模型结合区容易形成,成胶质量好。

(2)果胶的DM及DA值:DM值升高,成胶温度降低;DA值升高,成胶温度也升高;如果DA值太高,以至于成胶温度高过体系的沸点温度,会使得体系立即形成预凝胶。

(3)果胶含量:含量增加,凝胶强度及成胶温度均上升,但过高又会导致形成预凝胶,使胶强度反而下降。

(4)钙离子浓度:对一定DM值及DA值的果胶,在达到最佳凝胶强度之前,凝胶强度和成胶温度均上升;达到最佳凝胶强度之后,钙离子浓度继续增加,凝胶强度开始变脆、变弱,最终形成预凝胶。

(5)钙离子螯合剂:体系中添加或存在能螯合钙离子的多聚磷酸盐、柠檬酸盐等,能降低钙离子有效浓度,从而降低预凝胶形成的危险,特别是当体系中固形物含量较高时。

(6)可溶性固形物含量:含量增加,凝胶强度加大及成胶温度上升,但过高则导致形成预凝胶。

(7)可溶性固形物种类:不同物质影响果胶与钙离子结合能力的程度不同,以Type2000型酰胺果胶举例,在pH3.0固形物含量31%,钙离子量为20mg/g果胶等固定条件下,凝胶强度的大小分别是:蔗糖>42DE葡萄糖浆>高果糖浆>山梨糖醇;不同固形物种类对于产生预凝胶的钙离子的敏感度也均不同。

(8)体系pH:pH可在2.6~6.8范围内,pH升高,形成相同质量的凝胶需要更多的果胶或钙离子;pH升高,可使成胶温度降低。

(9)使用方法:如果将钙离子溶液加入低于成胶温度的果胶溶液中,会造成体系立刻形成预凝胶。钙离子溶液应以较稀释的形式加入,否则会导致局部形成预凝胶或局部不形成胶现象。如果采用只能缓慢溶解的钙盐,凝胶的形成及强度则可随时间而增强。

(三)果胶的应用

由于果胶液的黏度比其他水溶胶为低,故在以往的实际应用中,往往是利用果胶的凝胶能力,而不是增稠,但近年来由于果胶在酸性条件下的高度稳定性而大量用于含乳的各种酸性饮料。在酸乳及乳酸饮料中的应用机理如下:

因为在酪蛋白微胶粒的表面存在有负电荷和正电荷,当其处于酸性条件下时,正电荷的比例相应增加,如图3-16所示,当酪蛋白微胶粒处于pH6时,粒子表面的负电荷多于正电荷,而当处于偏酸的pH4.6时,粒子表面的正、负电荷数基本相同,当pH低于4.6时,正电荷数进一步增加。酸性乳饮料(如酸乳、合乳罐装咖啡等)的pH范围在3~4.3左右,稳定性较差,当加

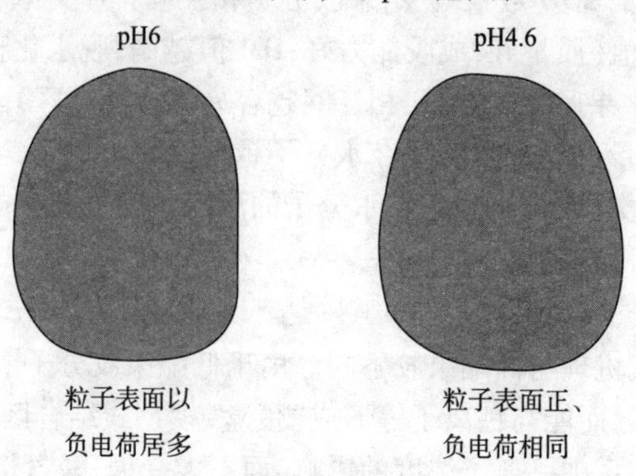

图3-16 酪蛋白胶粒表面电荷与介质pH的关系

入果胶后，因两者表面电荷相反，具有很强的结合力（亲和力）和很强的稳定能力（见图3－17），特别是在加热处理过程中，这样，低 pH 的酸性蛋白饮料的稳定性加强。

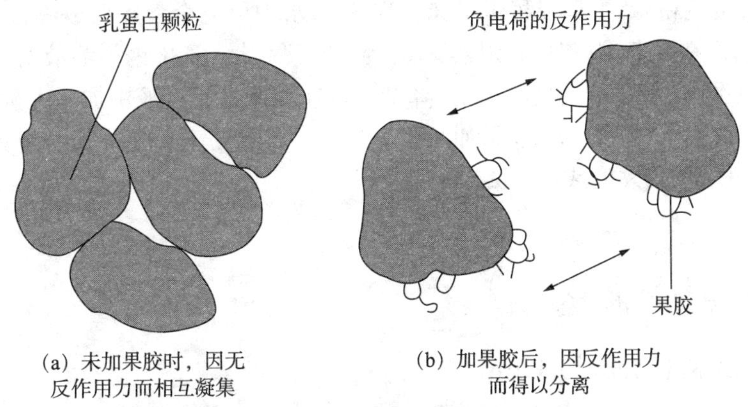

图3－17　果胶对酪蛋白胶粒的反作用效果

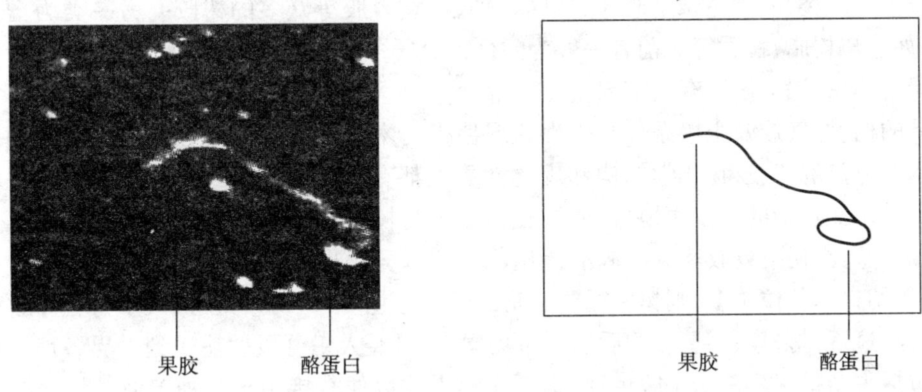

图3－18　果胶与酪蛋白的结合图

九、槐豆胶（LOCUSt Bean Gum（Carob Bean Gum））

刺槐种子的胚乳经焙烤、热水提取、浓缩、蒸发、干燥、粉碎、过筛而成。为一种半乳甘露聚糖。聚合物的主链由葡萄糖构成，支链是半乳糖。甘露糖与半乳糖的比例为4∶1。相对分子质量为300000～360000。其分子结构见图3－19。

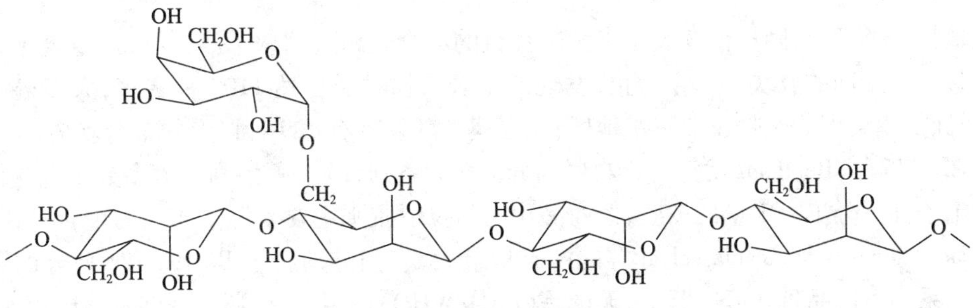

图3－19　槐豆胶的分子结构

(一)槐豆胶的性质

白色或微带黄色粉末,无臭或稍带臭味。在80℃水中可完全溶解而成黏性液体,pH3.5~9时黏度无变化,但在此范围以外时黏度降低。食盐、氯化镁、氯化钙等溶液对其黏度无影响,但酸(尤其是无机酸)、氧化剂会使其盐析,降低黏度。在碱性胶溶液中加入大量的钙盐则形成凝胶。在水分散液中(pH5.4~7.0)添加少量四硼酸钠,亦可转变成凝胶。与黄原胶、瓜尔豆胶等相互作用,可增加其黏度或形成凝胶。

(二)应用

可用于果冻、果酱、冰淇淋等。

十、阿拉伯胶(Acacia Gum)

许多树木在树皮受到创伤时,都会自身分泌体液来达到保护及愈合伤口的目的。这种体液可粗分为两大类,一类是亲水胶体,如阿拉伯胶、黄蓍胶等众多的树胶。另一类为憎水胶体的树脂,如达玛树脂、松香等。前者一般为酸性大分子多糖,能溶于或溶胀于水中;而后者则是高分子聚合体,一般只溶于有机溶剂。

不同的树种、气候及土壤条件和生理状况使得树木所具备的树胶分泌能力各不相同。不同的树木所分泌的树胶,在化学结构和理化性质上都有所区别。商品化分泌树胶的树木大多生长在热带及亚热带的半沙漠地区,通过在树干上将树皮剥去一块的方法来促使树木分泌树胶,几周后即可在伤痕处收集到凝固的渗出物。树木分泌出树胶是用来保护创伤口的一种做法,树干上切口的部位越多,则树木需要分泌的胶体也越多,但切口太大、太多将会导致树木死亡。粗胶经过逐树采集、零星收购后送到市场集中,再经人工分级后输送到世界各地。树胶的精加工包括去杂、粉碎、杀菌及脱色、喷雾干燥等方式以便直接用于各种工业领域。商品化的树胶种类繁多,但已通过JECFA(FAO/WHO食品添加剂专业委员会)等机构普遍批准为食品添加剂的树胶则只有阿拉伯胶、黄蓍胶和刺梧桐胶,并且有严格的质量指标。

(一)阿拉伯胶来源

阿拉伯胶是最为广泛应用的树胶,也是最古老的商品之一。早在4000年以前,古埃及人就已开始使用阿拉伯胶在他们的香料中。阿拉伯胶的名称也来源于因为最早的贸易起源于阿拉伯世界。

在植物分类学上,阿拉伯树胶是来源于豆科的金合欢树属的树干渗出物,经空气干燥后形成泪滴状大小不同的胶块。迄今为止,发现的金合欢树种类已达1100种之多,大多遍布于非洲、大洋洲及南美洲等热带及亚热带地区;仅在澳洲就发现有729种以上的金合欢树。

早在1875年,Bentkam就将金合欢属细分为6大系列,15个亚系列。大多数金合欢树种都能在特定条件下分泌一定量的树胶,但商品化的阿拉伯胶则主要来源于非洲的金合欢树种,而且以Acacia senegal及Acacia selyal等的产胶量最大,它们分别属于Bentham所划分的第五系列和第四系列下的品种。但国际上,无论是(FAO/WHO)的JECFA,还是欧洲及美国药典,或者是FCC(美国食品化学法典)上都将应用于食品及制药工业的阿拉伯胶的来源定义为"来源于豆科金合欢属的Acacia Senegal(L.)Willd或与其接近树种的树干渗出的干固的胶状物"。由此可知,阿拉伯胶实际上是这类 Acacia 树胶的通称,因此也称为 Acacia gum。

由于气候及人力资源的因素,商品化的阿拉伯胶主要产地在非洲,特别是苏丹,其特定的气候以及具有在国际社会帮助下建立起来的大面积种植单一树种的树胶园,使其产量占全球量的70%。许多与苏丹同一纬度的中非及西非国家也都能产阿拉伯胶,这些产胶区通称为“胶带区”(gum belt),他们的地理气候适合于阿拉伯树胶的分泌及采集。目前尼日利亚和乍得等国也都能提供一定量的阿拉伯胶。

阿拉伯胶产量取决于气候,如果在树木生长的雨季多雨,而旱季又高温炎热,则树干割口处分泌出的胶量大。每一胶树一般可分泌 20 ~ 2000g 胶。在雨季来临前,当地居民逐一从树上采集已硬化的原始胶,经人工按大小分级后出售给专业经销商。目前商品化的阿拉伯胶主要来源于品种 Acacia Senegal,但是来源于 Acacia selyal 品种的胶也有一定的数量;两者原始胶在外观上不同,前者比较透明,不易碎,一般呈 3 ~ 4cm 大小的椭球状或泪珠状,且表面有纹路;后者呈金黄色,不透明并很容易压碎。即使经过喷雾干燥后,两者的某些理化性能也有差异。此外,在产地的其他金合欢树种,如 Acaoa laEta、Acacia DmPylaMth、Am 曲比、Acaoa 5iebeada 等所分泌的树胶也会成为商品阿拉伯胶的来源。来源于某些其他属树木,如 hMBga 属下树种,blnbretM 属下树种所渗出的树胶,由于在某些性质及理化指标上与阿拉伯胶相似,也可能成为阿拉伯胶的来源。

尽管不同产地来源的阿拉伯原胶会有许多不同点,但最高质量的阿拉伯胶应该是半透明琥珀色无任何味道椭球状胶,是属于手拣品,通常称为 HPS 级(Hand Picked and Selected)。这些原始胶再经过工业化的去杂,或者用机械粉碎加工成胶粉(powder 型)或加工成更方便溶化的破碎胶(kibbled 型)。目前更多的加工工艺采用将原始胶溶解后去杂,批号混合,过滤,漂白,杀菌,喷雾干燥后获得可以直接用于食品及制药工业的精制阿拉伯胶粉。更有一些生产商制造出了预水化型阿拉伯胶,这种型号的胶粉可以直接加入水中而不必担心“结团”。商品阿拉伯胶粉的等级通常按不同的外观及用途来划分。

(二)阿拉伯胶结构

阿拉伯胶研究主要是以来源于 Acacia Senegal 树木上分泌的胶体为对象。阿拉伯胶约含98%的多糖,这种多糖属高聚物,具有以阿拉伯半乳聚糖为主的、多支链的复杂分子结构。表 3 - 3 是不同 Acacia 树种所得阿拉伯胶特性和成分。用酸水解阿拉伯胶可获得 D - 半乳糖,L - 阿拉伯糖,L - 鼠李糖和 D - 葡萄糖醛酸;其主键由(1→3)键合 β - D - 半乳糖基,侧键有长 2 ~5 个单位的(1→3)β - D - 半乳糖基,由(1→6)键合在主键上。主键和侧键上均可键合 α - L - 吡喃阿拉伯糖、α - L - 吡喃阿拉伯糖、α - L - 鼠李糖、β - D - 葡萄糖醛酸和 4 - 1 - 甲基 - β - D - 葡萄糖醛酸基。相对分子质量为 100000 ~ 300000 不等。阿拉伯胶是一种含有钙、镁、钾等多种阳离子的弱酸性多糖大分子,在结构上还连有 2% 左右的蛋白质;不同金合欢树获得的阿拉伯胶,单糖比例各有差异。阿拉伯胶能与大部分天然胶和淀粉相互兼容。虽然阿拉伯胶中 2% 蛋白质所占的量不多,但它作为乳化剂的功能是不可缺少的。蛋白质以共价键的形式与多糖联结,目前对这种键的性质尚不清楚。

但从不同品种金合欢树获得的阿拉伯胶,单糖比例及理化指标都会有些差异(表 3 - 3)。同一树种在不同的地理环境中所分泌的阿拉伯胶,甚至在同一树木不同的树干上采集的阿拉伯胶,在某些理化指标上也会有微小的差别。其化学结构见图 3 - 20。

表3-3　不同 Acacia 树种所得阿拉伯胶的分析数据

树种	Acacia senegal	Acacia seyal	Acacia laeta	Acacia complyacantha	Acacia drepanolobium	Acacia sieberana
总灰分/%	3.93	2.87	3.30	2.92	2.52	0.78
含氮量/%	0.29	0.14	0.65	0.37	1.11	0.40
甲氧基/%	0.25	0.94	0.35	0.29	0.43	0.14
旋光度/%	-30	+51	-42	-12	+78	+114
特性黏度 mL/g	13.4	12.1	20.7	15.8	17.8	13.0
相对分子质量 $\times 10^3$	384	850	725	312	950	1300
摩尔重量	1100	1470	1250	1900	1980	2200
糖醛酸%	16	12	14	9	9	8
酸水解后糖成分/%						
4-O-甲基葡萄糖醛酸	1.5	5.5	3.5	2	2.5	1
葡萄糖醛酸	14.5	6.5	10.5	7	6.5	7
半乳糖	44	38	44	54	38	27
阿拉伯糖	27	46	29	29	52	65
鼠李糖	13	4	13	8	1	≤1

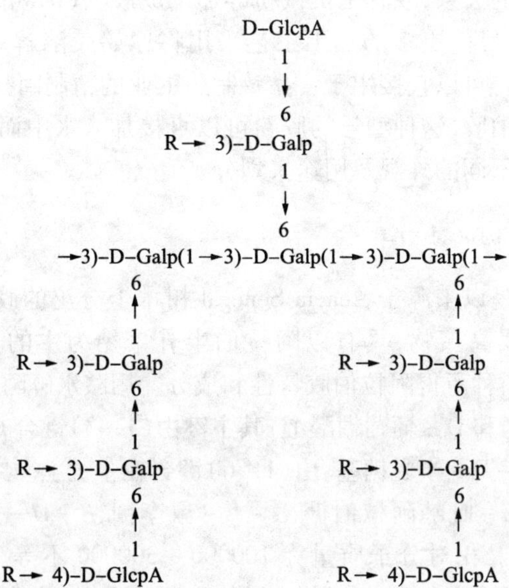

图3-20　阿拉伯胶多糖的部分结构

Fig. 1 Partial Structure of Gum Arabie Polysaccharide D-GlcpA: D-吡喃葡萄糖醛酸. D-Galp: D-吡喃半乳糖, L-Rhap: L-吡喃鼠李糖, L-Arap: L-吡喃阿拉伯糖, L-Araf: L-呋喃阿拉伯糖。

由于阿拉伯胶是多支链的结构,也没有发现在结构上有特殊的位点能与其他物质形成刚性空间结构,因此阿拉伯胶大分子只有增稠作用。由于其支链众多,同样的相对分子质量在空间所占据的水化体积比较少,由此决定了阿拉伯胶的黏度比相同相对分子质量水平的其他线性大分子为低。

有研究还表明阿拉伯胶结构的中央是以β-D-(1-3)键相连的半乳聚糖,L-鼠李糖主要分布在结构的外表。鼠李糖的碳6位上是—CH_3而不是—COH,因此有非常良好的亲油性。此外在结构上还连有2%左右的蛋白质,尽管这些蛋白物质与多糖在结构上的连接位置仍不十分明确,但是在氨基酸的成分中,羟脯氨酸占有相当的比例。不同的Acacia品种的阿拉伯胶样品的分析数据,可以看出尽管含氮量有区别,但氨基酸的分布规律仍比较统一;这些结构上的蛋白物质对于阿拉伯胶的乳化性能影响很大。

(三)阿拉伯胶的性质

天然阿拉伯胶块多为大小不一的泪珠状,略透明的琥珀色;精制胶粉则为白色;无味可食。阿拉伯胶干粉非常稳定和可以长久贮存,研究表明存贮了几十年的胶块也没有发现有明显的性状变化。

1. 溶解度

阿拉伯胶具有高度的水中溶解性及较低的溶液黏度,能很容易地溶于冷/热水,在水中具有高溶解性,可以制成浓度达50%的水溶液而仍具有流动性,这是其他亲水胶体所不具备的特点之一,当水溶液浓度达55%时就成了坚固的凝胶。阿拉伯胶不溶于油和大多数乙醇等有机溶剂。

2. 黏度

5%水溶液的黏度低于5×10^{-3}Pa·s;25%水溶液的黏度约$80\times10^{-3}\sim140\times10^{-3}$Pa·s(25℃,2h后BrMltndd转子黏度计R\v型,转速20r/min)。在常温下都有可能调制出50%浓度的胶液,阿拉伯胶是典型的“高浓低黏”型胶体。一般而言,喷雾干燥的产品比原始胶的黏度略低些。Acacia selyal品种来源要比Acacia Senegal品种的黏度略低些。阿拉伯胶的特性黏度符合Mark—Houwink关系。

3. 流变性

溶液浓度在40%以下仍呈牛顿流体,具有牛顿流体的特点,流体流速的快慢,对于牛顿流体二者之比总是为一衡定值,黏度不随剪切应变的改变而改变。只有当浓度高达40%以上时,溶液特性才开始表现出假塑性流体特性。

4. 酸稳定性

因为阿拉伯胶结构上带有酸性基团,溶液的自然pH也呈弱酸性,一般在pH4~5(25%浓度)。溶液的最大黏度约在pH5~5.5附近,但在pH4~8范围内变化对其阿拉伯胶性状影响不大,具有酸性环境较稳定的特性。当pH低于3时,结构上酸基的离子状态趋于减少,从而使得溶解度下降,而黏度下降。

5. 乳化稳定性

由于阿拉伯胶结构上带有部分蛋白物质及结构外表的鼠李糖,使得阿拉伯胶有非常良好的亲水亲油性,是非常好的天然水包油型乳化稳定剂。但不同来源树种的阿拉伯胶其乳化稳定效果有差别;一般规律,鼠李糖含量高,含氮量高的胶体,其乳化稳定性能更好些,因此Acacia Senegal胶在乳化稳定方面比Acacia selyal胶更好。阿拉伯胶还具有降低溶液表面张力的功能，用于稳定啤酒泡沫等。

6. 热稳定性

一般性加热胶溶液不会引起胶的性质改变，但长时间高温加热会使得胶体分子降解，导致乳化性能下降。

7. 电解质

在阿拉伯胶溶液加入电解质会降低溶液的黏度，即便是在弱酸溶液中也是如此。

8. 兼容性

阿拉伯胶有很广的相容性，能和大多数胶质、淀粉、糖类和蛋白质一起使用，阿拉伯胶溶液的兼容性受溶液 pH 和浓度的影响，阿拉伯胶与少数胶不相容，如海藻酸钠、明胶，在多盐类溶液中会产生沉淀，尤其是在三价金属盐溶液中。但在较低 pH 条件下，阿拉伯胶与明胶能形成聚凝软胶用来包裹油溶物质。

（四）阿拉伯胶其他特性

1. 结晶性

浓度很高的阿拉伯胶水溶液即使放置在低温下也不会结晶。

2. 生物腐烂性

阿拉伯胶不会被微生物侵蚀，这一特征在食品工业上非常重要。

3. 纤维

最近的一些测试方法表明：阿拉伯胶可被认为是95%的可溶纤维。

4. 热量值

尽管阿拉伯胶是由90%的糖类构成的，但它的热值却非常低。

5. 毒性

阿拉伯胶被认为是安全的，广泛的毒性研究表明阿拉伯胶是非有毒的。在用量上，阿拉伯胶的国际认定 ADI 值（日容许摄入量）为不作限制，因此可以按生产需要添加。

6. 营养学特性

营养学上，阿拉伯胶基本不产生热量，是良好的水溶性膳食纤维，被用于保健品糖果及饮料。在医学上阿拉伯胶还具有降低血液中胆固醇的功能。

（五）阿拉伯胶在食品工业中的应用

1. 阿拉伯胶的使用方法

普通型阿拉伯胶粉在使用时，必须在搅拌条件下加入水中，以避免胶粉“结团”，这是因为表层胶粉一遇水后迅速吸水膨胀形成“胶体壁垒”，从而阻挡了外部水的继续进入。对于预水化型胶粉或胶块，则可以直接加入水中。

以下是几种有效的溶胶方法，可以按产品配方情况选择。

（1）用旋涡式搅拌机（Vortex）化胶，能用机械力使胶团分散。

（2）缓慢地将胶粉加入（最好能用筛网筛入）激烈流动的水中。

（3）干法与 3～5 倍的其他粉状原料如砂糖、奶粉等辅料先与胶粉混合。

（4）在干燥容器中加入胶粉后再用乙醇、甘油等有机溶剂或食用油等将胶粉分散“打湿”，然后再加入水。

2. 阿拉伯胶的使用特点

阿拉伯胶曾经是食品工业中用途最广及用量最大的水溶性胶,目前全世界年需要量仍保持在大约4~5万t。阿拉伯胶具有良好的乳化特性,特别适合于水包油型乳化体系,广泛用于乳化香精中作乳化稳定剂;它还具有良好的成膜特性;为微胶囊成膜剂用于将香精油或其他液体原料转换成粉末形式,可以延长风味品质并防止氧化,也用作烘焙制品的香精载体。阿拉伯胶能阻碍糖晶体的形成,用于糖果中作抗结晶剂,防止蔗糖晶体析出,也能有效地乳化奶糖中的奶脂,避免溢出;还用于巧克力表面上光、使巧克力只溶于口,不溶于手;在可乐等碳酸饮料中阿拉伯胶用于乳化、分散香精油和油溶性色素,避免它们在贮存期间精油及色素上浮而出现瓶颈处的色素圈;阿拉伯胶还与植物油及树脂等一块用作饮料的雾油剂以增加饮料外观的多样性。阿拉伯胶也可以用于冰淇淋等冷食奶制品中作为稳定剂等。由于新胶体不断出现,目前阿拉伯胶主要应用于含有油溶性成分的液体产品中,作为乳化稳定剂、微胶囊粉的包埋剂、巧克力上光剂及糖果中降低含糖量,改变口感及硬度等。

3. 阿拉伯胶食品工业中的应用实例

配方一:乳化香精(桔子乳化香精配方及工艺)

阿拉伯胶粉	10%~15%
混合油(橘油+达玛树脂等)	10%~15%
柠檬酸	0.4%
苯甲酸钠	0.13%
水	加至100%

工艺:(1)将胶加入含有柠檬酸和苯甲酸钠的水中同时搅拌溶解20~30min。

(2)加入油继续搅拌溶解15min。

(3)在2500/5000Pa下,双道均质。

(4)油粒直径可小于1μm。

配方二:花生乳/核桃乳/含油饮料

阿拉伯胶粉	0.2%~0.4%
单/双甘油酯	0.1%~0.3%
酪蛋白酸钠	0.1%~0.3%
柠檬酸/苹果酸	0.1%

(取决于含油饮料的含油浓度及保持油脂不分层的时间长度来调整比例)

配方三:保健糖果(不含糖)

	硬质 低咬劲	中质 中等咬劲	软质 高咬劲
梨糖醇	88%	64%	15%~20%
甘露糖醇	10%	1%~10%	0~5%
阿拉伯胶	1%	1%~35%	70%

再加入适量的果味香精、甜味剂、色素及柠檬酸等。

配方四:雾浊型饮料(乳白碳酸饮料)

(由阿拉伯胶液加植物油或树酯经喷雾干燥成为粉状雾浊剂,生产出的雾浊饮料外观上具有真实果汁饮料的效果)

阿拉伯胶雾浊粉　　1.5%

三磷酸钙　　1.5%

橘油/柠檬油　　0.1%～0.3%

柠檬酸　　4%

(糖,色素,水至100%)

配方五:增加棉花糖咬劲

(在棉花糖配方中加入1%～2.5%的阿拉伯胶可以使其产品外观整齐,增加咬劲;老化时间延长)

阿拉伯胶　　1%～2.5%

明胶　　0.35%

砂糖　　37%

葡萄糖　　19%

蛋清粉　　1.8%

玉米糖浆　　23%

盐　　0.35%

(香精,色素少许,加水至100%)

表3-4　阿拉伯胶在食品中的应用典型

产品应用	功能	用量
可乐型碳酸饮料	软饮料中乳化及稳定配方中的香精油及油溶性色素,提高 CO_2 保持能力	0.1%～0.5%
乳化香精	乳化及稳定配方中的精油	12%～15%
微胶囊粉末香精	喷雾干燥生产微胶囊中的成膜剂以防止产品氧化,延长风味保质期	油含量的1～2倍
粉状油(精油)	喷雾干燥生产油粉中的成膜剂	
巧克力、坚果仁	上光剂/成膜剂(提高光泽、不溶于手,避免油脂氧化)	用30%胶液喷雾
糖果,奶糖;胶姆糖,无糖糖果	用作抗结晶剂;防止蔗糖晶体析出,有效地乳化奶糖中的奶脂,避免奶脂溢出。	30%～50%
焙烤制品	表面上光剂;焙烤制品的香精载体。	30%
粉状果汁,可溶性肉粉	增稠剂	0.1%～2%
复合维生素饮料,含油溶性功能成分饮料	乳化分散稳定剂	0.1%～0.5%
保健饮料	可溶性膳食纤维,降低胆固醇	5%～10%
啤酒	稳定啤酒泡沫	0.02%
人参粉片/蒜粉片	黏合剂,上光剂	10%～20%
含油酱菜	乳化分散及口感改进剂	0.5%～1%

十一、卡拉胶(Carrageenan)

(一)卡拉胶的来源、结构和性质

1. 卡拉胶的来源

卡拉胶是1862年Stanfo从皱波角叉菜中提取出来的物质,定名为Carrageenan。卡拉胶也称角叉菜胶、鹿角藻胶、爱尔兰苔菜胶,主要是从红藻的角叉菜属(Chondrus)、麒麟菜属(Eucheuma)、杉藻属(Gigartina)及沙菜属(Hypnea)等品种海藻中提取。不同的来源有不同的精细结构,其胶体性质也不尽相同,即使同一来源,不同的工艺处理也会导致不同的相对分子质量降解,产品性质也有差异。因此卡拉胶只是一广义名称,具体应用应选择合适的类型和品种来源。

我国的卡拉胶海藻,在北方主要有角叉菜属海藻,在南方主要有腰酸菜属和沙菜属海藻,我国的海南岛、东沙群岛和西沙群岛,腰酸菜属的海藻资源相当丰富。

2. 卡拉胶的组成结构

卡拉胶是一种天然高分子化合物,无一定的相对分子质量,食品级卡拉胶的相对分子质量约为200kDa,商品卡拉胶的相对分子质量不应低于10万,10万以下的卡拉胶已不再具有食品凝胶的一般功能性质。从1868年F111ckleer开始研究卡拉胶的化学组成,至20世纪60年代Rees等多位学者采用水解、氧化、甲基化、硫醇分解、层析、电泳分离及红外光谱分析等方法进行研究后,逐步搞清了卡拉胶的化学组成和结构。卡拉胶是一种线型的半乳糖结构,来源不同时,其组成也不一样,卡拉胶一般有7种结构类型,即有kappa(κ-型)、iota(ι-型)、lambda(λ-型)、mu(μ-型)、nu(ν-型)、theta(θ-型)、xi(ξ-型)卡拉胶等,可以用简单的通式表示如下,但商业化生产的主要是前3种。

不同的海藻品种含有卡拉胶的类型和数量各异,如主产于菲律宾海域的Eucheuma cottonii品种主要含κ-型卡拉胶,产于印尼海域的E. spinosum则主要含ι-型卡拉胶,产于摩洛哥海域的杉藻属Gigartina acicularis主要含λ-型卡拉胶;而来自Chondrus crispus,Gigartina stellata,Iridaea sp等许多品种则含几种类型的卡拉胶,是混合型,需通过特殊工艺处理将其分开。

D-半乳糖-4-硫酸脂	D-半乳糖-6-硫酸脂	μ-卡拉胶
	D-半乳糖-2,6-硫酸脂	ν-卡拉胶
	3,6-内醚-D-半乳糖	κ-卡拉胶
	3,6-内醚-D-半乳糖-2-硫酸酯	ι-卡拉胶
D-半乳糖-2-硫酸脂	D-半乳糖-6-硫酸脂	ξ-卡拉胶
	D-半乳糖-6-硫酸脂	λ-卡拉胶
	3,6-内醚-D-半乳糖-2-硫酸酯	θ-卡拉胶

κ-、ι-、λ-卡拉胶的结构见图3-21、图3-22、图3-23。

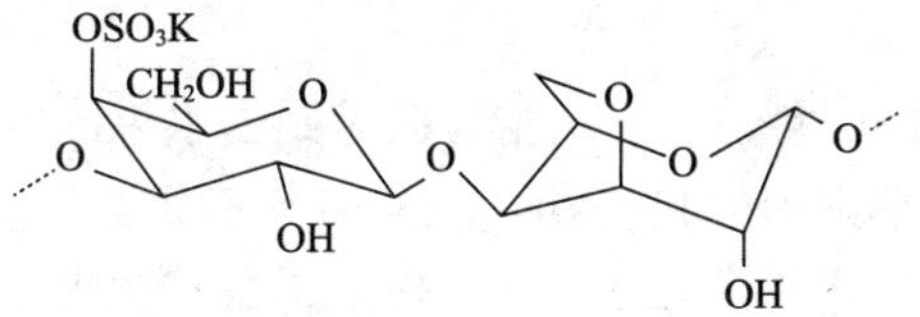

OSO_3K CH_2OH O O O O O OH OH

图3-21 κ-卡拉胶的结构

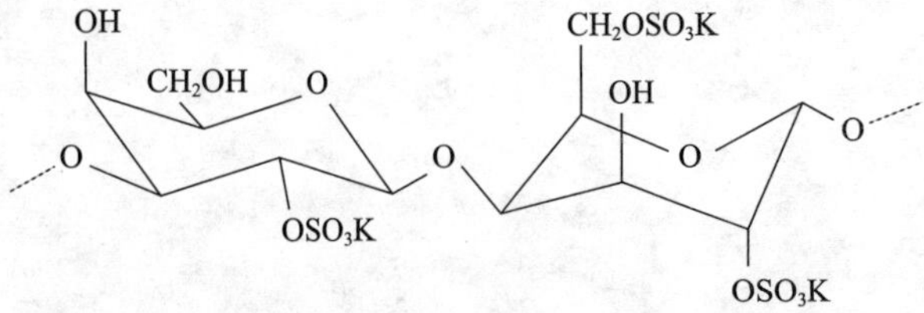

图 3－22　ι－卡拉胶的结构

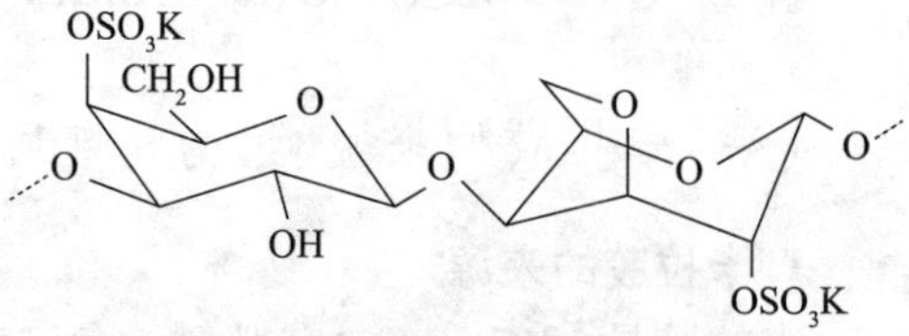

图 3－23　λ－卡拉胶的结构

3. 卡拉胶的理化性质

从外观看卡拉胶为无臭、无味的白色至黄褐色的粉末。卡拉胶溶于水（κ－型卡拉胶和ι－型卡拉胶要加热）而不溶于有机溶液。卡拉胶的水溶性很好，在 70℃开始溶解，80℃则完全溶解。卡拉胶对高价金属离子、接近等电点的蛋白质、季胺盐等会发生作用而产生沉淀，因而没有兼容性。

干燥的卡拉胶贮藏很稳定，在中性和碱性溶液中，即使加热也不水解，但在酸性溶液中，尤其是在 pH4 以下时，则比较容易产生酸水解。卡拉胶溶液在 K^+ 或 Ca^{2+} 存在时，或溶解于热牛奶冷却后均能成为凝胶，凝胶具有热可塑性。

一般来说 κ－型卡拉胶能完全溶解于 70℃以上的热水中，冷却后形成结实但又脆弱的可逆性凝胶，透明性较差，冷冻后脱水收缩。钾离子的存在能使凝胶达到最大强度，钙离子的加入则使凝胶收缩并趋于脆性，调整不同的离子浓度可改变凝胶强度和凝胶温度。凝胶的组织结构可通过添加刺槐豆胶而变得富有弹性和韧性，添加蔗糖则可增进透明度。ι－型卡拉胶也同样只溶于热水，钙离子的存在下加热冷却后产生比 κ－型更加柔软、富有弹性且透明性很好的凝胶，也是热可逆型，并具有良好的抵抗脱水收缩性质，在牛奶及水系统中呈触变型流体特性，并且耐高盐浓度。λ－型卡拉胶可溶于冷水中，但并不形成凝胶，有高黏度的增稠作用。

只有 κ－型卡拉胶与刺槐豆胶有增进胶强度的协同作用，2∶1 可达到最大凝胶强度，而 1∶4 为最弱。为使刺槐豆胶充分水化，溶液需加热至 82℃以上，形成的凝胶仍为热可逆型凝胶；达到同样的凝胶强度，κ－型与刺槐豆胶的复合胶用量约只有卡帕卡拉胶单用量的 1/3。κ－型卡拉胶在水系统中 0.5% 以上的浓度就能形成凝胶，在牛奶系统中成胶浓度可低达 0.1% ~0.2%。

（二）卡拉胶在食品工业中的应用

卡拉胶具有凝固性、溶解性、稳定性、黏性和反应性等特点，所以在食品工业生产上可用作凝固剂、增稠剂、乳化剂、悬浮剂、黏合剂、成型剂和稳定剂。卡拉胶用作天然食品添加剂已有多年的历史。它是一种无害而又不能被人消化的植物纤维，用途非常广泛。国外的卡拉胶商业性生产是从 20 世纪 20 年代开始的。我国则从 1985 年开始生产商业用卡拉胶，其中 80% 用于食品或与食品有关的工业。

1. 凝固剂

卡拉胶具有形成半固体状凝胶的特点，卡拉胶是制作水果冻的一种极好的凝固剂，在室温下即可凝固，成型后的凝胶呈半固体状，透明度好，而且不易倒塌。也可用卡拉胶添加营养物质做成果冻粉，食用时加水溶化非常方便。还可作牛奶布丁和水果布丁的凝固剂，具有出水性小、组织细腻、黏度低、传热好的特点。卡拉胶在透明水果软糖中用作凝固剂，软糖的透明度好,爽口不粘牙。卡拉胶也可作肉类罐头的凝固剂。

2. 稳定剂

卡拉胶在中性和碱性溶液中,即使加热也不水解,稳定性很好,在布丁、酸奶、掼奶油、冰淇淋、奶酪中用作增稠稳定剂。

卡拉胶可作冰淇淋的稳定剂,使脂肪和其他固体成分分布均匀,防止乳浆分离以及冰晶在制造与存放时增大,使冰淇淋组织细腻、结构良好、润滑适口。

制作婴儿食用的牛奶和豆奶食品需要加入卡拉胶,能使脂肪和蛋白质稳定,不会分离。

在咖啡或茶的提取物中加入卡拉胶稳定剂,可制成于粉状或膏状,这样的产品用热水冲开即可饮用,非常方便。

在水果酸奶中加入卡拉胶,能使产品均匀而又稳定的悬浮和减少泌水性。

3. 悬浮剂

卡拉胶在奶制品和饮料中用作悬浮剂。卡拉胶可作浑浊水果汁的悬浮稳定剂,在果汁中加入卡拉胶,能使果肉颗粒均匀地悬浮在果汁中,减缓下沉速度,并能改进饮用时的口感。在可可牛奶中加入卡拉胶,卡拉胶与蛋白质起反应,使可可粉悬浮而不下沉。

4. 成型剂

西式奶油点心、大型蛋糕等西点,在其表面有很多花样或文字装饰,在饰物中加入卡拉胶,能使花纹成型好,不易变形或倒塌,而且不粘包装纸。在制作奶酪制品时,加入卡拉胶,能形成稳定的膏状体,保持形态,防止泌水。

5. 澄清剂

卡拉胶是一种带负电的多糖,分子上带有半硫酸脂,能与蛋白质反应。卡拉胶常用于酒、酯、酱油等中作澄清剂。在啤酒生产中,卡拉胶作为澄清剂,除去啤酒中引起浑浊的蛋白质,使产品澄清透明,效果很好,同时还能提高啤酒的挂杯能力和啤酒泡沫的稳定性。

6. 增稠剂

卡拉胶能形成高黏度的溶液,这是由它们无分支的直模型大分子结构和能与电解质作用的性质所造成的。在酱油、鱼露和虾膏等调味品中加入卡拉胶作增稠剂,能提高产品的稠度和调整口味,此外,用卡拉胶调制西餐的色拉效果也很好。

7. 黏合剂

卡拉胶形成高黏度的溶液,在水果酱或鱼子酱等罐头中可用卡拉胶作凝结剂。

我国人口众多,食品消费市场很大,且海藻资源丰富,开发潜力很大,相信在不久的将来、能开发出新的卡拉胶的用途,以满足食品工业、市场和众多消费者的需要。卡拉胶在食品中的具体应用见表3-5。

表3-5 卡拉胶在食品工业中的应用实例

食品名称	功能	卡拉胶种类	用量/%
水系统:			
果冻	凝胶	κ-型+ι-型+刺槐豆胶	0.5~1.0
肉冻	凝胶	κ-型+刺槐豆胶	0.5~1.0
鱼冻	凝胶	κ-型+刺槐豆胶或κ-型+ι-型	0.5~1.0

续表

食品名称	功能	卡拉胶种类	用量/%
粉末果肉饮料	增稠	λ－型	0.1～0.2
调味汁酱	增稠,弱凝胶	κ－型	0.2～0.5
番茄酱	增稠,弱凝胶	ι－型＋淀粉	0.1～0.25
西式火腿	凝胶	κ－型＋STPP	1～2
仿制奶	乳化稳定	λ－型＋ι－型	0.05
奶系统:			
冰淇淋	稳定	κ－型＋刺槐豆胶＋CMC＋瓜尔胶	0.1～0.3
酸奶	稳定	κ－型＋刺槐豆胶	0.2～0.5
炼乳	乳化稳定	ι－型	0.005
巧克力奶	悬浮	κ－型	0.01～0.035
掼奶油	稳定	λ－型	0.05～0.15
奶酪	改进涂布性	κ－型＋刺槐豆胶	0.01～0.05

十二、结冷胶(Gellan Gum)

结冷胶又名结冷多糖。以白砂糖为碳原,蛋白质水解物为氮原,加入磷酸盐和其他底物、水及伊乐藻假单胞杆菌菌种通过发酵后经分离提纯而制得。

结冷胶的主链上都具有相同的四糖重复单元,依次为D－葡萄糖残基、D－葡萄糖醛酸残基、D－葡萄糖残基及L－鼠李糖残基(或甘露聚糖残基)。结冷胶产品有两种:一种是天然的高酰基结冷胶;另一种是脱酰基结冷胶。冷结胶四糖重复单元在第一个葡萄糖残基的C－2位置上有一个甘油酯基,而在另一半的同一个葡萄糖残基的C－6位置上有一个乙酰基。结冷胶的相对分子质量为5×10^5。其分子结构如图3－24所示:

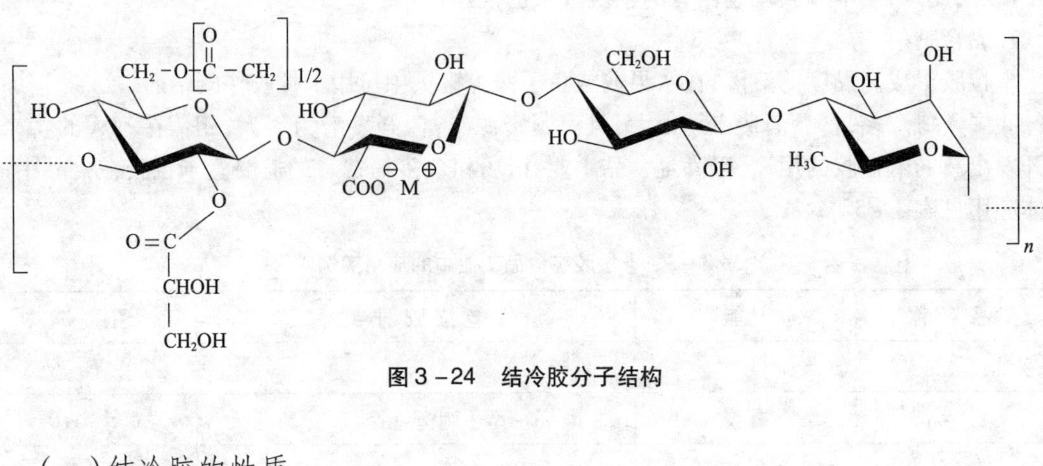

图3－24 结冷胶分子结构

(一)结冷胶的性质

结冷胶是一种浅米黄色粉末,是目前国际上集增稠、悬浮、乳化、稳定、成膜、胶凝、润滑等于一体、性能最优越的细菌合成胶。结冷胶无味、无毒、食用安全、易溶于水,在水溶液中呈多聚阴离子,具有表面活性和其他独特的理化性质。

天然结冷胶的主链上因为连接有酰基,形成的凝胶柔软,富有弹性而且黏着力强。低酰基结冷胶形成的凝胶强度大、易脆裂,与卡拉胶、琼胶的凝胶特性相似,在工业上一般采用低酰基结冷胶。

在复配时,刺槐豆胶、瓜尔豆胶、CMC、黄原胶等非凝胶性水溶胶,对结冷胶凝胶的组织特性无明显影响。但如加入明胶、黄原胶与刺槐豆胶的混合物、淀粉等凝胶性水溶胶时,可使质构发生明显变化。如当结冷胶、黄原胶、刺槐豆胶以2:2:1进行复配后所制得的凝胶,可代替琼胶、卡拉胶凝胶。

(二)结冷胶的应用

结冷胶集增稠、悬浮、乳化、稳定、成膜、胶凝、润滑等功能于一体,是较好的冰淇淋生产专用增稠剂。用下述配方能生产出酥脆性较好的冰棍。

葡萄糖15%、甜蜜素0.10%、柠檬酸0.15%、柠檬酸钠0.03%、结冷胶0.02%、魔芋胶0.08%、卡拉胶0.05%、氯化钙0.01%、水84.47%。

结冷胶与其他食品胶复配可用于制备悬浮饮料、凝胶汽水、果味爽、凝胶牛乳、酸奶、冻奶快饮等饮料伴侣以及雪汤元、雪珍珠、雪果冻等雪品。

十三、海藻酸和海藻酸盐

海藻酸及海藻酸盐主要是从褐藻中提取的多糖类,是我国海藻工业的一个主要产品。按其性质主要可分为水溶性胶和非水溶性胶两类。水溶性海藻酸盐包括海藻酸的一价盐(海藻酸钠、海藻酸钾、铵等)、两种海藻酸的二价盐(海藻酸镁和海藻酸汞)和海藻酸衍生物;非水溶性海藻胶包括海藻酸、海藻酸的二价盐(镁、汞盐除外)和海藻酸的三价盐(海藻酸铝、铁、铬等)。其中应用最广泛的是海藻酸钠、海藻酸钙和海藻酸丙二醇酯。海藻酸盐在食品、医药等行业中起到增稠、稳定、乳化、分散和成膜等作用。

(一)海藻酸的化学结构

海藻酸(Alginic acid)分子式为$(C_6H_7O_6)_n$,是一种直链型(1-4)连接的α-L-古罗糖醛酸和β-D-甘露糖醛酸的共聚物。如图3-25所示。

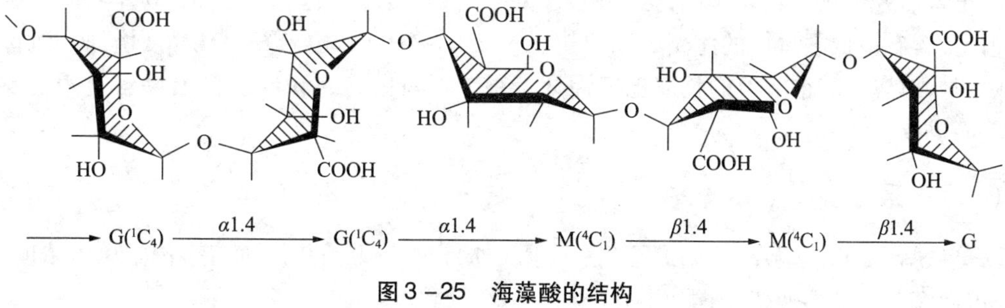

$$\longrightarrow G(^1C_4) \xrightarrow{\alpha 1.4} G(^1C_4) \xrightarrow{\alpha 1.4} M(^4C_1) \xrightarrow{\beta 1.4} M(^4C_1) \xrightarrow{\beta 1.4} G$$

图3-25 海藻酸的结构

在一个分子中,可能只含有其中一种糖醛酸构成的连续链段,也可能由两种糖醛酸链节构成嵌段共聚物，相对分子质量可高达200000。两种糖醛酸在分子中的比例变化，以及其所在的位置不同，都会直接导致海藻酸的性质差异，如黏性、胶凝性、离子选择性等。实验表明，聚古罗糖醛酸链段的刚性比聚甘露糖醛酸链段的刚性大，在溶液中的线团体积也较大；而由不同种糖醛酸链节构成的链段，比上述两种糖醛酸单独构成的链段具有更好的柔顺性，在溶液中的线团体积较小。在其他条件相同的情况下，海藻酸分子链段的刚性越大，则配制成的溶液黏度越大，形成凝胶的脆性也越大。

（二）海藻酸盐溶液的性质

海藻酸盐溶液的性质取决于其黏度和成胶能力，相对分子质量越大，其黏度越高。通过工艺控制相对分子质量降解程度，就可以得到不同黏度等级的海藻酸盐，决定成胶能力大小的是甘露糖醛酸和古罗糖醛酸的比率大小，则取决于不同的品种来源。海藻酸盐可以溶于水中，制成具有高度流动性的均匀溶液。而影响海藻酸盐溶液流体性质的因素有许多。

1. 温度对海藻酸盐溶液的性质的影响

当温度升高时，海藻酸盐溶液黏度下降，温度每升高5.6℃，黏度大约下降12%。如果不是长时间处于高温度下，当温度降低时，黏度还可以恢复。但加热会导致海藻酸盐热降解，其降解程度与温度、时间有关。虽然降低海藻酸盐溶液的温度会使黏度增大，但不会生成凝胶。将海藻酸盐水溶液冷冻后，再重新解冻，其表观黏度不会改变。也就是说，海藻酸盐溶液具有抗冷冻的功能，可以用于冷冻食品。

2. 溶剂对海藻酸盐溶液性质的影响

海藻酸盐一般不溶于乙醇或乙醇含量高于30%（重）的亲醇溶液，但添加少量能与水混溶的非水溶剂，如乙醇、乙二醇或丙酮，都会增大海藻酸盐溶液的黏度。若增大添加量，将导致海藻酸盐沉淀。海藻酸盐溶液对这些非水溶剂的允许量受海藻酸盐的来源、聚合度、存在的阳离子类型以及溶液的浓度的影响。

3. 浓度对海藻酸盐溶液性质的影响

海藻酸盐溶于水形成黏稠胶体溶液，随着浓度的增加，黏度增大较快，对于不同黏度等级的海藻酸盐黏度增幅有较大的差异。

4. pH 对海藻酸盐溶液性质的影响

一般而言，海藻酸盐在酸性条件下是比较稳定的，特别是藻酸丙二醇酯（PGA），酸的浓度上升则溶液的黏度增加。pH 降到3.0时PGA才会发生凝胶，高于7.0时就会发生皂化而分解。对于含有残留钙的海藻酸钠，当pH低于5.0时，黏度增加；当pH在11.0左右时，则不稳定。但是，含有最低限量钙的海藻酸钠即使在pH3.0～4.0时，也未发现其黏度增加。当pH达到10.0时，对海藻酸钠溶液的长期稳定性变得很差。在更高的pH下，随着降解过程的发生，导致溶液黏度下降。

（三）海藻酸盐的凝胶化

海藻酸盐可与大多数多价阳离子（镁和汞除外）产生交联反应。随着多价阳离子浓度逐渐增加，可使海藻酸盐溶液变稠，继而形成凝胶，最终导致沉淀。

1. 凝胶的形成

对于海藻酸盐凝胶过程的解释，人们普遍认为，由于相邻的海藻酸盐链间的两个羧基与多价阳离子间产生离子架桥交联,使海藻酸盐高分子链形成网状结构,限制了高分子链的自由运动。

2. 凝胶的性质

所有海藻酸盐凝胶都是海藻酸盐分子间相互作用的结果,它们都属于热不可逆性的。选择适当的胶凝剂,可以调节凝胶的结构和强度。钙是最常用于改变海藻酸盐溶液的流体性质和凝胶性质的多价阳离子,钙也可用于制备不溶性海藻酸盐纤维和薄膜。把钙加到海藻酸盐体系中,能明显地改变其胶凝性质。但是必须注意,如果加钙速度过快,有可能导致局部反应过快,影响整个体系的均匀性,生成不连续的凝胶。因此,尽量采用能缓慢溶解的钙盐,或者添加如三聚磷酸钠或六偏磷酸钠这类螯合剂,以便控制加钙的速率。

3. 凝胶的制作

用于控制凝胶强度或凝胶时间的几项基本原则:

(1)添加螯合剂会减弱凝胶生成作用,但是螯合剂添加量过低,有可能生成不连续凝胶。

(2)降低钙含量可以得到较软的凝胶,增大钙含量则得到较硬的凝胶。但是,过量的钙则会导致产生不连续凝胶或沉淀。

(3)在酸性体系中,添加可缓慢溶解的酸,可以加速凝胶的形成。

(4)海藻酸盐黏度越高,则形成的凝胶越脆。

(5)钙含量越接近与海藻酸盐反应所需要的化学计算量,则产生脱水收缩的可能性越大。

(四)海藻酸盐与其他物质的相容性

海藻酸盐是阴离子型线性多糖,在溶液中与多种物质具有广泛的相容性,其中包括增稠剂、糖类、油类、脂肪、颜料等等。不相容性通常是多价阳离子(镁和汞除外)、阳离子季胺、能导致降解的化学药剂。

1. 海藻酸盐与防腐剂的相容性

海藻酸盐具有除季胺化合物以外的与大多数防腐剂的相容性。海藻酸盐对于由细菌产生的普通酶体系都具有耐力,但是,如果海藻酸盐溶液需要贮藏一段时间,则要使用防腐剂。可以与海藻酸盐相容的防腐剂有甲醛等。

2. 海藻酸盐与增稠剂的相容性

海藻酸盐可以与大多数合成增稠剂和天然增稠剂配合使用,但必须注意,某些增稠剂所含的多价离子可能会使海藻酸盐溶液形成凝胶。为了防止海藻酸盐与这些多价阳离子形成凝胶,可以添加适量的三聚磷酸钠或六偏磷酸钠这类螯合剂。

3. 海藻酸盐与酶的相容性

常见的蛋白酶、纤维素酶、淀粉酶和半乳甘露糖酶,对海藻酸盐均无影响。

(五)海藻酸盐在应用过程中的作用

1. 海藻酸盐的增稠作用

海藻酸盐可作为冰淇淋、调味酱、汤料等的增稠剂,当选用海藻酸盐作增稠剂时,应尽量选用相对分子质量较大的产品。一般用于增稠作用的海藻酸盐浓度为0.5%以下。添加少量钙离子,可以提高其增稠效果。

2. 海藻酸盐胶凝作用

海藻酸盐可做成各种凝胶食品，如可作冷点凝胶、凝胶软糖等。几乎所有的可溶性海藻酸盐都能形成凝胶，但实际上通常只选用海藻酸钠、海藻酸钾或海藻酸铵。用于制备刚性凝胶的海藻酸盐浓度一般为0.5%（对高相对分子质量的海藻酸盐）~2.0%（对低相对分子质量的海藻酸盐），特殊情况下还可以提高海藻酸盐浓度。

用于制备凝胶所需的钙离子量完全取决于凝胶制备的条件。例如，当pH为4.0时，对给定量的海藻酸盐，只要有化学计算量10%~15%的钙离子量就可以生成凝胶。但在7.0时，则需要两倍的钙离子。在酸性条件下，一些羧基被质子化，减少了链间斥力，因而降低了形成凝胶所需的总钙量。

3. 海藻酸盐成膜性能

海藻酸盐具有良好的成膜性能，可制成薄膜，用于糖果的防黏包装，也可用来覆盖水果、肉、禽类和水产品作为保护层。由海藻酸盐溶液薄层蒸发除去水分制成的薄膜，对油和脂肪是不渗透的，但是可以透过水蒸气，并且置于水中可以重新溶解。海藻酸盐薄膜在干燥状态下较脆，可以用丙三醇增塑。一般采用低相对分子质量、低钙含量的海藻酸盐，有利于制成较好的薄膜。

4. 海藻酸盐与蛋白质间的作用

海藻酸盐与其他水溶性胶类似，可以与蛋白质作用。这种作用的主要用途，可以用于沉淀回收蛋白质。其作用点是氢键和范德华力及静电。在pH降到等电点时，由于形成可溶性络合物，会使体系黏度增高。如果进一步降低pH，则由于所带的电荷全部损失，使络合物发生沉淀。在pH较低时（pH3.5~4.0），海藻酸盐沉淀蛋白质的能力比果胶和羧甲基纤维素更强。海藻酸盐除了可以用于沉淀蛋白质外，在适当条件下，也可以用于抑制蛋白质沉淀。在蛋白质等电点下，添加适量的海藻酸盐，可以降低等电点，抑制蛋白质沉淀，以保持溶液中的蛋白质的稳定性。

5. 海藻酸丙二酯的亲脂性

```
Alg · COO · CH · CH2OH
            |
            CH3

或  Alg · COO · CH2 · CHOH
                      |
                      CH3

    Alg · COO — 海藻酸基
```

图3-26　海藻酸丙二醇酯的结构

海藻酸丙二醇酯（Propylene Glycol Alginate（PGA））是从褐藻中提取的酸性亲水多糖海藻酸与环氧丙烷反应制成的高分子化合物。结构如图3-26所示。

PGA易溶于热水，不镕于醇、酮、醚等有机溶剂。其水溶液为黏稠的胶体溶液，它含有亲油性的丙二醇基，故具有较强的乳化能力和泡沫稳定性。海藻酸丙二酯溶液的亲脂性可有效地用作奶油、糖浆、啤酒、饮料及色拉油的稳定剂。当利用海藻酸丙二酯的亲脂性时，应选用高酯化度产品。因为酯化度越高，海藻酸丙二酯溶液的亲脂性与表面活性越强。另外，要尽量使用低黏度产品。啤酒泡沫稳定剂是高酯化度海藻酸丙二醇酯的最典型的应用，一般用量为40~100mg/kg。尤其是啤酒瓶中残留脂肪性物质时，海藻酸丙二酯可以防止由此引起的泡沫破裂现象。

6. 海藻酸盐的溶解方法

海藻酸盐是一种亲水性的聚合物，当将其投入到水中，如不加以搅拌，胶粒可能结团，其中心部分不易被水湿润，导致溶解速度缓慢，给使用带来麻烦。在生产中一般采用高剪切溶解的方法，即在不停高速搅拌下，缓缓将胶粉添加到水中，连续搅拌直到成为浓稠的胶液。在溶解过程中适当加热,或在溶解前加入适量的砂糖等干粉混合分散,也有助于海藻酸盐的溶解。

十四、变性淀粉

(一)变性淀粉的定义

淀粉作为一种可再生的天然资源,已成为重要的工业原料。淀粉机器深加工产品广泛应用于食品、纺织、造纸、医药、黏结剂、铸造、石油开采等众多工业中。

但由于原淀粉的许多固有性质(冷水不溶性、糊液在酸、热、剪切作用下不稳定)限定了淀粉的工业应用,人们根据淀粉的结构或理化性质开发了淀粉的变性技术,即运用物理、化学或酶的方法,对原淀粉进行了处理,使其具有适合某种特殊用途的性质,这一过程称为淀粉的变性,其产品称为变性淀粉。

由于变性淀粉具有许多卓越的性质,而且生产工艺简单,设备投资少,变性淀粉的生产和应用得到了迅速发展。在欧美一些国家,变性淀粉已占其淀粉生产总量的20%~30%。而据中国淀粉协会统计,我国1997年生产各种原淀粉258.9万t,其中变性淀粉仅有9.13万t。经过10余年的发展,国内各种原淀粉及以淀粉为原料的产品竞争越来越激烈。各生产企业都想尽办法来降低生产成本,提高产品质量,开发新产品,使自己的产品具有竞争力。具有卓越性能的各种变性淀粉以其特有的魅力得到各生产厂家的青睐,因此变性淀粉具有巨大的发展潜力是毋庸置疑的。

(二)变性淀粉的分类

1. 按处理方式分类

按处理方式,变性淀粉分为以下几类:物理变性淀粉、化学变性淀粉、酶法变性淀粉、天然变性淀粉。

(1)物理变性淀粉

物理变性淀粉是通过加热、挤压、辐射等物理方法使淀粉微晶结构发生变化,而生成工业所需要功能性质的变性淀粉。包括预糊化淀粉、烟熏变性淀粉、挤压变性淀粉、金属离子变性淀粉、超高压辐射变性淀粉等。

(2)化学变性淀粉

化学变性淀粉是将原淀粉经过化学试剂处理,发生结构变化而改变其性质,达到应用的要求。包括极限糊精、酸变性淀粉、氧化淀粉、酯化淀粉、醚化淀粉、交联淀粉、阳离子淀粉、淀粉接枝共聚物等。

(3)酶法变性淀粉

酶法变性淀粉是通过酶作用产生的变性淀粉、抗消化淀粉、糊精等。

(4)天然变性淀粉

应用遗传技术和精选技术,美国培育出了具有特殊用途的变性淀粉玉米。这种玉米含有的天然变性淀粉与一些化学变性淀粉和酶变性淀粉具有几乎相同的作用性能。这一重大突破将对食品加工产生深远的影响。

2. 按照变性淀粉结构分类

按照结构来分类,变性淀粉还可以分为阳离子淀粉、氧化淀粉、交联淀粉、酯化淀粉、醚化淀粉、酸变性淀粉和糊精等。

(1)阳离子淀粉

淀粉与胺类化合物起反应生成含有氨基酸和胺基的醚衍生物,氮原子带电荷称为阳离子淀粉,在造纸、纺织、食品和其他工业应用广泛。最重要的叔氨醚和季铵醚。

(2)氧化淀粉

氧化淀粉具有低黏度,高固体分散性,极小的凝胶作用。由于氧化淀粉引入了羟基和羧基,使得直链淀粉的凝沉趋向降到最低限度,从而保持黏度的稳定性,能形成强韧、清晰、连续的薄膜,比酸解淀粉或原淀粉的薄膜更均匀,收缩及爆裂的可能性更少,薄膜也更易溶于水。

(3)交联淀粉

交联作用是指在分子之间架桥形成化学键,加强了分子之间氢键的作用。交联淀粉的糊黏度对热、酸和剪切力影响具有高稳定性,其稳定性随交联化学键不同而有差异。交联具有较高的冷冻稳定性和冻融稳定性。

(4)酯化淀粉

常用的酯化剂有淀粉磷酸酯、淀粉醋酸酯、淀粉烯基琥珀酸酯等。淀粉磷酸酯的糊液具有较高的透明度,较高的黏度,较强的胶黏性,糊的稳定性高,凝沉性弱,冷却或长期贮存也不致凝结成胶冻。交联的淀粉磷酸双酯的分散液,有较高的黏度,耐高温,耐剪切力,耐酸,耐碱,这类淀粉常作为增稠剂和稳定剂。淀粉醋酸酯的糊化温度降低,糊化容易。糊稳定性增加,凝沉性减弱,透明度好,膜柔软光亮。淀粉烯基琥珀酸酯的黏度升高,胶凝温度略有下降,蒸煮物抗老化的稳定性提高,能稳定水包油型乳浊液,形成质量均匀的产品。

(5)醚化淀粉

取代醚键稳定性高。在水解、氧化、糊精化、交联等过程中,醚键不会断裂,取代基团不会脱落。受电解质和 pH 的影响小。具亲水性,削弱了淀粉分子间的氢键,易于膨胀和糊化。糊液透明,流动性好,凝沉性弱,稳定性高。糊液具有良好的黏度稳定性,糊的成膜性好,膜透明,柔韧,平滑,耐折性好。

(6)酸变性淀粉和糊精

基本上不改变团粒形状,酸仅作催化剂,盐酸作用最强,其次是硫酸和硝酸。酸变性淀粉具有较低的热糊黏度,即有较高的热糊流度。酸变性淀粉的相对分子质量随流度升高而降低。糊精包括白糊精、黄糊精和英国胶。

(三)食品工业用变性淀粉

变性淀粉在食品工业中可广泛用于淀粉软糖、饮料、冷食、面制食品、肉制品以及调味品的生产中。在欧美一些发达国家,几乎所有的谷物快餐食品和肉制品都添加变性淀粉。变性淀粉作为一种多功能食品添加剂用于食品加工中,可以方便加工工艺、为食品提供优良的质构,提高淀粉的增稠、悬浮、保水和稳定能力,使食品具有令人满意的感官品质和食用品质。同时还能延长食品的货架稳定性和保质期。常用的食品加工用变性淀粉有冷水可溶淀粉、糊精、酸变性淀粉、交联淀粉、羟丙基淀粉、羧甲基淀粉及淀粉磷酸酯等。

1. 冷水可溶淀粉

冷水可溶淀粉在食品工业中有着广泛的应用,它能直接溶于冷水。预糊化淀粉就是一种重要的冷水可溶淀粉。其传统的生产方法有滚筒干燥法、螺杆挤压法和一般喷雾干燥法。即预先煮沸淀粉,生成一种在冷水中能够水合并且膨胀的物质。由于传统方法生产的预糊化淀粉具有一些缺陷。例如滚筒干燥制成的预糊化淀粉复水后产生不良的外观,从而影响其应用效果。近几年来,人们陆续开发了新的颗粒状冷水可溶淀粉生产方法,包括双流喷嘴喷雾干燥法、高温高压醇法和常压多元醇法。颗粒状冷水可溶淀粉复水后的糊与原淀粉制成的糊基本相同,但其具有更好的热稳定性、更高的黏度和更好的保水性。以预糊化淀粉为基料,添加一定量的淀粉糖、营养强化剂、调味剂等制成的速溶布丁粉是欧美十分畅销的方便食品。对于通过焙烤来膨化的方便食品,预糊化淀粉也是必需的,因为在焙烤条件下,原淀粉较难糊化。如果使用冷水可溶淀粉,就能在不太苛刻的焙烤条件下生产质构和口感俱佳的快餐。上海肉类食品总厂先后在鸡肉火腿、雪蹄、香肠、盐水火腿中试验,经小试和部分产品中试,添加冷水可溶淀粉的产品外形整齐、切面光洁、有弹性,添加与普通淀粉相同的数量,可提高10%的出品率。

2. 环状糊精

环状糊精是由环糊精糖基转移酶作用于淀粉生成的环状多糖。其结构为空心球状,内部为疏水键,易于连接疏水性强的物质。这种结构很稳定,不易受酸、碱和酶的作用而分解。环状糊精具有无毒无味、在人体内易消化的特点。在食品加工保存过程中,环状糊精易于与食品中的某些成分形成包合物,可增强这些成分的抗氧化、抗光照以及热稳定性,如防止香料的挥发、色素的分解和脂肪酸、维生素的氧化等。果蔬汁中的绿原酸被多酚氧化酶氧化为多酚类色素是产生酶促褐变的主要原因。Peter等人研究结果表明,环糊精可与绿原酸形成包合物,从而阻止了多酚的氧化。采用环糊精包埋胆固醇,所得的包埋物既不溶于水也不溶于油脂,通过离心即可与其他物质分离,去除效率可达90%。若采用合适的工艺参数,能在包埋胆固醇的同时,减少对卵磷脂、β-胡萝卜素、VA、VD、VE、VK、Fe、Cu的影响。环糊精还可用于食品中手性化合物的分析。食品中手性化合物的分析是一项很有意义的工作,由于许多天然香料成分具有光学活性,而合成香料为多消旋化合物,因此手性化合物的分析可以用于检测果汁和精油中化合物的来源。此外,环状糊精还具有较强的乳化和发泡能力。综上所述,环状糊精及其衍生物具有许多优良的性质。可以预见,它将成为食品工业性能卓越的一种添加剂。

3. 交联淀粉

淀粉与具有两个或多个官能团的化学试剂起反应,在不同淀粉分子的羟基间形成醚键或酯键而交联起来,所得的衍生物称为交联淀粉,见图3-27。

交联后的淀粉不再那么脆弱易碎,对剪切、高温、酸和碱导致的破坏作用有较强的抗性。例如:交联淀粉可用作色拉调味汁的增稠剂,在低pH和高速均质过程中,其黏度不降低。交联淀粉还广泛用于汤料罐头、色拉调味料、婴儿食品、水果馅料、布丁和焙烤食品中。当淀粉糊要在高温、高剪切作用或低pH条件下操作而要求其黏度不降低时,一般多采用交联淀粉糊液。

4. 羟丙基淀粉

原淀粉在碱性溶液中与环氧丙烷反应可生成羟丙基淀粉,如图3-28所示。

图3-27 交联淀粉示意图　　图3-28 羟丙基淀粉结构图

淀粉经羟丙基化后,其冻融稳定性、透光率均有明显提高。羟丙基是亲水性基团,被引入淀粉颗粒后,削弱了淀粉分子间的氢键结合力,降低了淀粉糊老化析水的倾向。羟丙基淀粉的制备方法有:干法、水分散法、非水溶剂法和微乳化法。其中淀粉乳湿法是工业制备羟丙基淀粉的基本方法。

羟丙基淀粉的最广泛应用是在食品中用作增稠剂。它良好的冻融稳定性使它在食品工业中独占鳌头。羟丙基淀粉在肉汁、沙司、果肉布丁中用作增稠剂,可使之平滑、浓稠透明、无颗粒结构,并具有良好的冻融稳定性和耐煮性,口感好。羟丙基淀粉也是良好的悬浮剂,如用于浓缩橙汁中,流动性好,静置也不分层或沉淀。由于它对电解质和低 pH 的稳定性高,故适于在含盐量高和酸性食品中使用。羟丙基高直链淀粉具有良好的成膜性,可制得能食用的水溶性薄膜,用作食品的包装材料。

5. 淀粉磷酸酯

淀粉磷酸酯是用正磷酸钠或三聚磷酸钠、三偏磷酸钠等磷酸盐与淀粉分子中的羟基发生酯化反应而制得。按成酯数目可分为磷酸一酯、磷酸二酯和磷酸三酯。其中磷酸与两分子淀粉反应生成的磷酸二酯属于交联淀粉。淀粉磷酸酯的水溶性较好,并具有较高的糊黏度、透明度和稳定性,在食品工业中可用作增稠剂、稳定剂、乳化剂。经实验,淀粉磷酸酯可以在橙浊生产中作乳化剂,代替价格较高的阿拉伯胶 116。淀粉磷酸二酯用于面条、方便面品质改良具有明显的效果。在面条加工中,淀粉磷酸二酯作为增稠剂,由于其具有良好的黏附性能,当加入面粉中和面时,能使面筋与淀粉颗粒、淀粉颗粒与淀粉颗粒以及它们与破碎的面筋片段能很好地黏合起来,形成具有良好黏弹性和延伸性的面团。添加了淀粉磷酸二酯的面条强度大、断条率低、口感嫩滑、有咬劲。在方便面中使用淀粉磷酸二酯可降低 2% ~3% 的耗油量。

思考题

1. 食品增稠剂的概念,分子结构特点。
2. 影响增稠剂作用效果的因素。
3. 食品增稠剂在食品加工中的作用。
4. 食品增稠剂的分类。
5. 海藻胶的种类及应用。
6. 蛋白胶的种类及应用。
7. 变性淀粉的概念及分类。

第四章　食品防腐剂

学习目的与要求

熟悉食品防腐剂的定义、分类和安全使用。了解防腐剂的作用原理,掌握合成防腐剂和天然防腐剂的用途及使用方法。

为防止食品因污染微生物而腐败,往往添加化学物质来抑制微生物的增殖,以延长食品的保藏期限,这些化学物质称为食品防腐剂。

第一节　食品防腐与食品防腐剂

一、食品的腐败变质

食品腐败变质是食品本身、环境因素和微生物三者互为条件、相互影响、综合作用的结果,而以微生物作用为主。引起食品腐败的微生物很多,有各种霉菌、酵母和细菌。例如汤料一般为酸性时,乳酸菌、醋酸菌等产酸菌容易生长发育,从而抑制了其他细菌的繁殖;在密闭脱气的容器内,由于缺氧可以抑制霉菌的繁殖。但是在酸性环境或密闭缺氧的条件下,酵母却容易繁殖和发酵,这时酵母菌就成为食品腐败的主要原因。

食品腐败变质的原因很多,包括食品本身的性质如物理、化学及生物等多方面因素。凡动、植物食品在屠宰或收获后的一段时间内,其本身所含的酶类继续进行着某些生化过程,使食品发生各种变化,如肉类、鱼类的后熟过程,水果、蔬菜、粮谷类的呼吸作用等,均可使食品的组织发生分解,加速食品的腐败变质。尤其是食品组织的崩溃和细胞膜的破裂,大量的酶类溢出,加速了组织的分解,为微生物的侵入提供了条件。

食品的营养组分、水分含量、pH 高低等与微生物的增殖和优势菌种有密切关系,体现了食品腐败变质的特征,决定着食品的贮存期长短。

(1)富含蛋白质的肉、鱼、禽、蛋和豆类,在条件适宜时常以腐败菌为优势菌种(如需氧菌的芽孢杆菌属、假单胞菌属及变形杆菌属,厌氧菌的梭菌属,酸性蛋白分解菌的小球菌属、粪链球菌属等),以蛋白质腐败为其基本特征,引起蛋白质、氨基酸、核酸的分解,而产生氨、硫化氢、硫醇等恶臭物质。

(2)含脂肪高的食品,假单胞菌属、无色杆菌属、产碱杆菌属、小球菌属、葡萄球菌属及芽孢杆菌属等产生脂肪分解酶或动植物组织中的脂肪分解酶,以及日光、紫外线和氧都能分解中性脂肪为甘油和游离脂肪酸,使不饱和脂肪酸的不饱和键氧化形成过氧化物,使其进一步分解为低分子的醛类、酮类物质,这些物质带有特殊的刺激性臭味。

(3)富含碳水化合物的食品中,在分解淀粉和多糖类的细菌(枯草杆菌属、丁酸梭菌属),分解纤维素的细菌(芽孢杆菌属、八叠球菌属、梭菌属等)及乳酸菌、酵母菌属的作用下,使碳水化合物发酵,分解为双糖、单糖、有机酸等,再进一步产生醇、醛等一系列变化,最终可分解成二氧化碳和水。

二、影响食品微生物繁殖的因素

微生物的生长繁殖需要一定的营养,如碳源、氮源、维生素 B 族、叶酸、各种无机盐及一些微量元素等。

水分与食品中微生物的生长、繁殖有着密切关系。含水量高的食品比含水量低的食品易腐败。如鲜果、蔬菜含水量高达 80% ~95%,肉类为 60% ~80%,故较易腐败;而粮食含水量为 14% ~15%,乳粉含水量为 3% ~4% 时能贮藏 1 年,干制、腌制食品易于保藏。食品中的水分为结合水和游离水两种状态。结合水与食品中的蛋白质、糖类、淀粉及果胶等亲水基团结合,不被微生物所利用,干制加工时不易除掉。游离水存在于动、植物组织的细胞内外,具有一般水的性质,可溶解食品组织中的糖、酸、无机盐等可溶性物质,亦可为微生物所利用,干制时易散失,贮存时也易消耗。

pH 高低是制约微生物和食物腐败变质的重要因素。多数细菌生活在 pH 中性附近,乳酸菌可以生活在 pH 4.0 以下;霉菌与酵母最适 pH 多在 6.0 左右。一般 pH 4.5 以下常可抑制多种细菌。但有耐酸菌存在时能分解食品中的酸性物质,使 pH 升高,从而为一般微生物繁殖提供适宜条件。

温度也是微生物繁殖的重要因素,一般食品腐败菌繁殖的适宜温度为 20 ~40℃,但根据微生物对温度的耐受性,可分为低温菌、中温菌及高温菌。有少数细菌、酵母和霉菌在 -10℃以下仍能繁殖,长期保藏的鱼类,在 -25 ~ -30℃的温度下才比较可靠。一般微生物加热到 50 ~70℃即可死亡,但嗜热菌的生长可耐受 75℃的高温,而芽孢则需 100℃以上的高温蒸汽方可杀死。

任何一个活的细胞都需维持与之生命活动相适应的渗透压的环境。高渗透压可以抑制微生物的生命活动。如 10% 盐渍或 60% 糖渍的食品可耐保藏,这一方面是因为高渗透压可以减少食品中氧的含量、抑制食品中酶的活性并使微生物细胞脱水;另一方面,细菌要把细胞内的盐分子排出细胞膜,要消耗大量能量,以致影响其正常代谢及繁殖所需的代谢机能。因此,高渗透压致使细菌不能汲取营养和繁殖,也就不会使食品腐败。

三、食品防腐剂的作用

防腐剂是指能防止由微生物所引起的腐败变质,以延长食品保存期的食品添加剂。它兼有防止微生物繁殖引起食物中毒的作用,放又称为抗微生物剂。但这不包括食盐、糖、醋、香辛料等,因为这些物质在正常情况下对人体无害,通常被作为调味品对待。

防腐剂按作用分为两类:杀菌剂和抑菌剂。具有杀菌作用的食品添加剂称为杀菌剂,而仅有抑菌作用者称为抑菌剂(又称狭义防腐剂)。但是,两者常因浓度高低、作用时间长短和微生物种类等的不同而不易区分。无论是杀菌剂还是抑菌剂,其作用主要是抑制微生物酶系统的活性,以及破坏微生物细胞的膜结构。

防腐剂按来源和性质也可分成两类:有机化学防腐剂和无机化学防腐剂。前者主要包括苯甲酸及其盐类、山梨酸及其盐类、对羟基苯甲酸酯类、丙酸盐类等;后者主要包括二氧化硫、亚硫酸及其盐类、硝酸盐及亚硝酸盐类等。此外,还有乳酸链球菌肽,或称尼生素(Nisi n),它是一种由乳链球菌产生的含34个氨基酸的肽类抗菌素。

苯甲酸及其盐类、山梨酸及其盐类、丙酸及其盐类等均是通过未解离的分子起抗菌作用。它们均需转变成相应的酸后方才有效。故称酸型防腐剂。无机化学防腐剂中,亚硝酸盐能抑制肉毒梭状芽孢杆菌生长,防止肉毒中毒,但它主要作为护色剂使用。亚硫酸盐类可抑制微生物活动所需的酶,并具有酸型防腐剂的特性,但主要作为漂白剂使用。杀菌剂很少直接加入食品中。

我国GB 2760—2011《食品安全国家标准　食品添加剂使用标准》规定,允许使用的防腐剂有30种,其名称和使用范围见表4-1。

表4-1　防腐剂及使用卫生标准

名称	使用范围	最大使用量/(g/kg)	备注
苯甲酸 苯甲酸钠	碳酸饮料 蜜饯凉果 果酒、糖果 酱油、食醋、酱及酱制品、果酱、果蔬汁饮料、蛋白饮料 桶装浓缩果蔬汁	0.2 0.5 0.8 1.0 2.0	以苯甲酸计,苯甲酸和苯甲酸钠同时使用时,以苯甲酸计,不得超过最大使用量
山梨酸 山梨酸钾	熟肉制品、预制水产品 葡萄酒 配制酒 胶原蛋白肠衣、腌渍蔬菜、酱及酱制品、蜜饯、饮料、果冻 果酒 酱油、食醋、果酱、氢化植物油、干酪、糖果、鱼干制品、即食豆制品、糕点、馅、面包、蛋糕、月饼、即食海蜇、乳酸菌饮料 肉灌肠类、蛋制品、胶基糖果 桶装浓缩果蔬汁	0.075 0.2 0.4 0.5 0.6 1.0 1.5 2.0	以山梨酸计,山梨酸和山梨酸钾同时使用时,以山梨酸计,不得超过最大使用量
丙酸及其钠盐、钙盐	生湿面制品 面包、食醋、酱油、糕点、豆制品 杨梅罐头加工	0.25 2.5 50.0	以丙酸计。生湿面制品指切面、馄饨皮 应用时使用3% ~5%的水溶液,加工前洗净
对羟基苯甲酸酯类及其钠盐	果蔬保鲜 碳酸饮料、热凝固蛋制品 果蔬汁饮料、果酱、酱油、食醋、酱及酱制品 烘焙食品馅料	0.012 0.2 0.25 0.5	以对羟基苯甲酸计
脱氢乙酸及其钠盐	腐乳、腌渍蔬菜、果蔬汁、黄油 面包、糕点、烘焙食品馅料、熟肉制品、复合调味料 淀粉制品	0.30 0.5 1.0	以脱氢乙酸计

续表

名称	使用范围	最大使用量/(g/kg)	备注
双乙酸钠	大米	0.2	残留量≤30mg/kg
	原粮、即食豆制品、熟制水产品、膨化食品	1.0	
	调味品	2.5	
	熟肉制品	3.0	
	粉圆、糕点	4.0	
	复合调味料	10.0	
乙酸钠	膨化食品	1.0	
	复合调味料	10.0	
乳酸链球菌素	食醋	0.15	
	罐头、酱油、酱及酱制品、复合调味料、饮料	0.2	
	方便米面制品	0.25	
	乳及乳制品、熟肉制品、熟制水产品	0.5	
纳他霉素	发酵酒	0.01	残留量≤10mg/kg
	蛋黄酱、沙拉酱	0.02	表面使用,混悬液喷雾或浸泡,残留量小于10mg/kg
	干酪、糕点、肉制品、果蔬汁	0.3	
单辛酸甘油酯	肉灌肠类	0.5	
	生湿面制品、糕点、烘焙食品馅料	1.0	
二甲基二碳酸盐	果蔬汁饮料、碳酸饮料、风味饮料、茶饮料	0.25	
二氧化碳	碳酸饮料、汽酒	按生产需要适量使用	
乙氧基喹	苹果保鲜	按生产需要适量使用	残留量≤1mg/kg
仲丁胺	水果保鲜	按生产需要适量使用	残留量:柑橘(果肉)≤0.005mg/kg;荔枝(果肉)≤0.009mg/kg;苹果(果肉)≤0.001mg/kg
	蔬菜(蒜苔、青椒)		残留量≤3mg/kg
桂醛	水果保鲜	按生产需要适量使用	残留量≤0.3mg/kg
乙萘酚	柑橘保鲜	0.1	残留量≤70mg/kg
联苯醚		3.0	残留量≤12mg/kg
2-苯基苯酚钠		0.95	残留量≤12mg/kg
4-苯基苯酚		1.0	残留量≤12mg/kg
2,4-二氯苯氧乙酸	果、蔬保鲜	0.01	残留量≤2.0mg/kg
稳定态二氧化氯	果、蔬保鲜	0.01	
	水产品及其制品(鱼类加工)	0.05(水溶液)	

第二节 有机防腐剂与无机防腐剂

一、苯甲酸及其钠盐

苯甲酸又名安息香酸,为白色鳞片或针状结晶,纯度高时无臭味,不纯时稍带一点杏仁味。在100℃时开始升华,酸性条件下容易随水蒸气挥发,易溶于乙醇,难溶于水,所以一般多使用其钠盐——苯甲酸钠。

苯甲酸($C_7H_6O_2$)　　苯甲酸钠($C_7H_5O_2Na$)

苯甲酸钠为白色粒状或结晶性粉末,溶于水,在空气中稳定,但遇热易分解。苯甲酸及其钠盐的溶解度见表4-2。

表4-2 苯甲酸和苯甲酸钠的溶解度 %

溶剂	苯甲酸	苯甲酸钠
冷水	0.4	53.0
热水	5.5	76.3
乙醇	50.0	0.6
30%乙醇	—	31.5
60%乙醇	—	21.3

苯甲酸能非选择性地抑制广范围的微生物细胞呼吸酶系的活性,特别是具有很强的阻碍乙酰辅酶A缩合反应的作用。此外,它也是阻碍细胞膜作用的因素之一。

苯甲酸属于广谱防腐剂,在pH低的环境中,苯甲酸对广范围的微生物有效,但对产酸菌作用较弱;当pH在5.5以上时,对很多霉菌和酵母没有什么效果。表4-3是苯甲酸抗菌作用的参考数据,由表所示,pH4.5时其对一般微生物完全抑制的最低浓度为0.05%~0.1%。苯甲酸抑菌的最适pH为2.5~4.0,实际使用苯甲酸及苯甲酸钠时,以低于pH 4.5~5为宜。苯甲酸与苯甲酸钠的防腐效果相同。

表4-3 苯甲酸的抗菌力 (完全抑制的最小浓度,%)

微生物	pH3.0	pH 4.5	pH 5.5	pH 6.0	pH 6.5
黑曲霉(Asp. niger)	0.013	0.1	<0.2	<0.2	
娄地青霉(Pen. roqueforti)	0.006	0.1	<0.2	<0.2	
黑根霉(Rhiz. nigricans)	0.013	0.05	<0.2	<0.2	
啤酒酵母(Sac. cerevisiae)	0.013	0.05	0.2	<0.2	<0.2
毕赤氏皮膜酵母(Pichia. membranaefaciens)	0.025	0.05	0.2	<0.2	

续表

微生物	pH3.0	pH 4.5	pH 5.5	pH 6.0	pH 6.5
异形汉逊氏酵母(Hansenula anomala)	0.013	0.05	<0.2	<0.2	
纹膜醋酸杆菌(Acetobacter aceti)		0.2	0.2	<0.2	
乳酸链球菌(St. lactus)		0.025	0.2	<0.2	
嗜酸乳杆菌(Lact. acidophilum)		0.2	0.2	<0.2	
肠膜状明串珠菌(Leuc. mesenteroides)		0.05	0.4	0.4	<0.4
枯草芽孢杆菌(Bac. subtilis)			0.05	0.1	0.4
凝结芽孢杆菌(Bac. coagulans)			0.1	0.2	<0.4
巨大芽孢杆菌(Bac. megatherium)			0.05	0.1	0.2
浅黄色小球菌(M. subflavus)				0.1	0.2
薛基尔假单胞菌(Ps. shuylkilliensis)				0.2	0.2
普通变形杆菌(Pr. vulgaris)			0.05	0.2	<0.2
生芽孢梭状芽孢杆菌(Cl. sporogenes)				<0.2	
丁酸梭状芽孢杆菌(Cl. butyricum)				0.2	<0.2

苯甲酸及其钠盐需要在酸性条件下通过未解离的分子起抗菌作用,故称之为酸型防腐剂。苯甲酸是脂溶性的有机酸,因此其未解离的整个分子更容易透过细胞膜,可迅速地进入细胞内,3min 即可达到饱和,其透入强度与脂/水分配系数有关。因此,苯甲酸的抗菌性与其解离度有关,而其解离度又与溶液的 pH 相关(如表 4-4 所示)。

表 4-4 苯甲酸在不同 pH 条件下的解离度

pH	未解离的酸/%
3	93.5
4	59.3
5	12.8
6	1.44
7	0.144

苯甲酸的毒性:大鼠经口 LD_{50} 为 2530mg/kg 体重,FAO/WHO(1994 年)规定 ADI 为 0~5mg/kg(苯甲酸及其盐的总量,以苯甲酸计)。用^{14}C 示踪证明,苯甲酸在人体内不蓄积,大部分在 9~15h 内与甘氨酸结合生成马尿酸(苯甲酰甘氨酸)由尿中排出,另有少量苯甲酸可与葡萄糖醛酸结合生成葡萄糖苷酸,亦由尿中排出。实验证明,若一个人每天吸收 1g 苯甲酸,经过 90d,或者每天吸收 1.2g 苯甲酸,经过 14d,或者吸收 0.3~0.4g 苯甲酸经过 60~100d,均未发现有损健康。也有关于苯甲酸有害的报道:小白鼠每天服用 40mg 苯甲酸/kg 体重,经 17 个月,大白鼠每天服用 40mg 苯甲酸/kg 体重,经 18 个月,都产生阻碍生长的现象。有报道对连续 4 代的 40 只大白鼠使用 5% 苯甲酸钠的饲料喂养,发现有很高的毒性,在两周内所有大白鼠全部

死亡。若用含1%苯甲酸钠的饲料喂养,则对生长、食物吸收、寿命、生殖力、体重增加和各种器官组织都未发现有害作用。另有报道,在大白鼠饲料中加1.5%苯甲酸,则大白鼠的生长明显慢于对照组。

苯甲酸及其钠盐是使用历史比较久的食品防腐剂,其抗菌作用早在1875年就被Flock等人发现,1908年美国即允许苯甲酸作为食品防腐剂使用。因其安全性比较高,苯甲酸及其钠盐目前仍是各国允许使用的主要防腐剂之一。苯甲酸进入机体后,与体内甘氨酸或葡萄糖醛酸结合生成马尿酸,全部从尿中排出,而不在体内蓄积。据报道,即使苯甲酸的用量超过食品防腐实际需要量的许多倍时也没见有毒害作用。但近来有报道称苯甲酸及其钠盐可引起过敏性反应,苯甲酸对皮肤、眼睛和黏膜有一定的刺激性。苯甲酸钠可引起肠道不适,再加上有不良味道(苯甲酸钠可尝出味道的最低值为0.1%),近年来其使用有逐渐减少的趋势。

我国GB 2760—2011《食品安全国家标准　食品添加剂使用标准》规定:苯甲酸、苯甲酸钠作为食品防腐剂用于碳酸饮料,最大使用量为0.2g/kg;用于蜜饯凉果、山楂糕,最大使用量为0.5g/kg;用于果酒、琼脂软糖,最大使用量为0.8g/kg;用于酱油、食醋、酱及酱制品、果酱、果蔬汁饮料、蛋白饮料,最大使用量为1g/kg;用于浓缩果汁不得超过2g/kg。苯甲酸和苯甲酸钠同时使用时,以苯甲酸计,不得超过最大使用量。

苯甲酸钠可单独使用,也可与苯甲酸混合使用。1g苯甲酸相当于1.18g苯甲酸钠,1g苯甲酸钠相当于0.847g苯甲酸。按GB 2760—2011规定,使用苯甲酸钠时亦以苯甲酸计,不得超过允许用量标准。苯甲酸与对-羟基苯甲酸酯类一起用于酱油、清凉饮料中可增效;用于果汁、果酱、酱腌菜等酸性食品中时,可与低温杀菌配合使用,以发挥互补作用。按FAO/WHO、美国、日本等添加剂法规规定,苯甲酸(钠)可与山梨酸、山梨酸钾并用,并用时其使用量按苯甲酸与山梨酸的合计量来进行规范。

使用苯甲酸时,一般先用适量乙醇溶解后,再添加到食品中。有的工厂使用苯甲酸时,先用适量的碳酸氢钠或碳酸钠,在90℃以上热水中溶解,使其转化成苯甲酸钠后再添加到食品中。溶解用的容器器壁要高些,搅拌要轻缓,防止溶解时溅出。此外,因苯甲酸能同水蒸气一起挥发,操作时最好带口罩。需要注意,对醋及一些酸性食品,最好直接使用苯甲酸钠,不宜用上述方法。因一般加碱容易过量,这样会中和食品中原有的酸而降低酸度。

使用苯甲酸钠时,一般把苯甲酸钠调制成20%~30%的水溶液,再加入食品中,搅拌均匀即可。如果苯甲酸钠直接与酸性饮料相接触,容易转化成难溶于水的苯甲酸析出,若不采取相应的措施,就会沉淀在容器底部。一般汽水、果汁使用苯甲酸钠时,多在配制糖浆时添加,即先将砂糖溶化、煮沸、过滤后可一边搅拌一边将苯甲酸钠投入糖浆中,待苯甲酸钠完全溶解后再分别加入增稠剂和柠檬酸。按照有关汽水厂的体会,苯甲酸钠、增稠剂及柠檬酸必须分三步先后加入,如果同时加入,苯甲酸钠与柠檬酸反应,就会出现絮状物。

苯甲酸钠用于酱油防腐时,可在加热杀菌工序中添加。通常是将生酱油放入杀菌装置中,加热至杀菌温度时(一般在65~75℃左右,根据季节与品质确定),再添加苯甲酸钠。杀菌并添加防腐剂后的酱油即送沉淀槽,经数周时间的澄清后即为成品酱油。有的工厂在用间歇式直接蒸汽杀菌槽的条件下,于加热前添加经溶解的苯甲酸钠,再放蒸汽杀菌而使其搅拌均匀。天津市酱油生产企业在添加苯甲酸钠时,根据生产季节确定苯甲酸钠的用量:在10月~次年4月间0.5g/kg,5~9月间1g/kg。

二、山梨酸与山梨酸钾

山梨酸又名花楸酸，为无色针状结晶或白色结晶状粉末，无臭或稍带刺激臭，耐光，耐热。在空气中长期放置时易被氧化着色，从而降低防腐效果。易溶于乙醇等有机溶剂，难溶于水，所以多使用其钾盐——山梨酸钾。

$$CH_3-CH=CH-CH=CH-COOH \qquad CH_3-CH=CH-CH=CH-COOK$$

山梨酸　　　　　　山梨酸钾

山梨酸钾为白色鳞片状结晶或结晶性粉末，无臭或微臭，极易溶于水，也易溶于高浓度蔗糖和食盐溶液。山梨酸与其钾盐的溶解度见表4-5。

表4-5　山梨酸及山梨酸钾的溶解度　　%

溶剂	山梨酸	山梨酸钾
水	0.16	67.6
丙酮	9.7	0.1
无水乙醇	13.9	0.3
30%醋酸	0.56	—
冰醋酸	12.8	—

山梨酸能与微生物酶系统中的巯基结合，从而破坏许多重要酶系的作用，达到抑制微生物增殖及防腐的目的。山梨酸对霉菌、酵母和好气性菌均有抑制作用；但对嫌气性芽孢形成菌与嗜酸乳杆菌几乎无效。山梨酸的抗菌作用参考数据见表4-6。

表4-6　山梨酸的抗菌力　　（完全抑制的最小浓度，%）

微生物	pH3.0	pH 4.5	pH 5.5	pH 6.0	pH 6.5
黑曲霉(Asp. niger)	0.025	0.05	0.2	<0.2	
娄地青霉(Pen. roqueforti)	0.013	0.05		<0.2	
黑根霉(Rhiz. nigricans)	0.006	0.025	0.1	0.1	0.2
啤酒酵母(Sac. cerevisiae)	0.013	0.025	0.05	0.2	<0.2
球形德巴利氏酵母(Debar yamycesglobosus)	0.025	0.05	0.2	0.2	<0.2
异形汉逊氏酵母(Hansenula anomala)	0.006	0.025	0.05	0.1	0.1
毕赤氏皮膜酵母(Pichia. membranaefaciens)	0.013	0.025	0.05	0.2	0.2
纹膜醋酸杆菌(Acetobacter aceti)		0.2	0.2	<0.2	
乳酸链球菌(St. lactus)		0.1	0.2	0.2	<0.2
嗜酸乳杆菌(Lact. acidophilum)		<0.2	<0.2	<0.2	
枯草芽孢杆菌(Bac. subtilis)			0.1	0.1	0.2
蜡状芽孢杆菌(Bac. cereus)			0.05	0.1	0.2
凝结芽孢杆菌(Bac. coagulans)			0.1	0.2	0.2

续表

微生物	pH3.0	pH 4.5	pH 5.5	pH 6.0	pH 6.5
巨大芽孢杆菌(Bac. megatherium)			0.05	0.1	0.2
金黄色葡萄球菌(Staph. aureus)			0.1		
普通变形杆菌(Pr. vulgaris)			0.1	0.2	<0.2
生芽孢梭状芽孢杆菌(Cl. sporogenes)				<0.2	

只有山梨酸透过细胞壁进入微生物体内才能起作用。实验证明,分子态的山梨酸才能进入细胞内,所以分子态山梨酸的抑菌活性大于离子态的抑菌活性。山梨酸为弱酸,它在水溶液中的分子态与离子态的比例,受溶液 pH 的控制。如当 pH 为 3.15 时,约有 40% 山梨酸可进入细胞内,而当 pH 为 7 时,则有 99% 的山梨酸不能进入细胞内。总的来讲,山梨酸适用的 pH 范围比苯甲酸广,以在 pH5 ~6 以下的范围内使用为宜。各种 pH 下山梨酸的未解离分子如表 4 -7 所示。

表 4 -7　不同 pH 山梨酸的未解离酸

pH	未解离酸/%
7.0	0.6
6.0	6.0
5.0	37.0
4.4	70.0
4.0	86.0
3.0	98.0

山梨酸的毒性:大鼠经口 LD_{50} = 7360mg/kg 体重,FAO/WHO(1994 年)规定 ADI 为0 ~25mg/kg(山梨酸及其盐的总量,以山梨酸计)。山梨酸是经过最充分毒性试验的防腐剂之一,在大白鼠饲料中添加 10% 的山梨酸,经 24d 饲养,未发现损伤;经 120d 饲养,仅发现发育加快,肝重量增加,未见病态现象。对狗的实验也有类似的结果。另有报道,以添加山梨酸 0.1%、0.5%、5% 的饲料经 1000d 饲养试验,未发现对实验动物的生长、繁殖、存活率、消化等有不良影响,尿中也不含山梨酸。研究表明,山梨酸在人和动物体内与其他脂肪酸一样进行新陈代谢,释放热量为 27.58kJ/g,约 50% 的热量被利用。根据 ^{14}C 标记化合物证明,山梨酸不由尿液中排泄,约有 85% 与其他脂肪酸一样进行 β - 氧化而降解,以二氧化碳形式排出,约有 13% 的山梨酸用于合成新的脂肪酸而存留在动物的器官、肌肉中。

我国 GB 2760—2011《食品安全国家标准　食品添加剂使用标准》规定:山梨酸、山梨酸钾用于熟肉制品、预制水产品,最大使用量为 0.075g/kg;用于葡萄酒,最大使用量为 0.2g/kg;用于配制酒,最大使用量为 0.4g/kg;用于胶原蛋白肠衣、腌渍蔬菜、酱及酱制品、蜜饯、饮料、果冻,最大使用量为 0.5g/kg;用于果酒,最大使用量为 0.6g/kg;用于酱油、食醋、果酱、氢化植物油、干酪、糖果、鱼干制品、即食豆制品、糕点、馅、面包、蛋糕、月饼、即食海蛰、乳酸菌饮料,最大使用量为 1.0g/kg;用于肉灌肠类、蛋制品、胶基糖果,最大使用量为 1.5g/kg;用于桶装浓缩果蔬汁，最大使用量为2.0g/kg。山梨酸与山梨酸钾同时使用时，以山梨酸计，不得超过最大允许使用量。我国台湾省规定：鱼糜制品、肉制品、海胆酱、花生酱最大使用量为2.0g/kg。

山梨酸对水的溶解度低，使用前要先将山梨酸溶解在乙醇、碳酸氢钠或碳酸钠的溶液里，随后再加入食品中。溶解时注意不要使用铜、铁容器。在20℃时，配制1000mL山梨酸溶液，溶解山梨酸需要碳酸氢钠的数量见表4-8。要随配随用，并防止加碱过多而使溶液呈碱性，影响抑菌效果。

表4-8　溶解山梨酸需要的碳酸氢钠质量

山梨酸浓度	1%	2%	3%	4%	5%	6%	7%	8%	9%
山梨酸/g	10	20	30	40	50	60	70	80	90
碳酸氢钠/g	7.5	15.13	22.69	30.26	37.83	45.39	52.46	60.52	68.09

山梨酸1g相当于山梨酸钾1.33g，山梨酸钾1g相当于山梨酸0.746g。在需要加热的产品中使用山梨酸时，为防止山梨酸受热挥发，最好在加热过程的后期添加。山梨酸主要对霉菌、酵母菌和好气性腐败菌有效，而对厌气性细菌和乳酸菌几乎没有作用。山梨酸在微生物数量过高的情况下发挥不了作用，因此它只能适用于在有良好的卫生条件下和微生物数量较低的食品中防腐。

近年来的研究证实山梨酸盐可以延长肉制品、禽蛋制品的贮存期。在腌熏肉制品中加入山梨酸盐，可减少亚硝酸钠的用量，降低形成致癌物亚硝胺的潜在危险，并有抑制肉毒杆菌的效果，这就扩大了山梨酸盐的使用范围。因此，山梨酸盐是很有前途的食品添加剂。

山梨酸应避光、密封保存，贮存温度以低于38℃为宜。山梨酸钾在空气中不稳定，能被氧化着色，有吸湿性，其稳定性见表4-9。

表4-9　山梨酸的稳定性　　（在室温放置时的分解度，%）

放置时间	1个月	2个月	3个月	4个月
开放容器	0	0.8	1.7	4.6
密封容器	0	0	0	0.6

三、丙酸及丙酸盐

丙酸结构式为$CH_3—CH_2—COOH$，纯品为无色透明油状液体，具有类似山羊的臭味。熔点-21.5℃，沸点（0.1MPa）141.1℃，$d_4^{20}=0.99336$；$Ka=1.34\times10^{-5}$（25℃）。可溶于水、乙醇、乙醚、三氯甲烷等。

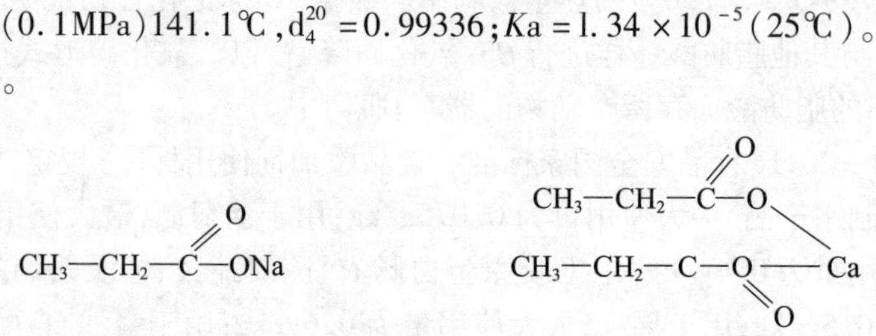

$$CH_3—CH_2—\overset{\overset{\large O}{\|}}{C}—ONa$$

丙酸钠

$$\begin{array}{l} CH_3—CH_2—\overset{\overset{O}{\|}}{C}—O \\ \qquad\qquad\qquad\qquad\quad \backslash \\ CH_3—CH_2—\underset{\underset{O}{\|}}{C}—O——Ca \end{array}$$

丙酸钙

丙酸钠为白色结晶性粉末，气味相似于丙酸。丙酸钙为白色结晶性粉末，熔点400℃以上(分解),无臭或具轻微臭。丙酸钙可溶于水,微溶于甲醇、乙醇,不溶于苯及丙酮。10%丙酸钠水溶液 pH 为 8.49,10% 丙酸钙水溶液 pH 为 7.4。丙酸钠、丙酸钙对几种溶剂的溶解性如表 4-10 所示。

表 4-10　丙酸钠、丙酸钙对水的溶解度

溶剂	丙酸钠	丙酸钙
水(25℃)	50%	28.5%(20℃)
水(100℃)	60.6%	32.6%
乙醇	4.4%	—
丙酮	0.05%	—

丙酸及丙酸盐作为食品防腐剂的特点是:它可有效地抑制引起食品发黏的菌类(如枯草杆菌)、马铃薯杆菌和细菌,并且它在抑制霉菌生长时对酵母的生长基本无影响。因此,丙酸及丙酸盐特别适用于面包等焙烤食品的防腐。由于丙酸的酸性电离常数较低,因此在较高 pH 的介质中仍有较强的抑菌作用,其最小的抑菌浓度在 pH5.0 时为 0.41%,在 pH6.5 时为 0.5%。

丙酸大鼠口服 LD_{50}2.6g/kg 体重,ADI 为 0~10mg/kg(丙酸钠、钙、钾盐之和,以丙酸计)。有报道在动物的膳食中 75% 为面包,在面包中含 5% 丙酸,经过喂养 1 年以上,未发现由于添加丙酸而引起器官的特殊损伤。丙酸为食品的正常成分,也是人体代谢的正常中间体。丙酸易被消化系统吸收,无积累性,不随尿排出,它可与辅酶 A 结合形成琥珀酸盐(或酯)而参加三羧酸循环代谢生成二氧化碳和水。

我国 GB 2760—2011《食品安全国家标准　食品添加剂使用标准》规定:丙酸及其钠盐、钙盐可用于生湿面制品(切面、馄饨皮),最大使用量 0.25g/kg;用于面包、食醋、酱油、糕点、豆制品,最大使用量为 2.5g/kg;用于杨梅罐头加工工艺,最大使用量为 50g/kg(均以丙酸计)。杨梅罐头加工时,使用 3%~5% 的水溶液,加工前必须洗净。丙酸、丙酸钠、丙酸钙在美国被认为是安全的食品防腐剂,广泛用于面包和加工干酪。英国允许用于面包添加的剂量为 3.0g/kg,糕点为 1.0g/kg(以丙酸计)。日本规定在干酪中最大使用量为 3.0g/kg,面包、西式糕点为 2.5g/kg,并规定在干酪中与山梨酸、山梨酸钾并用,或与其中任何一种制剂并用时,其使用量按丙酸与山梨酸钾的合计量在 3.0g/kg 以下。WHO/FAO 规定丙酸、丙酸钠、丙酸钙可用于各种干酪制造业的产品,限量 3.0g/kg(单用或与山梨酸合用)。

苯甲酸、山梨酸、丙酸等有机酸都为弱酸,弱酸的电离公式为:

$$pKa - pH = \lg([酸]/[H^+])$$

丙酸的电离常数 p*K*a = 4.87,当 pH = 4.87 时,$\lg([酸]/[H^+]) = 0$,这时氢离子浓度与酸分子浓度相等,仍有一半酸以分子态存在,可起到防腐作用。苯甲酸的 p*K*a 为 4.2,山梨酸的 p*K*a 为 4.76,相比较丙酸的电离常数较小(p*K*a 大),因而在碱性条件下仍有很好的效果,对面包、糕点、饼干等焙烤食品的防腐有重要意义。

丙酸盐一般在生面团的加工阶段添加,添加浓度根据产品的种类和各种焙烤食品需要的贮存时间而定。面包中一般使用丙酸钙,因其用量较大,如用丙酸钠会使 pH 升高,延迟生面团的发酵(最佳 pH4.5)。糕点中一般使用丙酸钠,因糕点制造中用了膨松剂,如用丙酸钙,发酵粉会与钙离子反应,生成碳酸钙,减少二氧化碳的生成。

四、对羟基苯甲酸酯类

对羟基苯甲酸酯又名尼泊金酯，是苯甲酸的衍生物。目前主要使用的是对羟基苯甲酸甲酯、乙酯、丙酯和丁酯。

$$HO-C_6H_4-\overset{O}{\overset{\|}{C}}-OCH_2CH_3$$

对羟基苯甲酸乙酯

$$HO-C_6H_4-\overset{O}{\overset{\|}{C}}-OCH_2CH_2CH_3$$

对羟基苯甲酸丙酯

对羟基苯甲酸酯类为无色小结晶或白色结晶性粉末，无臭，开始无味，后来稍有涩味，易溶于乙醇而难溶于水，几种对羟基苯甲酸酯的性质见表4－11。

表4－11　几种对羟基苯甲酸酯的性质

项　目	对羟基苯甲酸酯类				
	甲酯	乙酯	丙酯	丁酯	庚酯
小鼠经口 LD_{50}/g·kg^{-1}	8	6	6.3	13.2	—
抑菌效果（苯酚抑菌效果的倍数）	3	8	17	32	—
在酒精中的溶解度/g·(100mL)$^{-1}$		75	95	210	—
25℃对水溶解度/g·(100mL)$^{-1}$	0.025	0.075	0.05	0.017	0.1379
80℃对水溶解度/g·(100mL)$^{-1}$	—	0.86	0.30	0.15	—
熔点/℃	127～128	116～117	96～97	68～69	48～48.6
p*K*a	8.17	8.22	8.35	8.37	8.27

对羟基苯甲酸酯类对霉菌、酵母、细菌有广谱抗菌作用，对霉菌、酵母的作用较强，对细菌特别是革兰氏阴性杆菌的作用较弱。由于对羟基苯甲酸酯类的酚羟基结构，其抗细菌性能力比苯甲酸、山梨酸更强。构成酯的烷基链越长，其抗菌作用越强。对羟基苯甲酸乙酯、丙酯、丁酯在pH5.5时对不同微生物的抗菌作用见表4－12。

表4－12　对羟基苯甲酸酯类的抗菌力（pH5.5时完全抑制的最小浓度，%）

微生物	对羟基苯甲酸乙酯	对羟基苯甲酸丙酯	对羟基苯甲酸丁酯
黑曲霉（Asp. niger）	0.05	0.025	0.013
苹果青霉（Pen. expansum）	0.025	0.013	0.006
黑根霉（Rhiz. nigricans）	0.05	0.013	0.006
啤酒酵母（Sac. cerevisiae）	0.05	0.013	0.006
耐渗透压酵母（Sac. rouxii）	0.05	0.013	0.006
耐渗透压酵母（Torula utilis）	0.05	0.025	0.013
异形汉逊氏酵母（Hansenula anomala）	0.05	0.025	0.013
毕赤氏皮膜酵母（Pichia. membranaefaciens）	0.05	0.025	0.013
乳酸链球菌（St. lactus）	0.1	0.025	0.013

续表

微生物	对羟基苯甲酸乙酯	对羟基苯甲酸丙酯	对羟基苯甲酸丁酯
嗜酸乳杆菌(Lact. acidophilum)	0.1	0.05	0.025
纹膜醋酸杆菌(Acetobacter aceti)	0.05	0.025	0.013
枯草芽孢杆菌(Bac. subtilis)	0.05	0.013	0.006
凝结芽孢杆菌(Bac. coagulans)	0.1	0.025	0.013
巨大芽孢杆菌(Bac. megatherium)	0.05	0.013	0.006
金黄色葡萄球菌(Staph. aureus)	0.05	0.025	0.013
假单胞菌属(Ps. fluorescens)	0.1	0.1	0.1
普通变形杆菌(Pr. vulgaris)	0.1	0.05	0.05
大肠杆菌(E. coli)	0.05	0.05	0.05
生芽孢梭状芽孢杆菌(Cl. sporogenes)	0.1	0.1	0.025

对羟基苯甲酸酯类的作用机制基本上与苯酚类似,它可破坏微生物的细胞膜,使细胞内蛋白质变性,并可抑制微生物细胞的呼吸酶系与电子传递酶系的活性。对羟基苯甲酸酯类同苯甲酸和山梨酸一样,也是由未解离分子发挥抗菌作用,但它比这两种酸的抗菌作用强,且因其羟基被酯化后,可以在更广泛的 pH 范围内保持不解离,作用范围比苯甲酸和山梨酸广,一般在 pH4 ~ 8 的范围内效果较好。对于烘焙食品馅料、饮料等 pH 接近中性的许多食品,对羟基苯甲酸酯类具有更高的应用价值。对羟基苯甲酸酯在 pH 为 6.8 时的抑菌作用是苯甲酸钠的 2 ~ 8 倍。与山梨酸盐相比,在 pH7.2 时,对羟基苯甲酸酯的抑菌作用至少是它的 2 倍,在 pH 为 5.6 时,对羟基苯甲酸酯的抑菌作用与它相当或者稍好于山梨酸盐。在 pH 为 6.0 时,和其他几种防腐剂相比,对羟基苯甲酸酯的活性部分占 65% ~ 70%,脱氢醋酸钠为 16%,山梨酸为 6%,苯甲酸为 1.5%。

对羟基苯甲酸乙酯的毒性:小鼠经口 LD_{50} 为 5g/kg 体重,ADI 为 0 ~ 10mg/kg(以对 - 羟基苯甲酸甲酯、乙酯、丙酯、丁酯等总量计)。对羟基苯甲酸酯类进入机体后的代谢途径与苯甲酸基本相同,且毒性比苯甲酸低。将对羟基苯甲酸甲酯、乙酯、丙酯和丁酯以 0.9 ~ 1.2g/kg 体重剂量加入饲料中,对大白鼠进行长时间饲养试验,经 2 年以上观察,未发现引起损伤。实验鼠的肾、肝、肺与其他器官均未发现有生理变化。对年幼大白鼠,每天饲料中的添加剂量为 5.5 ~ 5.9g/kg 体重时,引起生长混乱。在狗的饲料中添加 1g/ kg 体重,连续 1 年以上未发现引起损伤。人能耐受对羟基苯甲酸甲酯和丙酯的剂量为 2g/d,经 1 个月未发现有损伤现象。

1923 年,对羟基苯甲酸酯类即被建议作为食品和药品的防腐剂,但自苯甲酸大量生产后,对羟基苯甲酸酯类的应用大量减少。对羟基苯甲酸酯类的特点是其毒性比苯甲酸低,抑菌作用与 pH 无关。但由于其水溶性比较低和具有特殊的气味,使其在食品防腐上的应用受到限制。对羟基苯甲酸酯类也用于药物和化妆品防腐。在美国,对羟基苯甲酸庚酯用于啤酒防腐。

烷基链长短对毒性也有影响,烷基链越短,毒性越大。对羟基苯甲酸酯类按毒性大小排列顺序为:对羟基苯甲酸丁酯 < 对羟基苯甲酸丙酯 < 对羟基苯甲酸乙酯 < 对羟基苯甲酸甲酯。由于对羟基苯甲酸甲酯毒性较大,在一些国家很少用对羟基苯甲酸甲酯作为食品防腐剂。大多数国家允许将对羟基苯甲酸甲酯、乙酯、丙酯、丁酯用作食品防腐剂。美国多用乙酯和丙酯,

日本多使用丁酯。实际应用中，混合对羟基苯甲酸酯比单一对羟基苯甲酸酯的抑菌效果更好。有报道表明，将对羟基苯甲酸甲酯和对羟基苯甲酸丙酯各 100mg/kg 混合应用，即可抑制肉毒杆菌 NCTC2021 产毒，对羟基苯甲酸甲酯和对羟基苯甲酸丙酯各 200mg/kg 混合应用，也可抑制其生长。也有报道对羟基苯甲酸甲酯和对羟基苯甲酸丙酯的混合物抑制产气荚膜梭状芽孢杆菌的生长。在一些国家和地区，对羟基苯甲酸酯类防腐剂也可与苯甲酸等混合使用，取其协同防腐作用。

由于对羟基苯甲酸酯类的水溶性较低，所以使用时通常是先将其溶于氢氧化钠溶液、乙酸或乙醇中再使用。为提高溶解度，常合用几种不同的酯。例如将 3 份异丁酯、4 份异丙酯、3 份丁酯配制成共溶混合物，将此混合物用作水包油型乳化剂。此制剂便于用于酱油等食品中，其溶解度比单用丁酯可提高 2～3 倍。用于酱油时，可在 5% 的氢氧化钠溶液中添加本品 20%～25%，再缓慢添加到已加热至约 80℃的酱油中。对羟基苯甲酸酯类溶于氢氧化钠溶液形成对羟基苯甲酸酯钠，水溶性增高，但贮藏稳定性降低。浙江圣效化学品有限公司等生产厂推出的对羟基苯甲酸酯类的钠盐产品，解决了对羟基苯甲酸酯类水溶性较低的缺点，因其相对毒性小，抗菌作用强，使用的 pH 范围广，在许多领域开始替代苯甲酸钠作防腐剂使用。

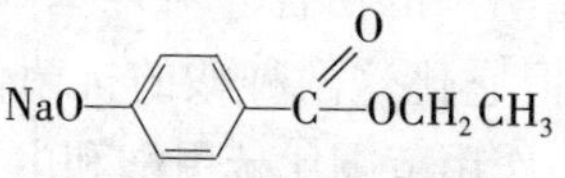

NaO—⟨苯环⟩—C(=O)—OCH_2CH_3

对羟基苯甲酸乙酯钠

NaO—⟨苯环⟩—C(=O)—$OCH_2CH_2CH_3$

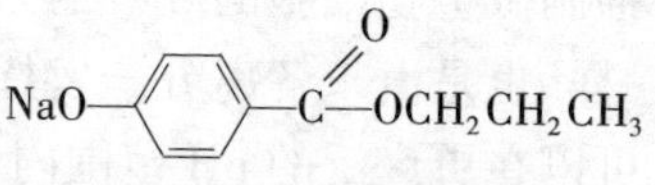

对羟基苯甲酸丙酯钠

我国 GB 2760—2011《食品安全国家标准　食品添加剂使用标准》规定：对羟基苯甲酸酯类及其钠盐可用于果蔬保鲜表面处理，最大使用量为 0.012g/kg；用于碳酸饮料、热凝固蛋制品，最大使用量为 0.20g/kg；用于果蔬汁饮料、果酱、酱油、食醋、酱及酱制品，最大使用量为 0.25g/kg；用于烘焙食品馅料，最大使用量为 0.5g/kg。我国台湾省《食品添加剂使用范围及用量标准》规定；对羟基苯甲酸乙酯、丙酯、丁酯、异丙酯、异丁酯，以对羟基苯甲酸计，总的最高用量，酱油为 0.25g/kg，醋、不含二氧化碳的饮料，0.1g/kg；水果及果蔬的外皮，0.012g/kg。并规定，对羟基苯甲酸酯类可以混合使用，但不得与其他防腐剂混合使用。对羟基苯甲酸不同的酯类混合使用时，按对羟基苯甲酸的总量计不得超过标准用量。

五、脱氢乙酸及脱氢乙酸钠

脱氢乙酸（又名脱氢醋酸），为无色至白色针状或片状结晶，或为白色结晶粉末。无臭或略带微臭，易溶于丙酮等有机溶剂，难溶于水。故一般多用其钠盐作防腐剂。脱氢乙酸钠（又名脱氢醋酸钠），为白色结晶性粉末，无臭或略带微臭，易溶于水。脱氢乙酸及其钠盐在不同溶剂中的溶解度见表 4－13。

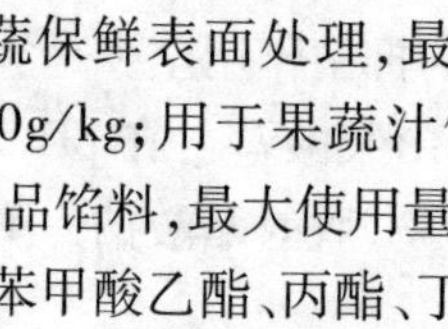

脱氢乙酸

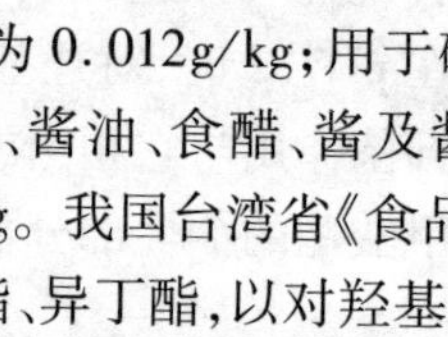

脱氢乙酸钠

表 4－13　脱氢乙酸及其钠盐的溶解度　%

溶剂	脱氢乙酸	脱氢乙酸钠
水	0.1	33
95%乙醇	3	1.0
丙二醇	1.7	4.8
甘油	0.1	15

脱氢乙酸的作用主要是抵抗酵母菌和霉菌。但在较高剂量下也能抑制细菌的生长特别是假单胞菌、葡萄球菌和大肠杆菌。脱氢乙酸的抑菌作用不受 pH 影响，受热的影响也较小，在120℃下加热 20min 抗菌力无变化。因此，脱氢乙酸虽为酸性防腐剂，因对热稳定难离解，可在中性条件下使用。

本品是 FAO/WHO 批准使用的一种安全食品防腐、防霉、杀菌保鲜剂。脱氢乙酸大鼠经口 LD_{50}1.0g/kg 体重。大白鼠每天膳食中加入 0.1% 脱氢乙酸，饲养 2 年后，未发现防腐剂引起的损伤现象。猴子耐药量为 0.1g/kg 体重，每周口服 5 次，1 年以上未发现损伤现象；但增加到 0.2g/kg 体重发现生长失调，器官发生病理变化。狗长期耐药剂量为 50mg/kg 体重。人的耐药量为 9mg/kg 体重，以 10～15mg/100mL 饮水量经过 173 d 实验，出现血浆凝固现象。

我国 GB 2760—2011《食品安全国家标准　食品添加剂使用标准》规定：脱氢乙酸钠可使用于黄油、腐乳、腌渍蔬菜、果蔬汁，最大使用量为 0.3g/kg；用于面包、糕点、烘焙食品馅料、熟肉制品、复合调味料，最大使用量是 0.5g/kg；用于淀粉制品，最大使用量是 1.0g/kg。

因为脱氢乙酸的 p*K*a 较高，为 5.28（苯甲酸 p*K*a 为 4.2，山梨酸 p*K*a 为 4.76），国外将其广泛用于较难防腐的干酪、奶油、人造奶油类食品。干酪中的使用量为 0.01%～0.05%，奶油、人造奶油的使用量为 0.05%，均先与食盐混合后添加。也可将其溶液喷在产品外表面，或喷雾涂布在包装材料的内表面。

六、双乙酸钠

双乙酸钠（Sodium diacetate）化学式为 $CH_3COONa \cdot CH_3COOH \cdot 1H_2O$，学名二醋酸一钠［Acetic acid sodium salt（2:1）］。

$$CH_3-\overset{\overset{O}{\|}}{C}-ONa \cdot CH_3-\overset{\overset{O}{\|}}{C}-OH \cdot H_2O$$

双乙酸钠

双乙酸钠是乙酸钠和乙酸的分子化合物，由短氢键缔合，白色吸湿性晶状粉末，无毒，具有乙酸气味，易溶于水（1g/mL）和乙醇。加热至 150℃以上分解，散发出烟气及刺激性酸味。水溶液的 pH 为 4.5～5.0（10% 水溶液）。

双乙酸钠的 LD_{50}分别为（小白鼠口服）3.3g/kg，（大白鼠口服）4.96g/kg，ADI 为 0～15mg/kg 体重。属低毒级，其致畸、致癌及致突变试验均为阴性，蓄积毒性试验亦表明其无明显临床中毒症状，病理组织学检查未发现有意义的病理形态学改变。根据 1979 年美国 FDA 对双乙酸钠产品的审查，结论认为：“双乙酸钠产品是完全安全的，没有毒性物质，也没有致癌物质。”1981 年美国政府环境总署根据联邦食品、药物和化妆品管理法规，批准双乙酸钠产品用作玉米、大麦、小麦、高粱等谷类以及苜蓿草、丁香、早熟禾等禾草类植物的防腐剂,可免于残留检查。鉴于双乙酸钠产品可靠的安全性,美国 FDA、FAO/WHO 已批准双乙酸钠产品在食品、谷物和饲料中作为防腐剂使用。

双乙酸钠可作为粮食、饲料贮存的防霉剂,还可作为食品保鲜剂和添加剂。在含水量 21.5% 的粮食中加入本品,可使粮食贮存期由 90d 延至 208d;对饲料的贮存,特别对青贮饲料的贮存尤佳,在饲料加入本品 0.1% ~1.5%,可抑制饲料的霉变,使贮存期可延长 3 个月以上,同时可增强禽兽对饲料的适口性,提高饲料中粗蛋白的利用率,提高奶牛的产奶量、乳脂率、猪的瘦肉率和母猪的产胎率;在面包添加 0.2% ~0.4% 双乙酸钠可延长保存期且风味不变,在生面团中加入 0.2% 双乙酸钠,在 37℃下保存时间由 3 h 延至 72 h。

我国 GB 2760—2011《食品安全国家标准　食品添加剂使用标准》规定:双乙酸钠可使用于大米,最大使用量为 0.2g/kg,残留量≤30mg/kg;用于原粮、即食豆制品、熟制水产品、膨化食品,最大使用量为 1.0g/kg;用于调味品,最大使用量为 2.5g/kg;用于熟肉制品,最大使用量为 3.0g/kg;用于粉圆、糕点,最大使用量为 4.0g/kg;用于复合调味料,最大使用量为 10.0g/kg。

七、单辛酸甘油酯

单辛酸甘油酯(Mono - caprylin glycerate)化学式为 $CH_3(CH_2)_6COOCH_2CH(OH)CH_2OH$,分子式 $C_{11}H_{22}O_4$,相对分子质量为 218.30。单辛酸甘油酯常温下为浅黄色黏稠液体或乳白色塑性固体,无臭,略带苦味。不溶于水,可与热水振摇后形成乳浊液。溶于乙醇、乙酸乙酯、三氯甲烷及其他氯化烃或苯。

来源与制法:辛酸与甘油进行酯化反应后,经分子蒸馏制得。有厂家用椰子油分馏得辛酸,与甘油按摩尔比混合搅拌,用中性盐 0.15% ~0.2% 作为催化剂,在液面充氮下 160 ~200℃ 酯化 3 ~4h,至反应物酸值为 2 时,急速冷却至室温,经碱炼除去剩余辛酸,再水洗除去剩余甘油和催化剂。由此可得 60% 左右的单辛酸甘油酯。然后在正己烷或丙酮中进行重结晶,再过滤、脱色而成成品,单酯得率可达 95% 以上。

单辛酸甘油酯是一种新型无毒高效广谱防腐剂,它对革兰氏菌、霉菌、酵母均有抑制作用。20 世纪 80 年代首先由日本开发成功并投放市场。目前,国外法定用作食品防腐剂的化合物已有 20 多种,如苯甲酸、尼泊金酯类、山梨酸及其盐类、丙酸及其盐类等。据有关资料报道,低碳链脂肪酸 GMC 的安全性比苯甲酸,山梨酸及其盐类都高,而且防腐效果好。在日本的食品卫生法中规定不受用途和添加量的限制。FDA 批准为 GRAS(一般公认安全的)食品添加剂。FAO/WHO 食品添加剂专家委员会亦对辛酸甘油酯 ADI 值不作限量。单辛酸甘油酯作为防腐剂进入人体后,在脂肪酶的作用下分解为甘油和脂肪酸,甘油降解后进入 TCA 循环,两者在体内彻底氧化分解为二氧化碳和水,且供给身体能量。所以在人体内单辛酸甘油酯不会产生不良的蓄积性和特异性反应,是安全性很高的物质。

单辛酸甘油酯的毒理学评价:LD_{50}:大鼠经口 15g/kg(bw);ADI:无须规定(单、双甘油酯,FAO/WHO,1994);积蓄性毒性实验:积蓄系数(K)大于 5,属弱积蓄性物质;致突变试验:微核试验、睾丸染色体畸变试验、Ames 试验均未见致突变性。

单辛酸甘油酯也属于亲脂性非离子型乳化剂,HLB 值为 5.2,有防腐和乳化双重功能,主要用于食品、化妆品和医药工业中的抗菌剂和乳化剂。

我国 GB 2760—2011《食品安全国家标准　食品添加剂使用标准》规定:单辛酸甘油酯作

为防腐剂可用于生湿面制品、烘焙食品馅料、糕点、焙烤食品馅料及表面用挂浆(仅限豆陷)等,最大使用量为1.0g/kg;用于肉灌肠类,最大使用量为0.5g/kg。本品溶于油脂或分散于60℃左右的热水中添加使用。本品在使用过程中易发生水解而产生刺激性气味,一般使用量控制在1.0g/kg以内。单辛酸甘油酯可与甘氨酸、有机酸、EDTA、聚磷酸盐混合使用,具有协同防腐效果。

八、亚硫酸盐与亚硝酸盐

无机化学防腐剂中,亚硫酸盐类可抑制微生物活动所需的酶,并具有酸型防腐剂的特性,但主要作为漂白剂使用。亚硝酸盐能抑制肉毒梭状芽孢杆菌生长,防止肉毒中毒,但它主要作为护色剂使用。这两种盐的性质与使用卫生标准等内容将分别在护色剂、漂白剂中介绍,这里仅介绍它们在抗微生物方面的作用。

(一)亚硫酸盐

亚硫酸盐可以强烈抑制霉菌、好气细菌,对酵母的作用稍差一些。其杀菌原理在于生成的亚硫酸。各种结合态的亚硫酸盐均无杀菌作用。亚硫酸的杀菌活性与pH、溶解度、温度有关。在酸性条件下其杀菌能力强,这是由于酸性条件有利于生成起杀菌作用的未电离的亚硫酸分子。例如在pH为3.5时,二氧化硫含量为0.03%~0.08%即可抑制微生物的繁殖。而当pH为7时,二氧化硫含量达0.5%也不能抑制微生物的繁殖。亚硫酸的杀菌作用随温度和浓度的升高而增强,例如用亚硫酸盐对蔬菜罐头、果干防腐,在75℃时二氧化硫含量只要0.05%即可,而在30~40℃时则要增加到0.1%~0.15%。

(二)亚硝酸盐

1920年,首次发现亚硝酸盐在腌肉制品中具有抗微生物活性。后来,Grindly证明它的这一活性对pH有依赖性。Tarr研究亚硝酸盐对鱼防腐作用时发现,在pH低于6的情况下,亚硝酸盐的抑菌活性增强,因而导致关于亚硝酸可能是活性形式的假设。1945年,Jensen和Grindley一样,提出未离解的亚硝酸盐才是活性抑制剂。其他几个研究者也证实了这一pH依赖性。Castellani和Niven在研究芽孢杆菌的抑制作用时发现,如果pH降低一个单位,那么抑制作用就会增加10倍。Nddy和Ingram使用芽孢杆菌,Serigo使用梭状杆菌孢子的可繁殖细胞对上面的结果作了进一步的研究。

研究者已经证实,亚硝酸盐对一系列不同的细菌具有抑制作用。Tarr证明,在用量为200mg/kg和pH为6.0的情况下,亚硝酸盐能够抑制无色菌、产气菌、大肠埃希氏杆菌、黄色杆菌、微球菌、绿脓杆菌等。Castellani和Niven等人表明沙门氏菌和乳酸杆菌最具抗性,而Perigo和Roberts等证明产气荚膜梭状芽孢杆菌具有和其他梭状杆菌等同样比较大的抗性。

多种腌肉都要经过一个加热过程,加热过程会杀灭部分微生物,腌肉中需要用防腐剂来抑制的是那些抗热的微生物。肉毒梭状芽孢杆菌无论在实验室介质中还是在食物中,都是被广泛研究的对象。但在实验室中对肉毒梭状芽孢杆菌进行研究是很危险的,所以一般使用生理方面与之非常相似的,但不具毒性基因的微生物梭状杆菌孢子来进行研究。

腌肉制品中肉毒梭状芽孢杆菌的抑制有两种实验方法:一是在亚硝酸盐存在下加热处理;二是先受热,后加亚硝酸盐。在亚硝酸盐存在下加热的效果在文献中有两种不同的报道:Tenser

和 Hess 指出，腌制用盐的存在会使其对加热更敏感。Duncan 和 Foster 对梭状杆菌孢子的研究也得到类似的结果。然而，Roberts 和 Ingram 却发现，对芽孢杆菌孢子和 A 型肉毒梭状芽孢杆菌在腌制用盐（包括亚硝酸盐）存在情况下加热并不会增加其热破坏性。对于预先加热，然后再用亚硝酸盐处理，在 Roberts 和 Ingram 及 Duncan 和 Foster 所作的实验中都发现抑制作用会大大加强。这表明那些在加热过程中生存下来的细菌对腌制用盐具有较高的敏感性。

腌肉制品中肉毒梭状芽孢杆菌的生长、毒素的产生等已被广泛地研究。同样，各种因素，如腌肉用盐的浓度、肉的 pH、加热的程度及贮藏温度之间的相互作用也被较彻底地进行了研究。Hauschild 等人在总结了一系列其他体系，包括真空包装咸猪肉、腌肉、肝、肠和货架期稳定罐装腌肉品等的数据之后得到如下的结论：腌肉制品中微生物的稳定性是由一系列因素的复杂作用决定的，这一稳定性在不同产品中可以有几个数量级的差别。

第三节　天然防腐剂

一、乳酸链球菌素

（一）乳酸链球菌素的结构与性质

乳酸链球菌素（Nisin）又称乳链菌素、乳链菌肽，为白色或略带黄色的结晶性粉末或颗粒，略带咸味。它是由乳酸链球菌合成的一种多肽抗菌素类物质。1947 年 Mattick 等首先制备出乳酸链球菌素，并命名为 Nisin。1951 年 Hirsch 等首先将 Nisin 用作食品防腐剂，成功地控制了肉毒梭菌所引起的埃门塔尔奶酪的膨胀腐败。1969 年 FAO/WHO 食品添加剂联合专家委员会对乳酸链球菌素作为食品添加剂进行了评价。目前，全世界有 47 个国家和地区允许在许多制品中使用乳酸链球菌素。

乳酸链球菌素是由 24 个氨基酸组成的多肽，分子式为 $C_{143}H_{230}N_{42}O_{37}S_7$，摩尔质量为 3510。1971 年 Gross 和 Morell 证明了乳酸链球菌素的化学结构含 5 个硫醚链形成的分子内环。乳酸链球菌素的溶解性如表 4-14 所示。

表 4-14　乳酸链球菌素的溶解性

溶剂	溶解度	
	mg/mL	IU/mL
蒸馏水（pH5.6）	50.0	2.00×10^6
蒸馏水（pH7.16）	49.0	1.96×10^6
盐酸（0.02mol/L）	118.0	4.72×10^6
食盐溶液（2%）	47.9	1.91×10^6
脱脂乳	87.5	3.50×10^6

乳酸链球菌素不溶于非极性溶剂。允许使用量范围内的乳酸链球菌素可与水或其他加工液体很好地互溶。工业品中合有一定量的变性乳蛋白质，由于它们的不溶性会使溶液出现雾

状悬浮,但这不影响其防腐效果。乳酸链球菌素的实际使用浓度一般不超过0.025%,所以溶解度不会成为它在各种食品中使用的障碍。

乳酸链球菌素对水的溶解度随pH的下降而提高,在酸性条件下水溶性大,如pH为2.5时溶解度为12%,pH为8.0时溶解度为4%,若pH大于7,则对水几乎不溶。

乳酸链球菌素是一种酸,其稳定性与环境pH相关,在酸性介质中最稳定。Tranar报道(1964年),在pH为2时,即使加热到115.6℃仍是稳定的;当pH大于4时,乳酸链球菌素的水溶液受热时分解速度加快,抑菌活性降低;在pH为5.0时,加热到115.6℃,将失去40%的活性;当pH为6.8时,加热到115.6℃时将失去90%的活性;当pH为11时,在63℃下30min处理后立即失活。Toulen证实,在牛奶等食品中大分子蛋白质对乳酸链球菌素可以提供保护作用,使其在加热时少分解和少失去抑菌活性。可见,在食品中乳酸链球菌素的抑菌活性与受热温度和受热时间直接相关。

乳酸链球菌素为乳制品中所含有的天然产物,若干年来,它随着食品被人们摄入,并没有发现有毒性问题。现在已对乳酸链球菌素的安全性问题进行了系统的研究,鼠经口服LD_{50}约为7000mg/kg体重(1962年,Hara等),ADI为0~0.875mg/kg,即0~330000IU/kg。研究表明,乳酸链球菌素对蛋白水解酶(如胰酶、唾液酶和消化酶等)特别敏感,因此食用后在消化道中可很快被蛋白水解酶水解成氨基酸。人在吸入含乳酸链球菌素液体10min后,在唾液中就测不到乳酸链球菌素,故它在临床使用方面不会有治疗作用,也不会改变肠道内的正常菌落,不会与常用的其他抗菌素(如青霉素、链霉素、红霉素等)产生交叉抗性,也不会诱导出细菌对这些抗菌素的抗性。目前,对乳酸链球菌素已进行的毒性和生物学研究包括致癌性、存活性、再生性、血液化学、肾功能、脑功能、应激反应及动物器官病理学等,研究证明乳酸链球菌素是安全的。Shtenberg等证明乳酸链球菌素与山梨酸配合使用也是安全的。

(二)乳酸链球菌素杀菌与防腐的特性

乳酸链球菌菌的抗菌谱比较窄,它只能杀死或抑制革兰氏阳性细菌,特别是细菌孢子,对阴性菌、酵母和霉菌均无作用。乳制品,罐头食品及一些乙醇饮料中的腐败微生物及致病菌大部分可被乳酸链球菌素杀死或抑制。如乳制品中的金黄色葡萄球菌、溶血链球菌、肉毒梭菌等致病菌;啤酒中的乳杆菌、明串球菌;罐头食品中的嗜酸脂肪芽孢杆菌、热解糖梭菌、致黑梭菌、肉毒梭菌、生孢梭菌、巴氏梭菌、乳杆菌属、凝结芽孢杆菌、多黏芽孢杆菌、软化芽孢杆菌等均对乳酸链球菌素很敏感,一般10mg/kg乳酸链球菌素即有效。乳酸链球菌素对这些菌的作用机制是:当孢子发芽膨胀时,乳酸链球菌素作为阳离子表面活性剂能影响细菌胞膜和抑制革兰氏阳性菌的胞壁质合成。对营养细胞的作用点是细胞质膜,它可使细胞质膜中的巯基失活,使最重要的细胞物质如三磷酸腺苷渗出,更严重时可导致细胞溶解。

影响乳酸链球菌素杀菌效果的因素很多,除菌的种类外,菌龄、菌数(食品的带菌量)、介质与环境条件、乳酸链球菌素的溶解状态等均有影响。从菌龄来讲,乳酸链球菌素对芽孢的抑制能力比对菌体更强。Gould和Hurst观察到,即使是用机械方法破坏的细菌胞膜,也要比未破坏的对乳酸链球菌素更为敏感;乳酸链球菌素的使用量直接与食品的带菌量(菌数)相关,例如一个含有810个B. Stearothermophilus孢子与一个含有141个孢子的罐装豌豆,要达到同样的防腐效果,前者需要乳酸链球菌素的量为后者的2倍。除前面所述的从乳酸链球菌素的稳定性的角度来看它的抑菌活性与受热温度和受热时间直接相关外,还应看到乳酸链球菌素对因加热而受损伤的细菌或芽孢的效果更为明显。例如 Heinemann 和 Fanl er 发现,将 Clostridium PA 3679 菌在 121.1℃下加热 3min,它对乳酸链球菌素的敏感性为未受热时的 10 倍;对于奶制品,一般来说是菌数增加 10 倍,乳酸链球菌素的用量就要增加 1 倍;使用时乳酸链球菌素的溶解状态与杀菌效果密切相关,乳酸链球菌素的最好溶剂是 0.02mol/L 的盐酸。

由于乳酸链球菌素的杀菌谱比较窄,所以它在使用中多与其他防腐手段联合使用,以弥补其抗菌谱窄的缺点,发挥广泛的防腐作用。由于乳酸链球菌素与热处理可相互促进,一方面是使用少量(0.25 ~ 10mg/kg)的乳酸链球菌素即可提高腐败微生物的热敏感性;另一方面是热处理也提高了细菌对乳酸链球菌素的敏感性,所以在加入乳酸链球菌素后再进行加热处理,既可提高乳酸链球菌素的作用从而降低使用浓度,又可大大地提高热处理的效果和降低热处理的温度。因此,加入乳酸链球菌素后再进行食品的商业性杀菌,已成为许多国家保持罐头食品和乳制品的营养价值与改善感官质量的一种手段。乳酸链球菌素与热处理可相互增效,这一点在实际应用中具有重要意义。如乳品甜食制品不能加热进行彻底灭菌,以免破坏制品的外观、口味和稠度,经巴氏灭菌则会使其货架期有限,而添加乳酸链球菌素后再经巴氏灭菌,货架期可以显著延长。此外,乳酸链球菌素也可与辐射处理结合使用,也可与其他防腐剂如山梨酸等配合使用,以起到相互补充与相互促进的作用。

(三)乳酸链球菌素的生产工艺

乳酸链球菌素是由乳酸链球菌发酵培养精制而成。生产过程包括 3 个关键步骤:

1. 菌种筛选

(1)取样:乳酸链球菌广泛存在于天然牛奶、乳酪和酸奶中。这种菌是乳制品中的主要污染菌,在健康奶牛乳房中不存在,但在生牛乳中能分离出来,可能来自毛、粪以及挤奶桶等,因此,取样时的样品主要取自于鲜奶。

(2)增殖培养:用吸管从样品中吸取少量奶液,接于灭过菌的脱脂奶管中,在恒温箱中于 30℃下培养,直到脱脂奶凝固。

(3)活化:将增殖培养的脱脂奶管中的凝乳,再次转接于无菌脱脂奶管中,在 30℃的恒温箱中培养,至脱脂奶凝固,反复转接活化,直至凝乳时间为 3 ~ 3.5 h 为宜。

(4)分离纯化:将活化好的样品逐级稀释至 10^{-7},用无菌吸管吸取稀释液 1mL,放于无菌平皿中,30℃恒温培养 2 ~ 3 d,然后从平皿中挑取单部菌落,转接于斜面培养基上,30℃恒温培养 2 ~ 3 d,最后进行鉴定。

(5)鉴定:镜检,杆菌者弃去,球菌进行革兰氏染色,呈阴性者弃去,阳性者进行葡萄糖发酵试验,须产生乳酸,且 VP 试验呈阴性,呈阳性弃去。所需菌种在 10℃和 40℃下生长,45℃下不生长;在含 4% NaCl 的培养基中能生长,在含 6.5% NaCl 的培养基中不生长;在 pH 为 9.2 条件下能生长,在 pH9.6 的条件下不生长;在含 0.1% 美兰的脱脂奶管中能生长,能由精氨酸产氨。

符合上述条件者即为所要筛选的菌株。若想获取更高产菌株,可对原始菌株再进行诱变处理。

2. 发酵

不同的乳酸链球菌株,其产 Nisin 的效价也有显著的变化,所适应的发酵条件也各有所不同。综合来看,在碳源上,最适合的主要为蔗糖和可溶性淀粉。最适氮源主要为酵母膏,添加量1%左右。磷源一般认为 KH_2PO_4 最合适,添加量≤5%。Nisin 的高效价在很大程度上也依赖于硫源的存在,添加无机盐类如硫酸镁、硫代硫酸盐或含硫氨基酸如蛋氨酸、半胱氨酸等,均有较好效果。另外,吐温-80 对细胞的生长及 Nisin 的产生均有利。

最适发酵温度为30℃左右,最适 pH 为5.0~5.5 或6.5 左右。

3. 精制

目前,采用的方法一般为将 NaCl 饱和的乳酸链球菌发酵液经正丙醇提取2次,再用丙酮沉淀可得到乳酸链球菌素粗制品。将粗制品溶于0.05mol/L HAc-NaAc(pH 为3.6)缓冲液中,并用缓冲液透析24h,离心后经柱层析,可使 NiSin 的效价及纯度大大提高,再经喷雾干燥、研细及用 NaCl 调整,即可制成 Nisin 成品。

(四)乳酸链球菌素的应用

我国 GB 2760—2011《食品安全国家标准 食品添加剂使用标准》规定:乳酸链球菌素可使用于食醋,最大使用量为0.15g/kg;用于罐头、酱油、酱及酱制品、复合调味料、饮料,最大使用量为0.2g/kg;用于方便米面制品,最大使用量为0.25g/kg;用于乳及乳制品、熟肉制品、熟制水产品,最大使用量为0.5g/kg。

实际使用中,由于本品能增强一些细菌对热的敏感性,而且它在小范围内也有辅助杀菌作用,因此在食品中添加本品,能降低食品灭菌温度和缩短食品灭菌时间,并能有效地延长食品保藏时间。

由于乳酸链球菌素水溶性差,使用时应先用0.02mol/L 的盐酸溶液溶解,然后再加到食品中。乳酸链球菌素为肽类物质,应注意蛋白酶对它的分解作用。它只能抑制革兰氏阳性菌,而对革兰氏阴性菌、酵母及霉菌均无效,因此若与山梨酸(主要抑制霉菌、酵母及需氧菌)配合使用,则可扩大抗菌谱。

二、纳他霉素

纳他霉素为多烯烃大环内酯类物质,分子式为 $C_{33}H_{47}NO_{13}$,相对分子质量为665.75。

早在1955年,Struyk 等人从南非 Natal 州 Pietermaritzbury 镇附近的土壤中分离到纳塔尔链霉菌(Streptomyces natalensis),并从中分离出了一种新的抗真菌物质。1957年 Struyk 等称之为匹马菌素(Pimaricin),音译为匹马利星。1959年,Burns 等人在美国田纳西州 Chattanooga 的土壤中也分离到了一株恰塔努加链霉菌(Streptomyces chattanoogensis),并从其培养物中分离到了田纳西菌素(Tennecetin)。此后的研究证明匹马菌素与田纳西菌素都为同一物质,并被 WHO 统一命名为纳他霉素。市场商品名称为霉克(Natamax),它是纳他霉素与乳糖1:1的混合物。

(一)性状

纳他霉素为白色至乳白色粉末,含3份结晶水,熔点280℃,微溶于水,可溶于稀盐酸、稀碱液及冰乙酸中,难溶于大部分有机溶剂。pH 低于3或高于9时,可提高其溶解度。分子中含有一个碱性基团和一个酸性基团,为两性物质,等电点为6.5。由于为多烯大环内酯类物质,对氧化剂和紫外线极为敏感。本品在干燥状态下极为稳定,pH 为4~7时活性最高,pH 低于3

或高于9,抑菌活性可降低30%。温度为室温时活性最高,50℃以上,放置24h,活性明显降低。铅、汞等重金属可影响本品的稳定性。

本品对大部分霉菌、酵母菌和真菌都有高度抑制作用,但对细菌、病毒和其他微生物(如原虫等)则无抑制作用。

(二)生产工艺

纳他霉素由纳他尔链霉菌经发酵工艺提取及精制而成。

(三)用途

我国GB 2760—2011《食品安全国家标准　食品添加剂使用标准》规定:纳他霉素作为防腐剂、防霉剂用于干酪、酱卤肉制品、熏、烧、烤肉类、西式火腿、肉灌肠类、糕点、果蔬汁原浆表面,最大使用量为0.3g/kg,生产中常用200~300mg/L本品混悬液喷雾或浸泡,残留量小于10mg/kg;用于蛋黄酱、沙拉酱,最大使用量为0.02g/kg,残留量为10mg/kg;用于发酵酒,最大使用量为10mg/L。

使用时,可用浸泡法或喷雾法,使其分布于干酪、水果、容器的表面,也可直接加入食品中。

在含酵母的酒中加入本品10mg/L,即可抑制酵母;在苹果汁中加入本品30mg/L,6周之内可防止果汁发酵,并保持果汁的原有风味不变;在水果保存时,将苹果浸在含纳他霉素0.5g/kg的混悬液中1~2min后包装,可保存8个月不发霉。

三、溶菌酶

溶菌酶(Lysozyme)是一种专门作用于微生物细胞壁的水解酶,又称细胞壁溶解酶。人们对溶菌酶的研究始于20世纪初,英国细菌学家弗莱明(Fleming)在发现青霉素的前6年(1922年),发现人的唾液、眼泪中存在有溶解细菌细胞壁的酶,因其具有溶菌作用,故命名为溶菌酶。此后人们在人和动物的多种组织、分泌液及某些植物、微生物中也发现了溶菌酶的存在。随着研究的不断深入,发现溶菌酶不仅有溶解细菌细胞壁的种类,还有作用于真菌细胞壁的种类,同时对其作用机制也有了更进一步的了解。近几年,人们根据溶菌酶的溶菌特性,将其应用于医疗、食品防腐及生物工程中,特别是在食品防腐方面,用其代替化学合成的食品防腐剂,具有一定的潜在应用价值。

(一)溶菌酶的种类及作用机制

溶菌酶按其所作用的微生物不同分两大类,即细菌细胞壁溶菌酶和真菌细胞壁溶菌酶。细菌细胞壁溶菌酶有两种,一种是作用于β-1,4糖苷键的细胞壁溶解酶,另一种是作用于肽"尾"和酰胺部分的细胞壁溶解酶。真菌细胞壁溶菌酶包括酵母菌细胞壁溶解酶和霉菌细胞壁溶解酶。

溶菌酶广泛分布于自然界中,在人的组织及分泌物中可以找到,动物组织中也有,以鸡蛋清中含量最多。其他植物组织及微生物细胞中也有存在。根据来源不同,其性质及作用机制略有差异。

1.鸡蛋清溶菌酶

鸡蛋清溶菌酶占蛋清总蛋白的3.4%~3.5%,作为溶菌酶类的典型代表,它是目前重点研究的对象,也是了解最清楚的溶菌酶之一。它由18种129个氨基酸残基组成,具有4个S-S键,其相对分子质量为14000,最适pH为6~7。在pH为4~7范围,100℃处理1min不失活,是一种稳定的碱性蛋白质。

鸡蛋清溶菌酶能有效地水解细菌细胞壁的肽聚糖,其水解位点是N-乙酰胞壁酸(NAM)的1位碳原子和N-乙酰葡萄糖胺(NAG)的第4位碳原子间的β-1,4糖苷键。肽聚糖是细菌细胞壁的主要成分,它是由NAM、NAG和肽“尾”(一般是4个氨基酸)组成,NAM与NAG通过β-1,4糖苷键相连,肽“尾”则是通过D-乳酰羧基连在NAM的第3位碳原子上,肽尾之间通过肽“桥”(肽键或少数几个氨基酸)连接,NAM、NAG、肽“尾”与肽“桥”共同组成了肽聚糖的多层网状结构,作为细胞壁的骨架,上述结构中的任何化学键断裂,皆能导致细菌细胞壁的损伤。对于G^+细菌与G^-细菌,其细胞壁中肽聚糖含量不同,G^+细菌细胞壁几乎全部由肽聚糖组成,而G^-细菌只有内壁层为肽聚糖,因此,溶菌酶只能破坏G^+细菌的细胞壁,而对G^-细菌作用不大。

2. 人及哺乳动物溶菌酶

人的溶菌酶存在于眼泪、唾液、鼻黏液、乳汁等分泌液以及淋巴腺和白血球中,1mL眼泪中含7mg溶菌酶,1mL乳汁中含0.1~0.5mg溶菌酶。人溶菌酶由130个氨基酸残基组成,有4个S-S键,相对分子质量为14600,其溶菌活性比鸡蛋清溶菌酶高3倍。

对于哺乳动物溶菌酶,目前仅从牛、马、羊等动物的乳汁中分离出溶菌酶,其化学性质与人溶菌酶相似,但结构尚不清楚,其溶菌活性也远低于人溶菌酶约3000倍。人及哺乳动物溶菌酶的作用机制与鸡蛋清溶菌酶相同。

3. 植物溶菌酶

目前已从木瓜、无花果、芜菁、大麦等植物中分离出溶菌酶,其相对分子质量较大,约为24000~29100。植物溶菌酶对溶壁小球菌的溶菌活性不超过鸡蛋清溶菌酶的1/3,但对胶体状甲壳质的分解活性则是鸡蛋清溶菌酶的10倍。

4. 微生物产生的溶菌酶

人们从20世纪60年代发现微生物也产生溶菌酶,并且该领域的研究进展很快。目前微生物产生的溶菌酶大体上分以下5种:

(1) 内N-乙酰已糖胺酶,此酶同于鸡蛋清溶菌酶,破坏细菌细胞壁肽聚糖中的β-1,4糖苷键。

(2) 酰胺酶,切断细菌细胞壁肽聚糖中NAM与肽“尾”之间的N-乙酰胞壁酸-L-丙氨酸键。

(3) 内肽酶,使肽“尾”及肽“桥”内的肽键断裂。

(4) β-1,3葡聚糖酶、β-1,6葡聚糖酶和甘露聚糖酶,此酶分解酵母细胞的细胞壁。

(5) 壳多糖酶,这是分解霉菌细胞壁的一种溶菌酶。

(二)蛋清溶菌酶的制备

蛋壳加入水,在搅拌下加入36%的盐酸,室温浸泡80min,即可使壳膜分离。将蛋壳膜粉碎后,加1.5倍量0.5%的盐酸溶液,使pH为3.0,40℃下搅拌45min,过滤。滤渣再如上提取2次,合并两次滤液。将提取液调整pH至3.0,于沸水中迅速升温至80℃,立即搅拌冷却。用醋酸调整pH至4.6,促使卵蛋白在等电点沉淀,离心。清液以NaOH溶液调pH为6.0,加入清液体积一半的5%聚丙烯酸，搅拌后静置15min，除去上层浑浊液，得黏附于容器底的溶菌酶－聚丙烯酸凝聚物。

将上述凝聚物悬于水中，加碳酸钠溶液调整 pH 至9.5，使凝聚物溶解。加入聚丙烯酸用量1/25的50%氯化钙溶液，使溶菌酶解离。用2mol/L盐酸调 pH 为6.0，离心分离上清液，沉淀用硫酸处理后除去硫酸钙沉淀，回收聚丙烯酸。清液用NaOH溶液调 pH 至9.5，离心除去氢氧化钙沉淀，上清液加入NaCl至浓度为5%，静置结晶。粗结晶溶于 pH 为4.6的醋酸水溶液中，分离去不溶解物，进行再结晶。每1kg蛋壳膜可获再结晶产品近1g。

（三）溶菌酶的应用

溶菌酶作为一种存在于人体正常体液及组织中的非特异性免疫因素，具有多种药理作用，它具有抗菌、抗病毒、抗肿瘤的功效，目前日本已生产出医用溶菌酶，其适应症为出血、血尿、血痰和鼻炎等。

溶菌酶具有破坏细菌细胞壁结构的功能，以此酶处理 G^+ 细菌得到原生质体，因此，溶菌酶是基因工程、细胞工程中细胞融合操作必不可少的工具酶。

溶菌酶是一种无毒、无副作用的蛋白质，又具有一定的溶菌作用，因此可用作食品防腐剂。现已广泛应用于水产品、肉食品、蛋糕、清酒、料酒及饮料中的防腐；还可以添入乳粉中，使牛乳人乳化，以抑制肠道中腐败微生物的生存，同时直接或间接地促进肠道中双歧杆菌的增殖。此外，还可以利用溶菌酶生产酵母浸膏和核酸类调味料等。

目前实际应用的、业已商品化的是鸡蛋清溶菌酶。我国采用蛋厂鸡蛋壳中残留的蛋清为原料生产鸡蛋清溶菌酶，产品为白色、无臭结晶粉末，味甜。近年来，人们正研究用微生物发酵法生产溶菌酶，同时还采用酶修饰法先后合成了溶菌酶－环糊精和溶菌酶－半乳甘露聚糖，经过修饰后的溶菌酶不仅抗菌活性稳定，而且具有良好的乳化性能，应用于发酵饮料中防腐效果较好。此外，由于溶菌酶抗菌谱较窄，只对 G^+ 细菌起作用，为了加强其溶菌作用，人们常与甘氨酸、植酸、聚合磷酸盐等物质配合使用，以增强对 G^- 细菌的溶菌作用。

四、鱼精蛋白

鱼精蛋白是一种小而简单的蛋白质，含有大量氨基酸，存在于鱼的精子细胞中，通常从鲑、鳟、鲭等鱼中提取。鱼精蛋白对枯草杆菌、巨大芽孢杆菌、地衣形芽孢杆菌、凝固芽孢杆菌、干酪乳杆菌等有抗菌作用。鱼精蛋白在中性和碱性介质中有较高的抗菌能力，在 pH 6以下的酸性介质中比较弱，热稳定性也比较高，在210℃下加热90min仍有一定的活性。

在牛奶、鸡蛋、布丁中添加0.05%～0.1%的鱼精蛋白，能在15℃保存6d，而对照组（不添加鱼精蛋白）保存4 d就开始变质；在切面中添加同样量的鱼精蛋白，能保存3～5d，而对照组2d后就变质。鱼精蛋白若与甘氨酸等配合，抗菌效果更好，适用的食品防腐范围也更广。

第四节　加工设备与贮运环境消毒剂

食品加工车间的地面、墙壁以及空气环境都可能是微生物的侵染源，果蔬贮运的仓库、采收工具、果筐、果箱也都可能是微生物的侵染源，所以在使用之前都要进行消毒，食品工业常用的环境、工具的消毒剂见表4－15。

表 4-15 加工器具与环境的常用消毒药剂

品 种	使用方法、浓度	药效		
		细菌	芽孢	真菌
乙醇	70% ~80%	良	无作用	
酚类	0.5% ~3%	良	差	
次氯酸盐	浸果有效氯 50mg/kg 左右 仓库、设备消毒用 1000mg/kg	良	可	
洗必泰	0.02% ~0.1%	可	无作用	
季铵盐	1∶750	良	无作用	
甲醛	福尔马林 0.5 ~1mL/L	优	良	良
环氧乙烷	400 ~800mg/L	优	优	良
过氧乙酸	果、蔬、肉,0.04% ~0.1%溶液环境 $1g/m^3$	优	优	良
二氧化氯	30 ~100mg/kg	优	良	良

氯水、漂白粉、漂粉精、次氯酸钠溶液、臭氧等属于氧化性杀菌剂,在使用中均可释出原子态氧而杀菌。使用漂白粉可用 10%溶液,如用漂粉精,由于其有效氯含量高,用 5%左右的溶液即可。漂白粉和漂粉精的有效成分都是次氯酸钙,它吸收二氧化碳形成次氯酸再分解出原子态氧而杀菌。

二氧化硫为还原性杀菌剂,可强烈地抑制各种真菌,对酵母的作用较差。使用二氧化硫进行库房消毒是常用的方法,可用钢瓶装的二氧化硫,也可按每平方米燃烧 40 ~50g 硫磺而产生二氧化硫。

可用 1% ~2%的甲醛溶液在仓库墙面上喷洒,耗药量为 250 ~300mL/m^2。甲醛 2.5mL 加热水 2.5mL 混合后,再加高锰酸钾 25g,房间密闭 6 ~12h 后,可完成对种曲室等的环境消毒。

一、漂白粉

漂白粉又称氯化石灰,它是次氯酸钙、氢氧化钙、氯化钙等的混合物,其有效成分为次氯酸钙 $Ca(OCl)_2$。一般将有效氯含量为 24% ~37%的称为漂白粉。漂白粉中的次氯酸钙与盐酸作用即生成氯气:

$$Ca(OCl)_2 + 4HCl \rightarrow CaCl_2 + 2H_2O + 2Cl_2$$

漂白粉是由氯气与固体消石灰作用而制得。为白色或灰白色粉末,具氯臭,易溶于水,具吸湿性,易受水分、光、热等的作用而分解,易吸收空气中的二氧化碳。故漂白粉要求密封包装,在阴晾、干燥、通风的库房内单独存放,不能与酸、还原剂及油类等有机物接触。所谓漂白粉的有效氯即指加盐酸后所放出的氯量与样品量之比,也可理解为次氯酸钙量与样品量之比。

漂白粉不能加到食品中,只用于食品行业的容器、设备、水及蛋品表面的消毒。使用时可先按有效氯计算用量,在木器、陶瓷或搪瓷玻璃等容器中配制成有效氯含量为 10%左右的溶液,静置后取其上层清液,按不同用途配制消毒液。一般无油污的器具、设备,用有效氯为 0.1%左右的溶液即可。用于饮用水的消毒,根据我国饮用水水质标准规定:游离性余氯(用氯消毒时)出厂水 0.5 ~1.0mg/L,管网末梢不低于 0.05mg/L。

漂白粉的粉尘对皮肤、黏膜均有刺激作用,其分解产物氯气对人的皮肤和黏膜也有很强的作用:空气中含有700mg/kg(即2g/L)氯,人很快致死;人吸入含有20mg/kg 氯(即$60mg/m^3$)的空气15min 也会致命。我国工业企业设计卫生标准规定,车间空气中氯的最大允许浓度为$2mg/m^3$。漂白粉在使用浓度下未发现毒害问题。

二、次氯酸钠

次氯酸钠($NaClO$)又称次氯酸苏打。无水次氯酸钠极不稳定,分解时会发生爆炸。次氯酸钠溶液为无色至淡绿黄色液体,具氯臭,25℃以下较稳定,加热则迅速分解。工业上可将氯气通入冷的氢氧化钠或碳酸钠溶液而制得;少量制备时可在漂粉精溶液中加入计算量的碳酸钠,然后静置或过滤,所得清液即是次氯酸钠溶液。

次氯酸钠作为消毒剂,除可用于饮用水、蔬菜、水果的消毒外,还可用于食品生产设备、器具的消毒,但是它不能用于以芝麻为原料的食品生产过程。一般消毒可用有效氯0.1%左右的次氯酸钠溶液。用于饮用水消毒则要求符合饮用水水质标准的规定。12.5%有效氯含量的次氯酸钠溶液相当于每升含氯150g 的氯水。

次氯酸钠的杀菌活性来源于次氯酸,而次氯酸的含量直接与溶液的 pH 相关。pH 越高,次氯酸的含量越低,溶液越稳定;pH 越低,次氯酸含量越高,杀菌作用越强。次氯酸钠镕液应避光贮存,温度不超过25℃。

三、稳定态二氧化氯

稳定态二氧化氯在我国有氯宝、达奥赛、保尔鲜等多个商品名。所谓稳定态二氧化氯即将二氧化氯(ClO_2)稳定在水溶液或浆状物中,在常温下可保持数年而不失效,使用时加酸活化即可放出二氧化氯。

(一)二氧化氯的性质与制备

二氧化氯在常温、常压下为具有刺激性、爆炸性、腐蚀性的黄绿色至黄红色气体,沸点11℃,熔点-59℃,有强烈的氯臭,对光不稳定,经冷却压缩后可成为液体。二氧化氯易溶于水,在20℃约40kPa 压力下,每升水可溶解2.9g 二氧化氯,约比氯在水中的溶解度大5倍。二氧化氯溶于水,不与水发生化学反应,其溶液曝气后,二氧化氯即由水中逸出。二氧化氯水溶液受紫外光照射可分解,因此宜保存于低温暗处,活化后的稳定态二氧化氯溶液可在棕色瓶中或暗处保持2个星期左右。

二氧化氯的制备,在实验室可由亚氯酸钠或氯酸钾制备。亚氯酸钠与酸或氯反应均可生成二氧化氯,反应的化学方程式如下:

$$5NaClO_2 + 4HCl \rightarrow 4ClO_2 + 5NaCl + 2H_2O$$

$$2NaClO_2 + Cl_2 \rightarrow 2ClO_2 + 2NaCl$$

也可用草酸、甲醇、过氧化氢、连二硫酸钠等还原剂还原氯酸钾来制备二氧化氯。

(二)二氧化氯的杀菌作用与安全性

二氧化氯的杀菌机理目前尚不完全清楚。由于二氧化氯与水不发生化学反应,因此可以推断它在灭菌时也是以分子形式起作用,通过微生物膜到达其内部,将蛋白质氧化断裂,破坏微生物的酶系统,从而抑制和杀灭微生物。有的研究发现,二氧化氯能迅速抑制蛋白质合成,在投入二氧化氯几秒钟内,整个细胞中带有^{14}C标记的氨基酸即停止了蛋白质的合成,并且其抑制作用与二氧化氯的投入量成正相关。还有研究认为,它可使细胞内含硫基的酶失活,造成细胞代谢紊乱而致其死亡。

二氧化氯在应用中与氯气、次氯酸钙、次氯酸钠等相比,其特点是不发生氯代反应,因而不会生成三氯甲烷等有害物质,也不会与酚类物质作用而生成氯代酚类化合物。二氧化氯分解的最终产物是氯化钠和水,不产生任何有害的残留物。二氧化氯与次氯酸钠、过氧乙酸等相比,对设备的腐蚀性小,对皮肤、黏膜的刺激性小,稳定性好。

二氧化氯具有很好的除臭作用,它既可将具有臭味的含硫、含氮化合物氧化,又可消除产生臭气的根源。通常所说的臭气主要是硫化物如硫醇(R-SH)、硫醚(R-S-R)、硫化氢(H_2S)、硫化铵($(NH_4)_2S$)等;含氮化合物如甲胺(CH_3NH_2)、二甲胺($(CH_3)_2NH$)、三甲胺($(CH_3)_3N$)、乙胺($C_2H_5NH_2$)等。它们均可被二氧化氯氧化成无臭味的化台物,如二氧化氯可将硫化氢、二氧化硫氧化成SO_4^{2-}:

$$5SO_2 + 10OH^- + 2ClO_2 \rightarrow 5SO_4^{2-} + 2HCl + 4H_2O$$

硫醇可被二氧化氯氧化成磺酸:

$$6ClO_2 + 7OH^- + RSH \rightarrow 6ClO_2^- + RSO_3^- + 4H_2O$$

三甲胺可被二氧化氯氧化成二甲胺:

$$ClO_2 + H_2O + 2(CH_3)_3N \rightarrow CH_3COOH + 2(CH_3)_2NH + 2H^+ + ClO^-$$

二氧化氯为WHO指定的Al级安全消毒剂。它具有杀菌、消毒、除臭、漂白、保鲜、灭藻、除酚等多种作用。在食品工业中可用作消毒原料、保鲜、水处理及污水无害化处理等。二氧化氯对细菌(含芽孢杆菌)、病毒、霉菌、藻类都有迅速、彻底杀灭的作用。二氧化氯的消毒效果与HOCl相近,比OCl^-、NH_2C1、$NHCl_2$强得多。二氧化氯杀灭病毒的能力与杀灭细菌一样迅速有效。二氧化氯在消毒方面有以下特点:

(1)二氧化氯的消毒效果在pH6.0~10.0的范围内,不受pH升高的影响。

(2)用二氧化氯消毒后的器具或食物无须清洗即可使用或食用。

(3)至今无产生抗性菌的报道,因为至今尚未发现能抵抗氧化作用而不被杀灭的微生物。

关于二氧化氯的毒性,国内外进行了大量的实验,2g/100mL的稳定态二氧化氯的LD_{50}大于2.5g/kg体重(1987,EPA);我国广东省食品卫生监督检验所报告(1986),雄性小白鼠经口服LD_{50}为8.4mL/kg体重,雌性小白鼠经口服LD_{50}为6.8mL/kg体重。关于吸入毒性,Stillmeadow公司报道白鼠急性吸入LD_{50}大于5.75mg/kg体重(1000mg/kg二氧化氯气雾吸入)。实验证明,二氧化氯对高等动物细胞结构无影响,无致癌、致畸、致突变作用。

(三)二氧化氯的应用

二氧化氯可广泛用于食品工业,如用于食品加工设备、用具、原料、管道的消毒。若设备上有油腻,应先用热水冲洗,然后再用300~500mg/kg二氧化氯溶液消毒,也可用有效成分为二氧化氯的洗涤-消毒剂一次完成。

二氧化氯可用于水果、蔬菜的防腐保鲜,以防止褐变,消除贮藏环境中的乙烯而延缓后熟,并且消除贮藏环境中的臭气。用二氧化氯缓释剂进行香蕉、青椒等多种水果、蔬菜的防腐保鲜,均取得很好的效果。在蘑菇的栽培、运输与贮藏中均可用二氧化氯处理,可改善蘑菇的色泽，防止褐变。一般用量为10mg/kg。

使用40～50mg/kg的二氧化氯溶液浸泡刚捕获的对虾10～20min，然后加20mg/kg二氧化氯水溶液一起冰冻，可使对虾在7～10 d内保持原有的色、香、味。

我国GB 2760—2011《食品安全国家标准　食品添加剂使用标准》规定：二氧化氯作为防腐剂可用于水产品及其制品（包括鱼类、甲壳类、贝类、软体类、棘皮类等水产品及其加工制品）（限鱼类加工），最大使用量0.05g/kg。用于水果、蔬菜的防腐保鲜，最大使用量为0.01g/kg。

此外，使用1000mg/L的二氧化氯溶液对奶牛乳房、挤奶器、牛奶输送管道、贮缸等进行消毒，效果良好。牛奶场的其他工具使用40～80mg/L的二氧化氯溶液进行消毒即可。使用1000mg/kg的二氧化氯溶液洗涤家禽屠宰线，可除臭、灭菌。使用浓度为50mg/kg的二氧化氯溶液对餐具进行消毒浸泡1min，对埃希氏大肠杆菌、枯草杆菌的杀灭率均为100%。以二氧化氯为杀菌有效成分的洗涤－消毒剂，可使餐饮具的洗涤和消毒一次完成。使用1000mg/L的二氧化氯溶液喷雾进行环境空间消毒，可保持生产环境的灭菌状态。

将二氧化氯用于饮用水消毒，使用剂量为10～20mg/L，即可保证达到饮用水标准。使用二氧化氯作饮用水消毒有两大特点：一是不会发生用氯气消毒时由于氯代反应而产生致癌物——三氯甲烷；二是可有效地除去水中的异味。

第五节　水果、蔬菜采后常用的防腐剂

水果、蔬菜采后病害的防治是由采前病害防治发展而来，因此采后用药也都是采前用药的延伸。采后防腐处理的用药形式可根据情况而定，主要有浸果、涂蜡、熏蒸、烟熏或将防腐剂与包装材料相结合。并不是所有的采前用药均可延伸至采后使用，采前使用的为农药，采后使用的则为食品添加剂。即使是同一药剂，在质量标准上也不是完全一样。衡量一种杀菌剂能否用于采后防腐，除去杀菌剂毒性方面的因素外，还应考虑以下几点：

（1）果蔬采后病害对该杀菌剂的敏感性；

（2）药剂对果实表皮的通透力；

（3）果蔬对该种药剂的耐受性，这主要取决于药剂的有效和有害的剂量界限；

（4）该药剂对果蔬固有的色、香、味是否有损害。

现在使用的果蔬采后防腐剂可按其能否透过果实表皮而分为两类：一类是可以透过的，称为内吸性杀菌剂，另一类是不能透过的，称为非内吸性杀菌剂或保护性杀菌剂。TBZ等苯并咪唑类杀菌剂和抑霉唑等均为内吸性杀菌剂。SOPP等均为保护性杀菌剂。由于它们都是碱性物质，果实的伤口均显酸性，这就造成了伤口对药剂的特殊吸收能力，也就等于药剂自动在伤口处形成一个高浓度区，从而有效地保护了伤口。但由于它们无内吸性，所以若果实在施药后再出现伤口时仍会被侵染。这两类杀菌剂各有优缺点：内吸性杀菌剂可以保护果实在施药后再出现伤口时不被侵染，但由于它渗入果肉，所以残留量高；保护性杀菌剂不能保护果实在施药后再出现伤口时不被侵染，但由于药剂在果面上，食用前可以洗掉，因而残留量低。

目前我国应用的各种水果、蔬菜采后防腐剂主要为下列4大系列产品。

（1）仲丁胺系列产品：克霉灵、I#熏蒸剂、橘腐净、复方18号、敌霉烟剂等；

（2）TBZ系列产品：敌霉烟剂、特克多胶悬剂、特克多可湿粉等；

（3）二氧化硫系列产品：葡萄保鲜片等；

(4)二氧化氯系列产品:保尔鲜和各种二氧化氯缓释剂等。

仲丁胺是一种抑菌杀菌剂,低浓度可以抑制孢子萌发或使其畸形,从而延缓发病,高浓度即可杀死真菌孢子。它对细菌和酵母的效果很差。仲丁胺的特点是可以熏蒸,也可浸果,并可与多种药剂、蜡等配合使用。它在动物体内吸收快、代谢快、无积累,对苹果、柑橘、葡萄、蔬菜等均可使用。

多菌灵、TBZ(噻菌灵)、甲基托布津统称为苯并咪唑类杀菌剂,这是由于除甲基托布津外,它们都有苯并咪唑的基本化学结构。甲基托布津虽无此基本结构,但它进入植物体后要转化成多菌灵才起作用,所以将它也列入苯并咪唑类杀菌剂。这几种杀菌剂的主要特点是具有内吸性,不论在采前和采后施药均可透过果皮。因而不但能消灭果面上的孢子,并能防治在杀菌剂处理后形成的伤口再度被侵染。此类药剂的主要缺点是容易使菌体产生抗药性。

二氧化硫及几种亚硫酸盐很早就作为食品漂白剂、防腐剂使用,可熏蒸、浸果,也可作成不同形式的缓释剂(如市售的保鲜片)。在应用中应注意二氧化硫可使一些果蔬颜色消退,其中以花青素最明显,类胡萝卜素次之。长期以来一直认为二氧化硫对所有的消费者都是无害的,但自 1981 年以来 Barer 等人注意到二氧化硫可使一部分哮喘病人诱发哮喘,所以在 1985 年 FASEB 重新评价了二氧化硫的安全性。现在看来,决定二氧化硫在果蔬中可否应用,必须以低残留的二氧化硫的安全性为前提。从我国的报道来看,用二氧化硫熏蒸贮藏葡萄的二氧化硫残留量约为 4mg/kg,这是否能引起危害有待研究确定。

二氧化氯为 WHO 指定的 A1 级安全消毒剂,用于果蔬保鲜,已经在香蕉、柿子、青椒等多种水果、蔬菜上试验,与保鲜袋配合使用效果良好。

我国 GB 2760—2011《食品安全国家标准　食品添加剂使用标准》规定:仲丁胺、联苯醚、2-苯基苯酚钠、4-苯基苯酚、乙氧基喹、二甲基二碳酸盐、桂醛、乙萘酚、2,4-二氯苯氧乙酸、稳定态二氧化氯等可用于水果、蔬菜采后防腐保鲜处理。

一、仲丁胺

仲丁胺为无色、具氨臭、易挥发的液体,具有旋光性。工业品为外消旋体,强碱性,可与水、乙醇任意混溶,沸点 63℃,d_4^{15} 为 0.729,折光率 n_D^{20} 为 1.3940,饱和蒸气压为 7.498kPa(4.5℃),p*K*a 为 10.56(25℃水溶液)。仲丁胺的分子式为:

$$\begin{array}{c}\quad\ \ NH_2\\ \quad\ \ |\\ CH_3—CH—CH_2—CH_3\end{array}$$

仲丁胺的毒性:大鼠经口 LD_{50} 为 660mg/kg 体重,最大无作用剂量 MNL,大鼠为 63mg 仲丁胺醋酸盐/$(kg \cdot d^{-1})$[相当于 35mg 仲丁胺/$(kg \cdot d^{-1})$];狗为 125mg 仲丁胺醋酸盐/$(kg \cdot d^{-1})$[相当于 69mg 仲丁胺/$(kg \cdot d^{-1})$]。ADI 为 0~0.1mg/kg 体重(暂定)。

仲丁胺进入人体后可迅速被胃肠道吸收,并广泛分布于肌肉、肝、肾、脂肪等组织中。仲丁胺在狗体内经氧化脱氨而形成丁酮,主要经尿排出体外,也就是说它不经肝脏代谢。仲丁胺可迅速被排出体外,并且有良好的水溶性,故无蓄积作用。由上述可见,吸收快、代谢快、无蓄积是仲丁胺在动物体内代谢的重要特点。

仲丁胺及其衍生物均不可添加于加工食品中,只在水果、蔬菜贮藏期作防腐使用。仲丁胺及其盐类对霉菌均有很好的抑菌、杀菌作用,但对细菌、酵母效果不佳。仲丁胺在使用中的一个重要特点就是其熏蒸性，即使在低温（如0℃）和低浓度（如含量为1%）下也具有足够的蒸气压而起到熏蒸作用。仲丁胺的一些盐类在熏蒸的控制释放方面有重要意义，在干燥条件下它们是稳定的。水和酸是它们释放仲丁胺的启动剂，这两个条件在水果、蔬菜环境中是完全具备的，所以这样的熏蒸剂使用起来非常方便。

仲丁胺在使用中的另一个重要待点就是能与其他防腐剂的配合性和制剂、剂型的多样性。仲丁胺及其衍生物可与多种杀菌剂、抗氧剂、乙烯吸收剂等配合使用，而起到互补和增效的作用。仲丁胺及其衍生物自身或与其他药剂配合可制成乳剂、油剂、烟剂、蜡剂、固体熏蒸剂等各种剂型，也可加到塑料膜、包果纸、包装箱中做成防腐包装。市售的保鲜剂克霉灵、橘腐净、复方18号防腐保鲜剂、敌霉烟剂、1#固体熏蒸剂、加药塑料膜单果包装袋等均为以仲丁胺或其衍生物为主要有效成分的保鲜剂。

表4－16、表4－17所示为几种仲丁胺制剂对柑橘、苹果的采后防腐保鲜效果。

表4－16　敌霉烟剂对柑橘的贮藏效果

处理	年份	贮藏期/d	好果率/%	失水率/%	干瘪率/%	病理性腐烂率/%
敌霉烟剂＋大帐	1992	116	87.7	12.0	0	0.3
	1993	91	62.0	7.5	0	2.0
	1995	94	94.6	3.5	0	1.0
洁尔鲜＋小包装	1992	116	92.3	4.4	0	0
	1993	91	83.9	8.6	0	7.4
	1995	94	80.8	1.2	0	12.0
CK	1992	116	66.6	0.3	—	0.3
	1993	91	42.5	12.1	22.0	12.1
	1995	94	67.1	1.3	16.8	1.3

注：根据浙江省农科院园艺所资料整理。

表4－17　复方18#保鲜剂在小国光苹果贮藏中的防腐及防虎皮病的效果

	年份	供试果量/kg	腐烂率/%	失重/%	虎皮率/%	好果率/%	出库时间/d
复方18#药液	1988	500	0.2	0.5	0	99.3	3.25
浸果＋塑料袋		500	1.2	1	1	96.9	5.2
小包装	1989	500	0	0.6	0	99.4	3.30
		500	1	1.1	0.8	97.1	5.4
不用药，	1988	50	13.4	0.4	2	84.2	3.25
塑料袋		50	23.2	1.1	36	39.7	5.2
小包装	1989	50	12	0.5	2.6	84.9	3.20
		50	25	1.2	35	38.8	5.4

注：根据山东省沂源县农业局资料整理。

二、联苯

联苯又称联二苯，纯品为无色片状结晶，具特臭。熔点69～71℃，沸点254～255℃，折光率n_D^{77}为1.588，相对密度为1.041。微溶于水，对水溶解度为0.0075g/L(25℃)。易溶于醚、苯及烃。具有升华性，20℃时的蒸气压为0.73Pa，相当于联苯在空气中的质量浓度为4.7×10^{-2}mg/L。

作为防腐剂，日本《食品添加物公定书》(1986)规定其技术指标为：含量98%～102%，重金属(以Pb计)小于20μg/g，萘及其衍生物试验正常。

联苯的毒性：大鼠经口LD_{50}为3300～5000mg/kg体重，ADI为0～0.05mg/kg(FAO/WHO，1985)。大白鼠、兔和狗对联苯的代谢是将体内的联苯转化为4－羟基联苯和其他羟基联苯及联苯葡萄糖醛酸，所有这些物质均可随尿排出。当摄入高剂量的联苯，即饲料中含有0.5%或者500mg/kg体重时，在粪便中发现存在没有变化的联苯。

联苯只用于柑橘类水果的贮藏期防腐。我国台湾省《食品添加剂使用范围及用量标准》(1986)规定联苯可用于葡萄、橘子，使用限量为0.07g/kg。日本《食品卫生法规》规定联苯可用于朱栾、柠檬、橙类，最高残留量为0.07g/kg，并规定用于贮藏运输中只许加入用联苯浸润的纸片，不得作其他使用。《美国食品法规》(1979)规定，用于水果，联苯的最大使用量为70mg/kg。FAO/WHO规定用于柑橘，联苯的最高残留限量为110mg/kg。一般来说，水果中联苯的浓度超过50mg/kg时才能测出其残留量。

联苯的使用方法一般是将其吸附在水果的包装材料中，如包果纸、果箱、果箱内的隔板等，用量为1～5g/m^2，靠联苯的熏蒸作用来防腐。我国在20世纪70年代以前，在柑橘的贮藏中曾使用联苯，现在已很少使用。它在使用中的主要问题是若使用剂量大了，会影响果实的口味，即使使用剂量不大，在柑橘出库前也要先翻晾通风，以去除联苯的气味。

联苯的抑菌作用机理为它能部分地抑制微生物体内胡萝卜素的合成。由于联苯对水溶解度很小，所以很难测定它的最小抑菌浓度。当它在空气中的浓度达到0.08mg/L时，即能抑制意大利青霉和指状青霉的生长，但对柑橘的褐腐病菌，链格孢均无效。联苯对霉菌主要是抑制作用，开始时联苯蒸汽可以使其停止生长，但经过一段时间后还可继续生长。

三、邻－苯基苯酚(钠)

邻－苯基苯酚又称邻－羟基联苯、连苯酚、OPP等。纯品为白色或淡黄色片状结晶，熔点为55.5～57.5℃，沸点为280～284℃(101.3kPa)，152～154℃(2.0 kPa)。微溶于水，溶解度为0.7g/L(25℃)。可溶于碱和芳香烃卤代烃等有机溶剂。

邻－苯基苯酚钠又称连苯酚钠、2－苯基苯酚钠、OPP－Na及SOPP等。纯品为白色至淡黄色片状结晶，易溶于水，几乎不溶于油脂，每100g不同溶剂中2－苯基苯酚钠的溶解度为：水122g，丙酮156g，甲醇138g，甘油28g。邻－苯基苯酚钠水溶液的pH在12.0～13.5之间。邻－苯基苯酚和邻－苯基苯酚钠的化学结构式如下：

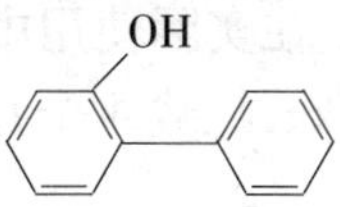

OH

邻－苯基苯酚

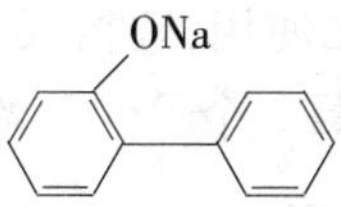

ONa

邻－苯基苯酚钠

邻－苯基苯酚的毒性：大鼠经口LD_{50}为2700～3000mg/kg体重，猫经口LD_{50}为500mg/kg

体重。ADI 为 0 ~ 0.2mg/kg（WHO/FAO,1994）。邻－苯基苯酚在大白鼠体内的代谢可部分地转化为2,5－二羟基联苯,邻－苯基苯酚和2,5－二羟基联苯均可随尿排出。据日本东京都卫生所发现,邻－苯基苯酚对实验动物有明显的致膀胱癌作用。

邻－苯基苯酚只作水果贮藏期用防腐剂,主要用于柑橘等的贮藏防腐。它既能抗霉菌,又能抗细菌。其抗菌机理为:在5mg/kg以上就能抑制微生物中的胡萝卜素的合成;对微生物细胞壁具有非特异性的变性反应,可抑制细胞中的NAD－氧化酶。

邻－苯基苯酚的一个重要特点是它与苯甲酸、山梨酸等酸性防腐剂不同,这些防腐剂的抗菌作用随介质pH的升高而降低,也就是说它们主要是以分子态起作用。而邻－苯基苯酚的抗菌作用是随pH的升高而增强,即它的离子态的抗菌作用比分子态更好。

2－苯基苯酚钠盐主要用于柑橘贮藏期防腐。前面已提到邻－苯基苯酚在碱性条件下的抗菌作用增强,并且溶于水,因此在实际使用中多使用2－苯基苯酚钠盐。2－苯基苯酚钠盐是强碱弱酸盐,溶于水后可发生水解反应,从而建立起2－苯基苯酚钠盐与2－苯基苯酚阴离子的平衡,即:

$$\text{SOPP} \longleftrightarrow \text{OPP}^-$$

这个平衡的建立,不但由于生成了 OPP^- 而增强了药效,并且对果皮伤口的保护具有重要意义。果皮伤口是菌侵染的部位,而果皮伤口部分一般酸性较强,这样就等于在药液内 OPP^- 能选择性地向果皮伤口集中,从而有效地保护果皮伤口。

我国 GB 2760—2011《食品安全国家标准　食品添加剂使用标准》规定:用于柑橘保鲜,2－苯基苯酚钠的最大使用量为0.95g/kg,残留量应小于等于12mg/kg。

四、乙氧基喹

乙氧基喹亦称虎皮灵、抗氧喹。由于它可防治苹果贮藏期的虎皮病而得此名。化学结构式如下:

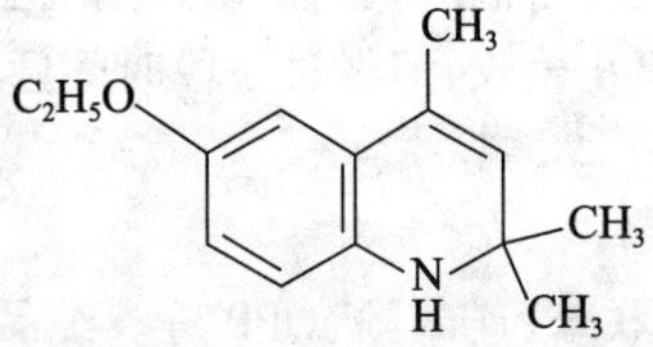

CH_3　C_2H_5O　CH_3　N H　CH_3

乙氧基喹除作食品、饲料防腐剂和抗氧剂外,也可用于苹果、梨等贮藏期防治虎皮病。乙氧基喹用于水果贮藏可单独使用,也可与其他药剂(如防腐剂等)混合使用。使用方法可浸果,也可熏蒸。将乙氧基喹配成乳液,药液中乙氧基喹浓度为2000 ~ 4000mg/kg,水果用此药液浸后贮藏;将乙氧基喹加到纸上制成包果纸,或加到聚乙烯中制成加药塑料膜单果包装袋,或加到果箱隔板等处,借其挥发性而起到熏蒸作用。

我国 GB 2760—2011《食品安全国家标准　食品添加剂使用标准》规定:乙氧基喹用于苹果保鲜可按生产需要适量使用,残留限量为1mg/kg。在实际使用中,若用4000mg/kg乙氧基喹乳液浸红香蕉苹果,贮藏2个月的残留量为0.7mg/kg;贮藏4个月为痕量;贮藏6个月后未检出。

思考题

1. 食品腐败的因素有哪些?
2. 简述食品防腐剂的概念。
3. 合成类食品防腐剂的性质及使用方法和范围。
4. 天然食品防腐剂的性质及使用方法和范围。

第五章　食品抗氧化剂

本章学习目的与要求

熟悉食品抗氧化剂的定义、分类和安全使用。了解抗氧化剂的作用原理，掌握合成抗氧化剂和天然抗氧化剂的用途和使用方法。

第一节　概述

食品在贮存运输中除了由微生物作用发生腐败变质外，氧化是导致食品品质变劣的又一重要因素。食品中的油脂及脂溶性成分如维生素、类胡萝卜素等与氧接触后发生氧化反应，出现酸败、褪色、产生异味等现象，不但降低了食品质量和营养价值，氧化酸败严重时甚至会产生有害物质，误食这类食品有时甚至会引起食物中毒，危及人体健康。使用抗氧化剂能有效减缓食品在加工贮藏过程中出现的这种氧化变质。

目前我国允许使用的抗氧化剂有以下几种：丁基羟基茴香醚（BHA）、二丁基羟基甲苯（BHT）、没食子酸丙酯（PG）、异抗坏血酸及其钠盐、茶多酚、植酸、特丁基对苯二酚、甘草抗氧化物、抗坏血酸钙、磷脂、抗坏血酸棕榈酸酯、硫代二丙酸二月桂酯、4－乙基间苯二酚、抗坏血酸（维生素 C）、迷迭香提取物、维生素 E、二氧化硫、抗坏血酸钠、羟基硬脂精、乳酸钙、乳酸钠、山梨酸及其钾盐、乙二胺四乙酸二钠、乙二胺四乙酸二钠钙、竹叶抗氧化物。

一、食品抗氧化剂的定义

抗氧化剂是添加于食品后阻止或延缓食品氧化，提高食品质量的稳定性和延长贮藏期的一类食品添加剂，主要用于防止油脂及富脂食品的氧化酸败，以及由氧化所导致的褪色、褐变、维生素破坏等。具有抗氧化作用的物质很多，但食品抗氧化剂应该具备如下特点：

（1）安全卫生，抗氧化剂本身及分解产物都无毒无害，便于分析和检测；

（2）对食品的感官性质不产生明显的影响，能够与食品共存，性能稳定；

（3）抗氧化效果良好，低浓度有效，使用方便，价格合理。

二、食品抗氧化剂的分类

目前对食品抗氧化剂的分类还没有统一的标准，由于分类依据不同，就会产生不同的分类结果。

（一）按来源分类

抗氧化剂按来源分为天然抗氧化剂和合成抗氧化剂两类。天然抗氧化剂有时也称为生物抗氧化剂，主要是指在生物体内合成的具有抗氧化作用或诱导抗氧化剂产生的一类物质，如植物体内的多酚类物质、黄酮类物质等，微生物细胞产生的类胡萝卜素、维生素类物质等。

(二)按溶解性分类

油溶性抗氧化剂,常用的有丁基羟基茴香醚(BHA)、二丁基羟基甲苯(BHT)和没食子酸丙酯(PG)等人工合成的油溶性抗氧化剂;混合生育酚浓缩物及愈创树脂等天然的油溶性抗氧化剂。水溶性抗氧化剂,包括抗坏血酸及其钠盐、异抗坏血酸及其钠盐等人工合成品,从米糠、麸皮中提制的天然品植酸即肌醇六磷酸。兼溶性抗氧化剂:硫辛酸(alpha lipoic acid)、抗坏血酸棕榈酸酯等。

(三)按作用方式分类

按作用方式可分为自由基吸收剂、金属离子螯合剂、氧清除剂、过氧化物分解剂、酶抗氧化剂、紫外线吸收剂或单线态氧淬灭剂等。

三、食品抗氧化剂的作用机理

由于抗氧化剂种类较多,抗氧化的作用机理也不尽相同,比较复杂,存在着多种可能性。归纳起来,主要有以下几种:

(一)自由基吸收剂

阻断脂质氧化的最有效的手段是清除自由基。如果一种物质能够提供氢原子或正电子与自由基进行反应,使自由基转变为非活性的或较稳定的化合物,从而中断自由基的氧化反应历程,达到消除氧化反应的目的,该物质即为自由基吸收剂。提供氢原子的形式有两种:一种是向已被氧化脱氢的脂质自由基提供氢,使其还原到脂质的原来状态,从而阻止脂质的继续氧化:

$$AH_2 + R\cdot \rightarrow AH\cdot + RH$$

另一种是向过氧化自由基提供氢而使之成为氢过氧化物,终止由过氧化自由基向未氧化的脂质的自由基传导,从而阻止脂质的自动氧化过程:

$$AH_2 + ROO\cdot \rightarrow AH\cdot + ROOH$$

AH·还可进一步与ROO·或R·结合而进一步提供氢:

$$AH\cdot + ROO\cdot(R\cdot) \rightarrow A\cdot + ROOH(RH)$$

自由基A·可结合成稳定的二聚体,或与ROO·等结合成稳定的二聚体:

$$A\cdot + A\cdot \rightarrow A_2$$

$$A\cdot + ROO\cdot \rightarrow ROOA$$

多数抗氧化剂(如BHA、BHT、PG、TBHQ、生育酚等酚类抗氧化剂)都是有效的自由基吸收剂,向脂肪自由基提供氢以后还能成为比较稳定的半醌杂化物,并进一步与过氧化自由基结合成相对稳定的产物:

[Chemical structure: semiquinone radical (O·, OH) ⇌ cyclohexadienone (O, OH) + ROO· ⟶ cyclohexadienone with HO and OOR]

（二）氧清除剂

氧清除剂是通过除去食品中的氧而延缓氧化反应的发生，常用的有抗坏血酸、抗坏血酸棕榈酸酯、异抗坏血酸（钠）以及酚类物质等。当抗坏血酸作为氧清除剂时必须为处于还原态，反应后被氧化成脱氢抗坏血酸。在含油食品中抗坏血酸棕榈酸酯的溶解度较大，抗氧化活性更强，而在顶部空间有空气存在的罐头和瓶装食品中，抗坏血酸清除氧的活性很强。当抗坏血酸与自由基吸收剂结合使用时抗氧化效果更好。

（三）单线态氧淬灭剂

β－胡萝卜素是有效的单线态氧淬灭剂，因而能起抗氧化剂的作用，其反应式为：

$$^{1}O_2+\beta\text{－胡萝卜素}\rightarrow{}^{3}O_2+\beta\text{－胡萝卜素}$$

β－胡萝卜素在低氧条件下是有效的抗氧化剂，因其在低氧时能迅速与过氧化自由基反应，生成一个共振稳定的碳中心自由基，而不生成单线态氧：

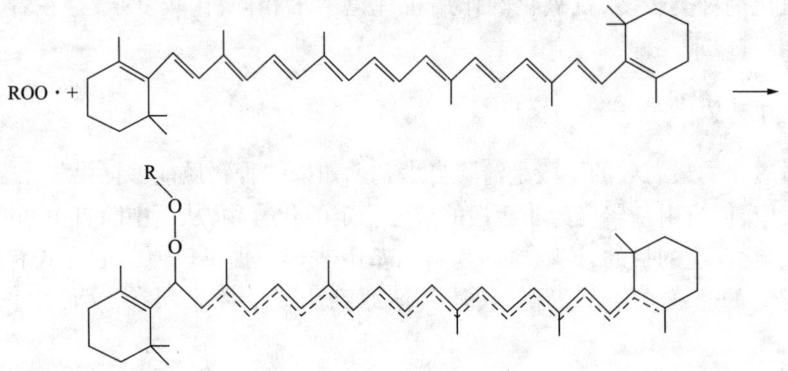

ROO · + [β－胡萝卜素结构式] →

[ROO－加成的碳中心自由基结构式]

但在氧浓度较高，特别是在高于 5×10^{-4} mol/L 时，β－胡萝卜素失去抗氧化活性，并且显示一种自动催化过氧化反应的能力。

（四）过氧化物中断剂

硫代二丙酸二月桂酸酯等能够与过氧化物结合并裂解为新的稳定化合物：

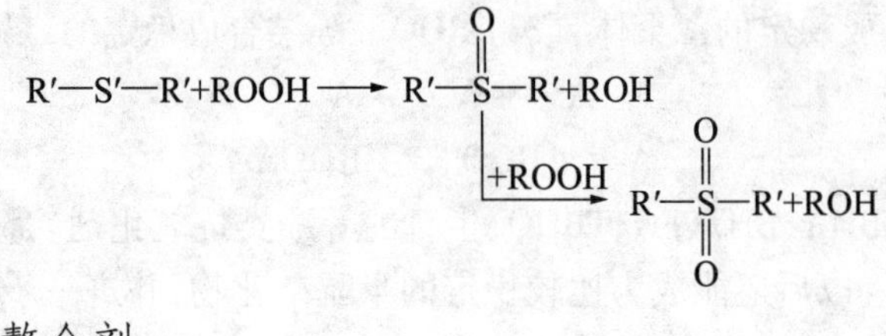

$$R'{-}S'{-}R'+ROOH\longrightarrow R'{-}\overset{O}{\overset{\|}{S}}{-}R'+ROH$$

$$\xrightarrow{+ROOH} R'{-}\underset{O}{\underset{\|}{\overset{O}{\overset{\|}{S}}}}{-}R'+ROH$$

（五）金属离子螯合剂

金属离子是一种很好的助氧化剂，因此，螯合金属离子就成为一种抗氧化的有效手段。在食品抗氧化中广泛使用的金属离子螯合剂有 EDTA、柠檬酸、植酸、磷酸、多磷酸盐等。EDTA能与所有的过渡金属离子生成热力学稳定的螯合物，其分子上有 6 个给电子原子，有很大的螯合能力。柠檬酸的螯合能力比 EDTA 相对较弱，但它还具有抑制脂类化合物氧化酸败的效果，而且其溶解性能远高于 EDTA,因此其实际抗氧化效果非常良好。植酸和磷酸的分子形态同样赋予了它们螯合金属离子的能力,多磷酸盐也具有良好的络合金属离子能力,在磷酸盐残基数为 2 ~6 范围内,络合能力随残基数增加而提高,但磷酸盐则基本无效。

当两种抗氧化剂混合使用时的抗氧化的效果比单独一种抗氧化剂好,此时功效低的抗氧化剂就成为增效剂。增效剂的确切作用是辅助抗氧化剂发挥更强的功效,金属离子螯合剂、过氧化物分解剂都属于增效剂。

(六)甲基硅酮和甾醇抗氧化剂

甲基硅酮对氧显示出一种稳定的惰性,它可以在食品表面形成一层物理阻隔,阻止氧从空气透入油相,抑制表面层的氧化作用;当表层发生氧化反应时,甲基硅酮可作为化学抗氧化剂抑制自由基的传递。实验证明,当甲基硅酮浓度仅有 0.03mg/kg 时便能有效地抑制油炸食物油的氧化酸败。

甾醇又称固醇,根据来源可将其分为动物甾醇和植物甾醇两类。谷甾醇广泛存在于稻谷、小麦、玉米等植物中,毛糠油中含甾醇 2.17% 左右,其主要成分是 β - 谷甾醇。其结构特征为:C-10 和 C-17 上连有角甲基,C-17 上连有 8 ~10 个碳原子的侧链,C-3 羟基一般为 β 型,有的分子可含有 1 ~3 个烯键。

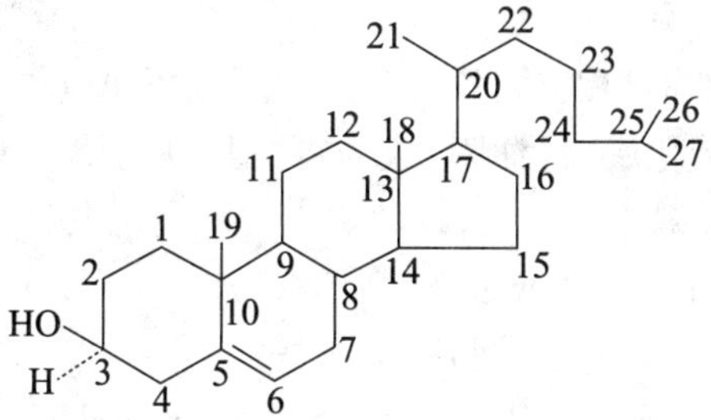

甾醇的抗氧化作用是由于侧链上的丙烯基能给出一个氢原子,自身异构化成一个稳定的丙烯基自由基(下图中 N 代表甾醇环):

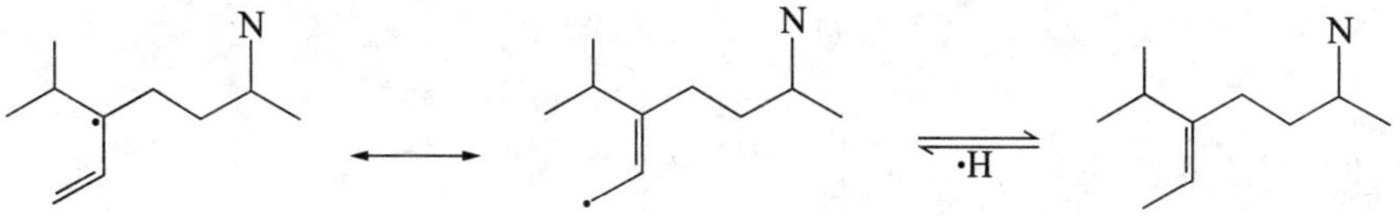

(七)抗氧化酶类

生物体内存在着多种抗氧化酶类,分布广、活性高、稳定性好的是超氧化物歧化酶(SOD),该酶能有效催化超氧阴离子自由基的转化:$2O_2^- \cdot + 2H^+ \rightarrow H_2O_2 + {}^3O_2$

过氧化氢酶的作用则是催化过氧化氢生成水和氧。

四、油脂的氧化机理

(一)油脂的氧化过程

脂类化合物分子虽然不能直接与基态的氧分子反应,但是含有不饱和脂肪酸的油脂容易受到光、热和可变价金属(铁、铜、锰、铬等)的催化形成过氧化物、氢过氧化物等中间物。一般脂类的氧化首先在易活化的不饱和双键的 α - 亚甲基上失去氢原子,然后被氧化成脂肪自由基,再形成过氧化自由基。过氧化自由基把能量传导给未氧化的脂肪,形成氢过氧化物和脂肪自由基,并连续反应下去,从而使脂肪不断氧化。

$$\left(-\mathrm{C}-\overset{\mathrm{H}}{\underset{\mathrm{H}}{\mathrm{C}}}-\mathrm{C}=\mathrm{C}-\mathrm{C}-\right)\xrightarrow[\mathrm{O_2}]{-\mathrm{H}\cdot}\left[-\mathrm{C}-\overset{\mathrm{H}}{\underset{\cdot}{\mathrm{C}}}-\mathrm{C}=\mathrm{C}-\mathrm{C}-\right]\xrightarrow{+\mathrm{O_2}}$$

脂肪　　　　脂肪自由基

$$\left(-\mathrm{C}-\overset{\mathrm{H}}{\underset{\mathrm{O-O\cdot}}{\mathrm{C}}}-\mathrm{C}=\mathrm{C}-\mathrm{C}-\right)\longrightarrow\left(-\mathrm{C}-\overset{\mathrm{H}}{\underset{\mathrm{O-OH}}{\mathrm{C}}}-\mathrm{C}=\mathrm{C}-\mathrm{C}-\right)+\left[-\mathrm{C}-\overset{\mathrm{H}}{\underset{\cdot}{\mathrm{C}}}-\mathrm{C}=\mathrm{C}-\mathrm{C}-\right]$$

过氧化自由基　　　　氢过氧化物　　　　脂肪自由基

上述反应简写为:

$$\mathrm{RH}\xrightarrow{-\mathrm{H}\cdot}\mathrm{R}\cdot\xrightarrow{+\mathrm{O_2}}\mathrm{ROO}\cdot\xrightarrow{\mathrm{RH}}\mathrm{ROOH}+\mathrm{R}\cdot$$

(二)激发油质氧化的因素

可变价金属离子(尤其是铜和铁)因具有合适的氧化还原电位,是一种很好的助氧化剂,即使浓度低至0.1mg/kg 仍能催化底物(油脂)成为自由基,从而缩短抗氧化的诱导期。油脂中的金属离子可来自加工设备、叶绿素中的镁、各种酶中的金属辅基以及肌红蛋白中的铁等。金属离子的催化作用可表现为以下 3 个方面:

(1)金属离子直接与油脂作用,生成脂肪自由基:

$$M^{n+}+RH\rightarrow M^{(n-1)+}+R\cdot+H^+$$

(2)金属离子使氧分子活化成单线态氧或过氧化自由基:

$$M^{n+}+O_2\rightarrow M^{(n+1)+}+O_2^-$$

$$O_2^- - e\rightarrow {}^1O_2$$

$$\text{或 } O_2^-+H^+\rightarrow HOO\cdot$$

(3)加速氢过氧化物的分解,并成为自由基的主要来源:

$$ROOH+M^{n+}\rightarrow RO\cdot+OH^-+M^{(n+1)+}$$

$$ROOH+M^{(n+1)+}\rightarrow ROO\cdot+H^++M^{n+}$$

这两个反应可循环发生,而且只要有极微量的金属离子即可产生自由基,但在水中不能发生。因此,去除金属离子对油脂的抗氧化非常重要。

各种金属离子的催化氧化的能力并不相同,将猪油在 98℃下缩短 50% 贮存保质期所需的金属浓度分别为:铜 0.05mg/kg,铁和镁 0.6mg/kg,铬 1.2mg/kg,镍 2.2mg/kg,钒 3.0mg/kg,锌 19.5mg/kg,铝 50.0mg/kg。

除金属离子的催化作用之外,物料温度每升高 10℃,氧化反应速率就提高一倍;紫外线是氧化作用的强激化剂和催化剂;碱性条件和碱土金属离子能催化自由基氧化;油脂的不饱和度愈高愈容易氧化;体系中氧含量愈高愈容易促进氧化。

表 5-1 主要食用油脂及其相对氧化速度

油脂种类	不饱和脂肪酸含量/%						平均不饱和度	相对氧化速度
	16:1	18:1	18:2	18:3	20:1	22:1		
菜籽油	0.1	50	40	14	2	2	176.1	734
可可脂	0.2	34.7	3.3				41.5	67.9
椰子油	0.5	6.5	1.2				9.4	19
棕榈仁油	0.5	15	2				19.5	35.5
棕榈油		39	9.5				58	134
玉米油	0.5	35	50	2	0.5		142	576
大豆油	0.5	24.5	53	7.5	1	0.1	154.6	706
红花籽油	0.5	24.5	76.5	1.5	0.5		183	820.5
橄榄油	0.6	73.8	11.1				96.6	185
花生油	1	54	29	2	1.3	0.1	120.4	387.3
棉籽油	1.5	28	51	1.1	0.5	0.5	135.8	532.5
猪油	3.3	48	9.5	2	1		77.3	187
牛脂	4.7	38	2.7	2.5	0.5		56.1	120

(三)油脂氧化的终结和分解

氢过氧化物作为脂类自动氧化的主要初期产物,经过许多复杂的分裂和相互作用,最终形成有油脂酸败特征的醛、酮、醇、碳氢化合物、环氧化物及酸等低分子物质,是产生酸败和劣味的主要物质;也可经聚合作用生成深色的、有毒副作用的聚合物,对人体产生不良影响,同时也会促使色素、香味物质等被氧化。

脂类化合物的自由基(RO·和ROO·)具有较高能量,不但能与脂肪分子发生有效碰撞产生新的自由基,也可以在自由基之间发生碰撞,而两种自由基结合的活化焓很低。在反应初始阶段,由于自由基的浓度很低,两种自由基之间发生碰撞的概率并不高,而且自由基之间的碰撞需要有一定的方向,所以自由基之间的碰撞结合不是主要过程。随着反应的进行,自由基的数量增加,自由基之间的碰撞机会不断增多,最终因自由基的碰撞结合而导致反应终结。

$$ROO\cdot + ROO\cdot = ROOR + O_2$$

$$ROO\cdot + R\cdot = ROOR$$

油脂自动氧化的简单图示如图 5-1 所示。

五、食品酶促氧化褐变的抑制

酶促氧化褐变是食品中酚氧化酶催化酚类物质发生氧化形成醌及其聚合物的一类反应。由于反应生成了黑色素类物质,使食品的颜色加深,从而影响了食品的外观质量。

发生酶促氧化褐变需要 3 个条件:①酚氧化酶;②氧;③适当的酚类物质,这 3 个条件缺一

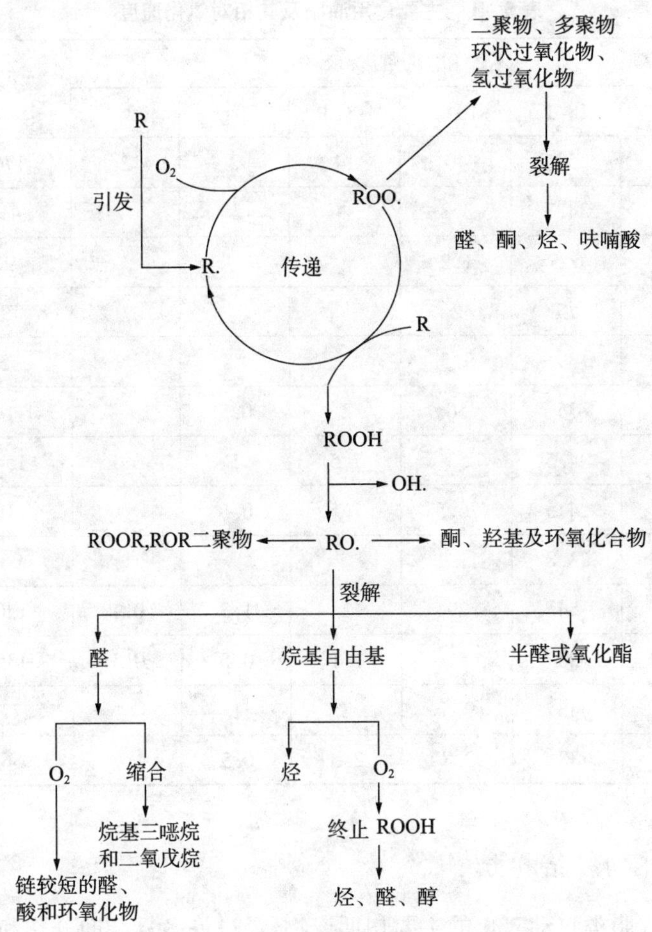

图5-1　油脂自动氧化的综合示意图

不可。因此抑制食品酶促氧化褐变便可从这3个条件考虑。由于从食品中除去酚类物质的可能性较小,可以采用的主要措施就是破坏和抑制酚氧化酶的活性及消除氧。若在食品中添加适量的抗氧化剂,通过还原作用,消耗掉食品体系中的氧,就可起到防止食品的酶促氧化褐变。

六、食品抗氧化剂的使用原则

(一)使用食品抗氧化剂的时机

食品抗氧化剂只能阻碍氧化作用,延缓食品氧化酸败开始的时间,如果食品已经开始氧化酸败,再添加抗氧化剂则基本无效。因为油脂氧化的产生是一自发反应,诱发这一过程产生的时间一般较长,抗氧化剂的作用之一是终止这些诱发的因素,有效阻断链式反应的开始,而当氧化已经开始,自由基的链式传导已很难终止,再怎么增大抗氧化剂的用量也无济于事,而且还会适得其反,因为抗氧化剂自身是易被氧化的物质,反而会加剧油脂的氧化。

此外,油脂在用于煎炸食品时,由于热氧化、蒸发、煎炸材料的吸附等原因,存在着抗氧化剂损失的问题,导致煎炸油的稳定性下降。因此,抗氧化剂在煎炸后再向制品中添加是比较合理的方法。

(二)正确使用一些增效剂

如前所述,增效剂本身没有抗氧化效果或效果极小,但与抗氧化剂混合使用时,其抗氧化效果要比单独使用一种抗氧化剂好,有增效甚至相乘的功效。如在酚类抗氧化剂中加入酸性抗氧化剂能明显地增加抗氧化作用的效果;金属离子螯合剂如柠檬酸、酒石酸、磷酸、氨基酸等也是有效的增效剂。

(三)原料与包装的选择

(1)除去食品中内源氧化促进剂,避免或减少痕量的金属、植物色素(叶绿素、血色素)或过氧化物。尽可能选用优质原料,减少外源的氧化促进剂进入食品。

(2)减少与氧的接触,在加工与贮藏中减少氧的引入。对各种食品贮藏的研究表明,如果进行无氧包装就不会产生氧化的现象,能采用充氮等特殊处理则更好,而包装材料的透氧性也是需要特别重视的问题。

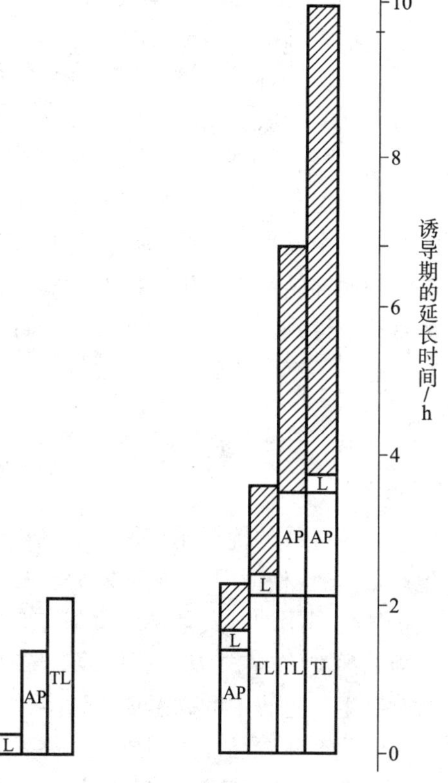

图5-2 单一抗氧化剂和混合抗氧化剂的抗氧效果对比

AP:抗坏血酸棕榈酯 L:卵磷脂 TL:α-生育酚

图中阴影部分代表抗氧化剂配合使用的增效作用

(四)控制光线和温度的影响

食品最好能冷藏保存,防止不必要的光照,尤其是紫外线辐射。一般随着温度的上升,油脂的氧化速度明显加快,温度每升高10℃,油脂的氧化速度增加10倍,尤其是在高温煎炸的条件下,所加入的抗氧化剂逐渐消失,氧化速度更快;BHA、BHT和没食子酸丙酯在170℃下经60min、90min和30min即完全分解;此外BHT在70℃以上,BHA在100℃以上加热会迅速升华。光线,特别是紫外线促进食品中脂质氧化的作用很强烈。光作用于脂质中痕量的氢过氧化物,促使氢过氧化物的分解生成自由基,进入链式反应体系。

(五)分布均匀

抗氧化剂用量一般很少,只有充分地分散在食品中,才能有效地发挥其作用。水溶性抗氧化剂的溶解度较大,在水基食品中一般分布较均匀。油溶性抗氧化剂在油脂中的溶解度较小,一般须将其溶解在有机溶剂中,搅拌均匀后再加到油基食品中,最常用的溶剂是乙醇、丙二醇、甘油等。当油溶性抗氧化剂复配使用时,需要特别注意抗氧化剂的溶解特性,例如将BHA、PG、柠檬酸复配使用,前两者可溶于油脂,但柠檬酸难溶于油脂,不过三者都可溶于丙二醇,因此可选用丙二醇作溶剂。

(六)抗氧化与促氧化的界限

研究表明,一些酚类抗氧化剂的抗氧化活性与加入量不呈线性关系,过量加入还可能变成促氧化剂。在天然抗氧化剂中有这一现象的主要是α- 和β- 生育酚,而γ- 和δ- 生育酚一般不出现这一问题。当生育酚在动植物油脂中的浓度低于600 ~ 700mg/kg 时,在室温下并不表现促氧化活性,而当温度升高,抗氧化剂自由基的生成速度大于底物自动氧化的速度,抗氧化剂自由基的浓度超过过氧自由基或其他自由基时,抗氧化剂变成了促氧化剂。因此,在食品工业中,一般建议生育酚的总量在50 ~ 500mg/kg。

在一定条件下抗坏血酸也起促氧化的作用,尤其是在水、油体系中。有报道,含有抗坏血酸和微量金属离子的亚麻酸、亚油酸的氢过氧化物乳浊液可生成挥发性醛类物质,在不含抗坏血酸的同样体系中产生的挥发性醛类物质却很少;如果隔绝氧气或用 EDTA 将微量金属离子络合掉也得到同样的效果,因此推断:抗坏血酸 - Fe^{2+} - 氧络合物与氢过氧化物的分解有关,它促进了不饱和脂肪酸的自动氧化。

第二节　人工合成的食品抗氧化剂

人工合成的抗氧化剂是食品抗氧化剂应用的主体。合成的抗氧化剂一般具有质量稳定、生产量大、价格适中、抗氧化能力较强的特点,在结构上一般是酚类的自由基吸收剂。酚类物质抗氧化作用的方式是将自由基转变为更稳定的化合物,从而阻断自由基的链反应。有空间位阻的酚类(如在羟基的邻位或对位有叔丁基),因含有给电子的取代基,因此结构更加稳定,对食品生产过程中的高温加工适应性更好。此外,一般有位阻的酚类具有"携带进入"的性能,使抗氧化剂从食品加工到成品始终发挥作用,从而延长了产品的货架期。主要的酚类抗氧化剂如 BHA、BHT、TBHQ。酚类抗氧化剂还有抑菌的作用。

一、主要的合成抗氧化剂

(一)叔丁基羟基茴香醚(BHA)

法定编号:GB 12493—1990(04.001);INS 320;EEC No. E320;CAS [25013 - 16 - 5]

分子式:$(CH_3)_3CC_6H_3OCH_3OH$

相对分子质量:180.25

外观性状:白色至微黄色结晶或蜡状固体,略有特殊气味。

沸点:264 ~ 270℃(97709Pa)

熔程:48 ~ 63℃

闪点:130℃

重金属含量(以 Pb 计):≤40×10^{-6}

砷含量:≤2×10^{-6}

灰分:≤0.05%

溶解度:不溶于水(20℃);食用油中:玉米油、棉籽油,30g/100mL,25℃;花生油、椰子油,40g/100mL,25℃;豆油,50g/100mL,25℃;猪油,50g/100mL,50℃。溶剂中:乙醇,25g/100mL,25℃;丙二醇,50g/100mL,25℃。

限量:

①GB 2760—2011:食用油脂、乳化脂肪制品、油炸面制品、风干、烘干、压干等水产品、饼

干、方便米面制品、坚果与籽类罐头、油炸坚果与籽类、腌腊肉制品、杂粮粉、即食谷物,包括碾轧燕麦(片),0.2g/kg;胶基糖果,0.4g/kg。

BHA 与 BHT 混合使用时总量不得超过 0.2g/kg,BHA、BHT 和 PG 混合使用时,BHA、BHT 总量不得超过 0.1g/kg,PG 不得超过 0.05g/kg;最大使用量以脂肪计。

②FAO/WHO(1984):一般食用油脂 200mg/kg;人造奶油 100mg/kg;乳脂肪 200mg/kg。

③FDA § 172.110:脱水马铃薯块、片,早餐谷物,红薯片,50mg/kg;起酥油稳定剂 200mg/kg;马铃薯丁 10mg/kg;活性干酵母 1000mg/kg;由干品制成的饮料和甜食 2mg/kg;干制涂层水果丁 32mg/kg;固体的饮料和甜食 90mg/kg;食用香料 5000mg/kg(对精油含量)。

安全性:BHA 比较安全,大鼠经口 LD_{50} 为 2.2 ~ 5g/kg,FAO/WHO(1987)规定,ADI 值为 0 ~ 0.3mg/kg。使用始于 1954 年,日本于 1981 年发现 BHA 对大鼠前胃有致癌作用,故自 1982 年 5 月起限令只准用于棕榈油和棕榈仁油。1986 年 FAO/WHO 曾报告,BHA 对大鼠的致癌作用取决于剂量,对狗无致癌作用,但对猪、狗可引起食道增生,故当时规定其 ADI 值暂定由 0 ~ 0.6mg/kg 降至 0 ~ 0.3mg/kg。至 1989 年评价时,认为只有大剂量时才会诱发大鼠前胃癌,考虑到对狗作用无害,且人类无前胃,故正式制定 BHA 的 ADI 值为 0 ~ 0.5mg/kg。另外,直至目前没有发现 BHA 有生殖毒性。目前 BHA 在我国消耗量已很小,已逐渐被新型抗氧化剂所替代。

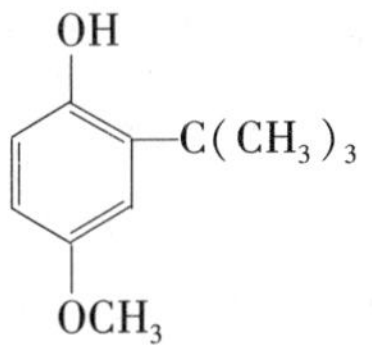

3-叔丁基-4-羟基茴香醚(3-BHA)　　2-叔丁基-4-羟基茴香醚(2-BHA)

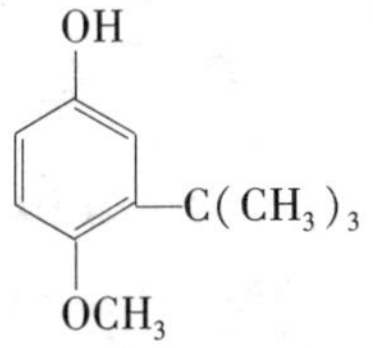

图 5-3　丁基羟基茴香醚(BHA)

叔丁基羟基茴香醚(BHA)商品是由 2-叔丁基-对羟基茴香醚(2-BHA)和 3-叔丁基-对羟基茴香醚(3-BHA)两种异构体组成的混合物,3-BHA 的含量占 90%。3-BHA 的抗氧化能力是 2-BHA 的 1.5 ~ 2 倍,二者混合使用有增效的作用,因此没有必要完全分开。BHA 易在油炸温度时挥发,而残留在焙烤食品或油炸食品中的 BHA 显示出“携带进入”能力;在食品中有碱金属存在时,BHA 也可能是深红色。BHA 对动物油脂的抗氧化作用较强,对不饱和植物油的抗氧化效果较差。

应用例:有研究表明,在猪油中添加 0.005% 的 BHA,酸败开始时间能延长 4 ~ 5 倍,当加入 0.01% 时能延长 6 倍时间,但是当浓度超过 0.02% 时,其抗氧化效果反而下降。在奶油苏打饼干中添加 0.01% 的 BHA,产品稳定性比对照延长 1.8 倍;加 0.02% BHA 的稳定性可延长 3 倍以上。用于压缩饼干和油脂含量高的饼干,按油脂量每千克添加 BHA 0.035g,PG 0.035g,柠檬酸 0.07g,可有效防止氧化。在肉制品中,0.01% 的 BHA 可稳定生牛肉的色泽和抑制脂类物质的氧化,并能防止各种干香肠的退色和变质。对于香辛料和坚果,BHA 能稳定辣椒粉的颜色,防止核桃、花生等的氧化。将 BHA 加入焙烤用油和盐中,可以保持焙烤食品和咸味花生的香味。将 BHA 用于制作糖果的黄油中,可抑制糖果氧化。BHA 具有一定的熏蒸性,可在食品包装材料中应用而对食品起抗氧化作用,可涂抹在包装材料内面,也可在包装袋内充入抗氧化剂的蒸汽,或用喷雾法将抗氧化剂喷洒在包装纸上,用量为 0.02% ~ 0.1%。

BHA 除具有抗氧化作用外，因其分子中具有酚羟基而有相当强的抗菌力，据报道，用 $100 \times 10^{-6} \sim 200 \times 10^{-6}$ 的 BHA 可抑制金黄色葡萄球菌、蜡状芽孢杆菌、鼠伤寒沙门氏杆菌、枯草杆菌等；用 280×10^{-6} 可阻止寄生曲霉孢子的生长，能阻碍黄曲霉毒素的生成。

（二）二丁基羟基甲苯（BHT）

法定编号：GB 12493—1990(04.002)；INS 321；EEC No. E321；CAS [128-37-0]

分子式：$[(CH_3)_3C]_2C_6H_2CH_3OH$

相对分子质量：220.34

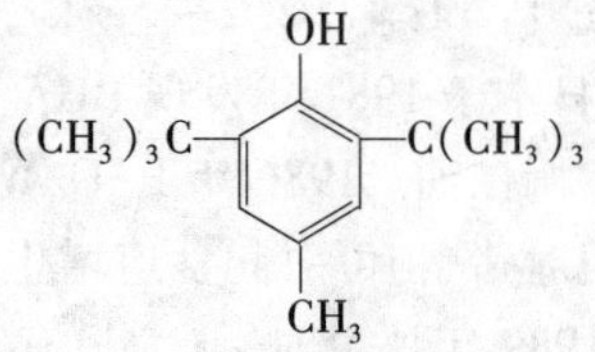

OH

$(CH_3)_3C$　　$C(CH_3)_3$

CH_3

图 5-4　二丁基羟基甲苯(BHT)

外观性状：无色晶体或白色结晶性粉末。无臭或有很淡的特殊气味，无味。

沸点：265℃

熔程：69 ~ 72℃

闪点：118℃

重金属含量(以 Pb 计)：$\leqslant 40 \times 10^{-6}$

砷含量：$\leqslant 1 \times 10^{-6}$

灰分：≤0.1%

溶解度：不溶于水(20℃)；食用油中：玉米油、花生油、豆油，椰子油，30g/100mL，25℃；棉籽油，20g/100mL，25℃；猪油，40g/100mL，50℃。溶剂中：乙醇，25g/100mL，25℃；丙二醇，不溶，20℃；丙酮，40g/100mL；甲醇，25g/100mL；苯，40g/100mL；矿物油 30 g/ 100mL。

限量：

①GB 2760—2011：食用油脂、乳化脂肪制品、干制蔬菜、油炸面制品、干鱼制品、饼干、方便米面制品、坚果与籽类罐头、油炸坚果与籽类、腌腊肉制品、即食谷物，包括碾轧燕麦(片)，0.2g/kg；胶基糖果，0.4g/kg。

BHA 与 BHT 混合使用时总量不得超过 0.2g/kg，BHA、BHT 和 PG 混合使用时，BHA、BHT 总量不得超过 0.1g/kg，PG 不得超过 0.05g/kg；最大使用量以脂肪计。

②FAO/WHO(1984)：一般食用油脂 200mg/kg；人造奶油 100mg/kg；乳脂肪 200mg/kg。

③FDA §172.115 等：一般使用限量 0.02%（对油脂重），脱水马铃薯块、片，早餐谷物，红薯片，50mg/kg；马铃薯丁 10mg/kg；强化营养米 33mg/kg；无酒精饮料、冷冻鲜拌粉虾、什锦果仁和人造奶油，200mg/kg（对油脂含量）；干香肠 30mg/kg；生猪肉香肠、香肠、预烤的牛肉馅饼、比萨饼顶端物料、肉丸、肉干，100mg/kg；精炼动物油脂或与植物油的调和油、禽油或各种禽制品，100mg/kg；起酥油稳定剂 200mg/kg。

安全性：BHT 的大鼠经口 LD_{50} 为 1.70 ~ 1.99g/kg，FAO/WHO(1987)规定，ADI 值为 0 ~ 0.125g/kg。美国国家癌症研究所用含 BHT0.3% 和 0.6% 的饲料喂养大白鼠 105 周，喂养小白鼠 107 ~ 108 周，结果证明无致癌性。近年来，BHT 有抑制人体呼吸酶活性、使肝脏微粒体酶活性增加等报道。

BHT 的抗氧化效果稍逊于 BHA,但其价格远低于 BHA,因此是使用量最大的抗氧化剂之一。BHT 对热稳定,有单酚型特征的升华性,遇金属离子不变色。BHT 的"携带进入"能力低于 BHA。

应用例:BHT 应用于动物油脂比 BHA 有效,使用浓度在 0.005% ~0.02%。当 BHT 浓度超过 0.02% 时,会给油脂引入酚的气味。在猪油中添加 0.01% 的 BHA,抗氧化诱导期能延长 2 倍。若应用于肉制品中,在 37℃下 BHT 可有效地延缓猪肉血红素的氧化,防止褪色,对牛肉、禽肉、鱼肉也是同样有效的。在奶制品中应用时,0.008% 的 BHT 可使乳脂肪稳定。在坚果和蜜饯中使用 BHA 和 BHT 的混合物可有效地稳定核桃、花生等带壳的食物。在口香糖基质中加入 BHT,可防止由于氧化而引起的变味、发硬和变脆。用于起酥油时,BHT 比 BHA 更有效,但用于焙烤食品时,BHT 的"携带进入"能力不如 BHA,使用量为脂肪量的 0.01% ~0.04%。在各种谷物食品和低脂肪食品中,BHT 的作用与 BHA 相同,添加量为 0.005% ~0.02%。BHT 可加入到食品包装材料中起抗氧化作用,用量为 0.02% ~0.1%。

食品防霉包装纸涂料配方:对羟基苯甲酸丁酯 50.0%,乙基纤维素 5.0%,柠檬酸 1.5%,BHT0.75%,乙醇 42.0%。制作方法:将乙基纤维素溶于乙醇,再将其余组分加入溶解即可。在油纸上单层涂制,用量为 $40g/m^2$。

土豆粉膨化食品配方:土豆粉 837g,氢化棉籽油 32g,熏肉 48g,精盐 20g,味精 6g,鹿角菜胶 3g,棉籽油 7.8g,磷酸单甘油酯 3g,BHT 0.3g,蔗糖 7.3g,食用色素 0.2g,水适量。制作时将原料粉碎,过 24 ~30 目筛,向原料中加水,充分搅拌混合,使原料的谷物含水量达到 15% 左右,用螺杆膨化机膨化。

(三)特(叔)丁基对苯二酚(TBHQ)

法定编号:GB 12493—1990(04.007);INS 319;EEC No. E321;CAS [1948 -33 -0]

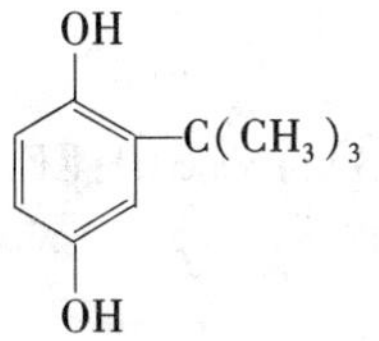

OH
—$C(CH_3)_3$
OH

图 5 -5　叔丁基对苯二酚(TBHQ)

分子式:$(CH_3)_3CC_6H_3(OH)_2$

相对分子质量:166.22

外观性状:白色至淡灰色结晶或结晶性粉末。有轻微的特殊气味。

沸点:295℃

熔程:126.5 ~128.5℃

闪点:171℃

重金属含量(以 Pb 计):$\leqslant 10 \times 10^{-6}$

砷含量:$\leqslant 3 \times 10^{-6}$

溶解度:在水中 <1%,20℃、5%,95℃;食用油中:玉米油、豆油、棉籽油,10%,20℃。溶剂中:乙醇,100%,25℃;丙二醇,30%,20℃。

限量:

①GB 2760—2011:食用油脂、乳化脂肪制品、油炸面制品、风干、烘干、压干等水产品、饼干、方便米面制品、坚果与籽类罐头、熟制坚果与籽类、膨化食品、腌腊肉制品,均为0.2g/kg。

②FDA §172.185:可单用或与BHA、BHT合用,总量不超过油脂的0.02%;不允许与PG复配使用。专用限量:无酒精饮料、人造奶油、什锦果仁均0.02%(单用或合用,对油脂含量),肉干、生猪肉或牛肉香肠、预烤的牛肉馅饼、比萨饼顶端物料、肉丸,均0.01%(对成品重)。

欧洲、日本、加拿大,禁止在食品中应用;澳大利亚、新西兰,允许用于食品。

安全性:TBHQ的大鼠经口LD_{50}为0.7~1.0g/kg,FAO/WHO(1994)暂定ADI值为0~0.2g/kg。已证实在活体内会诱发突变,因此,某些国家认为TBHQ不满足现行的毒性试验标准。

TBHQ的结构与BHA、BHT相似,但其苯环上的酚羟基更多,因此抗氧化效果更优。TBHQ的二个酚羟基也使其具有更强的抗菌作用。TBHQ在油炸食品中具有“携带进入”的能力,但在焙烤食品中没有这种能力,可通过与BHA的复配获得改善。TBHQ对PG、BHT、BHA、维生素E、抗坏血酸棕榈酸酯、柠檬酸、EDTA等抗氧化剂和螯合剂有增效作用。最重要的是,在其他的酚类抗氧化剂都不起作用的油脂中,TBHQ仍然有效。BHA和BHT对不饱和植物油脂的作用不够强,但TBHQ却表现出良好的抗氧化效果,对棉籽油、豆油、红花油的抗氧化特别有效。将TBHQ加入到包装材料中,可以有效地抑制猪油的氧化变质,有研究表明,对熟制的禽类脂肪,0.02%的TBHQ可以使其氧化稳定性从5h提高到56h,而等量的BHA、BHT、PG只能分别提高到18h、20h和30h。柠檬酸的加入可增强它的活性。TBHQ对稳定油脂的颜色和气味没有作用。

应用例:食品脱氧保鲜剂配方:TBHQ 5.0g,氯化亚铁5.0g,氢氧化钙25.0g,活性炭5.0g,丙三醇25.0g,二氧化硅粉15.0g,水15.0g。将物料投入搅拌机内,于氮气保护下均质0.5h,用纸袋或透气量为500mL/(m^2·h)聚乙烯薄膜袋分装。一般500mL容器内装2~4g可达脱氧保鲜作用。

(四)没食子酸丙酯(PG)

法定编号:GB 12493—1990(04.003);INS 310;EEC No. E310;CAS [121-79-9]

分子式:$(OH)_3C_6H_2COOCH_2CH_2CH_3$

相对分子质量:212.20

$$\text{3,4,5-(HO)}_3\text{C}_6\text{H}_2\text{-COO(CH)}_2\text{CH}_3$$

图5-6　没食子酸丙酯(PG)

外观性状:白色至淡黄褐色结晶性粉末或乳白色针状结晶性。无臭,稍有苦味,水溶液无味。

沸点:约148℃下分解

熔程:146~150℃

闪点:187℃

重金属含量(以Pb计):≤10×10^{-6}

砷含量:≤3×10^{-6}

灰分:≤0.1%

溶解度:难溶于水(0.35 g/100mL,25℃);食用油中:棉籽油,1g/100mL,25℃;豆油,2g/100mL,25℃;花生油,0.5 g/100mL,25℃;玉米油不溶,猪油,10g/100mL,25℃。溶剂中:乙醇,103g/100mL,25℃;丙二醇、乙醚,67g/100mL,25℃;甘油,25g/100mL,25℃。

限量:

①GB 2760—2011:食用油脂、乳化脂肪制品、油炸面制品、风干、烘干、压干等水产品、饼干、方便米面制品、坚果与籽类罐头、油炸坚果与籽类、腌腊肉制品、膨化食品,均为0.1g/kg;胶基糖果,0.4g/kg。

与BHA与BHT混合使用时,BHA、BHT总量不得超过0.lg/kg,PG不得超过0.05g/kg;最大使用量以脂肪计。

②FAO/WHO(1984):一般食用油脂、人造奶油,100mg/kg。

③FDA §184.1660,2000:用于油脂,0.02%。美国不允许与TBHQ复配使用。

安全性:PG的安全性很高,至今未有人对其安全性提出异议。大鼠经口LD_{50}为3.6g/kg,FAO/WHO(2001)规定,ADI值为0~1.4mg/kg。用含PG1%的饲料喂养大白鼠2年,无不良影响产生。我国食品添加剂使用卫生标准规定,没食子酸丙酯使用范围和最大使用量为0.1g/kg,与其他抗氧化剂复配使用时,PG不得超过0.05g/kg。

没食子酸又名五倍子酸,3,4,5-三羟基苯甲酸,无色结晶,以游离形式存在于茶叶中,以鞣质(丹宁)存在于五倍子等植物中。是自然界中广泛存在的一种有机酸。除没食子酸丙酯(PG)外,还有没食子酸辛酯(OG)、没食子酸十二酯(DG)等。没食子酸酯没有足够的"携带进入"能力。没食子酸酯类在油脂中溶解度随脂肪链的增长而增加,没食子酸辛酯和十二酯在油脂中比丙酯易溶;没食子酸酯对温度的稳定性随相对分子质量的增加而提高,没食子酸丙酯对热最敏感,会在制作油炸食品时分解,辛酯对热比较稳定,"携带进入"性能较好。没食子酸丙酯与铁、铜等金属离子反应会变色,与铁离子生成紫色的络合物,可引起食品的变色,因此,没食子酸丙酯总是与金属离子螯合剂配合使用。PG有吸湿性,光线能促进其分解。

三种没食子酸酯的抗氧化活性大体相同,都是非常有效的抗氧化剂,特别是在无水油脂中。没食子酸酯的抗氧化活性有一个最适浓度,超过这个浓度则成为氧化强化剂。各种食品中没食子酸丙酯的用量因食品种类、品质不同而异,一般用量在0.01%以下,可以充分发挥抗氧化作用。

由于PG在油脂中溶解度较小,在使用时可先取一部分油脂将PG加温充分溶解,然后再与全部油脂混合;也可将PG与柠檬酸、95%乙醇按1:0.5:3的比例混合后,徐徐加入油脂中搅拌均匀使用。

近年来已发现没食子酸辛酯能渗入母乳中,对人体有过敏反应,联合食品添加剂专家委员(CCFA)已建议在清凉饮料中禁用。

应用例:在动物油脂的抗氧化应用中,没食子酸酯只需0.001%~0.01%就能取得良好效果。对于猪油和家禽脂肪,PG的抗氧化效果要优于BHA和BHT。PG对植物油也有良好的作用。对于高度不饱和的鱼油,没食子酸十二酯和BHT复配使用在不同温度下都能有效延长保藏期;PG则显示出延迟冷冻鱼制品的过氧化的作用。0.01% DG、0.005% PG、0.01% BHA的混合物能有效地抑制人造黄油中的过氧化物的生成。此外,没食子酸酯还是香精油的有效抗氧化剂,如柠檬油中可添加0.1%的DG。

在肉制品中,0.1g/kg 的 PG 能使香肠在 42℃ 保持 30d 不变色,无异味产生;PG 能保护新鲜牛肉和鸡肉的色泽,延长产品的货架期。PG 和柠檬酸的加入可增加 BHA 在油炸食品中的"携带进入"能力;在方便面中加入 0.1g/kg 的 PG,常温可保存 150d。PG 与 BHA、BHT 配合使用,对提高带壳核桃的氧化稳定性有效。

复配抗氧化剂配方:没食子酸丙酯 10g,柠檬酸 5g,95% 乙醇 30mL,混合均匀。

（五）抗坏血酸棕榈酸酯（AP）

法定编号:GB 12493—1990(04.011);INS 304;EEC No. E304;CAS［137 - 66 - 6］

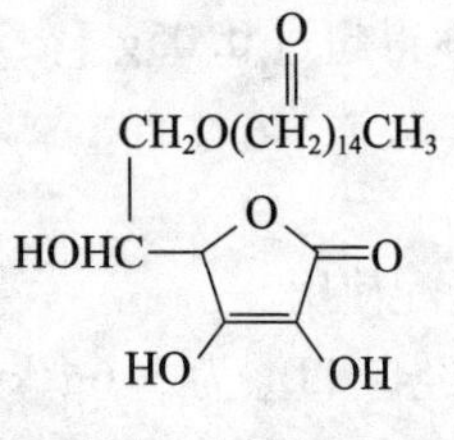

$CH_2O\overset{O}{\overset{\|}{C}}(CH_2)_{14}CH_3$ / HOHC / O / O / HO / OH

图 5 - 7　L - 抗坏血酸棕榈酸酯

分子式:$C_{22}H_{38}O_7$

相对分子质量:414.55

外观性状:白色或淡黄色粉末,略有柑橘气味。

熔程:107 ~ 117℃(有氧状况 113℃分解,无氧状态 180℃分解)

纯度(以干基计):≥95%

水分含量:≤2%

重金属含量(以 Pb 计):$\leqslant 10\times10^{-6}$

砷含量:$\leqslant 3\times10^{-6}$

硫酸盐灰分:≤0.1%

溶解度:水:0.002%,25℃;0.1%,50℃;2.0%,70℃;10%,100℃。食用油中:椰子油,1.2%,25℃;50%,100℃;橄榄油,0.3%,25℃;葵花油,0.28%,25℃;花生油,0.3%,25℃;1.6%,70℃;9.0%,100℃。溶剂中:50% 乙醇,0.4%,25℃;95% 乙醇,108%,25℃;100% 乙醇,125%,25℃;丙二醇,48.0%,25℃。

限量:

①GB 2760—2011:方便米面制品、面包、食用油脂、乳化脂肪制品、即食谷物,包括碾轧燕麦(片)、乳粉(包括加糖乳粉)和奶油粉及其调制产品,均为 0.2g/kg;婴儿配方食品、婴幼儿辅助食品、均为 0.05g/kg(以油脂中抗坏血酸计)。

②FAO/WHO(1984):配制婴儿食品,10mg/L;婴儿食品罐头、谷物为基料加工儿童食品,200mg/kg 脂肪;人造奶油及一般食用油脂,200mg/kg;各种油脂的抗氧化,500mg/kg(1987)。

③USDA(9CFR § 318.7,2000):人造奶油,0.02%。

安全性:AP 是一种安全高效的脂溶性抗氧化剂,被世界卫生组织食品添加剂联合委员会认可的营养型抗氧化剂。FAO/WHO(2001)规定,ADI 值为 0 ~ 1.25mg/kg。

L - 抗坏血酸棕榈酯与自由基的作用机理与抗坏血酸基本相同,在特定食品中可作为自由基清除剂、金属离子螯合剂。

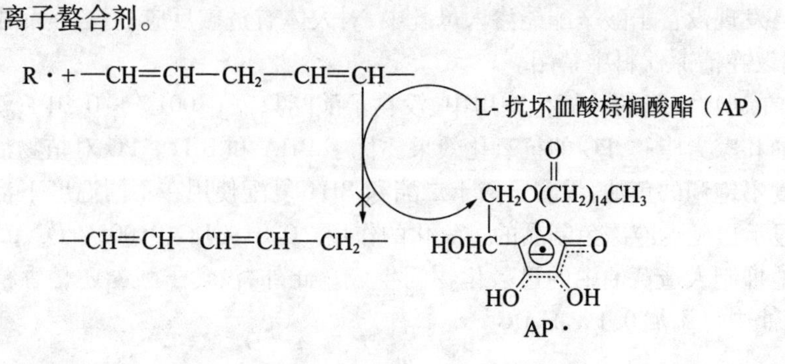

R · + —CH═CH—CH$_2$—CH═CH—

L- 抗坏血酸棕榈酸酯（AP）

—CH═CH—CH═CH—CH$_2$—

$CH_2O\overset{O}{\overset{\|}{C}}(CH_2)_{14}CH_3$ / HOHC / O / O / HO / OH

AP ·

烷基自由基在引发阶段被终止,产生的 AP 自由基不能形成双环结构,其一个未成对电子由六个原子共享,然后这一自由基发生歧化反应生成一个 AP 和一个脱氢 6 - L - 抗坏血酸棕榈酸酯,从而阻止油脂中过氧化物的形成,见图 5 - 8。

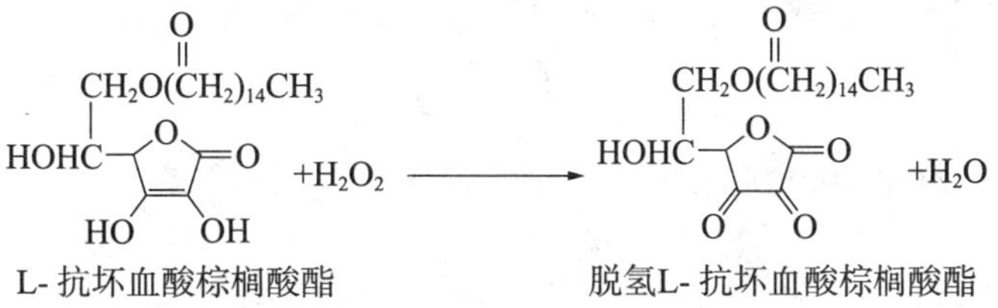

$CH_2OC(O)(CH_2)_{14}CH_3$ ... + H_2O_2 → ... + H_2O

L- 抗坏血酸棕榈酸酯　　　　脱氢L- 抗坏血酸棕榈酸酯

图 5 - 8　L - 抗坏血酸棕榈酸酯与氧气作用机理

L - 抗坏血酸棕榈酸酯与氧气直接作用时必须要由 Cu^{2+}、Fe^{3+} 等金属离子存在,首先生成过氧化氢和脱氢 L - 抗坏血酸棕榈酯,然后与过氧化氢继续反应,生成脱氢 L - 抗坏血酸棕榈酸酯,见图 5 - 9。

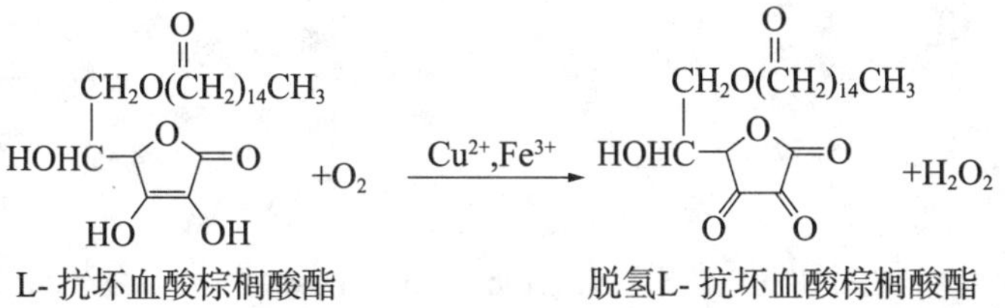

$CH_2OC(O)(CH_2)_{14}CH_3$ ... + O_2 $\xrightarrow{Cu^{2+},Fe^{3+}}$ ... + H_2O_2

L- 抗坏血酸棕榈酸酯　　　　脱氢L- 抗坏血酸棕榈酸酯

L - 抗坏血酸棕榈酸酯与生育酚以及其他抗氧化剂配合使用时都表现出增效作用。当 AP 与生育酚配合使用时,生育酚首先与自由基反应生成生育酚自由基,生育酚自由基通过与L - 抗坏血酸棕榈酸酯的反应而再生,同时生成 L - 坏血酸棕榈酸酯自由基,直到 L - 抗坏血酸棕榈酸酯完全消耗。

L - 抗坏血酸棕榈酸酯是强脂溶性,具有安全、无毒、高效、耐热等特点,可有效防止各类过氧化物形成,延缓动植物油、牛奶、类胡萝卜素等氧化变质,同时还具有乳化性质、抑菌活性。是一种高效、营养、多功能脂溶性抗氧化剂。被广泛应用于粮油、食品、医疗卫生、化妆品等领域。

应用例:在植物油中,抗坏血酸棕榈酸酯无论是单独使用或与其他抗氧化剂混合使用都非常有效,0.01% 的抗坏血酸棕榈酸酯就可以延长大部分植物油的货架期。在红花油、葵花籽油、花生油、玉米油中添加 0.01% 的抗坏血酸棕榈酸酯比添加 0.02% 的 BHA 或 BHT 都更有效,与添加 0.02% 的 PG 效果相似。

抗坏血酸棕榈酸酯保护煎炸用油和油炸食品的能力非常强,0.02% 的抗坏血酸棕榈酸酯能防止煎炸油产生颜色,抑制共轭二烯氢过氧化物的生成,进而减少氢过氧化物降解产物的生成。经过长达 10d 的油炸使用后,抗坏血酸棕榈酸酯在部分氢化的豆油中仍存留有 96%,在动物油或精炼植物油中有 90% ~96%,说明经高温、长时间的油炸使用后,抗坏血酸棕榈酸酯仍有抗氧化能力。关于对油炸食品的保护,一项使用不同抗氧化剂棉籽油的土豆片实验证明,抗坏血酸棕榈酸酯的抗氧化活性比 BHA 强。

在熏制肉类食品时加入 L - 抗坏血酸棕榈酸酯可防止亚硝酸胺和亚硝酸的形成,而且还能强化亚硝酸盐抗肉毒杆菌的作用。在苹果汁中加入 L - 抗坏血酸棕榈酸酯可防止苹果汁的酶促褐变。

油脂抗氧化剂配方1:天然维生素E 58.8%,抗坏血酸棕榈酸酯11.2%,蔗糖酯0.4%,95%乙醇30.0%。

配方2:抗坏血酸棕榈酸酯5%,没食子酸丙酯95%。

(六)硫代二丙酸二月桂酸酯(DLTP)

法定编号:GB 12493—1990(04.012);INS 389;CAS [123-28-4]

分子式:$C_{30}H_{58}O_4S$

相对分子质量:514.86

外观性状:白色结晶片状或粉末,有特殊甜香、类酯气味。

熔点:40℃

纯度:≥99%

皂化价:205~215

重金属含量:≤20×10⁻⁶

铅含量:≤10×10⁻⁶

砷含量:≤3×10⁻⁶

$$\begin{array}{l} CH_2—CH_2—COO—(CH_2)_{11}—CH_3 \\ | \\ S \\ | \\ CH_2—CH_2—COO—(CH_2)_{11}—CH_3 \end{array}$$

溶解度:不溶于水,溶于多数有机溶剂。

限量:

①GB 2760—2011:食用油脂、油和乳化脂肪制品、油炸面制品、经表面处理的果蔬保鲜、油炸坚果与籽类、膨化食品,均为0.2g/kg。

②FAO/WHO(1984):一般食用油脂,200mg/kg。

③FDA §182.3280(2000):食用油脂≤0.02%。

安全性:小鼠经口LD_{50}为15g/kg,FAO/WHO(2001)规定,ADI值为0~3mg/kg。

硫代二丙酸二月桂酸酯是硫代二丙酸的系列产品之一,硫代二丙酸(TDPA)在热水、乙醇、丙酮中可以无限混溶,在26℃水中的溶解度为3.38g/100mL,所以也可以用作水溶性抗氧化剂;此外还有硫代二丙酸二硬脂酸酯。

硫代二丙酸二月桂酸酯作为抗氧化剂可应用于食用油、富脂食品中,是一种新型、高效、低毒抗氧化物,能有效分解油脂自动氧化链反应中的氢过氧化物,从而中断自由基链反应的进行。一般将硫代二丙酸盐作为抗氧化剂的增效剂,硫代二丙酸起金属螯合剂的作用,硫代二丙酸对BHA及抗坏血酸棕榈酸酯还有增效作用。利用其复配,既可以提高抗氧化效能,又可提高油溶性。

应用例:新鲜的苹果、香蕉、土豆、洋葱削皮后都极易发生氧化褐变,如果用0.02%的硫代二丙酸二月桂酸酯乳化液浸泡3min,取出后的褐变时间延长了5~9倍。采用200mg/L浓度的抗氧化剂稳定猪油,在常温或60℃下的试验结果为:DLTP≈PG>BHT>BHA。含0.02% DLTP的棉籽油制作的土豆片,其效果与BHT和抗坏血酸棕榈酸酯的效果相近,比BHA的效果好。

辣椒红色素乳剂配方:辣椒红色素13g,单甘酯12g,吐温60 3.5g,硫代二丙酸二月桂酸酯0.25g,BHT0.125g,水350mL。

白桃改良剂(粉末)配方:焦磷酸钠(无水)50%,多聚磷酸钠20%,硫代二丙酸二月桂酸酯10%,*dl*-苹果酸20%。

(七)4-己基间苯二酚(4-HR)

法定编号:GB 12493—1990(04.013);CAS[136-77-6]

分子式:$C_{12}H_{18}O_2$

相对分子质量:197.27

外观性状:白色或黄白色粉末,有刺激性臭味。

熔程:62~67℃

含量(以干基计):≥98%

Hg 含量:≤3×10^{-6}

Pb 含量:≤5×10^{-6}

Ni 含量:≤2×10^{-6}

图5-9 4-己基间苯二酚

溶解度:微溶于水和石油醚,溶于甲醇、乙醇、乙醚、丙酮、三氯甲烷、苯和植物油。

限量:

①GB 2760—2011:防止虾类褐变,鲜水产(仅限虾类)(按生产需要适量使用,残留量≤1mg/kg)

②FAO/WHO(2001):甲壳类的处理浓度最高 50mg/L,食用部位最高残留量约 1×10^{-6}。

安全性:大鼠经口 LD_{50} 为 550mg/kg,ADI 值:0.11mg/kg。残留量不超过 1×10^{-6} 无毒性问题。

应用例:4-己基间苯二酚可防止虾、蟹等甲壳类水产品在贮存过程中的变黑,抑制虾类体内多酚氧化酶的反应。具体操作是将适量 4-己基间苯二酚溶于淡水或海水中,然后放入虾、蟹类产品,保证充分接触 2min 后取出。

虾鲜宝:美国辉瑞公司(Pfizer Co),新开发的对虾产品黑变抑制剂,含 4-己基间苯二酚、氯化钠、磷酸三钙。

二、抗氧化剂的复配使用效果

在多数情况下,抗氧化剂的复配使用都能达到 1 加 1 大于 2 的效果,提高抗氧化的整体效果。例如 BHA 通常都与 BHT 复配使用,BHA 和 BHT 单独及复配使用于猪油和大豆油的效果见图 5-10 和图 5-11。在猪油试验中,对照组的酸败临界点(POV=20mmol/kg)的 AOM 的时间为 2.5h,BHT 为 28h,2-BHA 为 32h,而 BHT+BHA 可到达 43h,效果差别显著。大豆油试验效果趋势与猪油组相同,但绝对效果远不如用于猪油。在本章第一节,图 5-2 所述也充分说明了抗氧化剂的复配使用效果。

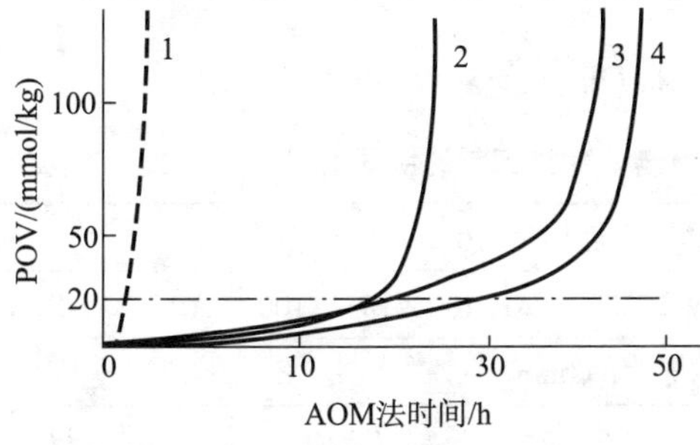

图 5-10 BHA+BHT 对猪油的抗氧化活性

1—对照;2—1mmol/kg BHT;3—1mmol/kg2-BHA;4—0.5mmol/kg BHT+0.5mmol/kg 2-BHA

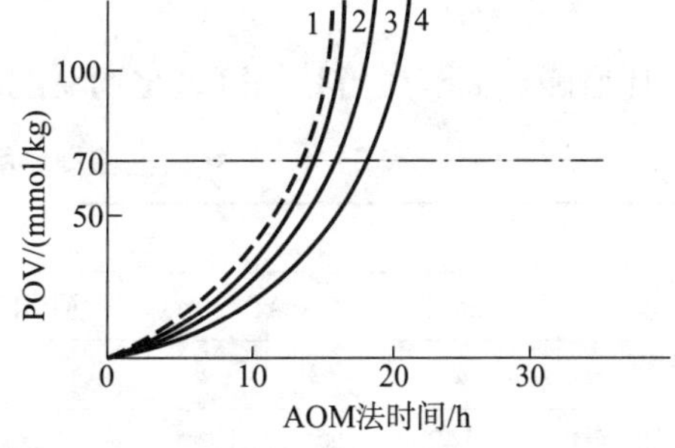

图 5-11 BHA+BHT 对大豆油的抗氧化活性

1—对照;2—1mmol/kg BHT;3—1mmol/kg 2-BHA;4—0.5mmol/kg BHT+0.5mmol/kg 2-BHA

2－BHA 和 BHT 联合使用时的抗氧化反应历程基本如下：

2-BHA $\xrightarrow{-H\cdot}$ → →

BHT $\xrightarrow{-H\cdot}$ → →

R:$-(CH_3)_3$

在果仁抗氧化试验中的部分复配效果可用表 5－2 表示：

表 5－2　抗氧化剂的复配效果

保藏温度:60℃,保藏时间:12d

序号	抗氧化剂种类和用量/%	POV 值/(mmol/kg)	酸价	口感
1	对照	0.491	0.594	强烈耗败
2	0.01% BHA	0.096	0.123	无耗败
3	0.01% TBHQ	0.086	0.128	无耗败
4	0.005% BHA＋0.005% TBHQ	0.087	0.107	无耗败
5	0.005% BHA＋0.005% TBHQ＋0.002% EDTA	0.068	0.131	无耗败
6	0.005% BHA＋0.005% TBHQ＋0.002% 柠檬酸	0.070	0.157	无耗败

当然抗氧化剂的复配用量并不都是等量最佳,部分试验结果如表 5－3 所示：

表 5－3　抗氧化剂的复配比例效果

保藏温度:60℃,保藏时间:7d

序号	抗氧化剂种类和用量/%	POV 值/(mmol/kg)	酸价	口感
1	对照	0.316	0.470	强烈耗败
2	0.006% BHA＋0.004% TBHQ＋0.002% EDTA	0.020	0.183	无耗味
3	0.008% BHA＋0.002% TBHQ＋0.002% EDTA	0.017	0.157	无耗味
4	0.015% 生育酚＋0.005% 茶多酚	0.031	0.170	无耗味
5	0.005% 生育酚＋0.015% 茶多酚	0.040	0.157	无耗味

抗坏血酸棕榈酸酯与其他抗氧化剂复配的使用效果见表 5－4：

表 5－4　抗坏血酸棕榈酸酯(AP)与其他抗氧剂的协同情况

油样	抗氧化剂种类和用量/10^{-6}				
	对照	AP/200	AP/100＋VE/100	AP/100＋BHA/100	AP/100＋BHT/100
	诱导时间/min				
猪油	142	318	498	267	399
菜籽色拉油	125	201	207	240	226
大豆色拉油	143	216	226	202	220

柠檬酸及其用量对抗氧化增效的作用见图5－12，图中系列1的组成是0.005% BHA、0.015% TBHQ、0.005%柠檬酸；系列2：0.005% BHA、0.015% TBHQ、0.02%柠檬酸；系列3：0.005% BHT、0.015% TBHQ、0.005%柠檬酸；系列4：0.005% BHT、0.015% TBHQ、0.02%柠檬酸；系列5：0.02% TBHQ、0.035%柠檬酸；系列6：0.02% TBHQ、0.02%柠檬酸。

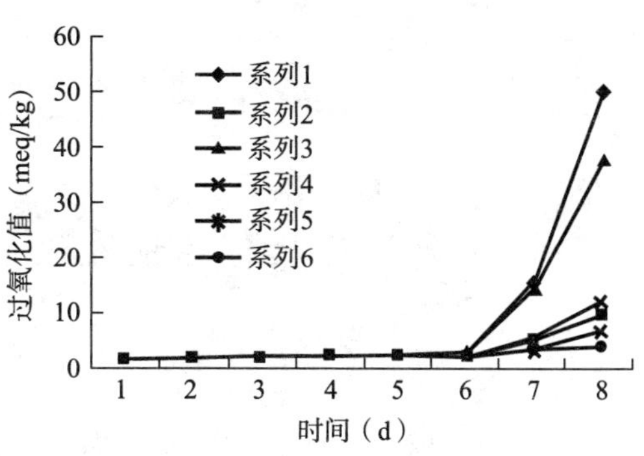

图5－12　柠檬酸对抗氧化剂的增效作用

由图可知，系列1和系列3的过氧化值增长速度明显高于其他系列，可见柠檬酸在复配抗氧化剂中的重要作用。

商品化的复配型抗氧化剂通常由一个或几个主要抗氧化剂复配以酸性增效剂，溶解于食品级溶剂中组成，具有协同抗氧化剂作用，便于使用，改善抗氧化剂溶解度及分散性的效果。美国伊斯曼公司开发的Tenox系列复配型抗氧化剂组成见表5－5，该系列产品能对不同的原料有针对性地应用。

表5－5　Tenox系列抗氧化剂组成

品名	形态	抗氧化剂组成					溶剂组成			
		BHA	BHT	TBHQ	PG	柠檬酸	植物油	甘油单油酸酯	丙二醇	乙醇
Tenox－2	无色至淡草色液体	20			6	4			70	
Tenox－4	琥珀色液体	20	20				60			
Tenox－5	无色至淡草色液体	25	25							50
Tenox－6	金棕色液体	10	10		6	6	28	28	12	
Tenox－7	淡棕色液体	28			12	6		20	34	
Tenox－8	淡琥珀色液体		20				80			
Tenox－20	淡琥珀色至金棕色液体			20		10			70	
Tenox－21	金棕色液体			20		1	32	32	15	
Tenox－22	淡琥珀色至淡棕色液体	20		6		4			70	
Tenox－25	金棕色液体		10	10		3	31	31	15	
Tenox－26	金棕色液体	10	10	6		6	28	28	12	
Tenox－27	金棕色液体	28		12		6		20	34	
Tenox－A	淡草色液体	40				8			52	
Tenox－R	淡草色液体	20				20			60	
Tenox－s－1	淡草色液体				20	10			70	

第三节　天然的食品抗氧化剂

一、主要的天然食品抗氧化剂

(一)生育酚(维生素E)

天然维生素E是α-、β-、γ-、δ-生育酚的混合物,高α-生育酚是指d-α-生育酚占生育酚总量50%以上,d-β-、d-γ-、d-δ-生育酚占20%以上的生育酚混合物,生育酚总含量在50%以上。低α-生育酚是由80%以上的d-β-、d-γ-、d-δ-生育酚组成的混合物,总生育酚含量在50%以上。

法定编号:INS 307(b);EEC No. E307;CAS [59-02-9]

分子式:$\alpha = C_{29}H_{50}O_2$;β和$\gamma = C_{28}H_{48}O_2$;$\delta = C_{27}H_{46}O_2$

相对分子质量:α=430.72;β和γ=416.69;δ=402.67

外观性状:金黄色,具有特殊气味的黏性油状液体,在空气和光照下会缓慢氧化和变黑,在碱性条件下更容易氧化。

沸点:α=210℃;β和γ=200~210℃;δ=150℃

重金属含量(以Pb计):$\leqslant 40\times10^{-6}$

砷含量:$\leqslant 3\times10^{-6}$

硫酸盐灰分:≤0.1%

游离脂肪酸含量:≤2.8%(以油酸计)

溶解度:不溶于水(20℃);溶于植物油、乙醇、丙二醇。

限量:

①GB 2760—2011:基本不含有水的脂肪和油、复合调味料,按生产需要适量使用;即食谷物,包括碾轧燕麦片,最大使用量85mg/kg;油炸面制品、油炸坚果与籽类、膨化食品,0.2g/kg(以油脂计),果蔬汁(肉)饮料(包括发酵型产品等)、蛋白饮料类、其他型碳酸饮料、非碳酸饮料(包括特殊用途饮料、风味饮料)、茶、咖啡、植物饮料类、蛋白型固体饮料,0.2g/kg。

②FAO/WHO(1984):食用油脂,GMP限量;婴儿配方食品,10mg/kg;婴儿罐头食品、婴幼儿加工谷类食品,300mg/kg;肉羹、汤,50mg/kg。

③USDA:精炼动物油及其与植物油的调和油,0.03%。干香肠、半干香肠、肉干、鲜牛肉或鲜猪肉的生香肠或熟香肠、生肉丸或熟肉丸、意大利香肠、肉披萨饼顶料、烟熏即食香肠、预烤的牛肉馅饼、重组肉,0.03%(对油脂含量),可不与其他抗氧化剂复配使用。精炼禽油或各种禽制品,0.03%(对油脂含量);与BHA、BHT、PG复配用量0.02%。

增效剂:柠檬酸、抗坏血酸、抗坏血酸棕榈酸酯、卵磷脂、氨基酸、EDTA、BHA、BHT、PG。

安全性:安全性已被证实没有问题。

生育酚的通式见图5-13,其苯环上R基团的不同组成构成了生育酚的不同异构体,α-生育酚的$R_1=R_2=R_3=CH_3$;β-生育酚的$R_1=R_3=CH_3$,$R_2=H$;γ-生育酚的$R_1=H$,$R_2=R_3=CH_3$;δ-生育酚的$R_1=R_2=H$,$R_3=CH_3$。

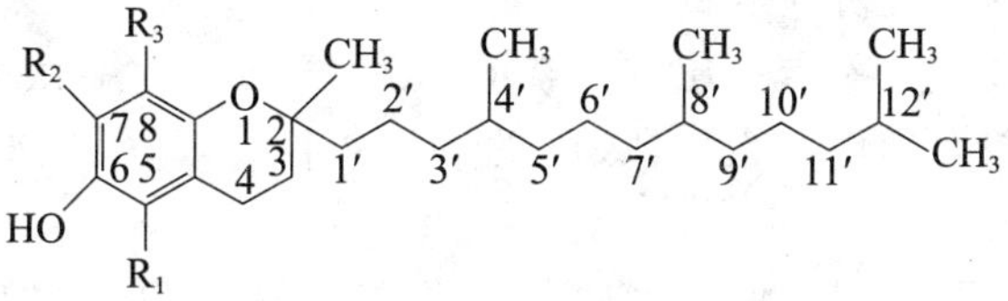

图 5－13　生育酚

维生素 E 除了具有生育酚结构外，还有一组生育三烯酚结构，生育三烯酚与生育酚之间的差别仅在于生育三烯酚具有一个不饱和的侧链，在侧链的 3'、7'、11'位上有双键结构，因此，维生素 E 的主要形式具有 8 个异构体。

维生素 E 在环境温度为 37℃的条件下，各异构体的抗氧化活性的顺序是 $\alpha>\beta>\gamma>\delta$，其生理活性顺序也是如此，但在 50～100℃的条件下，它们的抗氧化活性的顺序发生了逆转，变为 $\delta>\gamma>\beta>\alpha$，这是因为在生育酚同分异构体的热稳定性各不相同，$\gamma$－型和 β－型的热稳定性比 α－型大。

维生素 E 的获得除了从天然植物中提取以外，还可以通过人工合成，但是人工合成的维生素 E 在构型上是 *dl*－消旋的，因此对人体的生理功能不如天然品。由于维生素 E 除了可作为抗氧化剂外，还是重要的维生素补充剂，因此，其生理活性也是需要注意的，天然维生素 E 的生理活性是人工合成品的 1.3～1.5 倍。维生素 E8 种异构体的生理活性见表 5－6。

表 5－6　维生素 E 的生物活性

生育酚异构体	生理活性	生育三烯酚异构体	生理活性
α－生育酚	100%	α－生育三烯酚	15%～30%
β－生育酚	15%～40%	β－生育三烯酚	1%～5%
γ－生育酚	1%～20%	γ－生育三烯酚	1%
δ－生育酚	1%	δ－生育三烯酚	1%

生育酚的抗氧化机理主要是基于其生育酚－生育醌氧化－还原电子对反应，如图 5－14 所示。生育酚（AH_2）在抗氧化中作为自由基捕捉剂，可使自由基（R·）淬灭，还原为稳定的脂肪化合物：$R\cdot AH_2\rightarrow RH+AH\cdot$

两个生育酚的半醌自由基分子经过进一步的反应，一个分子变成生育醌，一个分子变成生育酚：$2AH\cdot\rightarrow A+AH_2$

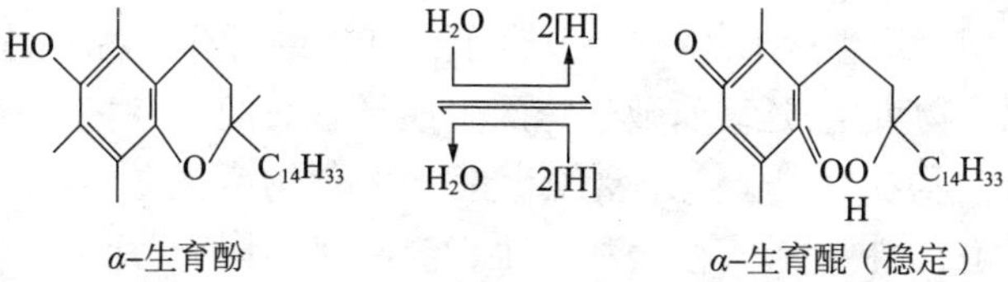

α-生育酚　　α-生育醌（稳定）

图 5－14　α－生育酚－α－生育醌氧化还原电对

由图 5－14 可知，生育酚的抗氧化性来自苯环上羟基的转换，因此，当该羟基被结合，生成酯后，理论上就失去了抗氧化活性。维生素 E 的醋酸酯是维生素 E 的一种稳定形式，由于它的活性羟基被保护起来，从反应机理推断它不具有抗氧化能力，然而在某些条件下，如在酸性水溶液中，维生素 E 酯会缓慢水解释放出维生素 E，从而表现出抗氧比活性。例如，生育酚乙酸酯可以防止熏制生火腿发生腐败，这种火腿的 pH 为 4.8 ~ 5.0，刚好适合于乙酸生育酚的水解。

生育酚的特点之一是热稳定性高，例如在猪油中，BHA 在 200℃加热 2h 则 100% 挥发，而生育酚在 220℃加热 3h 仅消失 50%。天然的生育酚比合成的 α - 生育酚的热稳定性还大，因此，在 100℃以上，尤其是在炸油中，生育酚是很有效的抗氧化剂，适当添加少量增效剂的效果更好。

维生素 E 的抗氧化活性比合成的酚类抗氧化剂相对弱一些，"携带进入"的能力也不太强，一般不会产生异味。维生素 E 对于其他的抗氧比剂如 BHA、TBHQ、抗坏血酸棕榈酸酯、卵磷脂、氨基酸和各种香料提取物等具有增效作用。

我们已知光和辐射是脂肪酸败的诱导因素，BHA、BHT 的耐光性较差，而生育酚对光照、对紫外线和放射线的耐受性较强，这一性质对用透明薄膜包装的食品很有用。尽管生育酚对光等的特异作用的机理尚未阐明，但在实际应用中生育酚有防止 γ - 射线分解维生素 A 的作用，有防止紫外线分解 β - 胡萝卜素的作用，有防止甜饼干和速煮面条在日光照射下氧化的作用。

在一般情况下，生育酚对动物油脂的抗氧化效果比对植物油的效果大，这是由于动物油脂中天然存在的生育酚比植物油少。生育酚对某些植物油没有抗氧化作用，这是由于植物油内天然存在生育酚同分异构体的种类和含量不同所致。一般认为在生育酚含量较低，接近于它们天然存在于植物油中的浓度时才能发挥其最大效应，如果添加量过多则反而有可能成为助氧化剂。

应用实例：

油脂复合抗氧化剂配方一：100mg/kg 的维生素 E，500mg/kg 的抗坏血酸棕榈酸酯，500mg/kg 的卵磷脂混合组成。

油脂复合抗氧化剂配方二：100mg/kg 的维生素 E，500mg/kg 的抗坏血酸棕榈酸酯，500mg/kg 的卵磷脂，100mg/kg 的没食子酸辛酯混合组成。

配方一和配方二对于花生油、葵花籽油、油菜籽油、棕榈油、猪油，无论是在常温下贮藏. 还是在加热到 150℃都有很高的活性，配方二效果更好一些；对于在 80℃贮藏黄油的稳定作用也比较强。

在焙烤和油炸食品中的应用。维生素 E 在焙烤和油炸食品中都具有一定的"携带进入"能力，0.01% ~0.1% 的维生素 E，无论单独使用或与 BHA 复配使用，对使用猪油的饼干、糕点、薯片都有明显作用。γ - 维生素 E 在油炸食品中的作用高于 TBHQ 和没食子酸辛酯。

在肉制品中的应用。维生素 E，特别是复合了抗坏血酸棕榈酸酯和柠檬酸的组合物，对于延缓动物肉的脂类化合物氧化，延缓腐败气味的生成是有效的，但对于提高肉色稳定性是无效的。如果牛、鸡、猪等动物在饲喂了含丰富维生素 E 的食物后被屠宰，那么对提高肉色稳定性是有效的。有文献报道，食料中补充生育酚的牛，经宰杀后其每公斤牛肉中的内源性生育酚的含量比对照样高 5mg。在对照肉样中添加外源性生育酚，使其总的生育酚含量达到同样的水平。这两种肉样的肉糜在同样条件下贮藏 9d 后，全部为内源性生育酚肉糜的高铁肌红蛋白含量占全部肌红蛋白的 38%，TBARS 值为 0.5mg/kg，而含有外源性生育酚肉糜的高铁肌红蛋白占全部肌红蛋白的 88%，TBARS 值为 6.2mg/kg，说明食料补充生育酚对于改善色素与脂类稳定性的作用大大优于宰后肉中的直接添加。

④在坚果和蜜饯中的应用。维生素 E 和抗坏血酸棕榈酸酯的组合物可以有效延缓核桃、杏仁和榛子等坚果中脂类化合物的氧化。这种抗氧化剂混合物溶解于95%的乙醇中,可以通过喷洒或浸沾的方法涂布在坚果表面。维生素 E 与抗坏血酸棕榈酸酯或含有卵磷脂、柠檬酸的混合增效剂配合使用,对于保护糖果中的脂类化合物、提高口香糖基质的质量是有效的,实验证明,α-维生素 E 的作用与 BHA 相当。

(二)抗坏血酸(维生素 C)

法定编号:GB 12493—1990(04.014);INS 300;EEC No. E300;CAS [50-81-7]

分子式:$C_6H_8O_6$

相对分子质量:176.14

外观性状:白色至浅黄色结晶或结晶性粉末。无臭,有酸味。

含量:≥99.0%

熔程:187~192℃(分解)

闪点:99℃

重金属含量(以 Pb 计):≤0.001%

砷含量:≤0.0003%

灰分:≤0.1%

溶解度:溶于水,20℃时为33%;不溶于植物油;微溶于乙醇,仅2%。

①GB 2760—2011:小麦粉0.2g/kg,浓缩果蔬汁(浆)按生产需要适量使用。

②FAO/WHO(1984):肉汤、羹,1000mg/kg;速冻桃子、黑加仑子果酱,750mg/kg;热带水果色拉罐头700mg/kg;桃子罐头550mg/kg;水果鸡尾酒、咸牛肉、婴儿食品罐头、果酱、果冻、午餐肉、熟肉末、熟猪腿肉、熟洋火腿、婴儿及儿童谷物制品,500mg/kg;葡萄汁、浓缩葡萄汁(仅用物理方法防腐),400mg/kg;餐用油橄榄200mg/kg;苹果沙司罐头150mg/kg;速冻法式炸土豆100mg/kg;杏、桃及带肉果汁饮料、浓缩苹果汁、浓缩菠萝汁等(仅用物理方法防腐)、速冻草莓、蘑菇或芦笋罐头、速冻虾或对虾,按正常生产需要(GMP)。

③EEC,1990:葡萄酒150mg/L。

安全性:ADI 不作特殊规定(FAO/WHO,1994)。LD_{50}≥5g/kg(大鼠,经口)。

抗坏血酸的几种结构异构式见图5-15,其中 L-抗坏血酸和 L-脱氢抗坏血酸具有抗坏血病的生理作用,并在一定的条件下可以可逆地相互转化,D-抗坏血酸只有1%的生理活性。抗坏血酸结晶体在空气中稳定,它的水溶液则易被空气和其他氧化剂氧化,首先可逆地氧化成脱氢抗坏血酸,如果氧化作用强烈,生成了 L-酮基古洛糖酸就失去了抗坏血酸的活性。抗坏血酸的氧化易受到碱、热、光及微量

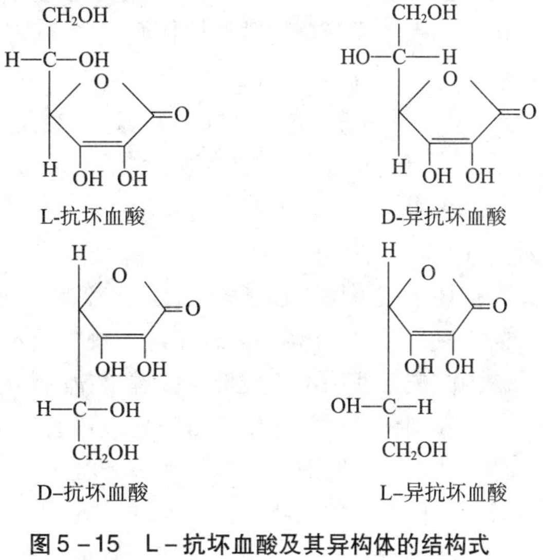

L-抗坏血酸　D-异抗坏血酸

D-抗坏血酸　L-异抗坏血酸

图5-15　L-抗坏血酸及其异构体的结构式

重金属离子，特别是铜、铁离子的催化。

抗坏血酸作为食品抗氧化剂具有多方面的作用，最基本的是作为氧清除剂，抑制食物成分的氧化，其次还能对螯合剂起增效作用，还原某些氧化产物等。

作为抗氧化剂的抗坏血酸相关物还有抗坏血酸钙、抗坏血酸钠，主要用于不能使用酸性物质的场合。

抗坏血酸是通过逐级供给电子，转变成半脱氢抗坏血酸而达到清除 O_2^- ·、OH·、R·和ROO·等自由基作用的，其反应过程简单表示如图 5－16 所示：

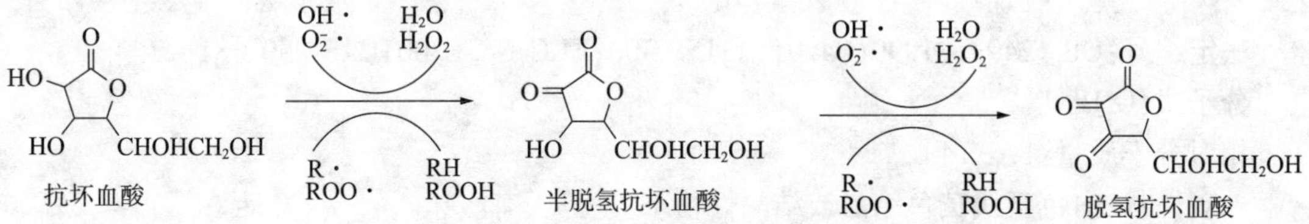

抗坏血酸 —(OH·, O_2^-·, R·, ROO· → H_2O, H_2O_2, RH, ROOH)→ 半脱氢抗坏血酸 —(OH·, O_2^-·, R·, ROO· → H_2O, H_2O_2, RH, ROOH)→ 脱氢抗坏血酸

图5－16　维生素C清除自由基的反应过程

应用实例：

①在果汁、碳酸饮料、啤酒、葡萄酒中的应用。在理论上 3.3mg 抗坏血酸可与 1mL 空气反应。罐装容器的顶隙一般不超过 5mL，因此添加 15～16mg 抗坏血酸就可以使空气中的氧含量降低到临界水下以下，从而防止产品在贮存、销售期间因氧化而引起的色泽和风味劣变。

罐装或瓶装果汁饮料中的非酶氧化作用，可由每升物料加 50mg 抗坏血酸而降低，但应避免铜、铁的污染，并防止果汁与空气接触，尽量除去共存的氧。实际使用的用量应根据果汁中原有抗坏血酸的含量和容器中的真空度来确定，一般每升物料加 50～200mg。

在啤酒中使用抗坏血酸是在滤酒时加入，使用量 10～20mg/kg，可以防止啤酒氧化变浑、变味、变暗褪色，也可提高酒的香味和透明度。此外，抗坏血酸有助于保持葡萄酒的风味，使用量一般为 0.005%～0.015%。

②在水果和蔬菜中的应用。抗坏血酸对于抑制经过加工的果蔬褐变非常有效。褐变反应主要是由于多酚氧化酶催化酚类物质氧化生成邻位醌，并进一步与其他酚类化合物聚合生成不可逆的褐色或紫色物质。抗坏血酸能除去氧，将邻醌还原为邻酚，从而阻止了褐变。大多数冷藏的水果如桃、梨、油桃、香蕉和苹果等，它们所含的抗坏血酸量不足，在结束冷藏水果升温后，水果表面容易脱色和产生异味，这是酶促氧化的结果，加入抗坏血酸可以起抑制作用，一般用 0.1%～0.5% 抗坏血酸溶液浸渍 5～10min。

各种水果汁在加工和贮藏期间也都需要使用抗坏血酸，以稳定果汁的颜色和味道，一般用量为 0.025%～0.06%。

抗坏血酸可用于抑制去皮土豆等各种加工蔬菜的褪色，用 0.1% 抗坏血酸溶液浸渍，有助于防止氧化变色；在罐装蘑菇中应使用 0.1% 的抗坏血酸与螯合剂的复合物，抗坏血酸与没食子酸丙酯配合使用可有效地保护辣根粉的刺激性气味。

③在肉制品中的应用。抗坏血酸可有效地防止新鲜的或经过加工的肉制品的褪色，防止烹调过的肉制品腐败。因抗坏血酸有酸味，在肉制品中多采用抗坏血酸钠作为抗氧化剂，它还具有保持肉制品的风味，增加制品的弹性以及防止亚硝胺生成的作用，一般添加量为 0.05%。

④在奶制品中的应用。抗坏血酸可延缓全脂牛奶氧化产生气味。在喷雾干燥之前，每升

牛奶中加入 200 ~250mg 的抗坏血酸和 100mg 的柠檬酸钠,便可保护其脂类化合物和维生素 A 和维生素 D。抗坏血酸可将充氮包装鲜奶油的贮藏期提高到 3 个月,保持其风味不变。

小红肠原料配方:牛肉(20:80)10.0%,猪肉(20:80)25.0%,皮(不带肥肉)6.0%,肥肉(不带皮)18.0%,磷酸盐 0.3%,混合盐 2.0%,大豆分离蛋白/酪蛋白酸盐 3.0%,淀粉 5.1%,香料 0.5%,抗坏血酸钙 0.1%,水/冰 30.0%。把所有成分投入斩拌机,斩拌混合 5min,然后进行灌肠并熏制或蒸煮,即得成品。

复合型鸡胚肉脯配方:鸡胚肉 10.0%,鸡肉 20.0%,兔肉 39.0%,胡萝卜汁 10.0%,砂糖 8.0%,精盐 2.0%,淀粉 3.0%,鹌鹑蛋 3.0%,黄酒 2.0%,姜粉 0.5%,胡椒粉 0.5%,大蒜汁 0.3%,味精 0.2%,维生素 C 0.5g/kg,亚硝酸钠 0.15g/kg。

生产方法:首先将鸡胚肉、鸡肉、兔肉按配方比例称重混合,绞成肉糜,肉温保持在 10℃以下;其次,将胡萝卜汁、黄酒倒入搅拌机,加入绞碎的肉糜搅拌 2 ~3min,并加入除淀粉、维生素 C、亚硝酸钠和鹌鹑蛋液之外的其他原料,继续搅拌 5 ~7min,至肉糜黏滑细腻为准,温度不高于 20℃,然后加入维生素 C、亚硝酸钠,于 7 ~10℃腌制 40 ~60min;第三,取 5kg 凉开水,加入鹌鹑蛋和淀粉,在搅拌机中调制成淀粉乳,再放进腌制好的肉糜搅拌 7 ~10min,直至与淀粉混和均匀;第四,将竹筛洗净晾干,在表面刷一层香油,再将肉糜抹到竹筛上,置于 85℃烘箱内烘烤 15 ~20min,再反面烘烤 10 ~15min,调温到 65℃继续烘约 3 ~4h,至水分含量小于 20%,出烘箱压片。再送入 150℃烘箱烤 2 ~3min,冷却,真空抽气包装。

(三)D-异抗坏血酸钠(异维生素 C 钠)

法定编号:GB 12493—1990(04.004);INS 316; CAS [6381-77-7]

分子式:$C_6H_7NaO_6 \cdot H_2O$

相对分子质量:216.13

外观性状:白色至浅黄色结晶性粉末或颗粒。无臭,略有咸味。

含量:≥98.0%

熔点:200℃以上(分解)

10%水溶液 pH:5.5 ~8.0

重金属含量(以 Pb 计):≤0.002%

砷含量:≤0.0003%

溶解度:溶于水,17g/100mL;几乎不溶于乙醇。

限量:

①GB 2760—2011:八宝粥罐头为 1.0g/kg,葡萄酒,0.15g/kg(均以抗坏血酸计)。

②FAO/WHO(1984):午餐肉、熟猪前腿肉、熟洋火腿、熟肉末,500mg/kg(均以抗坏血酸计)。

安全性:ADI 不作特殊规定(FAO/WHO,1994)。LD_{50}≥15.3g/kg(小鼠,经口)。

异抗坏血酸钠和异抗坏血酸在干燥状态下于空气中相当稳定,但在溶液中有空气存在时迅速变质。实际使用中应根据食品的种类选用异抗坏血酸或其钠盐,二者都有防止肉类制品、鱼肉制品、鲸肉制品、鱼贝腌制品、鱼贝冷冻品等的变质,可防止保存期间色泽、风味的变化,以及由鱼的不饱和脂肪酸产生的异臭。与亚硝酸盐、硝酸盐合用有提高肉类制品发色的效果。

异抗坏血酸的抗氧化性能优于抗坏血酸,还原性强,但耐热性差,164 ~172℃熔化并分解。1%水溶液的 pH 为 2.8,在水中的溶剂度为 40g/100mL,在乙醇中的溶解度为 5g/100mL。

应用实例：

枇杷饮料配方：枇杷浆半成品30%，β-胡萝卜素适量，白砂糖6%~8%，柠檬酸0.1%~0.15%，柠檬酸钠0.05%~0.1%，异抗坏血酸钠0.4%，羧甲基纤维素钠0.12%，水72%~74%。

将水、糖、柠檬酸置于夹层锅内煮沸并过滤，加入枇杷浆半成品和辅料搅拌均匀，在20~25MPa下均质，然后灌装、真空封罐。250g易拉罐杀菌采用5′-8′-5′/100℃公式进行。杀菌后经保温、检验，成品出厂。

天然西瓜饮料配方：西瓜原汁65%，白砂糖4%，蛋白糖0.045%，柠檬酸0.085%，苹果酸0.045%，琼脂0.08%，羧甲基纤维素钠0.12%，异抗坏血酸钠0.06%，加水到100%。西瓜汁饮料的红色来自蕃茄红素，极易氧化褐变，所以打浆前一定要加入抗氧化剂或加酸护色，尽快脱气，以降低饮料中氧气含量。

（四）茶多酚

法定编号：GB 12493—1990(04.005)；CAS [84650-60-2]

主要成分：又名维多酚，是30余种酚类化合物的总称，主体为儿茶素类，其中儿茶素约占60%~80%，黄酮化合物占4%~10%，没食子酸0.3%~0.5%，氯基酸0.2%~0.5%，总糖量0.5%~1.0%。叶绿素以脱镁叶绿素为主，含量为0.01%~0.05%。

性状：淡黄至茶褐色粉状固体，略带茶香，有涩味，易溶于水、乙醇、乙酸乙酯、丙酮、冰醋酸等溶剂，微溶于油脂，不溶于三氯甲烷、石油醚。对热、酸较稳定，2%溶液加热至120℃保持30min无明显改变，在160℃油脂中保持30min降解20%。水溶液在pH2~7范围内稳定，在碱性条件下易氧化褐变。

质量指标：中国企标(中国农科院茶叶研究所,2000)

类型	TVP40	TVP50	TVP80	TVP90	TVP95	TVP98
茶多酚/% ≥	40	50	80	90	95	98
儿茶素/% ≥	25	30	60	70	75	80
EGCG/% ≥	—	—	30	35	40	50
咖啡因/% ≤	—	—	—	—	3	2 1
水分/% ≤	5	5	5	5	5	5
灰分/% ≤	8	8	3	0.5	0.5	0.3
砷/(mg/kg) ≤	2	2	1	0.5	0.5	0.5
重金属/(mg/kg) ≤	2	2	1.5	1	1	1
物理性状	灰黄色或浅绿色粉末			淡黄色粉末		

限量：GB 2760—2011：复合调味料、植物蛋白饮料，0.1g/kg；油炸面制品、方便米面制品、油炸坚果与籽类、即食谷物，包括碾轧燕麦（片）、膨化食品，0.2g/kg；肉制品、水产品0.3g/kg；油脂、腌腊肉制品、糕点、焙烤食品馅料及表面用挂浆（仅限含油脂馅料），0.4g/kg。均以油脂中儿茶素计。

安全性：LD_{50}：(2496±32)mg/kg（大鼠，经口），95%以上精品为3.94g/kg（大鼠，经口）。

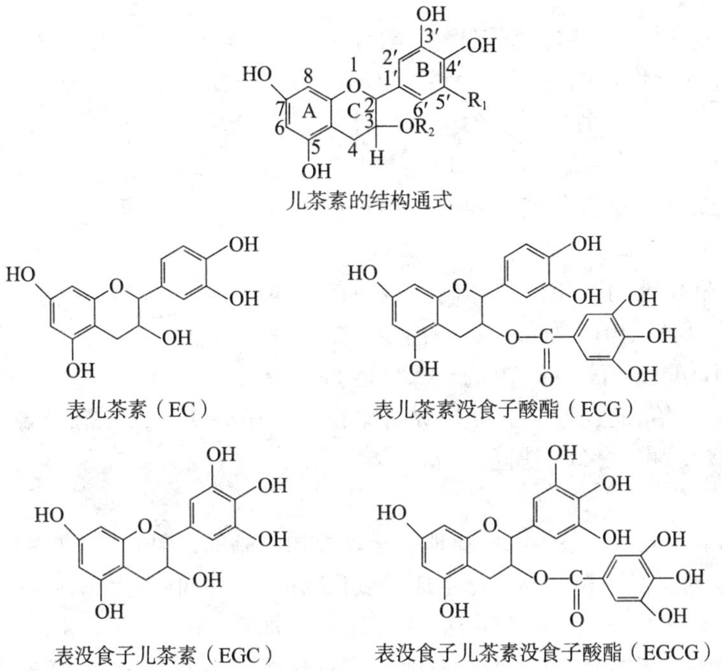

儿茶素的结构通式

表儿茶素(EC)　表儿茶素没食子酸酯(ECG)

表没食子儿茶素(EGC)　表没食子儿茶素没食子酸酯(EGCG)

图5－17　儿茶素的结构通式

按成人剂量20~40倍喂狗3个月,各项血液指标及尿检均无异常。致突变Ames试验、骨髓微核实验和骨髓细胞染色体畸变试验在浓度5%以内LD_{50}均无不良影响,无任何副作用。

人们在茶多酚中发现了十多种儿茶素,主要的几种儿茶素有L－表儿茶素(L－EC)、L－表没食子儿茶素(L－EGC)、L－表儿茶素没食子酸酯(L－ECG)、L－表没食子儿茶素没食子酸酯(L－EGCG),DL－没食子酸儿茶素、DL－儿茶素。儿茶素类的化学结构式见图5－17。

茶多酚是含有多酚羟的天然抗氧化剂,易氧化提供质子,具有酚类抗氧化通性,其反应式见图5－18:

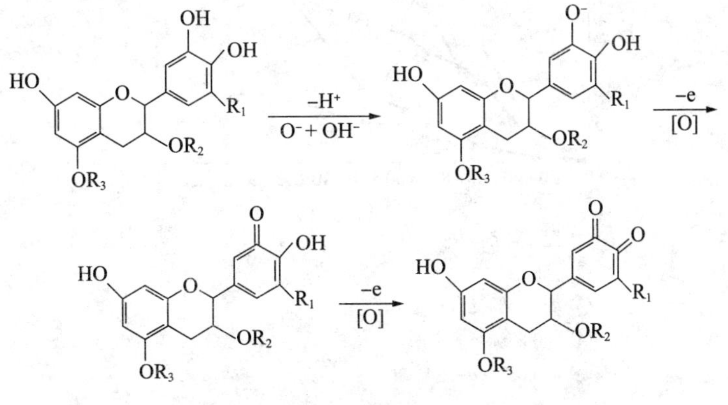

图5－18　茶多酚的氧化反应式

另据报道,茶多酚除了具有供氢能力外,酯型没食子儿茶素还具有较强的清除自由基的能力,其中L－EGCG的清除自由基的能力最强,每分子酯型儿茶素可清除6分子自由基。儿茶素还原自由基的示意图见图 5 – 19：

儿茶素的抗氧化性与其结构密切相关，等摩尔浓度的儿茶素抗氧化性能的顺序为：L – EGCG > L – ECG > – LEGC > L – EC；等质量的抗氧化性能的顺序为：L – EGC > L – EC > L – ECG > L – EGCG，这表明儿茶素的抗氧化能力随分子结构中的酚羟基数量增加而提高。

图 5 – 19　儿茶素还原自由基的示意图

茶多酚的抗氧化能力高于一般非酚性或单酚羟基类抗氧剂（如 BHA、BHT 等），在植物油中的抗氧化活性约为 BHT 的 3 倍。茶多酚的抗氧化效果是维生素 E 的 4 ~ 7 倍，而且与维生素 E、抗坏血酸和苹果酸、柠檬酸及酒石酸都有协同作用。

应用实例：

①在食用油中的应用。茶多酚广泛地用于动植物油脂的抗氧化，如花生油、亚麻油、菜油、豆油、猪油、牛脂，对食品中植物油氧化生成过氧化物的平均抑制率为 69.4%，对动物油脂过氧化物的平均抑制率为 97.5%。有报道称，在豆油中添加 0.08% 的茶多酚，保质期比对照组延长一倍以上。添加量相同时，茶多酚对菜油的抗氧化能力为 BHA 的 2.6 倍，维生素 E 的 3.2 倍；茶多酚对猪油的抗氧化能力为 BHA 的 2.4 倍，维生素 E 的 9.6 倍。在猪油和色拉油中添加 100mg/kg 茶多酚与添加 200mg/kg 维生素 E 的抗氧化效果相同，添加 20mg/kg 茶多酚比添加 50mg/kg BHA 的抗氧化效果还好。

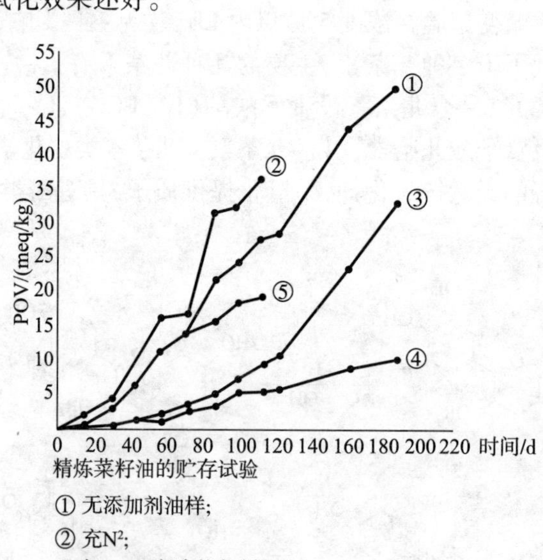

精炼菜籽油的贮存试验

但是茶多酚实际应用于油脂时，由于茶多酚难溶于油，需先溶于无水乙醇再添加于油脂中，但添加后的油脂不够澄清，经一定时间后多酚会沉淀而影响油的外观，因此茶多酚在色拉油等高级食用油中的应用受到限制，采用油溶剂型的茶多酚可达到良好效果。

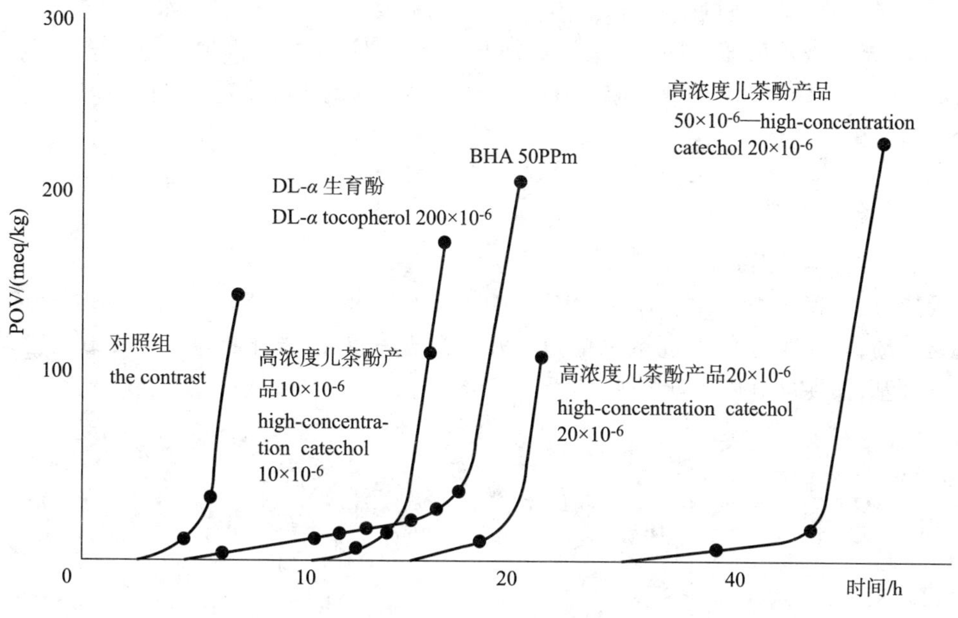

高浓度儿茶素产品之抗氧化作用

②在高脂食品中的应用。茶多酚用于高脂肪糕点及乳制品如月饼、饼干、蛋糕及方便面、奶粉、奶酪等食品,不仅可以保持原有风味,防止酸败,还能防止食品的褪色,抑制和杀灭细菌,延长食品的货架寿命。方便面中含油量高达20% ~22%,易氧化变质,茶多酚的最佳添加量为50mg/kg,对过氧化物生成的抑制率可达75%以上。用0.20%和0.25%的茶多酚分别使月饼、桃酥的保质期可延长0.48倍和0.75倍。将茶多酚应用于油炸土豆片中,在室温暴露贮存3个月后无异味,而对照组经43d就出现了酸败味,这也间接说明了茶多酚具有较好的热稳定性。

③在肉类保鲜中的应用。茶多酚可用于肉类、鱼类及其腌制品类食品如香肠、肉类罐头、腊肉等的防腐保鲜,茶多酚还有消除臭味、腥味、防止变色等作用。关于茶多酚及BHA对猪肉糜的抗氧化作用实验证明,以茶多酚粉末和BHA分别用少量乙醇溶解后添加到猪肉糜中,置于冰箱冷藏室贮藏,5周后经茶多酚粉末和BHA处理样品的TBA值分别为0.55和0.49,而对照组的TBA值高达5.26,可见茶多酚对猪肉显示较好的抗氧化性。

④在稳定食用色素上的应用。日本太阳化学新产品开发部的研究表明,由绿茶多酚类化合物为主要成分配制的抗氧化剂,在浓度为60mg/kg时能防止类胡萝卜素因氧化而褪色,用于红蛙和其他赤身鱼类能很好地保持其鲜艳色,比用传统的抗坏血酸钠效果好。

茶多酚还可以用于饮料,如柠檬茶、红茶、果味茶、果汁饮料、豆奶等,能有效抑制这些饮料中维生素的降解和损失,保护饮料中的各种营养成分,提高饮料的营养价值。茶多酚在中性和弱酸性的条件下对大多数微生物的生长有抑制作用,对许多致病菌如金黄色葡萄球菌、霍乱弧菌、变形链球菌有极强的抑制杀灭作用。研究表明,茶多酚的最低抑菌浓度为0.08% ~0.1%。

罐装绿茶饮料配方:茶水99.9%,茶多酚0.025% ~0.35%,L-抗坏血酸0.015%,硫酸氢钠0.015%。用200g饮料罐按上述配方以90℃热灌装、充氮置换空气后封罐,经120℃、7min灭菌处理、冷却,即得罐装绿茶饮料,能长期保持绿茶的风味和色泽。

魔芋凝胶软糖配方:木糖醇45g,魔芋精粉1.5g,琼脂0.3g,葡萄糖酸锌0.2g,茶多酚

0.15g，着色剂适量，香精适量。制作时首先将魔芋精粉放入50～100倍冷水中搅拌5～20min，静置3～5h，充分吸水膨胀，然后将魔芋糊加热至沸并不断搅拌，再加入琼脂熬制至102～105℃，离火冷却。最后，待物料冷却到80℃以下时，投入其他辅料并充分搅拌均匀，浇注入模，静置冷却后脱模。

（五）迷迭香提取物

法定编号：日本天然 No.448

主要成分：①迷迭香酚，$C_{20}H_{26}O_5$，M_W = 346.42，CAS［8.225－53－2］，结晶，熔点241℃；②表迷迭香酚；③异迷迭香酚；④鼠尾草酚。另有迷迭香酸、迷迭香二酚等。其中迷迭香酚含有3个酚羟基，捕捉自由基能力最强。

结构式：

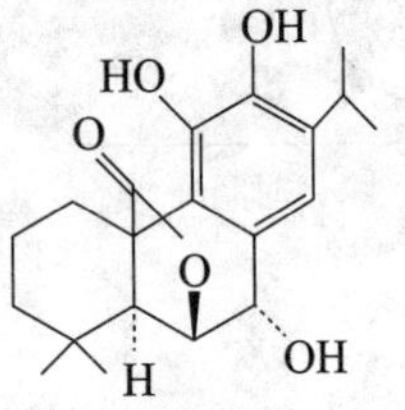

迷迭香酚 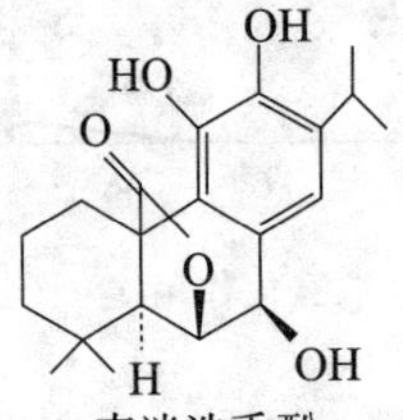　表迷迭香酚 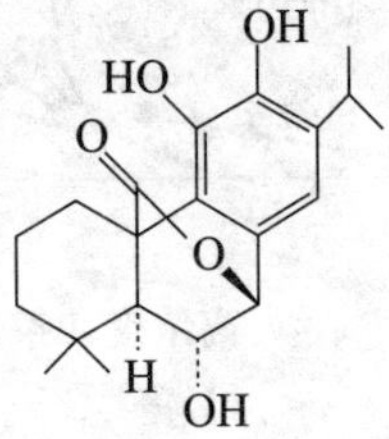　异迷迭香酚 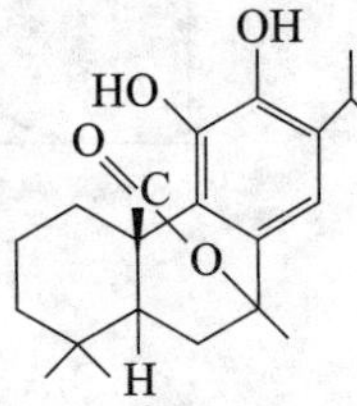　鼠尾草酚

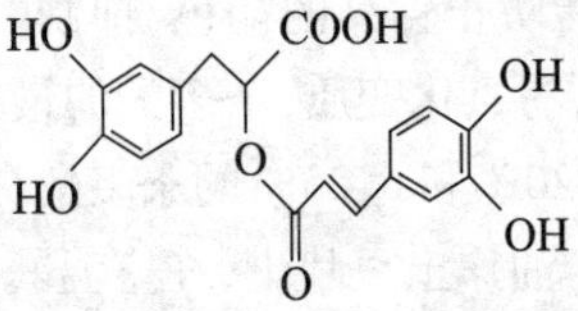

迷迭香酸 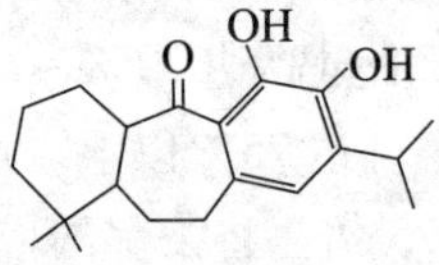　迷迭香二酚 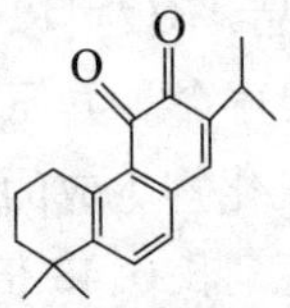　迷迭香酮

性状：黄褐色粉末或褐色膏状、液体。有特殊香气，耐热性（200℃稳定）、耐紫外线性能良好。与维生素E等有相乘效用，抗氧化能力随加入量的增加而提高，但高浓度时可使油脂产生沉淀，使含水食品变色。

溶解性：不溶于水，溶于乙醇、油脂。

质量标准：日本天然品，1996

①鉴定：溶于水而不溶于已烷的物质，其水溶液在275～290nm和320～340nm处有最大吸收峰；溶于乙醇而不溶于水及已烷的物质，其乙醇溶液在275～290nm处有最大吸收峰；溶于已烷而不溶于水和乙醇的物质，其已烷溶液在270～285nm处有最大吸收峰。

②重金属（以Pb计）：≤20μg/g

③砷（以As_2O_3计）：≤4.0μg/g

限量：GB 2760—2011：动物油脂、油炸坚果与籽类、肉类食品、油炸面制品、膨化食品，0.3g/kg；植物油脂0.7g/kg。一般日本用量为500mg/kg。

迷迭香别名艾菊，为唇形花科多年生草本植物，原产于地中海沿岸，1981年中科院植物研究所在我国云南、贵州等地引种成功。从迷迭香中提取的天然抗氧化剂主要作为油脂和富油食品的添加剂，以防止油脂氧化变质。另外，由于迷迭香抗氧化剂能清除自由基，猝灭单重态氧，美容效果明显比超氧化物歧化酶好，因此对迷迭香在保健、抗衰老和医学上的应用研究也在不断深入。

迷迭香抗氧化剂具有如下特点:①安全,已通过卫生部规定的安全性评价试验;②高效,在不同油脂中比 BHA 抗氧化效果强 1 ~6 倍;③耐热,能长期耐受 190℃的高温油炸而具有抗氧化效果;④广谱,对各种复杂的类脂物氧化有广泛而很强的抑制效果。

应用实例:

①在食用油脂中的应用。迷迭香抗氧化剂在大豆油、花生油、棕榈油、菜籽油和猪油中有很强的能力,特别在大豆油、猪油中,其抗氧化能力是 BHA 的 2 ~4 倍。在猪油中迷迭香比茶多酚的作用强 1 ~2 倍。60℃条件下,在花生油、棕榈油中,迷迭香抗氧化剂与茶多酚的抗氧化效能相等,但在 120℃高温条件时,迷迭香则表出更强的抗氧化能力,并具有很好的可溶性及稳定性。迷迭香各组分的抗氧化作用见图 5 -20 ~ 图 5 -23,王文中等报道的迷迭香在猪油中的抗氧化效果见图 5 -24。

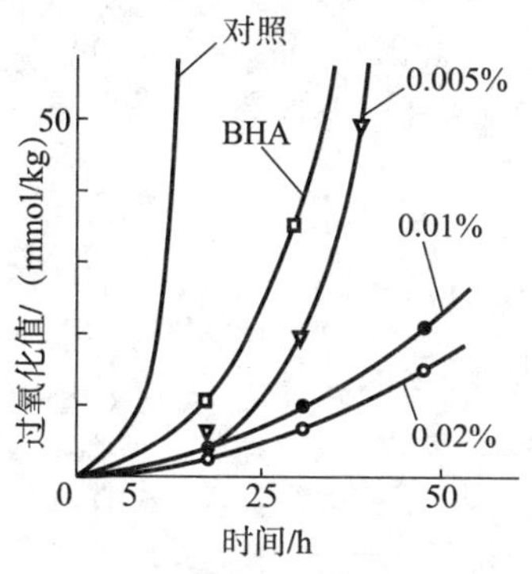

图 5 -20　迷迭香酚抗氧化能力的比较

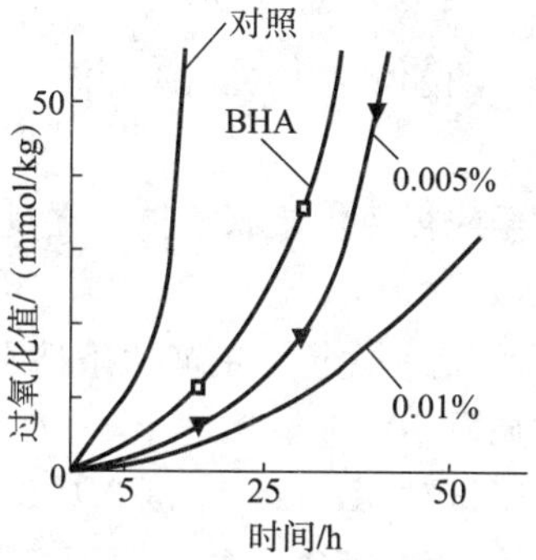

图 5 -21　表迷迭香酚抗氧化能力的比较

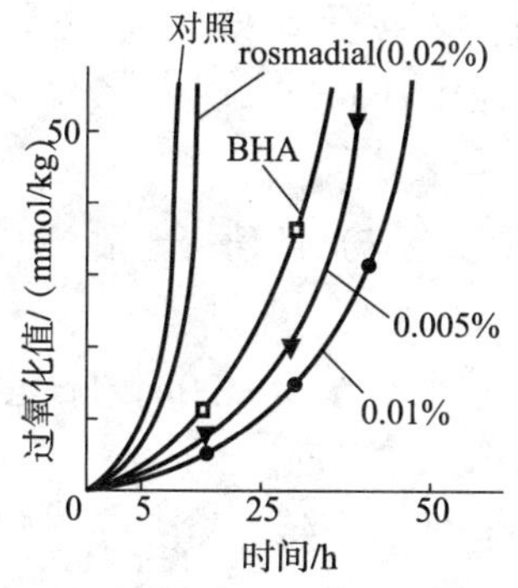

图 5 -22　异迷迭香酚抗氧化能力的比较

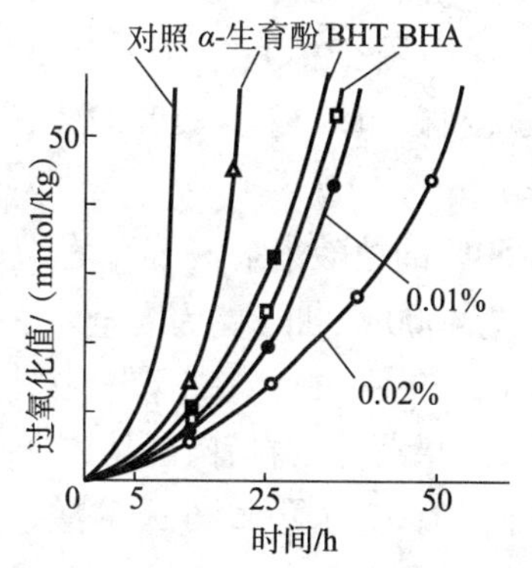

图 5 -23　鼠尾草酚抗氧化能力的比较

②在肉类制品中的应用。肉禽制品本身不含天然抗氧化剂,经预煮、切碎等工序,很容易造成氧化衰败,发生脂肪氧化(可用过氧化值来衡量)或者产生"过熟味",很难用一般的方法来衡量。研究表明,肉制品在烧烤、切片、绞碎、去骨、冷冻处理时,大量的肌肉组织细胞会破裂,从而释放出来结合的铁和酶。这些铁和酶会结合成一种催化剂,引发肌肉内的氧化反应。当加热肉制品时,特殊的分解产物将导致很强的异味。在加工肉禽制品时添加迷迭香抗氧化剂,就能阻止这种氧化反应,保护其风味稳定。

迷迭香抗氧化剂还能防止氧对类胡萝卜等色素的破坏,稳定食品的色泽和感官品质。

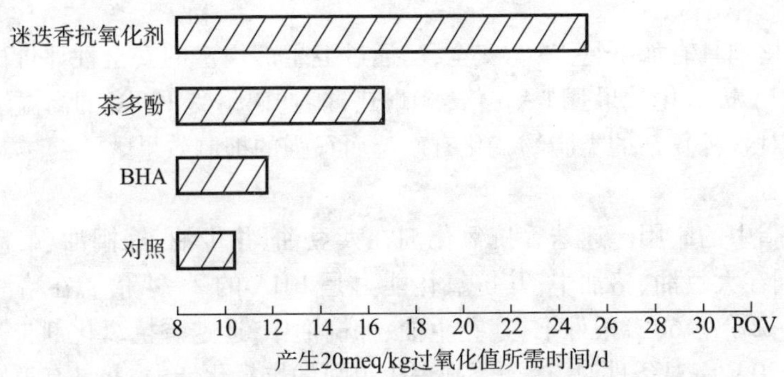

图5-24 迷迭香抗氧化剂与茶多酚BHA在猪油添加中抗氧化效能的比较(AOM法)

(六)植酸(肌醇六磷酸,PA)

法定编号:GB 12493—1990(04.006);CAS[83-86-3];日本天然No.358

结构式:

性状:浅黄至浅褐色糖浆状液体。无臭,有强酸味。加热及酸可加水分解,生成肌醇和磷脂。100℃以上色泽加深,120℃以下短时间稳定,浓度越高越稳定。在碱性条件下稳定,遇钙、镁等成盐并沉淀;遇蛋白质发生沉淀。浓度1.3%时pH0.40,浓度0.7%时pH1.7,浓度0.13%时pH2.26,浓度0.013%时pH3.20。

溶解性:易溶于水、95%乙醇和丙酮,微溶于无水乙醇,几乎不溶于无水乙醚、三氯甲烷、己烷。

质量标准(中国企标):①外观:淡黄色浆状液体;②含量≥70%;③盐类(以Ca^{2+}计)≤0.02%;④无机磷(以P计)≤0.02%;⑤氯化物(以Cl^-计)≤0.02%;⑥硫酸根(以$SO_4{}^{2-}$计)≤0.01%。

安全性:50%的植酸水溶液LD_{50}为4192mg/kg(小鼠,经口),此值介于乳酸与山梨酸之间,比食盐(LD_{50}为4000mg/kg)更为安全。

限量:GB 2760—2011:对虾保鲜,按生产需要适量食用,残留量≤20mg/kg;食用油脂、油炸食品、果蔬制品、果蔬汁饮料、肉制品、装饰糖果、调味糖浆0.2g/kg。

植酸分子上有12个羟基,6个磷酸基,有很强的螯合能力。每g植酸可与500mgFe^{2+}形成螯合物,极大的减少了Fe^{3+}媒介的氧,阻碍了羟基自由基的形成。即使铁的浓度低至6mmol/L,植酸同样可以起到螯合作用。植酸也是惟一一种能占据所有6个配位并取代Fe^{3+}络合物中所有配位水的螯合剂。当植酸盐对铁的摩尔比率超过0.25时,羟基促进过氧化物生成的作用可完全被抑制。此外,植酸可抑制果蔬中的多酚氧化酶,有效减少酶促氧化褐变,因此,植酸有较强的抗氧化作用,当花生四烯酸中加入植酸钠盐时几乎可完全抑制脂质过氧化,而富含植酸的食物自动氧化敏感性亦可降低。

应用实例:

①在油脂抗氧化中的应用。植酸的酸性强,易与油内的游离酸和过氧化物相结合,中断或破坏油内氧化过程的连锁反应,阻止和缓解氧化过程的进行。如将50%植酸和山梨醇酯酸(亲

水/亲油值4.3)按1:3的比例混合,以0.2%在大豆油中添加,可使大豆油的抗氧化能力提高4倍;在花生油中加入少量的植酸,不仅可使其抗氧化能力提高40倍,而且还可抑制黄曲霉素的生成。在生产含油脂食品时,加入一种以上的植酸碱性氨基酸盐,食品的酸败变质明显推迟。在油炸花生仁中添加植酸后,经25d38~42℃保温处理,其过氧化值及酸价的增加明显低于对照组,有相当好的抗氧化作用。

②在食品保鲜中的应用。海鲜产品和其他水产品在运输和贮藏期间极易腐败变质,同时产生黑变。用植酸配制水产品保鲜剂效果十分明显,鲜虾经植酸处理后,其挥发性氨基氮明显低于未经处理产品,保质期大大延长。在鱼、虾、乌贼、贝类等水产品罐头中添加0.1%~0.5%植酸,可抑制玻璃状磷酸铵镁结晶的析出,防止因此产生的黑变、青变等现象,进而达到稳定护色的效果。国外已把植酸广泛应用于罐装食品中,其添加量为0.5%左右。在牛肉保鲜剂中加入0.2%植酸可有效延长其保质期。植酸对果蔬同样有良好的保鲜效果,如植酸应用于草莓保鲜,可以延缓果实中维生素C的降解,保持果实中的可溶性固形物和含酸量。在水果、蔬菜上喷洒0.01%~0.05%植酸与微量柠檬酸的混合液,可有效地提高产品保鲜期。但是植酸对腐烂菌的抑制作用较弱,因此,植酸作为果蔬保鲜剂时必须与其他防腐剂配合使用。

③在护色稳定上的应用。酶促褐变和非酶褐变是果蔬加工和贮藏过程中两大难题。酶促褐变是果蔬组织中的酚酶在有氧条件下催化果蔬组织中的酚类生成有色的醌类,以后又经非酶褐变,成为较高相对分子质量的暗褐色化合物,而植酸具有抑制多酚氧化酶活性的作用,可以明显减缓或阻止这些反应的发生。试验表明,植酸和植酸钠对苹果汁防止褐变和菠菜汁加工过程的护色都有较好的作用,当与β-环糊精合用,使用量为0.25%~0.5%时效果更佳,如添加了植酸的苹果汁在4℃下贮存2~3周都不发生褐变。将新鲜的莲藕、芋头等用微量浓度的植酸液浸泡20~80min,可于室温下保持4d不变色。

(七)生姜提取物(生姜浸膏,乙醇提取物)(国标中没有此种抗氧化剂)

法定编号:GB/T 14156—1993(N 036);FEMA2523;CAS[8007-08-7]

主要成分:姜酮、姜醇、姜烯、姜油酮、樟烯酚、龙脑、柠檬醛、桉叶醚等。其中姜油酮、6-姜油酮酚和6-姜烯酚有较强的抗氧化能力。姜烯酚的辣度约为姜油酮的2倍。

性状:黑褐色黏稠的液体,呈姜的强烈辛辣味和香气。

质量指标(FCC,1996):①挥发油含量18~35mL/100g;②重金属(以Pb计)≤0.002%;铅≤5mg/kg;残存溶剂≤:丙酮0.003%,异丙醇0.003%,甲醇0.005%,己烷0.0025%;氯化碳氢化合物总量≤0.003%。

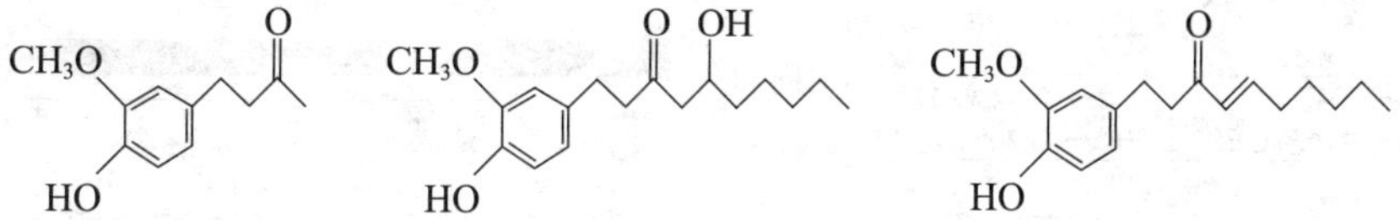

姜油酮　　6-姜油酮酚　　6-姜烯酚

限量:肉类食品30~250mg/kg;焙烤食品52mg/kg;调味料10~1000mg/kg;冷饮36~65mg/kg;软饮料79mg/kg。

应用实例:生姜的80%乙醇提取物在食用植物油中的应用效果见图5-25和图5-26,图中GES表示生姜提取物。可以看出,食用植物油添加一定量的生姜提取物后氧化稳定性得到了提高。添加量为0.02%时的抗氧化效果不如添加0.02%的BHT;添加量为0.04%时抗氧化效果略强于BHT;添加量为0.08%和0.20%时,抗氧化作用远大于BHT的抗氧化效果,即抗氧化效果随着添加量的增加而增强,但考虑到成本、溶解度等问题,在食用植物油中的添加量在0.04%~0.08%较为适宜。

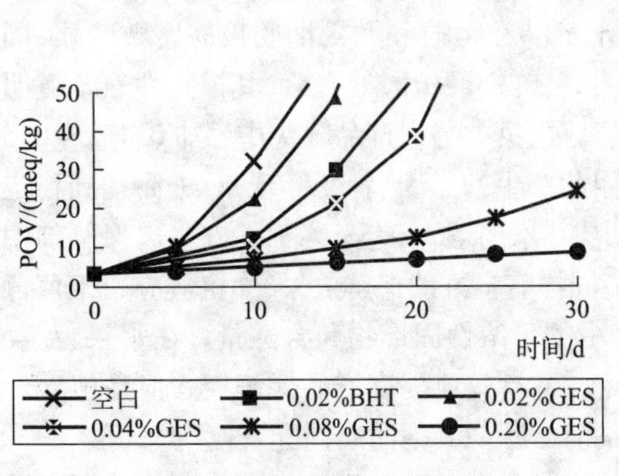

图5-25 菜籽油中添加GES后的POV-时间变化曲线

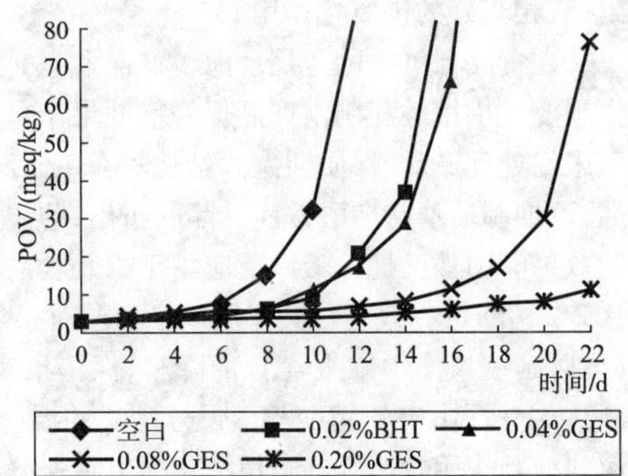

图5-26 大豆油添加GES后的POV-时间变化曲线

在酥性饼干配方中加入生姜提取物后,用Rancimat法测定其氧化酸败的诱导期,发现生姜提取物在酥性饼干中能起到一定的抗氧化保鲜作用,其抗氧化保鲜效果与添加量呈正相关。当添加量小于等于0.04%时抗氧化保鲜作用比较弱,与添加0.02% BHT的效果差别不很大;添加量为0.08%时抗氧化作用较好,明显优于BHT。柠檬酸对生姜提取物具有一定的抗氧化增效作用(见图5-28)。

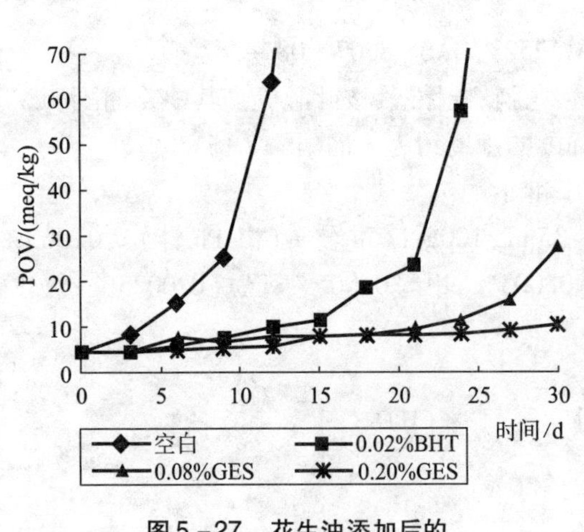

图5-27 花生油添加后的POV-时间变化情况

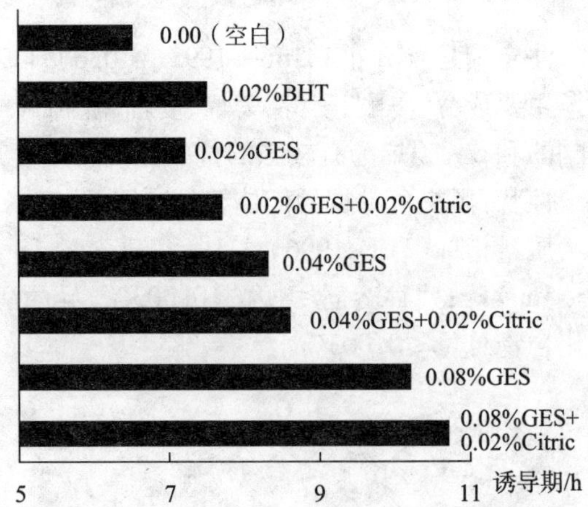

图5-28 不同GES添加量时饼干发生氧化酸败的诱导期(GES:生姜提取物 Citric:柠檬酸)

(八)甘草抗氧物(别名:甘草抗氧灵)

法定编号:CNS:04.008; CAS [1948-33-06]

甘草抗氧化剂是多种黄酮类和类黄酮物质的混合物,是将甘草或其他同属植物的根、茎的水提取残留物用乙醇或有机溶剂提取而制得。为棕色或棕褐色粉末,略有甘草的特殊气味,熔点为70~90℃,不溶于水,可溶于乙酸乙酯,在乙醇中的溶解度为11.7%。主要成分有甘草黄酮、甘草异黄酮A、甘草异黄酮B等。为无毒性物质,安全性高。甘草抗氧化物具有较强的清除自由基,尤其是氧自由基的作用,可抑制油脂的酸败,并对生成的油脂过氧化终产物丙二醛有明显的抑制作用。除了具有抗氧化作用外,还具有一定的抑菌、消炎、解毒、除臭等作用。

我国GB 2760—2011规定:可用于食用油脂、油炸坚果与籽类、油炸面制品、方便米面制品、饼干、肉制品、腌制水产品、膨化食品,最大使用量0.2g/kg(以甘草计)。

日本规定:允许将甘草抗氧物加入油脂中,包括各种炸制食品用的油脂及黄油、人造奶油等;含油脂食品;火腿、汉堡包、咸牛肉、罐头等;加工食品;方便面、油酥饼、点心、巧克力、饼干等。另外,日本已开发出添加黄酮类化合物的可乐型饮料、口香糖、面包、豆腐,啤酒等。这些食品的口感好,具有天然植物的芳香,且易保存(不用另加保鲜剂),并具有一定的抑菌、杀菌及除口臭、烟味、蒜味等功能。

实际使用参考:实际使用时,将动、植物油脂预热到80℃,按使用量加入甘草抗氧物,边搅拌边加温至全部溶解(一般到100℃时即可全部溶解),即成含甘草抗氧物油脂,可用于炸制、加工食品。

(九)竹叶抗氧化剂(Bamboo Leaf Antioxidants)

法定编号:CNS:04.019

安全性:日允许最大摄入量(ADI值)为43mg/kg体重,一个标准体重(60kg)的人允许的每日摄入量为2580mg。

竹叶抗氧化剂是从竹叶当中提取的抗氧化性成分,有效成分包括黄酮类、内酯类和酚酸类化合物,是一组复杂的,而又相互协同增效作用的混合物。其中黄酮类化合物主要是碳苷黄酮,四种代表化合物为:荭草苷、异荭草苷、牡荆苷和异牡荆苷。内酯类化合物主要是羟基香豆素及其糖苷。酚酸类化合物主要是肉桂酸的衍生物,包括绿原酸、咖啡酸、阿魏酸等。竹叶抗氧化剂为黄色或棕黄色的粉末或颗粒,无异味。可溶于水和一定浓度的乙醇。略有吸湿性,在干燥状态时相当稳定。具有平和的风味和口感,无药味、苦味和刺激性气味。品质稳定,能有效抵御酸解、热解和酶解,在某种情况下竹叶抗氧化剂还表现出一定的着色、增香、矫味和除臭等作用。其特点是既能阻断脂肪链自动氧化的链式反应,又能螯合过渡态金属离子,此外还有较强的抑菌作用。建议使用量在0.005%~0.05%(重量百分比)。

我国GB 2760—2011规定:可用于食用油脂、油炸面制品、油炸坚果与籽类、即食谷物,包括碾轧燕麦(片)、焙烤食品、肉制品、水产品、果蔬汁饮料、茶饮料、膨化食品,最大使用量0.5g/kg。

应用例:竹叶抗氧化剂(AOB)在食用油中的应用:将10g AOB溶于40g Span40中(必要时加热),再加入50g Span80,混匀,制备成质量分数为0.10的脂溶性AOB溶液,使用时根据油中AOB的实际需要量进行折算添加,通常在纯油脂体系(棕榈油、大豆油、葵花籽油、鱼油等)中AOB的添加量为0.01%~0.05%。

二、其他天然抗氧化剂

在自然界中还存在着许多天然具有良好的抗氧化性能物质,国内外科技工作者一直在对香辛料、食用植物、中草药等 10 余类数百种天然物质的抗氧化能力进行深入的研究并取得了许多研究成果。许多物质已经制成了商品化的天然抗氧化剂，有杨梅提取物、丁香提取物、生咖啡豆提取物、越橘叶提取物、水芹提取物、食用美人蕉提取物、蜂胶提取物、胡椒提取物、鼠尾草提取物、芝麻酚、桉树叶提取物、芸香苷酶解物、愈创树脂、栎皮酮、曲酸、甘草抗氧化物、鞣花酸、土曲霉糖蛋白等，近年对竹叶等新材料的抗氧化作用也在不断研究开发。

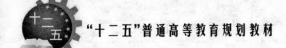

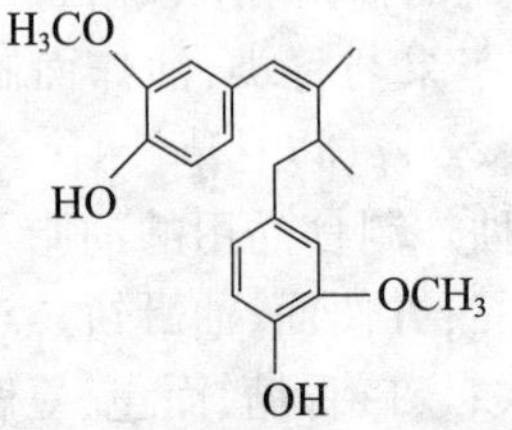

愈创木酸 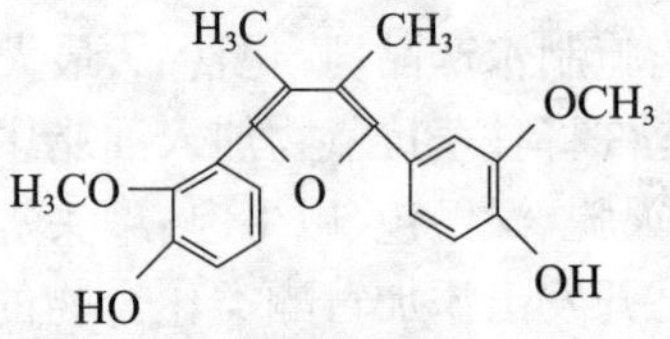　　愈创木康酸

许多天然抗氧化剂都具有特殊的功效，如迷迭香提取物的抗氧化作用就高于合成抗氧化剂，又如愈创树脂是使用最早的天然抗氧化剂之一，也是公认的安全性高的抗氧化剂，目前国外仍用于牛油、奶油等易酸败食品的抗氧化，一般只需添加 0.005% 即有效。在猪油中添加 0.01%，在室温及阳光下，经 19 个月仍未酸败。但缺点是树脂本身具有红棕色，在油脂中的溶解度小，而且成本高，所以应用较少。

愈创树脂的主要成分有愈创木脂酸、愈创木酸、愈创木康酸等，不溶于水，难溶于油脂，易溶于乙醇、乙醚、三氯甲烷和碱性溶液。ADI 0～2.5mg/kg，LD_{50} 为 7.50g/kg。

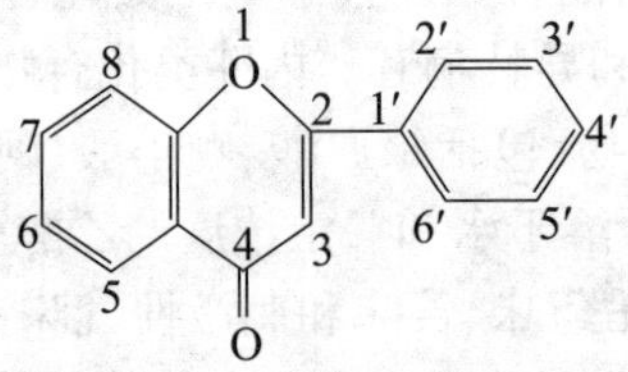

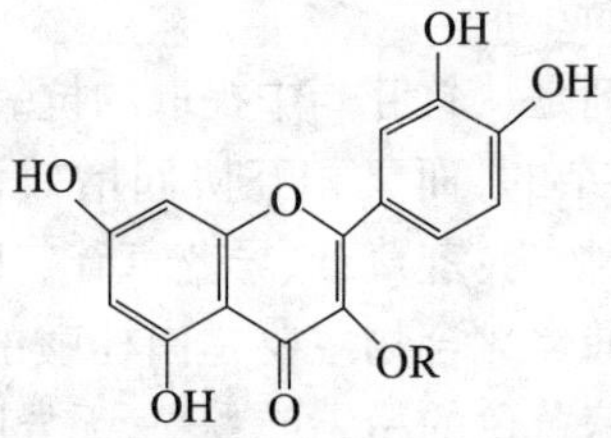

芦丁

天然黄酮类化合物主要指以 2－苯基色原酮为基核的化合物，3 个环上可连有一个或多个烃基，在自然界中分布极其广泛，在植物体内大部分与糖结合成苷，一部分以游离形式存在。经过多年对黄酮类化合物的抗氧化性质，特别是在食用油脂中的抗氧化性的研究，证明 B 环中的邻二羟基结构(3′,4′－二羟基)对黄酮类化合物的抗氧化活性起主要作用，这是因为 B 环的 4′位的羟基在供氢消除自由基之后，B 环上的邻位羟基可与其在分子内氢键的作用下形成共振稳定的醌式自由基，从而阻止氧化链式反应的进一步发展。A 环的 3,5,7 位上的羟基也对黄酮类化合物的抗氧化活性产生显著的影响。许多黄酮类化合物在油－水体系中有显著的抗氧化能力，几种黄酮的抗氧化能力为：槲皮素＞桑色素＞芦丁≈橙皮甙。

芦丁即芸香甙，为四羟基黄酮，熔点 177～178℃，不溶于水，几乎不溶于乙醇，溶于甲醇、丙醇和碱溶液，并具有维生素 P 的功效。栎精又称栎皮酮、槲皮素，是黄酮中最主要的食品抗氧化剂，不溶于水，难溶于热水，溶于碱性水溶液。栎精对热稳定，分解温度达 314℃，能提高食品中色素的耐光性，防止食品香味的改变，用于猪油时的效果与 BHT 或 PG 相近。

番茄红素是由 11 个共轭及 2 个非共轭碳一碳双键组成的直链型类胡萝卜素,不溶于水,可溶于脂肪、油脂、乙醚、石油醚和丙酮,难溶于甲醇、乙醇。番茄红素通过物理和化学方式猝灭单线态氧或捕捉过氧化自由基。类胡萝卜素的猝灭能力与其分子中所含有的共轭双键的数目有着密切的关系,番茄红素分子中有 11 个共轭双键,一个番茄红素分子可以清除数千个单线态氧,其猝灭单线态氧的速率常数较 β - 胡萝卜素高 2 倍。1990 年 Paolo 等报道了类胡萝卜素和生育酚等 30 余种生物抗氧化剂猝灭单线态氧的作用,番茄红素是猝灭单线态氧最强的,是一种很有开发前途的天然抗氧化剂。

近几年来我国的一些研究报告指出,中草药提取物如红参、当归、生地、酸枣仁、阿魏酸等中草药的提取物均有抗脂质过氧化作用,能抑制丙二醛的生成。阿魏、川芎、根茎等植物中所含的阿魏酸可消除自由基,抑制氧化反应和自由基反应。人参茎根、三七根等植物中提取的人参皂苷 Rbl 具有显著的抗脂质过氧化作用,它不但可以直接消除自由基,还可通过间接过程消除自由基。我国台湾、日本、韩国等学者对中草药的提取物的抗氧化作用研究发现,乌附子、白屈菜、细辛等 11 味中药有极强抗氧化能力,其中以淫羊藿、丁香、补骨脂的不同极性提取物、黄芩、甘草的甲醇提取物抗氧化性能最为突出,金锦香、石榴皮、马鞭草的甲醇提取物和金锦香、三七草、芡实、钩藤的乙酸乙酯提取物的抗氧化能力均强于 BHA。

香辛料是指一类具有芳香和辛香等典型风味的天然植物性制品,或从植物(花、叶、茎、根、果实或全草等))所提取的某些香精油。已发现香辛料中的八角、花椒、小豆蔻、辣椒、生姜、丁香、肉桂、肉豆蔻等都含有具有很强的抗氧化活性和抑菌防腐的作用,直接使用丁香、生姜等可使猪油酸败时间大为延缓,对大豆油、米糠油、芝麻油等也表现出相当的抗氧化能力。此类物质的使用具有一举数得的效果,而且使用安全、方便。

三、天然食品抗氧化剂研究中存在的问题

目前食品工业主要使用的还是人工合成的抗氧化剂,然而由于动物试验表明其具有一定的毒副作用,所以化学合成抗氧化剂的安全性越来越受到怀疑,许多国家对其添加量都有严格的限制,而天然食品抗氧化剂以其安全性高、抗氧化能力强、无副作用、防腐保鲜等特点日益受到重视。天然抗氧化剂的来源非常广泛,普遍取自天然可以食用的物质,如蔬菜、水果、香辛料、中药材、海草和某些微生物发酵产品,甚至是农业和食品工业下脚料等。

虽然天然抗氧化剂有诸多优点,但在实际研究开发过程中仍存在许多问题,因而阻碍了天然抗氧化剂的推广应用。例如,很多天然抗氧化剂研究的对象是中草药、香辛料等天然物质的提取物,由于原料有限,成本高,而且结构、组成复杂,机理研究困难。此外,研究者测定受试物抗氧化活性的方法不尽相同,对天然抗氧化剂性能的评价难以客观、一致,因此必须在大量试验和研究的基础上,建立一套公认的科学评估抗氧化活性的标准化方法。人们对天然抗氧化剂的认识往往存在一个误区,认为所有来自天然的抗氧化物质都是无毒的,而实际上有些天然抗氧化剂经实验证实是有毒的(如棉酚),所以在某一个天然抗氧化剂投入实际应用之前,毒理学检验是必不可少的。尽管天然抗氧化剂有许多优点,但并不能解决所有问题,还需要研究天然抗氧化剂与其他抗氧化剂之间的协同效应,以发挥天然食品抗氧化剂的最大功能。

思考题

1. 食品抗氧化剂的概念。
2. 简述抗氧化剂作用机理。
3. 抗氧化剂使用时应注意哪些问题?
4. 食品抗氧化剂的分类及作用。
5. 合成抗氧化剂的种类及用途。
6. 天然抗氧化剂的种类及用途。

第六章　营养强化剂

学习目的与要求

掌握营养强化剂相关的基本概念、食品营养强化剂的应用意义与作用，熟悉营养强化剂的种类和使用原则与方法，了解常用的营养强化剂的性状与性能、安全与使用。

第一节　概述

一、营养强化剂的相关概念

食物与营养是人类生存的基本条件，人类的营养需要是多方面的，没有一种天然食品或传统食品含有维持人体健康所必需的全部营养素，在不同的食品中，营养素分布和含量也不同；同时，食物在烹调、加工、贮藏、运输等过程中，不可避免会造成某些营养素的损失。因此，为了平衡天然食品中某些营养的不足，以强化天然营养素的含量，或补偿因食品加工、贮存过程损失，提高食品的营养价值，补充人体对营养素的需要和防止由于缺乏某种天然营养素所导致的各种特定疾病，在食品中添加营养强化剂进行营养强化是非常有必要的。

营养素是指食品中可给人体提供能量、机体构成成分和组织修复以及生理调节功能的化学成分，为人体的生长、发育和维持健康提供所需要的各种基本物质。人体所必需的 6 大类营养素，即蛋白质、脂肪、碳水化合物、维生素、矿物质和水，近年来，有学者主张将膳食纤维列为第七类营养素。食品中需要强化的营养素包括人群中普遍供给不足的，或由于地理环境因素造成地区性缺乏的，或由于生活环境、生理状况变化造成的对某些营养素供给量有特殊需要的营养成分。

营养强化是指在现代营养科学的指导下，根据居民营养健康状况，针对不同地域、不同人群的营养素摄入不足和营养需要，在广泛消费的食品(载体)中添加原来不存在或含量极低的特定营养强化剂以补充人群所缺乏的营养素，且在不改变人群饮食习惯的前提下实现营养强化的目的。营养强化的另一个目的在于期望某种食品发挥一种特殊功能。一般在特定营养素缺乏症高发地区实施，例如，在碘缺乏地区的食盐中强化碘，以解决公众因碘缺乏引发的健康问题。

我国《食品卫生法》和《食品营养强化剂使用卫生标准》(GB 14880—1994)规定，食品营养强化剂是指“为增强营养成分而加入食品中的天然的或人工合成的属于天然营养素范围的食品添加剂”。食品营养强化剂属于食品添加剂的一种，也被称为食品强化剂、营养强化剂、营养增补剂、营养供给剂。

为了使食品保持原有的营养成分，或者为了补充食品中所缺乏的营养素，按照食品营养强化剂使用卫生标准的规定，而向食品中添加一定量的营养强化剂，以提高其营养价值，这样的食品称为营养强化食品。

近些年来,随着营养学理论和应用实践的不断发展,《食品营养强化剂使用卫生标准》的内容会不断补充、修订和完善,食品营养强化剂品种、使用范围及使用量也会有所增加、扩大或更新。目前,我国规定允许使用的食品营养强化剂通常分为维生素类、氨基酸类、无机盐类及脂肪酸类等几大类。

二、营养强化剂的应用意义与作用

人类为了维持正常的生命活动和新陈代谢,必须从外界摄取食物作为营养来源,由于食物的种类不同,其营养物质的构成和含量也不相同。如谷类食物中虽然含有人体所需的多种营养成分,但这些营养成分并不完全符合人体营养的需要,特别是蛋白质含量不足,缺少赖氨酸、苏氨酸及色氨酸等人体所必需的氨基酸;含有优质蛋白质的鸡蛋,碳水化合物含量极少;含有丰富维生素、矿物质的水果、蔬菜,则蛋白质和能源物质欠缺。许多食品经过加工、烹调、贮藏、运输、销售等操作都会不同程度地造成一些营养成分损失,而且不同的加工方法和居民饮食烹饪方式也会影响食品中营养素的保存,加工精度过高、烹饪过度都会损失可观的营养素。如精制的大米和小麦粉损失了大部分的维生素 B_1、维生素 B_2;水果蔬菜经过切分、漂洗,水溶性维生素损失较多,蔬菜经烹饪后造成大部分维生素 C 损失。我国营养不良问题较为严重,从总量上看,我国属于世界上营养不良人数最多的国家;从结构上看,我们正承受着营养摄入不足和营养结构失衡两类营养不良带来的双重负担。我们既有发达国家所需要解决的失衡型营养不良问题,又有在发展中国家存在的营养摄入不足问题。因此,为了保证食品的营养供给,往往需要在食品中添加营养强化剂以提高营养价值。

在食品中添加营养强化剂,不仅可以弥补天然食品的营养缺陷,而且可以改善食品中的营养成分及其比例,以满足人们对营养的需要。另外,利用食品营养强化剂可以特别补充某些营养物质,达到特殊饮食和健康的目的。利用食品营养强化剂可以生产出符合特殊人群(如婴幼儿、运动员、海员、宇航员等)需要的食品和各种营养成分均衡的健康食品。食品经强化处理后,食用较少种类和单一食品即可获得全面营养,从而简化膳食处理,这对某些特殊职业的人群具有重要意义。如军队和地质工作者所食用的压缩干燥的强化食品,营养既全面,体积又小,食用又方便。此外,从经济角度考虑,用强化剂来增加食品的营养价值比使用天然食物达到同样目的所需的费用要少得多。

食品营养强化剂不仅可以提高食品的营养质量,还可以减少和预防很多营养缺乏症及因营养缺乏引起的其他并发症,有些营养强化剂还兼有提高食品的感官质量和改善其贮藏性能的作用。如维生素 C、维生素 E、卵磷脂是良好的抗氧化剂;维生素 C、维生素 PP 是肉制品的良好护色剂;一些氨基酸类营养强化剂可以提高加工制品的风味;磷酸氢钙还可以作为发酵助剂和疏松剂等。

通过添加营养强化剂来补充和平衡膳食营养是我国解决营养不良与失衡的重要手段,采用食物营养强化的方式提高人民群众的营养健康水平也是国家的既定政策,具有较好的经济效益和深远的社会意义。食品营养强化已成为食品科学和营养学的主要研究内容之一,营养强化食品产业将成为食品工业发展的一个新方向。

第二节　营养强化剂的使用原则与方法

人类通过外界食物摄取营养素,由于单一的食物不能提供人体所需的全部营养素,而且食物在烹调、贮藏、加工等过程中往往有部分营养素损失与破坏,加之经济条件、文化水平、饮食习惯等诸多因素的影响,人们不易获得全面的营养,常导致缺乏维生素、矿物质等营养素而影响身体健康。因此,许多国家的政府和营养学家都提倡在国民膳食的食物种类必须多样化的基础上,采取在某些食物中强化其缺乏的营养素措施,开发和生产各类人群需要的营养强化食品,以改善和提高各类人群的营养状况和健康水平。

营养强化的理论基础是营养素平衡,滥加强化剂不但不能达到增加营养的目的,反而会造成营养失调而有害健康。为保证强化食品的营养水平,避免强化不当而引起的不良影响,使用营养强化剂时首先要合理确定出各种营养素的使用量。有些强化剂不稳定,如维生素 C、氨基酸等遇光和热易被氧化,造成破坏损失;而有些强化剂会与食品中的其他成分结合,导致强化剂的损失。因此应选择合适的添加方法和强化载体,采取合理的强化措施以保证强化的有效性和稳定性。

一、营养强化剂的使用原则

在食品加工过程中,并非每种产品都需要强化,营养强化剂的使用要有明确的针对性和严格的科学性。使用营养强化剂通常应遵循以下基本原则:

(1)有明确的针对性,添加的营养素应是人们膳食中或大众消费的食品中含量低于需要量的营养素。

(2)易被机体吸收利用。

(3)食品强化要符合营养学原理,强化剂量要适当,应不破坏机体营养平衡,更不会因摄食过量而引起中毒,一般强化量以人体每日推荐膳食供给量的 1/3 ~1/2 为宜。

(4)尽量减少营养强化剂的损失,营养强化剂在食品加工、保存等过程中,应不易分解、破坏,或转变成其他物质,有较好的稳定性。

(5)不影响该食品中其他营养成分的含量及食品原有的色、香、味等感官性状。

(6)营养强化剂应符合国家制定的使用卫生标准,质量合格。

(7)经济合理,有利推广。

二、营养强化剂的使用方法

食品的营养强化,除应根据不同的食品选取适当的营养强化剂之外,还应根据食品种类的不同,采取不同的强化方法。通常有以下几种方法:

(1)在食品原料或主要食物中添加,如谷类及其制品、食盐、饮用水等。

(2)在食品加工过程中添加,如焙烤制品、饮料、罐头、婴幼儿食品等的配料加工过程中进行强化。

(3)在成品中添加,如奶粉、急救食品等,在最后工序成品中混入,可减少营养强化剂在加工过程中的破坏损失。

(4)采用生物学方法提高食品中营养素的含量,以生物为载体,先使强化剂被生物吸收利用,使其成为生物有机体,然后将这类含有强化剂的有机体加工成产品或直接食用,如富含亚麻酸的营养保健蛋、锌乳、硒茶等。

(5)采用物理方法添加,把富含无机盐、微量元素的材料制成饮食器具,如餐具、饮具、茶杯等,缓慢向食物中释放。

(6)采用生物技术提高供食用的动植物中营养素的含量,如通过遗传育种和基因修饰,改良一些植物性食品原料的特性,提高其特定营养素含量和生物利用率,或通过降低其中营养素吸收干扰因子的含量,间接提高原料中特定营养素的生物利用率。

三、营养强化剂的应用实例

随着我国经济的发展,人们的生活水平已经显著提高,饮食已经不仅仅是为了解决温饱问题,多数人已经开始更多地追求营养健康的平衡膳食。通过推广强化食品来提高我国公众的营养健康状况和防治某些疾病已取得十分可喜的成果。添加营养强化剂的营养强化食品正以前所未有的力度渗透到我们的生活之中,影响着我们的饮食、健康和观念。

纵观时下的食品市场,营养强化食品种类繁多,常见的营养强化食品主要有粮食、乳和乳制品、饮料、调味品、植物油、糖果等,以及军用强化食品、职业病强化食品、勘探采矿等特殊需要强化食品。目前,我国已基本确定将食盐、面粉、大米、酱油、食用油、乳制品和儿童辅助食品等作为营养强化战略的实施载体,将维生素 A、维生素 B_1、维生素 B_2、尼克酸、泛酸、叶酸、赖氨酸、蛋氨酸、苏氨酸、色氨酸、牛磺酸、钙、铁、锌、硒、碘等营养素作为添加的主要营养强化剂。

(一)强化食盐

我国是世界上碘缺乏病流行最严重的国家之一,而微量元素“碘”是机体所必需的生命元素。人体需要的碘主要来源于食物,长期食用含碘低的食物会造成碘摄入量不足。在食盐中强化碘是防止甲状腺肿等疾病的最好方法,日常生活中最普遍、最有效的补碘方法就是食用碘盐,这是因为盐一日三餐都需摄取,每天食用 5 ~ 6g 碘盐中所含的碘就可以满足人体日常的生理需要。我国加碘盐多数为加碘酸钾的碘盐,个别地区有加碘化钾的碘盐。我国居民在食用碘盐后,碘营养水平已明显改善并更趋合理。此外,还有微胶囊铁强化盐、硒强化盐、锌强化盐、核黄素强化盐等。

(二)强化面粉

在谷类制品中添加营养素,是我国继对食盐加碘强化后又一改善公众营养状况的重大举措。通常是在面粉中添加维生素 A、维生素 B_1、维生素 B_2、尼克酸、叶酸、钙、铁、锌等人体所需的维生素和矿物质,有的还增补赖氨酸和蛋氨酸,还有的在面粉中加入干酵母、脱脂奶粉、大豆粉和谷物胚芽等天然食物。在食用强化面粉后,试点地区人群的微量元素摄入量全面提高,营养性贫血状况明显好转,锌缺乏有所改善,取得了较好效果。

(三)强化大米

大米是人类的主食之一,提供人类 27% 的热能、20% 的蛋白质和 3% 的脂肪,也是维生素 B_1、维生素 B_2、尼克酸、锌等营养素的重要食物来源。大米中的营养素在加工过程中均有一定的损失,越是加工精白的大米,其营养素的损失越多,以及大米蛋白质中赖氨酸与蛋氨酸还存在不足等问题,因此大米进行营养强化十分必要。目前应用最广的强化方法是将各种营养强化剂配制成水溶液或脂溶性溶液,然后将米浸渍于其中,吸附各种营养成分,或将复合营养强化剂溶液喷涂于米粒上,然后经真空干燥制成。强化的营养物质主要有维生素 B_1、维生素 B_2、维生素 B_6、维生素 B_{12}、赖氨酸、苏氨酸、蛋氨酸、色氨酸、磷酸盐等。

(四)强化酱油

酱油是日常生活中常用的调味品,主要添加维生素 B_1、维生素 B_2、铁、钙等。维生素 B_1 的强化量一般为 17.5mg/L 酱油。由于我国膳食中植物性食物占主要部分,铁的吸收率极低,缺铁性贫血是我国公众普遍存在的问题。针对我国存在缺铁性贫血和铁营养不良的状况,国家开始推广"酱油补铁"。有关部门在贵州地区进行了大规模的试验后发现,当地缺铁性贫血的儿童比例由食用铁强化酱油之前的 42% 减少到食用后的 7%。此外,高钙低盐酱油是强化酱油的典型例子之一,利用牡蛎壳中提取的天然水溶性活性钙,可制造高钙低盐酱油。

(五)强化食用油

根据全国营养调查结果显示,我国膳食中动物性食物来源的维生素 A 不足,维生素 A 主要来源于植物性食物,仅为需要量的 60% ~70%。我国居民中全国城乡 3 ~12 岁儿童维生素 A 缺乏率为 9.3%,有的西部省区缺乏率高达 42.0%。维生素 A 缺乏引起了政府的高度重视,已经确定维生素 A 强化食用油作为食物改善方式之一。食用植物油作为食品营养强化的载体之一,非常适合进行维生素 A、维生素 E 等脂溶性维生素的强化。

(六)强化辅助食品

营养强化剂现已广泛应用于辅助食品中。以奶粉为例,普通奶粉一般是鲜牛奶经过干燥工艺制成的粉末状乳制品,配方奶粉是根据不同人群的营养需求,通过调整普通奶粉营养成分的比例,强化所需的钙、铁、锌、硒等矿物质,维生素 A、维生素 D、维生素 E、维生素 K、维生素 C、B 族维生素,以及牛磺酸、AA、DHA、低聚半乳糖、多聚果糖(含低聚果糖)等营养强化剂及益生元类物质,从而生产出孕妇及乳母奶粉、婴幼儿奶粉、儿童及青少年奶粉、中老年营养强化奶粉等配方奶粉。

第三节　维生素类营养强化剂

维生素是促进生长发育,调节生理功能,维持机体生命和健康所必需的一类低分子化合物。大多数不能在人体内自行合成,必须从外界食物中摄取。维生素通常存在于各种食物中,人们通过摄取各种食物获得一定的维生素,健康人只要膳食科学合理,一般不会缺乏维生素。当膳食中长期缺乏某种维生素时,就会引起代谢失调、生长停滞,并发生特异性病变(维生素缺乏症)。许多维生素可以从天然原料中提取或人工合成,维生素类强化剂在食品强化中占有重要地位。

维生素的种类多,化学结构差异大,通常按其溶解性可分为脂溶性和水溶性两大类。脂溶性维生素只能溶于脂性有机溶剂而不溶于水,通常存在于动、植物的脂质中,包括维生素 A、维生素 D、维生素 E 和维生素 K。水溶性维生素只能溶于水而不溶于脂性有机溶剂,包括 B 族维生素和维生素 C。

维生素在食品中应用最早,也是应用最广、最多的一类营养强化剂。维生素类营养强化剂包括维生素 A、β-胡萝卜素、维生素 D、维生素 E、维生素 K、维生素 B_1、维生素 B_2、维生素 PP、维生素 B_6、烟酸、烟酰胺、维生素 B_{12}、维生素 C、生物素、叶酸、泛酸、L-肉碱、胆碱、肌醇等。

一、维生素 A

维生素 A(Vitamin A),又称视黄醇(Retinol)。维生素 A 包括维生素 A_1 和维生素 A_2,维生素 A_1 是指游离态的不饱和一元多烯醇(视黄醇),维生素 A_2 为 3 - 脱氢视黄醇。维生素 A_1 主要存在于哺乳类动物的肝脏及海水鱼的肝脏中,维生素 A_2 则多存在于淡水鱼肝脏中。通常使用的是维生素 A_1 制剂,维生素 A_1(视黄醇)分子式为 $C_{20}H_{30}O$,相对分子质量为 286.46,结构式为:

H₃C CH₃ CH₃ CH₃ OH CH₃

性状与性能:维生素 A 为淡黄色平行四边形片状晶体或结晶性粉末。不溶于水,易溶于油脂和有机溶剂。熔点 62 ~ 64℃,沸点 120 ~ 125℃。在 325 ~ 328nm 处有一特殊吸收光带。它对热、碱较稳定,对酸不稳定。维生素 A 在空气中易受氧化而失去生物活性,受紫外线照射易失去活性,用铁器加热易遭破坏。维生素 A 与磷脂、维生素 E 和维生素 C 等抗氧化剂同时存在时,其稳定性提高。

维生素 A 具有促进生长发育与繁殖,延长寿命,维持视力正常,维护上皮组织结构的完整和健全等生理功能。缺乏维生素 A 可导致生长发育迟缓、夜盲症和干眼病。

安全与使用:属于“一般认为是安全的物质”,毒性甚低,但是一次大量或长期大量摄取也会导致中毒,中毒症状为眩晕、头痛、呕吐等,大量服用还有致畸作用,影响胎儿骨骼发育。目前普遍使用的是维生素 A 乙酸酯和维生素 A 棕榈酸酯。维生素 A 脂肪酸酯使用时常用干酪素等乳化后制成维生素 A 粉,表面用明胶等作为被膜剂,使之避免与氧气接触而提高其稳定性。一般 1g 维生素 A 粉含纯维生素 A 60 ~ 150mg。根据我国《食品营养强化剂使用卫生标准》(GB 14880)及相关规定,维生素 A 的使用范围与使用标准如表 6 - 1 所示。

表 6 - 1 维生素 A 的使用范围与使用标准

	食品名称/分类	最大使用量	备注
维生素 A	芝麻油、色拉油、人造奶油、花生油、调和油、食用植物油	4000 ~ 8000μg/kg	
	婴幼儿食品、乳制品	3000 ~ 9000μg/kg	
	乳及乳饮料、果冻	600 ~ 1000μg/kg	
	固体饮料	4000 ~ 8000μg/kg	
	冰淇淋	600 ~ 1200μg/kg	
	豆奶粉、豆粉	3000 ~ 70000μg/kg	
	豆浆、豆奶	600 ~ 1400μg/kg	
	即食早餐谷类食品	2000 ~ 6000μg/kg	
	膨化夹心食品	600 ~ 1500μg/kg	
	可可粉及其他口味营养型固体饮料	8000 ~ 17000mg/kg	相应营养型乳饮料按稀释倍数降低使用量
	学龄前儿童配方粉	200 ~ 400μgRE/d	

续表

	食品名称/分类	最大使用量	备注
	孕产妇配方粉	300～600μgRE/d	
	饼干	2330～4000μgRE/kg	
	面粉、大米	600～1200μgRE/kg	
	西式糕点	2330～4000μgRE/kg	

二、维生素 D

维生素 D(Vitamin D)是类固醇的衍生物,具有维生素 D 活性的物质有 10 余种,在功能上可以防治佝偻病。以维生素 D_2 和维生素 D_3 最为常见,用于强化的也是这两种。

维生素 D_2,又称麦角钙化醇(Ergocalciferol),分子式为 $C_{28}H_{44}O$,相对分子质量为 396.66;维生素 D_3,又称胆钙化醇(Cholecalciferol),分子式为 $C_{27}H_{44}O$,相对分子质量为 384.65。结构式为:

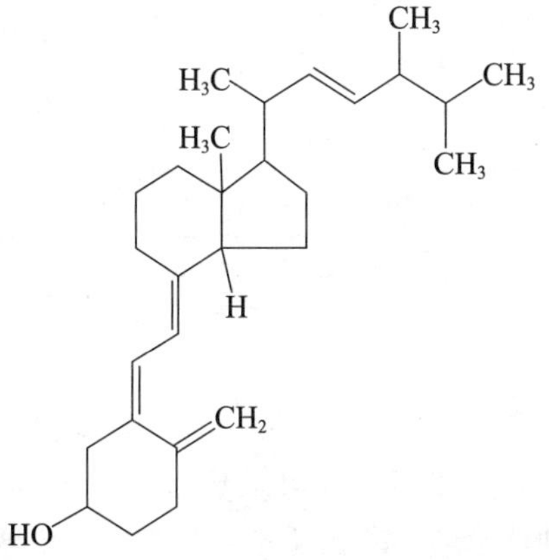

维生素 D_2 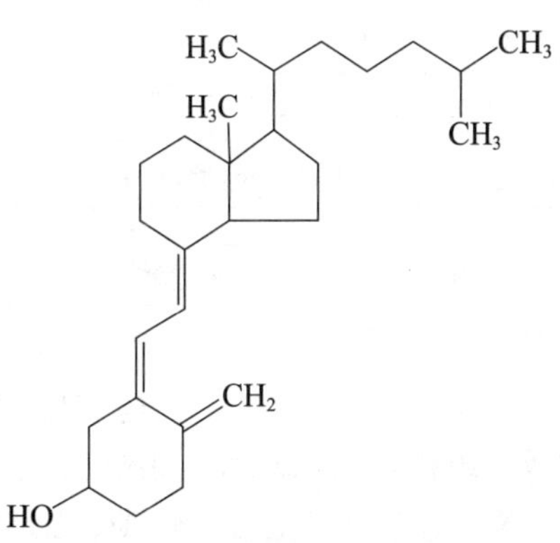　　　　维生素 D_3

性状与性能:维生素 D_2 为无色针状晶体或白色结晶性粉末,无臭、无味,熔点 115～118℃。能溶于乙醇、丙酮、三氯甲烷和油脂,不溶于水。对热相当稳定,溶于油脂中亦相当稳定,但有无机盐存在时则迅速分解。在空气中易氧化,对光不稳定。维生素 D_3 为无色针状晶体或白色结晶性粉末,无臭、无味,熔点 84～85℃。极易溶于乙醇、丙酮、三氯甲烷,略溶于植物油,不溶于水。耐氧性、耐光性较维生素 D_2 好,亦耐热。

维生素 D 与体内钙和磷代谢有关,它能促进肠道中钙、磷的吸收,保持血液中有足够的钙、磷,以保证骨质正常钙化作用。缺乏维生素 D,则易引发儿童佝偻病和成人软骨病,是幼儿发育不良或畸形的主要原因之一。维生素 D 中毒表现为食欲不振、呕吐、腹泻、皮肤瘙痒、甚至肾衰竭,继而造成心血管异常,严重会导致肾钙化、心脏及大动脉钙化。

安全与使用:小鼠经口,LD_{50}为 1mg/(kg·20d);大鼠经口,LD_{50}为 5mg/(kg·20d);成人经口,急性中毒剂量为 100mg/d。根据我国《食品营养强化剂使用卫生标准》(GB 14880)及相关规定,维生素 D 的使用范围与使用标准如表 6－2 所示。

表 6－2　维生素 D 的使用范围与使用标准

	食品名称/分类	最大使用量	备　注
维生素 D	乳及乳饮料	10～40μg/kg	1μg 维生素 D = 40IU 维生素 D
	人造奶油	125～156μg/kg	
	乳制品	63～125μg/kg	
	婴幼儿食品	50～100μg/kg	
	固体饮料、冰淇淋	10～20μg/kg	
	豆奶粉、豆粉	15～60μg/kg	
	豆浆、豆奶	3～15μg/kg	
	果冻	10～40μg/kg	
	即食早餐谷类食品	12.5～37.5μg/kg	
	膨化夹心食品	10～60μg/kg	
	强化钙的果汁及果汁饮料类、果味饮料类	2～10μg/L	
	学龄前儿童配方粉、孕产妇配方粉	3.33～6.67μg/d	
	饼干	16.7～33.3μg/kg	
	果汁(味)型饮料	3.3～18mg/kg	

三、维生素 E

维生素 E(Vitamin E),又称生育酚,是由生育酚类(Tocopherols)和生育三烯酚类(Tocotrienols)所构成一组化合物的总称。根据其化学结构苯环上的甲基数目和位置的不同而分为 α－、β－、γ－、δ－生育酚和生育三烯酚,共 8 种化合物,其中以 α－生育酚的生物活性最高,dl－α－维生素 E 分子式为 $C_{29}H_{50}O_2$,相对分子质量为 430.71,结构式为:

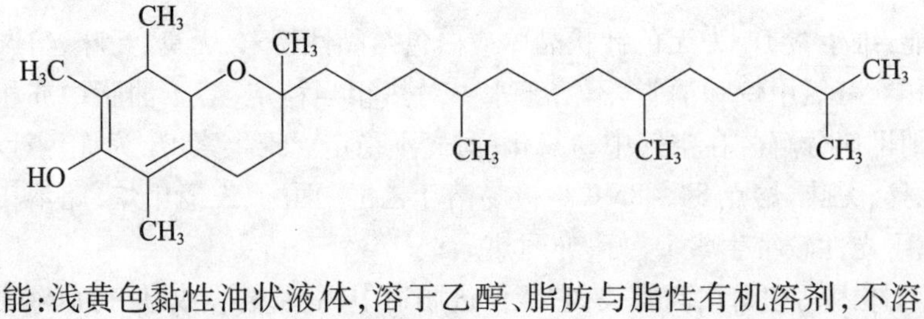

性状与性能:浅黄色黏性油状液体,溶于乙醇、脂肪与脂性有机溶剂,不溶于水。它们对酸、热稳定,而暴露于氧、紫外线、碱、铵盐和铅盐下即遭破坏。各种形式的生育酚均具有吸收氧的能力,因而具有营养和抗氧化双重功能。

安全与使用:大鼠经口,LD_{50} 为 5000mg/kg。根据我国《食品营养强化剂使用卫生标准》(GB 14880)及相关规定,维生素 E 的使用范围与使用标准如表 6－3 所示。维生素 E 还作为抗氧化剂被广泛应用于油脂类食品、油炸食品、儿童食品、休闲食品中。

表6-3 维生素E的使用范围与使用标准

	食品名称/分类	最大使用量	备 注
维生素E	芝麻油、人造奶油、色拉油、乳制品	100~180mg/kg	
	婴幼儿食品	40~70mg/kg	
	乳饮料	10~20mg/kg	
	强化生育酚饮料	20~40mg/L	
	含乳固体饮料	7.8~10g/kg	
	即食早餐谷类食品	50~125mg/kg	
	果冻	10~70mg/kg	
	可可粉及其他口味营养型固体饮料	120~180mg/kg	相应营养型乳饮料按稀释倍数降低使用量
	调制乳	50IU/kg	
	学龄前儿童配方粉	1.67~3.33 α-TE/d	
	孕产妇配方粉	4.67~9.33 α-TE/d	
	胶基糖果	1050~1450mg/kg	
	儿童配方奶粉	33~60mg α-TE/kg	

四、维生素B_1

维生素B_1(Vitamin B_1),又称硫胺素,常用的有盐酸硫胺素(Thiamine hydrochloride)、硝酸硫胺素(Thiamine mnonitrate)、丙硫硫胺素(Thiamine propyldisulfidum)。用于食品营养强化的主要是盐酸硫胺素及其衍生物,盐酸硫胺素分子式为$C_{12}H_{17}C1N_4OS \cdot HC1$,相对分子质量为337.27,结构式为:

NH_2 Cl^- N^+ N N S OH

性状与性能:无色至黄白色针状晶体或结晶性粉末,纯品无臭,一般商品有微弱的米糠样臭味和苦味,248~250℃熔化分解。维生素B_1极易溶于水,略溶于乙醇,不溶于苯和乙醚。对热(170℃)稳定。干燥状态在空气中稳定,但如吸湿会缓慢分解着色。酸性条件下对热稳定,中性、碱性条件不稳定,如在pH>7的条件下煮沸可使其大部分或全部破坏,氧化还原作用均可以使其失活。需要贮存于遮光密闭的容器内。

维生素B_1在机体内参与糖代谢,它对维持正常的神经传导,以及心脏、消化系统的正常活动具有重要作用。缺乏维生素B_1易患脚气病或多发性神经炎,产生肌肉无力、感觉障碍、神经痛、影响心肌和脑组织的结构和功能,并且还会引起消化不良、食欲不振、便秘等症状。

安全与使用:小鼠经口,LD_{50}为7700~15000mg/kg。维生素B_1属于"一般认为是安全的物质",正常摄取量无毒性,但多量静脉注射会引起神经冲动。

维生素B_1多用于强化面食制品。根据我国《食品营养强化剂使用卫生标准》(GB 14880)

及相关规定,维生素 B_1 的使用范围与使用标准如表 6－4 所示。在使用时,如用硝酸硫胺素强化,须经折算。

表 6－4　维生素 B_1 的使用范围与使用标准

	食品名称/分类	最大使用量	备　注
维生素 B_1	谷类及其制品	3～5mg/kg	
	饮液、乳饮料	1～2mg/kg	
	婴幼儿食品	4～8mg/kg	
	配制酒	1～2mg/kg	
	胶基糖果	16～33mg/kg	
	含乳固体饮料	8.9～18.7mg/kg	
	豆奶粉、豆粉	6～15mg/kg	
	豆浆、豆奶	1～3mg/kg	
	即食早餐谷类食品	7.5～17.5mg/kg	
	果冻	1～7mg/kg	
	可可粉及其他口味营养型固体饮料	10～22mg/kg	相应营养型乳饮料按稀释倍数降低使用量
	果汁(味)型饮料	2～3mg/kg	
	孕产妇配方奶粉	10～15mg/kg	
	儿童配方奶粉	8～14mg/kg	
	方便面粉包	46～94mg/kg	
	学龄前儿童配方粉	0.23～0.46mg/d	
	孕产妇配方粉	0.5～1mg/d	
	饼干	3～6mg/kg	
	婴儿配方食品、较大婴儿和幼儿配方食品	4～19mg/kg	
	西式糕点	3000～6000mg/kg	

五、维生素 B_2

维生素 B_2(Vitamin B_2),又称核黄素(Riboflavine),分子式为 $C_{17}H_{20}N_4O_6$,相对分子质量为 376.37,结构式为:

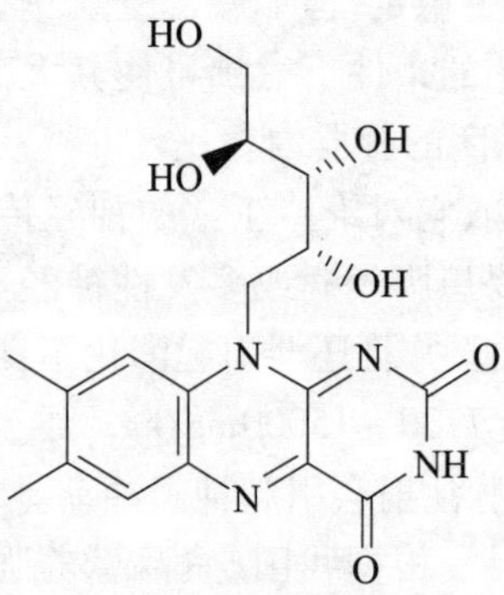

性状与性能:维生素 B_2 为黄色至橙黄色结晶性粉末,稍有臭味,味苦。熔点为 275 ~ 282℃,在 240℃时颜色变暗,并且发生分解。它易溶于稀碱溶液,微溶于水和乙醇,不溶于乙醚和三氯甲烷,饱和水溶液呈中性。对酸、热稳定,对氧化剂较稳定。在 pH 为 3.5 ~ 7.5 时发出强荧光,遇还原剂失去荧光和黄色;在碱性溶液中不稳定,在光照和紫外线照射下发生不可逆分解。

维生素 B_2 是参与肌体组织代谢和修复的必需营养素,在人体代谢过程中起着重要作用。严重缺乏维生素 B_2 易引发口角炎、舌炎、鼻和脸部的脂溢性皮炎、结膜炎、角膜炎等症状。

安全与使用:大鼠腹腔注射,LD_{50} 为 560mg/kg。一般不会引起过量中毒,小鼠给予需要量的 1000 倍(0.34g/kg),未发现异常。维生素 B_2 多用于强化面食制品。根据我国《食品营养强化剂使用卫生标准》(GB 14880)及相关规定,维生素 B_2 的使用范围与使用标准如表 6-5 所示。在使用时,如用核黄素衍生物强化,须经折算。

表 6-5 维生素 B_2 的使用范围与使用标准

	食品名称/分类	最大使用量	备 注
维生素 B_2	谷类及其制品	3 ~ 5mg/kg	
	饮液、乳饮料	1 ~ 2mg/kg	
	婴幼儿食品	4 ~ 8mg/kg	
	食盐	100 ~ 150mg/kg	
	固体饮料	10 ~ 13mg/kg	营养强化盐仅限于核黄素严重缺乏地区
	配制酒	1 ~ 2mg/kg	
	营养型固体饮料	10 ~ 17mg/kg	
	胶基糖果	16 ~ 33mg/kg	
	含乳固体饮料	9 ~ 16.5mg/kg	
	豆奶粉、豆粉	6 ~ 15mg/kg	
	豆浆、豆奶	1 ~ 3mg/kg	
	即食早餐谷类食品	7.5 ~ 17.5mg/kg	
	果冻	1 ~ 7mg/kg	
	可可粉及其他口味营养型固体饮料	10 ~ 22mg/kg	相应营养型乳饮料按稀释倍数降低使用量
	孕产妇配方奶粉	10 ~ 22mg/kg	
	儿童配方奶粉	8 ~ 14mg/kg	
	方便面粉包	46 ~ 94mg/kg	
	孕产妇配方粉	0.57 ~ 1.13mg/d	
	饼干	3.3 ~ 6.7mg/kg	
	婴儿配方食品、较大婴儿和幼儿配方食品	4 ~ 20mg/kg	
	西式糕点	3300 ~ 7000mg/kg	

六、维生素PP

维生素PP(Vitamin PP),俗称抗癞皮病因子,包括烟酸和烟酰胺两种物质。烟酸又称尼克酸(Niacin,Nicotinic acid)或维生素B_5,分子式为$C_6H_5NO_2$,相对分子质量为123.11;烟酰胺又称尼克酰胺(Nicotinamide),分子式为$C_6H_6N_2O$,相对分子质量122.13,结构式为:

烟酸　　烟酰胺

性状与性能:烟酸为白色针状晶体或结晶性粉末,无臭、味微酸,熔点234~237℃。易溶于水和乙醇,几乎不溶于乙醚,1g烟酸能溶于60mL水和80mL乙醇(25℃),1%的水溶液pH为3.0~4.0。烟酸无吸湿性,在干燥状态下对光、空气和热相当稳定,在稀酸、碱溶液中几乎不分解。

烟酰胺为白色结晶粉末,无臭、味微苦,熔点128~131℃;易溶于水、乙醇和甘油,不溶于苯和乙醚,10%的水溶液pH为6.5~7.5。烟酰胺在干燥状态下对光、空气和热极稳定,在无机酸和碱性溶液中加热转变为烟酸。

烟酸和烟酰胺具有维持皮肤和神经健康、促进消化道功能等作用,缺乏时会引发口炎、舌炎、皮炎、癞皮病及记忆力衰退、精神抑郁、肠炎、腹泻等症状。

安全与使用:烟酸,小鼠或大鼠经口,LD_{50}为5000~7000mg/kg;烟酰胺,大鼠经口,LD_{50}为2500~3500mg/kg,大鼠皮下注射,LD_{50}为1700mg/kg。属于"一般认为是安全的物质"。根据我国《食品营养强化剂使用卫生标准》(GB 14880)及相关规定,烟酸和烟酰胺的使用范围与使用标准如表6-6所示。

此外,还可作为肉制品的发色助剂使用,代替部分亚硝酸盐,与维生素C合用,添加剂量为0.1%~0.2%,可以保持和改善火腿、香肠等制品的色、香、味。

表6-6　烟酸和烟酰胺的使用范围与使用标准

	食品名称/分类	最大使用量	备　注
烟酸、烟酰胺	谷类及其制品	40~50mg/kg	
	婴幼儿食品	30~40mg/kg	
	饮液及乳饮料	10~40mg/kg	
	软饮料	3.3~10mg/kg	
	学龄前儿童配方粉	23~47mgNE/kg	
	孕产妇配方粉	42~100mgNE/kg	
	方便面粉包	460~940mg/kg	
	饼干	30~60mg/kg	
	果汁(味)型饮料	3.3~18mg/kg	
烟酸	固体饮料	160~330mg/kg	

续表

	食品名称/分类	最大使用量	备　注
	含乳固体饮料	120～156mg/kg	
	豆奶粉、豆粉	60～120mg/kg	
	豆浆、豆奶	10～30mg/kg	
	即食早餐谷类食品	75～218mg/kg	
	可可粉及其他口味营养型固体饮料	110～240mg/kg	相应营养型乳饮料按稀释倍数降低使用量
烟酰胺	配制酒	10～40mg/kg	
	婴儿配方食品、较大婴儿和幼儿配方食品	30～260mg/kg	

七、维生素 B_6

维生素 B_6(Vitamin B_6),别名盐酸吡哆醇(Pyridoxine hydrochloride),又称氯化吡哆醇、5′－磷酸吡哆醇,分子式为 $C_8H_{11}NO_3 \cdot HCL$,相对分子质量为205.64。

性状与性能:白色至淡黄色的晶体或结晶性粉末,无臭,在空气中稳定,耐热性较好,但在光照下缓慢分解;熔点约206℃。溶于水、乙醇,不溶于乙醚和三氯甲烷。它在碱性溶液中对光敏感,易被破坏。天然维生素 B_6 主要存在于鱼、肉、蛋、禽、坚果和谷物中。在人体内,维生素 B_6 经磷酸化成为磷酸吡哆醛,是很多重要酶的辅酶,以各种方式参与氨基酸代谢。维生素 B_6 的分布很广,人体肠道内的微生物也能合成一部分维生素 B_6,成年人一般不会缺乏,但在儿童时期、妊娠期和受电离辐射及在高温的特殊环境下,可能会出现维生素 B_6 不足的情况。缺乏维生素 B_6 时会出现多发性神经病症。

安全与使用:大鼠经口,LD_{50} 为4000mg/kg。维生素 B_6 包括3种类似的化合物,分别是吡哆醇、吡哆醛和吡哆胺,前者在机体内可以转变成后两种衍生物,三者均具生物活性。食品中大多用吡哆醇作为强化剂。现在主要用于大米、面粉、糖果和粉状食品强化。根据我国《食品营养强化剂使用卫生标准》(GB 14880)及相关规定,维生素 B_6 的使用范围与使用标准如表6－7所示。

表6－7　维生素 B_6 的使用范围与使用标准

	食品名称/分类	最大使用量	备　注
维生素 B_6	婴幼儿食品	3～4mg/kg	
	饮液	1～2mg/kg	
	固体饮料	7～10mg/kg	
	营养型固体饮料	7～15mg/kg	
	配制酒	1～2mg/kg	
	软饮料	0.4～1.2mg/kg	
	含乳固体饮料	12.0～15.8mg/kg	

续表

	食品名称/分类	最大使用量	备　注
	即食早餐谷类食品	10～25mg/kg	
	果冻	1～7mg/kg	
	可可粉及其他口味营养型固体饮料	10～22mg/kg	相应营养型乳饮料按稀释倍数降低使用量
	乳粉	8～16mg/kg	
	学龄前儿童配方粉	0.2～0.4mg/d	
	孕产妇配方粉	0.63～1.27mg/d	
	饼干	2.3～4.7mg/kg	
	婴儿配方食品、较大婴儿和幼儿配方食品	3～14mg/kg	
	果汁(味)型饮料	0.4～1.6mg/kg	

八、叶酸

叶酸(Folic acid;Vitamin M;Vitamin B_9),其化学名称是蝶酰谷氨酸(Pteroylglutamic acid),分子式为 $C_{19}H_{19}N_7O_6$,相对分子质量为441.40。天然存在的量很少,从人体对叶酸的需要量看,叶酸是维生素中需求量最大的维生素。结构式为:

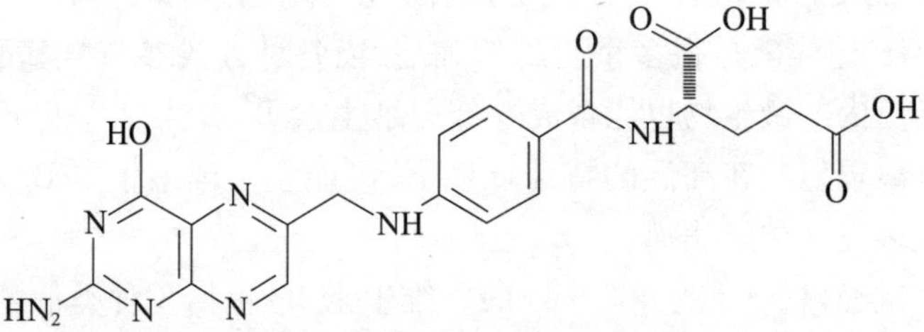

性状与性能:淡黄色至橘黄色结晶性粉末,无臭无味,不溶于冷水,微溶于热水,其钠盐易溶于水,不溶于乙醇、乙醚及其他有机溶剂。在中性和碱性溶液中对热稳定,但在酸性溶液中不稳定。叶酸在厌氧条件下对碱稳定,但在有氧条件下,遇碱会发生水解,对热、光、氧化剂和还原剂都不稳定。

叶酸在核苷酸的合成和甲基化的过程中起重要作用,它和维生素 B_{12} 一起参与蛋白质的合成和甲基化过程。叶酸有促进骨髓中幼细胞成熟的作用,人类如缺乏叶酸将导致巨幼红细胞性贫血以及白细胞减少症,对孕妇尤其重要。叶酸摄入量不足,可能导致神经管缺陷以及其他先天性疾病的发生率增加。摄入过多精制谷物的人群容易缺乏叶酸,吸收不良、长期饮酒也可引起叶酸缺乏。膳食中叶酸的主要来源是绿叶蔬菜、水果、酵母和动物肝脏、肾脏。

安全与使用:主要用于婴儿食品、保健食品、谷类和饮料的强化,在正常情况下使用未发现毒性反应。根据我国《食品营养强化剂使用卫生标准》(GB 14880)及相关规定,叶酸的使用范围与使用标准如表6－8所示。

表 6－8　叶酸的使用范围与使用标准

	食品名称/分类	最大使用量	备　注
叶酸	婴幼儿食品	380～700μg/kg	
	孕妇、乳母专用食品	2000～7500μg/kg	
	免淘洗大米、面粉	1000～3000μg/kg	
	孕妇及乳母专用奶粉	7400μg/kg	标签应标注使用量为 54g/d
	含乳固体饮料	2300～3800μg/kg	
	即食早餐谷类食品	1000～2500μg/kg	
	果冻	50～100μg/kg	
	可可粉及其他口味营养型固体饮料	3000～6000μg/kg	相应营养型乳饮料按稀释倍数降低使用量
	乳粉	2000～5000μg/kg	
	孕妇、乳母专用液体乳类	400～1200μg/kg	
	孕产妇配方奶粉	5000～8200μg/kg	
	婴儿配方奶粉、较大婴儿及幼儿配方奶粉	300～1000μg/kg	
	儿童配方奶粉	1000～3000μg/kg	
	学龄前儿童配方粉	66.67～133.33μgDFE/d	
	饼干	390～780μg/kg	
	婴儿配方食品、较大婴儿和幼儿配方食品	300～3000μg/kg	
	固体饮料	157～313μg/kg	以稀释后的液体饮料计，固体饮料使用按稀释倍数增加使用量
	果蔬汁(肉)饮料	157～313μg/kg	

九、维生素 C

维生素 C(Vitamin C)，别名抗坏血酸(Ascorbic acid)、L－抗坏血酸，分子式为 $C_6H_8O_6$，相对分子质量为 176.13。自然界存在 L 型、D 型两种类型，D 型无生物活性。结构式为：

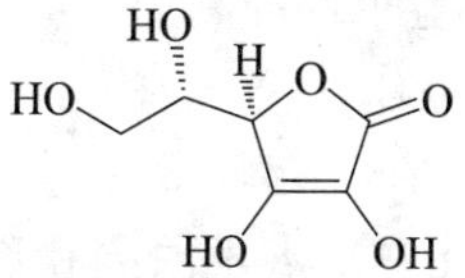

性状与性能：白色至浅黄色晶体或结晶性粉末，无臭、可赋予食品强烈酸味；易溶于水，微溶于丙酮与低醇类，不溶于三氯甲烷、乙醚和苯；熔点 190℃；0.5% 的水溶液呈强酸性(pH < 3)；干燥空气中或 pH 在 3.4～4.5 时稳定，受光照可变褐，遇铜、铁等重金属离子，可促进其氧化进程；还原性强，亦可作抗氧化剂。

维生素C参与机体内复杂的氧化还原过程和胆固醇代谢，具有防治坏血病的生理功能，对防治缺铁性贫血有一定意义。缺乏维生素C时，会造成毛细血管脆性增加、渗透性变大，易出血、伤口不愈合、骨质疏松等症状，长期缺乏会导致坏血病。

安全与使用：耐受量相当大，毒性很小，大鼠经口，$LD_{50}>5000mg/kg$。作为营养强化剂使用，维生素C的应用范围较广，根据我国《食品营养强化剂使用卫生标准》(GB 14880)及相关规定，维生素C的使用范围与使用标准如表6－9所示。用于食品强化的还有稳定型维生素C、抗坏血酸钠盐、抗坏血酸钾盐、抗坏血酸－6－棕榈酸盐、维生素C磷酸酯镁等，使用时，须经折算。

表6－9 维生素C的使用范围与使用标准

	食品名称/分类	最大使用量	备 注
维生素C	果泥	50～100mg/kg	
	果冻、酸乳、饮液及乳饮料	120～240mg/kg	
	水果罐头	200～400mg/kg	
	婴幼儿食品	300～500mg/kg	
	高铁谷类及其制品	800～1000mg/kg	每日限食这类食品50g
	乳粉	300～1000mg/kg	
	夹心硬糖、硬糖	2000～6000mg/kg	
	即食早餐谷类食品	300～750mg/kg	
	可可粉及其他口味营养型固体饮料	1000～2250mg/kg	相应营养型乳饮料按稀释倍数降低使用量
	孕产妇配方奶粉	1000～1600mg/kg	
	学龄前儿童配方粉	23.33～46.66mg/d	
	婴儿配方食品、较大婴儿和幼儿配方食品	300～2700mg/kg	
	胶基糖果	630～13000mg/kg	
	凝胶糖果	1000～4000mg/kg	

十、L－肉碱

L－肉碱(L－Carnitine)，又称L－肉毒碱、左旋肉碱、维生素B_T，肉碱有L型和D型两种形式，只有L型具有生物活性，D型是其竞争性抑制剂。L－肉碱化学名称为L－3－羟基－4－三甲胺基丁酸内酯。L－肉碱的分子式为$C_7H_{15}NO_3$，相对分子质量为161.20。

性状与性能：白色晶体或结晶性粉末，有轻微特殊气味；吸湿性极强，暴露在空气中会潮解。易溶于水、乙醇、碱及无机酸液，几乎不溶于丙酮和乙酸盐；于195～197℃时分解，稳定性较好。L－肉碱是存在于动物、植物和微生物中一种类似维生素的营养物质，是一种特定条件必需的营养素。大多数的动物具有合成L－肉碱的能力，是动物体内与能量代谢有关的重要物质。膳食中L－肉碱主要来源于动物，植物中的含量很少。L－肉碱因易于潮解，故一般使用L－肉碱－L－酒石酸盐。

安全与使用:L-肉碱安全性要远远高于其他大部分维生素,兔经口,LD_{50} 为 2272 ~ 2444mg/kg;L-肉碱-L-酒石酸盐,大鼠、小鼠经口,LD_{50} >10000mg/kg。根据我国《食品营养强化剂使用卫生标准》(GB 14880)及相关规定,L-肉碱、L-肉碱-L-酒石酸盐用于咀嚼片、饮液、胶囊,使用量为 250 ~ 600mg/片、支、丸;乳粉 300 ~ 400mg/kg;果汁(味)型饮料、乳饮料 600 ~ 3000mg/kg;婴儿配方粉、较大婴儿及幼儿配方粉 50 ~ 150mg/kg。以 L-肉碱计,L-肉碱-L-酒石酸盐换算为 L-肉碱系数为 0.68。

第四节 氨基酸类营养强化剂

氨基酸是蛋白质合成的基本结构单位,也是代谢所需其他胺类物质的前身。组成蛋白质的氨基酸有 20 多种,其中大部分在体内可由其他物质合成,称为非必需氨基酸。而另一部分氨基酸机体不能合成或合成速度慢,不能满足机体的需要,必须由食物供给,这些氨基酸称为必需氨基酸,它们是异亮氨酸、亮氨酸、赖氨酸、蛋氨酸、苯丙氨酸、苏氨酸、色氨酸、缬氨酸和组氨酸。当人体中某种氨基酸不足时,会影响蛋白质的有效合成,因此,为了满足蛋白质合成的需要,就应该提供一定比例的必需氨基酸。

食物蛋白质中按照人体的需要及比例关系相对不足的氨基酸被称为限制氨基酸,它们限制着机体对蛋白的利用,并且决定着蛋白质的质量。这是因为无论其他氨基酸如何丰富,只要有任何一种必需氨基酸不足,蛋白质都无法合成。食物中最主要的限制氨基酸是赖氨酸和蛋氨酸。赖氨酸在谷类蛋白质和其他植物蛋白质中缺乏,蛋氨酸在大豆、花生、牛奶、肉类蛋白质中相对偏低。所以,赖氨酸是谷类蛋白质的第一限制氨基酸,另外小麦、大米中还缺乏苏氨酸,玉米还缺乏色氨酸,这两种氨基酸分别是它们的第二限制氨基酸。因此,在食品中强化某些必需氨基酸,对于充分利用其蛋白质,提高食品的营养价值起着重要作用。

作为食品强化用的氨基酸主要是必需氨基酸或它们的盐类。人类膳食中比较缺乏的限制氨基酸,主要是赖氨酸、蛋氨酸、苏氨酸和色氨酸 4 种,其中尤以赖氨酸为最重要。此外,对于婴幼儿尚有必要适当强化牛磺酸。

一、赖氨酸

赖氨酸(Lysine)为人体 9 种必需氨基酸之一,是植物性蛋白质中含量最低的第一限制氨基酸。在一般情况下,特别是在酸性时加热,赖氨酸较稳定,但在还原糖存在时加热,可被破坏。如小麦粉中的赖氨酸在制作面包时约损失 9% ~24%,若再次进行焙烤,还可损失 5% ~10%。赖氨酸一般在植物蛋白质中缺乏,所以多数被作为谷类及其制品的强化剂使用,来提高谷类蛋白质效价。如小麦粉用 0.2% 的赖氨酸强化后,其蛋白质生物学价值从原来的 47.0% 提高到 71.1%。

游离的 L-赖氨酸很容易潮解,易发黄变质,并且具有刺激性腥臭味,难以长期保存。而 L-盐酸赖氨酸则比较稳定,不易潮解,便于保存,所以一般商品以盐酸赖氨酸的形式销售。

(一)L-盐酸赖氨酸

L-盐酸赖氨酸(L-lysine monohydrochloride),别名 L-赖氨酸-盐酸盐、L-2,6-二氨基已酸盐酸盐,分子式为 $C_6H_{14}N_2O_2 \cdot HCl$,相对分子质量为 182.65。

性状与性能:白色或无色结晶性粉末,无臭或稍有特异臭,无异味,熔点约263℃。易溶于水,0.4g/mL(25℃);溶于甘油,0.1g/mL;稍溶于丙二醇,0.001g/mL;几乎不溶于乙醇和乙醚。L－盐酸赖氨酸比较稳定,但温度高时易结块,与维生素C或维生素K共存时易着色。在碱性条件下及在还原糖存在时,加热易分解。

安全与使用:大鼠经口,LD_{50}为10750mg/kg,属于"一般认为是安全的物质"。根据我国《食品营养强化剂使用卫生标准》(GB 14880)及相关规定,L－盐酸赖氨酸用于加工面包、饼干、面条的面粉,使用量为1～2g/kg;饮液、配制酒0.3～0.8g/kg;谷类及其制品也可按量添加。

(二)L－赖氨酸－L－天门冬氨酸盐

作为赖氨酸强化剂的还有L－赖氨酸－L－天门冬氨酸盐(L－lysine L－aspartate),分子式为$C_{10}H_{21}N_3O_6$,相对分子质量为279.30,结构式为:

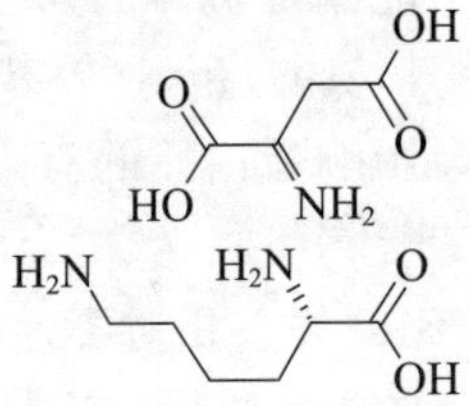

性状与性能:白色粉末,无臭或微臭,有异味;易溶于水,不溶于乙醇和乙醚。它可以克服L－赖氨酸易潮解、易吸收空气中的CO_2变为碳酸盐的缺点,当与作为呈味剂的天冬氨酸结合成盐时,则使用方便。

安全与使用:可参照L－盐酸赖氨酸。L－赖氨酸－L－天门冬氨酸盐既可作为营养强化剂,又可作为调味剂使用,可用于酒、清凉饮料、面包、饼干及淀粉制品等。1.910gL－赖氨酸－L－天门冬氨酸盐相当于1gL－赖氨酸,1.529gL－赖氨酸－L－天门冬氨酸盐相当于1gL－盐酸赖氨酸。L－赖氨酸－L－天门冬氨酸盐的臭味比L－赖氨酸小,故对产品风味影响小。

二、牛磺酸

牛磺酸(Taurine),又称牛胆酸、牛胆碱、牛胆素,化学名为2－氨基乙磺酸,分子式为$C_2H_7NSO_3$,相对分子质量为125.15,结构式为:

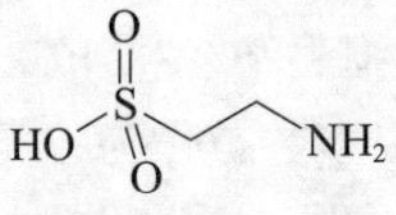

性状与性能:白色晶体或结晶性粉末,无臭,味微酸。可溶于水,易溶于乙酸,微溶于乙醇、乙醚和丙酮等,在水溶液中呈中性。对热稳定,约300℃分解。牛磺酸是以α－氨基乙醇与硫酸酯化,经亚硫酸钠还原生成粗品牛磺酸,然后精制而成。

牛磺酸是一种分布广泛但不是蛋白质组成成分的特殊氨基酸,也是人体生长发育必需的一种氨基酸,在人体内以游离状态存在。它对促进儿童,尤其是婴幼儿大脑、身高、视力等的生长发育起着重要作用,应给予补充。特别是牛乳喂养的婴幼儿,因为牛乳中几乎不含牛磺酸,故必须进行适当营养强化与补充。

安全与使用:小鼠经口,$LD_{50}>10000mg/kg$,无毒。根据我国《食品营养强化剂使用卫生标准》(GB 14880)及相关规定,可以用于乳制品、婴幼儿食品及谷类制品、豆奶粉、豆粉、果冻及儿童配方粉,使用量为0.3~0.5g/kg;饮液、乳饮料、配制酒及特殊用途饮料0.1~0.5g/kg;儿童口服液4.0~8.0g/kg;豆浆、豆奶0.06~0.10g/kg;果汁(味)型饮料0.4~0.6g/kg;可可粉及其他口味营养型固体饮料1.1~1.4g/kg。

第五节　无机盐类营养强化剂

无机盐常被称作矿物质或灰分,是构成机体组织和维持机体正常生理活动及体液平衡所不可缺少的物质。无机盐既不能在机体内合成,除了排出体外,也不会在新陈代谢过程中消失。人体每天都有一定量排出,所以需要从膳食中摄取足够量的各种无机盐来补充。构成人体的无机元素,按其含量多少,一般可分为常量元素和微量元素两类。前者含量较大,通常以百分比计,有钙、磷、硫、钾、钠、氯、镁7种。后者含量甚微,食品中含量通常以mg/kg计。目前所知的必需微量元素有10种,即铁、锌、硒、铜、碘、钼、钴、铬、锰及氟,人体可能必需微量元素有硅、硼、矾及镍。无机盐和微量元素的总量虽然大约为体重的4%~5%,但在机体内却起到非常重要的作用。

无机盐在食物中分布很广,一般均能满足机体需要,只有某些种类比较易于缺乏,如钙、铁和碘等。特别是对正在生长发育的婴幼儿、青少年、孕妇和乳母,钙和铁的缺乏较为常见,而碘和硒的缺乏,则依环境条件而异,对不能经常吃到海产食物的山区居民,则易缺碘,某些贫硒地区易缺硒。此外,近年来还认为像锌、钾、镁、铜、锰等,它们在人体内含量甚微,但对维持机体的正常生长发育非常重要,缺乏时亦可引起各种不同程度的病症,也有强化的必要。

人体不能合成无机盐,必须全部从膳食中摄取,因此,长期食用单一食物容易出现无机盐缺乏症状。此外,人体对不同形式存在的无机盐的吸收、利用率有很大区别,不同生长时期对各种无机盐的营养需求差异也较大,因此,完全有必要通过对食品强化无机盐以维持人体的正常生理功能。

无机盐类营养强化剂主要有钙、铁、锌、硒、碘营养强化剂,以及钾营养强化剂(葡萄糖酸钾、氯化钾、柠檬酸钾、磷酸二氢钾、磷酸氢二钾),镁营养强化剂(硫酸镁、葡萄糖酸镁、碳酸镁、氧化镁、磷酸氢镁、氯化镁),锰营养强化剂(氯化锰、葡萄糖酸锰、硫酸锰),铜营养强化剂(葡萄糖酸铜、硫酸铜)等。

一、钙

钙(Calcium)是人体含量最丰富的矿物质,其含量约占体重的1.5%~2%。人体中99%的钙都集中在骨骼和牙齿中,并是其重要的组成成分。钙对神经的感应性、肌肉的收缩和血液的凝固等都起着重要作用,而且它还是机体许多酶系统的激活剂。缺乏时可引起骨骼和牙齿疏松,儿童长期缺乏可导致生长发育迟缓,骨软化、骨骼畸形、机体抵抗力降低,严重缺乏可导致佝偻病。

用于食品强化的钙盐品种较多,它们不一定是要可溶性的(尽管易溶于水有利于吸收),但应是较细的颗粒,摄取时应注意维持适当的钙、磷比例。食品中植酸含量高,会影响钙的吸收,维生素D可促进钙的吸收。

(一)活性钙

活性钙(Active calcium),又称活性离子钙,主要成分为氢氧化钙(约98%),另含有微量的氧化镁、氧化钾、氧化钠、三氧化二铁、五氧化二磷及锰离子等。

性状与性能:活性钙为白色粉末,无臭,有咸涩味。溶于酸性溶液,几乎不溶于水。在空气中可以缓慢吸收二氧化碳而生成碳酸钙。呈强碱性,对皮肤、织物等有腐蚀作用。

安全与使用:小鼠经口,LD_{50}为(10.25±1.58)g/kg,无毒。活性钙由于溶于酸性溶液中,所以在体内吸收利用率高,是一种良好的钙营养强化剂。用于谷类粉制品中,既可以中和其酸性,又可以增钙降钠。根据我国《食品营养强化剂使用卫生标准》(GB 14880)及相关规定,活性钙用于食盐、肉松,使用量为5~10g/kg。

(二)碳酸钙

碳酸钙(Calcium carbonate),价格便宜,含钙比例较大,是补充人体钙的主要来源。分子式为$CaCO_3$,相对分子质量为100.09。

性状与性能:白色晶体性粉末,无臭、无味。几乎不溶于水和乙醇,可溶于稀乙酸、稀盐酸、稀硝酸产生二氧化碳,难溶于稀硫酸。在空气中稳定,但易吸收臭味。

碳酸钙为无机钙,强化食品应用最多的碳酸钙有:重质碳酸钙、轻质碳酸钙和胶体碳酸钙,在电子显微镜下观察,重质碳酸钙和轻质碳酸钙呈粗块或粗粒状,胶体碳酸钙呈均匀细粒状。前二者加水调匀后很快会沉降下来,而后者则变成均匀的乳浊液。此外,还有生物碳酸钙,我国目前常用的是轻质碳酸钙。

安全与使用:ADI不作限制性规定(FAO/WHO,1994)。根据我国《食品营养强化剂使用卫生标准》(GB 14880)及相关规定,碳酸钙的使用范围与使用标准如表6-10所示。

表6-10 碳酸钙的使用范围与使用标准

	食品名称/分类	最大使用量/(g/kg)	备 注
碳酸钙	谷类及其制品	4~8	
	饮液及乳饮料	1~2	
	婴幼儿食品	7.5~15	
	乳粉	7.5~18	
	豆奶粉、豆粉	4~20	
	软饮料	0.4~3.4	
	藕粉	6~8	
	即食早餐谷类食品	2~7	以Ca计
	调制乳(包括调味乳和其他使用非乳原料的液体乳)	1	以Ca计
	儿童配方粉	3~6	以Ca计
	饼干、西式糕点	2.67~5.33	以Ca计
	冰淇淋及雪糕类	2.4~3.0	以Ca计
	固体饮料类	25~90	以Ca计

(三)乳酸钙

乳酸钙(Calcium lactate),分子式为 $C_6H_{10}CaO_6 \cdot 5H_2O$,相对分子质量为 308.30,结构式为:

性状与性能:白色至乳白色晶体颗粒或粉末,几乎无臭、无味。在空气中略有风化性。加热到120℃失去结晶水,可变为无水物。溶于水,缓慢溶于冷水成为澄清或微浊溶液,易溶于热水,水溶液的 pH 为 6.0 ~ 7.0。几乎不溶于乙醇、乙醚、三氯甲烷。乳酸钙由于水溶性好,人体吸收率高,适宜作为幼儿及学龄儿童的钙营养强化剂。可以防治佝偻病、手足抽搐症,并且是妊娠、哺乳期妇女的良好钙补充剂。

安全与使用:ADI 不作限制性规定(FAO/WHO,1994)。根据我国《食品营养强化剂使用卫生标准》(GB 14880)及相关规定,乳酸钙可用于谷类及其制品,使用量为 12 ~ 24g/kg;饮液及乳饮料、果冻 3 ~ 6g/kg;婴幼儿食品 23 ~ 46g/kg;鸡蛋黄粉 3 ~ 5g/kg;鸡蛋白粉 1.5 ~ 2.5g/kg;鸡全蛋粉 2.25 ~ 3.75g/kg;软饮料 1.2 ~ 10.4g/kg。还可作为面包发酵粉的膨松剂和缓冲剂。

(四)葡萄糖酸钙

葡萄糖酸钙(Calcium gluconate),分子式为 $C_{12}H_{22}CaO_{14}$,相对分子质量为 430.38,结构式为:

性状与性能:白色晶体颗粒或粉末,无臭、无味,在空气中稳定,熔点 201℃(分解);溶于水,3g/100mL(20℃);不溶于乙醇及其他有机溶剂。水溶液 pH 为 6.0 ~ 7.0。在空气中稳定,理论含钙量 9.31%。

安全与使用:大鼠静脉注射,LD_{50} 为 950mg/kg;小鼠腹腔注射,LD_{50} 为 220mg/kg。根据我国《食品营养强化剂使用卫生标准》(GB 14880)及相关规定,用于谷类及其制品,使用量为 18 ~ 36g/kg;饮液及乳饮料 4.5 ~ 9.0g/kg;软饮料 1.78 ~ 14.9g/kg。此外,用于油炸食品、糕点等谷类粉中,可螯合金属离子,延缓油脂氧化及防止制品变色。

作为钙营养强化剂的还有 L－苏糖酸钙、甘氨酸钙、L－乳酸钙、柠檬酸－苹果酸钙、醋酸钙、氯化钙、柠檬酸钙、磷酸氢钙、磷酸钙、磷酸三钙等。

二、铁

铁(Iron)是人体重要的必需微量元素之一。体内铁含量随年龄、性别、营养状况和健康状况等不同而异,一般含铁总量约为3~5g,其中60%~75%是以血红蛋白存在、3%以肌红蛋白存在,1%在含铁酶类、辅助因子及运铁载体中,称之为功能性铁;其余25%~30%的铁作为体内贮存铁,主要以铁蛋白和含铁血黄素形式存在于肝、脾和骨髓中。

铁在机体内参与氧的运转、交换和组织呼吸过程,维持正常的造血功能。如果铁的数量不足或铁的携氧能力受阻,则产生缺铁性或营养性贫血,需要予以补充。用于强化的铁盐,种类也较多,一般来说,凡是容易在胃肠道中转变为离子状态的铁,易于吸收,二价铁比三价铁易于吸收。抗坏血酸和肉类可增加铁的吸收,而植酸盐和磷酸盐等可降低铁的吸收。铁化合物一般对光不稳定,抗氧化剂可与铁离子反应而着色,因此,凡使用抗氧化剂的食品最好不使用铁营养强化剂。

(一)硫酸亚铁

硫酸亚铁(Ferrous sulfate),又称铁矾、绿矾,分子式为 $FeSO_4 \cdot 7H_2O$,相对分子质量为278.03。

性状与性能:暗淡蓝绿色单斜晶系晶体颗粒或粉末,无臭,味咸涩。易溶于水,不溶于乙醇。在干燥空气中易风化,在潮湿空气中逐渐氧化,形成黄褐色碱式硫酸铁。10%水溶液对石蕊呈酸性(pH约为3.7);加热至70~73℃失去3分子水,至80~123℃失去6分子水,至156℃以上可变成碱式硫酸铁。无水物为白色粉末,遇水则变成蓝绿色。

安全与使用:大鼠经口,LD_{50}为279~558mg/kg(以Fe计)。根据我国《食品营养强化剂使用卫生标准》(GB 14880)及相关规定,硫酸亚铁的使用范围与使用标准如表6-11所示。

表6-11　硫酸亚铁的使用范围与使用标准

	食品名称/分类	最大使用量	备　注
硫酸亚铁	谷类及其制品	120~240mg/kg	
	饮料	50~100mg/kg	
	乳制品、婴儿配方食品	300~500mg/kg	
	高铁谷类及其制品	860~960mg/kg	每日限食这类食品50g
	食盐、夹心糖	3000~6000mg/kg	
	可可粉及其他口味营养型固体饮料	110~220mg/kg	相应营养型乳饮料按稀释倍数降低使用量(以Fe计)
	方便面粉包	495~1005mg/kg	以Fe计
	学龄前儿童配方粉	4~8mg/d	以Fe计
	孕产妇配方粉	8.33~16.67mg/d	以Fe计

(二)柠檬酸铁

柠檬酸铁(Ferric citrate),分子式为 $FeC_6H_5O_7 \cdot xH_2O$,无水物相对分子质量为244.95,结构式如下所示。

性状与性能:根据其组成成分的不同为红褐色粉末或透明薄片,含铁量为16.5%~18.5%。在冷水中溶解缓慢,极易溶于热水,不溶于乙醇。水溶液呈酸性,可被光或热还原,逐渐变成柠

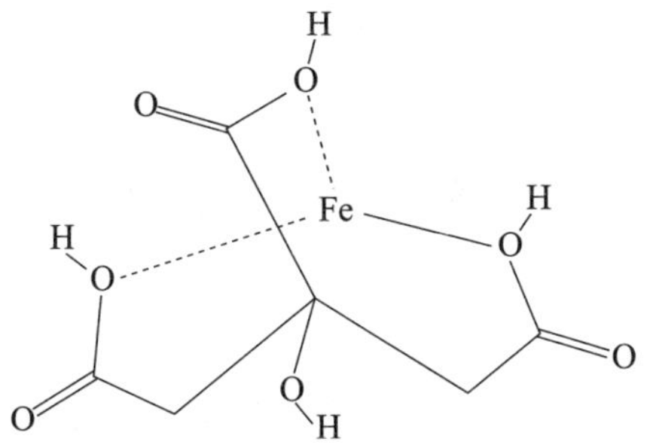

檬酸亚铁。因为柠檬酸铁呈褐色,故在不宜着色的食品中不适合使用。

安全与使用:根据我国《食品营养强化剂使用卫生标准》(GB 14880)及相关规定,柠檬酸铁可用于谷类及其制品,使用量为 150 ~ 290mg/kg;饮料 60 ~ 120mg/kg;乳制品、婴儿配方食品 360 ~ 600mg/kg;高铁谷类及其制品(每日限食这类食品 50g)1000 ~ 1200mg/kg;食盐、夹心糖 3600 ~ 7200mg/kg。

(三)柠檬酸铁铵

柠檬酸铁铵(Ferric ammonium citrate),分子式为 $Fe(NH_4)_2H(C_6H_5O_7)_2$,相对分子质量为 488.16。

性状与性能:柠檬酸铁铵为棕红色透明状鳞片或褐色颗粒或棕黄色粉末,无臭、味咸,极易溶于水,不溶于乙醇,水溶液呈中性,在空气中易吸潮,对光不稳定,遇碱性溶液有沉淀析出。

安全与使用:小鼠经口,LD_{50} 为 1000mg/kg。根据我国《食品营养强化剂使用卫生标准》(GB 14880)及相关规定,柠檬酸铁铵可用于谷类及其制品,使用量为 160 ~ 330mg/kg;饮料 70 ~ 140mg/kg;乳制品、婴儿配方食品 400 ~ 800mg/kg;高铁谷类及其制品(每日限食这类食品 50g)1200 ~ 1350mg/kg;食盐、夹心糖 4000 ~ 8000mg/kg。

(四)葡萄糖酸亚铁

葡萄糖酸亚铁(Ferrous gluconate),分子式为 $C_{12}H_{22}FeO_{14} \cdot 2H_2O$,相对分子质量为 482.17,结构式为:

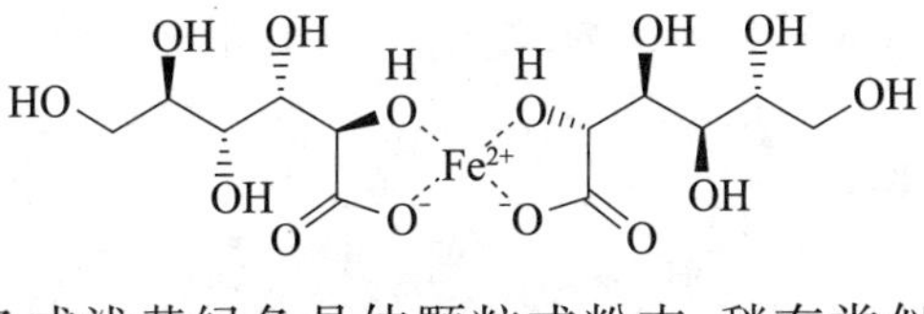

性状与性能:浅黄灰色或浅黄绿色晶体颗粒或粉末,稍有类似焦糖的气味。易溶于水,100mL 温水中可溶 10g,几乎不溶于乙醇;水溶液呈酸性,加葡萄糖可使其溶液稳定。理论含铁量 12%。

安全与使用:大鼠经口,LD_{50} > 3700mg/kg,属于"一般认为是安全的物质"。根据我国《食品营养强化剂使用卫生标准》(GB 14880)及相关规定,可用于谷类及其制品,使用量为 200 ~ 400mg/kg;饮料 80 ~ 160mg/kg;乳制品、婴儿配方食品 480 ~ 800mg/kg;高铁谷类及其制品(每日限食这类食品 50g)1400 ~ 1600mg/kg;食盐、夹心糖 4800 ~ 6000mg/kg。葡萄糖酸亚铁易吸收,对消化系统无刺激、无副作用,并且对食品的感官性能和风味无影响,可作为药物具有治疗贫血的功能。

(五)乳酸亚铁

乳酸亚铁(Ferrous lactate),化学名称α-羟基丙酸亚铁,分子式为$C_6H_{10}FeO_6 \cdot 3H_2O$,相对分子质量为288.04,结构式为:

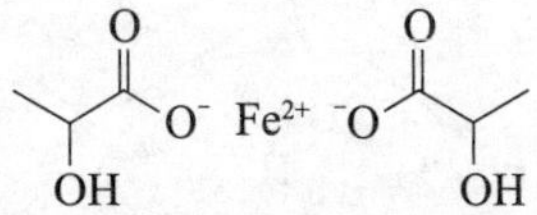

性状与性能:为浅绿色或微黄色晶体或结晶性粉末,稍有特异臭,有稍带甜味的铁味。溶于水,冷水中的溶解度为2.5g/100mL,沸水中的溶解度为8.3g/100mL,水溶液为绿色透明溶液,呈弱酸性。易溶于柠檬酸溶液呈绿色溶液,几乎不溶于乙醇。在空气中易吸潮,在空气中被氧化后颜色变深,光照会促进其氧化。

安全与使用:小鼠经口,LD_{50}为4875mg/kg;大鼠经口,LD_{50}为3730mg/kg。属于"一般认为是安全的物质"。根据我国《食品营养强化剂使用卫生标准》(GB 14880)及相关规定,可用于豆奶粉、豆粉,使用量为200~500mg/kg;饼干40~80mg/kg(以Fe计)。乳酸亚铁易吸收,对消化系统无刺激、无副作用,一般对食品的感官性能和风味无影响,对防治缺铁性贫血效果显著。

作为铁营养强化剂的还有氯化高铁血红素、焦磷酸铁、铁卟啉、甘氨酸亚铁、富马酸亚铁、还原铁、乙二胺四乙酸铁钠等。

三、锌

锌(Zinc)是人体内必需的微量元素之一,成人体内含锌约2~3g,锌分布于人体所有的组织器官,肝、肾、肌肉、视网膜、前列腺内的含量较高,锌对生长发育、智力发育、免疫功能、物质代谢和生殖功能等均具有重要的作用。缺乏锌的主要症状是生长迟缓或停滞,形成侏儒。此外,缺锌还表现为伤口愈合慢、味觉异常等症状;锌严重缺乏时会导致缺铁性贫血、肝脾肿大、骨骼长期不能接合、皮肤粗糙及色素增多等症状。

(一)葡萄糖酸锌

葡萄糖酸锌(Zinc gluconate),分子式为$C_{12}H_{22}O_{14}Zn$,相对分子质量为455.68,结构式为:

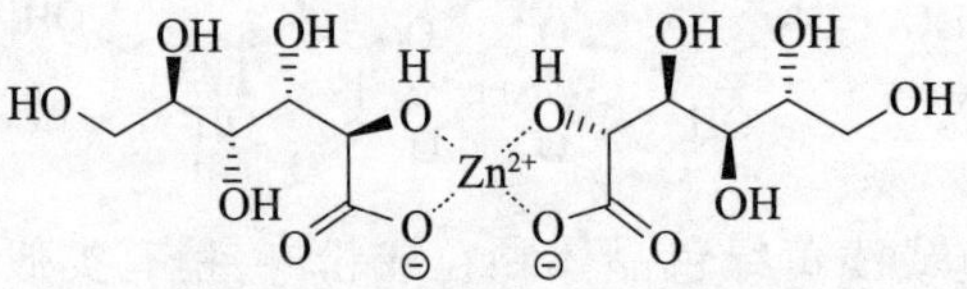

性状与性能:为无水物或含有3分子水的化合物,白色或几乎白色的颗粒或结晶性粉末,无臭、无味,易溶于水,极微溶于乙醇。体内吸收率高,对胃肠无刺激,吸收效果比无机锌好,是一种很好的锌营养强化剂。对缺锌疾患有明显的疗效,缺锌症患者食用以葡萄糖酸锌强化的食品(每日120mg Zn计)6个月后可以恢复。

安全与使用:雌性小鼠经口,LD_{50}为(1.93±0.09)g/kg;雄性小鼠经口,LD_{50}为(2.99±0.1)g/kg。根据我国《食品营养强化剂使用卫生标准》(GB 14880)及相关规定,葡萄糖酸锌可用于乳制品,使用量为230~470mg/kg;婴幼儿食品195~545mg/kg;饮液及乳饮料40~80mg/kg;

谷类及其制品 160～320mg/kg;食盐 800～1000mg/kg;软饮料 21～56mg/kg。

(二)硫酸锌

硫酸锌(Zinc sulfate),分子式为 $ZnSO_4 \cdot xH_2O$,无水物相对分子质量为 161.44,含 1 或 7 分子水。

性状与性能:无色透明的棱柱状或细针状晶体或结晶性粉末,无臭。1 分子水合物加热至 238℃时失水;7 分子水合物在室温、干燥空气中易失水逐渐风化。易溶于水,微溶于乙醇和甘油,水溶液呈酸性。硫酸锌对皮肤、黏膜有刺激作用,大量内服可引起呕吐、恶心、腹痛和消化障碍。

安全与使用:大鼠经口,LD_{50}为 2949mg/kg;小鼠经口,LD_{50}为 2200mg/kg。根据我国《食品营养强化剂使用卫生标准》(GB 14880)及相关规定,硫酸锌可用于乳制品,使用量为 130～250mg/kg;婴幼儿食品 113～318mg/kg;饮液及乳饮料 22.5～44mg/kg;谷类及其制品 80～160mg/kg;食盐 500mg/kg;软饮料 7.4～19.8mg/kg;可可粉及其他口味营养型固体饮料 60～180mg/kg(以 Zn 计);孕产妇配方奶粉 30～140mg/kg(以 Zn 计)。

(三)乳酸锌

乳酸锌(Zinc lactate),分子式为 $C_6H_{10}ZnO_6 \cdot 3H_2O$,相对分子质量为 297.97,结构式为:

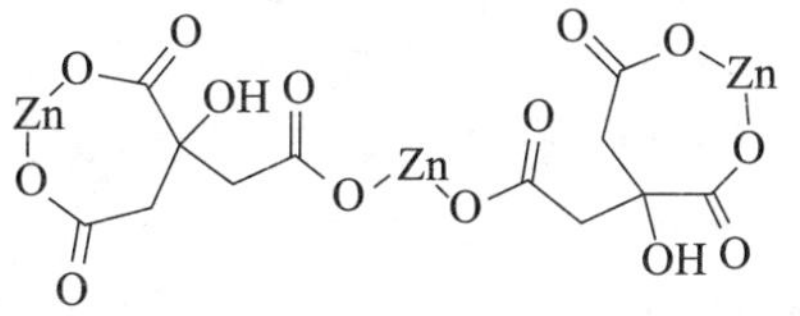

性状与性能:乳酸锌为白色结晶性粉末,无臭。溶于水,可溶于 60 倍冷水或 6 倍热水中。含锌量 22.2%,是一种易吸收的锌营养强化剂。

安全与使用:小鼠经口,LD_{50}为 977～1778mg/kg。作为锌营养强化剂用于儿童口服液,使用量为 600～1000mg/kg;含乳固体饮料 431.9～568.2mg/kg(以 Zn 计);豆奶粉、豆粉 130～250mg/kg;果冻 40～100mg/kg(以 Zn 计)。

作为锌营养强化剂的还有甘氨酸锌、柠檬酸锌、氧化锌等。

四、硒

硒(Selenium)是人体所必需的微量元素,是人体内含硒酶——谷胱甘肽过氧化物酶的重要成分,具有重要的生理功能。它能够预防和抑制肿瘤、抗衰老、维持心血管系统正常的结构与功能,预防动脉硬化和冠心病的出现。在食品加工时,硒会因为精制和烧煮过程而有所损失,所以越是精制的和长时间烧煮加工的食品,其含硒量越少。补硒的简单方法是每周 1 次口服亚硒酸盐(亚硒酸钠、亚硒酸钾),1～5 岁儿童口服亚硒酸钠 0.5mg,6～9 岁儿童 1.0mg,10 岁以上 2.0mg,亚硒酸盐可用于强化食品。

(一)亚硒酸钠

亚硒酸钠(Sodium selenite),分子式为 Na_2SeO_3,无水物相对分子质量为 172.94。

性状与性能：又称亚硒酸二钠，为白色晶体，在空气中稳定，易溶于水，不溶于乙醇。5分子水合物易在空气中风化失去水分，加热会分解，形成二氧化硒。在酸性溶液中可被氧化成硒酸或被还原成硒。

安全与使用：大白鼠经口，LD_{50}为7mg/kg。根据我国《食品营养强化剂使用卫生标准》(GB 14880)及相关规定，亚硒酸钠用于食盐，使用量为7～11mg/kg；饮液及乳饮料110～440μg/kg；乳制品、谷类及其制品300～600μg/kg；饼干最大使用量240μg/kg；婴幼儿配方奶粉，最大使用量224μg/kg；婴幼儿配方粉、儿童配方粉60～130μg/kg(以Se计)；婴儿配方食品、较大婴儿和幼儿配方食品60～170μg/kg。

（二）硒化卡拉胶

硒化卡拉胶(Kappa－selenocarrageenan)，又称Kappa－硒化卡拉胶，是硒粉用浓硝酸溶解后，与卡拉胶溶液反应，精制而成。是一种高含硒多糖类化合物，作为有机硒化物，具有比无机硒化物更好的生物可利用性和生理增益作用。

性状与性能：灰白色、淡黄色至土黄色粉末，微有海藻腥味，溶于水形成黄色澄清溶液，水溶液呈酸性，几乎不溶于甲醇、乙醇等有机溶剂。

安全与使用：雌性大、小鼠经口，LD_{50}分别为575mg/kg、818mg/kg；雄性大、小鼠经口，LD_{50}分别为703mg/kg、934mg/kg。根据我国《食品营养强化剂使用卫生标准》(GB 14880)及相关规定，硒化卡拉胶用于饮液，使用量为30μg/10mL；用于片、粒和胶囊，使用量为20μg/(片、粒、胶囊)。

（三）富硒酵母

富硒酵母(Selenium－enriched yeast)是在酵母培养基中添加硒化物后培养而成。通过酵母在生长过程中对硒的自主吸收和转化，使硒与酵母体内的蛋白质和多糖有机结合，使硒能够更高效、更安全地被人体吸收利用。富硒酵母是一种高效、安全、营养均衡的补硒制剂。

性状与性能：富硒酵母为浅黄色至浅黄棕色颗粒或粉末，具有酵母的特殊气味，无异臭。

安全与使用：小鼠经口，LD_{50} >10000mg/kg。富硒酵母是一种理想的功能性食品基料，使用同硒化卡拉胶。

我国每日膳食中硒供给量为：儿童1～3岁20μg，4～6岁40μg，7岁以上50μg。过量摄取易中毒，一般有机硒的毒性比无机硒毒性低，并且有利于人体吸收。作为硒营养强化剂的还有：硒酸钠、硒蛋白和富硒食用菌粉等。用硒源作为营养强化剂必须在省级部门指导下使用，使用时以元素硒计强化量。亚硒酸钠中含硒量为45.7%，硒酸钠含硒量为41.8%。

五、碘

碘(Iodine)是人体内必需的微量元素之一，其生理功能主要是参与甲状腺素的合成，调节机体的代谢，能够促进生长发育，特别是参与能量代谢，影响体力和智力的发展以及神经、肌肉组织的活动。一般成人体内含碘约20～50mg，其中70%～80%存在于甲状腺组织内。

机体缺碘会产生地方性甲状腺肿，婴幼儿缺碘会引起生长发育迟缓、智力低下，严重会导致呆小症。常用的碘营养强化剂有碘化钾、碘酸钾、海藻碘和碘化钠等。

(一)碘化钾

碘化钾(Potassium iodide),分子式为 KI,相对分子质量为 166.00。

性状与性能:碘化钾为无色透明晶体或不透明的白色结晶性粉末,味苦咸。熔点 681℃,干燥空气中稳定,在潮湿的空气中微有吸湿性。易溶于水、甘油,5% 的水溶液 pH 为 6 ~ 10,溶于乙醇。遇光及空气时,能析出游离碘而呈黄色,在酸性水溶液中更易变黄。

安全与使用:属于"一般认为是安全的物质"。根据我国《食品营养强化剂使用卫生标准》(GB 14880)及相关规定,碘化钾用于食盐,使用量为 30 ~ 70mg/kg;婴幼儿食品 0.3 ~ 0.6mg/kg;婴儿配方食品 0.25 ~ 0.9mg/kg。

(二)碘酸钾

碘酸钾(Potassoium iodate),分子式为 KIO_3,相对分子质量为 214.00。碘酸钾是在酸性溶液中加入氯酸钾,再缓慢加入碘,生成酸式碘酸钾,再加入氢氧化钾中和制得。

性状与性能:碘酸钾为白色结晶性粉末,无臭,熔点 560℃(部分分解)。溶于水,1g 溶于 15mL 水,不溶于乙醇。

安全与使用:小鼠经口,LD_{50} 为 531mg/kg;小鼠腹腔注射,LD_{50} 为 136mg/kg。根据我国《食品营养强化剂使用卫生标准》(GB 14880)及相关规定,碘酸钾用于食盐,使用量为 34 ~ 100mg/kg;婴幼儿食品 0.4 ~ 0.7mg/kg;固体饮料 0.26 ~ 0.40mg/kg。除作为碘营养强化剂外,还可作为水果催熟剂及面团品质改良剂。

作为碘营养强化剂使用时也可以元素碘计,碘化钾中含碘量为 76.4%,碘酸钾含碘量为 59.63%,食盐强化量 20 ~ 60mg/kg,婴幼儿食品强化量 0.25 ~ 0.48mg/kg。

第六节　脂肪酸类营养强化剂

不饱和脂肪酸是构成体内脂肪的一种脂肪酸,为人体必需的脂肪酸。不饱和脂肪酸可分为 4 种类型:$\omega-7$、$\omega-9$、$\omega-3$ 和 $\omega-6$ 型。根据双键个数的不同进行区分,通常将含有一个双键的称为单不饱和脂肪酸(Mono - unsatarated fatty acid,MUFA),含有两个或两个以上双键的称为高度不饱和脂肪酸或多不饱和脂肪酸(Poly - unsatarated fatty acid,PUFA)。$\omega-7$ 和 $\omega-9$ 属于单不饱和脂肪酸,可由人体从食物中摄取的饱和脂肪酸(Satarat - ed fatty acid,SFA)中合成,而 $\omega-3$ 和 $\omega-6$ 型的多不饱和脂肪酸是人体无法自行合成的,必须从食物中摄取,因此常被称为必需脂肪酸。人体常见的必需脂肪酸有:亚油酸、亚麻油酸、花生四烯酸(AA)、二十碳五烯酸(EPA)和二十二碳六烯酸(DHA)。

一、γ - 亚麻油酸

γ - 亚麻油酸(γ - Linolenic acid,GLA),学名为顺式 - 6,9,12 - 十八碳三烯酸,分子式为 $C_{18}H_{30}O_2$,相对分子质量为 278.44,结构式为:

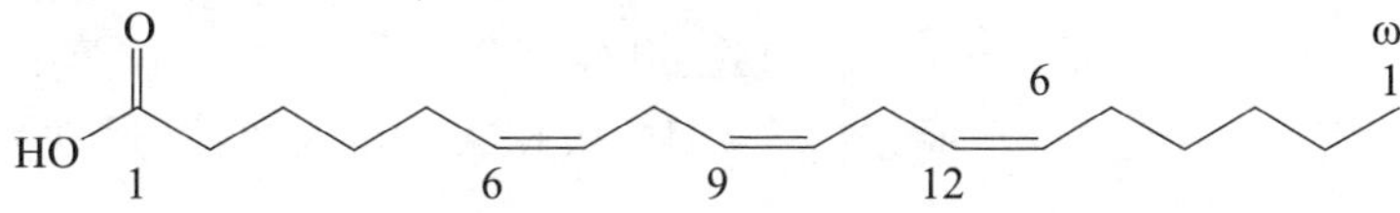

第六章　营养强化剂

性状与性能：为黄色油状液体。亚麻油酸是以水解糖为原料，接种黄色被孢霉经液体发酵后得干燥菌丝体，通过二氧化碳超临界萃取制得。亚麻油酸的质量标准为：含量（γ－亚麻酸）≥6.5%，酸值4.5mg KOH/g，过氧化值≤0.35%。

γ－亚麻油酸是食物中亚油酸转化为前列腺素的中间产物，为人体一种必需脂肪酸，存在于母乳中，一旦缺少将导致体内组织机能的严重紊乱，引起如高血脂、糖尿病、病毒感染、皮肤老化等病症。

安全与使用：大鼠、小鼠经口，LD_{50} >12000mg/kg。根据我国《食品营养强化剂使用卫生标准》（GB 14880）及相关规定，γ－亚麻油酸用于调和油、乳及乳制品、强化γ－亚麻油酸饮料，使用量为20～50g/kg。

二、花生四烯酸

花生四烯酸（Arachidonic acid，AA），学名为顺式－5，8，11，14－二十碳四烯酸，分子式为$C_{20}H_{32}O_2$，相对分子质量为304.46，结构式为：

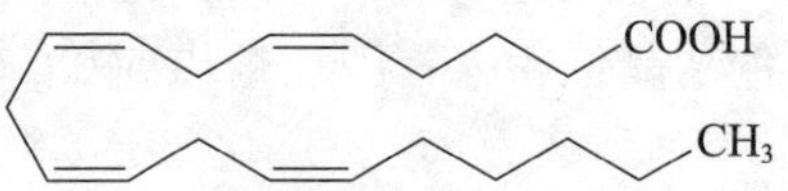

COOH

CH_3

性状与性能：室温下为淡黄色液体，熔点为－49.5℃，沸点为245℃，溶于乙醇、丙酮、苯等有机溶剂。是一种有着广泛生理活性的长链多不饱和脂肪酸。作为食品添加剂的花生四烯酸是由蛋黄、鱼油中提取出来或利用生物技术从微藻和真菌中发酵生产而来。广泛分布于动物的中性脂肪中，在大脑和神经组织中含量丰富。花生四烯酸有利于婴儿的生长，对大脑功能、中枢神经系统和视网膜的发育起着重要作用。

安全与使用：AA可以广泛应用于婴幼儿配方奶粉、米粉、液态奶、方便食品、保健品及化妆品中。根据我国《食品营养强化剂使用卫生标准》（GB 14880）及相关规定，花生四烯酸用于婴儿配方食品，早产儿使用量为1.0～1.3g/kg，足月儿为0.6～0.9g/kg；婴儿配方奶粉1.6～2.6g/kg。花生四烯酸单细胞油（ARASCO）用于幼儿配方奶粉、学龄前儿童配方奶粉，使用量为0.15%～0.25%（占总脂肪的百分数）。花生四烯酸（来源：高山被孢霉 Mortierlla alpina，以纯花生四烯酸计），用于婴儿配方食品、较大婴儿及幼儿配方食品、学龄前儿童配方奶粉，使用量为≤1.0%（占总脂肪的百分数）。

三、二十二碳六烯酸

二十二碳六烯酸（Docosahexaenoic acid，DHA），是属于ω－3系列多不饱和脂肪酸的一种，分子式为$C_{22}H_{32}O_2$，相对分子质量为328.50，结构式为：

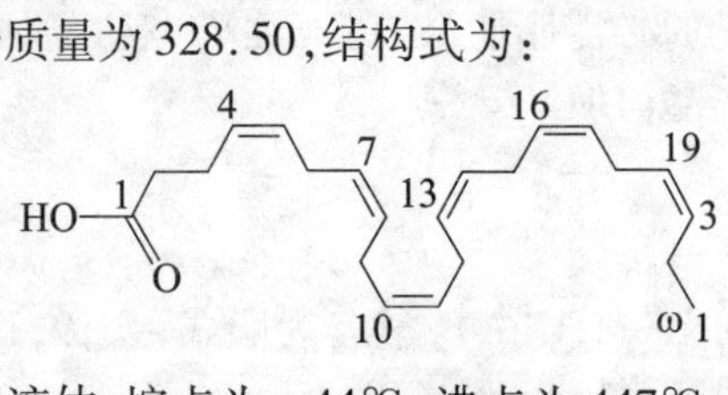

4 16 7 19 HO 1 13 3 O 10 ω 1

性状与性能：为无色透明液体，熔点为－44℃，沸点为447℃。二十二碳六烯酸是一种有着广泛生理活性的长链多不饱和脂肪酸。20世纪80年代以来，美国、日本、英国、澳大利亚等国开始生产和使用DHA。早期这类产品以富含DHA和EPA的深海鱼油（通常为金枪鱼油）为原料通过分子蒸馏工艺制得，以二十碳五烯酸（EPA）和二十二碳六烯酸（DHA）混合形式存在。由于DHA是大脑细胞膜的重要构成成分，参与脑细胞的形成和发育，对神经细胞轴突的延伸和新突起的形成有重要作用，尤其是对促进出生后婴儿大脑发育具有重大意义。DHA具有促进生长发育、改善血液循环、抗衰老、降血脂等功能。

安全与使用：根据我国《食品营养强化剂使用卫生标准》（GB 14880）及相关规定，二十二碳六烯酸用于学龄前儿童谷类食品，使用量为0.1～1.26g/kg。二十二碳六烯酸（DHA，双鞭甲藻）用于婴幼儿配方奶粉，使用量为0.4～1.8g/kg；孕妇及乳母奶粉0.3～1.0g/kg。二十二碳六烯酸（DHA23，金枪鱼油）用于婴儿配方奶粉，使用量为0.4～1.8g/kg；用于孕产妇奶粉，0.3～0.5g/kg；用于幼儿及儿童配方奶粉，使用量为0.06～0.10g/kg。二十二碳六烯酸单细胞油（DHASCO）用于幼儿配方奶粉、学龄前儿童配方奶粉，使用量为0.09%～0.15%（占总脂肪的百分数）。二十二碳六烯酸（来源：双鞭甲藻、金枪鱼油，以纯二十二碳六烯酸计），用于婴儿配方食品、较大婴儿及幼儿配方食品、儿童配方奶粉、学龄前儿童谷类食品，使用量为≤0.5%（占总脂肪的百分数）。二十二碳六烯酸（以纯二十二碳六烯酸计）用于婴幼儿配方谷粉、学龄前儿童谷类食品，使用量为0.66g/kg。

思考题

1. 什么是营养强化和食品营养强化剂?
2. 食品营养强化有哪些意义和作用?
3. 常用的维生素类强化剂有哪些? 各自有何作用?
4. 常用的氨基酸类强化剂有哪些? 各自有何作用?
5. 常用的无机盐类强化剂有哪些? 各自有何作用?
6. 常用的脂肪酸类强化剂有哪些? 各自有何作用?

第七章　食品着色剂

学习目的与要求

熟悉食品着色剂的定义、分类和安全使用。了解食品着色剂的使用方法,掌握合成着色剂和天然着色剂的种类和用途。

第一节　概述

一、食品着色剂的定义

食用色素是使食品着色、改善食品色调和色泽的可食用物质,是食品添加剂中重要的一大类。以食品着色为目的而添加到食品中的天然色素和人工合成色素为食用色素,也称为着色剂。食品的颜色就是通过食品中的色素呈现出来的。食品的颜色是食品感官质量最重要的属性,人们通常会根据食品的颜色判断食品的新鲜程度,而且食品的颜色在一定程度上能引起人们的食欲,同时还影响人们对风味和甜味的感觉。

二、分类

根据来源,食品色素可分为天然色素与人工合成两大类,目前世界上常用的食品着色剂有60余种。合成色素具有色泽鲜艳、着色力强、稳定性高等特点,并可按照使用者的需要进行任意调色,且成本低廉、使用方便,其中许多合成色素被用作食用色素,甚至曾经占据着主导地位。相比之下,天然色素存在一定的局限性,如对光和热不够稳定、易氧化、有一定的pH应用范围、产量有限、受制于自然资源的限制等。由于植物源性天然色素来源植物组织,无论采取何种提取方法得到的天然色素粗提物,其中都必定会含有一些其他的组分,常常与多糖、蛋白质、多酚类物质等多种成分混杂在一起,因而色价低、杂质多,有的粗品还带有原料本身特有的气味,有些粗提物还具有强烈的吸水性,这些都直接影响到天然色素的稳定性、着色能力和使用效果,限制了它的应用。但随着毒理学和分析化学的不断发展,人类逐渐认识到多数合成色素品种对人体有较为严重的毒性以及致癌、致畸、致癌性等可能危害,人们开始给予天然色素密切关注和研究。

(一)食品合成着色剂

按化学结构可分成两类:偶氮类着色剂(苋菜红、胭脂红、新红、柠檬黄、日落黄)和非偶氮类着色剂(赤藓红、亮蓝、靛蓝)。

偶氮类着色剂又分为油溶性偶氮类着色剂和水溶性偶氮类着色剂。

油溶性偶氮类着色剂不溶于水,进入人体内不易排出体外,毒性较大,目前基本上不再使用。

目前世界各国使用的合成着色剂有相当一部分是水溶性偶氮类着色剂。

制作食品时,在色素使用中也需要水不溶性色素进行染色,如樱桃罐头等。这样,除天然和合成食品色素以外,食品色素还包括一些水不溶性的人工合成食用色素的色淀。色淀是由水溶性着色剂沉淀在允许使用的不溶性基质上所制备的特殊着色剂。其着色部分是允许使用的合成着色剂,基质部分多为氧化铝,称之为铝淀。即在同样条件下不溶于水的着色剂制品。通常在实际生产中使用铝盐制备结构较复杂的铝色淀(aluminium lake)。铝色淀是由某种合成色素在水溶液状态下与氧化铝(硫酸铝或氯化铝与氢氧化钠或碳酸钠等碱性物质反应后的水合物)混合、被完全吸附后,经过滤、干燥、粉碎而制成的改性色素。生成的色淀可用于油脂食品中,并可以提高相应色素的耐光性、耐热性和耐盐性,从而为合成色素的应用提供了更广泛的领域。目前使用的铝色淀包括苋菜红铝色淀、亮蓝铝色淀、赤藓红铝色淀、柠檬黄铝色淀、靛蓝铝色淀、诱惑红铝色淀、胭脂红铝色淀、新红铝色淀以及日落黄铝色淀等。

(二)食品天然着色剂

天然色素大多是从一些天然的动、植物体和微生物体中提取而得,如类胡萝卜素、花色苷、叶绿素类等。天然色素较为安全,且色泽自然,有些还具有一定的营养价值和药理功能,但天然色素一般稳定性差,对光、热、酸、碱和某些酶等条件敏感,从而导致在加工、贮存中发生变色或褪色,影响食品的色泽。

由动、植物和微生物中提取的色素见表7-1,常用的有叶绿素铜钠、红曲色素、甜菜红、辣椒红素、红花黄色素、姜黄、β-胡萝卜素、紫胶红、越橘红、黑豆红、栀子黄等。

表7-1　食物的天然色素类型

类型	天然来源	色素种类
植物色素	蔬菜类	叶绿素、类胡萝卜素、花色素、黄酮类色素、甜菜红等
	水果类	类胡萝卜素、花色素、黄酮类色素
	谷物类	类胡萝卜素、黄酮类色素
	海藻类	叶绿素、类胡萝卜素
动物色素	畜肉类	血红素
	鱼肉类	血红素、类胡萝卜素
	虾、蟹、蛋、乳类	类胡萝卜素(虾黄素、虾红素)
微生物色素	变质、发酵等	核黄素、红曲素等

按化学结构可以分为6类:

(1)多酚类衍生物,如萝卜红、高粱红等(花青苷类着色剂:目前主要的一类);

(2)异戊二烯衍生物,如β-胡萝卜素、辣椒红等(类胡萝卜素、多烯着色剂:脂溶性一类);

(3)四吡咯衍生物(卟啉类衍生物),如叶绿素、血红素等;

(4)酮类衍生物,如红曲红、姜黄素等;

(5)醌类衍生物,如紫胶红、胭脂虫红等;

(6)其他类色素,如甜菜红、焦糖色等。

三、食品着色剂的发色机理

(一)吸收波长

不同的物质能吸收不同波长的光。如果某物质所吸收的光,其波长在可见光区以外,这种物质看起来是白色的;如果它吸收的光,其波长在可见光区域(400~800nm),那么该物质就一定会呈现一定的颜色,其颜色是由未被吸收的光波所反映出来的,即被吸收光波颜色的互补色。例如,某种物质选择吸收波长为510nm的光,这是绿色光谱,而人们看见它呈现的颜色是紫色,紫色是绿色的互补色。

(二)生色基(团)和助色基(团)

物质之所以能吸收可见光而呈现不同的颜色,是因为其分子本身含有某些特殊的基团即生色基(团),这些基团有碳-碳双键、酮基、醛基、羰基、偶氮等。分子中含有一个生色基的有机物,由于他们的吸收波长在200~400nm之间,仍是无色的。如果有机物分子中有2个或2个以上生色基共轭时,可以使分子对光的吸收波长移向可见光区域内,该物质就能显示颜色。例如,1,2-二苯基乙烯是无色的,但在2个苯环之间连接3个共轭的碳-碳双键化合物,便开始显示淡黄色;连接5个共轭的碳-碳双键化合物,则呈橙色;连接11个共轭的碳-碳双键化合物,则呈黑紫色。

有些基团,如—OH、—OR、—NH_2、—NR、—SR、—Cl、—Br等,它们本身的吸收波段在远紫外区,但这些基团与共轭键或生色基相连接,可使共轭键或生色基的吸收波移向长波长而显色,这些基团被称为助色基(团)。

着色剂都是由发色团和助色团所组成,因此能够呈现各种不同的颜色。

四、食品着色剂的安全使用

(一)食品着色剂安全性

食用色素添加到食品中从而赋予食品各种颜色,不仅给人以美的享受,而且可以增强人们的食欲,同时颜色也是衡量食品的重要的指标之一。但在食品中添加着色剂时,首先应当注意其安全性。食品着色剂不一定具有营养价值,但其必须对人体是无毒无害的。无论是合成着色剂还是天然着色剂,在使用过程中都必须严格按照国家标准规定的指用范围以及最大使用量进行添加。对于新开发的食品色素,必须进行安全性评价。

(二)着色剂溶液的配制

着色剂粉末直接使用时不方便,在食品中分布不均匀,可能形成色素斑点,经常需要配制成溶液使用。合成着色剂溶液一般使用的浓度为1%~10%,过浓则难于调节色调。配制时,着色剂的称量必须准确。此外,溶液应按每次的用量配制,因为配制好的溶液久置后,贮存在冰箱或是到了冬天,也会有着色剂析出。胭脂红的水溶液在长期放置后会变成黑色。配制着色剂水溶液所用的水,通常先将水煮沸,冷却后再用,或者应用蒸馏水,或离子交换树脂处理过的水。配制溶液时应尽可能避免使用金属器具,剩余溶液保存时应避免日光直射,最好在冷暗处密封保存。

(三)色调的选择与拼色

色调选择应该与食品原有色泽相似或与食品的名称一致。为丰富合成食品着色剂的色谱,满足食品加工生产中的着色的需要,在使用合成着色剂时我国规定允许使用 8 种食品合成着色剂拼色,它们分属红、黄、蓝 3 种基本色,可以根据不同需要来选择其中 2 种或 3 种拼配成各种不同的色谱。基本方法是由基本色拼配成二次色,或再拼成三次色,其过程可用图表示如下:

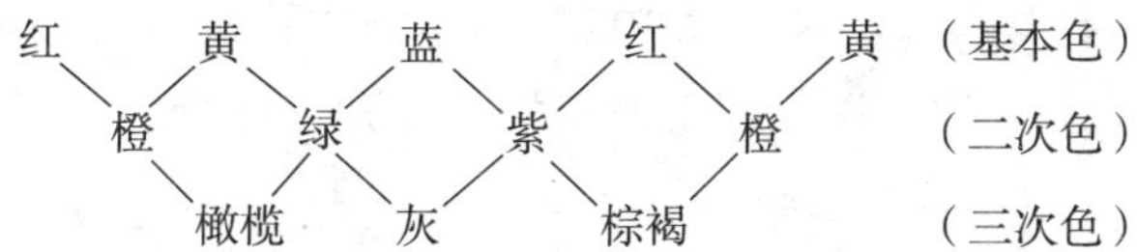

由于各种合成着色剂在不同的溶剂中的溶解度大小不一,可能会产生不同的色调和强度,尤其在使用两种或多种合成色素拼色时,情况会格外显著。不同的色调由不同的着色剂按不同比例拼配而成。

表 7-2 几种色调的拼配比例

色调	苋菜红	胭脂红	柠檬黄	日落黄	靛蓝	亮蓝
橘红		40	60			
大红	50	50				
杨梅红	60	40				
番茄红	93			7		
草莓红	73			27		
蛋黄	2		93	5		
绿色			72			
苹果绿			45		55	
紫色	68					32
葡萄紫	40				60	
葡萄酒	75		20			
小豆	43		32		25	
巧克力	36		48		16	

另外,食品在着色时通常是潮湿的,随着水分蒸发,食品会逐渐干燥,色素会随着集中于表层,造成“浓缩影响”,这种现象在食品与着色剂之间的亲和力较低时更为显著。

对于吸湿性较强的着色剂,宜贮存在干燥、阴凉处;长期保存时,应采用密封容器,以防受潮变质;拆封后未用完的,必须重新密封,防止由于空气的氧化、污染、吸湿后造成色素色调的变化。

第二节 合成色素的性质及其应用

食品合成着色剂又称食品合成染料,是用人工合成方法所制得的有机着色剂。人工合成色素价格低廉,溶于水,着色力强且稳定性高,色泽鲜艳、均一,容易调色,所以在食品加工中广泛使用合成色素以达到食品着色的目的。但人工合成色素多为含有苯环、萘环的焦油等物质合成的,一般都具有不同程度的毒性(最大使用限量 ADI 一般在 0.15 ~12.5mg/kg),甚至有的还有致癌作用,因此合成色素的安全性问题已引起人们的广泛关注。

目前,世界各国严格限制在食品中使用尚未摸清其安全性的合成色素品种,一些合成色素相继被限制在食品中使用。1976 年美国禁止在食品中使用人工合成色素苋莱红,之后挪威、丹麦完全禁止使用合成色素。

我国目前允许使用 13 种人工合成食品着色剂。不同国家对色素都有自己的编码系统,所以同一种色素在不同的国家的编号不一定相同。而染料索引编号(简称 C. I.)是世界上公认的染料编排系统,每种染料都对应一个固定的编号,因而所有的食品着色剂都可在《Colour Index》中查到。

一、苋莱红(Amaranth)

苋莱红即食用红色 2 号,分类代码为:GB 08.001,C. I. 16185(1975)。分子式为 $C_{20}H_{11}N_2Na_3O_{10}S_3$,化学名称为 1 -(4′ - 磺酸基 - 1′ - 萘偶氮)- 2 - 萘酚 - 3,6 - 二磺酸三钠盐,其化学结构式如下:

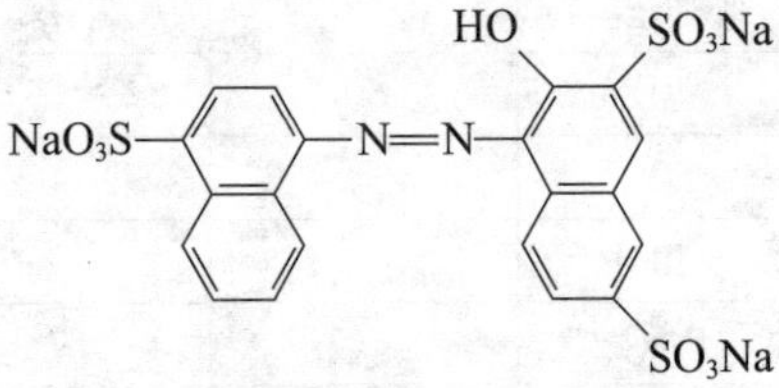

HO　SO₃Na

NaO_3S—N=N—

SO_3Na

苋莱红属偶氮磺酸型水溶性红色色素,为红棕色至暗红色颗粒或粉末,无臭味,易溶于水(17.2g/100mL,21℃)、甘油,0.01% 苋莱红水溶液呈红紫色,微溶于乙醇,不溶于脂类。对光、热、盐类以及柠檬酸和酒石酸较稳定,且耐酸性很好,但在碱性条件下容易变为暗红色。遇铜、铁易褪色,且容易为细菌分解。

此外,这种色素对氧化还原作用较为敏感,不宜用于有氧化剂或还原剂存在的食品(例如发酵食品)的着色。

苋莱红是将对氨基萘磺酸重氮化与 2 - 萘酚 - 3,6 - 二磺酸偶合后,经盐析精制而成的。最近几年对苋莱红进行的毒性慢性试验,发现它能使受试动物致癌致畸,因而对其安全性问题产生争议。我国和其他很多国家目前仍广泛使用这种色素,苋莱红可用于果汁(味)饮料类、碳酸饮料、配制酒、糖果、糕点上彩装、青梅、山楂制品、渍制小菜,最大允许用量为 0.05g/kg 食品;用于红绿丝、染色樱桃(系装饰用),最大使用量为 0.10g/kg;用于冰淇淋、雪糕、冰棍,最大使用量为 0.025g/kg。人体每日允许摄入量(ADI) <0.5mg/kg 体重(FAO/WHO,1994)。

苋莱红铝色淀的耐光和耐热性由于苋莱红,在酸性和碱性水中色素能缓缓地溶出,因而在酸性和碱性食品中使用易于均匀的混合。苋莱红铝色淀适用于粉末食品,油脂制品、糖衣糕点的涂膜等。用色淀类着色剂着色大量食品时,宜先将所用色淀着色剂和少量食品混合并研磨着色均匀后,再加到大量食品中,以避免着色不均导致的色花。另外,因色淀含色素量少,实际用量一般比相应的着色剂大。

二、胭脂红(Ponceau)

胭脂红即 C. I. 食用红色 7 号,又名丽春红 4R,分类代码为:GB 08.002,C. I. 16255(1975)。分子式为 $C_{20}H_{11}N_2Na_3O_{10}S_3$,其化学名称为 1-(4′-磺酸基-1′-萘偶氮)-2-萘酚-6,8-二磺酸三钠盐,是苋菜红的异构体。

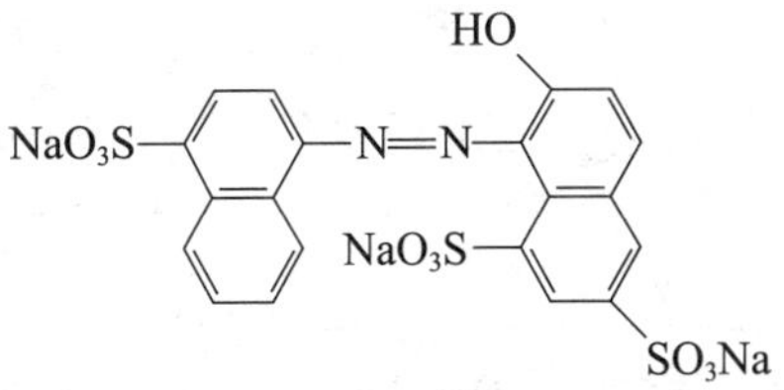

胭脂红为红色至暗红色颗粒或粉末状物质,无臭;易溶于水,难溶于乙醇,不溶于油脂,胭脂红的水溶液呈红色。对光和酸(柠檬酸、酒石酸)较稳定,耐热性较强(105℃),但对还原剂的耐受性差,耐细菌性差,遇碱变成褐色。

胭脂红是将 4-氨基-1-萘磺酸重氮化与 2-萘酚-6,8-二磺酸偶合后,经氯化钠盐析后精制而成的。

大白鼠喂饲试验结果表明,这种色素无致肿瘤作用。用于红绿丝、染色樱桃(系装饰用)、糖果包衣,最大使用量为 0.10g/kg;用于豆奶饮料、红肠肠衣,最大使用量为 0.025g/kg;用于虾片、冰淇淋、雪糕、冰棍、超高温杀菌风味奶、风味酸奶,膨化食品、果冻、渍制小菜、果汁(味)饮料类、碳酸饮料、配制酒、糖果、糕点上彩装,最大用量为 0.05g/kg 食品。人体每日允许摄入量(ADI) <4mg/kg 体重。胭脂红铝色淀可用于同样的以上各类食品,相比胭脂红色素可增加其用量。

三、赤藓红(Erythrosine)

赤藓红(BS)又名樱桃红或新酸性品红,即 C. I. 食用红色 14 号,分类代码为 GB 08.003,C. I. 45430(1975)。其化学名称为 2,4,5,7-四碘荧光素,分子式为 $C_{20}H_6I_4Na_2O_5 \cdot H_2O$,结构式如下:

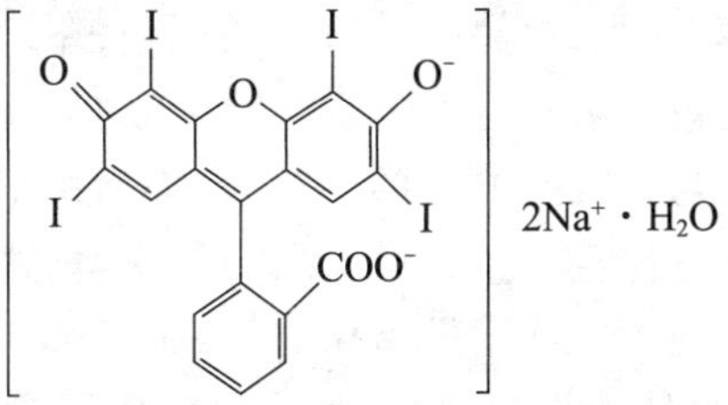

$2Na^+ \cdot H_2O$

赤藓红为水溶性色素,溶解度 7.5%(21℃),对碱、热、氧化还原剂的耐受性好,染着力强,但耐酸及耐光性差,在 pH <4.5 的条件下,形成不溶性的酸。可溶于乙醇、甘油和丙二醇,不溶于油脂。

赤藓红是由间苯二酚、邻苯二甲酸酐及无水氯化锌加热熔融得到荧光素,再经过精制、碘化、盐析而制得的。可用于果汁(味)饮料类、碳酸饮料、配制酒、糖果、糕点上彩装、青梅、糖果包衣、调味酱,最大允许用量为 0.05g/kg(mg/kg)食品;用于红绿丝、染色樱桃(系装饰用),最大使用量为 0.10g/kg。人体每日允许摄入量(ADI)为 0~0.1mg/kg 体重(FAO/WHO,1994)。

赤藓红铝色淀可用于同样的以上各类食品，相比赤藓红色素可增加其用量。

赤藓红在消化道中不易吸收，即使吸收也不参与代谢，故被认为是安全性较高的合成色素。

四、新红(New Red)

新红(new red)的化学名称为2－(4′－磺基－1′－苯氮)－1－羟基－8－乙酰氨基－3,6－二磺酸三钠盐，分类代码为 GB 08.004。分子式为 $C_{18}H_{12}N_3Na_3O_{11}S_3$，其结构式如下：

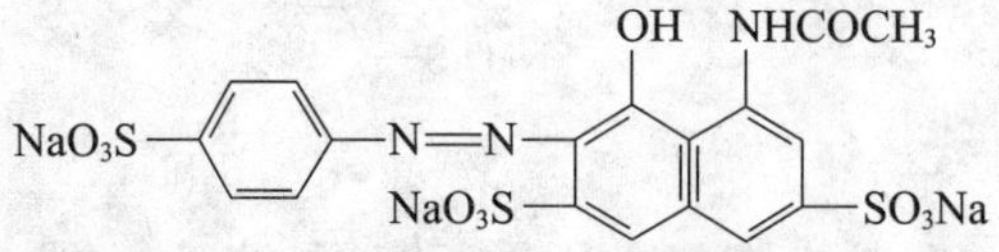

新红为红色粉末，易溶于水，微溶于乙醇，不溶于油脂。

新红是将对氨基苯磺酸钠经重氮化后与1－乙酰氨基－8－羟基－3,6－萘二磺酸钠偶合后，再经氯化钠盐析、过滤、精制而成。适用的范围和用量与赤藓红相同。ADI 为 0～0.1mg/kg 体重(上海市卫生防疫站,1982)。

新红铝色淀的适用范围和用量同赤藓红。

五、柠檬黄(Tartrazine)

柠檬黄又名酒石黄，即 C. I. 食用黄色 4 号，分类代码 GB 08.005，C. I. 19740(1975)。分子式为 $C_{16}H_9N_4Na_3O_9S_2$，化学名称为3－羧基－5－羟基－1－(4′－磺苯基)－4－(4″－磺苯基偶氮)－邻氮茂三钠盐，其结构式为如下：

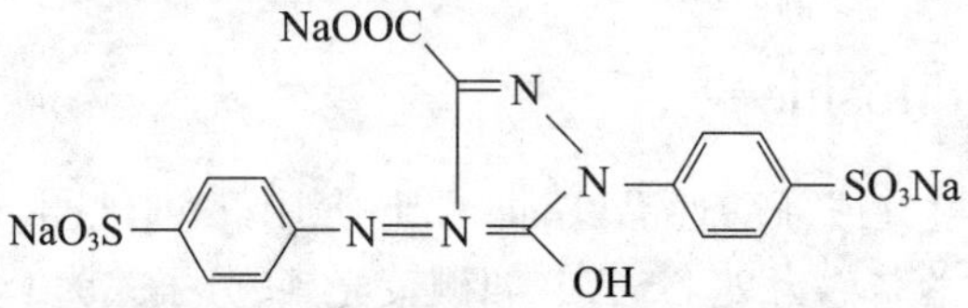

柠檬黄为橙黄色粉末或颗粒，无臭，易溶于水(1g/10mL，室温)，水溶液为黄色。柠檬黄也溶于甘油、乙二醇，微溶于乙醇、油脂，对热(105℃)、酸(柠檬酸、酒石酸)、光及盐均稳定，耐氧性差，遇碱稍变红色，还原时褪色。

柠檬黄首先由苯肼对磺酸与双羟基酒石酸钠缩合，而后由对氨基苯磺酸重氮化后于羟基吡唑酮偶合，盐析、精制而得。柠檬黄可用于果汁(味)饮料类、碳酸饮料、配制酒、糖果、糕点上彩装、西瓜酱罐头、青梅、虾片，最大允许用量为 0.1g/kg 食品；用于冰淇淋、雪糕、冰棍，最大使用量为 0.05g/kg。乳酸菌饮料、植物蛋白饮料，最大允许用量为 0.05g/kg 食品。人体每日允许摄入量(ADI) <7.5mg/kg 体重(FAO/WHO,1964)。

柠檬黄铝色淀的使用范围及用量同柠檬黄。

六、日落黄(Sunset Yellow)

日落黄又称作晚霞红、夕阳黄、C. I. 食用黄色 3 号，分类代码为：GB 08.006，C. I. 15985(1975)。其化学名称为1－(4′－磺基－1′－苯偶氮)－2－苯酚－6－磺酸二钠盐，呈橘黄色，分子式为 $C_{16}H_{10}N_2Na_2O_7S_2$，化学结构式为：

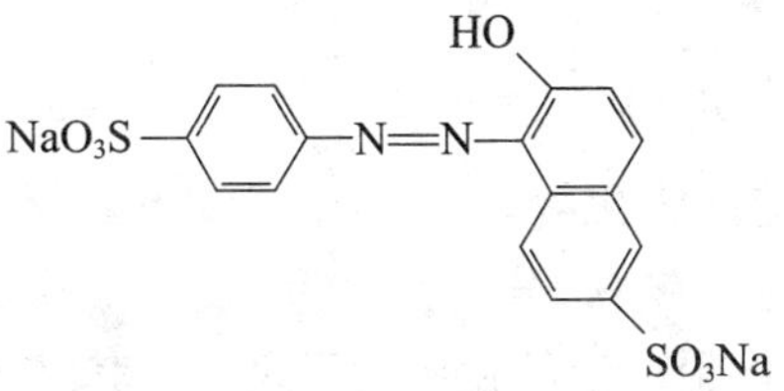

HO
NaO₃S—C₆H₄—N=N—(naphthol)—SO₃Na

日落黄是橙黄色均匀粉末或颗粒。耐光、耐酸、耐热,易溶于水、甘油,微溶于乙醇,不溶于油脂。在酒石酸和柠檬酸中稳定,遇碱变红褐色。

日落黄是将对氨基苯磺酸重氮化,与2-萘酚-6-磺酸盐偶合生成色素,而后用氯化钠盐析、精制而成。日落黄可用于果汁(味)饮料类、碳酸饮料、配制酒、糖果、糕点上彩装、西瓜酱罐头、青梅、虾片、乳酸菌饮料、植物蛋白饮料,最大允许用量为0.10g/kg食品;用于冰淇淋,最大使用量为0.09g/kg;超高温杀菌风味奶、风味酸奶,最大允许用量为0.05g/kg食品;用于香橙果珍干粉,按稀释倍数计算,不超过本标准中的规定。人体每日允许摄入量ADI为0~2.5mg/kg体重(FAO/WHO,1994)。

日落黄铝色淀的使用范围及用量同日落黄。

七、亮蓝(Brilliant Blue)

亮蓝又名C.I.食用蓝色2号,分类代码为:GB 08.007,C.I.42090(1975)。其化学名称为4-[N-乙基-N-(3′-磺基苯甲基)-氨基]苯基-(2′-磺基苯基)-亚甲基-(2,5-亚环己二烯基)-(3′-磺基苯甲基)-乙基胺二钠盐。分子式为$C_{37}H_{34}N_2Na_2O_9S_3$,化学结构式如下:

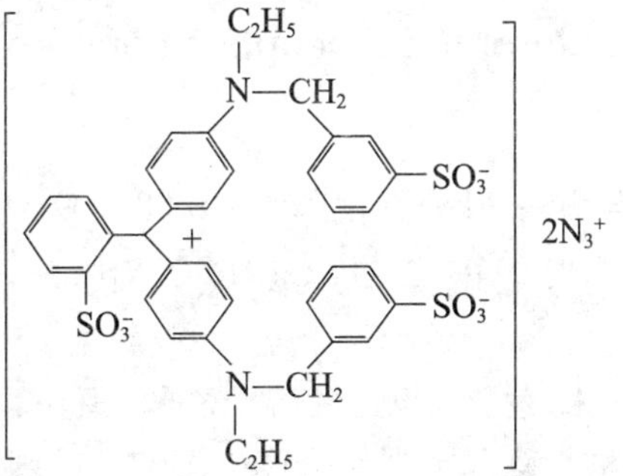

C_2H_5, N—CH_2, SO_3^-, +, SO_3^-, SO_3^-, N—CH_2, C_2H_5, $2N_3^+$

亮蓝是紫红色均匀粉末或颗粒,有金属光泽。有较好的耐光性、耐热性和耐碱性,对柠檬酸、酒石酸均稳定。易溶于水,溶于乙醇、甘油。

亮蓝是由苯甲醛邻磺酸与N-乙基-N-(3-磺基苄基)-苯胺缩合后氧化制得的。亮蓝用于加色、增色、调色,多用于多种食品、清凉饮料、西式酒的调色,其特点是稳定性好,着色力强。可用于果汁(味)饮料类、碳酸饮料、配制酒、糖果、糕点上彩装、染色樱桃罐头、青梅、虾片、冰淇淋、雪糕、冰棍、风味酸奶,最大允许用量为0.025g/kg食品;用于膨化食品,最大使用量为0.05g/kg;用于红绿丝,最大允许用量为0.10g/kg食品;用于固体饮料,最大允许使用量为0.20g/kg食品,用于绿芥末膏,0.01g/kg食品;用于可可玉米片,0.015g/kg食品。亮蓝铝色淀同样也可用于以上各类食品,用量可比亮蓝加大。

亮蓝的ADI为0~12.5mg/kg体重(FAO/WHO,1994)。

八、靛蓝(indigotine)

靛蓝又名靛胭脂、酸性靛蓝或磺化靛蓝、C. I. 食用蓝色1号,其化学名称为3,3′-二氧-2,2′-联吲哚基-5,5′-二磺酸二钠盐,分类代码为:GB 08.008,C. I. 73015(1975)。分子式为$C_{16}H_8N_2Na_2O_8S_2$,是世界上使用最广泛的食用色素之一。其结构式如下:

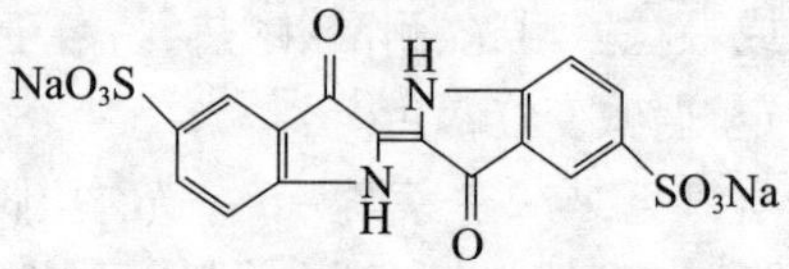

靛蓝为深紫蓝色至深紫褐色均匀粉末,其水溶液为紫蓝色,在水中溶解度较低,温度21°C时溶解度为1.1%,溶于甘油、丙二醇,稍溶于乙醇,不溶于油脂,对热、光、酸、碱、氧化作用均较敏感,耐盐性也较差,易为细菌分解,还原后褪色,但染着力好,常与其他色素配合使用以调色。

靛蓝是用浓硫酸使靛蓝磺化,经过适当稀释用碳酸钠或氢氧化钠中和后,经盐析、精制而得。可用于渍制小菜,最大允许用量为0.01g/kg食品,可用于果汁(味)饮料类、碳酸饮料、配制酒、糖果、糕点上彩装、青梅,最大允许用量为0.10g/kg食品;用于红绿丝,最大使用量为0.20g/kg。

用^{35}S标记的靛蓝作动物试验,静脉注射10h后,发现此色素63%在尿中出现,10%在胆汁中。但口服的色素在3d中仅有3%的放射性^{35}S出现在尿中,60%~80%色素在粪便中,说明在消化道吸收很少。ADI<5mg/kg体重(FAO/WHO,1994)。

靛蓝铝色淀同样也可用于以上各类食品,用量可比靛蓝加大。

九、叶绿素铜钠盐(chlorophyllin copper complex,sodium and potassium salts)

叶绿素铜钠盐称为叶绿素铜钠,其分类代码为GB 08.009。主要成分为铜叶绿酸三钠(分子式为$C_{34}H_{31}O_6N_4CuNa_3$)、铜叶绿酸二钠($C_{34}H_{30}O_5N_4CuNa_2$(a盐)和$C_{34}H_{28}O_6N_4CuNa_2$(b盐)。

叶绿素铜钠盐为墨绿色粉末,易溶于水,微溶于乙醇、氯仿,不溶于乙醚和石油醚。当pH低于6.5时,使用时遇硬水或酸性食品或遇钙会产生沉淀。叶绿素铜钠盐耐光性较叶绿素强,加热至110℃以上分解。

叶绿素铜钠盐是以富含叶绿素的菠菜、蚕粪或其他植物等为原料,首先用碱性酒精或丙酮提取,经过皂化后添加适量硫酸铜,叶绿素叶啉环中镁原子被铜置换而成。用于配制酒、糖果、青豌豆罐头、果冻、冰淇淋、冰棍、糕点上彩装、雪糕、饼干,最大使用量0.50g/kg。

叶绿素铜钠盐在使用过程中若遇硬水或酸性食品或含钙的食品,可产生沉淀。

十、β-胡萝卜素(β-Carotene)

β-胡萝卜素是维生素A前体和C. I. 食用橙色5号,分类代码为GB 08.010,C. I. 40800(ON1975)。分子式为$C_{40}H_{56}$,其结构式如下:

β-胡萝卜素为深红色至暗红色有光泽斜方六面体或结晶性粉末,有轻微异臭和异味,不溶于水、丙二醇、甘油、酸和碱,溶于二硫化碳、苯、三氯甲烷、乙烷和橄榄油等植物油,几乎不溶

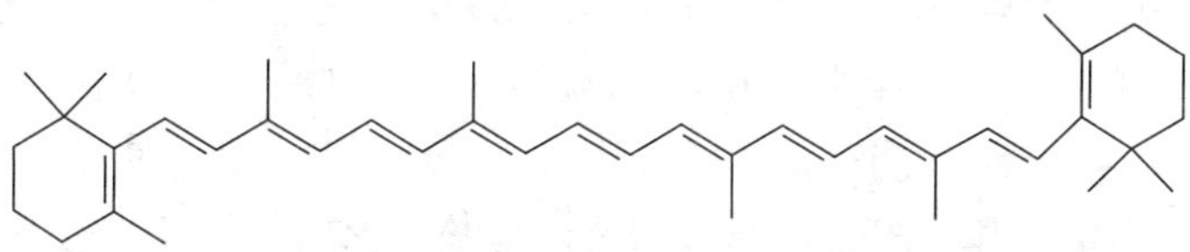

于甲醇或乙醇。β－胡萝卜素的稀溶液呈橙黄至黄色,浓度大时呈橙色。对光、热、氧不稳定,不耐酸,弱碱时较稳定,不受抗坏血酸等还原物质的影响,重金属尤其是铁离子可促使其褪色。

β－胡萝卜素可以β－紫罗兰酮为原料,经化学反应得衍生物β－C19醛,将两分子β－C19醛经与格莱雅试剂反应生成β－C40二酚,再脱水、加氢制得。另外还可使用维生素A乙酸酯为原料,经化学反应制得。

β－胡萝卜素既是着色剂,又为营养强化剂。可按生产需要适量用于各类食品。1997年增补品中规定:风味酸奶最大用量为0.5g/kg。其他使用参考,如用于奶油、膨化食品、人造奶油,最大用量0.2g/kg。使用时可配制成30%的β－胡萝卜素的植物油悬浊液或乳浊液。以甲基纤维素等作为保护胶质制成胶粒化制剂,广泛应用于橘汁等果汁饮料,一般用量为100~400mg/kg,也可用于冰淇淋、糖果、蛋黄酱、调味汁和干酪等。

人体摄入β－胡萝卜素,有30%~90%由粪便排出,ADI为0~5mg/kg体重(FAO/WHO,1994)。天然β－胡萝卜素是以盐藻为原料经提取精制而得的,也可用发酵法制取。其性状、用法用量以及ADI同合成的β－胡萝卜素。

十一、二氧化钛(Titanium Dioxide)

二氧化钛又称为C.I.食用白色6号,分类代码为:GB 08.011,C.I.77891(1975),化学式为TiO_2。二氧化钛为无定形粉末,无臭、无味,不溶于水、盐酸、稀硫酸、乙醇及其他有机溶剂,缓慢溶于氢氟酸和热浓硫酸。

二氧化钛可由高品位的钛矿石经氯化反应生成$TiCl_4$,精制后经氧化分解制得。二氧化钛是作为白色色素使用的,可用于糖果包衣,最大使用量为2.0g/kg;用于凉果,最大使用量为10g/kg。二氧化钛的ADI无须规定(FAO/WHO,1994)。

十二、诱惑红(allura red)

诱惑红即为C.I.食用红色17号,分类代码为:GB 08.012,C.I.16035(1975),其化学名称为1－(4′－磺基－3′－甲基－6′－甲氧基苯偶氮)－2－萘酚二磺酸二钠盐,分子式为$C_{18}H_{14}N_2Na_2O_8S_2$,结构式为:

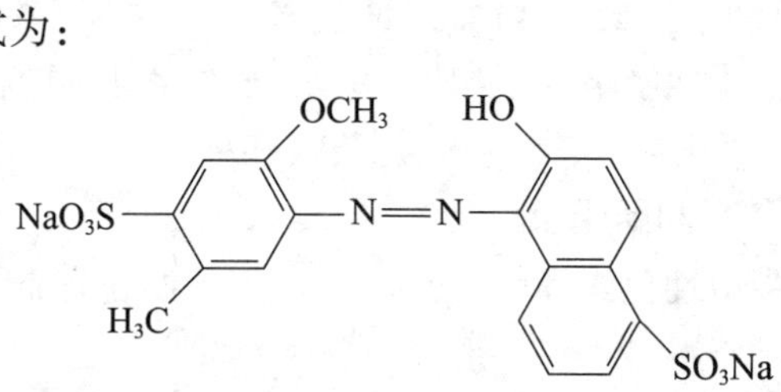

OCH₃ HO
NaO₃S—N═N—
H₃C SO₃Na

诱惑红为深红色均匀粉末,无臭。溶于水,呈微带黄色的红色溶液。可溶于甘油和丙二醇,微溶于乙醇,不溶于油脂。耐光、耐热性强,耐碱及耐氧化性差。

诱惑红是经2－甲基－4－氨基－5－甲氧基苯磺酸重氮化后与2－萘酚－6－磺酸钠偶合

后制得。诱惑红可用于糖果包衣，最大使用量0.085g/kg；用于冰激凌、雪糕、苹果干、燕麦片、可可玉米片，最大使用量为0.07g/kg；用于炸鸡调料为0.04g/kg；用于冰棍、糖果、糕点彩装、红绿丝、染色樱桃罐头、红肠肠衣、果汁饮料、果汁酒（色淀除外），最大使用量为0.05g/kg；用于果汁型饮料、碳酸饮料，最大用量为0.1g/kg；用于果冻粉、固体饮料，最大使用量为0.025g/kg（按稀释6倍计）诱惑红色点同样可适用于以上各类食品，用量可比诱惑红加大。

ADI为0~7mg/kg体重（FAO/WHO，1994）。

十三、酸性红（carmoisine）

酸性红又称为淡红、二蓝光酸性红，即C.I.食用红色3号，分类代码为：GB 08.013，C.I. 14720（1975），分子式为 $C_{20}H_{12}N_2Na_2O_7S_2$，化学结构式为：

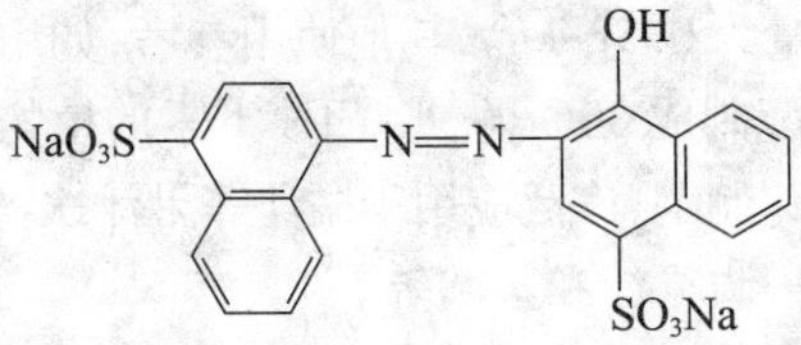

NaO$_3$S—(萘环)—N=N—(萘环，OH，SO$_3$Na)

酸性红为红色粉末或颗粒，溶于水，微溶于乙醇。是通过重氮化4－氨基萘磺酸而后与4－羟基萘磺酸偶合制得的。可用于糖果（包括巧克力和巧克力制品）、冰淇淋、雪糕和冰棍，最大使用量为0.05g/kg。

酸性红的ADI为0~4mg/kg体重（FAO/WHO，1994）。

第三节　天然色素的性质及其应用

近年来，随着人们安全意识的提升，人们开始关注天然色素。天然色素色泽艳丽、柔和、自然，特别是安全性能高，并且具有一定的营养价值和生理保健功能，备受人们青睐，近年来使用量以10%的速度递增。随着食品加工业的迅猛发展，加之天然色素比人工合成色素有着不可比拟的优点，该产业发展颇具潜力。目前，全世界食用色素的销售额每年约9.4亿美元，除去合成色素，天然色素约占5.4亿美元。而且随着消费天然色素在市场上的份额还会大幅度增加。

食品中的天然色素按来源分为动物色素（如血红素、虾青素、虾红素等）、植物色素（如叶绿素、花青素、类胡萝卜素等）和微生物色素（如红曲色素、β－胡萝卜素）3大类。

按其化学结构特征可分为四吡咯色素（如叶绿素、血红素和胆色素）、异戊二烯衍生物（如类胡萝卜素）、多酚类衍生物（花青素、类黄酮、儿茶素和单宁等）、酮类衍生物（红曲色素、姜黄色素）和醌类衍生物（虫胶色素和胭脂虫红等）；

按色素溶解性可分为脂溶性色素和水溶性色素。前者如花青素、黄酮类化合物，后者如叶绿素、类胡萝卜素等。

一、类胡萝卜素

类胡萝卜素广泛分布于自然界，是一类使动植物食品显现黄色和红色的脂溶性色素。类胡萝卜素在人和其他动物体内主要是作为维生素A的前体物质。β－胡萝卜具有2个β－紫罗酮环,是最有效的维生素 A 原,其他类胡萝卜素例如α-胡萝卜素和β-玉米黄质,也具有维生素 A 原的活性,但活性都只有β-胡萝卜活性的一半。果蔬中具有维生素 A 原活性的类胡萝卜素,可以提供人体需要维生素 A 的 30%~100%。

类胡萝卜素的结构特征是具有共轭双键,构成其发色基团。类胡萝卜素最基本的组成单元为异戊二烯,8 个异戊二烯单位以共价键头尾或尾尾连接,形成左右两边基本对称的色素分子。类胡萝卜素大多具有相同的中心结构,只是末端基团不相同。已知大约有 60 种不同的末端基,构成约 560 种已知的类胡萝卜素,并且还不断报道新发现的这类化合物。早期报道的大部分类胡萝卜素化合物都具有一个由 40 个碳原子构成的中心骨架,近来还发现有的含 40 个以上的碳原子,它们都称为取代 C_{40}类胡萝卜素。

类胡萝卜素分子除有共轭双键构成的发色团外,有些色素还含有羟基等助色团,可产生不同的颜色,分子中含有 7 个以上共轭双键时呈现黄色,分子中的共轭双键越多,颜色越偏向于红色,吸收带越向长波方向移动。双键位置和基团种类不同,其最大吸收峰也不相同。

双键的顺、反几何异构也会影响色素的颜色,例如全反式化合物的颜色较深,顺式双键的数目增加,颜色逐渐变淡。天然类胡萝卜素均为全反式构型,仅在一些藻类中存在极少数的顺式结构。在加工受热时会使类胡萝卜素的一部分双键发生异构化成为顺式结构,不同的异构体的维生素 A 原活性不一样。

(一)辣椒红(Paprika red)

辣椒红色素(Capsanthin),又名椒红素、辣椒红,是由茄科的红辣椒果皮中得到的一种橙黄至橙红色的天然红色素,属于叶黄素类共轭多烯烃含氧衍生物,具有辣椒香气味,分类代码为 INS—,CNS 08.106。辣椒红色素溶于大多数非挥发性油,部分溶于乙醇、丙酮、正己烷、油脂、植物油等有机溶剂,不溶于水和甘油,对可见光稳定,但在紫外光下易褪色。遇到 Fe^{3+}、Cu^{2+}、Co^{2+} 可促使其褪色,遇 Pb^{3+} 可形成沉淀。辣椒红色素的主要成分为辣椒红素(capsanthin)、辣椒玉红素,两者占色素总量的 50%~60%。

辣椒红素结构式如下:

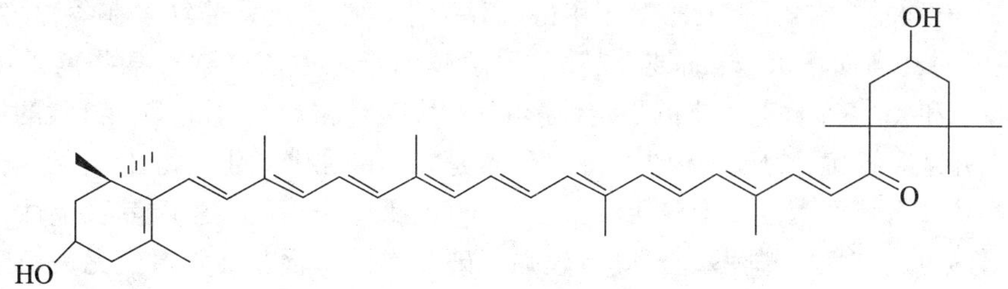

辣椒玉红素结构式如下:

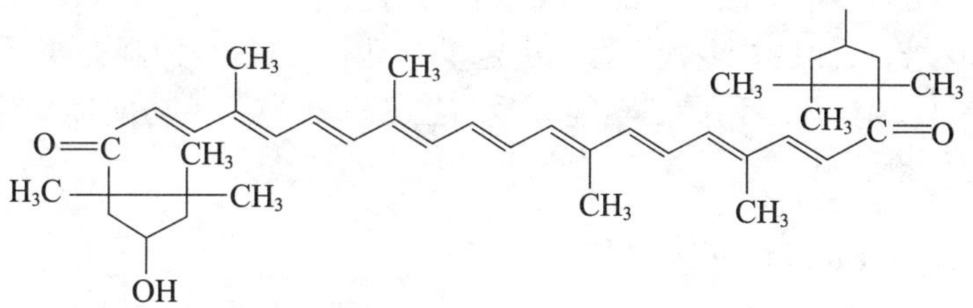

从辣椒中提取的天然色素,其安全性已得到世界公认。联合国粮农组织(FAO)和世界卫生组织(WHO)将辣椒红色素列为A类色素,在使用中不加以限量。我国食品卫生法规定,辣椒红色素既可用于油性食品、调味汁、水产品加工、蔬菜制品、果冻、冰淇淋、奶油、人造奶油、干酪、色拉、调味酱、米制品、烘烤食品等食品加工中,还可广泛应用于饲料、仿真食品、预防辐射、化妆品和制药业中。

目前,日本对辣椒红色素的年需求量约260t,年销售额约23亿日元;美国包括辣椒红素在内的天然色素的年销售额已超过2亿美元;我国既是辣椒红色素原料的生产大国,又是红色素的需求大国。

(二)辣椒橙(Paprika orange)

辣椒橙又称为椒橙素,分类代码为GB 08.107。辣椒橙为辣椒果皮由正己烷提取的辣椒橙和胡萝卜素油、棕榈酸酯的复合物。辣椒橙为红色油状或膏状液体,无辣味、异味,无悬浮物及沉淀物。成品多为辣椒橙和辣椒红的混合体。

辣椒橙是橙红色的脂溶性色素,易溶于植物油、乙醚、乙酸乙酯,不溶于水,热稳定较好,270℃时色泽稳定。使用情况与辣椒红相同,是蛋黄和肉等食品着色的重要物质之一。

(三)番茄红素(Tomato red)

番茄红素是类胡萝卜素中结构最简单的一种红色天然色素,是许多类胡萝卜素合成的中间体,其编码是08.150(CNS)。1910年Willstaller等研究发现番茄红素其分子式为$C_{40}H_{56}$。番茄红素有72种顺反异构体。番茄红素并不仅仅存在于番茄中,西瓜、木瓜、草莓、红色葡萄柚、李子、番石榴等的果实和茶的叶片及胡萝卜、萝卜、甘蓝的根部都含有番茄红素。植物中存在的番茄红素几乎都是反式的,也是最稳定的。人体中的番茄红素是以异构体混合物的形式存在,顺式异构体占多数。

番茄红素晶体为红色长针状,熔点为174℃,可燃,由于缺少β-胡萝卜素的β-芷香酮环结构,因而不具有维生素A原活性。番茄红素易溶于二硫化碳、三氯甲烷、苯等,可溶于丙酮、乙醚、正己烷、石油醚等有机溶剂,难溶于甲醇、乙醇,不溶于水。番茄红素在各种溶剂中的溶解度随着温度的升高而增大,样品纯度越高,溶解越困难。番茄红素对某些离子比较敏感,K^+、Na^+、Mg^{2+}和Zn^{2+}对番茄红素的稳定性影响不大,Fe^{3+}和Cu^{2+}引起番茄红素的损失较大,Fe^{2+}和Al^{3+}引起番茄红素的损失较少。番茄红素是多不饱和碳氢化合物,因此稳定性差,容易燃烧,易被氧化。番茄红素性质十分活泼,光、氧气、金属离子等均会影响其稳定性,但耐热稳定性较好,对碱也比较稳定,盐酸却对其有较强的破坏作用。番茄红素对光尤为敏感,尤其是对日光和紫外光,日光下0.5 d,番茄红素基本损失,紫外光下3 d后番茄红素损失40%。

番茄红素是类胡萝卜素中最有效的单线态氧灭活剂,其灭活能力是β-胡萝卜素的两倍,是维生素E的100倍,其优良的生物学特性决定了它具有抗氧化、抑制突变、降低核酸损伤、减少心血管疾病及预防癌症等多种保健功能。番茄红素只作为一种功能性天然色素,可广泛应用于食品、药品及化妆品中。

(四)栀子黄(Gardenia yellow)

栀子黄色素是从栀子果实中提取的自然界唯一存在的水溶性类胡萝卜素类天然色素,其含量约占栀子果实的10%,其安全性高,具有一定的营养价值和保健功能,而且原材料来源广,是近几年来重点发展的一类天然色素。目前全球栀子黄色素年需求量约3750t(国内约500t),占天然色素需求总量的15%左右,且以每年10%以上的速度递增。在欧美、日本等国颇受欢迎,在日本天然色素市场中占第四位。

栀子黄色素又称为藏花素,属类胡萝卜素,是从栀子中提取得到的天然色素,分类代码为GB 08.112。主要着色成分为藏花素,分子式为$C_{44}H_{64}O_{24}$。

栀子黄色素为橙黄色膏状或红棕色结晶粉末,着色力强,能很好地模仿天然柠檬黄的色调,着色自然鲜艳。在加工应用、保存中比较稳定。尤其染着于蛋白质和淀粉时色调比较稳定。对金属离子的影响相当稳定,几乎不受铝、钙、镁、锰、铅、锡、锌等的影响,对铁、铜离子其色调有变黑倾向,对一般自来水无影响。极易溶于水,溶解性好,无异臭、无异味。酸、碱、光、热和糖等对栀子黄色素色调基本无影响。

国内用于食品的黄色素主要有合成色素柠檬黄、日落黄,合成天然色素β-胡萝卜素,天然色素栀子黄、姜黄、玉米黄。因为合成色素的安全性受到人们的怀疑,其用量越来越小。姜黄虽然价格便宜,但稳定性较差;玉米黄各方面的性质都很好,但价格太贵使其应用受到影响。相比而言,栀子黄色素的性价比是较好的。栀子黄色素应用在食品中不仅可以满足对着色的要求,还能为加工材料提供营养。栀子黄色素能显著改善食品的外观色泽,使其具有蛋黄、金黄、橘黄色,并可以根据用户需求在色调方面进行调配,是食品首选的营养型黄色着色剂。目前被广泛应用于糕点、面食、饮料、糖果、冰淇淋等各种食品上,也用于医药和化妆领域中,其安全性高,稳定性好,无毒无副作用。

(五)玉米黄(Corn yellow)

玉米黄又称玉米黄色素,分类代码为GB 08.116,是从禾本科植物玉黍黄粒种子中黄蛋白经提取、浓缩而制成的,属于类胡萝卜素,主要着色成分为玉米黄素(分子式为$C_{40}H_{56}O_2$)和隐黄素(分子式为$C_{40}H_{56}O$)。

玉米黄为血红色油状液,温度在10℃以下时,玉米黄会呈黄色半凝固油状;不溶于水,溶于乙醚、石油醚、丙酮、酯类等有机溶剂,可被单甘酯乳化。具有较好的耐酸、耐碱性,并且不受铁、铅等金属离子的影响。玉米黄稀溶液为柠檬黄色,对光较敏感,1%溶液在日光下18d即可失去颜色。具有一定的热稳定性,温度在40℃以下稳定,100℃保温7h后明显褪色。

玉米黄在人体内可裂解为维生素A,因而有一定的营养价值。玉米黄可应用于氢化植物油、糖果中,最大使用量为5.0g/kg。由于其色泽稳定,可替代β-胡萝卜素使用。

(六)柑橘黄(Orange yellow)

柑橘黄的分类代码为GB 08.143。是以类胡萝卜素为主体的混合物,主要着色成分为7,8′-二氢-γ-胡萝卜素。

柑橘黄为深红色黏稠液体,具有柑橘的清香味。易溶于乙醚、己烷、苯、甲苯、油脂等溶剂,可溶于乙醇、丙酮,不溶于水。其乙醇溶液加入水中呈亮黄色。

柑橘黄是以柑橘皮为原料,使用溶剂提取、纯化、浓缩而成的。可按生产需要适量用于面饼、饼干、糕点、糖果、果汁型饮料中。

二、多酚类色素(polyphenols)

多酚类色素是自然界中存在非常广泛的一类化合物,此类色素最基本的母核为α-苯基苯并吡喃,即花色基元。由于在苯环上连有两个或两个以上的羟基,所以统称为多酚类色素。多酚类色素是植物中存在的主要的水溶性色素,其中包括花青素、类黄酮色素、儿茶素、单宁等。

(一)花青素类

花青素类色素也称为花色苷,是自然界分布最广泛的一类水溶性色素。花青素类色素存在于许多水果、蔬菜和花的细胞汁液中,从而使之显示出各种鲜艳的颜色(包括蓝色、红紫色、紫色、红色及橙色等)。

花青素类色素是类黄酮的一种,由花青素(或称为花色素)和糖基配基以糖苷键连接而成,具有 $C_6C_3C_6$ 碳骨架结构。所有花青素都具有2-苯基苯并吡喃阳离子基本结构,如图7-1所示。

自然界已知有20种花青素,食品中重要的有6种,即花葵素(天竺葵色素,pelargonidin)、矢车菊色素(cyanidin)、飞燕草色素(翠花素,delphinidin)、芍药色素(peonidin)、3′-甲花翠素(牵牛花色素 petunidim)和二甲花翠素(锦葵色素,malvidin)(见表7-3),其他种类较少,仅存在于某些花和叶片中。

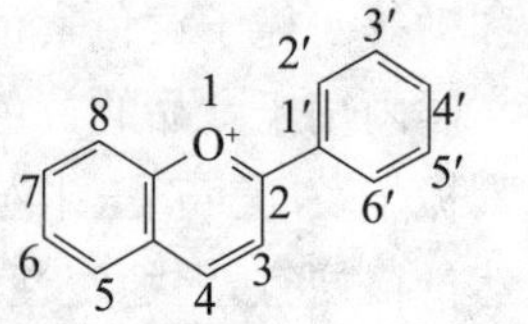

图7-1 花青素类色素中2-苯基苯并吡喃阳离子结构

表7-3 食品中重要的有6种花青素类色素及其取代位置

序号	色素名称	取代基种类及位次		
1	天竺葵色素	H(3′)	OH(4′)	H(5′)
2	矢车菊色素	OH(3′)	OH(4′)	H(5′)
3	飞燕草色素	OH(3′)	OH(4′)	OH(5′)
4	芍药色素	OMe(3′)	OH(4′)	OMe(5′)
5	牵牛花色素	OMe (3′)	OH(4′)	OH(5′)
6	锦葵色素	OMe(3′)	OH (4′)	OMe(5′)

各种花青素类色素显示出的颜色差异主要是由环上的取代基的不同引起的。花青素的2-苯基苯并吡喃阳离子的A环、B环上都有羟基存在,花色苷的颜色与A环和B环的结构有关,作为助色基团,助色效应的强弱决定于助色基团的供电能力。羟基数目增加,使蓝紫色增强,而随着甲氧基数目增加则吸收波长红移(见图7-2)。

1. 越橘红(Cowberry red)

越橘红的分类代码为GB 08.105,主要着色成分为含花色青和芍药素的花色苷。

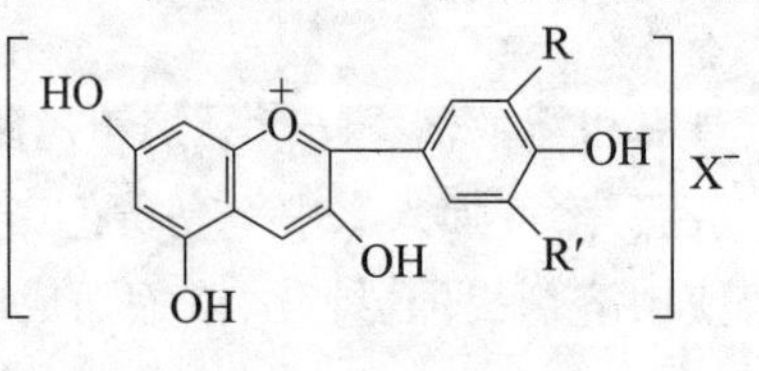

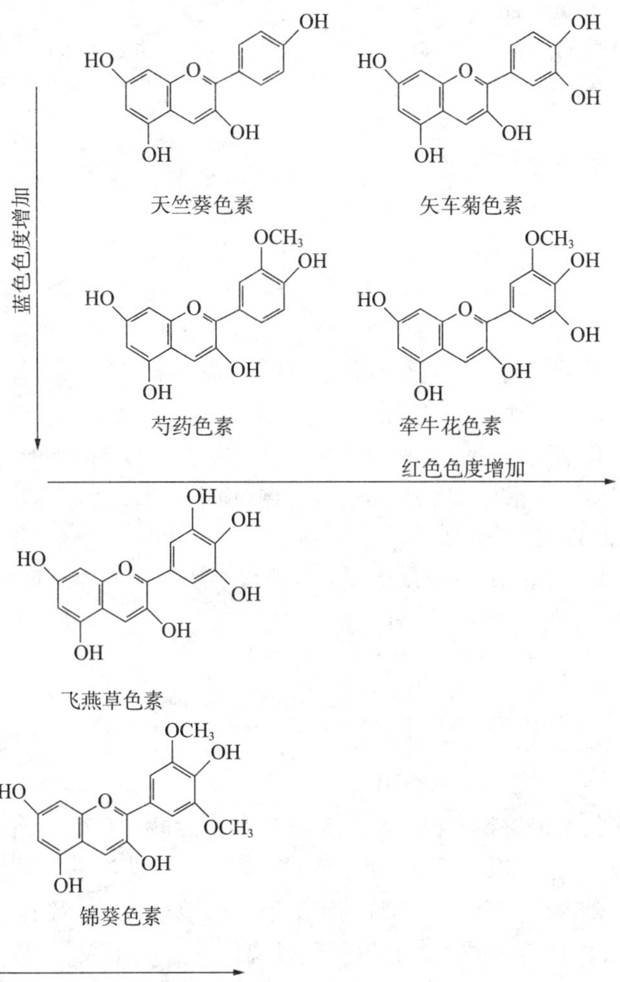

图7-2 常见花青素类颜色变化

当R为$-OH$,R′为氢原子时为花青素;当R为$-OCH_3$,R′为氢原子时为芍药素,其中的X为酸部分。越橘红为深紫色液体、浸膏或粉末,稍有特异臭。易溶于水和酸性乙醇,不溶于无水乙醇和油脂。水溶液的颜色随pH变化而变化,酸性条件下呈玫瑰色,碱性条件下呈橙黄色至紫青色。与铁离子发生褐变。耐生物性能较强,易于保存。

越橘红是用水或乙醇水溶液抽提破碎的越橘果实,经过滤、精制、浓缩、干燥而成。可用于果汁、果汁型饮料、冰淇淋中,按生产需要适量使用。

2. 红米红(Red rice red)

红米红的分类代码为GB 08.111,为花青素类色素,主要着色成分为矢车菊-3-葡萄糖苷。红米红是紫红色液体,溶于水、乙醇,不溶于丙酮、石油醚。稳定性较好,耐热、耐光、耐贮存,但对氧化剂敏感,遇锡变为玫瑰红色,遇铅及大量的铁,会褪色并沉淀。耐酸性较好,pH在1~6为红色,pH在7~12可变为青褐色至黄色,长时间加热会变为黄色。

红米红是由优质红米经过溶剂萃取、过滤、浓缩等工艺加工后制取的。可按生产需要适量添加于冰淇淋、糖果、配制酒中。最适pH为3±0.5。

3. 黑豆红(Black bean red)

黑豆红分类代码为 GB 08.114,主要的着色成分为矢车菊素－3－半乳糖苷,其分子式为:$C_{21}H_{21}O_{11}$,化学结构式为:

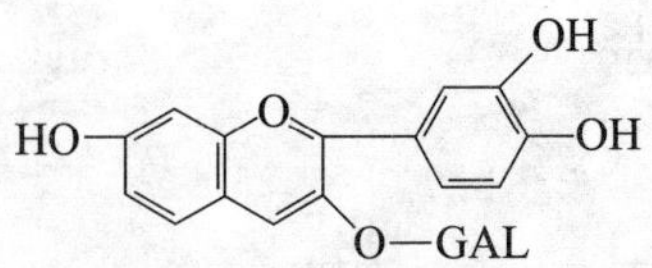

黑豆红为黑紫色无定形粉末,易溶于水及乙醇溶液,不溶于无水乙醇、丙酮、乙醚和油脂。在酸性水溶液中呈透明的鲜红色,在中性水溶液中呈透明的红棕色,在碱性水溶液中呈透明的深红棕色,遇铁、铅离子呈棕褐色。对热较稳定。酸性条件下耐光性较强。

黑豆红是以黑豆的种皮为原料,用乙醇水溶液抽提、过滤、精制、干燥后制成的。GB 2760—2011 中规定:可用于果味饮料、糖果、配制酒、糕点上彩装,最大使用量为 0.8g/kg。使用时应避免铁离子的干扰。由于在酸性溶液中颜色较鲜艳,稳定性高,故适用于酸性饮料着色。

4. 萝卜红(Radish red)

萝卜红的分类代码为 GB 08.117。主要的着色成分为含天竺葵素的花色苷,天竺葵素的分子式为 $C_{15}H_{11}O_5X$,其中 X 为酸部分,其结构式为:

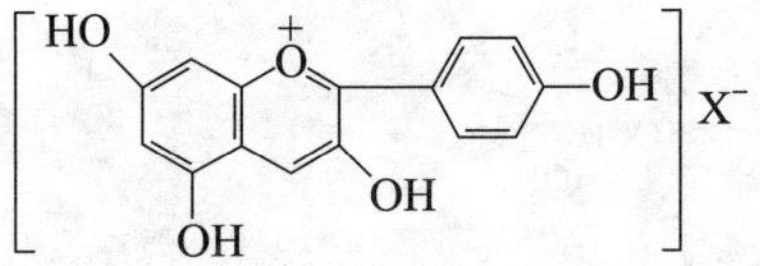

萝卜红素为深红色无定形粉末,易吸潮,易溶于水、乙醇水溶液,不溶于非极性溶剂。水溶液随 pH 由 2.8~8.0 的变化,依次呈现橙红、粉红、鲜红、紫罗兰色。耐热、耐光性较差,易氧化。但在酸性条件下较稳定。金属离子对其水溶液的影响较大,铜离子可加速其降解,并使之变为蓝色;铁离子可使溶液变为锈黄色;镁离子、钙离子的影响不大,铝离子和锡离子对其有保护作用。

萝卜红是以红心萝卜为原料,压榨获得的红色汁液以及滤渣经酸性水溶液或乙醇水溶液抽提后所得的滤液合并后,经过进一步的精制、干燥后所得。萝卜红素可按生产需要适量用于果汁型饮料、配制酒、糖果、果酱、调味酱、蜜饯、果冻、冰棍、雪糕、糕点上彩装。萝卜红素适用于酸性、低温加工的食品着色,尤其适用于冷饮、冷食的着色。

5. 黑加仑红(Black currant red)

黑加仑红又称为黑加仑,分类代码为 GB 08.122。黑加仑红中的着色成分为黄酮类化合物中的花色苷,主要是翠雀素和花青素。结构式为:

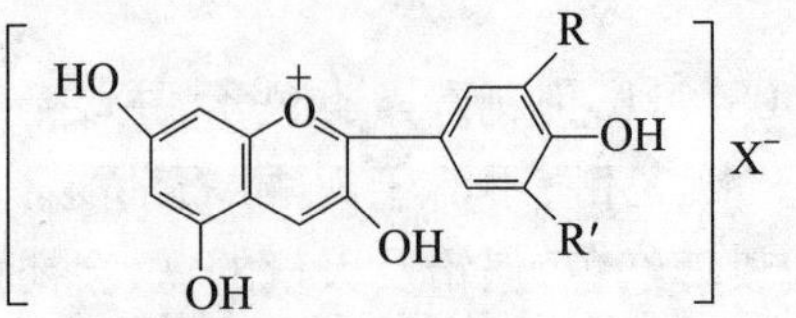

结构式中的 R 和 R′都为羟基时,为翠雀素;结构式中的 R 为羟基,R′为氢原子时,则为花青素。

黑加仑红为紫红色粉末,易溶于水,溶于乙醇、甲醇,不溶于丙酮、乙酸乙酯、乙醚、三氯甲烷等弱极性或非极性溶剂。酸性条件下稳定,耐热性、耐光性较好。

黑加仑红是将黑加仑的果实榨汁,渣滓用乙醇提取。将滤液和滤渣提取液合并,精制、干燥后制得的。可按生产需要适量用于碳酸饮料、起泡葡萄酒、黑加仑酒、糕点上彩装。

6. 玫瑰茄红(Roselle red)

玫瑰茄红又称为玫瑰茄红色素,分类代码为 GB 08.125,主要着色成分为飞燕草素 - 3 - 双葡萄糖苷和矢车菊素 - 3 - 双葡萄糖苷,分子式分别为 $C_{27}H_{31}O_{17}$ 和 $C_{27}H_{31}O_{16}$,分子结构式如下:

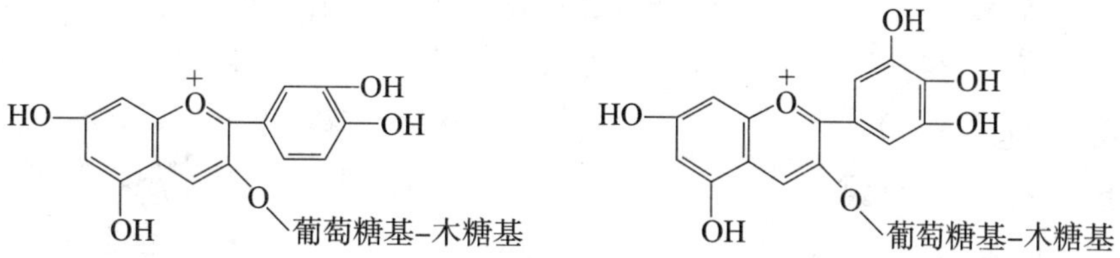

玫瑰茄红色素为深红色液体、红紫色膏状或红紫色粉末,稍带有特异的臭味,粉末易吸潮,易溶于水、乙醇和甘油,不溶于油脂。对光、热较敏感,对氧和金属离子都不稳定,其中铜、铁离子可加速其降解变色,抗坏血酸、二氧化硫、过氧化氢液可促进玫瑰茄红色素的降解。其水溶液在 pH2.85 时在 520nm 附近有最大吸收峰,随 pH 的增高,在 520nm 处吸光度迅速降低,当 pH4.85 时,溶液在 520nm 处吸光度几乎为零。

玫瑰茄红色素是以锦葵科木槿属一年生草本植物玫瑰茄干燥花萼为原料,经过水浸提、过滤、精制、减压浓缩或干燥后制取的。适用于酸性条件下着色,可按生产需要用于果汁饮料类、糖果、配制酒中。

7. 葡萄皮红(Grape - skin red)

葡萄皮红又称为葡萄皮提取物,分类代码为 GB 08.135,INS163(ii)。葡萄皮红为花苷类色素,主要着色成分为锦葵素、芍药素、翠雀素和 3′ - 甲花翠素或花青素的葡萄糖苷。

葡萄皮红为红至暗紫色叶状、块状、糊状或粉末状物质,稍带特异臭气,溶于水、乙醇、丙二醇,不溶于油脂。溶液酸性时呈紫红色,碱性时呈暗蓝色。有铁离子存在时呈暗紫色。易氧化变色,耐热性差。

葡萄皮红是将制造葡萄汁或葡萄酒后的残渣除去种子及杂物,经过溶剂的浸提、过滤、浓缩后精制而得。

可用于配制酒、碳酸饮料、果汁饮料类、冰棍,最大使用量为 1.0g/kg;果酱中的最大使用量为 1.5g/kg;糖果、糕点为 2.0g/kg。

葡萄皮红的 ADI 为 0 ~ 2.5mg/kg 体重(FAO/WHIO,1994)。

8. 蓝锭果红(Uguisukagura red)

蓝锭果红的分类代码为 GB 08.136。蓝锭果红为花色苷类色素,其主要着色成分为花青锭 - 3 - 葡萄糖苷。

蓝锭果红成品为深红色膏状物质,易溶于水,不溶于丙酮和石油醚溶液。pH2 ~ 4 时呈红色,随 pH 的增高,颜色由红色变为紫色,进而变为蓝色。耐光性和耐热性较差,金属离子对其呈色有较大的影响。

蓝锭果红是将蓝锭果的鲜果经过溶剂的浸提、过滤后真空浓缩而成。可用于葡萄酒、冰淇淋、果汁饮料类,最大使用量为 1.0g/kg;糖果、糕点,最大使用量为 2.0g/kg;糕点上彩装的最大使用量为3.0g/kg。

9. 桑椹红(Mulberry red)

桑椹红为天然花色苷类色素，分类代码为GB 08.129。其中主要的着色成分为矢车菊-3-葡萄糖苷。

桑椹红为紫红色稠状液体，易溶于水和醇溶液中，不溶于非极性有机溶剂。酸性条件下，溶液呈紫红色，pH<5时色泽较稳定；中性时呈紫色；碱性条件下转变为紫蓝色。铜、锌、铁离子对色素产生不良影响，而钾、钠、钙、镁和铝离子则具有护色的作用。

桑椹红是以桑属植物成熟果穗为原料，经过压榨、过滤，滤渣经溶剂提取后过滤，将滤液和滤渣的提取液精制、浓缩、干燥后制得的。桑椹红适宜偏酸性食品的着色，可用于果酒、果汁型饮料，最大使用量1.5g/kg；糖果中的最大使用量2.0g/kg；果冻、山楂糕中最大使用量5.0g/kg。

（二）类黄酮色素

类黄酮色素(flavonoids)分子结构类似于花色苷，基本结构是2-苯基苯并吡喃酮，也称为花黄素、去氢黄酮或简称黄酮。颜色多呈浅黄色或无色，少数为橙黄色，广泛分布于植物界，是一大类水溶性天然色素。目前已知的类黄酮化合物大约有1600种以上，有色化合物约400多种。

最重要的类黄酮化合物是黄酮(flavone)和黄酮醇(flavonol)的衍生物。

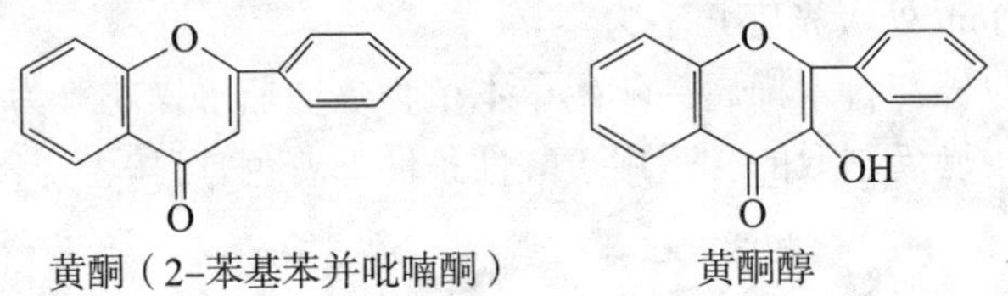

黄酮（2-苯基苯并吡喃酮）　　黄酮醇

1. 高粱红(Sorghum red)

高粱红又称为高粱色素，分类代码为GB 08.115。其中的着色成分为4′,5,7三羟基黄酮和3,3′,4′,5-四羟基黄酮-7-葡萄糖苷。结构式如下：

高粱红为深褐色无定形粉末，溶于水、乙醇和丙二醇的水溶液，不溶于非极性溶剂和油脂。水溶液呈红棕色，有较强的耐热、耐光性。与金属离子形成盐，可使用微量的焦磷酸钠抑制金属离子的影响。

高粱红是以高粱的外果皮为原料，用乙醇水溶液浸提、过滤、减压蒸馏、浓缩精制而成的。可用于熟肉制品、果冻、糕点上彩装、饼干、膨化食品、冰棍、雪糕，最大使用量为0.4g/kg。

2. 红花黄(Carthamins yellow)

红花黄的分类代码为GB 08.103。分子式为$C_{21}H_{22}O_{11}$，化学结构式为：

红花黄为黄色或棕黄色粉末。易溶于水、稀乙醇、稀丙二醇,几乎不溶于无水乙醇,不溶于丙酮、石油醚、乙醚、油脂等。酸性溶液中呈黄色,碱性溶液中呈橙色。水溶液的耐热性、耐还原性、耐盐性、耐细菌性均较强,耐光性较差。水溶液遇钙、锡、镁、铜、铝等离子会褪色或变色,遇铁离子会变黑。红花黄对淀粉的着色性能较好,对蛋白质的着色性能较差。

用于果汁型饮料、碳酸饮料、配制酒、糖果、青梅、红绿丝、蜜饯、罐头、果冻、冰激凌、冰棍、糕点上彩装,最大使用量0.20g/kg。使用时可与L-抗坏血酸合用,以提高耐光性和耐热性。

3. 菊花黄浸膏(Coreopsis yellow)

菊花黄浸膏又称为菊花黄,分类代码为GB 08.113,主要着色成分为:(1)大金鸡菊查尔酮苷;(2)大金鸡菊查尔酮;(3)大金鸡菊噢哢;(4)大金鸡菊噢哢苷。

(1)

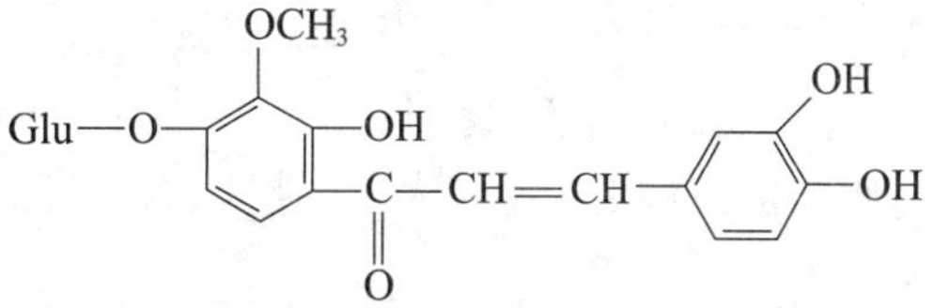

(2)

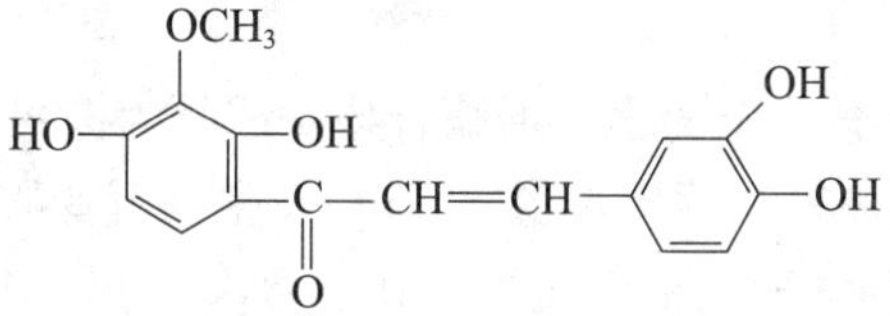

(3)

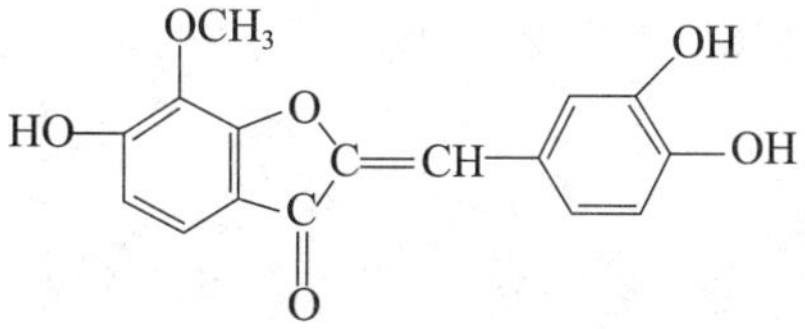

(4)

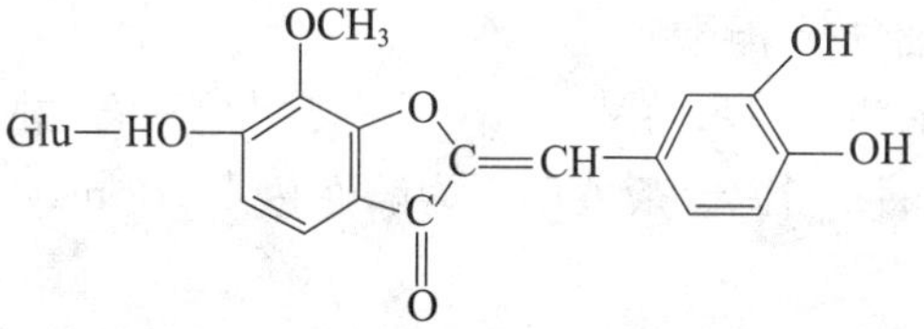

菊花黄浸膏为棕褐色黏稠的液体,具有菊花的清香气味。易溶于水和乙醇,不溶于油脂。具有较好的耐热性和耐光性,着色力较强,碱性溶液中呈橙黄色。

菊花黄浸膏是从大金鸡菊的花中用水提取后精制而成的。可用于果汁型饮料、糖果、糕点上彩装,最大使用量为0.3g/kg。

4. 橡子壳棕(Acorn shell brown)

橡子壳棕的分类代码为GB 08.126,分子式为:$C_{25}H_{32}O_{13}$,化学结构式为:

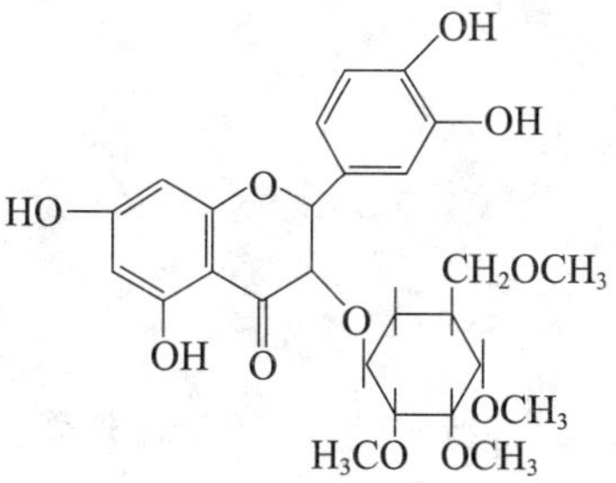

橡子壳棕为深棕色粉末，易溶于水和乙醇水溶液，不溶于非极性溶剂。在偏碱性条件下呈棕色，在片酸性条件下呈红棕色。对热和光稳定。

橡子壳棕是以橡子果壳为原料，用水浸提，将滤液纯化、精制而得的。我国 GB 2760—2011 规定，其可用于可乐饮料，最大使用量为 1.0g/kg；配制酒，最大使用量为 0.3g/kg。还可用于焙烤食品的着色。

(三)其他多酚类色素

1. 沙棘黄(Hippophae rhamnoides yellow)

沙棘黄的分类代码为 GB 08.124，主要着色成分为黄酮类化合物和类胡萝卜素。沙棘黄为橙黄色粉末或流膏，易溶于植物油、三氯甲烷、石油醚等，溶于乙醇、丙酮等弱极性溶剂，不溶于水，为油溶性色素。对光、热、pH 稳定，对铁、钙离子敏感，耐还原性差。

沙棘黄是以沙棘果实为原料榨汁，滤液精制而成；或将果渣用浓乙醇提取后干燥制得。可用于糕点上彩装，最大使用量为 1.5g/kg；氢化植物油为 1.0g/kg。

2. 多穗柯棕(Tanoak brown)

多穗柯棕的分类代码为 GB 08.128。主要着色成分为多元酚缩合物。成品为棕褐色粉末，无异味、异臭。易溶于水和乙醇水溶液，对光、热、酸、碱等均较稳定，不易发生潮解变质。

多穗柯棕是以多穗柯的嫩叶为原料，经过抽提、纯化精制而得。其水溶液在 pH4.0 ~ 14.0 范围内均为咖啡色，因而适用于咖啡色食品及饮料的着色。可用于可乐型饮料，最大使用量为 1.0g/kg；糖果、冰淇淋、配制酒中的最大使用量为 0.4g/kg。

3. 茶黄色素(Tea yellow pigment)

茶黄色素又称 TYP，分类代码为 GB 08.141，是以多酚类物质、儿茶素为主要成分，还含有氨基酸、维生素 C、维生素 E、维生素 A 原、黄酮及黄酮醇等。

茶黄色素为黄色或橙黄色粉末，易溶于水和乙醇水溶液，不溶于三氯甲烷和石油醚。具有抗氧化性，其抗氧化性可与维生素 C、BHA、BHT 相比。茶黄色素为酸性色素，在 pH 4.6 ~ 7.0 范围内色泽较好。

茶黄色素是茶叶经有机酸浸提、过滤、二次浓缩后干燥而成的。茶黄色素可在果蔬汁饮料类、配制酒、糖果、糕点上彩装、红绿丝、奶茶、果茶中按生产需要适量使用。

三、酮类衍生物

(一)姜黄(Turmeric yellow)

姜黄的分类代码为 GB 08.102，INS100(ii)。其主要着色成分为姜黄素。

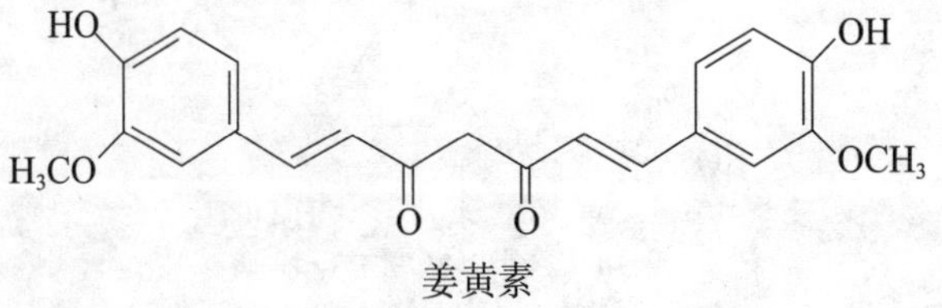

HO　　OH
H_3CO　　OCH_3
O　O

姜黄素

姜黄是黄褐色至暗黄褐色粉末，有特殊的香辛气味，含姜黄素约 1% ~5%。姜黄易溶于冰醋酸和碱性溶液，溶于乙醇、丙二醇，不溶于冷水、乙醚。溶液对光的稳定性较差，在碱性溶液中呈深红褐色,在酸性溶液中呈浅黄色。耐热性、耐氧化性较好,染色力较强。遇钼、钛、铬等金属离子,会由黄色变为红褐色。

可用于果汁饮料类、碳酸饮料、配制酒、糖果、糕点上彩装、红绿丝、焙烤食品、调味类罐头、青梅、冰棍中,可按生产需要适量使用。酱腌菜,最大使用量为0.01g/kg(按姜黄素计);风味酸奶为0.4g/kg。

姜黄为食品,不规定ADI。现各国均许可使用。

(二)姜黄素(Curcumin)

姜黄素又称为姜黄色素,分类代码为GB 08.132,INS100(i)。姜黄素是从多年生草木植物姜黄根茎中用乙醇等极性有机溶剂经过抽提、过滤、浓缩、结晶后精制而得的黄色色素,主要成分为姜黄素、脱甲氧基姜黄素和双脱甲氧基姜黄素。

姜黄色素为橙黄色结晶粉末,有胡椒气味并略微带苦味。不溶于水、乙醚,溶于乙醇、冰醋酸、丙二醇,在酸性和中性条件下呈浅黄色,在碱性溶液中呈红褐色,经酸中和后仍恢复原来的黄色。

姜黄素与$Mg(OH)_2$作用形成黄红色的色淀,易与金属离子形成螯合物变色,与10×10^{-6}的铁离子结合变为红褐色。着色性(特别是对蛋白质)较强,不易被还原。姜黄素耐光性差,但耐热性较好。一般用于咖喱粉和蔬菜加工产品等着色和增香。

在糖果、冰激凌、果冻、碳酸饮料等中的最大使用量为0.01g/kg。

姜黄素的ADI暂定为0~1mg/kg体重,(FAO/WHO,1995)。

(三)红曲红(Monascus red)

红曲红(monascin)又称为红曲色素、红曲米,分类代码为GB 08.120。为红曲菌(Monascus Sp.)等曲种接种于熟大米制成红曲米后用乙醇提取而得的。

红曲色素为一类有多种成分组成的混合物,其主要成分为红曲红素(Monascorubrin)、红曲红胺(Monascorubramine)、红斑胺(Rubropunctamine)、红曲黄素(Ankaflavin)、红曲素(Monascin),它们属于氧茚并类化合物,呈现黄色、橙色和紫红色(见图7-3)。

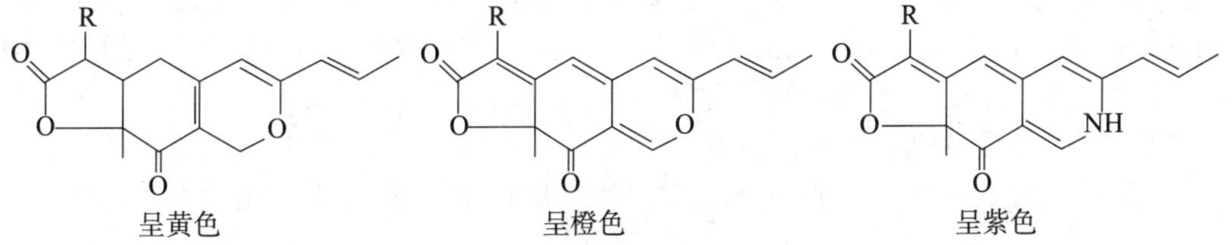

R O O O O 呈黄色 | R O O O O 呈橙色 | R O O NH O 呈紫色

图7-3 红曲色素的结构

其中R为$-COC_5H_{11}$或$-COC_7H_{15}$,为红色或暗红色液体或粉末或糊状物,略有异臭,易溶于乙醇、丙二醇、丙三醇及其水溶液,不溶于油脂及非极性溶剂。对环境的pH稳定,不受金属离子如Ca^{2+}、Mg^{2+}、Fe^{2+}和Cu^{2+}等的影响,对一些氧化剂和还原剂例如亚硫酸盐、抗坏血酸、过氧化氢有较好的耐受性,但强氧化剂次氯酸钠易使其漂白,遇氯也会褪色。耐热性、耐酸性较强,耐日光性较差,对蛋白质的着色性能极好。结晶品不溶于水,可溶于冰醋酸、乙醇和乙醚等溶剂,呈橙红色。

红曲色素应用已久,早在我国古代就将其用于食品的着色。现在可用于熟肉制品、腐乳、糖果、配制酒、雪糕、冰棍、饼干、果冻、膨化食品、调味酱等的着色,按生产需要适量使用;用于风味酸奶,最大使用量为0.8g/kg。

四、醌类衍生物

(一)紫胶红(Lac dye red)

紫胶红色素又称为虫胶红色素和虫胶红,是豆科黄檀属(Dalbergia)、梧桐科芒木属(Eriolaena)等属树上的一种紫胶虫体内分泌的树脂状紫胶原胶中的色素成分。分类代码为 GB 08.104,目前已知紫胶中含有 5 种蒽醌类色素,紫胶红酸蒽醌结构中的苯酚环上羟基对位取代不同,分别称为紫胶红酸 A、B、C、D、E,其中 85% 为紫胶酸 A。

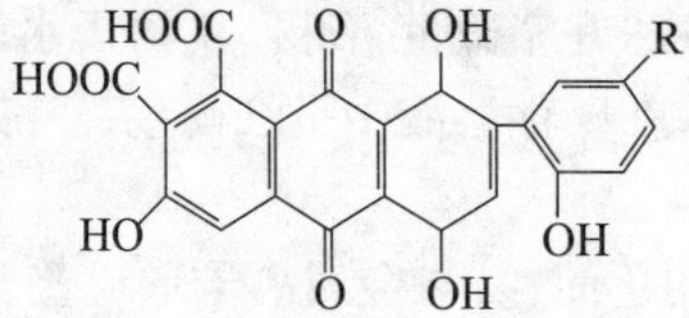

HOOC O OH R
HOOC
HO OH
O OH

紫胶红酸A, B, C, E

A:R=$-CH_2CH_2NHCOCH_3$
(N-乙酰乙胺基)
B:R=$-CH_2CH_2OH$ (乙醇基)
C:R=-α-氨基丙酸基
E:R=$-CH_2CH_2NH_2$ (乙胺基)

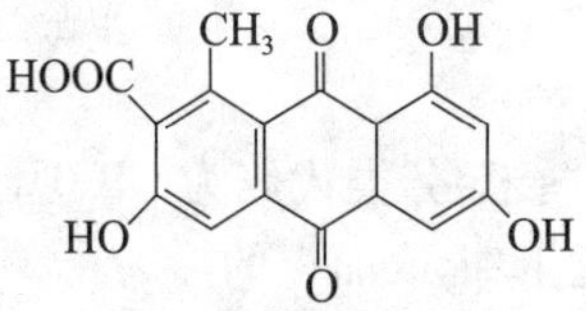

CH_3 O OH
HOOC
HO OH
O

紫胶红酸D

紫胶红色素为红紫色或鲜红色粉末或液体,微溶于水(1%),溶于乙醇、丙二醇(3%)。紫胶红色素在不同 pH 时显不同颜色,酸性 pH3 ~ 5 时,呈橙红色,对热稳定,100℃加热 2h 无变化,在光照或与维生素接触几乎不褪色。色素在中性 pH5 ~ 7 时,呈红至红紫色,在此 pH 范围内染色性较差。在 pH 高于 7 的碱性条件下,呈红紫色,溶解度会升高,但 pH 若高于 12,则会褪色。易受金属离子的影响,当铁离子含量在 10 ~ 6 以上,可使色素变黑。

紫胶红是以紫胶虫的雌虫分泌的树脂状物质为原料,经过水溶液抽提、钙盐沉淀后精制而得。可用于果蔬汁饮料类、碳酸饮料、配制酒、糖果、果酱、调味酱,最大使用量为0.5g/kg。

(二)紫草红(Gromwell red)

紫草红又称为紫根色素和欧紫草,其分类代码为:GB 08.140,C.I.75535。紫草红的化学结构紫草醌色素属萘醌类的紫草素,分子式为 $C_{16}H_{16}O_5$,分子结构为:

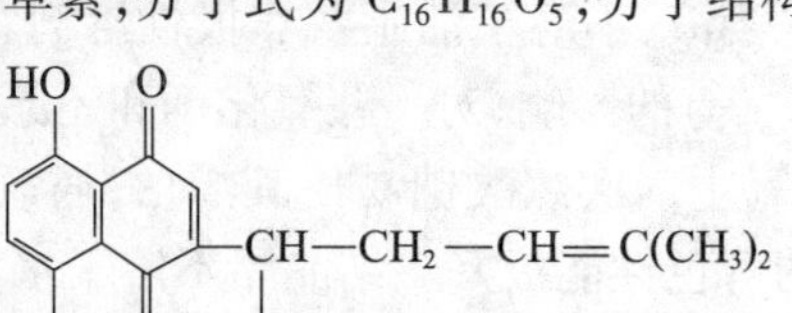

HO O
$-CH-CH_2-CH=C(CH_3)_2$
HO O OR

紫草红为紫红色结晶或紫红色黏稠膏状或紫红色粉末。溶于乙醇、丙酮、正己烷、石油醚等有机溶剂和油质,不溶于水,溶于碱液。酸性条件下呈红色,中性呈紫红色,遇铁离子后变为深紫色,在碱性溶液中呈蓝色。在石油醚中的最大吸收波长在520nm处。紫草红具有一定的抗菌作用。

不同的方法可获得不同形态的紫草红产品。用溶剂浸提,过滤后浓缩成浸膏状产品;在浸膏制取时,添加赋形剂,喷雾干燥后可制得粉末状产品;将紫草根提取液水解成盐,加酸沉淀,水洗、过滤、烘干滤渣后可获得脂溶性粉末状的产品。紫草红为脂溶性色素,耐热性较好,耐盐性、着色力中等,耐金属盐较差,适用于中性、酸性食品。紫草红可用于果汁饮料、雪糕、冰棍、果酒,最大使用量为0.1g/kg。

(三)胭脂虫红(carmine cochineal)

胭脂虫红,又称波斯红,其分类代码为:CNS号08.145 INS号120,是历史悠久和著名的宝贵天然色素资源。它的商业产品是胭脂红酸铝的螯合物。而胭脂红酸是从雌性胭脂虫的受精虫体中,用水或乙醇提取的优质蒽醌类色素。胭脂虫主要分布在秘鲁、墨西哥和中南美的沙漠地带,寄主是仙人掌类植物,大约每年产量为800t以上,大部分用于生产色素胭脂虫红,其中有部分用在化妆品行业。目前从胭脂虫中提取色素的国家主要是秘鲁、智利、丹麦、德国、法国、英国、美国和日本等。胭脂虫红因其稳定、安全等特点,在食品着色、染料、化妆品等行业的作用越来越大,并发展成为一种颇具规模的产业。我国无胭脂虫的天然分布,每年需花大量外汇进口胭脂虫红用于制药及食品工业。20世纪90年代,我国从国外引进胭脂虫人工繁养获得成功,并逐步形成了胭脂虫相关产品的产业化趋势,2002年在我国云南省开始有规划种植胭脂虫。

国际国内市场上的胭脂虫红主要有胭脂虫萃取液、胭脂虫红铝、水溶性胭脂虫红色素3种商品。胭脂虫红的主要活性成分是胭脂虫红酸(carminic acid),而商业胭脂虫红产品本身则是胭脂虫红酸的铝螯合物。

胭脂虫红为一种红色菱形晶体或红棕色粉末,不溶于酒精和油,溶于碱液,微溶于热水,与肉类蛋白有良好的亲和性。胭脂虫红与黄、橙、红色素,如姜黄素、胭脂树橙、辣椒红、β-胡萝卜素等可复配出一系列不同色调的产品。胭脂红酸是水溶性的,它是所有胭脂色素的活性着色组分。它在水溶液中的色调随pH而变化,在酸性介质呈橙色,在碱性介质中呈紫色,pH在5~7时呈红色,但由于它的着色力相对较低,作为商品使用的较少。胭脂虫萃取液是一种稳定的深红色液体,呈酸性(pH为5~5.3),易溶于水、丙二醇、丙三醇及食用油。其色调依pH而异,在橘黄色至红色之间。

五、其他天然色素

(一)焦糖色素(Caramel)

焦糖色也称为酱色、焦糖。焦糖色素是我国传统使用的色素之一。根据生产方法不同分为4类:普通焦糖、苛性亚硫酸盐焦糖、氨法焦糖、亚硫酸铵焦糖。分类代码为:普通焦糖为GB 08.108,INS150a;苛性亚硫酸盐焦糖INS150b、氨法焦糖GB 08.110,INS150c;亚硫酸铵焦糖GB 08.109,INS150d。

焦糖色为深褐色至黑色液体、糊状物、块或粉末，无臭或略带异臭，有焦糖香味和苦味。焦糖色溶于水和稀的乙醇水溶液，1‰的水溶液呈透明棕色。焦糖色为直接加热食品级糖类如蔗糖、果糖、麦芽糖浆、淀粉水解物等至121℃以上，可发生焦糖化反应，生成复杂的红褐色或黑褐色混合物。少量的酸或某些盐类对反应有促进作用。

我国仅允许使用普通焦糖、氨法焦糖、亚硫酸铵焦糖。普通焦糖可在糖果、果汁饮料、饼干、酱油、食醋、雪糕、冰棍、调味酱、冰激凌调味粉、酱汁、可可玉米片中按生产需要适量使用；氨法焦糖除调味酱及调味类罐头、调味粉外，与普通焦糖相同；亚硫酸铵焦糖可在碳酸饮料、黄酒、葡萄酒、调味粉、酱汁、可可玉米片中按生产需要适量使用。

焦糖色素的ADI为：普通焦糖无须规定（FAO/WHO，1994），苛性亚硫酸盐焦糖未提出（FAO/WHO，1994），氨法焦糖0～200mg/kg体重（FAO/WHO，1994），亚硫酸铵焦糖0～200mg/kg体重（FAO/WHO，1994）。

（二）甜菜红素（Beet Red）

甜菜红素又称为甜菜根红，分类代码为GB 08.101，INS162。甜菜红素的主要成分为甜菜苷，分子式为：$C_{24}H_{26}N_2O_{13}$，化学结构式为：

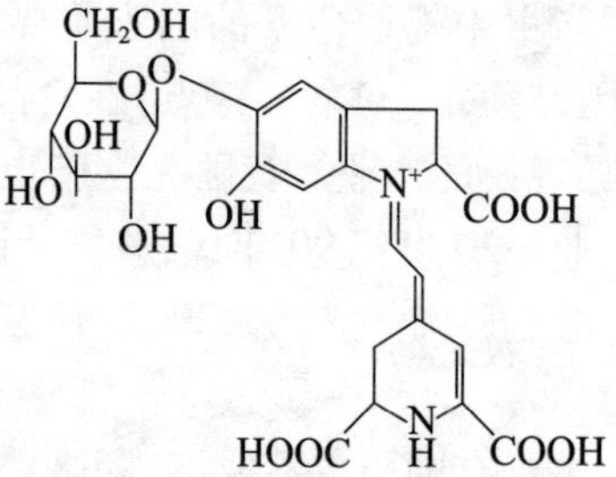

甜菜红素是从食用红甜菜的根（俗称紫菜头）中提取的天然红色素。甜菜红素为红紫至深紫色液体、块或粉末、糊状物，易溶于水，难溶于醋酸、丙二醇，不溶于乙醇、甘油、油脂。甜菜红苷的最大吸收波长为538nm，颜色在pH3～7范围内几乎不随pH变化而变化，在碱性条件下变黄。水溶液呈红－紫色，中性及酸性条件下为稳定的红－紫色。光和氧可促进其降解，金属离子的影响一般较小，但若铁、铜等离子浓度较高时也可发生褐变，抗坏血酸对甜菜红素具有一定的保护作用。

可用于各类食品，按生产需要适量使用。用于风味酸奶，最大使用量为0.8g/kg。但由于其耐热性较差，因而不宜用于高温加工的食品。因其稳定性随食品的水分活性的增加而降低，故不适用于汽水、果汁等饮料。

甜菜红素的ADI无须规定（FAO/WHO，1994）。

（三）可可壳色（Cocoa husk pigment）

可可壳色又称为可可色，分类代码为GB 08.118。主要着色成分为聚黄酮糖苷，分子结构如下：

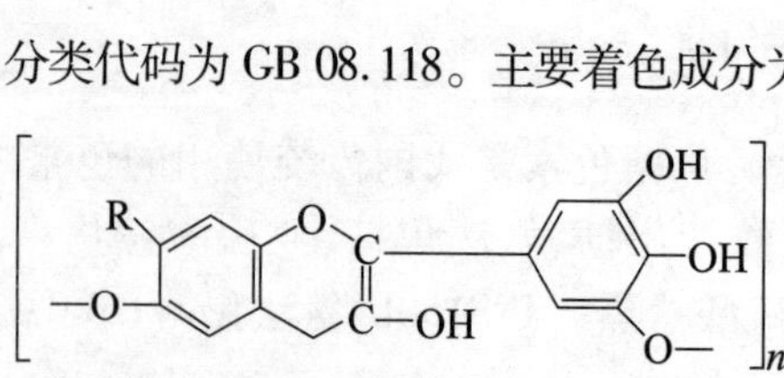

其中,R 为半乳糖醛酸,n 是聚合度,此处 $n \geq 5$。可可壳色为棕色粉末,无异味及异臭,微苦,易吸潮,易溶于水和稀乙醇溶液,溶液呈巧克力色。pH <4 时易发生沉淀,随 pH 的升高,颜色逐渐加深。耐热性、耐氧化性、耐光性均较强。对淀粉和蛋白质的染色力都强,尤其对淀粉的着色力远高于焦糖色。

可可壳色是将可可树的种皮经过酸洗、水洗后,用碱性水溶液浸提、过滤、浓缩、精制、干燥制成的。可用于冰淇淋、饼干,最大使用量为 0.04g/kg;配制酒的最大使用量为 1.0g/kg;碳酸饮料为 2.0g/kg;用于糖果、糕点上彩装,最大使用量为 3.0g/kg;豆奶饮料为 0.25g/kg。

(四)落葵红(Basella rubra red)

落葵红的分类代码为 GB 08.121,其主要着色成分为甜菜苷。

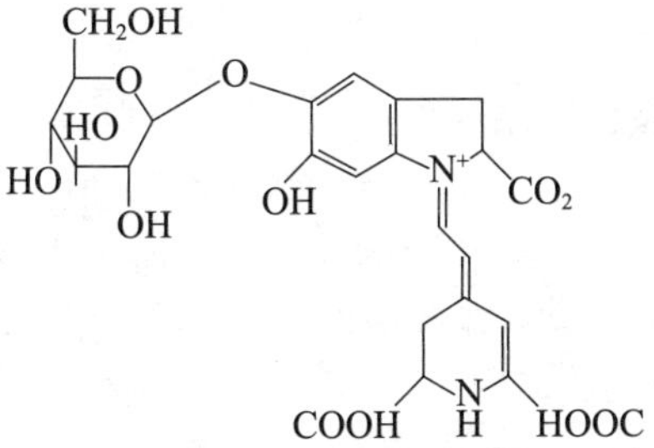

落葵红为暗紫色粉末,易溶于水,可溶于醇的水溶液,不溶于无水乙醇、丙酮、三氯甲烷、乙醚等有机溶剂。溶液在 pH5 ~6 时呈较稳定的紫红色澄清液。耐光性、耐热性较差,其稳定性易受铜、铁等金属离子的影响,抗坏血酸可保护其稳定性。

落葵红是以落葵的成熟果实为原料,榨出的汁液与其滤渣经溶剂提取、过滤后的滤液合并后,纯化、浓缩、干燥制得的。用于糖果的最大使用量为 0.1g/kg;碳酸饮料为 0.13g/kg;糕点上彩装的为 0.2g/kg;果冻为 0.25g/kg。

(五)栀子蓝(Gardenia blue)

栀子蓝的分类代码为 GB 08.123,是由栀子果实用水提取的黄色素经食品加工用酶处理后得到的蓝色素。

栀子蓝为蓝色粉末,几乎无臭无味,易溶于水、含水乙醇及含水的丙二醇,溶液为鲜明的蓝色。pH3 ~8 时溶液颜色无明显的变化。耐热性较好,加热至 120℃,1h 内不褪色。但其耐光性差,栀子蓝对蛋白质的染色力较强,可用于果汁饮料类、糕点上彩装、配制酒,最大使用量为 0.2g/kg;用于糖果、果酱,最大使用量为 0.3g/kg。

(六)天然苋菜红(Natural amaranthus red)

天然苋菜红是一种天然的使用色素,分类代码为 GB 08.130,主要着色成分为苋菜苷和甜菜苷,结构如下:

R 为 β - D - 吡喃葡萄糖基糖醛酸时为苋菜苷,R 为氢原子时为甜菜苷。天然苋菜红为紫红色膏状或无定形干燥粉末,易吸潮,易溶于水和稀乙醇溶液。溶液在 pH <7 时呈透明的紫红色;pH >9 时,溶液会转变为黄色。天然苋菜红不溶于无水乙醇、石油醚等有机溶剂。对光、热的稳定性较差,铜、铁等离子可加速其降解。

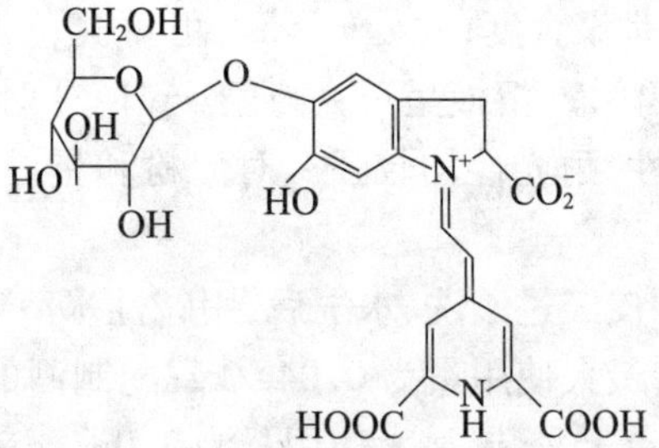

天然苋菜红是以红苋菜的可食部分为原料，经水提取、乙醇精制后获得浓缩液，然后干燥即得粉末状的成品。可用于果汁饮料类、碳酸饮料、配制酒、糖果、糕点上彩装、红绿丝、青梅、山楂制品、染色樱桃罐头（装饰用，不宜食用）、果冻，最大使用量0.25g/kg。

（七）藻蓝（Spirulina blue）

藻蓝又称为海藻蓝，属于蛋白质结合色素，分类代码为GB 08.137，其主要着色成分为C－藻蓝蛋白、C－藻红蛋白、异藻蓝蛋白。藻蓝蛋白含量约为20%。

藻蓝为亮蓝色粉末，具有与蛋白质相同的性质。易溶于水，有机溶剂对其有破坏作用。溶液在pH3.5～10.5呈海蓝色，pH4～8颜色稳定，pH3.4为其等电点，藻蓝析出。耐光，对热不稳定，金属离子对其有较大的影响。

藻蓝是螺旋藻经冲洗、破碎、提取、离心后取上清液，浓缩、干燥后而得。可用于糖果、果冻、冰棍、冰淇淋、雪糕、奶酪制品、果汁饮料类，最大使用量为0.8g/kg。

（八）植物炭黑（Vegetable carbon black）

植物炭黑又称为植物黑、植物炭、炭黑，分类代码为GB 08.138，INS153。植物炭黑为黑色粉状微粒，无臭、无味，不溶于水和有机溶剂。是由植物树秆、壳为原料，经炭化后精制而得的。

可用作食品的黑色素、加工助剂、吸附剂，用于糖果、饼干、糕点、米、面制品，最大使用量为5.0g/kg。生产甘草糖时，可用植物黑色素用量为4%制成黑色糖果；生产巧克力饼干时，可用植物黑与辣椒红调色，其添加量为面粉量的4%。

无须规定其ADI（FAO/WHO，1994）。

（九）密蒙黄（Buddleia yellow）

密蒙黄的分类代码为GB 08.139。主要着色成分为藏红花苷（分子式 $C_{44}H_{62}O_{24}$）和密蒙花苷（分子式 $C_{16}H_{12}O_5$）。结构式如下：

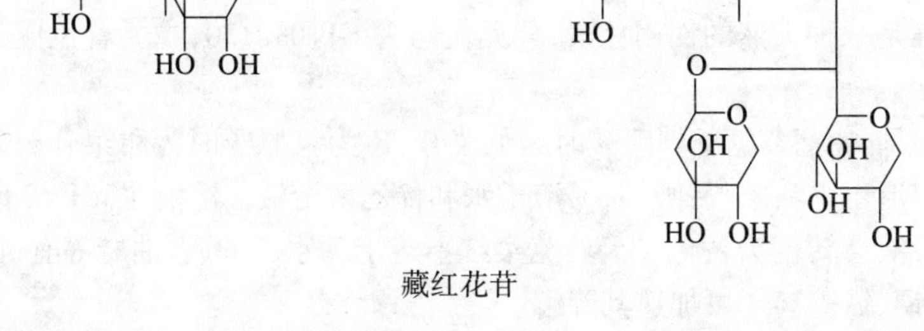

藏红花苷

密蒙黄分为黄棕色粉末和棕色膏状，具有芳香气味。溶于水、稀醇、稀碱溶液，几乎不溶于乙醚、苯等有机溶剂。pH <3 的酸性溶液中呈淡黄色，pH >3 的酸性溶液中呈黄橙色。水溶液具有一定的耐热、耐光、耐糖、耐金属离子、耐盐性。着色力较强，染色效果较好。

密蒙黄是密蒙花经过乙醇溶液提取后，再过滤、浓缩、干燥、精制而成。按生产需要用于配制酒、糕点、面包、糖果、果汁饮料等。

（十）茶绿色素（Tea green）

茶绿色素又称 TGP，分类代码为 GB 08.142。茶绿色素是以叶绿素或叶绿素铜钠盐为主体，黄酮醇及其苷、茶多酚、儿茶素氧化聚合、缩合产物、酚酸、缩酚酸、咖啡碱等的混合物。成品为黄绿色或墨绿色粉末，易溶于水和乙醇的水溶液，不溶于三氯甲烷和石油醚，具有抗氧化性。

茶绿色素是由茶叶经有机酸、维生素 C 浸提、过滤、浓缩、分离精制而得。可在果蔬汁饮料类、配制酒、糖果、糕点上彩装、红绿丝、奶茶、果茶中按生产需要适量使用。

思考题

1. 简述食品着色剂的定义和分类。
2. 什么是色淀？
3. 食品着色剂的安全使用应该注意哪些问题？
4. 简述合成类着色剂和天然着色剂的优缺点。
5. 合成着色剂的种类有哪些？
6. 天然着色剂的种类有哪些？

第八章　香料香精

学习目的与要求

了解香精香料发展历史，熟悉它们在食品工业中的重要意义。掌握香精香料的定义、分类及功能，熟悉其安全使用及管理法规，了解常用的香精香料的分类。

第一节　香料香精的发展史

一、历史发展变革

在几千年的社会发展史中，香料随着人类的进化而不断地得到开发和利用。世界上古代文明最发达的国家中国、埃及、印度和巴比伦都早在5000年前已开始使用香料。最早是为了祭奠祖先或葬礼中采用，也被当作药物治疗疾病。后来出现了国家机构和宗教组织，为了表示仪式的庄严隆重，在一些祭天祀神的典礼上使用香料。印度出产广为人知、极受人们喜爱的檀香木，它有着特殊的香气，在佛教仪式上就点燃檀香木片薰香，一方面敬拜菩萨时烘托庄严的气氛，同时又可清除因人头拥挤而产生的浑浊空气，后来佛教传播到东南亚各国，把这种习俗也传播到了各地。中国早在商、周时代已有对香料使用的记载，到了唐朝以后已在宫廷中广泛使用，并传至民间，其应用的方式有悬脐作佩、剜木为球，或热火为薰、煮汤而浴等。

在现代的日常生活中，每个人每天都必然会接触到许多加香产品。一早起床后洗脸，刷牙要用香皂，牙膏；化妆梳理更不用说，这些物品少了香料是不行的；一日三餐中的奶制品，蛋糕、面包等也无不含有香料；中外的烹饪菜肴也都广泛地用生姜、茴香、胡椒、桂皮等辛香料，各式饮料和香浓可口的咖啡离不开香料，洗衣、沐浴入睡也离不开加香产品，真是到了与民息息相关的地步。

然而，由于天然芳香物质相对于人们的需求来说总是稀少的，像玫瑰花在一年的栽培中，开花放香的时间仅为两个星期，在花瓣中仅含有千分之一的精油，因此其价格的昂贵也是理所当然的了。还有一些水果如香蕉、苹果之类，虽有香味，但无法分离提炼出来。

随着科学技术的进展，经过许多著名的化学家为探索物质奥妙而进行的不懈努力，到19世纪中叶，有机化学方面研究有了飞跃的突破，使得20世纪初有许多单离香料、合成香料相继问世，从而掀起了香料工业的飞跃，弥补了天然香料的不足，千姿百态的香水和加香产品进入市场，走向千家万户，成为现代人类文明的一种标志。

香料与医药的关联也是早已存在的，红花油、风油精之类的避暑良药，可治头晕、感冒、鼻塞、虫咬蚊叮等，更有香桂活血膏、关节镇痛膏等可以治疗跌打损伤、腰酸背痛、关节肿胀等疾病。现在世界各地正在研究的"芳香治疗学"和"芳香心理学"已经能够采用各种仪器，如脑电仪、超声波仪、CT仪等测出人在吸进香气后在生理上、心理上的反应，引起的血液在大脑中流动的实况。

更有所谓“芳香环境术”,提倡在家庭居室、工作场所,按需要定时地散发出不同的香气,以改善人的精神状态,集中精力,提高工作效率。在日本,已有几栋大楼开始应用。家庭用的装置不久也将上市,肯定会像现在的空调机一样普及,进入千家万户。香料也可用来减肥和对电视节目的加香,这些课题也正在研究开发中,香料工业的前景可谓是方兴未艾,蒸蒸日上,所以说世界本来是芳香的,而未来的世界将更加芳香可爱。

二、古代中国香料历史

根据传说,中国在公元前203~249年的夏、商、周3代已使用香料,作为药用和驱疫辟秽。公元前770~221年的春秋战国时代,兰花曾受到人们普遍的爱好,《国语》上写有“入芝兰之宝,久而不闻其香”,《左传》中也可看到“兰有国香”的记载。公元前343~277年楚国著名诗人屈原所著《离骚》中有“蕙肴蒸兮兰藉,奠桂酒兮椒浆”一节,这两句的大意是祭祀用的肉以罗勒叶子包裹,放在菖蒲上以增香,并奠以肉桂酒和花椒汁。说明当时饮食方面香料的使用,已很考究。公元前206~公元前208年汉代《汉官典礼》中记载着用薰香办法把官服沾上香气,从那以后到隋(581~618年)、唐(618~907年)香料已成为达官贵人的奢侈品。

在唐朝以前,已经用龙脑、郁金香等调配后加进墨、金箔,蜜蜡中赋香。唐以后(907~950年)5代时期,有使用茉莉油和桂花油的记载。954~959年后周显德年间有云南的昆明国上贡蔷薇水的记载。西安唐墓出土文物中不仅有放东西的香炉,还有用丝带佩系的银制精巧香炉,银制薰香球,既可作装饰用,又可祭祀时焚香或作医疗用。那时候使用香料的方法除焚薰外,还有煮汤沐浴或食用。

公元960~1279年宋朝进士洪刍曾写有专门的论著《香品》、《香事》、《香法》,其中详细记述龙脑、麝香、白檀、苏合香、郁金香、丁香、兰香、迷迭香、芸香、甘松等81种香料的产地、性质和应用,其中也有与化妆品和食品有关的21种应用处方和简单的加工方法,这是极其珍贵的有关古代香料文献。

宋朝是历史上民间经济高度发达的时代,南宋时,福建泉州港就是海上丝绸之路和瓷器之路的出发港口,同时也是进口香料的抵达站。当时福建提举市舶司(海外贸易监督官)赵汝南在1225年编著的《诸蕃! 谅!》卷下中介绍有47种贸易商品的名称、产地、使用价值和采收方法的说明,其中香料有23种之多,计有乳香、芍药、苏合香、安息香、檀香、丁香、胡椒、肉豆蔻、白豆蔻、毕澄茄、芦荟、龙涎香、栀子花,蔷薇水、沉香等,比意大利航海家哥伦布开始大海航行时代还要早267年。

在中国古代,芳香植物也早已作为药物来治疗疾病了。汉代前后所编的最早一本中药著作《神农本草经》的附录中记载着芳香植物如何当作药物来使用。后来经过发展,1500年明代李时珍汇编成为大全的《本草纲目》中专门写有芳香篇,作为医药上利用的芳香植物就有60种之多。

清朝后期,由于香料的使用已普及百姓之家,19世纪初期出现了专业化妆品作坊,上海有妙香宝香粉局、戴春林香粉局以及流传至今的扬州谢馥春香粉局和杭州孔风春香粉局。主要产品是百姓用的香粉和宫廷用的宫粉。古老的生产方法在细微粒的石粉层上敷以茉莉鲜花,花上面再撒石粉层,如此交替迭合,让鲜花散发的微量香料能吸附到石粉上而成为香粉。有时在石粉层下面用木炭稍施加温,强化吸附效果,称之谓“窨薰法”。另一种商品是香发油,用鲜花和肉桂皮长时间在茶油中浸渍而得到香油,这些产品一直沿用到20世纪初期。

可见,中国自古以来,人们生活就与香料有了密切关联,香料的使用可谓历史悠久了。

三、古代国外香料历史

香料在国外也有悠久的历史。公元前3500年埃及皇帝曼乃斯墓地,在1897年开掘,发现油膏缸内的膏质仍有香气,现陈列在大英博物馆和开罗博物馆。英语中香料一词是“Perfume”,那是来自拉丁语“Perfumum”,是“通过烟雾”的意思,说明古代西方使用香料也是采用薰香的方法,和中国是一样的。

埃及在公元前1350年对使用香料已经很有研究了,在沐浴时加些香油或香膏,认为既有益于肌肤,身心又感愉快。当时使用的有百里香油、牛至、芍药、乳香和甘松等,常以芝麻油、杏仁油、橄榄油为加香介质。

古代埃及法老(皇帝)死后,用香料等裹尸防腐称作木乃伊,可以永久保存,现在著名的博物馆多有陈列。

公元前370年希腊著作中记载了至今仍在使用的一些香料植物,还提到了吸附、浸提等提炼方法。植物学鼻祖Theopbrastus在其著作中记载了很多香料方面的情况,谈及混合香料和香料的持久性,以及调配香料的操作技巧。

公元前10世纪在中东阿拉伯文化的发源地巴比伦,香料作为商品已很发达,开始用蒸馏法从玫瑰花中提炼玫瑰油和玫瑰水。此后是十字军时代,近200年的持久拉锯战,把东方的香料成果传播到落后的欧洲,英法等国才开始使用香料和化妆品。

1370年出现了第一批用乙醇配制成的香水称匈牙利水。开始时,可能只是仅迷迭香一个品种蒸馏而得,其后则含有薰衣草和甘牛至等,当时还用酒来擦脸和沐浴,亦有用牛奶沐浴的,可见那时的香料已在贵族的奢侈生活中应用。

香料使用的另一个重要方面就是辛香料在佐餐中的应用。公元前10世纪,当时没有什么工业产品,仅仅是天然生物,那么香料就称得上是高价值商品。公元前960~公元前930年希伯莱国王所罗门的巨大财富,很大部分就是辛香料商人的贸易税收,因为当时物产稀少,运输困难,从东方收购香料到西方市场出售,利润丰厚。可以说像亚历山大和威尼斯等大城市的兴起,也离不开香料商人所作的贡献。为了获得更大的财富,从公元13世纪到15世纪,先后出现一批伟大航海家如马可波罗、哥伦布和麦哲伦等,他们从事惊险航行的一个重要目的,就是在寻找原料基地和商品市场,开展国际贸易。海洋在15世纪以前都被葡萄牙人所垄断,随着岁月流逝,为了争夺海上霸权,欧洲列强进行过激烈的战争,到16世纪末由荷兰夺得了霸主地位。到19世纪初,英国又确立了其主宰地位,到20世纪,它又让位于比它更强大的美国,美国成为辛香料的最大进口国。

四、中国香料工业的形成

香料工业是随着人类文明的进步而发展的,也是与科学发展密切相连的。19世纪化学科学突飞猛进,揭开了自然界的无数奥秘,这为香料工业的繁荣创造了有利条件。经过不断探索,不断攀登,发明了许多新的香料品种,调配出无数新奇的香精,大大地提高了人类大众的生活水平,人们能时刻享受着香料工业的成果。

20世纪初出现了使用香精的最终市场产品,一批民族工业作坊开始生产牙膏、香粉、香水、雪花膏和香皂等商品。外国商人也纷纷在沪开设洋行,销售世界名牌香料产品:如英国的

W. J. Bush公司和 A. Boake Roberts 公司，瑞士的 Givaudan 和 Naef&Chuit 公司，荷兰的 Naarden 和新、老泡力克，即 PFW 和 Polak Schwarz 公司，法国的 Lautier Fils 公司，德国的 Schimmel 和 Haarrnan&Reimer 公司。这种环境对中国发展香料行业创造了良好的条件。到 30 年代初期，先后出现了 3 家中国人自己调配香精的厂家，即鉴臣洋行西药部，嘉福香料公司和百里化工厂，主要买进国外的香精和香基，稍加调配，制成香精售于加香产品的工厂，如广生行、先施化妆品厂、中国化学工业社、永和实业公司、五洲固本皂厂和华丰香皂厂等。在这个时期，最大的贡献是培养出了一批中国的调香人材，使得在 40 年代才有可能发展出一批新的香料工厂。尤其在第二次世界大战结束后，出现了一批新的香料企业。到 1951 年上海市香料工业同业公会成立，已拥有 30 个会员企业，其中属工业户的 11 家，手工业户 16 家，商业 3 家。虽然当时规模都很小，设备也较简陋，但已初步形成了一个香精香料的生产体系，也聚集了一批科技人才，是中国香料工业的发源地。天津也是工商业发达较早的城市，在 1950 年以前开设有馥华香料厂，生产一些香精供当地销售。

从 20 世纪 50 年代开始，由于市场需要，环境所迫，上海厂家派出人员到湖南、江西、广西等省大力发掘天然芳香植物，授以技术，就地蒸油。近数 10 年来一直被世界市场看好的山苍籽油，就是当时开发的最大成果，使世界上种柠檬草的无法竞争，只得停产。在工厂里自力更生的研制单离香料的生产技术和一些简单的合成香料，填补了从前只靠进口的空白，如松油醇、香叶醇、羟基香茅醛、洋茉莉醛、紫罗兰酮、芳樟醇、乙酸芳樟酯和二苯醚等，产量不断扩大，开始走上正规化的道路。除了满足市场需要外，并开始向苏联和东欧国家出口。早在 20 世纪 40 年代就出口的白熊牌薄荷脑工厂，也集中力量，更新设备，大量生产。中国传统出口的辛香料八角茴香油和桂皮油等也开始分馏加工，统一规格后再行出口。

到 20 世纪 60 年代，经过机构调整，裁并工厂，充实科技人员，成立上海香料研究所和各厂研究室，合成出一批比较复杂的香料，如香兰素、香豆素、苯乙醇、苯甲醇、甲基紫罗兰酮、甲位戊基桂醛、葵子麝香和合成檀香“803”等相继投产，并开始向欧美出口。在食品工业部的大力推动下，一批天然香料工厂从无到有地创建起来，有广州百花香料厂、福州香料厂、桂林香料厂、昆明香料厂等，生产出香花类浸膏，如茉莉、白兰、树兰、桂花、玫瑰等浸膏，在新疆和海南岛引种薰衣草和广藿香也获得成功，扩大面积种植，满足了需求。由于这一批天然香料的出现，使香精质量得以不断提高，升级换代，加香产品也随之层出不穷。

20 世纪 80 年代开始，全国改革开放，各大工厂有机会出国考察，进行技术交流，并引进一批生产设备、工艺和配方。工厂也几经扩建，许多科研机构和大专院校也积极参与合成香料的研究，新产品不断推出，工厂因地制宜地生产各具特色的产品，出口香料吨位迅速增长，工厂规模开始向现代化进军。中国的香料在世界市场上占有了一席之地，受到各著名香料公司的采用，像执世界薄荷脑市场牛耳的白熊牌薄荷脑，从 1950 ~ 1990 年的 40 年间，共出口万余吨，创汇 2 亿美元以上。

香料生产工厂从 1979 年的 37 家发展到 1995 年已多达 123 家。1995 年全国生产香料 15407t，香精 17716t，2006 年全国香料香精企业达到 1000 多家，已经成为世界上香料生产大国之一。

五、香料与香精

香料是调配香精用的香原料，而香精是由多种香料调配而成的混合品。所以二者关系密切,不可分割,为了调配香精的需要才研制香料,有了香料才能调配完美的香精。而香精是加香产品的原料,只有最终上市的加香产品才能被人们使用。

凡是能挥发出香气的物质都是香料,它们有天然的、单离的和合成的3个类别,但都是有机化合物。天然香料存在自然界中,可分为动物香料和植物香料,动物香料很少,只有灵猫、麝香鹿和龙涎香,产量极少,价格极高;植物香料就品种繁多,从芳香植物的各种部位所提炼出来的油状液体称为精油,油状膏体称为香膏或浸膏。所有天然的香料都含有复杂的成分,只有用色谱-质谱仪器才能分析出来。最受人喜爱的是花卉类香气,如玫瑰、茉莉、米兰、兰花、桂花等,都各具独特的香气。越是好闻的香气也就是越难仿制的香精,当今的科学水平还无法模仿出逼真于天然香气的香精。所以香料行业的任务还是非常艰巨的。

香精根据其用途,一般分为两个大类,可供人们吃的称食用香精,供人们用的称日用香精。

第二节 概述

一、食用香精的定义

食品中香味的来源主要有3个方面:一是食品基料(如鱼、肉、水果、蔬菜等)中原先就存在的,这些基料构成了人类饮食的主体,也是人体必需营养成分的主要来源;二是食品基料中的香味前体物质在食品加工过程(如加热、发酵等)中发生一系列化学变化产生的;三是在食品加工过程中有意加入的,如食用香精(Flavoring)、调味品、辛香料等。尽管食品中的香味化合物在食品组成中含量很小,但其影响确是至关重要的。

对大多数用传统方法制作的食品而言,由于制作方法精细、加热时间长等原因,其香味一般都饱满诱人。但采用现代化设备大规模、快速生产的加工食品由于加工时间短等原因,其香味一般不如传统方法制作的食品可口,必须要额外添加能够补充香味的物质,这就是食用香精。

食用香精是一种能够赋予食品或其他加香产品(如药品、牙膏等)香味的混合物。根据国际食品香料香精工业组织(International Organization of the Flavor Industry,IOFI)的定义,食用香精中除了含有对食品香味有贡献的物质外,还允许含有对食品香味没有贡献的物质,如溶剂、抗氧剂、防腐剂、载体等。

通常所说的香味是一种非常复杂的感觉,涉及到嗅感和味感两方面,是由许许多多香味化合物分子作用于人的嗅觉和味觉器官上产生的。通常认为8个香味分子就能激发一个感觉神经原,40个分子就可以提供一种可辨知的感觉。人类鼻子对气味感觉的理论极限约为 10^{-19}mol。

食用香精的香味是由香味化合物产生的,这些香味化合物是由香料提供的,香料大多是通过化学、生物化学或物理方法从天然产物中提取或人工制备的。

天然食品中的香味化合物是由于食品中的某些物质在生长、存放或加工过程中发生一系列复杂变化而产生的,其形成途径主要有4种。

一是在生长或存放加工过程中香味前体物质经酶促降解、水解、氧化反应产生的,如水果、蔬菜、茶叶、干香菇的香味。

二是在热加工过程中通过一系列热反应和热降解反应产生的,如各种焙烤食品、蒸煮食品、油炸食品、咖啡、肉制品等的香味。

三是由于发酵产生的,如奶酪、酸奶、葡萄酒、啤酒、白酒、酱油、醋、面包等的香味。

四是由于氧化产生的,如β－胡萝卜素氧化降解生成的茶叶香味成分茶螺烷、β－紫罗兰酮、β－大马酮以及脂肪氧化产生的香味。

香味除了满足人们对美食、美味的要求外,其某些功能与消化和新陈代谢有关,食品的香味能刺激唾液分泌,有助于消化和吸收。一些食用香料尤其是辛香料及其提取物具有医疗、保健、防腐、抑菌等功效,如姜具、肉豆蔻、大蒜、肉桂、牛至、马鞭、香柠檬等。

二、食用香精的分类

食用香精的种类繁多,并且在不断发展变化,有什么加工食品就相应有什么食用香精。食用香精的分类主要有以下几种。

(一)按来源分类

食用香精按香味物质来源分类如下:

食用香精
- 调合型食用香精
- 反应香精
- 发酵型食用香精
- 酶解型食用香精
- 脂肪氧化型食用香精

(二)按剂型分类

食用香精按剂型分类如下:

食用香精
- 液体香精
  - 水溶性香精
  - 油溶性香精
- 膏状香精
  - 乳化香精
  - 粉末香精

(三)按香型分类

食用香精的香型丰富多样,每一种食品都有自己独特的香型。因此,食用香精按香型可分为很多类型,很难罗列,概括起来主要有以下几类:

食用香精
- 水果香型香精
- 坚果香型香精
- 乳香型香精
- 肉香型香精
- 辛香型香精
- 花香型香精
- 蔬菜香型香精
- 酒香型香精
- 烟草香型香精等

每一类中又可细分为很多具体香型,如水果香型香精可以按水果品种分为苹果、桃子、杏子、樱桃、草莓、香蕉、菠萝、柠檬、西瓜、哈密瓜等香型。同一种水果香精还可以分为若干种,如苹果香精可分为青苹果香型、香蕉苹果香型、红富士苹果香型等。

(四)按用途分类

每一种加工食品都有与之相配套的食用香精。因此,食用香精按用途可分为很多种,概括起来主要有以下几类:

食用香精
- 食品用香精
- 酒用香精
- 烟用香精
- 药用香精
- 牙膏用香精
- 饲料用香精等

其中食品用香精是最主要的品种,可以具体分为:焙烤食品香精、软饮料香精、糖果香精、肉制品香精、奶制品香精、调味品香精、快餐食品香精、微波食品香精和休闲方便食品香精等。每一类还可以再细分,如奶制品香精可分为牛奶香精、酸奶香精、奶油香精、黄油香精、奶酪香精等。

食用香精的品种是不断增加的,传统食品工业化生产后就会出现相应的食用香精,如榨菜香精、泡菜香精、粽子香精等都是近几年问世的品种。新发明的食品也需要配套的香精,如果茶香精、茶饮料香精、八宝粥香精等。随着食品工业和香料工业的发展,食用香精的品种会越来越多。

三、食用香精的安全性

人命关天,食用香精的安全性永远是头等重要的问题。保证食用香精的绝对安全是调香师和食用香精生产者义不容辞的责任。食用香精研究者和生产者应该了解和熟悉《国际食品香料香精工业组织的实践法规(Code of Practice IOFI)》和政府有关食用香料生产的有关法规,严格按照该法规组织生产。本书所涉及的食用香精安全方面的内容仅作为参考,不能作为法律依据。

影响食用香精安全性的因素主要包括原料、生产工艺和生产环境等方面。食用香精所用的原料都是经过长期的、严格的毒理实验后才批准允许使用的,其中大部分香料是天然食物的香成分,在其使用范围内是绝对安全的。调香师和食用香精生产者必须只使用允许使用的原料,每一种原料的质量必须符合食用香精要求,每一种原料的用量必须在允许的范围内。常用香料的用量是调香师必须熟识的,文献中公布的香料参考用量一般是指其在食品中的用量,而不是指在香精配方中的用量。表 8-1 列举了部分香料在食品中的参考用量。

表 8-1 部分香料在食品中的参考用量(平均用量/平均最大用量) mg/kg

FEMA NO	名称	焙烤食品	软饮料	肉制品	奶制品	软糖
3825	乙硫醚	1/6	0.2/2	4/44		0.2/2
3876	硫代乙酸甲酯	0.1/5	0.1/5	0.1/5	0.1/5	0.1/5
3898	1-吡咯啉		0.0005/0.0025	0.0001/0.001		
3949	2-甲基-3-甲硫基呋喃	0.02/0.2		0.005/0.05	0.005/0.05	

续表

FEMA NO	名称	焙烤食品	软饮料	肉制品	奶制品	软糖
3964	2-乙酰基-3-甲基吡嗪	1.3/3.4	0.3/0.6	1.3/5	0.3/3	1.0/4
3968	二异丙基三硫醚	5/15	0.5/4	1.2/5	0.8/4	1.4/6.0
3979	丙基糠基二硫醚	0.5/1	0.2/0.4	0.4/0.8		0.3/0.6
4003	甲硫基乙酸甲酯	4/8	2/4	2/4		2/4
4004	2-甲硫基乙醇	8/16	3/6	3/6	3/6	3/6
4005	12-甲基十三醛	35/70	0.7/7	3.5/35	0.7/7	
4014	异硫氰酸苯乙酯	8/80	0.15/4	0.75/7.5	0.3/3.0	1.5/15
4021	2,3,5-三硫杂己烷	2/10	0.1/0.8	0.4/5	0.2/1	0.5/3
4023	(赤或苏)2,3-丁二醇缩香兰素	200/400	60/120	4/44	60/120	120/240

从事食用香精生产的人员必须身体健康、无传染性疾病、穿戴合适并保持清洁。

食用香精生产的环境必须整齐、清洁、通风,符合食品卫生要求。应有适当的清洁设备和材料,并有相应的清洁规定。在生产区域不允许吃东西、抽烟和不卫生行为。生产工艺必须保证不影响食用香精的安全性。

食用香精的安全性需要依靠加强立法和业内人员自律两方面来保证。用允许使用的质量合格的原料、在允许的用量范围内、在生产环境和工艺都符合安全要求的情况下生产的食用香精,其对人体是绝对安全的。

四、与食用香精有关的重要术语、法规和管理机构

为了更好地从事与食用香精有关的工作,正确理解与食用香精有关的一些基本概念是非常必要的,简要叙述如下。

香料(Perfume):在一定浓度下具有香气或香味的、用于配制香精的物质;香料都是有机化合物,可以是混合物,如玫瑰油,也可以是单一化合物,如苯甲醛;目前,允许使用的食用香料约3000种。

天然香料(Natural Perfume):从天然动物、植物、微生物中通过发酵、压榨、蒸馏、萃取、吸附等方法获得的香料,如麝香酊、橘子油、薄荷油、大蒜油树脂等。

合成香料(Synthetic Perfume):通过化学合成的方法制得的香料,如麦芽酚、乙基麦芽酚、2-甲基-3-呋喃硫醇、2,5-二甲基-3-呋喃硫醇、庚酸烯丙酯等。

日用香料(Fragrance):用于调配日用香精的香料。

食用香料(Flavor):用于调配食用香精的香料,大部分香料既可用于调配日用香精,又可用于调配食用香精,这样的香料既是日用香料也是食用香料。

精油(Essential Oil):从香料植物中提取的挥发性油状液体,如薄荷油、甜橙油,常用的提取方法是水蒸气蒸馏法和压榨法。

酊剂(Tincture):以乙醇为溶剂,在室温或加热条件下浸提天然香料原料,经冷却、澄清、过

滤后得到的溶液,如香荚兰酊、安息香酊等。

浸膏(Concrete):用挥发性溶剂萃取芳香植物原料,然后除去溶剂所得到的香料制品,如茉莉浸膏、玫瑰浸膏、桂花浸膏、晚香玉浸膏、铃兰浸膏、墨红浸膏、香荚兰豆浸膏等。

油树脂(Oleoresin):用溶剂(如超临界二氧化碳)萃取辛香料植物原料,然后除去溶剂所得到的香料制品,如辣椒油树脂、花椒油树脂、大蒜油树脂、生姜油树脂等;油树脂属于浸膏的范畴。

辛香料(Spices):在食用调香、调味中使用的任何芳香植物,其作用是调香、调味而不是提供营养成分;常用的有辣椒、姜、大葱、洋葱、大蒜、胡椒、芥菜子、肉豆蔻、小豆蔻、胡卢巴、小茴香、葛缕子、芹菜、芫荽、莳萝、丁香、众香子、肉桂、八角、姜黄、藏红花等;食品烹调和热反应香精生产时一般直接使用辛香料,调香时一般使用其提取物,如精油、油树脂、酊剂等。

香草(Herbs):在食用调香、调味中使用其叶子或叶子和茎的软茎植物,如月桂、迷迭香、众香子、百里香、甘牛至、鼠尾草、薄荷、留兰香等;香草的概念国外比较常用,国内一般都称为辛香料,香草属于辛香料的范畴。

食用香精与人们的饮食及健康密切相关,因此,不论国内还是国际上都有相应的机构对其进行管理和制订法规。现对与食用香精有关的、在国际上具有一定权威性的法规和管理机构的英文缩写作如下说明。

FCC(Food Chemical Codex):食品化学品法典。

FDA(Food and Drug Administration):美国食品和药物管理局。

FEMA(Flavor Extract Manufacturers Association):美国食品香料与萃取物制造者协会,FEMA将“一般认为安全”的食品香料列入了一般认为安全的食品香料名单(GRASList),其中的每一个香料都有一个4位数的号码,称为FEMA号,从2001号开始,2003年已增加到4068号。

GRAS(Generally Recognized as Safe):一般认为安全。

COE(Council of Europe&Experts on Flavoring Substances):欧洲理事会与食品香料专家委员会。

IOFI(International Organization of Flavor Industry):食用香料香精工业国际组织,成立于1969年,总部现设在瑞士日内瓦,为世界上食用香料香精主要生产国的国家级工业协会;其宗旨是通过科学的工作制定出能为全体会员国接受的食用香料法规,以克服非关税贸易壁垒,促进世界食用香精工业的健康发展。

我国有关食用香料、食用香精的立法和管理隶属于国家食品药品监督管理局。

五、食用香精的功能

食品香精的功能主要体现在两个方面:①为食品提供香味,一些食品基料本身没有香味或香味很小,加入食用香精后具有了宜人的香味,如软饮料、冰淇淋、果冻、糖果等;②补充和改善食品的香味,一些加工食品由于加工工艺、加工时间等的限制,香味往往不足,或香味不正,或香味特征性不强,加入食用香精后能够使其香味得到补充和改善,如罐头、香肠、面包等。

食品香精的应用遍及食品工业的各个方面,不添加食品香精的加工食品越来越少。食用香精的应用也早就超出了传统的食品、烟草等工业的范畴,如在药品中添加食用香精已越来越普遍,从“良药苦口”到“良药可口”靠的是食用香精;又如各种饲料香精对畜牧业和养殖业的发展以及宠物的饲养发挥着重要作用。

关于食用香精一定要走出认识上的两个误区:一是食品不应该加香精或加香精不好。现代社会生活水平的提高和生活节奏的加快使人们越来越喜爱食用快捷方便的加工食品,并且希望食品香味要可口、香味要丰富多样,这些必须通过添加食用香精才能实现。高血压、高血脂、脂肪肝等"富贵病"的流行使人们越来越希望多食用一些植物蛋白食品,如大豆制品,而又要求有可口的香味,这只有添加相应的食用香精才能实现。食用香精和其他一些食品添加剂如抗氧剂、防腐剂等的不同之处在于它的存在与否和质量好坏有关,消费者在食用的过程中一尝就知道。

第二个误区是外国人不吃和很少吃添加了食用香精的食品。事实是,越是发达国家食用香精人均消费量越高。我国食用香精的人均消费量远远低于发达国家,2002 年我国食品香精的人均消费量约为美国的 1/10。

第三节　一些常见食用香料香精

一、食用香料

(一)天然香料

(1)精油:包括玫瑰油、树兰花油、白兰花油、依兰依兰油、蜡菊油、熏衣草油、香紫苏油、丁香油、迷迭香油、丁香罗勒油、甘牛至油、蓝桉油、亚洲薄荷油、留兰香油、香叶油、广藿香油、香茅油、柠檬草油、柠檬油、白柠檬油、香柠檬油、红橘油、甜澄油、压榨法的圆柚油、大蒜油、洋葱油、姜油、鸢尾油、山苍子油、众香子油、八角茴香油、小茴香油、小豆蔻子油、肉豆蔻油、芹菜子油、页蒿子油、芫荽子油、枯茗子油、莳萝子油、胡椒油、肉桂皮油、檀香木油、玫瑰木油、乳香油等。

(2)浸膏:包括白兰花浸膏、金合欢浸膏、紫罗兰浸膏、桂花浸膏、晚香玉浸膏、大花茉莉浸膏、玫瑰浸膏、墨红浸膏、岩蔷薇浸膏、香荚兰豆浸膏等。

(3)浸油:包括墨红浸油、小花茉莉浸油等。

(4)香膏:包括苏合香香膏、秘鲁香膏等。

(5)酊剂:包括枣子酊剂、香荚兰酊等。

(二)合成香料

(1)烃类香料:包括 α-二甲基苯乙烯、1-甲基萘、4-甲基联苯、莰烯、d-柠檬烯、月桂烯、罗勒烯、α-水芹烯、α-蒎烯、β-蒎烯、γ-松油烯、异松油烯、β-石竹烯、金合欢烯等。

(2)醇类香料:包括丁醇、异丁醇、戊醇、异戊醇、1-戊烯-3-醇、己醇、反-2-己烯醇、顺-3-己烯醇、顺-4-己烯醇、3,5,5′-三甲基己醇、庚醇、辛醇、3-辛醇、1-辛烯-3-醇、壬醇、2-壬醇、反-2-壬烯醇、顺-6-壬烯醇、2,6-壬二烯醇、癸醇、桃金娘烯醇、龙脑、二氢香芹醇、香叶醇、异胡薄荷醇、芳樟醇、橙花醇、α-松油醇、4-松油烯醇、香茅醇、薄荷醇、玫瑰醇、四氢香叶醇、四氢芳樟醇、α-紫罗兰醇、β-紫罗兰醇、檀香醇、金合欢醇、3,7,11-三甲基-1,6,10-十二碳三烯-3-醇、氧化芳樟醇、苯甲醇、对,α,α-三甲基苄醇、对异丙基苄醇、α-苯乙醇、β-苯乙醇、二甲基苄基原醇、苯丙醇、肉桂醇、α-戊基肉桂醇、茴香醇、糠醇等。

(3)酚类香料:包括对-甲基苯酚、4-乙基苯酚、2,5,-二甲基苯酚、香芹酚、百里香酚、间苯二酚、愈创木酚、2-甲氧基-4-甲基苯酚、4-乙基愈创木酚、丁香酚、异丁香酚、6-乙氧基-3-丙稀基苯酚、2,6-二甲氧基苯酚、麦芽酚、乙基麦芽酚等。

(4)醚类香料:包括茴香醚、邻甲基茴香醚、对甲基茴香醚、茴香脑、草蒿脑、苄基乙基醚、苄基丁基醚、β-萘乙醚、二苯醚、二苄醚、二糠基醚、1,4-桉叶油素、1,8-桉叶油素、四氢-4-甲基-2-(2-甲基-1-丙稀基)吡喃、橙花醚、降龙涎香醚、间二甲基苯、对二甲基苯、丁香酚甲醚、异丁香酚甲醚、异丁香酚苄醚、乙酰基茴香醚等。

(5)醛类香料:包括乙醛、正丁醛、2-甲基丁醛、3-甲基丁醛、2-甲基-2-丁烯醛、2-乙基丁醛、2-苯基-2-丁烯醛、正戊醛、反-2-戊烯醛、2,4-戊二烯醛、2-甲基戊醛、2-甲基-2-戊烯醛、4-甲基-2-苯基-2-戊烯醛、己醛、反-2-已烯醛、反,反-2,4-已二烯醛、5-甲基-2-异丙基-2-己烯醛、5-甲基-2-苯基-2-已烯醛、庚醛、反-2-庚烯醛、4-庚烯醛、2,4-庚二烯醛、2,6-二甲基-5-庚烯醛、辛醛、反-2-辛烯醛、壬醛、2-壬烯醛、2,4-壬二烯醛、反,顺-2,6-壬二烯醛、反,反-2,6-壬二烯醛、癸醛、反-2-癸烯醛、反,反-2,4-癸二烯醛、十一醛、2-十一烯醛、10-十一烯醛、2-甲基十一醛、月桂醛、2-十三烯醛、肉豆蔻醛、桃金娘烯醛、紫苏醛、藏花醛、柠檬醛、香茅醛、羟基香茅醛、香茅氧基乙醛、2,6,6-三甲基-1-环己烯-1-乙醛、2,6-二甲基-10-亚甲基-2,6,11-十二碳三烯醛、苯甲醛、甲基苯甲醛、2,3-二甲基苯甲醛、枯茗醛、苯乙醛、对甲基苯乙醛、苯丙醛、2-(对-甲基苯)丙醛、肉桂醛、α-甲基肉桂醛、α-戊基肉桂醛、α-已基肉桂醛、α-甲氧基肉桂醛、水杨醛、大茴香醛、香兰素、乙基香兰素、胡椒醛、糠醛、5-甲基糠醛、5-甲基-2-噻吩基甲醛等。

(6)酮类香料:包括2-丁酮、1-羟基-2-丁酮、3-羟基-2-丁酮、2,3-丁二酮、2-戊酮、1-戊烯-3-酮、3-戊烯-2-酮、4-甲基-2-戊酮、2,3-戊二酮、4-甲基-2,3-戊二酮、3-已酮、4-已稀-3-酮、2,3-已二酮、3,4-已二酮、5-甲基-2,3-已二酮、2-庚酮、3-庚酮、4-庚酮、3-庚烯-2-酮、6-甲基-5-庚烯-2-酮、6-甲基-3,5-庚二烯-2-酮、3-苄基-4-庚酮、2-辛酮、3-辛酮、3-辛稀-2-酮、2-壬酮、3-癸烯-2-酮、2-十一烷酮、2,3-十一碳二酮、2-十三酮、3-甲基-2-环已烯酮、2,6,6-三甲基-2-环已烯-1,4-二酮、香芹酮、樟脑、二氢香芹酮、2-仲丁基环已酮、薄荷酮、4-(2,6,6-三甲基-1,3-环已二烯)基-2-丁烯-4-酮、4-(2,6,6-三甲基环已稀)基-2-丁烯-4-酮、4-(2,6,6-三甲基-2-环已稀)基-2-丁烯-4-酮、4-(2,6,6-三甲基-3-环已稀)基-2-丁烯-4-酮、α-紫罗兰酮、β-紫罗兰酮、甲基-α-紫罗兰酮、烯丙基-α-紫罗兰酮、香叶基丙酮、α-鸢尾酮、圆柚酮、苯乙酮、对甲基苯乙酮、4-苯基-3-丁烯-2-酮、对甲氧基苯乙酮、1-对甲氧基苯-2-丙酮、4-(4-甲氧基苯基)-2-丁酮、1-(对-甲氧苯基)-1-戊烯-3-酮、覆盆子酮、胡椒基丙酮、姜酮、二苯甲酮、1,3-二苯基-2-丙酮、2-羟基-3-甲基-2-环戊烯酮、3,5-二甲基-1,2-环戊二酮、2-乙酰基呋喃、5-甲基-2-乙酰基呋喃、3-乙酰基-2,5-二甲基呋喃、2-已酰基呋喃、2-甲基四氢呋喃-3-酮、4-羟基-2,5-二甲基-3(2H)-呋喃酮、5-乙基-3-羟基-4-甲基-2(5H)-呋喃酮、顺式茉莉酮、异茉莉酮、二氢茉莉酮、4,5-二氢-3(2H)-噻吩酮等。

(7)缩羰基化合物:包括乙缩醛、庚醛二甲醇缩醛、4-庚烯醛二乙醇缩醛、柠檬醛二甲醇缩醛、柠檬醛二乙醇缩醛、苯甲醛二甲缩醛、苯甲醛丙二醇缩醛、苯乙醛二甲醇缩醛、苯乙醛二异丁醇缩醛、龙葵醛二甲缩醛、肉桂醛乙二缩醛、丙酮丙二醇缩酮等。

(8)酸类香料:包括甲酸、乙酸、丙酸、丁酸、异丁酸、2-甲基丁酸、2-乙基丁酸、戊酸、异戊酸、2-甲基-2-戊烯酸、2-甲基戊酸、3-甲基戊酸、己酸、反-2-己烯酸、3-己烯酸、2-甲基己酸、庚酸、2-甲基庚酸、辛酸、壬酸、癸酸、十一酸、月桂酸、十四酸、苯甲酸、苯乙酸、肉桂酸、香兰酸、苹果酸、柠檬酸、环己烷基乙酸、乳酸、乙酰基丙酸等。

(9)酯类香料:包括甲酸酯类香料、乙酸酯类香料、丙酸酯类香料、丁酸酯类香料、异丁酸酯类香料、2-甲基丁酸酯类香料、戊酸酯类香料、异戊酸酯类香料、乙酸酯类香料、3-己烯酸酯类香料、庚酸酯类香料、辛酸酯类香料、壬酸酯类香料、月桂酸酯类香料、糠酸酯类香料、苯甲酸酯类香料、苯乙酸酯类香料、肉桂酸酯类香料、水杨酸酯类香料、邻氨基苯甲酸酯类香料、茴香酸酯类香料、乳酸酯类香料等。

(10)内酯类香料:包括γ-丁内酯、γ-戊内酯、γ-己内酯、γ-庚内酯、γ-辛内酯、δ-辛内酯、γ-壬内酯、δ-壬内酯、γ-癸内酯、δ-癸内酯、γ-十一内酯、δ十一内酯、γ-十二内酯、δ-十二内酯、ω-十五内酯、ω-7-十六烯酸内酯、α-当归内酯、茉莉内酯、香豆素、二氢香豆素、6-甲基香豆素、3-次丁基酞内酯等。

(11)含氮香料:包括噻唑类香料、吡嗪类香料、吡咯类香料、吡啶类香料等。

(12)含硫香料:包括硫醇类香料、硫醚类香料、二硫醚类香料等。

(13)其他香料:包括2-乙基呋喃、2-戊基呋喃、2-庚基呋喃等。

二、食用香精

(一)香草香精(Vanilla Flavor)

天然香荚兰的干荚果经发酵后具有浓烈的香草香味。香草香精是香荚兰豆的香气。香荚兰的荚果经发酵后用乙醇提取制成酊剂,或用溶剂浸提得浸膏再制成净油。

其中主要成分为香兰素、香兰酸、丙烯醛、3,4-二羟基苯甲酸和对羟基苯甲醛等。

香草香精的香气分路:

香草香韵80%~90%;豆香韵5%~10%;牛奶香韵5%~10%;白脱香韵1%~3%

香草香精的各路香韵原料选择:

(1)香草香韵

香兰素8%~30%;乙基香兰素1%~5%;浓馥香兰素0.1%~3%;香荚兰豆(提取物)酊10%~50%

(2)豆香韵

洋茉莉醛3%~8%;对甲氧基苯乙酮1%~5%;对甲基苯乙酮0.5%~2%;苯乙酮0.05%~1%

(3)牛奶香韵

丁位癸内酯1%~5%;丁位十一内酯2%~8%;丁位十二内酯3%~10%

(4)白脱香韵

3-羟基-2-丁酮1%~3%;戊二酮0.5%~1%;丁二酮0.05%~0.5%

香草香精一般均以香兰素、乙基香兰素、浓馥香兰素(Vanitrope)和具有奶香的藜芦醛(Veratraldehyde)、苄基二氢吡喃酮、丁酰基乳酸丁酯、3-羟基-2-丁酮、丁二酮、戊二酮、丁酸等配制而成。优质的香草香精,常使用天然的香荚兰豆酊、浸膏、净油或超临界提取物。

（二）牛奶香精（Milk Flavor）

奶是一个大类。有牛奶（Fresh Milk）、奶粉（Milk Powder）、炼乳（Concentrated Milk 也叫浓缩奶）、奶油（Milk Fat）、白脱（Butter）、干酪（Cheese）、酸奶（Yogurt）等。牛奶一般应具有牛奶的特征风味，因含有浓郁的奶味，被人们所喜受，而广泛地用于牛奶、牛奶饮料、饼干糕点和糖果等工业食品中。

牛奶香精的香气分路：

牛奶香韵30%～60%；酸香韵10%～40%；香草－焦糖香韵10%～20%；醛香韵0.5%～2%；果香韵5%～20%；豆香韵5%～15%；白脱香韵0.5%～3%

牛奶香精的各路香韵原料选择：

（1）牛奶香韵

丁位辛内酯0.1%～5%；丁位壬内酯0.1%～5%；丁位癸内酯2%～15%；丁位十一内酯2%～30%；丁位十二内酯10%～40%

（2）酸香韵

乙酸0.01%～0.1%；丁酸2%～6%；已酸1%～3%；辛酸0.5%～5%；癸酸0.5%～5%；十二酸5%～15%；十四酸5%～15%

（3）香草－焦糖香韵

香兰素5%～10%；乙基香兰素1%～5%；麦芽酚1%～10%；乙基麦芽酚5%～10%；10%呋喃酮0.5%～5%

（4）醛香韵

已醛0.01%～0.1%；庚醛0.01%～0.1%；辛醛0.01%～0.1%；壬醛0.01%～0.1%；癸醛0.01%～0.1%；十二醛0.01%～0.1%

（5）果香韵

乙酸乙酯0.5%～2%；丁酸乙酯0.5%～2%；已酸乙酯0.5%～2%；丙位庚内酯1%～5%；丙位辛内酯1%～5%；丙位壬内酯2%～10%；丙位癸内酯1%～5%；丙位十一内酯2%～10%；丙位十二内酯1%～5%

（6）豆香韵

丙位丁内酯0.1%～1%；丙位戊内酯1%～10%；丙位已内酯1%～10%；洋茉莉醛0.2%～2%；对甲氧基苯乙酮0.1%～0.5%；硫醇1%～10%

（7）白脱香韵

2－壬酮0.1～1%；2－癸酮0.1%～1%；丁酰基乳酸丁酯0.5%～2%；3－羟基－2－丁酮1%～3%；戊二酮0.5%～1%；丁二酮0.05%～0.5%

牛奶香精配方习惯上均以内酯类香料为奶香的主料，以少量丁二酮、丁酸和部分具有脂肪香气的香料配制而成。现在的牛奶香精配方很重视酸、醛、酯和内酯类香料的香气平衡，如乙酸、丁酸、已酸、辛酸、癸酸、十二酸、十四酸等酸类；醛类中的庚、辛、壬和癸醛；醇类中的已、辛、壬和癸醇；酯类中的乙酸乙酯、丁酸乙酯、己酸乙酯、辛酸乙酯和癸酸乙酯；内酯中的丙位壬内酯、丙位癸内酯、丙位十一内酯、丁位十二内酯和丁位癸内酯等。加上具有奶香的丁酰基乳酸丁酯、3－羟基－2－丁酮等香料，香料兰素、麦芽酚等甜香以及极少量吡嗪类化合物和豆香韵硫醇等组成和谐协调的牛奶香味。

(三)巧克力香精(Chocolate Flavor)

巧克力的原料来源是可可树,历史上最早的记载是16年纪古墨西哥土著阿兹特克(Aztece)帝国的皇帝蒙特祖马,就已懂得调配饮用巧克力饮料,当时的巧克力饮料是很珍贵的,而可可豆可当作货币流通,是财富的象征。哥伦布是第一个接触到可可豆的欧洲人,但巧克力饮料的香浓并没引起他的兴趣,把可可豆引入欧洲的是西班牙另一探险家寇蒂斯,可可于是由西班牙、意大利、荷兰、法国、英国、瑞士等慢慢流传开来,于17世纪,可可豆仍是富有人家才消费得起的昂贵食物,而随着不断的研究改良,可可饮料的品质提高,也发明了制造固体巧克力的方法,工业革命后,制造巧克力的机器问世,经过改良,巧克力的品质就更提高了。

可可树只限于赤道南北纬度20°以内的高温多湿地区栽培,目前世界上主要产地有西非的象牙海岸、迦纳、中南美洲的巴西、委内瑞拉、厄瓜多尔、哥伦比亚及亚洲的马来西亚。可可树种植2~3年后开花,结成的果实如手掌般大,每颗果实中有30~40粒的白色可可豆。可可豆是可可树的种子,每个种子都有两个子叶(可可豆瓣)和一个小胚芽,被包在豆皮(壳)内。子叶为植物生长提供养料,并在种子发芽时成为初始的两片叶子。被贮存的养料含有脂肪,也就是可可脂,占干重的一半左右。脂肪的数量和熔点、硬度等性质取决于可可的种类和生长环境。

这些豆子并没有特殊的色泽和芳香,须于成熟采收后,堆积覆盖,经阳光照射发酵,可可豆才会产生特殊的色泽与芳香。可可豆发酵时,种子外面的果浆和种子内部发生很多化学变化。这些变化赋予可可豆可可风味,并且改变了可可豆的颜色。再经过干燥后,作为粗原料交给工厂加工成可可液块、可可粉和可可脂。

可可豆的加工是,首先水洗、干燥、焙炒,压碎除去外壳及胚芽部,剩胚乳部,将胚乳部磨细成可可液块,压去可可脂,最后磨成细粉,就是可可粉。

若将可可制品加热溶解,加入砂糖、奶粉(全脂或脱脂)、乳化剂等,经过搅拌混合、磨细、精炼等加工过程,得到液体巧克力,再加以调温、成型、冷却等步骤,所得到之产品就是巧克力。巧克力可制成各类形形色色的产品,如模具充填成型,可得到各种不同造型图案,有的以糖衣方式,中心包有核果类、饼干类或酒等。也有制成加工用的巧克力,有巧克力米粒、树皮巧克力、巧克力酱,通常用于蛋糕的装饰、饼干夹心、冰淇淋外壳等。

所以巧克力(或称朱古力)是以可可制品原料为基础与糖、奶类制品加工处理后,制成的产品的总称。

巧克力香精大都采用可可提取物来配制,另外可加入奶香韵、烘烤香韵和香草-焦糖香韵组成巧克力香型。这里可可香韵是其最主要的组成部分。可可豆焙炒后产生特殊的香气。

巧克力香精的香气分路:

可可香韵10%~60%;牛奶香韵10%~30%;香草-焦糖香韵30%~50%;酸香韵1%~10%;果香韵0.1%~1%;白脱香韵0.5%~5%;烘烤香韵0.5%~2%

巧克力香精的各路香韵原料选择:

(1)可可香韵

可可粉(豆、壳)酊10%~60%;可可醛0.05%~0.5%;异戊醛0.1%~1%

(2)牛奶香韵

丁位癸内酯1%~8%;丁位十一内酯0.5%~5%;丁位十二内酯10%~40%

(3)香草-焦糖香韵

香兰素 5% ~20%；乙基香兰素 1% ~5%；麦芽酚 1% ~10%；乙基麦芽酚 5% ~10%；10% 呋喃酮 0.5% ~5%

(4)酸香韵

乙酸 0.01% ~0.1%；2-甲基丁酸 0.1% ~1%；苯乙酸 0.5% ~5%；十二酸 5% ~10%；十四酸 5% ~10%

(5)果香韵

乙酸异戊酯 0.05% ~0.5%；苯甲醛 0.05% ~0.5%

(6)白脱香韵

丁酰基乳酸丁酯 0.5% ~2%；3-羟基-2-丁酮 1% ~3%；丁二酮 0.05% ~0.5%

(7)烘烤香韵

2-甲基吡嗪 0.01% ~0.1%；2,3-二甲基吡嗪 0.1% ~1%；2,5-二甲基吡嗪 0.1% ~1%；2,3,5-三甲基吡嗪 0.2% ~2%；2-乙酰基吡嗪 0.1% ~1%

巧克力香精配方示例如下：

原料名称	数量
可可粉酊	600
苯乙酸戊酯	20
香兰素	25
椰子醛	0.6
藜芦醛	0.6
丙二醇	353.8
总量	1000

传统巧克力香精常常用可可粉酊和香兰素等香料来配制，现在的巧克力香精更多地使用可可浓缩物，同时增用可卡醛(5-甲基-2-苯基-2-已烯醛)、异戊醛、异戊醇、苯乙酸、苯乙酸乙酯、苯甲醛以增强可可香韵，加入麦芽酚、十二酸、十四酸、椰油酸乙酯、丁酰基乳酸丁酯、3-羟基-2-丁酮等辅助香兰素、乙基香兰素、浓馥香兰素等以增加奶香；还使用 2,3-(或 2,5-,2,6-)二甲基吡嗪、2-甲基吡嗪、2,3,5-三甲基吡嗪、2-乙酰基噻唑、苄基噻唑等吡嗪化合物增加烘烤香。这样，将会进一步提高巧克力香精的质量和浓度。

(四)椰子香精(Cocoanut Flavor)

椰子是棕榈科植物椰树的果实，主要产于菲律宾，另外马来西亚、新加坡也出产椰子。在中国，海南岛也盛产椰子。椰子形似西瓜，外果皮较薄，呈暗褐绿色；中果皮为厚纤维层；内层果皮呈角质。果内有一大贮存椰浆的空腔，成熟时，其内贮有椰汁，清如水、甜如蜜，晶莹透亮，是极好的清凉解渴之品。

椰子是海南特有的水果之一，含有丰富的营养。椰汁及椰肉含水溶性蛋白质、果糖、葡萄糖、蔗糖、脂肪、维生素 B_1、维生素 E、维生素 C、钾、钙、镁等。

椰肉、椰汁是老少皆宜的美味佳果。椰汁可当饮料直接饮用，清凉甘甜，清甜可口。椰肉色白如玉，含有丰富的油脂，芳香滑脆。新鲜椰子肉质细嫩，椰子水比较多，椰子可以久放，老椰子椰肉清脆可口，椰子壳可用来制成工艺品。

椰子果肉含有独特的香气，椰子果肉、汁被直接用来制造椰子糖，椰子果肉汁制成的饮料也非常流行。

椰子香精的香气分路:

椰子特征香韵(油香韵)10% ~30%;牛奶香韵 20% ~50%;白脱香韵 0.3% ~3%;酸香韵 10% ~30%;果香韵 1% ~5%;豆香韵 2% ~10%;香草 - 焦糖香韵 10% ~30%;酒香韵1% ~5%;醛香韵 0.05% ~0.3%

椰子香精的各路香韵原料选择:

(1)椰子特征香韵(油香韵)

丙位庚内酯 1% ~5%;丙位辛内酯 5% ~15%;丙位壬内酯 5% ~15%

(2)牛奶香韵

丁位辛内酯 0.1% ~5%;丁位癸内酯 2% ~10%;丁位十一内酯 2% ~10%;丁位十二内酯 10% ~20%;丁位十四内酯 10% ~20%

(3)白脱香韵

2 - 壬酮 0.1% ~1%;丁酰基乳酸丁酯 0.1% ~1%;3 - 羟基 - 2 - 丁酮 0.5% ~2%;戊二酮 0.1% ~1%;丁二酮 0.05% ~0.5%

(4)酸香韵

乙酸 0.01% ~0.1%;丁酸 0.5% ~2%;己酸 0.5% ~2%;辛酸 1.5% ~5%;癸酸 1.5% ~5%;十二酸 5% ~15%;十四酸 5% ~15%;十六酸 5% ~15%

(5)果香韵

丙位癸内酯 0.1% ~0.5%;丙位十一内酯 1% ~5%;丙位十二内酯 0.1% ~0.5%

(6)豆香韵

丙位戊内酯 1% ~5%;丙位己内酯 1% ~5%;洋茉莉醛 0.2% ~2%;对甲氧基苯乙酮 0.1% ~0.5%

(7)香草 - 焦糖香韵

香兰素 2% ~15%;乙基香兰素 0.5% ~5%;浓馥香兰素 0.1% ~1%;麦芽酚 1% ~5%;乙基麦芽酚 5% ~10%;甲基环戊烯醇酮 0.1% ~1%

(8)酒香韵

己酸乙酯 0.1% ~1%;庚酸乙酯 0.5% ~5%;辛酸乙酯 0.2% ~2%

(9)醛香韵

己醛 0.01% ~0.1%;辛醛 0.01% ~0.1%;壬醛 0.01% ~0.1%;癸醛 0.01% ~0.1%

椰子香料常以丙位壬内酯(俗称椰子醛)作为主料,再以香兰素、乙基香兰素等增加香草香味,又用庚酸乙酯、已酸、辛醇等香料赋以油脂气和酒香,其中的癸酸、十二酸、十四酸、椰油酸酯、δ - 十四内酯等香料增加了椰子香精的厚实口感。根据椰子的不同食用方法,也有烤椰子,同样也有烤椰子香精。烤椰子香精是在前面的椰子香精中增加烘烤香韵,同时适当减少或删除醛香韵,经适当调整配方整体,就可以制作出烤椰子香精。

(五)焦糖香精(Caramel Flavor)

焦糖的英文是“Caramel”,翻译为“焦糖”。其实最早是一种糖的香气。这种糖传统是以浓缩奶、奶油与砂糖一起熬制而成的,现在常称为“太妃糖”或“乳脂糖”。焦糖香精就是这类糖的香气,较多用于乳脂糖的加香。一般要求具有奶油、香草、椰子、可可和烘烤香韵,有的也带有红茶、花生、鸡蛋等香味。如：

焦糖香精

原料名称	例方
洋茉莉醛	23.5
乙基香兰素	38.0
香兰素	333.5
肉豆蔻油	5.0
丁酸乙酯	5.0
柠檬油(5倍)	5.0
丁二酮	5.7
除萜甜橙油	9.0
朗姆香精	233.5
乙醇	341.8
总量	1000.0

焦糖香精的香气分路：

牛奶香韵15%～40%；香草－焦糖香韵30%～60%；白脱香韵1%～5%；椰子香韵5%～15%；可可香韵3%～10%；烘烤香韵1%～5%

焦糖香精的各路香韵原料选择：

(1)牛奶香韵

丁位辛内酯0.1%～5%；丁位癸内酯2%～10%；丁位十一内酯2%～10%；丁位十二内酯10%～20%；丁位十四内酯10%～20%

(2)香草－焦糖香韵

香兰素20%～50%；乙基香兰素1%～10%；浓馥香兰素0.1%～1%；麦芽酚1%～5%；乙基麦芽酚10%～30%；甲基环戊烯醇酮1%～5%

(3)白脱香韵

2－壬酮0.1%～1%；丁酰基乳酸丁酯0.1%～1%；3－羟基－2－丁酮0.5%～2%；戊二酮0.1%～1%；丁二酮0.05%～0.5%

(4)椰子香韵

丙位庚内酯1%～5%；丙位辛内酯2%～10%；丙位壬内酯5%～15%

(5)可可香韵

可可粉酊1%～10%；可可醛0.05%～0.5%；异戊醛0.1%～1%

(6)烘烤香韵

2－甲基吡嗪0.01%～0.1%；2,3－二甲基吡嗪0.1%～1%；2,5－二甲基吡嗪0.1%～1%；2,3,5－三甲基吡嗪0.2%～2%；2－乙酰基吡嗪0.1%～1%

(六)可乐香精(cola Flavor)

可乐是由美国的一位名叫约翰·彭伯顿的药剂师发明的。他期望创造出一种能提神、解乏、治头痛的药用混合饮料。彭伯顿调制的"可卡可拉"，起初是不含气体的，饮用时兑上凉水，只是由于一次偶然的意外，才变成了碳酸饮料。1886年5月8日下午，一个酒鬼跌跌撞撞地来到了彭伯顿的药店,"来一杯治疗头痛脑热的药水可卡可拉",营业员本来应该到水龙头那儿去兑水,但水龙头离他有2m多远,他懒得走动,便就近操起苏打水往可卡可拉里掺。结果酒鬼非常喜欢喝,还到处宣传这种不含酒精的饮料所产生的奇效。在约翰·彭伯顿去世的4年前,他们把发明权出售,生产出了世界上最早的可乐型软饮料——可口可乐(Cocacola)。

可卡(Coca亦称古柯)是指一种古柯叶的浸出物,可乐是指一种可乐(Cola)树的果实浸出物,两种浸出物混合就成为可口可乐。可乐果浸出物对香味影响极小,口感仅仅感觉微苦,但含有咖啡因,能起到提神、醒脑和兴奋的作用。古柯叶的浸出物含古柯碱(Cocaine,作为食品用香料时,必须先除去方可使用)。以前我国生产的可乐型软饮料,一般均不含这两种浸出物。

可乐香精常有很多不同风格,如白柠檬柠檬型、甜橙型、沙士型、梨型等,但以白柠檬、柠檬型属多数。可乐香精中常使用白柠檬油、柠檬油、甜橙油等,白柠檬油要用水蒸气蒸馏法的白柠檬油,因它具有一种特殊的像松油醇头子似的香味。另外,辛香也很重要,例如肉桂油、斯里兰卡桂皮和桂叶油;还可使用肉豆蔻或肉豆蔻衣油、小豆蔻油、丁香花蕾油等;还可少量使用些白兰或玳玳花浸膏等花香以及用些苯乙醇、香叶醇、玫瑰花油等玫瑰甜香。举例如下:

可乐香精例方

原料名称	数量
蒸馏白柠檬油	210
白柠檬油(5倍)	20
甜橙油	20
柠檬油	20
肉桂油	10
锡兰桂皮油	5
姜油	2
a-松油醇	10
龙脑1%	2
薄荷脑	10
异戊醇	5
乙醇	60
三醋酸甘油酯	626
总量	1000

可乐香精的香气分路:

柑橘香韵60%~95%;辛香韵3%~15%;凉香韵0.01%~1%;青香韵0.01%~1%;花香韵0.01%~1%

可乐香精的各路香韵原料选择:

(1)柑橘香韵

柠檬水基10%~20%;白柠檬水基50%~95%;甜橙水基15%~30%

可乐香精如果是用于糖果等的耐热性香精,以上的原料要用柑橘油,如果是用于饮料等的水溶性香精,以上的原料要用除萜后柑橘油。

(2)辛香韵

肉桂油0.5%~5%;斯里兰卡桂皮油0.5%~5%;丁香花蕾油0.3%~3%;蒸馏姜油

0.1%～1%;肉豆蔻油0.2%～2%;肉豆蔻衣油0.1%～1%;小豆蔻油0.1%～1%;众香籽油0.3%～3%;芫荽籽油0.1%～1%

(3)凉香韵

天然龙脑0.01%～0.2%;天然樟脑0.01%～0.2%;天然薄荷脑0.01%～0.2%

(4)青香韵

橙叶油0.05%～0.5%;柠檬叶油0.05%～0.5%;玳玳叶油0.05%～0.5%

可乐型饮料是世界上最流行的软饮料(在软饮料中,可乐是产销量最大的),其中最著名的是美国的可口可乐和百事可乐,我国在历史上(20世纪八九十年代)也有过50余个品牌的可乐饮料。现在我国可乐香精不仅用于饮料,也常用于糖果、糕点和冰制食品中。

(七)咖啡香精(Coffee Flavor)

关于咖啡的起源有种种不同的传说。其中,最普遍且为大众所乐道的是牧羊人的故事。传说有一位牧羊人,在牧羊的时候,偶然发现他的羊蹦蹦跳跳手舞足蹈,仔细一看,原来羊是吃了一种红色的果子才导致举止滑稽怪异。他试着采了一些这种红果子回去熬煮,没想到满室芳香,熬成的汁液喝下以后更是精神振奋,神清气爽,从此,这种果实就被作为一种提神醒脑的饮料,且颇受好评。

古时候的阿拉伯人最早把咖啡豆晒干熬煮后,把汁液当作胃药来喝,认为可以有助消化。后来发现咖啡还有提神醒脑的作用。同时由于回教严禁教徒饮酒,因而就用咖啡取代酒精饮料,作为提神的饮料而时常饮用。15世纪以后,到圣地麦加朝圣的回教徒陆续将咖啡带回居住地,使咖啡渐渐流传到埃及、叙利亚、伊朗和土尔其等国。咖啡进入欧洲大陆,当归因于土耳其当时的鄂图曼帝国,由于嗜饮咖啡的鄂图曼大军西征欧洲且在当地驻扎数年之久,在大军最后撤离时,留下了包括咖啡豆在内的大批补给品,维也纳和巴黎的人们得以凭着这些咖啡豆,和由土耳其人那里得到的烹制经验,而发展出欧洲的咖啡文化。战争原是攻占和毁灭,却意外地带来了文化的交流乃至融合,这是统治者们所始料未及的。

咖啡文化成熟于欧洲。16世纪初,咖啡向欧洲传播开来。当时的法国国王克雷门八世曾说:"虽然是恶魔的饮料,却是美味可口。此种饮料只让异教徒独占了,殊是可惜"。因此也接受了基督徒也能饮用咖啡。在英国有无数的咖啡屋,当时只有男人能进入。咖啡在绅士的社交场所颇受欢迎。男人们在此高谈阔论政治、文学、商业等议题。咖啡文化也深深的影响及巴黎市民,街角的咖啡店也开始大量而生。无数的咖啡沙龙内,新的文学、哲学与艺术皆因而出现,期间诞生了无数的思想家及哲学家。文化人不断齐集,并以齐聚于知识性的咖啡沙龙内高谈阔论而闻名。不久在意大利浓缩咖啡ESPRESSO开始出现,引起咖啡饮用方式的变化。咖啡越来越受到大众的喜爱,因此有兴趣栽培咖啡的人,也愈来愈多。从13世纪开始,就有制造商将咖啡带到世界各地并栽植。

咖啡树结的是咖啡果,咖啡(豆)是咖啡果中的种籽,咖啡产于终年无霜冻的地区,主要产地有:巴西、哥伦比亚、厄瓜多尔、危地马拉、委内瑞拉、墨西哥、尼加拉瓜、古巴、牙买加、夏威夷、肯尼亚、比属刚果、安哥拉、埃塞俄比亚、印尼等,我国的海南岛和西双版纳也有出产。未经焙炒过的生咖啡豆无香气,经焙炒后才产生悦人的香味。咖啡豆含有咖啡因(Caffeine),有苦味和提神的作用。焙炒后的咖啡基芳香组成极为复杂,国外科技人员曾对此作了大量分析研究工作,已发现咖啡中的芳香成分超过600多个。

咖啡的芳香组成甚为复杂,因而较难模拟其香气,长时期间,调配咖啡香精大多依赖以水和乙醇为溶剂萃取经焙炒过的咖啡所制得的浸液或浸膏为基础,或再配以少量的能增强其香气的香精,常用的有2-糠基硫醇、糠醛、甲基环戊烯醇酮、麦芽酚、丁二酮等等。示例如下:

咖啡香精

原料名称	数量
咖啡浸液	617.00
甲酸乙酯	7.77
甲基环戊烯醇酮	3.85
丁二酮	0.92
对甲基苯甲二己硫缩醛	0.46
丙二醇	370.00
总量	1000.00

咖啡香精的香气分路:

咖啡香韵10%~60%;焦糖香韵8%~30%;酸香韵1%~10%;烘烤香韵1%~10%;白脱香韵0.5%~5%

咖啡香精的各路香韵原料选择:

(1)咖啡香韵

咖啡提取物10%~60%;葫芦芭浸膏0.5%~5%;2-糠基硫醇0.5%~2%;硫代愈创木酚0.01%~0.2%;愈创木酚0.5%~5%;糠醛0.5%~5%;异戊醛0.1%~1%;甲硫醇0.01%~0.1%

(2)焦糖香韵

甲基环戊烯醇酮5%~15%;麦芽酚5%~15%;乙基麦芽酚1%~10%;10%呋喃酮0.5%~5%

(3)酸香韵

乙酸0.1%~1%;丁酸0.1%~1%;2-甲基丁酸0.5%~5%;异戊酸0.5%~5%

(4)烘烤香韵

2-甲基吡嗪0.01%~0.1%;2,3-二甲基吡嗪0.1%~1%;2,5-二甲基吡嗪0.1%~1%;2,3,5-三甲基吡嗪0.2%~2%;2,3,5,6-四甲基吡嗪0.2%~2%;2,3-二乙基-5(6)甲基吡嗪0.2%~2%;4,5-二甲基噻唑0.1%~1%;2-乙基-4,5二甲基噻唑0.2%~2%

(5)白脱香韵

丁酰基乳酸丁酯0.2%~2%;3-羟基-2-丁酮0.5%~5%;丁二酮0.1%~1%

咖啡具有浓郁悦人的焦苦和甜酸的香气,模拟天然咖啡的真实香气是非常困难的。在调配咖啡香精的香料中,许多含氮、含硫的化合物和呋喃类化合物占有非常重要的地位,其中可供选用的有:2,3-二甲基吡嗪,2,5-二甲基吡嗪,2,6-二甲基吡嗪,2,3,5-三甲基吡嗪,2,3,5,6-四甲基吡嗪,2-乙基吡嗪,2-乙酰基吡嗪,2-乙基-3-甲基吡嗪,2,6-二甲基-3-乙基吡嗪,2-乙酰基-3-甲基吡嗪,2-甲基吡嗪,吡啶,2-乙基吡咯,2-糠基硫醇,二甲基硫醚,二甲基二硫醚,二甲基三硫醚,二糠基硫醚,二糠基二硫醚,糠基异丙基硫醚,硫代乙酸糠酯,硫代丙酸糠酯,4,5-二甲基噻唑,2-乙基-4-甲基噻唑,2,4,5-三甲基噻唑,2-乙酰基噻吩,2-甲基四氢噻吩-3-酮,糠醛,5-甲基糠醛,糠醇,5-甲基糠醇,乙酸糠酯,丙酸糠酯,2-乙基呋喃,2-乙酰基呋喃,2-甲基呋喃,糠基甲基硫醚,2-乙酰基-5-甲基呋喃,2,5-二甲基-2H-呋喃-3-酮,2,5-二甲基-4-羟基-3(2H)-呋喃酮等。其他可供选用的香料有愈创木酚,苯酚,邻苯二酚,对苯二酚,4-乙烯基苯酚,2-甲氧基-4-乙烯基苯酚,异丁香酚,麦芽酚,乙醛,异戊醛,丁二酮,已二酮,3-羟基-2-丁酮,戊酸,乙酸,甲基环戊烯醇酮等。为了使香气更趋和谐协调,在香精中仍宜加入适量的天然咖啡萃取物。

(八)薄荷香精(Menthe Flavor)

薄荷油和薄荷脑具有特有的芳香、辛辣味和凉感,主要用于牙膏、口腔卫生用品、食品、烟草、酒、清凉饮料、化妆品和香皂的加香。薄荷本身也是一味药,在医药上广泛用于驱风、防腐、消炎、镇痛、止痒、健胃等药品中。薄荷香精的香气分路:

薄荷香韵80%~95%;留兰香香韵5%~15%;果香韵2%~10%;辛香韵1%~5%

薄荷香精的各路香韵原料选择:

(1)薄荷香韵

薄荷原油10%~20%;椒样薄荷油10%~20%;薄荷脑20%~40%;薄荷素油10%~20%

(2)留兰香香韵

留兰香油5%~15%;左旋香芹酮1%~5%

(3)果香韵

甜橙油1%~5%;柠檬油1%~5%;柠檬醛0.5%~2%

(4)辛香韵

肉桂油0.1%~1%;丁香花蕾油1%~5%;丁香酚0.1%~1%

薄荷香精一般比较多用于薄荷糖,可直接使用薄荷原油、薄荷脑进行加香,也可在薄荷原油和薄荷脑中加入少量留兰香油、柠檬醛、甜橙油、丁香油等作为协调剂。如果用于牙膏中则果香和辛香可加重。但薄荷牙膏则比较少见,一般是留兰香型或果香型等,而薄荷几乎是所有牙膏中的底香韵。

(九)香蕉香精(Banana Flavor)

香蕉属于芭蕉科、芭蕉属、真蕉亚属。香蕉是食用蕉(甘蕉)的俗称。食用蕉包括有两个类型:一是鲜食蕉,二是煮食蕉。鲜食蕉又包括香蕉、大蕉、粉蕉和龙牙蕉4个类型。因香蕉类型栽培广泛,经济效益好,故常以香蕉作为食用蕉的总称。

香蕉的水分低、热量高,含有蛋白质、脂肪、淀粉、胶质及丰富的碳水化合物(高达20%以上)、维生素A、B、B_6、C、E、P及矿物质钙、磷、铁、镁、钾等。

南方佳果香蕉,香味浓郁,甜香可口,常见品种有梅花点蕉、芭蕉、火蕉等,其中数梅花点蕉香味最好。国际上也有巴拿马香蕉,外形较大,但口感和香味不及我国香蕉。香蕉香精配方常以乙酸乙酯、乙酸异戊酯、丁酸异戊酯等香料为主,模拟香蕉香味,再辅以桔子油增加天然新鲜感,留香也常以丁香油、香兰素打底。从下述配方中可见一般,其中配方一为我国传统惯用方,配方二为国外用方,可比较其差异。

香蕉香精的香气分路:

果香韵50%~90%;香草香韵1%~10%;辛香韵1%~10%;青香韵2%~20%

表 8-2 国内外两种不同配方的用料比较

原料名称	配方一	配方二
乙酸异戊酯	60	535
丁酸乙酯	3	—
丁酸异戊酯	10	120
异戊酸异戊酯	5	60
除萜橘油	5	—
丁香油	0.7	—
香兰素	0.8	24
乙醇(95%)	800	—
蒸馏水	115.5	—
乙醛(40%)	—	120
芳樟醇	—	40
己酸乙酯	—	24
洋茉莉醛	—	24
丙酸苄酯	—	22
除萜甜橙油	—	31
总量	1000	1000

香蕉香精的各路香韵原料选择:

(1)果香韵

乙酸异戊酯 20% ~50%;丁酸异戊酯 10% ~20%;异戊酸异戊酯 5% ~10%;丁酸乙酯 10% ~30%;乙酸丁酯 5% ~10%;乙酸乙酯 10% ~30%;甜橙油 1% ~10%;柠檬油 1% ~10%

(2)青香韵

叶醇 0.3% ~3%;乙酸叶醇酯 0.3% ~3%;芳樟醇 1% ~10%;乙酸芳樟酯 1% ~10%

(3)香草香韵

香兰素 1% ~10%;乙基香兰素 0.5% ~5%;香荚兰豆(提取物)酊 1% ~10%

(4)辛香韵

丁香花蕾油 1% ~5%;丁香酚 0.3% ~3%;异丁香酚 0.6% ~6%

目前有更多的香料可用于香蕉香精配方中,例如反式-2-己烯醇、顺式-3-己烯醇和它们的酯类、反式-2-己烯醛等,对香蕉的青气有一定的帮助;还有乙酸苏合香酯、丙酸苏合香酯也很有用。酯类中的乙酸甲酯、乙酸丁酯、乙酸-2-戊酯和乙酸己酯等,以及极微量的酸类、羰基化合物能起到特殊的效果。

(十)菠萝香精(Pineapple Flavor)

菠萝是一种热带水果,我国广东、广西种植最多,此外福建、云南、贵州也有种植。成熟时香气悦人,且甜而充满果香的香味。

菠萝原名凤梨,原产巴西,16 世纪时传入中国,有 70 多个品种,是岭南四大名果之一。菠萝含有大量的果糖、葡萄糖、维生素 A、B、C,磷,柠檬酸和蛋白酶等物。味甘性温,具有解暑止渴、消食止泻之功,为夏令医食兼优的时令佳果。

菠萝是凤梨科多年生常绿草本植物,每株只在中心结一个果实。其果实呈圆筒形,由许多子房和花轴聚合而长成,是一种复合果。菠萝果皮有众多的花器(俗称果眼或菠萝钉),坚硬棘手,食用前必须削皮后挖去。

菠萝一年有 3 次结果期,品质以 6 ~ 8 月成熟为最佳。鲜食以果色新鲜,果形端正,果身坚实,熟度 8 成的为好。菠萝常见品种有神湾种、巴厘种和沙捞越种 3 种,而以近年广州果农精心培育的"糖心菠萝"为最佳。

"糖心菠萝"属沙捞越种。沙捞越种又名"夏威夷",果实重两三公斤,果眼大而浅,一般削皮后即可食用。其果形端正,果肉柔滑多汁,甜酸适中,是鲜食和制罐头的优良品种。"糖心菠萝"中,尤以广州黄埔区黄登村出产的"黄登菠萝"为最佳,它以个大肉厚汁多、甜似蜜、香如花,享誉海内外。

水果香型中,菠萝香精长期以来受到消费者的喜爱。过去菠萝香精配方均以丁酸乙酯、己酸乙酯、己酸烯丙酯、环己基丙酸烯丙酯来仿制菠萝香味,又以丁酸异戊酯、异戊酸异戊酯、乙酸异戊酯等增加果香,再以甜橙油、麦芽酚补充果甜香和焦甜香。以下列配方中可略见粗貌。

菠萝香精

原料名称	(1)	(2)	(3)
异戊酸乙酯	180	—	36
丁酸乙酯	180	50	45
乙酸正丁酯	100	—	55
庚酸烯丙酯	140	—	—
己酸烯丙酯	100	3	250
丙酸乙酯	80	—	—
环己基丙酸烯丙酯	60	—	—
庚酸乙酯	60	5	—
香兰素	20	0.5	20
乙酸异戊酯	30	2	28.6
甜橙油	30	5	22.5
柠檬油	10	—	—
菠萝醚	10	—	—
丁酸异戊酯	—	23	45
丁酸丁酯	—	10	—
柠檬醛	—	0.5	0.6
丁酸香叶酯	—	0.5	—
橙叶油	—	0.5	—
甘油	—	50	—
乙醇(95%)	—	600	—
蒸馏水	—	250	—
乙酸乙酯	—	—	50

乙酸肉桂酯	—	—	0.3
菠萝酮(Furaneol)	—	—	50
丙酸乙酯	—	—	16
庚酸丁酯	—	—	13
丁酸	—	—	8
乙酸香茅酯	—	—	4
异丁酸乙酯	—	—	10
3-甲硫基丙酸乙酯1%	—	—	20
乙酸龙脑酯	—	—	0.1
辛酸甲酯	—	—	1.0
溶剂	—	—	324.9
总量	1000	1000	1000

注:菠萝醚的结构名称是苯氧乙酸烯丙酯(Allyl Phenoxyacetate)。

菠萝香精的香气分路:

果香韵50%-80%;香草-焦糖香韵5%~30%;酒香韵1%~10%;豆香韵1%~10%;酸香韵0.5~5%;蔬菜香韵1%~10%

菠萝香精的各路香韵原料选择:

(1)果香韵

己酸烯丙酯 10%~30%;庚酸烯丙酯10%~30%;环己基丙酸烯丙酯5%~10%;3-甲硫基丙酸乙酯0.1%~1%;3-甲硫基丙酸甲酯0.1%~1%;丁酸乙酯10%~30%;丁酸异戊酯0.5%~5%;乙酸异戊酯1%~10%;丙酸乙酯1%~5%;乙酸乙酯1%~10%;乙酸己酯1%~5%;甜橙油1%~10%;柠檬油1%~10%;柠檬醛0.1%~1%;桃醛0.1%~1%;椰子醛0.1%~1%

(2)香草-焦糖香韵

香兰素0.5%~5%;乙基香兰素0.1%~1%;麦芽酚1%~10%;乙基麦芽酚5%~15%;10%呋喃酮5%~20%

(3)酒香韵

己酸乙酯1%~10%;庚酸乙酯0.5%~5%;辛酸乙酯0.2%~2%;康酿克油1%~3%

(4)豆香韵

丙位戊内酯0.5%~5%;丙位己内酯0.5%~5%;丙位庚内酯0.3%~3%

(5)酸香韵

乙酸 0.5%~5%;丙酸 0.2%~2%

(6)蔬菜香韵

1%3-甲硫基丙酸 1%~10%

为了进一步提高菠萝香精的像真度,从国内配方实践和国外资料介绍,尚有一部分香料可以使用,例如乙酸庚酯、反式-2-己烯酸乙酯、乙酸糠酯、丁酸甲酯、己酸甲酯、叶醇、反式-3-己烯酸乙酯、3-羟基己酸乙酯、甲硫代丙醛、顺式-4-辛烯酸乙酯、己酸丙酯、异丁酸橙花酯等。

（十一）草莓香精（Strawberry　Flavor）

南洋一带，都习惯把山竹称为"水果之后"，其实在水果王国里，可以称后的还包括草莓。形如鸡心、红似玛瑙的草莓，是一种营养价值很高的水果而被人们冠上"水果王后"的称号。

草莓属蔷薇科植物，有野生和栽培，野生的果实小，色深红，香气较种植的品种强。在欧美各国，草莓是普遍受人喜爱的一种浆果，它不仅作为鲜果消费，食品工业也用以制成果酱、果汁等食品，香料香精工业也用它制成天然草莓香精。近几年来，国内对草莓的培植和消费也在逐步发展。

草莓香精的香气分路：

青香韵15%～40%；香草－焦糖香韵20%～40%；花香韵1%～5%；酸香韵3%～15%；牛奶香韵3%～10%；白脱香韵1%～5%；果香韵10%～50%

草莓香精的各路香韵原料选择：

（1）青香韵

辛炔羧酸甲酯0.01%～0.5%；庚炔羧酸甲酯0.01%～0.5%；乙酰乙酸乙酯2%～10%；叶醇5%～15%；乙酸叶醇酯1%～10%；丁酸叶醇酯1%～10%；己酸叶醇酯5%～15%

（2）香草－焦糖香韵

香兰素0.5%～5%；乙基香兰素0.1%～1%；麦芽酚1%～10%；乙基麦芽酚5%～15%；10%呋喃酮5%～20%

（3）酸香韵

己酸0.5%～4%；2－甲基－2－戊酸1%～8%；2－甲基丁酸0.8%～6%

（4）牛奶香韵

丁位癸内酯1%～5%；丁位十二内酯3%～8%

（5）白脱香韵

3－羟基－2－丁酮1%～3%；戊二酮0.5%～1%；丁二酮0.05%～0.5%

（6）果香韵

草莓醛1%～10%；异戊酸乙酯2%～20%；丁酸乙酯5%～30%；丙酸乙酯1%～5%；乙酸乙酯1%～10%；甜橙油1%～10%；柠檬油1%～10%

草莓的香气由青、甜、酸3种香韵组成，而以青、甜香韵为主。传统调配草莓香精一般都以具有近似草莓香味的草莓醛（3－甲基－3－苯基缩水甘油酸乙酯）和3－苯基缩水甘油酸乙酯（国内称它为草莓酯）为主香。以庚炔羧酸甲酯、乙酰乙酸乙酯、乙酸苄酯、茉莉净油、紫罗兰叶净油等赋予其青香韵。以肉桂酸甲酯、肉桂酸乙酯、玫瑰醇、苯乙醇、香叶油、玫瑰花油、α－紫罗兰酮、β－紫罗兰酮、鸢尾凝脂、麦芽酚、乙基麦芽酚、香兰素等构成其甜韵。酸韵则由乙酸、丁酸、异丁酸等构成。此外，再饰以具有果香的酯类香料。适量的丁二酮可是香精带有奶油样的风味。现举例如下：

原料名称	（1）	（2）	（3）	（4）
草莓醛	100	30.25	130.00	8.00
乙酸乙酯	300		25.00	8.00
苯甲酸乙酯	30			
丁酸乙酯	200		15.00	3.52

亚硝酸乙酯	100			
壬酸乙酯	50			
甲酸乙酯	100			
乙酸戊酯	40		17.00	1.60
苄基丙酮	10			
水杨酸甲酯	20	2.25	3.25	0.40
玉桂油	10			
香豆素	10			
麦芽酚		17.25	35.00	
乙醇 95%		362.05		700
丙二醇		530.00		
乙酸		10.00		
乙酸苄酯		22.75	42.50	0.07
香兰素		11.25	35.00	0.40
肉桂酸甲酯		4.25	17.75	
邻氨基苯甲酸甲酯	2.25	3.25		
庚炔羧酸甲酯		0.20	0.25	
β－紫罗兰酮	2.25		1.60	
γ－十一内酯		2.25	29.25	
丁二酮		2.25	5.00	
大茴香脑		0.75	0.75	
丁酸戊酯			7.50	
戊酸戊酯			7.50	
丁酸			7.50	
异丁酸肉桂酯			3.50	
戊酸肉桂酯			4.75	
康酿克油			0.76	
乙基戊基酮			7.50	
肉桂酸乙酯			26.40	0.40
庚酸乙酯			1.25	
丙酸乙酯			7.50	
戊酸乙酯			30.00	1.60
复盆子酮 10% 乙醇溶液			2.50	
α－紫罗兰酮			3.25	
柠檬汁油			0.50	
橙花油			0.25	
鸢尾凝脂			0.75	
溶剂			530.00	
桑椹醛				3.20

甜橙油				4.80
丁香油				0.40
乙基香兰素				3.20
洋茉莉醛				1.60
丁酸香叶酯				0.40
树兰油				0.01
玫瑰醇				0.80
甘油				50.00
蒸馏水				210.00
总量	1000	1000	1000	1000

随着合成香料的不断发展,可供调配草莓香精时选用的品种也随之增多,乙醇、叶醇与它们的一些酯类、反式-2-己烯醛,2,5-二甲基-4-羟基-3(2H)-呋喃酮、2-甲基-2-戊烯酸、2-甲基-4-戊烯酸以及它们的之类等等,对提高草莓香味的香真度均有一定效果。

(十二)鸡肉香精

鸡是家禽类动物的一个重要组成部分,生鲜鸡肉(除腥气外)通常并无明显的特征香气,经加工后可产生不同的风味,如蒸煮,油炸等,通常鸡肉香精的香气组成包括肉香韵、酸香韵、奶香韵、脂香韵、辛香韵、甜香韵等。表8-3为一种鸡肉香精的主要成分。肉香精通常可用于肉制品、调味品和休闲方便食品中。

表8-3 鸡肉香精的主要成分

序号	原料名称	百分含量
1	3-巯基-2-丁醇	23.75
2	噻唑醇	17.5
3	2-甲基-3-巯基呋喃	5.25
4	10%呋喃酮	4
5	己醛	1.25
6	2-乙酰基噻唑	1.5
7	二聚巯基丙酮	7.5
8	丙位十二内酯	0.5
9	5‰ 2,4-癸二烯醛	6.25
10	5‰ 2,4-壬二烯醛	3.75
11	2,5-二甲基吡嗪	1.25
12	2,3,5-三甲基吡嗪	1.5
13	蒸馏姜油(纯)	1
14	3-甲硫基丙醛	0.5
15	3-甲硫基丙醇	0.75

续表

序号	原料名称	百分含量
16	小香葱油(纯)	12.5
17	大茴香醛	0.25
18	1－辛烯－3－醇	1.25
19	双二硫醚	1.25
20	壬醛	1.25
21	PG	7.25

(十三)牛肉香精

牛是肉类动物的重要组成部分,牛肉也是人们的主要食物之一,牛肉经加工后可产生不同的风味,如蒸煮、红烧、烧烤和油炸等,通常牛肉香精的香气组成包括肉香韵、酸香韵、奶香韵、辛香韵、烘烤香韵和焦甜香韵等。表8－4和表8－5分别列出了两种不同风味的牛肉香精的主要成分。牛肉香精通常可用于肉制品、调味品和休闲方便食品中。

表8－4　烤牛肉香精的主要成分

序号	原料名称	百分含量
1	10%呋喃酮	8.435
2	5%乙麦	0.37
3	3－巯基－2－戊酮	3.775
4	3－巯基－2丁酮	7.4
5	2－甲基－3－呋喃硫醇	5.995
6	双二硫醚	7.92
7	4－甲基－4－巯基－2－戊酮	3.11
8	大茴香醛	2.07
9	2,3,5－三甲基吡嗪	6.515
10	2,5－二甲基吡嗪	2.81
11	5‰反反－2,4－癸二烯醛	5.92
12	己醛	0.23
13	5－甲基糠醛	2.39
14	10%油酸	0.295
15	3－巯基－2－丁醇	2.44
16	10%生姜精油	0.67
17	5%桂皮油	0.205
18	10%肉豆蔻树脂精油	0.12

续表

序号	原料名称	百分含量
19	5% M. C. P	0.445
20	4 乙基愈创木酚	1.48
21	孜然树脂精油	0.885
22	PG	36.52
总计		100

表 8－5　酱牛肉香精的主要成分

序号	原料名称	百分含量
1	2－甲基－3－呋喃硫醇	0.02
2	2－甲基－3－巯基呋喃	0.02
3	桂皮油	0.04
4	3－巯基－2－丁醇	0.08
5	3－甲硫基丙醛	0.02
6	乙酰丙酸甲硫基丙酯	0.12
7	2－甲基四氢噻吩酮	0.04
8	α－甲基－β－羟基－丙基 α－甲基－β－巯基丙基硫醚	0.02
9	2－甲基四氢呋喃－3－硫醇	0.01
10	4－甲基－5(β－羟羟乙基)噻唑	0.15
11	肉豆蔻油	0.08
12	丙酮酸	0.34
13	甲基环戊烯醇酮	0.52
14	丁酸	0.11
15	乙麦	0.13
16	4－乙基愈创木酚	0.04
17	4－甲基－4－糠硫基戊酮－2	0.06
18	二糠基二硫	0.03
18	硫醇	0.05
19	色拉油	98.12
总计		100

(十四)猪肉香精

猪是我国最主要的肉类动物之一,猪肉在我国肉类食品的人均消费量为最大,猪肉经加工后可产生不同的风味,如蒸煮、红烧、烧烤和油炸等。通常猪肉香精的香气组成包括肉香韵、酸香韵、酱香韵、辛香韵、烘烤香韵和焦甜香韵等。表 8 - 6 列出了猪肉香精的主要成分。猪肉香精通常可用于肉制品、调味品和休闲方便食品中。

表 8 - 6 猪肉香精的主要成分

序号	原料名称	百分含量
1	天然提取物	6
2	3 - 巯基 - 2 - 丁醇	10
3	4 - 甲基 - 4 - 糠硫基 - 戊酮 - 2	18
4	4 - 甲基 - 5 - 乙酰氧乙基噻唑	5
5	2 - 乙酰基吡嗪	2
6	2 - 甲基吡嗪	0.85
7	4 - 乙基愈创木酚	2.4
8	10% 丙酮酸	3
9	巯基丙酮	0.65
10	5% 乙麦	5
11	10% 呋喃酮	5
12	二缩醛	1.55
13	2 - 乙酰基噻唑	1
14	丁酸	0.2
15	油酸	0.5
16	3 - 甲硫基丙醛	0.65
17	PG	36.05
18	10% 乙酸	2.15
总计		100

(十五)蟹肉香精

蟹是一种非常重要的水产品,蟹肉的鲜甜美味深受人们的喜爱。蟹肉的香气主要有鲜香韵、甜香韵、奶香韵、清香韵等。表 8 - 7 列出了蟹肉香精的主要成分。蟹肉香精通常可用于肉制品、调味品和休闲方便食品中。

表 8 - 7 蟹肉香精的主要成分

序号	原料名称	百分含量
1	二甲基硫醚	2
2	二甲基二硫醚	1
3	丙二醇	65.45

续表

序号	原料名称	百分含量
4	三甲胺	1.5
5	水	25
6	异丁胺	0.05
7	味精	5
总计		100

(十六)虾肉香精

虾和蟹一样,同样是一种非常重要的水产品,虾肉的美味一直深受人们的喜爱。虾肉的香气主要有鲜香韵、甜香韵、清香韵等。表8-8列出了虾肉香精的主要成分。虾肉香精通常可用于肉制品、调味品和休闲方便食品中。

表8-8 虾肉香精的主要成分

序号	名 称	百分含量
1	N-(3-甲硫基丙烯基)-哌啶	1.4
2	N-(3-甲硫基丙烯基)-二乙胺	1.2
3	苯乙胺	2.4
4	四氢吡咯	0.48
5	2-乙酰基吡啶	0.28
6	10% 2,4,6-三甲基-1,3,5-二噻嗪	0.6
7	5% 四氢噻吩-3-酮	1.6
8	5% 2-甲基四氢噻酚酮	1.6
9	2-甲基吡嗪	1.6
10	10% M.C.P	3
11	10% 呋喃酮	3
12	5% 乙麦	2
13	4,5-二甲基-2-乙基甲硫基噻唑林	0.8
14	10% 丁酸	2
15	10% 黑胡椒油	25
16	10% 白胡椒油	10
17	10% 冷榨姜油	8
18	10% 花胡椒树脂油	2
19	10% 水性辣椒油	0.6
20	10% 肉豆蔻树脂精油	0.6

续表

序号	名　　称	百分含量
21	1%　莳萝醛	0.2
22	10%　芫荽籽油	1
23	PG	30.64
总计		100

思考题

1. 简述香精和香料的区别。
2. 食用香精的定义是什么?
3. 香精香料是如何分类的,可以分多少种类?
4. 主要的食用香精香料有哪些?

第九章　食品调味剂

学习目的与要求

熟悉味觉产生的生理基础、基本味、味的相互作用以及调味原理与方法，了解几种主要滋味物质；掌握食品调味剂的定义、分类和安全使用，熟悉主要酸度调节剂、甜味剂、增味剂的主要特性及使用中注意的问题；了解食品调味剂的发展状况。

食品的属性包括3大类，一类是基本属性，即营养性和安全性，如碳水化合物、脂肪、蛋白质、水和矿物质所具有的营养特性；其次是修饰属性，即嗜好性，如食品的色、香、味、等成分所具有的特性；最后一类是生理属性，是指食品调节生理的功能。随着人们生活水平的提高，在保证食品的营养和卫生质量的前提下，人们更注重食品的色、香、味，香气袭人、津津有味的食品不仅能增进食欲、促进消化和吸收，同时还给我们一种愉悦的享受。这里的味就是人们平常所说的味道或称滋味，食品的滋味是影响食品美味的一个重要因素。

第一节　味觉的概述

一、味觉的生理学

在人的感觉中，味觉是由化学物质引起的，故称为化学感觉。味是食品中可溶性成分溶于唾液或食品的溶液刺激舌表面的味蕾，再经过味觉神经传入神经中颅，进入大脑皮层，产生的味觉。人的舌部味蕾有2000～9000个，婴儿的味蕾可超过10000个，随着年龄增长，味蕾渐渐减少，味觉减退。味蕾位于舌的乳头上，味蕾由数10个味细胞和支持细胞组成，味觉细胞末端有纤毛从味孔伸出舌面，味觉细胞连接着神经末稍。味蕾在舌头上的分布是不均匀的，因而舌头的不同部位对味觉的分辨敏感性也有一定的差异。一般来讲，舌尖对甜味、舌根对苦味、舌靠腮的两边对酸味、舌的尖端到两边的中间对咸味最敏感。

衡量味敏感性的大小通常用呈味阈值来表示，它是指感受到某种物质的最低浓度；物质的阈值越小，表示其敏感性越强。几种呈味物质的阈值见表9－1。

表9－1　几种呈味物质的阈值

物质	蔗糖	食盐	柠檬酸	盐酸奎宁
味觉	甜	咸	酸	苦
质量分数/%	0.5	0.08	0.0025	0.00005

二、基本味

自古人们就试图对味进行分类，到19世纪把基本味分成酸、咸、苦、甜四类。1916年Henning 提出了有名的四原味说(味的正四面体说),他把四种基本味放在正四面体的角上,某味若是两个基本味混合的,就在四面体的边上,若是三味混合则在面上,若是四味混合在四面体的内部,这种分类方法是在有关味觉的近代研究还没有开始时期就固定下来了。此后,开始了电气生理学的研究,也是按照有四种基本味的观点进行研究。后来发现还存在仅用四种基本味无法表现的味,谷氨酸钠的鲜味是其中一种,在对鲜味的研究过程中,发现了仅用四原味难以说明的味觉作用。因此 Henning 四原味说成了古典学说。后来人们认为味本来是连续的,要把所有的味划分为基本味是不可能的。但是基本味这一概念在现实中仍是一个极为有依据的概念,有人提出作为基本味应具备的条件:明显地与其他味不同;不是特殊物质的味,而呈这种味的物质存在于许多食品中;将其他基本味混合无法调出该味;与其他基本味的受体不同;存在传递该味情报的单一味觉神经。

这样,由于辣味是刺激口腔黏膜引起的痛觉;涩味是舌头黏膜蛋白质被作用而凝固引起的收敛作用,这是触觉神经末梢受到刺激而产生的,因此有人认为这两种味都不是由味觉神经而产生的,不应属于基本味,不过,很多国家都把它们作为基本味。

尽管各国习惯不同,味觉分类也不尽相同,但在各国的基本味中都包含酸、甜、苦、咸。我国把基本味分为酸、甜、苦、咸、鲜、辣、涩七味。日本分为酸、甜、苦、咸、鲜五味。欧美国家分为酸、甜、苦、咸、辣、金属味六味。

在食品中,甜味一般是补充热量的反映,酸味一般是新陈代谢加速的反映,咸味一般是帮助、保护体液平衡的反映,苦味一般是有害物质的反映,鲜味一般是蛋白质营养源的反映。食品中各种风味都是一定物质的信号,依据这些知识和人们的心理来合理地利用添加剂,可以使食品香甜可口、营养丰富,达到最佳目的。

三、不同味觉的相互作用

呈味物质由于受到其他味的作用,会改变其本身的强度及至影响到味觉,因此味觉有以下一些特殊现象:

(一)对比现象

同时或先后受到两种不同的味刺激时,由于其中一个味的刺激而改变另一个味的刺激强度,这称为味的对比现象。例如,在蔗糖水溶液中加入小量食盐会使其甜度增强。

(二)消杀现象

两种味存在的时候,一方或两方的味均受到减弱的现象称为消杀现象。例如,在橙汁里加入少量的柠檬酸则甜味减弱,若加入蔗糖则酸味减少。

(三)相乘现象

将两种呈味成分混合,由于相互作用,其味感强度超过单个呈味成分的强度之和,这称为味的相乘现象。例如,将味精与肌苷酸共同使用时,其鲜味强度超过两者分别使用时的好几倍。

(四)变调现象

由于先食入的食物的影响,而改变了后食入的食物的味感,这叫做味的变调现象。例如,吃了苦的食物后,再喝清水也有甜的感觉。

四、调味的基本原理

各国人民在长期的实践中形成了相对独特的味觉爱好和调味方式。中国的饮食文化博大精深,在色、香、味中又以味为重。人们常说"酸、甜、苦、辣、咸"五味俱全,实际上绝大多数情况下人们尝到的都是一种复合味道。这就不得不让我们探寻味的组合规律,并把它运用到实际中去。

味的组合千变万化,但万变不离其宗,调好酸甜苦辣就能调出美味佳肴。大味必巧,巧而无痕,只有练好内功,很好掌握调味的基本原理,并充分运用味的组合原则和规律,才能识得真滋味,调出人人喜爱的好味道。

调味是将各种呈味物质在一定条件下进行组合,产生新味,其过程应遵循以下原理:

(一)味强化原理

即一种味加入会使另一种味得到一定程度的增强。这两种味可以是相同的,也可以是不同的,而且同味强化的结果有时会远远大于两种味感的叠加。如0.1%胞氨酸(CMP)水溶液并无明显鲜味,但加入等量1%谷氨酸钠(MSG)水溶液后,则鲜味明显突出,而且大幅度地超过1% MSG水溶液原有的鲜度。若再加入少量的琥珀酸或柠檬酸,效果更明显。又如在100mL水中加入15g的糖,再加入17mg的盐,会感到甜味比不加盐时要甜。

(二)味掩蔽原理

即一种味的加入,而使另一种味的强度减弱,乃至消失。如鲜味、甜味可以掩盖苦味,姜、葱味可以掩盖腥味等。味掩盖有时是无害的,如香辛香料的应用,但掩盖不是相抵,在口味上虽然有相抵作用,但被"抵"物质仍然存在。

(三)味派生原理

即两种味的混合,会产生出第三种味。如豆腥味与焦苦味结合,能够产生肉鲜味。

(四)味干涉原理

即一种味的加入,会使另一种味失真。如菠萝或草莓味能使红茶变得苦涩。

(五)味反应原理

即食品的一些原理或化学状态还会使人们的味感发生变化。如食品黏稠度、醇厚度能增强味感,细腻的食品可以美化口感,pH <3的食品鲜度会下降。这种反应有的是感受现象,原味的成分并未改变,例如:黏度高的食品由于延长了食品在口腔内黏着时间,以改舌上的味蕾对滋味的感觉持续时间也被延长,这样当前一口食品的呈味感受尚未消失时,后一口食品又触到味蕾,从而产生一个处于连续状态的美味感,醇厚是食品中的鲜味成分多,并含有肽类化合物及芳香类物质所形成的,从而可以留下良好的厚味。

五、调味方法

由于食品的种类不同,往往需要各自进行独特的调味,同时用量和使用方法也各不相同,因此只有调理得当,调味的效果才能充分发挥。

调味是一个非常复杂的过程,它是动态的,随着时间的延长,味还有变化。尽管如此,调味还是有规律可循的,只要了解了味的相加、相减、相乘、相除,并在调料中知道了它们的关系,及原料的性能,运用调味公式就会调出成千上万的味汁,最终再通过实验确定配方。

(一)味的增效作用

味的增效作用也可称味的突出,即民间所说的提味,是将两种以上不同味道的呈味物质,按悬殊比例混合使用,从而突出量大的呈味物质味道的调味方法。也就是说,由于使用了某种辅料,尽管用量极少,但能让味道变强或提高味道的表现力。如少量的盐加入鸡汤内,只要比例适当,鸡汤立即出现特别的鲜美。所以说要想调好味,就必须先将百味之主抓住,一切都迎刃而解了。

调味中咸味的恰当运用是一个关键。当食糖与食盐的比例大于10:1时可提高糖的甜味,反过来时会发现不光是咸味,似乎会出现第三种味了。这个实验告诉我们,此方式虽然是靠悬殊的比例将主味突出,但这个悬殊的比例是有限的,究竟什么比例最合适,这要在实践中体会。

调味公式为:主味(母味)+子味A+子味B+子味C=主味(母味)的完美。

(二)味的增幅效应

味的增幅效应也称两味的相乘,是将两种以上同一味道物质混合使用导致这种味道进一步增强的调味方式。如姜有一种土腥气,同时又有类似柑橘那样的芳香,再加上它清爽的刺激味,常被用于提高清凉饮料的清凉感;桂皮与砂糖一同使用,能提高砂糖的甜度;5′-肌苷酸与谷氨酸相互作用能起增幅效应产生鲜味。

在烹调中,要提高菜的主味时,要用多种原料的味扩大积数。如想让咸味更加完美时,你可以在盐以外加入与盐相吻合的调味料,如味精、鸡精、高汤等,这时主味会扩大到成倍的盐鲜。所以适度的比例进行相乘方式的补味,可以提高调味效果。

调味公式为:主味(母味)×子味A×子味B=主味积的扩大

(三)味的抑制效应

味的抑制效应又称味的掩盖,是将两种以上味道明显不同的主味物质混合使用,导致各种物质的味均减弱的调味方式,即某种原料的存在而明显地减弱了其显味强度。如在较咸的汤里放少许黑胡椒,就能使汤味道变得圆润,这属于胡椒的抑制效果;如辣椒很辣,在辣椒里加上适量的糖、盐、味精等调味品,不仅缓解了辣味,味道也更丰富了。

调味公式为:主味+子味A+主子味A=主味完善

(四)味的转化

味的转化又称味的转变,是将多种不同的呈味物质混合使用,使各种呈味物质的本味均发生转变的调味方式。如四川的怪味,就是将甜味、咸味、香味、酸味、辣味、鲜味等调味品,按相同比例融和,最后导致什么味也不像,称之为怪味。

调味公式为:子味A+子味B+子味C+子味D=无主味

总之,调味品的复合味较多,在复合味的应用中,要认真研究每一种调味品的特性,按照复合的要求,使之有机结合科学配伍,准确调味,防止滥用调味料,导致调料的互相抵消,互相掩盖,互相压抑,造成味觉上的混乱。所以,在复合调味品的应用中,必须认真掌握,组合得当,勤于实践,灵活运用,以达到更好的整体效果。

第二节 滋味物质

依据我国把基本味分为酸、甜、苦、咸、鲜、辣、涩七味,本节介绍酸、甜、苦、咸、鲜、辣、涩七味的滋味物质,酸、甜、鲜 3 种滋味的物质在后面的酸度调节剂、甜味剂和增味剂章节还将详细介绍。

一、甜味物质

甜味是人们最爱好的基本味感,常用于改进食品的可口性和某些食用性。说到甜味,人们很自然地就联想到糖类,它是最有代表性的天然甜味物质。除了糖及其衍生物外,还有许多非糖的天然化合物、天然物的衍生物和合成化合物也都具有甜味,有些已成为正在使用的或潜在的甜味剂。

二、酸味物质

酸味感是动物进化最早的一种化学味感。许多动物对酸味刺激都很敏感,人类由于早已适应酸性食物,故适当的酸味能给人以爽快的感觉,并促进食欲。

一般来说,具有酸味的食品添加剂在溶液中都能解离出 H^+(反之不一定)。

三、鲜味物质

鲜味是一种复杂的综合味感。当鲜味剂的用量高于其单独检测阈值时,会使食品鲜味增加,但用量少于其阈值时,则仅是增强风味。

目前出于经济效益、副作用和安全性等方面的原因,作为商品的鲜味剂主要是谷氨酸型和核苦酸型。

四、咸味物质

不少中性盐都显示出咸味,但除氯化钠外其他的味感均不够纯正。出于生理需要及安全性,目前食品中的咸味剂除葡萄糖酸钠及苹果酸钠等几种有机酸钠盐可用于无盐酱油和肾脏病人食品外,基本上仍用氯化钠。据报道,氨基酸的钠盐也都带咸味。用 86% 的 $H_2NCOCH_2N_+H_3C1^-$ 加入 14% 的 5′-核苷酸钠,其咸味与食盐无区别,有可能成为潜在的食品咸味剂。

五、辣味物质

辣味是辛香料中一些成分所引起的味感,是一种刺痛感和特殊的灼烧感的总和。它不但刺激舌和口腔的味觉神经,同时也会机械刺激胃腔,有时甚至对皮肤也产生灼烧感。适当的辣味有增进食欲、促进消化分泌的功能,在食品调味中已被广泛应用。

天然食用辣味物质按其味感的不同,大致可分成下列 3 大类。一类是热辣(火辣)味物质,如辣椒、胡椒、花椒等,热辣味物质是一种无芳香的辣味,在口中能引起灼烧感觉;二类是辛辣(芳香辣)味物质,如姜、肉豆蔻、丁香辛辣味物质是一类除辣味外还伴随有较强烈的挥发性芳香味物质;三类是刺激辣味物质,如蒜、葱、韭菜、芥末、萝卜,刺激辣味物质是一类除能刺激舌和口腔黏膜外,还能刺激鼻腔和眼睛,具有味感、嗅感和催泪性的物质。

六、苦味物质

单纯的苦味是不可口的,但苦味在调味和生理上都有其重要作用。食品中有许多本身就带有天然苦味的物质。如茶叶、咖啡、可可、啤酒、苦瓜等。从这些天然食品中,我们可以感觉到,就味觉本身来说,如果苦味得当,能起到丰富和改进食品风味的作用。

另一方面,苦味在生理上对味感受器起强有力的刺激,这种刺激有一定的医疗作用,某些消化器官活动发生障碍的人,味觉会出现衰退或减弱现象,而强烈的、不可口的苦味对其味觉器官进行强烈的刺激,有可能很容易地恢复灵敏的、正常的味觉。

(一)化学结构

从化学结构上说,苦味剂的分子中的键型主要是:

(1)盐键型:分子中有 Cs^+、Rb^+、K^+、Ag^+、Hg^{2+}、R_3S^+、R_4N^+、RNH^+、NH_3 等,它们大都属于破坏性离子,能相当自由地出入生物膜,破坏某些有机体,所以有苦味。

(2)氢键型:在苦味分子中有分子内氢键,而且形成氢键的基团的距离在1.5A以内,这种结构对味觉的刺激是产生苦味。

(3)疏水键型:主要是内脂类结构可以产生苦味。

苦味物质的阈值要比酸味、甜味的低。

(二)分类

苦味物质中与食品直接有关的主要是以下4类:

(1)生物碱类

结构的母体是嘌呤,如咖啡碱、可可碱、茶碱等,存在于可可制品、茶叶制品、巧克力等食品中。这类物质具有一定的生理作用,因此,还被加入某些可乐型饮料中。

(2)苷类

母体结构为黄酮苷,如新橙皮苷、柚皮苷等,存在于柑橘类制品及果汁、饮料中。

(3)酮类

母体结构为 α 酸,如存在于酒花、啤酒中的蛇麻酮等,形成啤酒独特的风味。

(4)肽类

对30多种氨基酸味道的测试发现,有20多种带苦味。含有亮氨酸、苯丙氨酸等疏水性氨基酸和精氨酸的肽都有苦味,所以有些有苦味的天然食物含有较高的氨基酸。

苦味没有独立的味道价值,无专门的食品苦味添加剂,但却有苦味物质的应用:“小苦而味成”,如配制某些食品香料时就加入了苦味的氨基酸,使香精的整体风味带有浓厚的后味。没有这种苦味,香精的风味就不丰满。

七、涩味物质

涩是一种与味相关的现象,表现为口腔组织引起粗糙折皱的收敛感觉和干燥感觉,这通常是由于涩味物质与黏膜上或唾液中的蛋白质生成了沉淀或聚合物而引起的,因此也有人认为涩味不是作用于味蕾产生的味感,而是由于触觉神经末稍受到刺激而产生的。

由于很多人不大了解涩味的本质,加上许多涩味物质也会引起苦味,故两者常易被人混淆。引起涩味的分子主要是单宁等多酚类化合物。此外某些金属、明矾、醛类等也会产生涩感,单宁分子具有很大的横截面,易于同蛋白质发生疏水结合;同时它还含有许多能转变为醛式结构的苯酚基团,也能与蛋白质发生交联反应,这种疏水作用和交联反应都可能是形成涩感的原因。

第三节　酸度调节剂

酸度调节剂是用以维持或改变食品酸碱度的物质。酸度调节剂能赋予食品以酸味,改善食品风味,并能给味觉以爽快的刺激,可促使唾液、胃液、胆汁等消化液,具有促进食欲和消化作用。

酸度调节剂能给感觉以爽快的刺激,具有增进食欲的作用。酸度调节剂一般都具有一定的防腐效果,又有助于溶解纤维素及钙、磷等物质,可以帮助消化,增强营养的吸收,具有一定的杀菌解毒功效。

一、酸度调节剂分子呈味原理

一般来说,具有酸味的食品添加剂在溶液中都能解离出 H^+(反之不一定)。酸味是味蕾受到 H^+ 刺激的一种感觉。酸度调节剂的阈值与 pH 的关系是:无机酸的阈值为 pH3.4~3.5,有机酸在 pH3.7~4.9 之间。但是酸味感的时间长短并不与 pH 成正比,解离速度慢的酸味维持时间久,解离快的酸度调节剂的味觉会很快消失。

酸味就是氢离子的味,但是在同一 pH 条件下,由于酸的阴离子不同,酸味的强度也不一样。在相同 pH 下不同酸的强弱顺序为醋酸 > 蚁酸 > 乳酸 > 草酸 > 盐酸。在相同 pH 时一般有机酸的强度大于无机酸。酸味物质中的阴离子对酸的强溶的影响是由于对味细胞的吸附方式不同所引起。Beidler 认为由于有机酸比无机酸容易吸附于味细胞膜,吸附在膜上的有机酸的负电荷中和膜表面的正电荷,结果膜表面的正电荷减少,从而减少对氢离子的排斥力。所以,酸味的强弱不完全取决于 pH,调味过程不以 pH 表示酸味的强弱,通常以柠檬酸为标准(相对酸度 100),其他酸度调节剂的酸度分别为苹果酸 100~110、醋酸 100~120、乳酸 110~120、酒石酸 120~130、富马酸 180~260、磷酸 200~230、延胡索酸 263,L-抗坏血酸 50。

二、酸度调节剂的种类与特性

虽然酸味来自氢离子,但并不是所有的酸都是有酸味,如石炭酸没有羧基而不呈酸味。有机酸的味质各不相同,这与酸分子中阴离子构成的不同有关。酸度调节剂分子根据羟基、羧基、氨基的有无,数目的多少,在分子结构中所处的位置,而产生不同的风味。通常羟基能使有机酸的酸味较柔和、圆滑而无刺激性,羟基数目多的有机酸呈现的酸味较丰富。

目前在食品中常用的酸度调节剂是以下几种:磷酸、柠檬酸、酒石酸、偏酒石酸、苹果酸、延胡索酸、抗坏血酸、乳酸、葡萄糖酸、乙酸和琥珀酸。按其口感(愉快感)的不同可分成:

(1)具有令人愉快感的酸度调节剂,如柠檬酸、抗坏血酸、葡萄糖酸和 L 苹果酸。

(2)伴有苦味的酸度调节剂,如 dl - 苹果酸。

(3)伴有涩味的酸度调节剂,如磷酸、乳酸、酒石酸、偏酒石酸、延胡索酸。

(4)有刺激性气味的酸度调节剂,如乙酸。

(5)有鲜味、异味的酸度调节剂,如谷氨酸、琥珀酸。

各种酸的性质不同,其呈味性也不同。磷酸有涩辣味,可突出可乐型饮料的香型;柠檬酸的酸味缓和爽口,使用最多;苹果酸酸味保留时间长,可改善甜味剂及药物的余味 - 酒石酸具有独特的香味。只使用柠檬酸(除柠檬汁外),产品口感显得比较单薄,因为柠檬酸的刺激性较强,起酸快,酸味消失也快,回味性差。而苹果酸则平和,起酸慢,酸味消失也慢,回味长。所以柠檬酸常与其他酸度调节剂如苹果酸、酒石酸同用,以使产品味道浑厚丰满。

在使用中,酸度调节剂与其他调味剂的作用是:酸度调节剂与甜味剂之间有消杀现象。两者易互相抵消,故食品加工中需要控制一定的糖酸比。酸味与苦味、咸味一般无消杀现象。酸味与涩味物质混合,会使酸味增强。

三、酸度调节剂在食品加工中的作用

酸度调节剂的风味对产品的风味有明显的影响,因此,在使用时必须掌握下述正确的用量和方法。可以利用酸度调节剂具有以下作用,为食品加工服务。

(1)改善食品的风味和糖酸比。柠檬酸的酸味可以掩蔽或减少某些不希望的异味,对香味有增强效果和合香的效果。未加酸度调节剂的糖果、果酱、果汁、饮料等味道平淡,甜味也很单调。加入适量的酸度调节剂来调整糖酸比,就能使食品的风味显著改善,而且会使掩蔽的风味满意地再现,使产品更加适口。柠檬酸也可以同其他酸度调节剂共同使用,来模拟天然水果、蔬菜的酸味。

(2)产品酸味的调整。许多食品原料常因品种、产地、成熟度、收获期的不同,酸的含量也不同。这将使制成品的酸度发生差异,所以常使用柠檬酸来调整产品的酸味,使其达到适当的标准来稳定产品的质量。

(3)螯合作用。柠檬酸具有螯合金属离子的能力,尤其是对铁和铜。而这些金属离子是含类脂物食品的氧化变质、果蔬褐变、色素变色的因素之一,因此,食品中添加适量柠檬酸,可以抑制金属离子的不利影响。在食品工业中,柠檬酸是用得最广泛的螯合剂。

(4)杀菌防腐。一般有害微生物在酸性环境中不能存活或繁殖。因此,对一些不经加热杀菌的食品,加入一定量的柠檬酸,可起防腐作用而延长贮存期。对一些采用高温杀菌会影响质量的食品,如果汁、水果及蔬菜制品,也常添加柠檬酸,以降低杀菌温度和加热时间,从而达到保证质量的杀菌效果。

四、使用酸度调节剂的注意事项

(1)酸度调节剂大都电离出 H^+,它可以影响食品的加工条件,可与纤维素、淀粉等食品原料作用,和其他食品添加剂也互相影响。所以工艺中一定要有加入的程序和时间,否则会产生不良后果。

(2)当使用固体酸度调节剂时,要考虑它的吸湿性和溶解性,以便采用适当的包装和配方。

(3)阴离子除影响酸度调节剂外,还能影响食品风味,如盐酸、磷酸具有苦涩味,会使食品风味变劣。而且酸度调节剂的阴离子常常使食品产生另一种味,这种称为副味,一般有机酸可具有爽快的酸味,而无机酸一般酸味不很适口。

(4)酸度调节剂有一定刺激性,能引起消化功能疾病。

五、影响酸味的因素

呈酸味的本体是氢离子,酸味的强度与酸的浓度之间不是简单的相关关系,在口腔中造成的酸味感觉与酸根(阴离子)种类、pH、温度、缓冲效应、可滴定酸度、其他物质(如盐、糖)及其他酸的存在有关。

由于温度影响酸度调节剂的解离程度,即影响溶液中氢离子的浓度,因此当温度升高时,溶液中 H^+ 浓度增大,酸味增强;但如果温度继续上升,味蕾细胞的敏感度却下降,对酸的味感反而减弱。因此有酸味的食物或饮料,一经加温会感到更酸,如黄酒经过热烫后,口感会很酸,人们在饮用时往往加糖来减少酸味。一般而言,当溶液温度接近舌温时,人们对酸味的感受达到最大值。

在呈酸味的溶液中加入乙醇会使溶液中游离的氢离子减少,从而降低了酸味,同时酒味也减少了,如鸡尾酒。

六、主要酸度调节剂

(一)柠檬酸(Citric acid)

柠檬酸(Litric acid)又名枸橼酸,学名为2-羟基丙烷-1,2,3-三羧酸,美国CA索引名为Propane,1,2,3-tricarboxylic acid-2-hydroxy。

柠檬酸最早是从柠檬汁中提取和结晶的,直到1891年才发现微生物具有产酸的能力。初期是采用浅盘发酵法生产柠檬酸,到了1952年美国的Mile首先采用深层发酵法大规模生产。目前国内大多数是利用薯类原料发酵生产的,由于产量的大幅度增加,中国已成为柠檬酸生产大国。

柠檬酸为无色透明晶体或白色粗至细粉结晶;无臭,有强酸味;易溶于水、乙醇,溶于乙醚。分为无水物和一水物两种,无水物在空气中易风化,工业上大多为一水柠檬酸。它在干燥的空气中微有风化,在潮湿空气中微有潮解,贮藏时要注意。水溶液呈酸性,其2%的水溶液pH为2.1,添加时应注意。

柠檬酸酸味纯正、温和、芳香可口,是食品加工中应用最广泛的一种酸味调节剂。柠檬酸能抑制细菌繁殖,对金属离子螯合力强,可作为抗氧化增效剂和护色剂,用于各类食品,如汽水、果汁饮料、水果罐头、果冻、果酱、水果硬糖、冷饮等产品。在饮料中应用时通常先规定饮料成品的酸含量,然后根据原料的含酸量计算添加量,一般用量为1.2~1.5g/kg;用于糖水罐头的糖水中,一般用量为桃0.2%~0.3%、橘片0.1%~0.3%、梨0.1%、荔枝0.15%,具体视成品酸度要求而定。糖水宜现用现配,加酸后的糖液要在2h内用完,以防产生转化糖;在硬性糖果中一般添加4~14g/kg;在蔬菜罐头中常作为pH调节剂,在预煮时添加0.7~1g/kg。正常的使用可认为是无害的,可在各类食品中按正常生产需要添加。生物试验结果表明,柠檬酸及其钾、钠、钙盐对人体没有明显危害。ADI值无限定,LD_{50}为883mg/kg(大鼠,腹腔注射)。

(二)乳酸(Lacticacid)

乳酸(Lactic acid)又名α-羟基丙酸、2-羟基丙酸,广泛存在于自然界中,许多发酵食品例如腌菜、酸菜、泡菜、酱菜、酸乳、发酵醪、啤酒中均含有乳酸。乳酸味酸,有收敛性;与水、乙醇、甘油、丙酮、乙醚任意比例混溶,不溶于三氯甲烷、石油醚,有防止腐败发酵和较强的杀菌作用。

乳酸在食品、医疗、农业和其他工业部门都有广泛的用途。由于它酸性稳定,有助于改进食品风味,延长保藏期,因此在食品工业中广泛用作酸度调节剂,常用于乳酸菌饮料、果酱、果冻、糖果、冷饮等。在咸酸菜等食品和面包里调整 pH 时,也可使用乳酸。参考用量为软饮料 34mg/kg、冷饮 66mg/kg、糖果 130mg/kg。在调和清酒中添加 0.03% ~0.04% 乳酸和琥珀酸后,可以达到增强风味和防腐作用。

乳酸有 DL 型、D 型、L 型 3 种异构体,L 型为哺乳动物的正常代谢产物。分别对大白鼠给予 1700mg/kg 的 3 种乳酸,口服 3h 处死,结果 L 型使肝中肝糖增高,40% ~95% 在 3h 内吸收转化;D 型使血中乳酸盐升高,从尿中排出。建议对 3 个月以下婴儿以使用 L 型乳酸为好。ADI 无限定,LD_{50}为 3730mg/kg(大鼠,经口)。

(三)苹果酸(Malice acid or apple acid)

苹果酸(Malice acid or apple acid)又名羟基琥珀酸、羟基丁二酸,学名 Butanedioic acid - 2 - hydroxy。苹果酸广泛存在于自然界的各种生物体中,许多水果如苹果、樱桃、葡萄和柠檬等均含有丰富的苹果酸。

苹果酸为无色至白色结晶或结晶性粉末;无臭或稍有异味,有特殊刺激酸味,易溶于水和乙醇,微溶于乙醚。其酸味比柠檬酸强,但酸味刺激缓慢,保留时间长,特别适合用于水果为基料的食品。作为酸度调节剂,苹果酸在加工和配制各种饮料、果酒、果冻、果酱等时均可使用。参考用量为果酱 0.2% ~0.3%、饮料 0.25% ~0.55%、糖果 0.05% ~0.1%。当苹果酸与柠檬酸之比等于 1:0.4 时,酸味接近天然苹果味,工业上常将二者复合使用,以互补优缺点,但其价格较贵,故没有柠檬酸应用广泛。另外,在制造白醋时可添加苹果酸作为乳化稳定剂用,也可添加至蛋黄酱、人造奶油等食品里。ADI 不作规定,LD_{50}为 1.6 ~3.2g/kg(大鼠,1% 水溶液经口);高浓度时对皮肤、黏膜有刺激作用。

目前利用化学合成法、发酵法和酶法转化法来生产苹果酸。

(四)酒石酸(Tartaric acid)

酒石酸(Tartaric acid)又名 2,3 - 二羟基丁二酸,有 4 种光学异构体。除葡萄等植物果实里存在的 D 型外,还有 L 型、DL 型和内消旋型,常用的是 D - 酒石酸和 DL - 酒石酸。D 型为无色透明棱柱状结晶或白色细粗结晶粉末,无臭、味酸,有少许涩味,但爽口,易溶于水、乙醇,不溶于氯仿,可作增香剂速效膨松剂酸性物料。用于饮料时,多与柠檬酸、苹果酸等合用,用量 0.1% ~0.2%,最适合用于葡萄汁及其制品;作为增香剂参考用量为软饮料 960mg/kg、冷饮 570mg/kg、糖果 5400mg/kg、胶姆糖 3700mg/kg。DL 型为五色透明晶体或白色结晶糊末,可作为乳化剂,低温时溶解度低且易生成不溶性钙盐,但在发泡粉末果汁中使用 10% ~20%,比 D 型稳定。酒石酸的产品 pH 在 2.8 ~3.5 较合适,对浓缩番茄制品则以保持 pH 不高于 4.3 为好,一般用量 0.1% ~0.3%。一般不必考虑其毒性,但内服 75 ~90g 有死亡例子。D 型 ADI 为 0 ~30mg/kg((以 L - 酒石酸计);LD_{50}为 4.36g/kg(小鼠、经口);DL 型,ADI 未规定。

(五)偏酒石酸(Metatartaric acid)

偏酒石酸(Metatartaric acid)微黄轻质多孔性固体,无味;有吸湿性,但难溶于水,使用时需加热至沸腾5min才会溶解;可与钾、钙离子络合成可溶性络合物,会使酒石磷酸盐(钾和钙)呈溶解状态,从而控制结晶性沉淀;多用于生产葡萄汁或罐头,添加量2%,避免使用金属容器。经动物试验未发现动物发生异常变化。

(六)富马酸(Fumaric acid)

富马酸(Fumaric acid)又名反丁烯二酸、延胡索酸,可利用化学合成法和发酵法生产。富马酸白色颗粒或结晶性粉末;无臭、有特殊强酸味;溶于乙醇,微溶于水和乙醚,极难溶于三氯甲烷;如果长时间地在水中煮沸,就会变成DL-苹果酸。通常与柠檬酸等其他有机酸一起配合使用,用于清凉饮料和果汁中,其最大用量为汽水0.3g/kg、果汁0.6g/kg。作增味剂用于口香糖最大用量为4g/kg。也有资料报道,富马酸具有一定的防腐作用,可用于各类食品;ADI为0~6mg/kg;LD_{50}为8g/kg(小鼠、经口),富马酸的异构体/顷丁烯二酸有毒性。

(七)磷酸(Phosphoric acid)

磷酸(Phosphoric acid)为无色透明稠厚液体,含量为85%的磷酸;相对密度为1.59,极易与水、乙醇混溶,溶解时放热。作为酸度调节剂可用于复合调味料、罐头、可乐型饮料、干酪、果冻,用量按正常生产需要适量使用。磷酸的酸味辛辣具收敛性,主要用于可乐型饮料,它是构成可乐风味不可缺少的风味促进剂,常用量为0.06%;用于虾罐头为850mg/kg、蟹肉罐头为5g/kg。用含0.4%及0.75%磷酸的饲料喂食大白鼠,经90周的三代试验,结果对生长和繁殖没有发现有不良影响。在血液及病理学上也没有发现异常。ADI为0~7mg/kg(以P计),浓溶液对皮肤有腐蚀作用。

(八)乙酸(Acetic acid)

乙酸(Acetic acid)俗名醋酸,浓度98%以上时,在16℃以下呈冰样针状结晶,又称为冰醋酸,为无色透明液体,味极酸,有强烈刺激臭,可与水、乙醇、甘油混溶。一般可直接使用,常稀释后再使用,主要用于配制合成食醋、复合调味料及一些像酸辣菜、酸黄瓜、凉拌菜等罐头食品中。在凉拌菜和酸辣菜中添加0.4%~0.6%(以醋酸计);酸黄瓜中添加1%左右。曲酒调香用量约为0.01%~0.03%;每人每天吃入1g的醋酸没有不良作用,但长期大量食用被认为是引起Laennec型肝硬化的因素。ADI无限定,LD_{50}为4.96g/kg(小鼠,经口),浓醋酸有腐蚀性、刺激性,对皮肤有灼烧作用。

第四节 甜味剂

一、甜味剂的定义

甜味剂是赋予食品以甜味的物质。

最近,国际生命科学学会(ILSI)所召开的国际会议中有关专家对甜味剂的含义作了新的解释,认为甜味剂的正确含义应包括3个内容,即:

糖(sugar),指碳水化合物中的单糖和双糖。糖类是最具代表性的物质,糖可以以单糖为基本单位进行聚合,但只有低聚糖有甜味,甜味随聚合度的增高而降低,以致消失。在糖类中一般能形成结晶的都具有甜味。除了蔗糖外,我们经常用的糖还有乳糖。虽然乳糖对亚洲人有些不适应,但是可适当地应用于食品中。乳糖易溶、风味清爽、甜度较低,可用于糖果、巧克力中。最近,已在亚洲各国的食品中使用,甚至被作为汤料的载体、天然着色剂的填充料等,很有发展前景。

糖替代品(sugar replacers),指碳水化合物中经氢化的单糖和双糖。

高强度甜味剂(intense sweeteners),指无热量的非营养甜味剂,包括合成的和天然的高强度甜味剂。

二、甜味剂的相对甜度

甜味剂甜味的高低、强弱称为甜度,但甜度不能绝对地用物理和化学方法来测定。测定甜度只能凭人们的味觉来判断,所以迄今为止尚无一定的标准来表示甜度的绝对值。因为蔗糖为非还原糖,其水溶液较为稳定,所以选择蔗糖为标准,其他甜味剂的甜度是蔗糖比较的相对甜度。表 9 -2 为各种甜味剂的相对甜度。

表 9 -2　各种甜味剂的相对甜度

甜味剂	相对甜度
木糖醇	100 ~ 140
糖精	20000 ~ 70000
糖精钠	200 ~ 700
甜密素	3000 ~ 4000
甘草甜素	200 ~ 500
甜味素	10000 ~ 20000
三氯代蔗糖	500000
转化糖	80 ~ 130
二氢查尔酮(新橙皮)	150000 ~ 200000

三、甜味剂的分类

甜味剂的品种较多,甜味剂分类方式也很多。甜味剂按资源来分可分为两类:一类是天然甜味剂,如砂糖或糖浆,是甜味调味品中有代表性的物质和常用的天然甜味剂。天然甜味剂又可分为糖和糖的衍生物以及非糖天然甜味剂。另一类是人工合成甜味剂,如用淀粉或植物类原料,甚至以石油为原料,采用酸解、酶解或者萃取等方法,并用各种分离方法进行精制,可以得到各种有不同特性的人工甜味剂,既可作为一般食品使用,又可作为食品添加剂。我们通常所说的甜味剂则指人工合成的非营养甜味剂、糖醇类甜味剂与非糖天然甜味剂。甜味剂按营养价值来分可分为营养型甜味剂和非营养性甜味剂两大类。营养型甜味剂属于糖类甜味剂,具有较高热量的碳水化合物及其衍生物,对人体有较高的营养价值;非营养型甜味剂不属于糖类甜味剂,一般指高甜度的合成甜味剂和以天然资源中提取的甜味剂。热量较低或无热量,只利用其甜味,没有或很少营养功能。甜味剂除了表上的分类模式外、也常把蔗糖和部分淀粉糖以外的甜味剂作为功能性甜味剂，其中还包括功能性低聚糖等。

图9－1是综合资源和营养价值的分类方式进行的分类，能够较清楚地指导人们对甜味剂的认识。

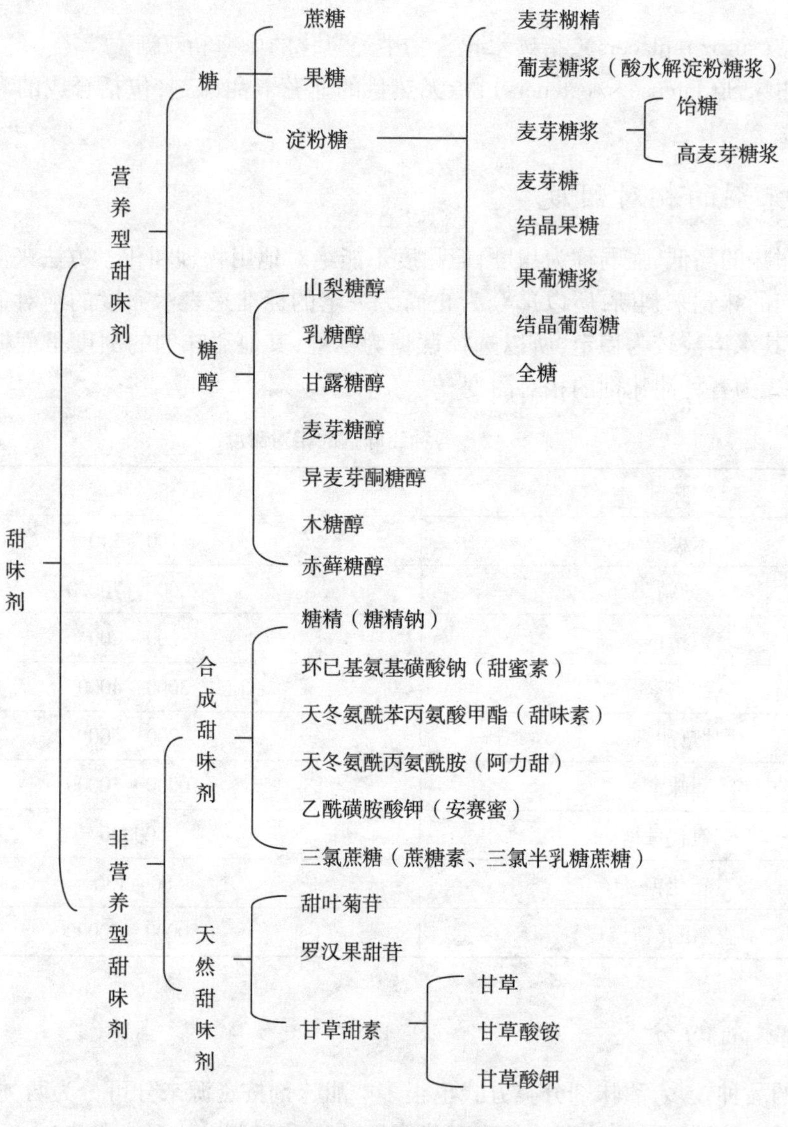

- 甜味剂
  - 营养型甜味剂
    - 糖
      - 蔗糖
      - 果糖
      - 淀粉糖
        - 麦芽糊精
        - 葡麦糖浆（酸水解淀粉糖浆）
        - 麦芽糖浆
          - 饴糖
          - 高麦芽糖浆
        - 麦芽糖
        - 结晶果糖
        - 果葡糖浆
        - 结晶葡萄糖
        - 全糖
    - 糖醇
      - 山梨糖醇
      - 乳糖醇
      - 甘露糖醇
      - 麦芽糖醇
      - 异麦芽酮糖醇
      - 木糖醇
      - 赤藓糖醇
  - 非营养型甜味剂
    - 合成甜味剂
      - 糖精（糖精钠）
      - 环已基氨基磺酸钠（甜蜜素）
      - 天冬氨酰苯丙氨酸甲酯（甜味素）
      - 天冬氨酰丙氨酰胺（阿力甜）
      - 乙酰磺胺酸钾（安赛蜜）
      - 三氯蔗糖（蔗糖素、三氯半乳糖蔗糖）
    - 天然甜味剂
      - 甜叶菊苷
      - 罗汉果甜苷
      - 甘草甜素
        - 甘草
        - 甘草酸铵
        - 甘草酸钾

图9－1　甜味剂分类图

四、甜味剂的应用

甜味是人们最易接受和最感兴趣的一种基本味，它不但能满足人们的爱好，还能改进食品的可口性和某些食用性质。甜味剂是使用最广泛的添加剂，是食品生产中最常用的配料之一。具有以下作用：

1. 口感

甜度是许多食品的指标之一，也是任何人都能接受的味道。为了使食品、饮料具有适口的感觉,就要加入一定量的甜味剂。

2. 风味的调节和增强

在饮料中,风味的调整就有“糖酸比”一项,酸味、甜味相互作用,可使产品获得新的风味,又可保留新鲜的味道。

3. 不良风味的掩蔽

甜味和许多食品的风味是互相补充的,许多产品的味道就是由风味物质和甜味剂的结合而产生的,所以许多食品饮料中都加入甜味剂。

4. 人体营养的需要

糖和糖醇类结构简单,代谢快,只产生二氧化碳和水,十分安全。对人体的营养起着重要作用,是能量最适合,最高效的来源。其中糖类,来源充足,纯度高,价格相对低,食入后会很快被消化吸收,转化为血糖,成为人体、人脑最主要的能源,在食品中不可没有,健康人每天应食用适量糖品。

五、甜味剂的应用注意事项

有的甜味剂的甜度很大,使用时要注意:

(1)选用任何产品替代蔗糖时,不能以他的甜度是蔗糖的多少倍进行推断,应以甜度倍数为基础依据,通过实验来确定。

(2)糖醇类使用中除了增加甜味外,要特别注意他们的营养价值、化学性质。例如,婴儿食品选择蔗糖和麦芽糖比较合适。在食品的配料中应通过比较选择,配制合适的甜味剂。

六、糖醇

糖醇是世界上广泛采用的甜味剂之一,它可以由相应的糖加氢还原制得。这类甜味剂口味好,化学性质稳定,对微生物的稳定性好,不易引起龋齿,可调理肠胃。现代所有发达国家都使用它,往往是多种糖醇混用,代替部分或全部蔗糖,糖醇产品形态有 3 种:糖浆、结晶、溶液。我国现用的有:D-山梨糖醇、木糖醇、麦芽糖醇。

糖醇可由相应的单糖经催化还原而生成,故称糖醇。属于多元醇,所以也称多元糖醇。自然界存在少数糖醇,如苹果、桃、杏、梨中含有山梨糖醇;海藻中则有赤鲜糖醇。但用作食品添加剂的糖醇,除甘露糖醇外,都是单糖的还原产物。

(一)糖醇的生理特性

糖醇属于营养型的甜味剂,具有以下生理特性:

(1)在人体中的代谢途径与胰岛素无关,一般不会引起血液中葡萄糖值的上升,是糖尿病患者的理想甜味剂;

(2)在口腔中不会被龋齿的微生物所利用,如木糖醇可抑制突变链球菌的生长繁殖,长期食用糖醇也不会引起龋齿;部分糖醇如乳糖醇的代谢特性类似膳食纤维,具有润肠通便作用,可改善肠道微生物群体系和预防结肠癌的发生;

(3)糖醇作为甜味剂与其他营养性糖类比较,其共性为:甜度较低,热值较低,吸湿性略大,耐热耐酸,不发生麦拉德反应,适应焙烤。

（二）糖醇的品种

目前糖醇的品种主要有木糖醇、麦芽糖醇、山梨糖醇、异麦芽酮糖醇、赤鲜糖醇、乳糖醇等。

1. 木糖醇

木糖醇是一种白色粉状晶体，有甜味，和葡萄糖的热量相同。木糖醇在水中溶解度很大，每 mL 水可溶解 1.6 的木糖醇，它还易溶于乙醇和甲醇。木糖醇的热稳定性好，10% 水溶液的 pH 为 5 ~7，不与可溶性氨基化合物发生麦拉德反应。木糖醇溶于水中会吸收很多能量，是所有糖醇甜味剂中吸热量最大的一种，食用时会感到一种凉爽愉快的口感。在人体中代谢不需要胰岛素，而且还能促进胰脏分泌胰岛素，是糖尿病人理想的代糖品。木糖醇作为一种功能性甜味剂主要用于防治龋齿型糖果（如口香糖、糖果、巧克力和软糖等）和糖尿病人的专用食品，也用于医药和洁牙品。此外，木糖醇可代替葡萄糖作浸渍溶液。从理论上说，木糖醇也可用于焙烤食品，但如果要求产品发生焦糖化和麦拉德反应等非酶褐变，具有硬壳外时，则必须另加些果糖。此外，木糖醇会抑制酵母的生长及其发酵活性，因此不适合用于那些用酵母制作的食品。

2. 山梨糖醇

山梨糖醇为无色无味的针状晶体，溶于水，微溶于甲醇、乙醇和乙酸等，具有很大的吸湿性，在水溶液中不易结晶析出，能螯合各种金属离子。由于其分子中没有还原性基团，在通常情况下化学性质稳定，不与酸、碱起作用，不易受空气氧化，也不易与可溶性氨基化合物发生麦拉德反应。山梨糖醇对热稳定性较好，比相应的糖高很多，对微生物的抵抗力也较强，浓度在 60% 以上就不易受微生物侵蚀。甜度是蔗糖的 60% ~70%，具有爽快之甜味。山梨糖醇有持水性，可防止糖盐等析出结晶，这是因为分子环状结构外围的羟基呈亲水性，而环状结构内部呈疏水性。山梨糖醇具有良好的吸湿性，可以保持食品具有一定水分以调整食品的干湿度。利用山梨糖醇的吸湿性和保湿性，应用于食品中可防止食品干燥、老化、延长产品货架期。如用于面包、蛋糕保水的用量为 1% ~3%，巧克力为 3% ~5%，肉制品为 1% ~3%。卷烟中加入山梨糖醇作为加香保湿剂。但山梨糖醇不适宜用于酥、脆食品中，此外，山梨糖醇与其他糖醇类共存时会出现吸湿性增加到相乘现象。由于山梨糖醇吸湿性较强，能有效地防止糖、盐等结晶析出，可维持甜、酸、苦味强度平衡和增加食品风味，而且山梨糖醇属于不挥发多元醇，所以它在保持食品香气方面也发挥作用。

3. 麦芽糖醇

纯净的麦芽糖醇为无色透明的晶体，对热、酸都很稳定，甜味特性接近于蔗糖。麦芽糖醇水溶液的黏度较蔗糖或蔗糖 - 葡萄糖水溶液低，它将影响食品物料在加工过程中的流变学特性。如在硬糖制造过程中，需适当改变成型温度。麦芽糖醇的保湿性能比山梨糖醇好。在体内不被消化吸收，不产生热量，不使血糖升高，不增加胆固醇，不被微生物利用，为疗效食品的理想甜味剂。作为功能甜味剂，麦芽糖醇可在糖果、口香糖、巧克力、果酱、果冻、冰淇淋等食品中应用。用结晶麦芽糖醇生产巧克力时，只需要对传统生产工艺略作改变。结晶麦芽糖醇可用来生产硬糖，制出产品的玻璃质外观、甜度和口感等品质均很好。由于麦芽糖醇分子中无还原性基团，不会发生麦拉德访英，因此在熬糖过程中色泽稳定。液体麦芽糖醇含较多的麦芽三糖醇及其他高级糖醇，所以制出的糖果吸湿性小，且抗结晶的能力大，但仍需用防水性好的包装材料以延长产品货架寿命。麦芽糖醇对微生物的抵抗力强，用它制造的果酱、果冻产品的货架期长、品质好。此外,还可以代替蔗糖用于冰淇淋和软饮料等。

4. 赤鲜糖醇

赤鲜醇是一种重要的食品甜味剂,相对甜度为蔗糖的70% ~80%,甜味接近蔗糖,而且没有热量余味好,还可以合成多种医药和合成树脂。它广泛存在于果实、蘑菇中,在食品如酒、酱油等发酵食品中大量存在,但作为甜味剂则主要采用发酵法合成,目前工业上主要采用葡萄糖为原料,经菌丝体分离、色谱法分离、脱盐、脱色、析出结晶、分离结晶等工序生产。日本是世界上赤鲜醇的主要生产与消费国,目前生产能力约为2000t/年以上,我国尚未生产与销售。

赤鲜醇作为一种甜味剂备受关注,主要缘于其突出的优点:一是甜味纯净,味道接近蔗糖,有凉爽感,没有苦涩余味、化学味或金属味道,而且可以纠正一些食品、饮料中其他添加剂的不适味道;二是安全性高,没有热量,摄入后不会导致肥胖、龋齿及心血管疾病等,尤其适用于糖尿病、高血压及心脑血管患者使用,在人体内可以很容易代谢而基本上不会蓄积在体内,经过日本多年使用,证明其安全性极高;三是吸湿性低,相对于在糖醇及蔗糖等甜味剂吸湿性最小,特别适于许多易吸湿但要保持干燥的粉末饮料等。

赤鲜醇在日本已用于700多种食品和饮料,而且还可以合成多种医药和作为医药的辅助成分,并有报道可以合成新型树脂。目前赤鲜醇,消耗量最大的是饮料行业,可以用在低卡饮料。赤鲜醇最适合用于控制热量的清凉饮料、美容饮料、保健饮料和糖尿病人、心血管疾病患者的专用饮料中,赤鲜醇和其他甜味剂复合使用,可以明显抑制高倍甜味剂的余味,产生近似蔗糖的味道与实在的甜感。粉末饮料,如咖啡、红茶、可可使用赤鲜醇可以调整有敏感度的低卡咖啡和红茶,在这些粉末饮料中添加1%左右的赤鲜醇,具有抑制咖啡和红茶的苦涩味道,而且吸湿性极低,不影响并延长这些饮料的保存期。营养型饮料一般添加蔬菜汁、维生素及重要浸取物,具有一些不愉快味道,加入赤鲜醇后,可以明显掩盖和改善。在酒类中,赤鲜醇以较低的浓度就能促进乙醇水合,因此水一添加便能缓和乙醇的刺激作用;用于像鸡尾酒这样的低酒精混合酒类,可以调配出圆满味道的高档次含醇饮料。赤鲜醇还作为低热量的甜味剂广泛用于巧克力、口香糖、糖果、糕点、果冻、酸奶、多种乳制品、无糖奶粉和糖尿病人专用食品。

七、合成甜味剂

在过去的一个世纪里,科学家发现的高甜度甜味剂为数不少,但最终能适合于食品工业生产技术要求和通过严格的毒理学安全评价的却很少,到目前为止不过20种左右。化学合成甜味剂,又称合成甜味剂,是人工合成的具有的甜味的复杂有机化合物。其甜度一般都很高,但没有营养价值,我国现在应用的有:糖精和甜蜜素。

其主要优点是:

(1)化学性质稳定,耐热、耐酸和碱,不易出现分解失效现象,故使用范围比较广泛;

(2)不参与机体代谢,大多数合成甜味剂经口服摄入后全部排出体外,不提供能量,适合糖尿病人、肥胖症人和老年人等特殊营养消费群体使用;

(3)甜度较高,一般都是蔗糖甜度的50倍以上;

(4)价格便宜,等甜度条件下的价格均低于蔗糖;

(5)不是口腔微生物的合适作用底物,不会引起牙齿龋变。

合成甜味剂的主要缺点为:甜味不够纯正,带有苦味或金属异味,甜味特性与蔗糖还有一定的差距;不是食物的天然成分,有一种“不安全”的感觉。

(一)糖精钠

糖精钠是糖精的钠盐,又名可溶性糖精,由甲苯和氯磺酸反应合成而成的。糖精钠为无色或白色斜方晶系板状结晶性粉末,在空气中会缓缓风化成白色粉末,无臭或稍有微香,味极甜。甜度是蔗糖的400~700倍,稀释至10000倍的水溶液仍有甜味,但后味有苦味及金属味,其浓度稍大时也会有苦味。糖精钠易溶于水,微溶于乙醇,水溶液呈碱性,在酸性条件下加热甜味消失,并可形成苦味的邻甲苯磺酰胺,使产品中带有致癌物质。

糖精钠作为一个传统的甜味剂产品,甜度高而成本低。3.34kg的糖精钠相当于1000kg蔗糖的甜度,而蔗糖价格却是糖精钠(按蔗糖甜度计算)的30倍。由于安全性能一直受到怀疑,在许多国家的一些食品中禁用,发展前景暗淡。我国是世界上糖精钠的主要生产国与出口国,年生产能力高达3.8万t/年,严重供过于求,国家早在几年前就提出限产规定,而且力度越来越大,1998~2000年的计划产量分别为2.5万t、2.4万t、2.2万t,而且要求出口率超过50%。2001年国内由于超计划生产,内销价格由2000年2.2万元/t下降到1.9万元/t,外销价格由2000年1.95万元/t下降到1.7万元/t。国家经贸委下达2002年全国糖精钠的总产量为1.75万t,其中内销量不能超过3500t。因此今后我国逐步减少糖精钠的产量,促进其他性能优异的新型甜味剂的发展。

(二)甜蜜素

甜蜜素,化学名称是环已基氨基磺酸钠,其甜度是蔗糖的30~50倍,口味极似蔗糖,无余苦味。甜蜜素对热、光、空气以及较宽范围的pH均很稳定,不易受微生物感染,无吸湿性,易溶于水。

甜蜜素开发于1937年,1950年开始生产应用,1958年在美国被列为GRAS,曾被广泛使用。由于在20世纪90年代曾发现甜蜜素对动物有致癌的现象,而被禁用过,尽管后来解禁,但是仍给甜蜜素的发展前景蒙上阴影。目前我国甜蜜素生产主要集中在华南地区,国内市场需求前景较好,国内消费量逐年递增,不仅作为甜味剂替代糖精钠和蔗糖用在食品中,而且在农业中把甜蜜素用于苹果、梨、蕃茄等农作物,以增加果实甜味,缩短果实成熟期,是很有发展前途的果实催熟剂;在医药中甜蜜素代替蔗糖用于药物制剂中,用于治疗糖尿病、肥胖病患者,或用来配制小而易贮存的固体剂型。我国目前是甜蜜素的主要生产国和出口国,年生产能力约3万t,年产量约1.8万t,出口主要去向是东南亚和西欧。今后国内甜蜜素不宜再建新装置,而是改造现有装置,增加出口的同时,加大国内市场的开发,并开拓其应用领域,促进我国甜蜜素健康稳定发展。

(三)安赛蜜

安赛蜜(Acesulfame-K)简称AK-糖,为乙酰磺胺酸的钾盐,由叔丁基乙酰乙酸酯和异氰酸磺酰加成反应后,再用KOH中和制得。安赛蜜为白色结晶状粉末,无臭,易溶于水,难溶于乙醇的等有机溶剂;甜度为蔗糖的200倍,大约是糖精钠的1/2,比甜蜜素钠甜4~5倍;味质较好,无不愉快的后味;对热、酸均很稳定。AK-糖已经在全球90多个国家和地区获准使用,并应用于4000多种食品和饮料中,AK-糖特别适用于多种甜味剂的混合使用,可以避免单一甜味剂使用的局限,并可以提高口味,提高经济性和稳定性。我国于1990年批准使用。目前全球消费量不大,但由于其稳定性、味感和安全性等方面的优越性,是一种很有发展前途的甜味剂。

八、天然物的衍生物甜味剂

这类甜味剂是从天然物中经过提炼合成而制成的高甜度的安全甜味剂。主要有:蔗糖衍生物、二肽衍生物、二氢查耳酮衍生物、糖醇再加工甜味剂等。

(一)二肽衍生物

二肽衍生物的甜度是蔗糖的几十倍至数百倍。二肽衍生物分子结构必须符合以下条件才有甜味:

(1)分子中一定有天门冬氨酸,而且氨基与羧基部分必须是游离的;

(2)构成二肽的氨基应是L-型的;

(3)与天门冬氨酸相连的氨基酸是中性的;

(4)肽基端要酯化。

二肽衍生物甜味的强弱与酯基分子的相对分子质量有关,相对分子质量越大,则甜味越弱。酯基相对分子质量小的甜味强。这类甜味剂食用后在体内分解为相应的氨基酸,是一种营养性的非糖甜味剂,且无龋齿性。这类甜味剂热稳定性都差,不宜直接用于烘烤或高温烹制的食品,使用时有一定的pH范围,否则它们的甜味就会下降或消失。这类甜味剂中最具代表性的是甜味素和阿力甜。

甜味素是L-天门冬氨酸和L-苯丙氨酸甲酯缩合而成,故称天门冬氨酸苯丙氨酸甲酯,商品名称阿斯巴甜(Aspartame,APM)。甜味素为无味的白色结晶状粉末,具有清爽的甜味,没有人工甜味剂通常具有的苦涩味或金属后味。其甜度较高,甜度比蔗糖大100~200倍,使用量低,所以是低热能甜味剂,可作糖尿病、肥胖症等人疗效食品的甜味剂,但本丙酮酸尿症患者不能食用。由于其热稳定性差,高温加热后,其甜味下降或消失,一般不单独用于焙烤食品。目前该甜味剂已在100多个国家和地区获准使用,应用于6000多种饮料、食品及医药等产品中,联合国粮农组织和世界卫生组织(FAO/WHO)对其评价为安全可靠,并被联合国食品添加剂联席委员会(JECFA)确定为国际A(I)级甜味剂。其中阿斯巴甜作为一种新型甜味剂具有许多优点,备受食品专家的推崇与厚爱。其主要特点有:①安全性,阿斯巴甜与其他人造的甜味剂不同,它主要由两个氨基酸构成,可像蛋白质一样在体内代谢被吸收利用而不会蓄积在组织中。而且含热量低,摄入后不会导致肥胖、龋齿及心血管疾病等;②甜度高,阿斯巴甜甜度为蔗糖的200倍;③甜味纯净,阿斯巴甜表现强烈甜味,经溶解稀释后与蔗糖风味十分接近,有凉爽感,甜味纯净,没有苦涩余味、甘草味、化学味及金属味。配制饮料还可增加水果风味。由于阿斯巴甜众多优异的性能,目前已成为全球高强度甜味剂的主导产品,年消费量以两位数高速度增长,目前全球年消费量约为1.6万t左右。特别值得一提的是国内南京工业大学成功开发出海因酶法常压生产工艺合成阿斯巴甜的原料L-苯丙氨酸,为我国发展阿斯巴甜提供原料上保证,目前在江西建成了一套100t/年的生产装置。随着我国阿斯巴甜技术的成功开发,我国应加快生产步伐,促进我国食品甜味剂的升级换代和结构调整。

目前世界强力甜味剂研究非常活跃,其发展趋势是高甜度、无热量、安全性能高。美国辉瑞公司发明了阿力甜。阿力甜是L-天门冬氨酸和D-丙氨酸缩合而得,名为天门冬氨酰丙氨酰胺,又称阿力甜(Alitame)。其为无异味、非吸湿性的结晶性粉末。其特点是甜度高,可以在人体内自由代谢。阿力甜为强力甜味剂,它的甜度是蔗糖的2000倍。阿力甜甜味品质很好,甜味特性类似于蔗糖,没有强力甜味剂通常所带有的苦涩味或金属后味。阿力甜的甜味刺激来的快,与甜味素相似的是其甜味觉略有绵延。它与安赛蜜或甜蜜素混合时发生协同增效作用,与其他甜味剂(包括糖精)复配使用甜味特性也甚好。它性质稳定,尤其是对热、酸的稳定性大。阿力甜目前已在20个国家获准使用,我国是其中之一。国外还开发出部分有发展前景的高效甜味剂,主要是它的甜度是蔗糖的2000~3000倍,

(二)三氯蔗糖

三氯蔗糖又称蔗糖素或4,1′,6′,-三氯蔗糖,是蔗糖的衍生物。它是以蔗糖为原料经氯化作用而制得的,通常为白色粉末状产品。它的甜度大约是5%蔗糖液的600倍,甜味纯正,甜味特性十分类似蔗糖,没有任何苦后味,是目前世界上公认的强力甜味剂。

由于三氯蔗糖的物化性质和甜味特性比较接近蔗糖,因此,在很多食品中代替蔗糖。应用三氯蔗糖的食品范围有:焙烤食品与焙烤粉、饮料与固体饮料、口香糖、咖啡与茶叶、乳制品类似物、脂肪鱼油、冰冻甜点心与混合粉、水果与冰淇淋、布丁、果酱、果子冻、乳制品、加工水果与果汁、蔗糖替代物、甜沙司与糖浆等。

(三)糖醇再加工甜味剂

以蔗糖及天然糖醇为原料,经化学变化,制成在结构和性能上不同于原料的甜味剂,如帕拉金糖、三氯代半乳蔗糖、次麦芽糖醇等。三氯代半乳蔗糖是一种无热量、不龋齿的高甜度甜味剂,在不同条件下甜度为蔗糖的400~800倍,甜味近于蔗糖,耐高温、耐酸碱,适于食品加工中的高温灭菌、喷雾干燥、焙烤、挤压等工艺,这种甜味剂已在饮料中使用。

九、非糖天然甜味剂

这是从一些植物的果实、叶、根等提取的物质,也是当前食品科学研究中正在极力开发的甜味剂。现已成功的有甘草酸钠、甜叶菊、索马廷等,正在开发的有罗汉果、白云参、黄杞、夏叶葡萄、悬钩子,它们的甜味一般是蔗糖的几十倍,带有副味,是低热量甜味剂,甜味物质多为萜类。

(一)甜菊糖苷

甜菊糖苷是从天然植物甜叶菊的叶子中提取出来的一种糖苷,属于天然无热量的高甜度甜味剂。甜菊苷带有轻微的类似薄荷醇的苦味及一定程度的涩味。甜度为蔗糖的150~200倍,适度可口,纯品后味较少,是最接近砂糖的天然甜味剂。与柠檬酸或甘氨酸并用,味道良好,与蔗糖、果糖等其他甜味料配合,味质也好。食用后不被吸收,不产生热能,故为糖尿病、肥胖病患者良好的天然甜味剂。

近期国外部分国家由于种种原因以甜叶菊糖对人体不安全为由禁用甜叶菊糖,国内专家纷纷发表观点认为其安全性是可靠的,主要是国外一些甜味剂生产商的竞争手段和特意设置贸易壁垒。但是这件事情值得我国生产企业注意与思考,特别目前不能明确知道甜叶菊糖的分子结构,因此没有国际统一的标准,导致经常会受到一些人的指责与猜疑。我国是世界上主

要生产与出口国,年生产能力约2000t,2000年产量约1200t,国际上85%的产品来自中国,主要出口到日本、韩国、西欧和东南亚国家。作为世界上主要生产与出口国,国内有关机构应加快其结构的调整,并对其安全性进行论证与研究,确保我国甜叶菊糖的健康发展。

(二)甘草素

甘草素又称甘草甜素,是从植物甘草中提炼制成的一种甜味剂,主要成分为三萜类物质。

甘草素为白色晶体粉末,与二氢查耳酮相似的是,其甜刺激与蔗糖来得较慢,去得也较慢,甜味持续时间较长。少量甘草素与蔗糖共用,可少用20%的蔗糖,而甜度保持不变。甘草素本身并不带有香味,但有增香作用。

目前甘草甜素主要作为食品甜味剂有:甘草酸单钾、二钾、三钾、甘草酸铵等。甘草酸单钾,甜度是蔗糖的500倍;甘草酸二钾和三钾甜度是蔗糖的150倍;甘草酸铵甜度是蔗糖的200倍。甘草素有特殊风味,与蔗糖、糖精配合效果较好,若添加适量的柠檬酸,则甜味更佳。甘草素不仅可以作为甜味剂,而且具有很高的药用价值,如用于治疗急慢性肝炎等。

我国是世界上甘草的主要生产国与出口国,目前主要用于中药,用于食品添加剂比较少,一是食品行业对其认识不够;二是野生甘草资源匮乏。随着近年来国家下发禁止野生甘草作为保健食品成分的要求通知后,加上甘草提取物的高附加值,国内掀起了人工种植甘草热潮,因为甘草甜素不仅是高强度甜味剂,而且是天然绿色提取物,并赋予食品防病抗病的功能,因此具有非常广阔的市场前景,国内要在甘草资源得到许可的情况下,可适度发展甘草甜素。

思考题

1. 味觉产生的机理是什么?
2. 主要滋味物质有哪几类?
3. 酸度调节剂在食品加工中的作用是什么?
4. 酸度调节剂在使用过程中应注意的问题有哪些?
5. 果蔬制品中常使用哪些酸度调节剂?
6. 甜味剂在食品加工中的作用是什么?
7. 甜味剂在使用过程中应注意哪些问题?
8. 天然甜味剂及合成甜味剂有哪些优缺点,在使用过程中应注意哪些问题?
9. 常用天然、合成甜味剂有哪些,其应用范围是什么?
10. 常用增味剂有哪些,其应用范围是什么?

第十章　食品增味剂

学习目的与要求

熟悉食品增味剂的定义,分类和安全使用,了解食品增味剂的发展历史,掌握氨基酸类增味剂、核苷酸类增味剂和天然复合增味剂的用途和使用方法。

第一节　概述

一、食品增味剂的概念

所谓增味剂(Flavor enhancers)是指当它们的用量较少时,它们本身并不能产生味觉反应,但是却能补充或增强食品原有风味的一类化合物。食品增味剂全称为食品风味增强剂,又称鲜味剂,是指具有鲜美的味道,可用于补充或增强食品风味的一类物质。它不影响酸、甜、苦、咸这4种基本味和其他呈味物质的味觉刺激,而是增强其各自的风味特征,从而改进食品的可口性。所谓味的增效作用,可以简单地解释为:两种物质混合物的味的强度,超过了两种单独物质味的强度总和,以及由于味的增效作用,每种物质在混合水溶液中的临界浓度,低于其单独的水溶液的临界浓度。

大家都知道,第一代的增味剂是味精,即含有一个结晶水的左旋型的谷氨酸一钠,简称谷氨酸钠。新一代的增味剂则有:含有7.5个结晶水的第五位的肌苷酸二钠(简称肌苷酸钠),含有7.5个结晶水的第五位的鸟苷酸二钠(简称鸟苷酸钠),以及这二者1:1的混和物,商品名叫H核苷酸的增味剂。谷氨酸与核糖核苷酸钠、琥珀酸钠、天门冬氨酸钠、甘氨酸、丙氨酸、柠檬酸(钠)、苹果酸、富马酸、磷酸氢二钠、磷酸二氢钠,以及与水解植物蛋白,水解动物蛋白,动、植物氨基酸提取物等进行不同的配合,可制成具有不同特点的复合鲜味剂,广泛应用于各种食品。

我国允许使用的增味剂有:L-谷氨酸钠、5-鸟苷酸二钠、5-肌苷酸二钠、5-呈味核苷酸二钠、琥珀酸二钠、氨基乙酸(又名甘氨酸)、L-丙氨酸、辣椒油树脂共8种。

二、食品增味剂的阈值

不同的增味剂,其呈鲜味的阈值也不同,如L-谷氨酸的阈值为0.03%,琥珀酸的的阈值为0.055%,5′-肌苷酸的的阈值为0.025%,5′-鸟苷酸的阈值为0.0125%。

1966年,库尼那卡测定了核苷酸类增味剂(肌苷酸钠和鸟苷酸钠)、氨基酸类增味剂(味精)在单独的水溶液中的临界浓度,以及它们在这两类增味剂混合水溶液中的临界浓度。水溶液中,肌苷酸钠、鸟苷酸钠、味精的临界浓度分别为0.012%、0.0035%、0.03%,在0.1%的味精浓液中,肌苷酸钠、鸟苷酸钠的临界浓度为0.0001%、0.0003%,在0.01%的肌苷酸钠溶液中,味精的临界浓度为0.002%。也就是说,单独的核苷酸类增味剂在水溶液中的临界浓度,即人们能感觉出其鲜味的最低浓度,都比味精低,尤其是鸟苷酸钠的临界浓度,比味精低得多,这说明使用较少的核苷酸类增味剂,就开始产生效果。

三、食品增味剂的发展历史

早在3000多年前的周朝,我国已经掌握制酱技术。1886年,德国科学家在研究小麦蛋白质时,首先鉴别出谷氨酸。1908年日本科学家证实,谷氨酸及其盐类具有鲜味,是主要的一种鲜味剂。1910年,日本用硫酸水解小麦蛋白质生产L－谷氨酸,开始了水解法生产谷氨酸的工业化生产。1936年,美国从甜菜糖蜜中分离得到L－谷氨酸,用提取法进行了谷氨酸的工业化生产。1956年,日本以淀粉水解糖为原料,经过谷氨酸棒杆菌发酵,生产L－谷氨酸取得成功,1957年实现工业化生产。1962年,日本以丙烯腈为原料生产DL－谷氨酸,再经拆分得到L－谷氨酸。实现了化学法生产谷氨酸的工业化生产。1973,日本用天门冬氨酸酶将延胡索酸转化生产天门冬氨酸,并实现工业化生产。19世纪中叶,德国科学家从牛肉汤中分离出肌苷酸。1913年,日本证实肌苷酸及其盐类具有鲜味(鱼中)。1960年,日本证实5′－鸟苷酸盐具有鲜味,并在香菇中大量发现。1960年,利用微生物发酵方法生产肌苷酸和鸟苷酸取得成功,使食品增味剂的生产发展到一个新的水平。

四、食品增味剂的分类

(一)按照增味剂的来源分类

按照增味剂的来源进行分类,可以分为动物性增味剂、植物性增味剂、微生物增味剂和化学合成增味剂。

1. 动物性增味剂

动物性增味剂又包括肉类抽提物、水产抽提物和水解动物蛋白。

(1)肉类抽提物

这是抽提型天然调味品产量最高的一类,其中以猪肉抽提物居首,其基料型约23t,其次是鸡肉。

(2)水产抽提物

对鱼、虾、海带、螃蟹、扇贝等进行抽提和浓缩得到的抽提物,广泛用于面条类调味及汤类食品。

(3)水解动物蛋白

指在酸或者酶作用下,水解富含蛋白质的动物组织得到的产物,例如利用鸡肉水解而得到的鸡精。

2. 植物性增味剂

植物性增味剂包括植物性抽提物和水解植物蛋白。植物性抽提物又包括蘑菇、蔬菜(大蒜、洋葱、胡萝卜、香菜等)、藻类等抽提物。水解植物蛋白包括大豆水解蛋白和花生水解蛋白等。

3. 微生物增味剂

微生物增味剂包括从微生物中提取得到的、由微生物蛋白经水解得到的或经微生物发酵而得到的增味剂。例如从酵母RNA水解得到的5′－呈味核苷酸;经微生物发酵得到的味精,肌苷酸;从酵母蛋白水解、提取得到的酵母精。酵母抽提物是从生啤酒酵母、面包酵母、圆酵母属酵母等原料中,依靠自动分解或酶分解法制成。

4. 化学合成增味剂

由琥珀酸与 NaOH 反应制得的琥珀酸二钠;由丙烯腈经过羰基化、氰氨化、水解等反应生成的 DL－谷氨酸。

(二)按照增味剂的化学成分分类

按照增味剂的化学成分来分类可以分为氨基酸类增味剂、核苷酸类增味剂、有机酸类增味剂和复合增味剂。

有机酸是一类分子中含有羧基的有机化合物,已知可作为食品增味剂的有琥珀酸二钠等。目前我国许可使用的有机酸类食品增味剂只有琥珀酸二钠。它通常与谷氨酸钠并用,用量为谷氨酸的10%左右。

第二节　氨基酸类增味剂

氨基酸类是指其化学组成为氨基酸及其盐类的一类食品增味剂。氨基酸类增味剂属脂类化合物,呈味的部分为分子两端带负电的基团,如:－COOH、$-SO_3H$、－SH 和 －C＝O 等;同时分子中必须有亲水性的辅基,如 $-NH_2$, －OH 等。氨基酸类所呈的味,都不是单纯的,是多种风味的组合,或为综合味感。以谷氨酸为代表,这是第一代增味剂产品。

1971 年,索伦斯等人报道:除了谷氨酸以外,游离状态的天门冬氨酸、蛋氨酸和氨基磷酸丁酸与以上的第五位的核苷酸也能产生一定程度的味的增效作用。1969 年,约柯茨卡等人报道:甘氨酸、丙氨酸、半胱氨酸、组氨酸、蛋氨酸、脯氨酸等游离氨基酸都可以与味精和第五位的核苷酸混合液产生味的三重增效作用,使混合液的鲜味增强。随后塔那卡和柯诺索等人报道:除了以上的各种游离氨基酸以外,游离状态的丝氨酸、色氨酸和精氨酸也可以与味精和第五位的核苷酸的混合液产生味的三重增效作用、增强混合液的美味性或可口性,而且可以使味道较为复合、丰富、温和和持久。

在我国应用最广的氨基酸类增味剂是谷氨基酸钠。在国外有 L－谷氨酸、L－谷氨酸钠、L－谷氨酸钾、L－谷氨酸铵、L－谷氨基酸钙、L－天门冬氨酸钠等多个品种。

一、L－谷氨酸的性质

(1)溶解性:在水中的溶解度随温度升高而增大。

(2)等电点:pI＝3.22,在等电点的条件下,氨基酸的溶解度最小。等电点分离法即利用此性质分离提取谷氨酸。

(3)与碱作用生成盐:谷氨酸的 α－羧基可与碱作用生成谷氨酸盐,如谷氨酸一钠、谷氨酸钾。

(4)与酸作用生成盐:谷氨酸盐酸盐。

(5)与盐反应生成谷氨酸盐:谷氨酸与硫酸锌反应生成谷氨酸锌,谷氨酸锌在 pH 6.3 条件下溶解度很小,此法可用于从发酵液中分离谷氨酸。

(6)加热脱水反应:水溶液 120℃,结晶 160℃加热均会脱水环化生成焦谷氨酸。所以,在应用谷氨酸时应注意控制好温度。

(7)与甲醛作用:其氨基与过量甲醛反应,生成二甲醇衍生物,结果使其氨基的碱性消失,可以用标准碱直接滴定羧基的酸性,从而计算氨基酸的含量。

二、L-谷氨酸钠的性质

L-谷氨酸钠也称味精、味之素、α-氨基戊二酸一钠

(1)性状为无色至白色棱柱形结晶或结晶性粉末,无臭,有特异肉类鲜味及微有甜味或咸味。

(2)溶解度:可溶解于水和酒精溶液。易溶于水,5%的水溶液pH为6.7~7.2。在水中的溶解度随温度升高而增大,在酒精溶液中溶解度随酒精浓度而降低。

(3)与酸作用生成谷氨酸;

(4)与碱反应生成谷氨酸二盐;

(5)加热脱水反应。

三、使用时注意事项

(1)温度:使用温度不能过高,尤其避免在高温条件下长时间加热。

(2)pH:应在微酸性或偏酸性的食品中使用。

(3)离子强度:在离子强度过高的条件下使用,可能会与某些离子发生反应,生成难溶的或鲜味较差的谷氨酸盐。

(4)与其他增味剂配合使用:可以单独使用,一般使用浓度为0.2%~0.5%,也可与其他食品增味剂配合使用。

(5)与食盐配合使用:通常谷氨酸钠都与食盐配合使用,才能充分发挥其作用。

四、生产方法

目前国内外均采用以大米、淀粉或糖蜜为原料经糖化、发酵,提取和精制等工序制得。

五、应用

谷氨酸钠具有强烈的肉类鲜味,特别是在弱酸性溶液中味道更鲜;用水稀释至3000倍,仍能感觉出其鲜味,其鲜味阈值0.014%。

一般情况下,谷氨酸钠的使用浓度0.2%~0.5%,但如果谷氨酸质占食品质量的0.2%~0.8%时,能最大程度增加食品的天然口味。

谷氨酸钠的鲜味与酸碱程度有关,当pH为谷氨酸的等电点3.2时,其鲜味能力最低;当$6 < pH < 7$时,鲜味最高;$pH > 7$时,鲜味消失。谷氨酸钠在酸性和碱性条件下呈味能力降低。

谷氨酸钠是国内外应用最为广泛的鲜味剂,与食盐共存时可增强其呈味作用,与5′-肌苷酸钠或5′-鸟苷酸钠一起使用,更有相乘的作用。

按FAO/WHO(1984)规定,谷氨酸钠可用于甜玉米罐头、蘑菇罐头、刀豆罐头、芦笋罐头、干酪。蟹肉罐头中用量为0.5g/kg,盐火腿和腌猪肉罐头最高允许用量为2g/kg(以谷氨酸计),方便食品用汤料最高允许用量为10g/kg。在烹调食品中普遍使用味精,用量一般为0.2~1.5g/kg。

在我国,烹调食品中经常使用味精,用量一般为0.2~1.5g/kg。使用方法一般为:

(1)食品中的含量以0.05%~0.08%最好,与食盐共存时可增强其呈味作用。

(2)本品加入食品中若超出最适浓度,可口性下降。

(3)本品与5′-肌苷酸二钠或5′-鸟苷酸二钠合用,可显著增强其呈味作用,并以此生产"强力味精"等。若谷氨酸钠与5′-肌苷酸二钠之比为1:1,则鲜味强度,可高达谷氨酸钠的16倍。

(4)本品在一般的烹调、加工条件下相当稳定,但最好在食用前添加。

(5)通常谷氨酸钠在加工食品中的用量为罐头汤,1.2~1.8g/kg罐头芦笋,0.8~1.6g/kg;罐头蟹、肠、火腿,1.0~2.0g/kg;调味汁,1.0~1.2g/kg;调味品,3.0~4.0g/kg调味番茄酱,1.5~3.0g/kg;蛋黄酱,4.0~6.0g/kg;酱油,3.0~6.0g/kg;加工干酪,4.0~5.0g/kg;脱水汤粉,50~80g/kg;速煮面汤粉,100~170g/kg。在豆制品中加约1.5~4g/kg,可增进风味。

六、质量指标

GB 8967—1988

含量≥99.0%

透光度≥98.0%

比旋光度 α_D^{20} +24.8~+25.3

氯化物(以 Cl^- 计)≤0.1%

pH 6.7~7.2

干燥失重≤0.5%

重金属(以Pb计)≤0.0001%

砷(以As计)≤0.00005%

铁(Fe)≤0.0005%

锌(Zn)≤0.0005%

硫酸盐(以 SO_2 计)≤0.03%

第三节 核苷酸类增味剂

很早以前,食品科学家就已经知道第五位的肌苷酸是产生新鲜的肉类和大多数新鲜海鲜鲜味的主要成分,而第五位的鸟苷酸则是产生新鲜菇类的鲜味主要成分,可是最初第五位的肌苷酸是从鲜艳的汁液中提取的,第五位的鸟苷酸还不能经济地从色肉中分离出来,因此价格十分昂贵。现在已经可以用6种方法制造这两种核苷酸类增味剂,价格已经相当便宜,完全可以实际应用,而且在调味时,核苷酸类的增味剂产生的味道更倾向于鲜肉或鲜菇的鲜味,味的品质也较好,因此在美国的一些中国餐馆,已经用核苷酸类增味剂调味,效果很好。核苷酸类的增味剂不但其本身具有增味作用,而且还能与味精、食物或调味品中所含的游离谷氨酸产生味的增效作用。核苷酸类增味剂和游离谷氨酸的混合液,还能与除了谷氨酸以外的多种游离氨基酸,产生味的增效作用。

核苷酸是核糖核酸的基本组成单位,是由碱基、核糖和磷酸结合的化合物。组成核苷酸的碱基有嘌呤碱和嘧啶碱两类,其中只有嘌呤碱基组成的核苷酸才有鲜味,可以作为增味剂使用,已知呈鲜味的核糖核苷酸类有:肌苷酸(IMP)、鸟苷酸(GMP)、胞苷酸(CMP)、尿苷酸(UMP)和黄苷酸(XMP)。

核苷酸类的增味剂不但其本身具有增味作用,而且还能与味精、食物或调味品中所含的游离谷氨酸产生味的增效作用。核苷酸类增味剂和游离谷氨酸的混合液,还能与除了谷氨酸以外的多种游离氨基酸,产生味的增效作用。如在谷氨酸钠中加入8%~12%的肌苷酸钠或

1.5% ~2%鸟苷酸钠,可使谷氨酸钠的鲜味增加10~25倍。

核苷酸呈味必须具有3个条件:

(1)核苷酸有多种异构体,在核糖部分的2′、3′、5′位碳原子均可连接磷酸基,但只有在5′位碳原子上连接磷酸基的5′-核苷酸表现出鲜味剂的活性。

(2)在5′-核苷酸中,需要在嘌呤部分的第六位碳原子上有一个羟基才能产生鲜味。

(3)只有在5′位碳原子上的磷酸基中两个羟基解离后才能产生鲜味,因此,所有的核苷酸鲜味剂都只有以二钠(或二钾、钙)盐的形式才有鲜味,如果羟基被酯化或酰胺化,鲜味也就失去了。

在家庭的食物烹饪过程中并不单独使用核苷酸类调味品,一般是与谷氨酸钠配合使用。其性质比较稳定,在常规贮存和食品焙烤、烹调加工中都不容易被破坏,但应注意:在动植物组织中广泛存在的某些酶能将核苷酸分解,分解产物失去鲜味。

一、5′-鸟苷酸二钠

(一)性状

无色至白色结晶或白色晶体粉末,通常含有7个分子结晶水,无臭、有特殊的类似于香菇的鲜味。易溶于水,微溶于乙醇,吸湿性强,对酸、碱、盐和热均稳定。

(二)制法

鸟苷酸的生产主要有酶法水解和发酵法,在发酵法工业中有意义的是二步法和生物合成与化学合成并用法。

(三)应用

鸟苷酸钠是国内外允许使用的呈味剂,常与味精和肌苷酸钠一同使用,混用时鲜味有相乘的作用。可用于各类食品,按生产需要适量使用。

按我国《食品添加剂使用卫生标准》,5′-鸟苷酸二钠用于酱油、调味料生产中,用量视正常生产需要而定。

按FAO/WHO规定,5′-鸟苷酸二钠可用于午餐肉、火腿、咸肉等腌制肉类,最大允许用量为0.5g/kg。

使用过程中应注意以下几个方面。

(1)本品与谷氨酸钠或5′-肌苷酸二钠合用,有显著的协同作用,鲜味可增大。

(2)本品可被磷酸酶分解失去鲜味,故不宜用于生鲜食品中。

(3)本品通常很少单独使用,可多与谷氨酸钠(味精)等合用。混合使用时,其用量约为味精总量的1% ~5%;酱油、食醋、肉、鱼制品、速溶汤粉、速煮面条及罐头食品等均可添加,其用量为0.01~0.1g/kg。也可与赖氨酸盐酸盐等混合后,添加于蒸煮米饭、速煮面条、快餐中,用量约0.5g/kg。

(4)本品可与肌苷酸钠1:1配合,应用于各类食品。

(四)质量标准

按GB 10796规定,5′-鸟苷酸二钠的质量指标如表10-1所示。

表 10-1　5′-鸟苷酸二钠的质量标准

	优级	二级
溶状	清澈透明	
含量/%	≥97	≥93
干燥失重/%	≤25	
紫外吸光度比值(250/260)	0.94~1.04	0.95~1.03
紫外吸光度比值(280/260)	0.63~0.71	0.63~0.71
其他氨基酸	合格	
铵盐(NH_4)	合格	
其他核苷酸	合格	
pH	7.0~8.5	
重金属(以 Pb 计)%	≤0.002	
砷(以 As 计)%	≤0.0002	

二、5′-肌苷酸二钠

(一)性状

无色至白色结晶,或白色结晶性粉末,无臭,有特异的鲜鱼味,易溶于水,微溶于乙醇;稍有吸湿性,不潮解。对酸、碱、盐和热均稳定。5′-肌苷酸二钠为核苷酸类鲜味剂,具有特异的鱼鲜味,味阈值为0.012%。5′-肌苷酸二钠与谷氨酸钠有协同效应,若与谷氨酸钠以1:7复配,则有明显增强鲜味的效果。

(二)制法

由核糖核酸水解法和以葡萄糖发酵法生产。

(三)用途

肌苷酸钠也是国内外允许使用的呈味剂,单独应用较少,常与味精复合一起使用,这时鲜味有相乘的作用。我国规定可用于各类食品,按生产需要适量使用。5′-肌苷酸二钠可作为一般食用汤汁和烹调菜肴的调味剂,多与味精复配使用。添加5′-肌苷酸二钠的食品有肉质类鲜味;添加5′-鸟苷酸二钠5′-肌苷酸二钠的食品则集荤素鲜味于一体,形成一种完善的鲜味。即添加呈味核苷酸二钠的食品,能使味觉改善。核苷酸二钠与味精复配可得到超鲜(特鲜或强)味精,并称之为第二代味精或复合味精。复合味精比单纯味精在鲜味、风味和生产成本各方面有独特的优点,有可能逐渐取代味精在市场上所占的主导地位。

(四)质量指标

FAO/WHO

含量(无结晶水)97% ~102%　　重金属(以 Pb 计)≤0.002%
氨基酸试验　　阴性　　砷(以 As 计)≤0.0003%
有关外来杂质　　检不出　　铅≤0.001%
pH(5%水溶液)　9.0 ~8.5　　含水量≤29.0%

三、5′-呈味核苷酸二钠

5′-呈味核苷酸二钠又称为核糖核酸二钠。

(一)组分

5′-呈味核苷酸二钠的主要组分有5′-鸟苷酸二钠、5′-肌苷酸二钠、5′-胞苷酸二钠和5′-尿苷酸二钠。

(二)性状

白色至米黄色结晶或粉末,无臭,味鲜。易溶于水,微溶于乙醇、丙酮和乙醚。与谷氨酸钠合并使用有显著协同作用,也可被磷酸酯酶分解失效。吸湿性较强,吸湿量可达20% ~30%。

(三)制法

酵母自溶法和双酶法。

(四)应用

5′-呈味核苷酸二钠是国内外允许使用的呈味剂,很少单独应用,常与味精一起使用,混用时鲜味有相乘的作用。我国《食品添加剂使用卫生标准》(GB 2760—2011)规定:可在各类食品中按生产需要适量使用。

使用过程中应注意以下几点。

(1)本品常与谷氨酸钠合用,其用量约为味精的2% ~10%,有“强力味精”之称。

(2)在含有本品的复合增味剂(鲜味剂)中,除谷氨酸钠外,尚可与其他多种成分合用。

(3)本品若含5-尿苷酸二钠或5-胞苷酸二钠,加入牛奶中喂婴儿,可增强婴儿的消化及抗病能力。

(4)本品易受磷酸酶分解、破坏,使用前应注意钝化食品中的酶。

(5)若肌苷酸钠和鸟苷酸钠的比例为1∶1时,在罐头汤中,其一般用量为0.02 ~0.03g/kg;罐头鱼,0.03 ~0.06g/kg;罐头家禽、香肠、火腿,0.06 ~0.10g/kg。

(五)质量指标

按照GB 10795规定,5′-呈味核苷酸二钠的质量指标如表10-2所示。

表10-2　5′-呈味核苷酸二钠的质量标准

含量(IMP + GMP)	优级97% ~102%	一级≥90%	二级≥85%
干燥失重			≤28.5%
IMP紫外吸光度比值			

续表

含量(IMP + GMP)	优级 97% ~102%	一级≥90%	二级≥85%
(250nm/260nm)			1.50 ~ 1.70
(280nm/260nm)			0.15 ~ 0.35
GMP 紫外吸光度比值			
(250nm/260nm)			0.90 ~ 1.08
(280nm/260nm)			0.58 ~ 0.75
其他氨基酸			合格
铵盐(NH_4)			合格
其他核苷酸			合格
pH			7.0 ~ 8.5
重金属(以 Pb 计)			≤0.002%
砷(以 As 计)			≤0.0002%

第四节　复合增味剂

复合增味剂是由两种或两种以上增味剂复合而成。大多数是由天然的动物、植物、微生物组织细胞或其细胞内大分子物质经过水解而制成。许多天然鲜味抽提物和水解产物都属于复合增味剂,如各种肉类抽提物、酵母抽提物、水解动物蛋白、水解植物蛋白、水解微生物蛋白等。天然型包括萃取物和水解物,前者有各种肉、禽、水产、蔬菜(如蘑菇)等萃取物,后者包括动物、植物和酵母的水解物。

一、复合增味剂的种类

复合增味剂是指由多种单一的增味剂组合而成的复合物。分为天然型和复配型两类。天然的复合增味剂可分为两类:一类为各种肉、禽、水产、蔬菜(如蘑菇)等萃取物,另一类为动物、植物和酵母的水解物。但从它们的化学组成来看,主要的增味物质是各种氨基酸和核苷酸,但由于比例的不同和少量其他物质的存在,因此呈现出各不相同的鲜味和风味。水解植物蛋白中含有较多的谷氨酸和天冬氨酸,故其鲜味强烈。

当今,天然型的复合增味剂中以动、植物水解蛋白的产量最高,第二为酵母抽提物,其次为肉类提取物和水产品提取物,其中猪肉提取物的产量最高。蔬菜提取物的呈味特性不如其他产品,但与肉类抽提物合用有协同增效作用,一般用于复合增味剂的基料,其产量最低。

在所有天然型复合增味剂中,以酵母抽提物的发展最快,主要是由于生产技术的不断完善和酵母抽提物与其他产品不同,集营养性、功能性和协调性于一体。酵母抽提物一般以面包酵母或啤酒酵母为原料,经酶解产生氨基酸和核苷酸及肽类,营养复杂、味道特殊等特性,这是因为其中含有各种氨基酸、还原糖、维生素、矿物质元素以及呈味核苷酸,其肌苷酸和鸟苷酸含量可达 5% ~20%,加之酵母细胞分解后具有特殊的香味,故酵母抽提物特别鲜美,能用于液体调料、特鲜酱油、粉末调料、肉类加工品、鱼类加工品、动物浸膏制品、罐头、莱蔬加工品,作为鲜味增强剂。我国于20世纪90年代才投放市场。

二、天然型复合增味剂

(一)萃取类

萃取类的复合增味剂的生产一般以水为萃取剂,之后浓缩到一定浓度。工业上大多利用罐头或干制品的预煮汁经脱脂等工序加工而成。

1. 肉类抽提物

一般来说,新鲜的动物性食物都含有较多的第五位的核苷酸,因为任何一种活的动物的肌肉中部含有较多的第五位的腺苷三磷酸,它是动物活动时所进行的能量代谢不可缺少的物质,在动物被屠宰以后,第五位的腺苷三磷酸在各种酶的催化作用下,逐步降解为第五位的核苷二磷酸和腺苷一磷酸,所有肉类和大多数海鲜所含有的第五位的腺苷一磷酸,还会进一步降解为鲜味较强的第五位的肌苷酸。第五位的腺苷三磷酸逐步降解为第五位的肌苷酸的速度,因动物的种类、屠宰前的活动状况、屠宰后的温度而异。

肉类抽提物以牛肉、鸡肉和猪肉为原料,分别制成抽提物。实际生产中一般很少用真的肌肉作为原料,主要是利用其他加工预煮中的汤汁或由骨骼熬煮的汤汁,过滤除残渣,离心去脂肪,真空浓缩得到的固形物占45%左右的糊状成品;浓缩至水分15%左右。肉类抽提物广泛用于各种加工食品、烹饪和汤料。用量一般在0.5%以下。

表10-3　肉类抽提物的质量指标

项　目	指　标
水分含量	16%~17%
有机固形物含量	≥44%
食盐含量	≤4%
灰分含量	≤25%
肌苷酸含量	≥7%

2. 水产品抽提物

水产品抽提物为干燥粉末状物质,颜色呈灰白色至黄褐色,视原料种类而异。其主要呈味物质为氨基酸类、核酸类和各种原料所特有的某些鲜味和香味物质。

用于生产水产品抽提物的原料主要为蛤、牡蛎、虾蟹、乌贼和各种鱼类,一般用于生产罐头食品、鱼粉和各种煮干制品的过程中所得的汁液经浓缩、干燥而成。也有将物料绞碎后于60~85℃作瞬间加热凝固成泥状物,离心分离,分离液经真空浓缩后离心去油脂,经离子交换树脂脱色、脱臭后喷雾干燥而成,也可将该泥状物直接干燥、粉碎而成。

水产品抽提物作为天然调味料,可以供配制各种汤类和直接供烹调等用。

(二)水解类

水解物制品一般可以采用酸法、酶法或自溶法(酵母)水解后精制而成。

1. 动物水解物

动物蛋白质水解物和植物蛋白质水解物都是新型食品添加剂，主要用于生产高级调味品和食品的营养强化，并作为功能性食品的基料，是生产肉味香精的重要原料。

动物蛋白质水解物是指在酸或者酶作用下，水解蛋白质含量高的动物组织得到的产物。主要的含蛋白质原料有畜、禽的肉、骨及鱼。这些原料的蛋白质含量高，而且所含蛋白质的氨基酸构成模式更接近人体需要，系完全蛋白质，或称之为优质蛋白，有很好的风味。除保留原有的营养成分外，蛋白质被水解为小肽及游离的氨基酸，易溶于水，有利于人体消化吸收，使原有风味更为突出。水解产物中大部分是氨基酸和低肽类混合物，因此称为“氨基酸调味剂”，产品有浓缩汁、粉末状或微胶囊等形式。

动物水解物制品一般以明胶、干酪素、鱼粉及血等为原料，动物性水解物的性状为淡黄色，液体到固体均有，富含氨基酸，具有鲜味和香味，一般总氮量为8% ~9%，脂肪 <1%，水分为28% ~32%，食盐为14% ~16%。

2. 植物水解物

植物蛋白质水解物是指在酸或酶作用下，水解蛋白质含量高的植物组织所得到的产物。产物不但具有适用的营养保健成分，而且可作食品调味料和风味增强剂。水解植物蛋白作为一种调味品，它集色、香、味等营养成分于一体，由于其氨基酸含量较高，逐渐成为取代味精的新一代调味品。而且制造原料来源丰富，经一系列工艺制造而成，可机械化、大规模、自动化生产，因此，水解植物蛋白作为调味品，前景非常广阔。

最常见的蛋白质来源有大豆蛋白，玉米蛋白，小麦蛋白，菜籽蛋白，花生蛋白等。不同的原料水解后将产生不同的增进风味的物质。以前以酸法为主，现多为酶法水解。主要特点为水解液中游离氨基酸量可达20% ~50%，成品色浅，无苦味，无有害物质生成，并有香味。

植物水解制品大多使用大豆蛋白，以往均以酸法为主，酸水解的基本条件是 pH 为 0 ~1，温度 100 ~125℃，条件较为剧烈，可导致麦拉德反应，成品色泽深，带苦味。同时用盐酸水解时可水解残存的油脂而形成致癌物质 1 - 氯丙二醇（MCP）和 1,3 - 二氯丙醇（DCP）。因此一度对采用盐酸水解法得到的植物蛋白质水解物是否应予禁用有过争论。目前主要有两种解决措施：

(1) 不再用盐酸水解法，如改用硫酸或酶法；

(2) 凡是盐酸水解的，需要控制 MCP 和 DCP 的量在一定范围之内，故目前水解植物蛋白仍可安全使用。

①植物性水解物的性状

淡黄色至黄褐色液体、糊状体、粉状体或颗粒。糊状体含水分 17% ~21%，粉状及颗粒状者含水分 3% ~7%，总氮量 5% ~14%（相当于粗蛋白 25% ~87%），水溶液的 pH 为 5.0 ~6.5。

可以应用于医药、保健食品、调味品及小吃食品等方面。

②质量指标（FCC）

表 10 - 4　植物水解物的质量指标

项　目	指　标
总氮量	≥3.25%
n - 氨基态氮含量	≥2.0%

续表

项　目	指　标
砷含量	≤3mg/kg
天门冬氨酸(以天冬氨酸含量计)	≤6.0%
以总氨基酸计	≤15%
谷氨酸(以谷氨酸含量计)	≤20.0%
以总氨基酸计则	≤35.0%
重金属(以 Pb 计)含量	≤0.002%
不溶性物质含量	≤1%
铅含量	≤10mg/kg
钠含量	≤25.0%

3. 酵母抽提物

酵母体内含有大量的蛋白质、碳水化合物、维生素,矿物质、谷胱甘肽等物质,不但具有很好的营养作用,而且具有很好的保健作用,因而是一种非常优良的蛋白质资源。

酵母水解物一般以啤酒酵母、葡萄酒酵母和面包酵母为原料,是在 50℃左右下自溶 48 ~ 72h,再用盐酸使之进一步水解,故也常称作"酵母萃取物"。其主要呈味物质为氨基酸、核苷酸和有机酸。由于其独特的鲜味和风味,在西方通常是牛肉萃取物的良好代用品。

利用现代生物技术将酵母菌体破坏,并将其中的核酸降解成为小分子物质,制得容易被人体吸收并且具有调味功能的产品——酵母抽提物。酵母抽提物是通过将酵母细胞内蛋白质降解成氨基酸和多肽,核酸降解成核苷酸,并把它们和其他有效成分,如维生素、谷胱甘肽、微量元素等一起从酵母细胞中抽提出来所制得的人体可直接吸收利用的可溶性营养物质与风味物质的浓缩物。它含有 20 种氨基酸、多肽、核苷酸、维生素、有机酸和矿物质等多种有效成分。其氨基酸平衡良好,味道鲜美浓郁,具有肉香味,因而酵母抽提物是兼具营养、调味和保健等功能的优良食品调味料,在食品中具有广阔的应用前景。

(1)性状

深褐色糊状或淡黄褐色粉末,呈酵母所特有的鲜味和气味。粉末制品具有很强的吸湿性。糊状一般含水 20% ~30%,粉状含水 5% ~10%。

(2)制法

以啤酒酵母、葡萄酒酵母和面包酵母为主,分自溶法、加酶法和酸水解法等。

(3)应用

可作为调味品。常与其他化学调味品合并使用,广泛应用于各种加工食品,也用作增香剂、营养强化剂、稳定剂、乳化剂、增稠剂、酵母饲料。

(4)质量指标

表 10－5　酵母提取物的质量指标

项　目	指　标
总氮量	≥9.0%
一氨基氮含量	≥3.5%

续表

项 目	指 标
砷(以 As 计)含量	≤3.0mg/kg
天门冬氨酸含量	≤8.0%
总氨基酸计	≤12.0%
谷氨酸含量	≤12.0%
总氨基酸计	≤20%
重金属(以 Pb 计)含量	≤0.002%
不溶性物质含量	≤1%
铅含量	≤10mg/kg
钠含量	≤20.0%

（三）其他类

肉的风味是由于受热而产生的，因为生肉很少或根本没有香味，只有类似血腥的味道。当肉受热或经过其他处理之后，会不同程度地产生各种香气。对于肉类风味形成机理，前人做过许多研究工作，近代关于肉类风味的研究表明，脂质及其衍生物对于产生肉类的特征风味起到了不可忽视的作用，这是因为在烹煮过程中由于脂质的降解能够形成几百种挥发性物质，其中包括脂肪族烃、醛类、酮类、醇类、羧酸等。为了模拟逼真的肉香气，对于美拉德反应的肉味前体物质的研究，人们做了许多工作，大量实验证明了氨基酸、肽、碳水化合物和半胱氨酸是重要肉味前体物，只有相对分子质量小于 200 的提取物在加热时才会产生肉风味。这就说明一些可溶性的小分子化合物是发生美拉德反应的前体物，包括糖肽、核酸、游离核苷酸、肽核苷酸、核糖、核苷酸糖氨、游离糖、核苷酸、肽、游离氨基酸、磷酸糖、糖氨、氨、有机酸等。这些前驱体有的有香味，有的没有香味，在加热时，糖类会降解为单糖、醛、酮及呋喃类物质，蛋白质会分解成多种氨基酸，而脂肪则会自身氧化、水解、脱水和脱酸，生成各种醛、酮、脂肪酸和丙酯类物质。以上各种物质相互作用，从而产生出许多原来食物中没有的、有独特香味的、挥发性物质，这些通过热加工产生的风味物质称为热加工增味剂。

（四）复合型增味剂

复合型增味剂是由氨基酸、味精、核苷酸、天然的水解物或萃取物、有机酸、甜味剂无机盐甚至香辛料、油脂等各种具有不同增味作用的原料经科学方法组合、调配、制作而成的调味产品，能够直接满足某种调味目的。这些调料具有营养功能的同时，还具有特殊的风味。其基本原料是肉禽类的浸膏，动、植物水解蛋白酵母提取物等，再加以味精、食盐、填充料等就可成为新型风味调料。特点是品种多，口感各异，丰富多彩。复合调味料的生产规模逐年扩大，品种也越来越多，例如，火锅料、方便面干料包、酱料包、调料酒、炸鸡粉等。

谷氨酸与核糖核苷酸钠、琥珀酸钠、天门冬氨酸钠、甘氨酸、丙氨酸、柠檬酸（钠）、苹果酸、富马酸、磷酸氢二钠、磷酸二氢钠，以及与水解植物蛋白水解动物蛋白，动、植物氨基酸提取物等进行不同的配合，可制成具有不同特点的复合鲜味剂，广泛应用于各种食品。我国虽早有诸如花色辣酱、五香粉及复合卤汁调料等传统复合鲜味剂的生产,但真正具有现代意义的复合增味剂是近 20 年在我国才出现的。目前我国复合鲜味剂产量以每 20% 的幅度增加,产量已达 100 万 t 以上,是调味品行业发展速度最快的品种。

思考题

1. 食品增味剂的概念与分类。
2. 氨基酸类增味剂的品种与性质。
3. 核苷酸类增味剂呈味条件。
4. 核苷酸类增味剂的品种与性质。
5. 复合增味剂的种类与制备。
6. 酵母增味剂的特点。

第十一章　食品加工酶制剂

本章学习目的与要求

熟悉食品酶剂在食品工业中的重要意义,掌握食品酶制剂的定义、作用和分类,熟悉各食品酶制剂的性质、安全性和使用。

第一节　概述

一、概念

酶是一类由生物体产生的具有催化功能的蛋白质或核酸,又称生物催化剂。利用从生物体(包括动物、植物和微生物)中提出的酶,制成有一定催化活性的商品称为酶制剂。由于酶催化的反应有高效、专一、温和的特性,已越来越受到人们的重视。酶经固定化处理大多会从食品体系中除去,在国际上曾经被列为食品加工助剂。但是随着酶制剂应用的增多,而且大量的酶制剂并未予以固定化而直接加入食品中应用,故现在大多单独列为一类食品添加剂。

二、分类

按来源,酶制剂可分为动物酶制剂、植物酶制剂和微生物酶制剂 3 类。近年来,酶制剂的主要来源已逐渐被微生物所取代,这是因为利用微生物提取的酶具有下述许多优点:

(1)微生物种类多,酶种丰富。已经确认存在于动植物体内的一切酶类,几乎也都存在于微生物体内;

(2)微生物繁殖迅速,酶产量高;

(3)采用深层发酵或连续培养技术,适于大规模生产;

(4)培养简单、成本低廉;

(5)可以通过基因工程对产酶菌株进一步进行改造,提高酶的产量或获得新的酶源。

根据国际生物化学联合委员会的分类,酶按其催化反应的类型可分为氧化还原酶、转移酶、水解酶、裂合酶、异构酶、合成酶 6 大类,食品加工中应用的主要是水解酶、氧化还原酶和异构酶等类。此外,按作用底物的不同,又可分为糖酶类酶制剂、蛋白酶制剂、脂肪酶制剂等几大类。

按美国 FCC - IV(1996)的规定,所有食品级酶制剂的通用质量指标为:

酶活力(为所标值的)	85% ~115%	大肠杆菌≤30 个/g
重金属(以 Pb 计)	≤30mg/kg	沙门氏菌阴性/25g
铅	≤5mg/kg	

2000 年全球食品工业用酶制剂的总销售额约为 2.51 亿美元,约占总量 5.141 亿美元中的 50%,其中生产高果糖浆用的葡萄糖异构酶约占 40%,凝乳酶占 34%,饮料用酶制剂约占

10%。我国生产的酶制剂2001年总产量达32万t,品种有20多种,产品主要有:糖化酶(占65%),蛋白酶(占14.33%)和α-淀粉酶(占15%),此外还有少量的固定化葡萄糖异构酶、果胶酶、脂肪酶、异淀粉酶、纤维素酶等。随着改革开放,国外技术的引进,尤其是国际酶制剂工业巨头Novozymes和Genencor公司等进入了中国市场独资或合资办厂,带来了国际先进技术和经营理念,使中国酶制剂工业出现了一个崭新的局面,酶制剂产品主要品种已达到了国际上20世纪80~90年代水平。全国具有一定规模的酶制剂厂约有50家,分布在国内多个省市和自治区,其中有20家是产量占全行业80%以上的行业重点企业。酶制剂应用在食品、饲料、制革、洗涤剂、纺织、酿造、造纸、医药等许多行业,为这些行业的生产带来巨大的经济效益。

三、作用

我国酶制剂的主要应用领域是食品工业,为我国食品工业的技术进步作出过突出贡献。例如味精发酵原料采用酶糖化法代替酸法糖化,糖化得率提高10%,一年产万t味精厂,可增产味精400t。酒精工业使用高温淀粉酶和糖化酶代替曲法生产后,酒精产率提高,现在又使用酸性蛋白酶,提高了酵母对玉米中蛋白质的利用率。

酶制剂在食品加工中的应用具体见表11-1。

表11-1　酶制剂在食品加工中的应用

名　称	主要作用	参考用量
一、谷类及其淀粉制品		
1. 焙烤食品		
淀粉酶	促进发酵,使面包提高容积,保证面包皮的呈色和瓤心结构	面粉量的0.002%
蛋白酶	饼干中面筋的改性,降低面团的打粉时间	0.006%
戊聚糖酶木聚糖酶	保证面团的搓揉和面包质量,增大面包体积	不超过面粉量的0.25%
葡萄糖氧化酶	改善面团强度,取代溴酸钾	
2. 淀粉液化		
淀粉酶	降低麦芽糖	0.05%~0.1%干物质计
淀粉葡糖苷酶	生产葡萄糖	0.06%~0.131%干物质计
3. 葡萄糖转化为果糖	果葡糖浆生产	0.015%~0.03%干物质计
葡萄糖异构酶(固定化)	果葡糖浆生产	0.16%固定床干物质
二、含醇饮料		
4.(啤酒)酿造		
淀粉酶	降低醪液黏度	0.025%
	发酵中的淀粉糖化	0.003%
单宁酶	消除多酚类物质	0.03%
葡聚糖酶	帮助过滤或澄清;提供发酵中的补充糖	约0.1%(以干物质计)

续表

名　称	主要作用	参考用量
纤维素酶	水解细胞壁物质助滤	约0.1%(以干物质计)
蛋白酶	提供酵母生长氮源	约0.3%(以干物质计)
双乙酰还原酶	除去啤酒中双乙酰	—
5. 葡萄酒		
果胶酶	净化、减少过滤时间和提高效率	约0.01%~0.02%
花青素酶	脱色	0.1%~0.3%
葡萄糖淀粉酶	清除浑浊,改善过滤	0.002%(W/V)
葡萄糖氧化酶	除氧	10~70Gou①/L
三、无醇饮料		
6. 咖啡		
纤维素酶	干燥时裂解纤维素	—
果胶酶	除去发酵时表面胶质层	20~50mg/kg
7. 茶叶纤维素酶	发酵时裂解纤维素	—
8. 软饮料		
过氧化氢酶	稳定柑橘萜烯类物质	与葡萄糖氧化酶合用
葡萄糖氧化酶	稳定柑橘萜烯类物质	20~90 Gou①/L
9. 可可:果胶酶	可可豆发酵时渣的水解	11~20mg/kg
10. 牛乳		
过氧化氢酶	除去 H_2O_2	—
β-半乳糖苷酶	预防粒状结构;冷冻时稳定蛋白质;提高炼乳稳定性	
四、干酪		
蛋白酶	干酪素的凝结	0.01%~0.15%
酯酶	增香	约1%(以干物质计)
五、水果、蔬菜		
11. 果汁		
淀粉酶	消除淀粉,以保证外观和萃取	0.0005%~0.002%(W/V)
纤维素酶	保证萃取	0.0002%~0.002%(W/V)
果胶酶	保证萃取	0.003%~0.03%
	有助净化	0.01%~0.02%
葡萄糖氧化酶	除氧	20~200 Gou①/L
柚苷酶	柑橘汁的脱苦	—

续表

名　称	主要作用	参考用量
12. 蔬菜		
淀粉酶	制备果泥和软化	—
果胶酶	水解物的制备	0.02% ~0.03%
六、肉类和其他蛋白类食品		
13. 肉和鱼		
蛋白酶	肉的嫩化	视酶的种类而定
	鱼肉水解物的生产	约蛋白质量的 2%
	增浓鱼汤	约 0.2%
	从组织中除去油脂	—
14. 蛋与蛋制品		
葡萄糖氧化酶	除去干蛋白中的葡萄糖	150 ~225 Gou/L
		300 ~375 Gou/L
酯酶	保证乳化和发泡性	—
蛋白酶	保证干燥性	—
七、油脂		
15. 植物油萃取		
果胶酶	降解果胶物质以释出油脂	0.5% ~3%(以干物质计)
纤维素酶	水解细胞壁物质	0.5% ~2%(以干物质计)
16. 油脂水解:酯酶	制备游离脂肪酸	约 2%(以干物质计)
17. 酯化:酯酶	从有机酸或萜类酯化以增香	约 2%(以干物质计)
18. 交酯化:酯酶	从低价值的原料中制造高价值的三酰甘油酯	1% ~5%

①Gou – 葡萄糖氧化酶单位。

在这里仅按酶制剂作用的底物不同来介绍几种常用的酶制剂。

第二节　糖酶(Carbohydrases)

一、淀粉酶

淀粉酶是水解淀粉、糖原和糊精酶类的总称,也是最早、用途最广的一类酶。广泛存在于动植物和微生物中,各种淀粉酶水解淀粉的方式不同,有的只水解 $\alpha-1,4-$糖苷键;有的还可水解 $\alpha-1,6-$糖苷键;有的从分子内部水解糖苷键;有的只从淀粉(或葡聚糖)分子非还原性末端水解糖苷键;有的酶还具有葡萄糖苷转移作用。按酶的水解方式不同,应用于食品工业上的淀粉酶可分为α－淀粉酶、β－淀粉酶、葡萄糖淀粉酶、支链淀粉酶以及其他淀粉酶等。

（一）α－淀粉酶（α－Amylase）

α－淀粉酶又名液化型淀粉酶，液化酶，α－1，4－糊精酶。

分类编码：EC 3.2.1.1；INS 1100；CAS 9000－90－2；CNS 11.002

1. 性质

α－淀粉酶为米黄色、灰褐色粉末，含水分5%～8%，为便于保藏，常加适量碳酸钙之类抗结剂，或为浅棕色至深棕色液体，也可分散于食用级稀释剂中，或含有稳定剂和防腐剂。能水解淀粉分子中的α－1，4－葡萄糖苷键，将淀粉切成长短不一的短链糊精和少量的低分子糖类，从而使淀粉糊的黏度迅速下降，即起"液化"作用，所以该酶又称液化酶。一般α－淀粉酶在pH在5.5～8稳定，pH4以下易失活，酶活性的最适pH为5～6。作用温度范围60～90℃，最适作用温度60～70℃，纯化的α－淀粉酶在50℃以上容易失活，但是有大量钙离子存在下，酶的热稳定性增加。芽孢杆菌的α－淀粉酶耐热性较强。α－淀粉酶的耐热性还受底物的影响，在高浓度的淀粉浆中，最适温度为70℃的枯草杆菌α－淀粉酶，以85～90℃时活性最高。

α－淀粉酶可将直链淀粉分解为麦芽糖、葡萄糖和糊精，切断直链淀粉分子内的α－1，4－糖苷键，而不能分解支链淀粉的α－1，6－糖苷键，因此，分解支链淀粉时产生麦芽糖、葡萄糖和异麦芽糖。α－淀粉酶作用开始阶段，迅速地将淀粉分子切断成短链的寡糖，使淀粉液的黏度迅速下降，碘反应由蓝变紫，再转变成红色、棕色以至无色。α－淀粉酶分子中含有一个结合得相当牢固的钙离子，这个钙离子不直接参与酶－底物复合物的形成，其功能是保持酶的最适构象，使酶具有最大的稳定性和最高的活性。

不同来源的α－淀粉酶的最适pH稍有差异。从人类唾液和猪胰得到的α－淀粉酶的最适pH范围较窄，在6.0～7.0之间；枯草杆菌α－淀粉酶的最适pH范围较宽，在5.0～7.0之间；嗜热脂肪芽孢杆菌α－淀粉酶的最适pH则在3.0左右；高粱芽α－淀粉酶的最适pH为4.8，在pH酸性一侧它很快失活，而在pH5.0以上时失活速度较低；大麦芽α－淀粉酶的最适pH范围为4.8～5.4；小麦α－淀粉酶的最适pH在4.5左右，当pH低于4.0时，活性显著下降，而超过5.0时，活性缓慢下降。

有钙离子存在时，α－淀粉酶的稳定性较高。来源不同的α－淀粉酶对热的稳定性也同样有差异。枯草杆菌α－淀粉酶和嗜热脂肪芽孢杆菌α－淀粉酶对热的稳定性特别高。一般α－淀粉酶的最适温度为70℃，而细菌α－淀粉酶的最适温度可达85℃以上。α－淀粉酶对热稳定性高，这一特性在食品加工中极为宝贵。在工业生产中，为了降低淀粉糊化时的黏度，可选用α－淀粉酶。使用时先将需要量的细菌淀粉酶制剂调入淀粉浆液中，加热搅拌，α－淀粉酶随着温度的升高而发挥作用，当达到淀粉糊化温度时，糊化的淀粉颗粒已经成为低分子的糊精了，淀粉浆液变为黏度小的溶液。若用其他α－淀粉酶，在淀粉糊化温度时，早已失去活性。

2. 安全性

毒性：小鼠口服LD_{50}为7375mg/kg。

致突变作用：本品在体内无明显蓄积作用，无致突变作用。

ADI：无限制性规定（FAO/WHO，1994）。

3. 使用注意事项

Ca^{2+}、Na^{+}对α－淀粉酶酶活力稳定性有提高作用。工业上液化操作调节NaCl浓度在

6g/L 左右时,效果较好。此外,Mg^{2+}、K^{+} 和 Cl^{-}、$SO4^{2-}$ 等适量存在时,对该酶有活化作用,而 Fe^{2+}、Hg^{2+}、Cu^{2+}、Zn^{2+} 等有抑制作用。另外,在使用时要选用正确型号的 α - 淀粉酶,以提高产品质量。

4. 使用范围和使用量

α - 淀粉酶用于淀粉糖浆、发酵酒、蒸馏酒、酒精可按生产需要适量使用,还可用于面包生产中的面团改良(如降低面团黏度、加速发酵进程,增加糖含量和缓和面包老化);用于婴幼儿食品中谷类原料的预处理;用于果汁加工中淀粉的分解,以加快过滤速度。

在饴糖生产中的应用:先将大米用水浸泡 4 ~ 6h,用水洗净后磨浆,制成 16 ~ 17°Bé 的淀粉浆,调 pH 至6.2 ~ 6.4,加入0.2% $CaCl_2$(按原料质量计),将该酶调浆后加入淀粉浆中,每 g 原料用酶 6U,搅拌,85 ~ 90℃液化 20min 左右,液化液煮沸后冷却至 65℃左右,加大麦芽糖化剂 2%(按原料质量计),于 60 ~ 65℃糖化 3h。糖化结束后过滤,蒸发、浓缩成 42°Bé,即成饴糖。

加工生产葡萄糖,通常是先用 α - 淀粉酶将淀粉液化,然后用普鲁兰酶,以及葡萄糖淀粉酶对其液化物进行水解来制得。

(二)β - 淀粉酶(β - Amylase)

β - 淀粉酶又称淀粉 - 1,4 麦芽糖苷酶。

分类编码:EC 3.2.1.2;CAS9000 - 91 - 3

1. 性质

为棕黄色粉末。产品常常制成液体状,主要用于使液化淀粉转化为麦芽糖。β - 淀粉酶是一种外切酶,相对分子质量略高于 α - 淀粉酶。β - 淀粉酶水解淀粉时,可以从淀粉分子非还原性末端依次切开 α - 1,4 - 糖苷键而生成麦芽糖,但是它不能水解支链淀粉的 α - 1,6 - 糖苷键,也不能越过分支点的 α - 1,6 - 糖苷键去切开底物分子内部 α - 1,4 - 糖苷键。在达到分支点前 2 ~ 3 个葡萄糖残基时就停止不前,而留下大分子的极限糊精。一般淀粉分子中 80% ~ 85% 为支链淀粉,故用 β - 淀粉酶水解淀粉,麦芽糖的生成量通常不超过 50%,除非同时用脱枝酶处理来切开分支点的 α - 1,6 - 糖苷键。

β - 淀粉酶广泛存在于谷物(麦芽、小麦、裸麦)、山芋和大豆等植物及各种微生物中,微生物 β - 淀粉酶是 1974 年才发现的。已发现生产 β - 淀粉酶的微生物有芽孢杆菌,假单胞杆菌和放线菌的某些种,其中蜡状芽孢杆菌变异株在生产 β - 淀粉酶的同时,还产生脱枝酶,后者可切开 α - 1,6 - 糖苷键,从而可使淀粉生成麦芽糖的得率提高到 90% 以上。但由于酶的最适 pH 较高(pH 7 左右),热稳定性稍差,工业上仍使用来自山芋、大麦和大豆的酶来生产麦芽糖。近来发现某些放线菌可水解淀粉生成麦芽糖,转化率可达 80%,这种酶的作用机制与 β - 淀粉酶不同,称之为麦芽糖生成酶。

植物 β - 淀粉酶的最适 pH5.0 ~ 6.0,在 pH5 ~ 8 范围内稳定,最适反应温度 50 ~ 60℃;细菌 β - 淀粉酶的最适 pH6 ~ 7,最适反应温度约为 50℃。β - 淀粉酶的活性中心都含有巯基(- SH),重金属、巯基试剂能使之失活,半胱氨酸可使之复活。

2. 安全性

毒性:大鼠经口服 LD_{50} 为 7375mg/kg。

致突变作用:本品在体内无明显蓄积作用,无致突变作用。

ADI:无限制性规定(FAO/WHO,1994)。

3. 用途

β－淀粉酶用于淀粉行业和食品加工，按生产需要适量使用。本品常与α－淀粉酶结合使用，用于啤酒酿造、饴糖（麦芽糖浆）制造。

利用麦芽β－淀粉酶制造麦芽糖浆（饴糖）的过程如下：将大米浸水淘净，水磨成含固形物30%的粉浆，添加原料米重的0.1%～0.3%的$CaCl_2$和细菌α－淀粉酶0.05%～0.1%，85～90℃液化到碘反应消失，冷却到55℃加鲜麦芽浆1%～4%，在pH5.5左右保温糖化3～4h，此时麦芽糖生成量达到40%～50%。加热到90℃凝固蛋白质，过滤后将滤液真空浓缩到固形物含量75%～86%即为成品。若在糖化时并用脱枝酶，则产品中麦芽糖的含量可提高到70%以上，这种糖浆叫高麦芽糠浆，是糖果工业用的良好原料，用高麦芽糖浆代葡萄糖浆生产的硬糖不易潮解，可防止砂糖重结晶，提高砂糖保藏性。

中国科学院微生物研究所在"微生物β－淀粉酶的生产及应用"这项科研成果中，得到了高产β－淀粉酶菌种蜡状芽孢杆菌诱变株M－153，该菌种产酶活力高（45℃测定高达2万单位/mL左右），并且性状稳定。用该微生物β－淀粉酶代替部分大麦芽生产啤酒，将大麦芽与大米的比例由7∶3改为5∶5，补加微生物β－淀粉酶，在20～100t发酵罐的生产线上试生产成功。每生产万t啤酒，节约工业用粮17万kg，降低成本25万元以上。该微生物产的β－淀粉酶可全部或部分代替植物来源的β－淀粉酶，用来生产高麦芽糖浆、高纯度麦芽糖、医用针剂麦芽糖、麦芽糖醇、麦芽糊精、啤酒等。

（三）糖化酶（Glucoamylase）

糖化酶，又称糖化淀粉酶、淀粉葡萄糖苷酶、葡萄糖淀粉酶和糖化型淀粉酶。

分类编码：EC 3.2.1.3；CAS 9032－08－0；CNS 11.033

1. 性质

近白色至浅棕色无定型粉末，或为浅棕色至深棕色液体，可分散于食用级稀释剂或载体中，也可含有稳定剂和防腐剂。我国用于生产此酶的菌种有黑曲霉、根霉和红曲霉等。糖化酶的特征因菌种而异，大部分制品为液体。由黑曲霉而得的液体制品呈黑褐色，含有若干蛋白酶、淀粉酶或纤维素酶，在室温下最少可稳定4个月，最适pH为4.0～4.5，最适温度为60℃。由根霉而得的液体制品需要冷藏，粉末制品在室温下可稳定一年，最适pH为4.5～5.0，最适温度为55℃。

糖化酶主要是将淀粉或淀粉分解物变成葡萄糖，底物特异性不显著，对淀粉（直链和支链淀粉或其混合物）、糊精、糖原均可作用。热稳定性低于α－淀粉酶。糖化酶可以从淀粉、糖原、糊精等分子的非还原性末端依次水解α－1,4－糖苷键生成葡萄糖，并将葡萄糖分子的构型由α－型转变为β－型。也可水解麦芽糖和支链淀粉的分支点α－1,6－糖苷键，因此，糖化酶作用于直链淀粉和支链淀粉时，能将它们全部分解为β－葡萄糖。糖化酶既可催化淀粉和低聚糖水解，亦可加速逆反应，即葡萄糖分子的缩合作用。逆反应的产物主要是麦芽糖和异麦芽糖。如果底物的浓度高，反应时间长，也会形成其他的二糖和低聚糖。在此可逆反应中，葡萄糖的最大积累浓度为95%～97%。此酶的最适反应温度55～60℃，最适pH4.5～5.5，视菌株而稍异。由黑曲霉制取的糖化酶中，不同程度地含有葡萄糖苷转移酶，可水解糖化液中麦芽糖而将葡萄糖与麦芽糖分子转移到另一葡萄糖或麦芽糖分子的α－1,6－糖苷键，生成由α－1,6－糖苷键结合的寡糖，而导致葡萄糖转化率的降低。将发酵液经阳离子交换树脂处理或调节

pH 到酸性及用白土处理,可将葡萄糖转移酶去除。

2. 安全性

毒性:小鼠口服 LD_{50} 为 11700mg/kg。

致突变作用:本品在体内无明显蓄积作用,无致突变作用。

ADI:无限制性规定(FAO/WHO,1994)

3. 使用注意事项

本品耐酸性较好,在 25℃、pH3 时活力稳定,55 ~ 60℃时活力最高,60℃30min 以上活力损失显著,80℃以上活力全部消失。

4. 使用范围及使用量

糖化酶广泛用于淀粉糖、发酵酒、蒸馏酒、酒精,可按生产需要适量添加。本品多与液化淀粉酶配合使用,用于制造葡萄糖,即先用液化淀粉酶将淀粉浆液化,然后再加本酶使之糖化。

在用双酶法制造葡萄糖时,先将淀粉加水调成 30% ~40% 的粉浆,调节到 pH6.0,加入 0.1% ~0.3% 细菌耐热性 α - 淀粉酶,在搅拌下升温到 90 ~ 100℃保持一定时间,淀粉液化,失去黏性与碘的呈色反应,再加热到 120 ~ 140℃终止作用,冷却到 50 ~ 60℃后再将 pH 用盐酸调到 4.5,加入糖化酶 0.1% 保温 72 ~ 96 h,淀粉乃水解为葡萄糖。其葡萄糖当量(DE 值)达 98%(即总固形物的 98% 转变成还原糖),经离子交换树脂脱色、过滤、浓缩后用结晶、喷雾干燥等法制成结晶葡萄糖或全糖粉。

用于白酒、酒精生产中,先将原料粉碎,打浆,用 α - 淀粉酶液化,蒸煮,将醪液冷却至 60℃,加入用水调匀的糖化酶,用量 80 ~ 100U/g 原料,于 58 ~ 60℃糖化即可。在味精生产中,双酶法制糖也常用此酶。

二、纤维素酶(Cellulase)

分类编码为:EC 3.2.1.4;CAS 9012 - 54 - 8;CNS 11.045

纤维素酶一般用黑曲霉(*Aspergillus niger*)或李氏木霉菌(*Trichoderma reesei*;*T. longibrachiatum*)进行培养,然后将发酵液用盐析法使之沉淀并精制而成。由此制得的商品中除纤维素酶外,还含有半纤维素酶、果胶酶、蛋白酶、酯酶、木聚糖酶、纤维二糖酶和淀粉葡糖苷酶。

(一)性质

纤维素酶为灰白色粉末或液体。主要作用原理为使纤维素中的多糖中 β - 1,4 - 葡聚糖水解为 β - 糊精。作用的最适 pH 为 4.5 ~5.5,其对热较稳定,即使在 100℃10 min 仍可保持原有活性的 20%,一般最适作用温度为 50 ~ 60℃。溶于水,而不溶于乙醇、三氯甲烷和乙醚。天然的纤维素酶存在于许多霉菌、细菌等中,在银鱼、蜗牛、白蚁等中也有发现。

(二)安全性

毒性:由黑曲霉及李氏木霉提取者,ADI 不作特殊规定。由青霉(*Penicillium funicolosum*)制得者,ADI 未作规定(FAO/WHO,2001)。

(三)用途

来自李氏木霉、绿色木霉的纤维素酶,用于食品发酵工艺,果汁、酿造、淀粉和其他食品行业，最大使用量5～6g/kg干物质，来自黑曲霉者，按生产需要适量使用。主要用于谷类、豆类等植物性食品的软化、脱皮；控制（降低）咖啡抽提物的黏度，最高允许用量为100mg/kg；酿造原料的预处理；脱脂大豆和分离大豆蛋白制造中的抽提；淀粉、琼脂、和海藻类食品的制造；消除果汁、葡萄酒、啤酒等中由纤维素类所引起的浑浊；提高和改善绿茶、红茶等的速溶性。

三、乳糖酶（Lactase）

乳糖酶学名为β－半乳糖苷酶（β－Galactosidase），相对分子质量为126000～850000。

分类编码为：EC 3.2.1.23；CAS 9031－11－2

（一）性质

乳糖是乳制品中存在的主要碳水化合物。乳糖酶可催化乳糖分解成葡萄糖和半乳糖。在高浓度乳糖存在下，乳糖酶可催化半乳糖分子的转移反应，生成杂低聚乳糖，后者也是一个双歧因子。也可用于生产含半乳糖苷键的低聚糖。最适pH：由大肠杆菌制得者为7.0～7.5；由酵母菌制得者为6.0～7.0；而以霉菌制得者为5.0左右。最适温度为37～50℃。

（二）安全性

毒性：按美国FDA规定（§184.1388，2000），由*Kluyveromyces lactis*制备者为GRAS。

（三）用途

主要用于乳品工业。在正常使用浓度下，72h内约可使74%的乳糖水解。可使低甜度和低溶解度的乳糖转变为较甜的、溶解度较大的单糖（葡萄糖和半乳糖）；使冰激凌、淡炼乳中乳糖结晶的可能性降低，同时增加甜度。在发酵和焙烤工业中，可使不能被一般酵母利用的乳糖因水解成葡萄糖而得以利用。有一定数量的婴儿由于肠内缺乏正常的乳糖分解酶而导致喂食牛奶后的腹泻，故欧洲不少国家常将乳糖酶和溶菌酶加入牛奶，供婴儿饮用。

四、β－葡聚糖酶（β－Glucanase）

分类编码为：EC 3.2.1.11；CAS 9025－70－1；CNS 11.005

（一）性质

β－葡聚糖酶为灰白色粉末或液体，可加有载体和稀释剂，溶于水，基本不溶于乙醇、三氯甲烷和乙醚。

β－葡聚糖酶可使高分子的黏性葡聚糖分解成低黏度的异麦芽糖和异麦芽三糖。使β－葡聚糖中的1，3－β－和1，4－β－糖苷键水解为寡糖和葡萄糖。作用适宜pH：由细菌产生者为6.0～6.5；由霉菌产生者为4.0～4.5。一般在pH为6.0～9.0时稳定，如在pH8.0及35℃下保持3h，活性基本不变，至45℃时约降低活性20%，50℃时降低70%。当水溶液中有钙离子存在时极为稳定，且耐热性亦有所增加，甘油有助于防止活性下降，且以含40%～60%时最有效。表面活性剂可使活性下降。

β－葡聚糖酶可由青霉、曲霉、黑曲霉、双歧杆菌等发酵制得。

(二)安全性

毒性:ADI 0 ~ 0.5mg/kg(由木霉制得者);0 ~ 1mg/kg(由黑曲霉制得者),FAO/WHO,2001。

(三)用途

主要用于制糖工业中降低由变质甘蔗导致葡聚糖含量提高的甘蔗汁的黏度,以提高蔗汁的加热速度,缩短澄清和结晶时间。用法为每L甘蔗汁加入30IU的葡聚糖酶,在40℃下保持20min,可使68%的葡聚糖分解。FAO/WHO(1992)规定由木霉(*Trichoderma harzianum*)制得者可用于葡萄酒的制备;1993年规定由黑曲霉制得者可用于果汁、啤酒和干酪制造。我国GB 2760—2002规定用于啤酒工艺、淀粉行业,按生产需要适量使用。在啤酒生产糖化过程中,添加该酶对缩短麦汁的过滤时间有明显的效果。尤其是对用大麦作辅料或者是大麦、麦芽质量较差时,效果最佳。同时,糖化麦汁浓度、氨基酸总量也有所增加。将啤酒原料配比由麦芽:辅料由7:3改为6:4,即用10%的辅料代替麦芽,使用该酶后获得较好效果,各项指标均达到或超过原来配比。这样既节约了麦芽用量,又降低了粮耗、能耗和原料成本。

五、木聚糖酶(Xylanase)

木聚糖酶又名内1,4-β-木聚糖酶。

分类编码为:EC 3.2.1.8;CNS 11.029

(一)性质

木聚糖酶为乳白色粉末。Pentopan mono BG为淡棕色、自由流动的聚集粉末,其颗粒大小平均约为150μm,1%颗粒小于50μm。适宜反应条件:pH为4.0 ~ 6.0,温度在75℃以下。焙烤时失去活性。由米曲霉(携带来源于疏毛嗜热放线菌的编码木聚糖酶的基因)经发酵、提纯制成。本品是一种内木聚糖酶,能够水解阿拉伯木糖键中的木糖苷键,使阿拉伯木糖解聚成小分子的寡糖。

(二)安全性

毒性:小鼠口服LD_{50}大于10g/kg。

致突变试验:Ames试验、精子畸变试验、微核试验,均为阴性(卫生部食品卫生监督检验所报告)。

13周大白鼠饲养试验:剂量10.0ml/(kg·d)[142000U/(kg·d)]没有显示不良反应,此剂量可作为无作用剂量水平[142000U/kg或1.33gTOS/(kg·d)]。

(三)用途

木聚糖酶(米曲霉)用于焙烤、淀粉工业方面按生产需要适量使用。本品无α-淀粉酶活性,使用时可与α-淀粉酶混合使用。其他使用参考:具体应用于焙烤工业时,每100kg面粉用Pentopan™ Mono2 ~ 16g或400FXU,反应条件为pH为4.0 ~ 6.0,最适pH为5.0;温度75℃以下,最适温度50 ~ 60℃。用于面点焙烤,在焙烤过程中可提高蛋白质的延展性,使焙烤出的面包体积增大,结构更好,更松软可口,还可增加生面团的弹性,使之容易混合和操作。

六、果胶酶(Pectinase)

分类编码为:EC 3.2.1.15;CAS 9032-75-1;CNS 11.016

果胶酶是催化果胶中的甲酯水解,以及将多聚半乳糖醛酸分解成较小分子多聚物的酶的总称。果胶物质是所有高等植物细胞壁和细胞间层中的成分,也存在于植物细胞汁液中,对于水果、蔬菜的食用质量有很大关系。这类酶在食品加工中非常重要,采用果胶酶处理果肉,可以提高果汁的产量,促进果汁澄清。也用于生产药用的低甲氨基果胶和半乳糖醛酸。果胶酶也是导致许多水果和蔬菜在成熟后过分软化的原因。番茄酱和橘汁类食品也常因果胶酶的作用,破坏了果胶物质所形成的胶体,使产品的黏度和浊度降低,原来分散状态的固形物失去了依托而沉淀下来,从而降低了这些食品的质量。

(一)性质

果胶酶为果胶甲酯酶(Pectin pectylhydrolase)、果胶裂解酶(Pectin lyase)、果胶解聚酶(Polygalacturonase)的复合物。为浅黄色粉末,无结块,易溶水。可分别对果胶质起解酯作用,产生甲醇和果胶酸。水解作用产生半乳糖醛酸和寡聚半乳糖醛酸。作用温度10~60℃,最适温度45~50℃。作用pH为3.0~6.0,最适pH为3.5。果胶酶的热稳定性较差,若以果胶酶为底物,60℃保温15min,酶活力剩余23%。Fe^{2+}、Cu^{2+}、Zn^{2+}等金属离子能明显地抑制果胶酶的活性,多酚物质对其也有抑制作用。果胶酶主要是采用发酵法由曲霉菌产生,我国用黑曲霉固体发酵生产的果胶酶,制品为微黄色粉末,其最适pH为3~3.5,最适温度为50℃。

(二)安全性

毒性:小鼠口服LD_{50}为21.5g/kg,ADI无须规定(FAO/WHO,1994)。

(三)用途

我国果胶酶在应用较广,一般用于果蔬制品的生产,本品可使用于果酒、果汁、糖水橘子罐头,可按生产需要适量使用。用于果汁的澄清,如葡萄汁中添加0.2%的果胶酶,在40~42℃下静置3h,即可完全澄清。此外,在30~35℃下用0.05%的果胶酶处理葡萄浆,则葡萄的出汁率提高14.7%~16.6%,葡萄汁的过滤加快0.5~1倍,经过果胶酶处理的产品透明而色深。

果胶酶用于果酒的澄清效果比较好,据报道,1t橘子酒用果胶酶10~30g;1t五加皮酒用果胶酶30g,与原来用干蛋白澄清相比,可降低成本10%~30%。

果胶酶用于橘子脱囊衣,莲子脱内皮,蒜脱皮时,酶液pH为3.0,温度50℃,搅拌0.5~1h即可。过滤后酶液可反复使用。一致认为橘子用果胶酶去囊衣后果味浓郁,开罐后橘瓣完整,破碎极少,对罐内的腐蚀也比酸碱法轻,并且缩短加工时间。

第三节 蛋白酶(Protease)

蛋白酶是一种催化蛋白质水解的酶。在蛋白质加工领域,蛋白酶制剂主要被用于提高风味、生产抽提物、改善营养价值、以及改变物理性质等。

根据蛋白酶来源的不同,可分为动物蛋白酶,如胰蛋白酶、胃蛋白酶等;植物蛋白酶,如木瓜蛋白酶、菠萝蛋白酶等;以及微生物蛋白酶,如枯草杆菌蛋白酶、黑曲霉蛋白酶等。

根据蛋白酶作用的 pH 不同,可分为酸性蛋白酶、中性蛋白酶和碱性蛋白酶。为方便起见,微生物蛋白酶常用这种分类方法。

根据蛋白酶作用的方式,可以分为内肽酶和端肽酶。内肽酶水解蛋白质分子内部的肽键,生成相对分子质量较小的多肽。端肽酶作用于蛋白质或多肽分子末端的肽键,水解生成氨基酸和少一个氨基酸残基的多肽。端肽酶中,作用于氨基末端的称为氨肽酶,作用于羧基末端的称为羧肽酶。

根据蛋白酶活性中心基团的不同,可分为丝氨酸蛋白酶(Serine Proteinases,EC3.4.21)、巯基蛋白酶(Thiol proteinases,EC3.4.22)、羧基蛋白酶(Carboxyl proteinases,EC3.4.23)和金属蛋白酶(Metallo proteinases,EC3.4.24)。

一、凝乳酶(Rennet)

凝乳酶又名皱胃酶,来自反刍动物的第四胃,有液体和干制品两种。

分类编号为:EC 3.4.23.4;CAS 9001 - 78 - 3

(一)性质

液体凝乳酶为澄清的琥珀至暗棕色液体,干制品为黄色粉末、粒或鳞片状,有特有的气味,稍有咸味,有吸湿性,常温下稳定,微溶于水和稀乙醇。相对分子质量为 310000 ~ 360000,等电点为 4.5。

凝乳酶主要是使牛乳中的酪蛋白水解,在最适温度 37 ~ 43℃下、适当的 pH 和有钙离子存在时使牛乳凝固。最适 pH 为 5.8,于 15℃以下、55℃以上可使本酶钝化。

(二)安全性

毒性:①由牛、小牛、小山羊或小绵羊第四胃制得者,ADI 不作特殊规定,用量以 GMP 为限;由栗疫菌和毛霉制得者,不作特殊规定;由蜡状芽孢杆菌制得者,暂缓决定(FAO/WHO,2001);②GRAS(FDA,§ 184.1685,2000)。

(三)用途

广泛应用于干酪制造,亦用于酶凝干酪素、凝乳布丁等的生产,用量视生产需要而定。用作干酪凝乳,是在原料乳经杀菌、添加乳酸菌发酵后生成适当酸度时,添加凝乳酶。若使用粉状凝乳酶一般用量为原料乳的 0.002% ~0.004%,添加时将其溶于 2% 食盐水溶液中,边搅拌边添加。

二、胃蛋白酶(Pepsin)

分类编号为:EC 3.4.23.1;CAS 9001 - 75 - 6

(一)性质

白色至淡棕黄色水溶性粉末,无臭,或为琥珀色糊状,或为澄清的琥珀色至棕色液体。主要作用是使多肽类水解为低分子的肽类。在酸性介质中有极高的活性,即使在 pH 为 1 时仍为活化的,最适作用 pH 为 1.8,酶溶液在 pH 为 5.0 ~ 5.5 时最稳定。pH 为 2 时可发生自己消化。由猪胃所得的胃蛋白酶,其相对分子质量约 33000,是由 321 个氨基酸组成的一条多肽链。

由猪胃的腺体层(黏膜)或禽鸟类嗉囊用稀盐酸提取而得。

(二)安全性

毒性:ADI 不作限制性规定(FAO/WHO,2001;指由猪胃禽鸟嗉囊制得者)。用量以 GMP 为限。

(三)用途

主要用于鱼粉制造和其他蛋白质(如大豆蛋白)的水解,干酪制造中的凝乳作用(与凝乳酶合用),亦可用于防治啤酒的冷冻浑浊。本品可作为凝乳酶代用品,作为干酪的凝乳剂。在制造糕点时用于水解大豆蛋白,使之发泡,也有用于咸苏打饼干的生产。

三、木瓜蛋白酶(Papain)

分类编号为:EC 3.4.22.2;INS 1101(ⅱ);CNS 11.028

木瓜蛋白酶又名木瓜酶,植物酶制剂中产量及用量最大的是木瓜蛋白酶,仅次于木瓜蛋白酶的有菠萝蛋白酶。木瓜酶是一种运用很广泛的植物蛋白酶,纯天然,安全无毒素,在啤酒酿造和肉类嫩化等行业被普遍应用。

(一)性质

纯木瓜蛋白酶系由 212 个氨基酸组成的单链蛋白质,相对分子质量为 23406。制品可含有木瓜蛋白酶、木瓜凝乳蛋白酶和溶菌酶等不同的酶。①木瓜蛋白酶相对分子质量为 21000,约占可溶性蛋白质的 10%;②木瓜凝乳蛋白酶,相对分子质量为 36000,约占可溶性蛋白质的 45%;③溶菌酶,相对分子质量为 25000,约占可溶性蛋白质的 20%。

产品为乳白色至微黄色粉末,具有木瓜特有的气味,稍具有吸湿性。水解蛋白质能力强,但几乎不能分解蛋白胨。木瓜蛋白酶为酸性蛋白酶,适宜 pH 为 5.0,适宜反应温度 65℃。易溶于水、甘油,不溶于一般的有机溶剂,等电点为 8.75。

本品耐热性强,可在 50 ~ 60℃时使用,70 ~ 80℃时活力急剧下降,82 ~ 83℃失活。在 pH 低于 4 且温度上升时,也会迅速不可逆地失活。Fe^{2+}、Cu^{2+}、氧化剂对其活性影响很大。制品中水分大于 7% 时,活力降低很快。

除蛋白质外,木瓜蛋白酶对酯和酰胺类底物也表现出很高的活力。木瓜蛋白酶还具有从蛋白质的水解物再合成蛋白质类物质的能力,这种活力有可能被用来改善植物蛋白质的营养价值或功能性质,例如将蛋氨酸并入到大豆蛋白质中。

用天然的木瓜乳汁直接干燥、精制而成。

(二)安全性

毒性:小鼠口服 LD_{50} 为 584mg/kg(bw)(雄性),小鼠口服 926mg/kg(bw)(雌性)。GRAS:FDA - 21CFR184.1585。ADI:无须规定(FAO/WHO,1994)。

(三)用途

木瓜蛋白酶在食品工业中主要用于啤酒和其他酒类的澄清,肉类嫩化,饼干、糕点松化,水解蛋白质生产等。用于水解动、植物蛋白,饼干,肉、禽制品,可按生产需要适量使用,其他使用参考:用于啤酒澄清(水解啤酒中的蛋白质,避免冷藏时产生浑浊),使用量 0.5 ~ 5mg/kg;肉类嫩化(水解肌肉蛋白中的胶原蛋白),使用量为宰前注射 0.5 ~ 5mg/kg;用于饼干、糕点松化,可代替亚硫酸盐,既有降筋效果,又提高了安全性,可使产品松软,降低碎饼率。在动、植物蛋白食品加工方面,如用于蛋白质水解产物和高蛋白饮料,可提高产品质量和营养价值,提高产品消化吸收率;在酱油酿造中加入本品和其他酶,可提高产率和氨基酸含量;在制造啤酒麦芽汁时,加入本品和其他酶,可减少麦芽的用量,降低成本,使用量为 0.1%。本品可作为凝乳酶的代用品和干酪的凝乳剂。

木瓜酶在其他食品加工业中的应用,亦正在被广泛地研究与开发,如有人已经用木瓜酶来增加豆饼和豆粉的 PDI 值和 NSI 值,从而生产出可溶性蛋白制品及含豆粉的早餐、谷类食物和饮料。其他还有生产脱水豆类、婴儿食品和人造黄油,澄清苹果汁,制造软糖,为病人提供可消化的食品,给日常食品添味等。

四、菠萝蛋白酶(Bromelein)

菠萝蛋白酶又名菠萝酶、凤梨酶,是从菠萝水果皮、芯等部分经生物技术制得的一种纯天然植物蛋白酶。

分类编号为:EC 3.4.22.4;CAS 9001 - 00 - 7;INS 1101(iii)

(一)性质

菠萝蛋白酶为白色至浅黄色无定形粉末。溶于水,水溶液为无色至淡黄色,有时有乳白光,不溶于乙醇、三氯甲烷和乙醚。相对分子质量约 33000。此酶作用是水解肽键及酰胺基键,有酯酶作用,等电点为 9.35,最适 pH 为中性左右(pH6 ~ 8)。属糖蛋白,含糖量约为 2%。最适温度 55℃。菠萝蛋白酶是巯基蛋白水解酶,其活性中心为巯基(- SH),能进行蛋白质水解等各种生化反应。

菠萝蛋白酶由菠萝果实及茎(主要利用其外皮)经压榨提取、盐析(或丙酮、乙醇沉淀)、分离、干燥而制得。

(二)安全性

毒性:ADI 不作限制性规定(FAO/WHO,2001),GARS(美国 BATF,27CFR,§240.1051,2000)

(三)用途

菠萝蛋白酶的使用范围与木瓜蛋白酶相似。我国生产啤酒多用它作为澄清剂,以分解蛋白质使酒液澄清。一般多在发酵时添加,添加量为 0.8 ~ 1.2mg/kg。

第四节　脂肪酶(Lipase)

脂肪酶即甘油酯水解酶，是分解油脂的酶类，和淀粉酶、蛋白酶并称3大水解酶类，但其应用远不及淀粉酶、蛋白酶广泛。这主要是由于油脂不溶于水、酶反应只能在油水界面相中进行。近年来，随着固定化酶法、酶膜反应器等酶技术的不断开发，脂肪酶在食品工业、其他工业和科研上得到越来越广泛的应用。

分类编码为:EC 3.1.1.3;CAS 9001－62－1;INS 1104

一、性质

脂肪酶一般为近白色至淡棕黄色结晶性粉末。由米曲霉制成者可为粉末或脂肪状。可溶于水(水溶液呈淡黄色)，几乎不溶于乙醇、三氯甲烷和乙醚。脂肪酶基本作用是使甘油三酯水解为甘油和脂肪酸;本酶一般水解甘油三酯的1、3位的速度快，2位的速度较慢。最适pH为7～9，一般脂肪酸的链越长则pH越高。反应温度为15～45℃，增香作用最适温度为20℃。不同来源的脂肪酶在选择性上有所不同，其中，根霉脂肪酶大多具有高度的1、3位置专一性，因而常用于油脂加工，以提高油脂的品质。

脂肪酶广泛存在于动物、植物和微生物中。以动物胰脏、植物种子含量为多，如胰脏脂肪酶、蓖麻子脂肪酶，但是动植物脂肪酶性质很不稳定，体外提纯也很困难。微生物脂肪酶种类多，具有比动植物脂肪酶更广的作用pH、作用温度，并适合于工业化大生产，所以微生物是脂肪酶的一个重要来源。微生物脂肪酶是由阿氏假囊酵母(*Eremothecium ashbyii*)、无根根霉(*Rhizopus arrhizus*)、解脂假丝酵母(*Candida lipolytica*)或黑曲菌变种(*Aspergillus niger var.*)、米曲菌变种(*Aspergillus oryzqe var.*)等培养后，将发酵液过滤，用50%饱和硫酸铵液盐化，用丙酮分段沉淀，再经透析、结晶而成。

二、安全性

毒性:FAO/WHO 2001年规定，由动物组织提取者ADI不作限制性规定;由米曲霉制得者，ADI不作特殊规定。

GRAS(FDA，§ 184.1027，2000)

三、用途

脂肪酶主要用于干酪制造(脱脂和使产品产生特殊香味，最高用量100mg/kg)、脂类改性、脂类水解，以防止某些乳制品和巧克力等中的油脂酸败，是使牛奶、巧克力和奶油蛋糕产生特殊风味的优良制剂。加入蛋白中以分解其中可能混入的脂肪，从而提高其发泡能力。用于焙烤工业、面食加工，按生产需要适量使用。利用脂肪酶作用后释放出的链较短的脂肪酸，增加和改进食品的风味和香味，如阿氏假囊酵母和无根根霉脂肪酶处理黄油，增加黄油的奶香味。增香后的黄油可作人造黄油的增香剂及用来制造巧克力、奶糖、冰淇淋、糕点等。

我国生产的一种粉末脂肪酶的活力为35000U/g左右，参考用法为:用2%小苏打溶液溶解酶粉，然后加入脂肪中，加入量为脂肪的5%，要求酶的活力在300U/g以上。携带来自间尖镰孢脂肪酶基因的米曲霉生产的脂肪酶使用限量为:油脱胶400LENU/kg甘油三酸酯;卵磷脂水解,10000LENU/kg 粗卵磷脂;蛋黄乳化,8000LENU/kg 蛋黄;其他以 GMP 为限。

脂肪酶也在国外食品工业中广泛应用:美国一公司专利报道快速制干酪类产品的工序,用娄地青霉脂肪酶制剂分解乳脂,再经乳酸发酵使之乳化,然后浓缩成脱脂炼乳。日本专利报道,在制酸乳酪开始期加 0.065% ~0.5% 德氏根霉脂肪酶 RH(10000 单位/g),可使发酵速度加快 33%,并可除去臭味及微浊物,增加黄油风味。脂肪酶 RH 的生产公司宣称,把 0.05% ~0.2% 的脂肪酶 RH 加到鲜牛奶或奶油中,40℃保温 2 ~5h,然后加热使酶失活,喷雾干燥,可增进乳品黄油风味。日本 Tanabe Seiyaku 公司在苹果酒发酵中加 0.001% ~0.5% 德氏根霉或假丝酵母脂肪酶,促进酒精发酵,增进酒的香味。还有在制面包的面团中加脂肪酶,由于脂肪酶的作用,释放出单酸甘油酯,可提高面包的保鲜能力。日本专利报道用在熏鱼加工、制豆浆用的大豆处理、大米处理用以改进品质和增加风味。美国专利报道用热水(80℃)、酶液(德氏根霉,柱形假丝酵母,5 ~1500 单位/mL)和热碱水(80℃,pH8.5),清水漂洗的工序,可去除制食用明胶的鲜牛骨上的大量油脂。

第五节　食品工业其他酶制剂

一、单宁酶(Tannase)

单宁酶又名鞣酸酶,一般由黑曲霉(*Aspergillus niger*)或灰绿青霉(*Penicillum glaucum*)在含有 2% 鞣酸和 0.2% 酪蛋白水解物的蔡氏培养基(Czapek Dox)中受控培养,取出菌丝,用丙酮沉析后干燥而成。

分类编码为:EC 3.1.1.20

(一)性质

单宁酶呈淡黑色粉末。最适 pH 为 5.5 ~6.0,最适温度为 33℃。主要作用是使鞣质加水分解成鞣酸、葡萄糖和没食子酸。

(二)安全性

毒性:FAO/WHO(1981,1982)规定,由黑曲霉提取者,ADI 不作特殊规定。

(三)用途

单宁酶主要用于生产速溶茶时分解其中的鞣质,以提高成品的冷溶性和避免热溶后在冷却时产生混浊。使用时在 pH 为 5.5 ~6.0 的茶叶抽提液中,按每 L 加 2.5 g 鞣酸酶制剂的比例加入,然后在 30℃下搅拌 70 min,再升温至 90℃以灭酶,离心除去鞣酸酶即可。

二、溶菌酶(Lysozyme)

溶菌酶亦称胞壁质酶(Muramidase);N - 乙酰胞壁质聚糖水解酶(N - acetyl - muramyl glycan - hydrolase),是一群引起生物细胞壁水解的酶类。

分类编码为:EC 3.2.1.17;GB 11.000

(一)性质

溶菌酶的纯品为白色、微黄或黄色的晶体或无定形粉末,无臭、味甜、易溶于水,不溶于丙酮、乙醚中。溶菌酶是一种碱性球蛋白。市售的溶菌酶由129个氨基酸组成,相对分子质量为14300,等电点高达10.7~11.0。在酸性溶液中较稳定,加热至55℃活性不受影响。水溶液在62.5℃下维持30min则完全失活;在15%的乙醇溶液中,在62.5℃下维持30min而不失活;在20.5%的乙醇溶液中,在62.5℃下维持20min亦不失活。溶菌酶能作用于某种细菌的细胞壁,形成溶菌现象。溶菌酶对革兰阳性菌、好气性孢子形成菌、枯草杆菌、地衣型芽孢杆菌等都有抗菌作用。

溶菌酶广泛存在于哺乳动物乳汁、体液、禽类的蛋白及部分植物、微生物体内。它具有杀菌、抗病毒、抗肿瘤细胞的作用。动物溶菌酶,如鸡蛋白中约占3.5%的溶菌酶,该溶菌酶能分解革兰氏阳性菌,对革兰氏阴性菌不起作用。溶菌酶由蛋白中提取,将蛋白液调节pH,用离子交换树脂吸附后抽提而得。鸡蛋白溶菌酶的相对分子质量为14000~15000,等电点为11.1,最适溶菌酶温度为50℃,最适pH为6~7。植物溶菌酶,木瓜溶菌酶与动物来源的溶菌酶不同,其相对分子质量较大,为24600,是等电点为10.5的碱性蛋白质。微生物细胞内的溶菌酶,目前微生物产生的溶菌酶可分为内-N-乙酰己糖胺酶、酰胺酶、磷酸甘露糖酶、壳多糖酶、脱乙酰壳多糖酶等几大类。

(二)安全性

毒性:LD_{50} 20g/kg(bw)(大鼠,经口服)。

ADI:允许使用(FAO/WHO,1994)。

(三)用途

主要用于食品工业作防腐剂和牛奶的"人奶化",使牛奶更适合于婴儿饮用。溶菌酶在乳制品的应用,可使牛乳人乳化,增加牛乳蛋白质的消化。研究还表明,溶菌酶有防止肠炎和变态反应的作用,是双歧杆菌增长因子,奶粉中添加溶菌酶有利于婴、幼儿肠道细菌正常化。在每吨牛奶中加入0.05~0.1mg溶菌酶,37℃保温3h,可使牛奶中双歧杆菌的含量与人奶几乎无区别。在干酪生产中添加溶菌酶0.001%可替代硝酸盐等抑制丁酸菌的污染,防止干酪产气,并对干酪的感官质量有明显的改善作用。

溶菌酶、氯化钠和亚硝酸钠联合使用到肉制品中可延长肉制品的保质期。溶菌酶用于鱼子酱等产品的防腐。在糕点中加入溶菌酶,可防止微生物的繁殖。在低度酒中添加20mg/kg的溶菌酶不仅对酒的风味无任何影响,还可防止产酸菌生长,同时受酒类澄清剂的影响也很小,是低度酒类较好的防腐剂。溶菌酶在酵母法生产蛋白质中的作用,由于处于酵母细胞壁中的蛋白质利用率很低,所以利用溶菌酶破坏酵母细胞壁,可制成微生物蛋白质,以提高酵母蛋白质的利用率。利用含放线菌菌体的溶菌酶处理酵母液可生产出含有5′-肌苷酸、5′-鸟苷酸及其他呈味物质的调味品。

三、α-乙酰乳酸脱羧酶(α-Acetolactate decarboxylase)

α-乙酰乳酸脱羧酶别名(S)-α-羟基-2甲基-3氧-丁酸羧基裂解酶、ALDC。

分类编码为:EC 4.1.1.5;GB 11000

(一)性质

α-乙酰乳酸脱羧酶为棕色液体,相对密度约1.2,最适温度35℃,最适 pH 为6.0。由包含短芽孢杆菌(*Bacillusbrevis*)基因密码的枯草芽孢杆菌(*Bacillus subtillis*)菌经深层发酵生产制得。

(二)安全性

毒性:LD_{50}小鼠口服大于10g/kg(bw)。

Ames 试验:微核试验,结果均呈阴性(卫生部食品卫生监督检验所报告)。

(三)用途

α-乙酰乳酸脱羧酶用于啤酒工艺,按生产需要适量使用。双乙酰是啤酒发酵时,酵母合成氨基酸特别是缬氨酸、异亮氨酸的中间体——α-乙酰乳酸的氧化分解物。此反应非常缓慢,加入本品,可促使α-乙酰乳酸直接快速生成乙偶姻,避免了丁二酮的生成,从而大大减少α-乙酰乳酸形成双乙酰的数量及双乙酰的还原时间,加快啤酒的成熟,提高啤酒的风味质量。酶制剂应在加入酵母前加入。预先称好本品按1∶10比例与冷麦芽汁混合,直至完全溶解均匀。其他使用参考:每升麦芽汁用量为20~45单位(ADU)或100L麦芽汁用量为1~2g。

四、葡萄糖异构酶(Glucose isomerase)

葡萄糖异构酶,亦称木糖异构酶(Xylose isomerase),相对分子质量160000~180000。

分类编码为:EC 5.3.1.5;CAS 9055-00-9;CNS 11.035

(一)性质

葡萄糖异构酶为近似白色至浅棕黄色,或棕色、粉红色颗粒或粉末,或者为液体。粉末和液体可溶于水,颗粒不溶于水,不溶于乙醇、三氯甲烷和乙醚。固定化葡萄糖异构酶近白色或浅棕黄色颗粒,柱状或条状,不结块,无臭味,不溶于水、乙醇、三氯甲烷和乙醚。最适 pH 范围7.0~7.5,适用 pH 范围6.0~8.0。最高活性在反应系统中需要有 Mg^{2+} 及 Co^{2+},其最适浓度分别为 10^{-2}mol/L 和 10^{-3}mol/L。作用适宜温度30~75℃,最适温度60℃。锰和钾有提高耐热作用。它催化D-木糖、D-葡萄糖和D-核糖等醛糖可逆地转化为相应的酮糖。由于葡萄糖异构为果糖的经济效益显著,因此,习惯上将木糖异构酶称为葡萄糖异构酶。

在实际工业生产中,主要是使用固定化葡萄糖异构酶。由用米苏里游动放线菌 AC-81-2、嗜热链霉菌 M1033 等微生物发酵法生成的酶经固定化制得。采用的方法有明胶戊二醛包埋法、阴离子交换树脂吸附法、醋酸纤维素包埋法等。酶经固定化后,其稳定性显著提高,其他性质也有所改善,如适宜于在连续反应器中大规模使用,生产简便,使用后易处理等。用固体载体吸附游离细胞制备物而获得的固定化酶,其单位体积酶活力通常高于细胞包埋法制得的固定化酶制剂。

(二)安全性

毒性:大鼠经口 LD_{50}为15000mg/kg。

GRAS(FDA,§184.1372,2000)

ADI:无限制性规定(FAO/WHO,1994)。

(三)用途

葡萄糖异构酶主要用于由淀粉、葡萄糖生产高果糖糖浆和果糖,按生产需要适量使用。自从1973年固定化葡萄糖异构酶被应用在高果糖浆(HFCS)生产中,HFCS的产量已经提高了10倍多,目前全球产量超过了600万t。丹麦Novo公司推荐的连续生产果葡糖浆的工艺条件为(使用该公司产品Q型Sweetzyme):底物浓度35%~45% DS;葡萄糖含量93%~97%;进口处pH为8.2(25℃);温度61℃;$MgSO_4 \cdot 7H_2O$添加量,每L糖浆0.1g。Mg^{2+}及Co^{2+}对本品有激活作用;山梨醇、甘露醇等戊糖醇对本品有强抑制作用。

五、环状糊精葡萄糖苷转移酶(Cyclodextrin glycosyl treansferase,CGT)

环状糊精葡萄糖苷转移酶,又称为环状糊精生成酶。此酶的主要用途是催化淀粉生成环状糊精(CD)。环状糊精是由6~8个葡萄糖单位通过α-1,4-糖苷键连接而成的环状化合物,聚合度为6的环状糊精称α-环状糊精,聚合度为7的称β-环状糊精,聚合度为8的称γ-环状糊精。三者理化性质不同,其中α-环状糊精的溶解度大,制备比较困难,γ-环状糊精的生成量少,β-环状糊精在水中溶解度最小,可从水中析出而易提取,所以大量生产的是β-环状糊精。

不同来源的酶催化生成的环状糊精有所不同。例如:软化芽孢杆菌的酶催化淀粉主要生成α-环状糊精;巨大芽孢杆菌和嗜碱芽孢杆菌的酶生成以β-环状糊精为主的环糊精,芽孢杆菌AL6主要生成γ-环状糊精。

CGT的最适pH一般在4.5~6的范围内。它的来源不同,其最适pH亦有所不同。软化芽孢杆菌CGT最适pH为5.5,巨大芽孢杆菌CGT最适pH为5.0~5.7,嗜碱芽孢杆菌酸性CGT的最适pH为4.5~4.7,嗜碱芽孢杆菌中性CGT最适pH为7.0。

CGT的最适作用温度45~60℃。不同来源的CGT,其最适温度有所不同。例如,软化芽孢杆菌CGT的最适温度为55~60℃,巨大芽孢杆菌酸性CGT的最适温度为55℃,嗜碱芽孢杆菌酸性CGT最适温度为45℃,嗜碱芽孢杆菌中性CGT的最适温度为50℃。

钙离子对环状糊精葡萄糖基转移酶有保护作用。

现以嗜碱芽孢杆菌N-227产生的CGT为例,说明其基本性质及其用于生产环状糊精的工艺条件。嗜碱芽孢杆菌N-227CGT的最适pH一般为4.5~6.0,最适温度45~60℃,钙离子对CGT有保护作用。

环状糊精的生产工艺过程如下:

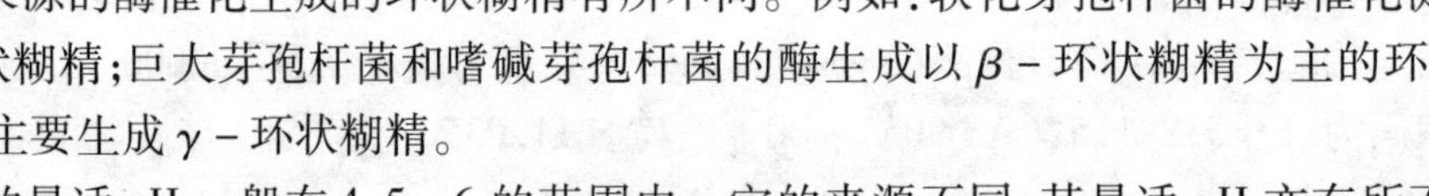

淀粉浆 → 加热糊化 → 冷却 → 加CGT转化 → 终止反应 → 加α-淀粉酶液化 → 脱色 → 过滤 → 浓缩 → 结晶 → 分离 → 干燥 → 产品

淀粉浆配制成5%的浓度,加热糊化条件为常压下,100℃糊化15min,然后冷却至55℃,每g淀粉酶加入CGT400~600U,转化的条件为:温度50~55℃,pH6.0,转化16~20h。转化结束后,升温至100℃加热15min,使CGT失活,以终止反应。

由于反应液中还含有未转化的淀粉和界限糊精,需要加入 α - 淀粉酶进行液化,液化条件为:每 g 淀粉加入 α - 淀粉酶 1 ~ 10U,pH6.0 ~ 6.5,温度 85 ~ 90℃,液化 30 ~ 120min。然后经过脱色、过滤、浓缩、结晶、离心分离、真空干燥等工序,获得 β - 环状糊精产品。

六、葡萄糖氧化酶(Glucose oxidase)

分类编码为:EC 1.1.3.4;INS 1102;CAS 9001 - 37 - 0;CNS 11.034

葡萄糖氧化酶是由糖液接种黑曲霉变种(*Aspergillus niger*,*var*)或金黄色青霉菌(*Penicllium chrysogenum*)、点青霉(*Penicillium notatum*)进行深层通风发酵,经沉淀、吸附、盐析等精制而得。由黑曲霉制得者,相对分子质量约 192000;由青霉菌制得者相对分子质量为 138000 ~ 154000。

(一)性质

近乎白色至浅黄色粉末,或黄色至棕色液体。溶于水,水溶液一般呈淡黄色,几乎不溶于乙醇、三氯甲烷和乙醚。主要作用酶为:葡萄糖氧化酶和过氧化氢酶。主要作用是使 β - D - 葡萄糖氧化为葡萄糖酸内酯。

$$\beta\text{-D-葡萄糖} + O_2 \longrightarrow \text{D-葡萄糖酸-}\delta\text{-内酯} + H_2O_2$$

最适 pH 为 5.6,在 pH3.5 ~ 6.5 的条件下具有很好的稳定性,pH 大于 8.0 和小于 2.0 都会使酶迅速失活。最适作用温度 30 ~ 60℃。Hg^{2+} 和 Ag^{+} 是本品的抑制剂;甘露糖和果糖对本品有竞争性抑制作用。

(二)安全性

毒性:得自黑曲霉者,ADI 不作特殊规定 FAO/WHO(1981、1982);得自青霉者尚未做出规定(FAO/WHO,2001)。

(三)用途

本品可用于啤酒工艺,最高用量为 80mg/L。用于从蛋制品中除去葡萄糖,以防止蛋白成品在贮藏期间变色、变质,最高用量 500mg/kg。还可用于全脂奶粉、谷物、可可、咖啡、虾类、肉等食品防止由葡萄糖引起的褐变。

本品与过氧化氢酶结合使用,由于葡萄糖氧化所生成过氧化氢在过氧化氢酶作用下才得到活性氧,使面筋蛋白中的 - SH 基氧化成 - S - S 基,有利于面筋蛋白之间形成良好的蛋白质网络结构。故近年来用于面包制造,效果良好,可以代替可能致癌的面粉处理剂溴酸钾。

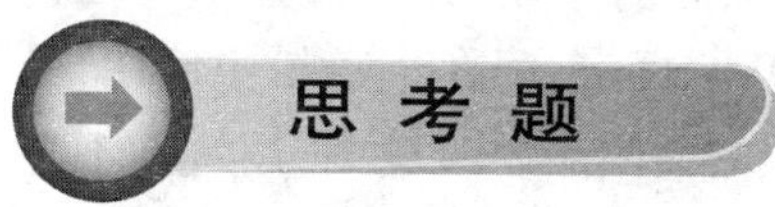

1. 什么是食品酶制剂?
2. α - 淀粉酶、β - 淀粉酶、糖化酶在性能上有何异同?在食品工业中如何正确使用?
3. 蛋白酶制剂的用途。
4. 脂肪酶制剂的用途。

第十二章　其他食品添加剂

本章学习目的与要求

熟悉面粉处理剂、膨松剂、被膜剂、稳定剂和凝固剂、消泡剂、抗结剂、水分保持剂、护色剂等一些种类食品添加剂的概念与分类，掌握上述食品添加剂的特性与应用。

第一节　面粉处理剂、膨松剂、稳定剂和凝固剂、被膜剂

一、面粉处理剂

面粉处理剂是能促进面粉的糊化和提高制品质量的一类食品添加剂。面粉中加入面粉处理剂，即可抑制小麦粉中蛋白质分解酶的作用，避免蛋白质分解，以增强面团弹性、延伸性、持气性，改善面团结构，从而提高焙烤制品的质量，还可使面粉中的 -SH 基氧化成 -S-S- 基，有利于蛋白质网状结构的形成。我国《食品添加剂使用卫生标准》(GB 2760—2011)中许可使用的面粉处理剂有偶氮甲酰胺、L-半胱氨酸盐酸盐、碳酸镁等。目前国内外使用的其他面粉处理剂还有三偏磷酸钠、过硫酸铵、过硫酸钾、碘酸钙、碘酸钾、磷酸铵、氯化铵、小麦面筋等。

(一)偶氮甲酰胺(Azodicarbonamide)

CNS 编号：13.004。INS 编号：927a。

分子式及相对分子质量：偶氮甲酰胺的分子式为 $C_2H_4N_4O_2$，其相对分子质量为 116.08。

性状：偶氮甲酰胺为黄色至橙红色结晶性粉末，无臭，相对密度为 1.65，熔点约为 180℃(分解)，几乎不溶于水和大多数有机溶剂，微溶于二甲基亚砜，在 180℃溶化并分解。

毒性：小鼠经口 LD_{50} 大于 10g/kg。美国 FDA 将偶氮甲酰胺列为 GRAS 物质。FAO/WHO(1994)规定其 ADI 为 0~45mg/kg。骨髓微核试验无致突作用。

使用：偶氮甲酰胺用于面粉处理剂，具有使谷粉类早熟和漂白的性能，并能改进烘烤面包的面团品质。我国《食品添加剂使用卫生标准》(GB 2760—2011)规定：可在小麦粉中使用，最大使用量为 0.045g/kg。用于谷类粉的老熟和增白及烘烤面包的面团品质改良剂，用量均不超过 0.045g/kg，且在最后食品中不得检出。

(二)L-半胱氨酸盐酸盐(L-Cysteine Monohydrochloride)

CNS 编号：13.003。INS 编号：920。

分子式及相对分子质量：L-半胱氨酸盐酸盐的分子式为 $C_3H_7NO_2S \cdot HCL \cdot H_2O$，其相对分子质量为 175.64。

性状:无色至白色结晶或结晶性粉末,有轻微特异的酸味,熔点为175~180℃。溶于水,水溶液呈酸性,1%溶液的pH约1.7,0.1%时pH约2.4,亦可溶于醇、氨水和乙酸,不溶于乙醚、丙酮、苯、二硫化碳和三氯甲烷。具有还原性,有抗氧化和防止非酶褐变作用。无水物在约175℃熔化并分解。

毒性:小鼠经口LD_{50}3.46g/kg。美国FDA将L-半胱氨酸盐酸盐列为GRAS物质。L-半胱氨酸盐酸盐进入体内,最终分解为硫酸盐和丙酸而排出,无蓄积作用。为无毒物质。

使用:L-半胱氨酸盐酸盐作面粉处理剂,主要用作面包发酵促进剂,可加速谷蛋白的形成,防止老化。L-半胱氨酸盐酸盐为非必需氨基酸,具有营养增补作用。

使用范围及使用量:我国《食品添加剂使用卫生标准》(GB 2760—2011)规定:用于发酵面制品的最大使用量为0.06g/kg,用于冷冻米面制品的最大使用量为0.6g/kg。通常用于面包的添加量为0.02~0.045g/kg;除用于面制品外,还可用于天然果汁防止维生素C被氧化和褐变,用量为0.2~0.8g/kg。

(三)碳酸镁(Magnesium Carbonate)

CNS编号:13.005。INS编号:504i。

性状:碳酸镁易带结晶水,常因结晶条件不同有轻质和重质之分,一般情况下为轻质。轻质的有$MgCO_3 \cdot H_2O$;重质的有$5MgCO_3 \cdot Mg(OH)_2 \cdot 3H_2O$,$5MgCO_3 \cdot 2Mg(OH)_2 \cdot 7H_2O$,$4MgCO_3 \cdot Mg(CO)_2$及$3MgCO_3 \cdot Mg(OH)_2 \cdot 4H_2O$;常温为三水合盐。轻质碳酸镁为白色松散粉末或易碎块状,无臭,相对密度为2.2,熔点为350℃。在空气中稳定,加热至700℃产生二氧化碳,生成氧化镁,几乎不溶于水,但在水中引起轻微碱性反应。不溶于乙醇,可被稀酸溶解并放出气泡。

毒性:美国FDA将碳酸镁列为GRAS物质。ADI无须规定(FAO/WHO,1994)。

使用:碳酸镁可作为面粉处理剂、抗结剂、膨松剂使用。我国《食品添加剂使用卫生标准》(GB 2760—2011)规定:可用于小麦粉,最大用量为1.5g/kg,可用于固体饮料,最大使用量为10.0g/kg(以碳酸镁计)。FAO/WHO规定作为抗结剂可用于奶粉和稀奶油粉,最大用量分别为10g/kg和1.5g/kg(单用或与其他抗结剂并用,仅用于自动售货机),粉状葡萄糖、糖粉,15g/kg(单用或与其他抗结剂并用,不得有淀粉)。此外还可用于巧克力、可可粉等。

使用注意事项:本品对胃有抑酸作用(2 g/L),过量服用可引起腹泻。

二、膨松剂

面包、蛋糕、馒头等食品的特点是具有海绵状多孔组织,因此口感柔软。在制作上为达到此种目的,必须使面团中保持有足量的气体。物料拌和过程中混入的空气和物料中所含水分在烘焙时受热所产生的水蒸气,能使产品产生一些海绵状组织,但要达到制品的理想效果,气体量是远远不够的。所需气体的绝大多数是由膨松剂所提供,因此膨松剂在食品制造中具有重要的地位。膨松剂是添加于生产焙烤食品的主要原料小麦粉中,并在加工过程中受热分解,产生气体,使面胚起发,形成致密多孔组织,从而使制品膨松、柔软或酥脆的一类物质。又称为膨松剂、膨胀剂、面团调节剂。膨松剂一般在和面工序中加入,在焙烤或油炸过程中受热而分解,产生气体使面坯起发,体积胀大,内部形成均匀致密海绵状多孔组织,使食品具有酥脆、疏松或柔软的特点。膨松剂不仅能使食品产生松软的海绵状多孔组织,使之口感柔松可口、体积膨大;而且能使咀嚼时唾液很快渗入制品的组织中,以透出制品内可溶性物质,刺激味觉神经,使之迅速反应该食品的风味;当食品进入胃之后,各种消化酶能快速进入食品组织中,使食品能容易、快速地被消化、吸收,避免营养损失。

膨松剂可分为碱性膨松剂、酸性膨松剂、复合膨松剂和生物膨松剂。碱性膨松剂亦称膨松盐,主要有碳酸盐和碳酸氢盐,常用的为碳酸氢钠和碳酸氢铵。它们受热后直接发生分解产生气体,不需要酸。酸性膨松剂亦称膨松酸,常用的有酒石酸氢钾、硫酸铝钾、葡萄糖酸-δ-内酯、各种酸性磷酸盐(如酸性叫磷酸钠、磷酸铝钠、磷酸一钙、无水磷酸一钙、磷酸二钙等)。膨松酸与碳酸氢钠反应,则产生二氧化碳,从而起膨松作用。复合膨松剂由多种成分配合而成,复合膨松剂的配方很多,依具体食品生产需要有所差异。生物膨松剂是指酵母。

(一)碳酸氢钠(Sodium Bicarbonate)

CNS 编号:06.001。INS 编号:500ii。

碳酸氢钠别名小苏打、重碳酸钠、酸式碳酸钠。

性状:白色晶体粉末,无臭,味咸。相对密度为2.20,熔点为270℃,不溶于乙醇易溶于水,水溶液呈弱碱性,pH 为8.3,与弱酸则强烈分解。水溶液放置稍久,或振摇,或加热,碱性增强。

毒性:大鼠经口 LD_{50}4.3g/kg。FAO/WHO 规定,ADI 不作特殊规定。

使用:碳酸氢钠用作膨松剂、酸度调节剂(碱剂、缓冲剂),在需添加膨松剂的各类食品中,按生产需要适量使用。使用注意事项:本品单独使用时,因受热分解后呈强碱性,易使制品出现黄斑,且影响口味,最好复配后使用。

(二)碳酸氢铵(Ammonium hydrogen carbonate)

CNS 编号:06.002。INS 编号:503ii。

碳酸氢铵别名重碳酸铵、酸式碳酸铵、食臭粉。

性状:白色晶体粉末,有氨臭。性质不稳定,在36℃以上分解为二氧化碳、氨和水,60℃可完全分解,而在室温下相当稳定。在空气中易风化,有吸湿性,潮解后分解加快。易溶于水,水溶液呈碱性,0.08%水溶液的 pH 为7.8。溶于甘油,不溶于乙醇。

毒性:FAO/WHO(1985)规定,ADI 不作特殊规定。

使用:碳酸氢铵用作膨松剂、酸度调节剂(碱剂、缓冲剂)、稳定剂,在需添加膨松剂的各类食品中,按生产需要适量使用。

(三)硫酸铝钾(Aluminium potassium sulfate)

CNS 编号:06.004。INS 编号:522。

硫酸铝钾别名钾明矾、烧明矾、明矾、钾矾。

性状:无色透明结晶,或白色结晶性粉末、片、块,无臭,略有甜味和收敛涩味。相对密度为1.757,熔点为92.5℃。在空气中可风化成不透明状,加热至200℃以上因失去结晶水而成为白色粉状的烧明矾。可溶于水,溶解度随水温升高而显著增大。溶液呈酸性,在水中可水解生成氧化铝胶状沉淀。可缓慢溶于甘油,几乎不溶于乙醇。

毒性:猫经口的致死量为5~10g,ADI 为0~0.6mg/kg。本品用量过多可使食品发涩,甚至引起呕吐、腹泻,应控制使用。

使用:硫酸铝钾可用作膨松剂、稳定剂。可在油炸食品、水产品、豆制品、发酵粉、威化饼干、膨化食品、虾片中按生产需要适量使用。铝的残留量对于样品(以 Al 计)应小于 0.1g/kg。

(四)硫酸铝铵(Ammonium ammonium sulfate)

CNS 编号:06.005。INS 编号:523。

硫酸铝铵别名铵明矾、铝铵矾。

性状:无色透明坚硬的晶体颗粒或粉末,无臭,味微甜带涩,有较强的收敛性,相对密度为 1.645,溶于水和甘油,不溶于乙醇。

毒性:ADI 为 0 ~0.0006g/kg。

使用:使用范围和用量同钾明矾。

(五)磷酸氢钙(Calcium hydrogen phosphate)

CNS 编号:06.006。INS 编号:341iii。

性状:白色晶体粉末,无臭,无味,相对密度为 2.32,在空气中稳定不发生变化。微溶于水,不溶于乙醇,易溶于稀盐酸、稀硝酸和柠檬酸铵溶液,微溶于稀乙酸。加热至 75℃以上失去结晶水,成为无水磷酸盐,强热则变为焦磷酸盐。

毒性:FAO/WHO 规定,ADI 为 0 ~0.7g/kg。

使用:磷酸氢钙可作为膨松剂、面团调节剂、营养强化剂使用。用于发酵面制品和饮料中可按生产需要适量添加。用于饼干、婴幼儿配方食品,最大使用量为 1.0g/kg。

(六)酒石酸氢钾(Potassium bitartarate)

CNS 编号:06.007。INS 编号:336。

酒石酸氢钾别名酸式酒石酸钾、酒石。

性状:白色结晶性粉末,无臭,有愉快的清凉酸味。难溶于水和乙醇,溶于热水,产气较缓慢。

毒性:ADI 不作特殊规定。

使用:酒石酸氢钾可作为膨松剂、酸度调节剂等。用于小麦粉及其制品、焙烤食品,可以按生产需要量使用。

(七)复合膨松剂

1. 成分组成

复合膨松剂一般由 3 种成分组成:碳酸盐类、酸性盐类、淀粉和脂肪酸等。复合膨松剂可根据碱式盐的组成和反应速度分类。

2. 复合膨松剂碱性原料可分为 3 类

(1)单一剂式复合膨松剂:以 $NaHCO_3$ 与酸性盐作用而产生 CO_2 气体。

$NaHCO_3$ + 酸性盐→CO_2↑ + 中性盐 + H_2O

(2)二剂式复合膨松剂:以 $NaHCO_3$ 与其他会产生 CO_2 气体之膨松剂原料和酸性盐一起作用而产生 CO_2 气体。

(3)氨系复合膨松剂:除能产生 CO_2 气体外,尚会产生 NH_3 气体。

3. 复合膨松剂依产气速度可分为3类

(1)快性发粉:通常在食品未烘焙前,而产生膨松之气体。

(2)慢性发粉:在食品未烘焙前,产生的气体较少,大部分均在加热后才放出。

(3)双重反应发粉:含有快性和慢性发粉,二者混合而制成。

4. 复合膨松剂的配制原则

(1)根据产品要求选择产气速度恰当的酸性盐

复合膨松剂的产气速度依赖于酸性盐与 $NaHCO_3$ 的反应速度,不同的产品要求发粉的产气速度不尽相同。如蛋糕类中使用发粉应为双重发粉,因为在烘焙初期产气太多,体积迅速膨大,此时蛋糕组织尚未凝结,成品易塌陷且组织较粗,而后期则无法继续膨大;若慢性发粉太多,初期膨大慢,制品凝结后,部分发粉尚未产气,使蛋糕体积小,失去膨松意义。馒头、包子所用发粉由于面团相对较硬,需要产气稍快,若凝结后产气过多,成品将出现"开花"现象。而像油条油炸食品,需要常温下尽可能少产气,遇热产气快的发粉。

(2)根据酸性盐的中和值确定 $NaHCO_3$ 与酸性盐的比例

"中和值"的概念,是指每100份某种酸性盐需要多少份 $NaHCO_3$ 去中和,此 $NaHCO_3$ 的份数,即为该酸性盐的中和值。在复合膨松剂配制中,应尽可能使 $NaHCO_3$ 与酸性反应彻底,一方面可使产气量大,另一方面能使发粉之残留物为中性盐,保持成品的色、味。因此酸性盐和 $NaHCO_3$ 的比例在复合膨松剂配制中需特别注意。配制复合膨松剂常用的酸性盐的性质见表12-1。

表12-1 配制复合膨松剂常用酸性盐的性质

化学名称	分子式	反应速度	中和值
酒石酸	$C_2H_6O_6$	极快	120
酒石酸氢钾	$KHC_4H_4O_6$	极快	50
磷酸二氢钙	$Ca(H_2PO_4)_2H_2O$	快	80
酸性焦磷酸钠	$NaH_2P_2O_7$	慢→快	72
无水磷酸二氢钙	$Ca(H_2PO_4)_2$	慢→快	83
明矾	$Kal(SO_4)_2 12H_2O$	慢	80
烧明矾	$Kal(SO_4)_2$	慢	100
葡萄糖内脂	$C_6H_{10}O_6$	极慢	55

复合膨松剂是由多种成分配合而成的,如发酵粉。发酵粉亦称焙粉,一般是用碳酸氢盐(如钠盐、铵盐)、酸(如酒石酸、柠檬酸、乳酸)、酸性盐(如酒石酸氢钾、富马酸一钠、磷酸二氢钙、磷酸氢钙、焦磷酸二氢钙、磷酸铝钠等)、明矾(如加明矾、铵明矾等)及淀粉(阻止酸、碱作用和防潮作用等)配制而成。

使用:发酵粉根据需要制成快速发酵粉、慢速发酵粉和双重反应发酵粉。发酵粉用于生产糕点、馒头等,用量为1%~3%。

(八)生物膨松剂

生物膨松剂是指酵母。酵母是面制品中一种十分重要的膨松剂,它不仅能使制品体积膨大,组织呈海绵状,而且能提高面制品的营养价值和风味。酵母在发酵过程中由于酶的作用,使糖类发酵生成酒精和二氧化碳,从而使面坯起发,体积增大,经焙烤后使食品形成膨松体,并具有一定弹性。同时在食品中还产生醛类、酮类和酸类等特殊风味物质,此外酵母体也含有蛋白质、糖、脂肪和维生素,使食品营养价值明显提高。过去食品中大量使用压榨酵母(鲜酵母),由于其不易久存,制作时间长,现在已广泛使用由压榨酵母经低温干燥而成的活性干酵母。活性干酵母使用时应先用30℃左右温水溶解并放置10min左右,使酵母菌活化。

酵母是利用面团中的单糖作为其营养物质。它有两个来源:一是在配料中加入蔗糖经转化酶水解成转化糖;二是淀粉经一系列水解最后成为葡萄糖。其生成过程为:

$$2(C_6H_{10}O_5)_n + 2nH_2O\ \beta\text{-淀粉酶}\rightarrow n(C_{12}H_{22}O_{11})\text{(麦芽糖)}$$

$$C_{12}H_{22}O_{11} + H_2O\ \text{麦芽糖酶}\rightarrow 2C_6H_{12}O_6\text{(葡萄糖)}$$

$$C_{12}H_{22}O_{11}\text{(蔗糖)} + H_2O\ \text{蔗糖转化酶}\rightarrow C_6H_{12}O_6\text{(葡萄糖)} + C_6H_{12}O_6\text{(果糖)}$$

酵母菌利用这些糖类及其他营养物质,先后进行有氧呼吸与无氧呼吸,产生CO_2、醇、醛和一些有机酸。

$$C_6H_{12}O_6 + 6O_2\ \text{有氧呼吸}\rightarrow 6O_2 6H_2O + 2822KJ$$

$$C_6H_{12}O_6\ \text{无氧呼吸}\rightarrow 2C_2H_5OH\ 2CO_2 + 100KJ$$

面制品用酵母的种类:

(1)液体酵母:未经浓缩的酵母液,是通过酵母菌经过扩大培养和繁殖得到的产品。

(2)鲜酵母(浓缩酵母、压榨酵母):是将酵母液除去部分水分后(水分75%以下),加入原料压榨制成。

(3)干酵母(活性酵母):由鲜酵母制成小颗粒,低温干燥而成。使用前需要活化。

(4)速效干酵母(即发酵母):溶解、发酵速度快,一般不需要活化,可直接加入原料中,使用比以上3种酵母更方便。

(九)膨松剂应用

酵母和复合膨松剂单独使用时,各有不足之处。酵母发酵时间较长,有时制得的成品海绵状结构过于细密、体积不够大;而合成膨松剂则正好相反,制作速度快、成品体积大,但组织结构疏松,口感相差。二者配合正好可以扬长避短,制得理想的产品。笔者将酵母和复合膨松剂应用于包子、馒头的制作,获得了理想的效果。现将配方及工艺简介如下。

配方:低筋面粉100,发粉8,干酵母8,水65。

制作工艺:酵母+发粉30℃温水,溶解,加入面、水,充分搅拌→面团形成→(静置醒发20min→二次揉面)→制作上笼30-35℃,相对湿度78%,醒发30min,旺火蒸15min→成品。

成品质量:成品体积膨大、疏松,组织结构均匀,口感柔软、香甜,色泽洁白、有光泽,整体质量明显优于用单一酵母或复合膨松剂所制产品。

三、稳定剂和凝固剂

稳定剂和凝固剂是使食品结构稳定或使食品组织结构不变,增强黏性固形物的一类食品添加剂。常见的有各种钙盐,如氯化钙、乳酸钙、柠檬酸钙等。它可以使可溶性果胶成为凝胶状不溶性果胶酸钙,以保持果蔬加工制品的脆度和硬度,比如用低酯果胶可生产低糖果冻。在豆腐生产中,用盐卤、硫酸钙、葡萄糖酸-δ-内酯等蛋白凝固剂达到固化目的。此外金属离子螯合剂能与金属离子在其分子内形成内环，使金属离子化为此环的一部分，从而形成稳定且能溶解的复合物，消除了金属离子的有害作用，提高了食品的质量和稳定性。

(一)硫酸钙(Calcium sulfate)

CNS 编号:18.001。INS 编号:516。

硫酸钙又称石膏或生石膏。

性状:白色晶体粉末，无臭，有涩味，相对密度为2.32，微溶于水;难溶于乙醇;溶于强酸;水溶液呈中性。石膏加水后形成可塑性浆状物，很快固化。

毒性:钙和硫酸根是人体内正常成分，而且硫酸钙的溶解度很小，在消化道内难以吸收。所以，硫酸钙对人体无害，ADI 不作特殊规定。

使用:硫酸钙主要用于蛋白质凝固剂，还可用作酒的风味增强剂、面粉处理剂、酿造用水的硬化剂等。生产豆腐时，在豆浆中添加硫酸钙的量为2~14g/L，过量会产生苦味。用于生产肉灌肠类，最大使用量为3.0g/kg;用于面包、糕点和饼干，最大使用量为10.0g/kg。FDA 规定在焙烤食品中添加量为1.3%，蔬菜加工中添加量为0.35%等。

(二)氯化钙(Calcium chloride)

CNS 编号:18.002。INS 编号:509。

性状:白色坚硬的碎块或颗粒，无臭，微苦，易吸水潮解，一般商品以二水物为主。5%水溶液的 pH 为4.5~9.5。

毒性:大鼠经口 LD_{50}为1.0g/kg。FAO/WHO 规定:ADI 无须规定。

使用:氯化钙可用作稳定剂和凝固剂、钙强化剂、螯合剂、干燥机、冷冻用制冷剂。用作豆腐凝固剂，在豆乳中添加4%~6%溶液，一般用量为20~25g/L。用氯化钙溶液浸渍果蔬，经杀菌后果蔬脆度好，同时还起护色作用，所以氯化钙广泛用于苹果、整装番茄、什锦蔬菜、冬瓜等罐头食品，最大使用量为1.0g/kg。

(三)葡萄糖酸-δ-内酯(Glucono delta-lactone)

CNS 编号:18.007。INS 编号:575。

性状:白色结晶性粉末，无臭，味先甜后酸，易溶于水，微溶于乙醇，几乎不溶于乙醚。本品用5%~10%的硬脂酸钙涂覆后，即使用于吸湿性产品中，也很稳定。约于153℃分解。

毒性:FAO/WHO(1994)规定:ADI 无须规定。

使用:葡萄糖酸-δ-内酯可作为稳定剂和凝固剂、酸味剂、螯合剂使用。用本品制得的豆腐保水性好，质地细腻、滑嫩可口，没有传统用卤水或石膏制作的豆腐具有的苦涩味。还可用于鱼、肉、禽、虾等的防腐保鲜，使制品外观光泽、不褐变，同时保持肉质的弹性，可以按生产需要量使用。

(四)乙二胺四乙酸二钠(Disodium ethylenediamintetraacetate)

CNS 编号:18.005。INS 编号:386。

性状:白色结晶性粉末或颗粒，无臭，无味。易溶于水，微溶于乙醇，不溶于乙醚。2%水溶液pH 为4.7，常温下稳定，100℃时结晶水开始挥发，120℃时失去结晶水而成为无水物，有吸湿性。

毒性:大鼠经口 LD_{50}2.0g/kg。FAO/WHO 规定:ADI 为 0 ~ 0.0025g/kg。

使用:乙二胺四乙酸二钠可作为稳定和凝固剂用于酱菜、罐头,最大用量为 0.25g/kg;用于复合调味料、蛋黄酱及沙拉酱中的最大使用量为 0.075g/kg。

(五)氯化镁(Magnesium Chloride)

CNS 编号:18.003。INS 编号:511。

性状:无色、无臭的小片、颗粒或单斜晶体,味苦。极易吸湿,极易溶于水,溶于乙醇,相对密度为 1.569。

毒性:大鼠经口 LD_{50}为 2.8g/kg。人经口服 4 ~ 15g,能引起腹泻,属低毒物质。ADI 不作特殊规定。

使用:可用作稳定剂和凝固剂用于豆类制品,按生产需要量使用。

四、被膜剂

涂抹于食品外表,起保质、保鲜、上光、防止水分蒸发等作用的物质称为被膜剂。水果表面涂一层薄膜,可以抑制水分蒸发,防止微生物侵入,并形成气调层,因而可延长水果保鲜时间。有些糖果如巧克力等,表面涂膜后,不仅外观光亮、美观,而且还可以防止粘连,保持质量稳定。在被膜剂中加入某些防腐剂、抗氧化剂等可制成具有成膜性能的复合保鲜剂。常见的被膜剂有蜂蜡、石蜡、紫胶、松香季戊四醇酯、二甲基聚硅氧烷等。

(一)紫胶(Shellac)

CNS 编号:14.001。INS 编号:904。

紫胶别名虫胶。主要成分有油酮酸(约 40%)、紫胶酸(约 40%)、虫蜡酸(约 20%)以及少量的棕榈酸、肉豆蔻酸等。

性状:①紫胶,为暗褐色透明薄片或粉末,脆而坚,无味,稍有特殊气味,熔点 115 ~ 120℃,软化点 70 ~ 80℃,相对密度 1.02 ~ 1.12。溶于乙醇、乙醚,碱性水溶液,不溶于水;②漂白紫胶,为白色无定形颗粒状树脂,微溶于醇,不溶于水,易溶于丙酮及乙醚。

毒性:原料紫梗为天然的动物性药品,具有清热凉血、解毒之功效,未发现有害的作用。只要未被污染,其使用量是比较安全的。普通紫胶、漂白紫胶 LD_{50} > 15g/kg。ADI:允许使用。

使用:我国《食品添加剂使用卫生标准》(GB 2760—2011)规定可用于巧克力、威化饼干,最大使用量为 0.2g/kg。将紫胶溶解于酒精中配制成 10% 浓度溶液作为水果的被膜剂,其在柑橘类水果保鲜中的最大使用量为 0.5g/kg,在胶基糖果中的最大使用量为 3.0g/kg,在苹果中的最大使用量为 0.4g/kg。也用于糖果包衣。

(二)白油(Mineral oil;Liquid paraffin)

CNS 编号:14.003。INS 编号:905a。

白油别名白矿物油、液体石蜡。由饱和链烷烃和环烷烃组成,含硫量一般在 16 ~ 24 之间。

性状:无色透明油状液体,无臭,无味,加热时稍有石油气味。不溶于水和乙醇,溶于乙醚、石油醚及挥发油中,并可与多数非挥发油混溶,长时间接触光和热会慢慢氧化。

毒性:本品无急性毒性,在消化道内不能消化吸收,无吸收毒性,但大量摄入时会引起急性腹泻,影响维生素的吸收。ADI 不需特殊规定。

使用:我国《食品添加剂使用卫生标准》(GB 2760—2011)规定可用于除胶基糖果以外的其他糖果、鸡蛋保鲜,最大使用量为5.0g/kg。FAO/WHO 规定,用于无核葡萄干,最大允许使用量为5.0g/kg。此外,白油还可用于食品上光、防黏、消泡、密封和食品机械的润滑等。

(三)聚二甲基硅氧烷(Polydimethyl siloxane)

CNS 编号:03.007。INS 编号:900a。

聚二甲基聚硅氧烷别名聚二甲基硅醚、二甲基硅油。化学结构是完全甲基化的线性硅氧烷聚合物。

性状:无色透明黏稠液体,无臭,无味,不溶于水,溶于多数脂肪族和芳香族有机溶剂。

毒性:ADI 为0~0.0015g/kg。(FAO/WHO)(限于聚合度为200~300)。

使用:聚二甲基硅氧烷可作为被膜剂、消泡剂、抗结剂使用。我国《食品添加剂使用卫生标准》(GB 2760—2011)规定用于果蔬保鲜,最大使用量为0.0009g/kg。本品难以单独使用,均要与其他种类食品添加剂配合使用。

(四)吗啉脂肪酸盐(果蜡)(Morpholine fatty acid salt fruit wax)

CNS 编号:14.004。

吗啉脂肪酸盐别名 CFW 型果蜡,约含10%~12%的天然棕榈蜡、2.5%~3%的吗啉脂肪酸盐。

性状:淡黄色至黄褐色油状或蜡状物质,微有氨臭,混溶于丙酮、苯和乙醇,可溶于水,在水中溶解量多时呈凝胶状。

毒性:大鼠经口 LD_{50}1.6g/kg。美国 FDA 将吗啉脂肪酸盐列为 GRAS 物质。无蓄积、致畸、致突变作用。

使用:本品主要用于水果保鲜,用量可根据生产需要适量添加,常用量为1g/kg。

(五)松香季戊四醇酯(Pentaerythritol ester of wood rosin)

CNS 编号:14.005。

性状:硬质浅琥珀色树脂,溶于丙酮、苯,不溶于水及乙醇。

毒性:大鼠摄入含有1%松香季戊四醇酯的饲料,经90d 喂养未见毒性作用。美国 FDA 将松香季戊四醇酯列为 GRAS 物质。

使用:松香季戊四醇酯可作为被膜剂和胶姆糖基础剂。松香季戊四醇酯具有良好的成膜性能,在果蔬表面形成半透膜,抑制果蔬呼吸,推迟衰老;还能防止细菌侵入和水分蒸发,降低腐烂,从而起到保鲜作用。我国《食品添加剂使用卫生标准》(GB 2760—2011)规定用于果蔬保鲜,最大使用量为0.09g/kg。也可用于胶姆糖配料。

(六)巴西棕榈蜡(Carnauba wax)

CNS 号:14.008。INS 编号:903。

性状:浅棕色至黄色硬质脆性蜡,具有树脂状断面,微有气味,相对密度为0.997,熔点为80~86℃,碘值13.5。不溶于水,部分溶于乙醇,溶于三氯甲烷、乙醚及40℃以上的脂肪,溶于碱性溶液。

毒性:ADI 为 0~0.007g/kg。(FAO/WHO)。美国 FDA 将巴西棕榈蜡列为 GRAS 物质。

使用:我国《食品添加剂使用卫生标准》(GB 2760—2011)规定用于新鲜水果,最大使用量为 0.0004g/kg(以残留量计);用于可可制品、巧克力和巧克力制品以及糖果中的最大使用量为 0.6g/kg。

第二节 消泡剂、抗结剂、水分保持剂、护色剂

一、消泡剂

消泡剂是指以消除或抑制在食品加工过程中产生的泡沫为目的而添加的一类食品添加剂。泡沫的产生大多是在外力作用下,溶液中所含表面活性物质在溶液和空气交界处形成泡沫并上浮,或者有如明胶、蛋白质等胶体物质成膜、成泡所致。在食品加工中,如发酵、搅拌、煮沸、浓缩等过程可产生大量气泡,影响正常操作,必须及时消除或使其不致产生。

有效的化学消泡剂必须具备几个条件:

(1)具有比被加液体更大的表面张力;

(2)易于分散在被加液体中;

(3)在被加液体中的溶解度很差;

(4)具有不活泼的化学性质;

(5)无残留物或气体;

(6)符合食品安全要求。

(一)乳化硅油(Emulsifying silicon oil)

CNS 编号:03.001。

乳化硅油俗称硅油,是以甲基聚硅氧烷为主体组成的有机硅消泡剂。

性状:乳白色黏稠液体,几乎无臭,相对密度 0.98~1.02。它的化学稳定性高,不易燃烧,对金属没有腐蚀性,不挥发,溶于苯、甲苯、汽油等,也溶于四氯化碳;不溶于水、乙醇、甲醇,但可分散于水。乳化硅油为亲油性表面活性剂,表面张力小,消泡能力很强,是良好的食品消泡剂。

毒性:ADI 为 0~1.5mg/kg。

使用:我国《食品添加剂使用卫生标准》(GB 2760—2011)规定乳化硅油用于发酵工艺,最大使用量为 0.2g/kg。在谷氨酸发酵过程中用以消除泡沫,按发酵液计,乳化硅油的用量为 0.2g/kg。在饮料生产中的用量为 0.01g/kg。

(二)高碳醇脂肪酸酯复合物(Higher alcohol fatty acid ester complex)

CNS 编号:03.002。

高碳醇脂肪酸酯复合物别名 DSA-5 消泡剂,是由十八醇硬脂酸酯、液体石蜡、硬脂酸三乙醇胺和硬脂酸氯复配物。

性状:白色至淡黄色黏稠状液体,几乎无臭,化学性质稳定;不易燃,不易爆,不挥发,无腐

蚀性;黏度高,流动性差。冬季温度在 -25 ~ -30℃时,黏度进一步增大。在室温下放置或稍加热,黏度变小,易于流动。相对密度为0.78 ~0.88。其水溶液的 pH 为8 ~9。

毒性:大鼠经口 LD_{50}大于15g/kg。

使用:DSA -5 消泡剂的主要成分为表面活性剂,消泡效果好,消泡效率可达96% ~98%。我国《食品添加剂使用卫生标准》(GB 2760—2011)规定,高碳醇脂肪酸酯复合物用于酿造工艺,最大使用量为1.0g/kg,豆制品工艺为1.6g/kg,制糖工艺及发酵工艺为3.0g/kg。

(三)聚氧丙烯甘油醚(Polyoxypropylene glycol ether)

CNS 编号:03.005。

聚氧丙烯甘油醚别名 GP 型消泡剂。

性状:无色或黄色非挥发性油状液体,溶于苯及其他芳烃溶剂,也溶于乙醚、乙醇、丙酮、四氯化碳等溶剂,难溶于热水,热稳定性好。

毒性:小鼠经口 LD_{50}大于10g/kg。

使用:我国《食品添加剂使用卫生标准》(GB 2760—2011)规定,按生产需要适量用于发酵工艺。

(四)聚氧乙烯聚氧丙烯胺醚(Polyoxyethylene polyoxypropylen amine ether)

CNS 编号:03.004。

聚氧乙烯聚氧丙烯胺醚别名含氮聚醚或 BAPE。

性状:无色或微黄色的挥发性油状液体,溶于苯及其他芳香族溶剂,亦溶于乙醚、乙醇、丙酮、四氯化碳等溶剂。

使用:本品用于发酵工艺可按生产需要适量使用。在味精生产中使用具有产酸高、生物素减少、转化率提高等优点。

除以上几种消泡剂外,我国还规定可以使用的消泡剂有聚氧丙烯氧化已烯甘油醚、聚氧乙烯聚氧丙烯季戊四醇醚等。在国外还使用一些天然物质作消泡剂,如癸酸、月桂酸、肉豆蔻酸、辛酸、油酸等,这些产品无毒,可安全的用于生产。

二、抗结剂

抗结剂又称抗结块剂,是用来防止颗粒或粉状食品聚集结块,保持其松散或自由流动的物质,其颗粒细微、松散多孔、吸附力强。易吸附导致形成结块的水分、油脂等,使食品保持粉末或颗粒状态。

(一)微晶纤维素(Microcrystallin cellulose)

CNS 编号:02.005。INS 编号:460i。

微晶纤维素别名纤维素胶或结晶纤维素。

性状:白色细小粉末,无臭,无味,可压成自身黏合的小片,并可在水中迅速分散。不溶于水、稀酸、稀碱溶液和大多数有机溶剂。

毒性:小鼠经口 LD_{50}大于21.5g/kg。ADI 无须规定。

使用:微晶纤维素可作为抗结剂、乳化剂、分散剂、黏合剂使用。我国《食品添加剂使用卫生生标准》(GB 2760—2011)规定:可用于各类食品中,按生产需要适量使用。

(二)二氧化硅(Silicon dioxide)

CNS 编号:02.004。INS 编号:551。

性状:供食品用的二氧化硅是无定形物质,按制法不同分为胶体硅和湿法硅两种。胶体硅为白色、蓬松、无砂的精细粉末。湿法硅为白色、蓬松粉末或白色细孔珠或颗粒。易从空气中吸收水分,无臭,无味,相对密度为2.2~2.6,熔点为1710℃,不溶于水、酸和有机溶剂,溶于氢氟酸和热的浓碱液。

毒性:大鼠经口 LD_{50}大于5g/kg。ADI 无须规定。

使用:二氧化硅可作为抗结剂、消泡剂、澄清剂、助滤剂和载体使用。我国《食品添加剂使用卫生标准》(GB 2760—2011)规定:用于蛋粉、奶粉、可可粉、可可脂、糖粉、植脂性粉末、速溶咖啡,最大使用量为15g/kg;固体饮料,15g/kg;原粮,1.2g/kg;豆制品工艺(复配消泡剂用),0.025g/kg;固体复合调味料及香辛料,20g/kg。

(三)硅铝酸钠(Sodium aluminosilicate)

CNS 编号:02.002。INS 编号:554。

硅铝酸钠别名铝硅酸钠,主要成分是含水硅铝酸钠。

性状:白色无定形细粉或小珠粒,无臭,无味,相对密度约2.6,熔点为1000~1100℃,不溶于水、乙醇和其他有机溶剂,在80~100℃时可部分溶于强酸和碱金属氢氧化物溶液。

毒性:ADI 无须规定。

使用:硅铝酸钠主要用作抗结剂。用于植脂性粉末,最大使用量为5.0g/kg。

(四)磷酸三钙(Tricalcium orthphosphate)

CNS 编号:02.003。INS 编号:341iii。

磷酸三钙别名磷酸钙、沉淀磷酸钙,是不同磷酸钙组成的混合物,大约组成是 $10CaO \cdot 3P_2O_5 \cdot H_2O$。

性状:白色粉末,无臭,无味,在空气中稳定,相对密度约3.18,熔点1670℃,难溶于水,不溶于乙醇,易溶于稀盐酸和硝酸。

毒性:ADI 值为70mg/kg(以各种来源的总磷计,FAO/WHO)。

使用:磷酸三钙可作为抗结剂、水分保持剂、酸度调节剂、稳定剂、营养强化剂使用。用于小麦粉,最大使用量为5.0g/kg(面粉中);固体饮料,5.0g/kg;油炸薯片,2.0g/kg;复合调味料,20g/kg;乳粉和奶油粉,10g/kg。

(五)亚铁氰化钾(Potassium ferrocyanide)

CNS 编号:02.001。INS 编号:536。

亚铁氰化钾别名黄血盐或黄血盐钾。

性状:浅黄色单斜晶颗粒或结晶性粉末,相对密度为1.853(17℃),无臭,味咸,在空气中稳定,加热至70℃时失去结晶水并变成白色,100℃时生成白色粉状无水物。强烈灼烧时放出氮并生成氰化钾和碳化铁。可溶于水,不溶于乙醇、乙醚。

毒性：因铁与氰基的结合很强，毒性低。ADI 值为 0～0.025mg/kg（以亚铁氰根计）。

使用：亚铁氰化钾作为抗结剂，用于食盐，最大使用量为 0.01g/kg（以亚铁氰根计）。

三、水分保持剂

水分保持剂（Humectant），是指有助于维持食品中的水分稳定而加入的物质，常指用于肉类和水产品加工中增强水分稳定和有较高持水性的磷酸盐类。其提高持水性的机理主要是：

（1）提高肉的 pH，使其偏离肉蛋白质的等电点（pI = 5.5）。

（2）螯合肉中的金属离子，使肌肉组织与蛋白结合的钙、镁离子螯合。

（3）增加肉的离子强度，有利于肌肉蛋白转变为疏松状态。

（4）解离肌肉蛋白质中肌动球蛋白。

我国许可使用的水分保持剂有：磷酸三钠、六偏磷酸钠、三聚磷酸钠、焦磷酸钠、磷酸二氢钠、磷酸二氢钙、磷酸氢二钠、磷酸二氢钙、磷酸钙、焦磷酸二氢二钠、磷酸氢二钾、磷酸二氢钾、乳酸钠、乳酸钾、丙二醇、聚葡萄糖、麦芽糖醇和麦芽糖醇液、山梨糖醇和山梨糖醇液、甘油等。其中使用最多的一类是磷酸盐。

（一）磷酸三钠（Sodium phosphate tribasic）

CNS 编号：15.001。INS 编号：339iii。

磷酸三钠别名磷酸钠、正磷酸钠。

性状：无色至白色的六方晶系结晶，易溶于水，不溶于乙醇，1% 水溶液 pH 为 11.5～12.0。在水溶液中几乎全部分解为磷酸氢二钠和氢氧化钠，呈弱碱性。

毒性：土拨鼠经口 LD_{50} 大于 2g/kg。ADI 值为 0～0.07g/kg（指食品和食品添加剂的总量，以磷计，并且要注意与钙的平衡）。

使用：磷酸三钠可用作品质改良剂、酸度调节剂和螯合剂。用于蔬菜罐头、果汁型饮料、乳制品、熟肉制品、冷冻米面制品、果冻，最大用量 5.0g/kg；用于米粉、八宝粥罐头，最大用量 1.0g/kg；用于复合调味料，最大用量 20.0g/kg。

（二）六偏磷酸钠（Sodium hexametaphosphate）

CNS 编号：15.002。INS 编号：452i。

六偏磷酸钠别名偏磷酸钠玻璃体、聚磷酸钠。它是一个长链的聚合物。

性状：无色透明的玻璃片状或颗粒或粉末。易潮解，能溶于水，不溶于乙醇及乙醚等有机溶剂。水溶液可与金属离子形成络合物。二价金属离子的络合物比一价金属离子的络合物稳定，在温水、酸或碱溶液中易水解为正磷酸盐。

毒性：大鼠经口 LD_{50} 为 0.1g/kg。ADI 值为 0～0.07g/kg（指食品和食品添加剂的总量，以磷计，并且要注意与钙的平衡）。

使用：六偏磷酸钠可作为水分保持剂、品质改良剂、pH 调节剂、金属螯合剂等。本品可单独使用，也可与其他磷酸盐配制成复合磷酸盐使用，但总磷酸盐不能超过国家规定。我国《食品添加剂使用卫生标准》（GB 2760—2011）规定：可用于蔬菜罐头、果汁（果味）型饮料、可可制品、乳制品、冰淇淋、小麦粉，最大使用量为 5.0g/kg；用于油脂制品，最大使用量 20.0g/kg。

（三）焦磷酸钠（Sodium pyrophosphate）

CNS 编号:15.004。INS 编号:450iii。

焦磷酸钠别名焦磷酸四钠。

性状:焦磷酸钠为无色或白色结晶。熔点 988℃,相对密度 1.82,溶于水,水溶液呈碱性(1% 水溶液 pH 为 10.0 ~ 10.2),不溶于乙醇及其他有机溶剂。

毒性:大鼠经口 LD_{50} 大于 400mg/kg。ADI 值为 0 ~ 70mg/kg(指食品和食品添加剂的总量,以磷计,并且要注意与钙的平衡)。

使用:焦磷酸钠可作为水分保持剂、品质改良剂、pH 调节剂、金属螯合剂等。我国《食品添加剂使用卫生标准》(GB 2760—2011)规定:可用于蔬菜罐头、果汁(果味)型饮料、可可制品、乳制品、冰淇淋、小麦粉,最大使用量为 5.0g/kg;用于焙烤食品,最大使用量为 15.0g/kg;用于油脂制品,最大使用量 20.0g/kg。

（四）磷酸钙（Calcium biphosphate）

CNS 编号:15.007。INS 编号:341i。

磷酸钙别名磷酸三钙、沉淀磷酸钙。

性状:白色粉末,无臭,无味,在空气中稳定。不溶于醇,几乎不溶于水,但易溶于稀盐酸和硝酸。

毒性:ADI 值为 70mg/kg(以各种来源的总磷计)。

使用:作为水分保持剂用于蔬菜罐头、果汁(果味)型饮料、可可制品、乳制品、冰淇淋、小麦粉,最大使用量为 5.0g/kg。

除了上述介绍的几种,我国还规定了其他水分保持剂的使用情况,如磷酸二氢钙、磷酸氢二钾、磷酸氢二钠、磷酸二氢钠、磷酸二氢钾、三聚磷酸钠等的性能及使用情况。

四、护色剂

护色剂(Colour fixative),又称发色剂,为能与食品中某些成分作用致食品呈良好色泽的食品添加剂。我国《食品添加剂使用卫生标准》(GB 2760—2011)中许可使用的护色剂有硝酸钠(钾)和亚硝酸钠(钾),常用于肉类腌制。硝酸盐在亚硝酸菌的作用下还原成亚硝酸盐,亚硝酸盐再在酸性条件下生成亚硝酸,它很不稳定,分解产生亚硝基(－NO);亚硝基与肌红蛋白反应生成鲜艳亮红色的亚硝基肌红蛋白,这两种护色剂也有抑菌和增强风味的作用。使用时应注意以下两点:①亚硝酸盐在胃内与仲胺合成亚硝胺,为致癌物,故使用时应严格控制使用量,产品中的残留不应超过规定标准;②亚硝酸盐外观及味道与食盐相似,误食 0.3 ~ 0.5g 即发生中毒,3g 即可致死,故应专人保管。

（一）硝酸钠（钾）（Sodium nitrate,potassium nitrate）

CNS 编号:09.001(09.003)。INS 编号:251(252)。

性状:无色、无臭结晶或结晶性粉末,味咸并稍带苦味;有吸湿性,溶于水,微溶于乙醇。

毒性:ADI 为 0 ~ 5mg/kg,LD_{50} 为 1.1 ~ 2.0g/kg(大鼠经口)。其毒性主要是在水中或胃肠道中被还原成亚硝酸盐所致。

使用：主要用于肉制品中，最大使用量为0.5g/kg，残留量以亚硝酸钠计，肉制品不得超过0.03g/kg。

（二）亚硝酸钠（钾）（Sodium nitrite，potassium nitrite）

CNS编号：09.002（09.004）。INS编号：250（249）。

性状：白色至淡黄色结晶或颗粒状粉末，无臭，味微咸；易吸潮，溶于水，微溶于乙醇。

毒性：ADI为0～0.00007g/kg，LD_{50}为0.22g/kg（小鼠经口）。亚硝酸盐的安全性问题，国际上一直很重视，并研究寻求理想的替代品，但迄今为止，尚未发现有能完全替代亚硝酸盐的理想护色剂。主要是亚硝酸盐对保持腌肉制品的色、香、味和防止肉毒杆菌中毒有独特的作用。JECFA建议在目前还没有理想的替代品之前，最好的办法是把使用量限制为最低水平（使用量为0.2g/kg，在肉中的残留量为0.125g/kg）。我国规定的使用量和残留量则远低于该水平。

使用：主要用于腌腊、罐头等肉制品中，最大使用量为0.15g/kg，肉中的残留量为0.03～0.05g/kg。常与蔗糖、抗坏血酸等混合使用，pH对其抑菌作用有关，pH6.0、含量为0.1～0.2g/kg时具有显著抑菌效果，超过pH6.5时其作用下降。为食品添加剂中急性毒性较强的物质之一，属“剧毒”类。过量可使血液中血红蛋白产生高铁血红蛋白，使其失去携氧功能。其潜伏期0.5～1h，症状为头晕、恶心、呕吐、心悸、皮肤发紫等，严重者呼吸衰竭死亡。

思考题

1. 凝固剂的定义是什么？
2. 疏松剂的种类有哪些？复合疏松剂的组分及各个组分的作用分别是什么？
3. 磷酸盐作为食品添加剂有哪些作用？
4. 抗结剂是如何定义的？
5. 水分保持剂的作用是什么？举例说明水分保持剂的具体应用。
6. 消泡剂的定义及作为食品添加剂的消泡剂应满足什么要求？
7. 被膜剂的定义及其作用定义是什么？

第十三章　食品配料

第一节　食品配料概述

食品原料包括:食品主料(即食品主要原料)、食品配料、食品添加剂3大类,其中“食品配料”是近几年从食品主料中分离而出的。这3大类食品原料涉及所有食品科研和生产过程。目前,食品配料的定义和种类界定尚存在许多问题,无公认的定义和界定方法,人们难以分清许多原料的归属,出现许多滥用食品配料名称的情况,使得生产、使用和监管出现许多混乱。

根据逻辑学规则和食品学科发展趋势,对食品主料、食品配料、食品添加剂等原料类别进行区分,并对食品主料、食品配料进行定义和种类界定。

一、食品主料

目前,对糖、面、油等大宗原料,有些书刊或网站称其为“食品原料”。按此说法食品添加剂和配料就不是食品原料,显然不妥。“食品原料”是大概念,应该包括食品主料、食品配料、食品添加剂等所有可食用原料。所以,界定食品主料很有必要。

(一)食品主料定义

食品主料,又称食品主要原料,是指未加工或经初级加工的可食用天然物质。

(二)类别界定

主要为糖、面、油、肉、蛋、奶、果、蔬等。可细分为:粮面类、豆类、油料类、糖料类、果蔬类、茶类、水产类、肉类、禽蛋类、菌藻类、干果类、其他类,共12类。

二、食品配料

近十几年来,随着食品科技发展,食品配料逐渐从食品主料和食品添加剂中分出,其品种和产销量迅速扩大,成为重要的食品原料种类。目前,食品配料行业的企业数量和产值,以及配料的种类、广泛使用性等都超过食品添加剂。食品配料的新品种、新用途越来越多。目前尚未见到权威、完善的食品配料的定义。影响较为广泛的是网站上的定义,把配料说成添加剂,很不妥当。所以,对食品配料重新定义和类别界定很有必要。

目前“食品配料”有两种意义。一是“食品配料表”中的“食品配料”,意为食品中所含所有原料成分,包括食品主料、食品配料和食品添加剂,属于抽象名词(表示动作、状态、品质或其他抽象概念),GB 2760—2011中有类似表述;二是表示一类物质,与食品添加剂并列,属物质名词(表示物质或不具备确定形状和大小的个体的物质)。作为物质名词的后者,用途更加广泛,如中国食品添加剂与配料协会、食品添加剂与配料展览会、××食品配料公司等都是物质名词。本书只讨论作为物质名词的配料。

(一)食品配料定义和种类界定的依据和出发点

(1)考虑食品科学和食品原料学的发展过程。

(2)考虑和GB 2760—2011的衔接。

(3)考虑食品配料的定义和种类界定应明显区别于食品添加剂、食品主料。

(4)考虑其来源、特性、用途、安全性等因素。

(5)考虑行业内占主流的分类理念。

(6)考虑美国公认无害食品配料标准(GRARS)中,只收录天然或天然等同的食品原料。

(二)新的食品配料定义方案

食品配料,是指用常见可食用天然物质经过天然方法深加工而成的、仍属于天然物质的、生理功能没有发生改变的物质。

其特点是:

(1)用于生产配料的原料和配料产品本身都是可食用的天然物质,加工方法也是天然的,即"三天然"。

所谓天然物质,是指动物、植物和微生物等天然原料,及其在天然加工过程中产生的物质。例如肉、面粉本身及其在烹饪过程中产生的香味物质和呈色物质,都应属于天然物质。所谓天然加工方法,是用物理或生物加工的方法。若加热,不应超过230℃,若加入酸碱,浓度不应超过0.1mol。所谓深加工,是指组成成分或形态等物理性状有重大改变。

(2)目前,不是"食品添加剂卫生标准"中所列品种。

(3)因加工前后生理功能没有发生改变,不会对人体健康造成危害,不需限制使用量和使用范围。

(三)类别界定

包括:淀粉、淀粉糖、专用面粉、酵母制品、分离蛋白、膳食纤维、馅料、调味料、动植物提取物、饮料浓缩液、可可制品、低聚糖、变性淀粉、糖醇、功能性食品基料、料酒类、其他,共17类。其中,淀粉、淀粉糖、膳食纤维、低聚糖、变性淀粉、糖醇也可称为糖类配料。

三、食品添加剂

食品添加剂,是指为改善食品品质和色、香、味以及为防腐、保鲜和加工工艺的需要而加入食品中的人工合成或者天然物质。

食品添加剂以功能分为:酸度调节剂、抗结剂、消泡剂、抗氧化剂、漂白剂、膨松剂、胶姆糖基础剂、着色剂、护色剂、乳化剂、酶制剂、增味剂、面粉处理剂、被膜剂、水分保持剂、营养强化剂、防腐剂、稳定和凝固剂、甜味剂、增稠剂、香精香料、食品加工助剂、其他,共23类。

四、食品配料与食品添加剂的区别和联系

(一)区别

(1)原料来源不同。食品配料的生产原料和产品本身都是天然物质,食品添加剂既有来源

于天然,又有来源于人工合成。并且,天然食品添加剂的生产原料往往是冷偏的天然物质,如生产瓜尔豆胶的瓜尔豆;配料的生产原料往往是常见的食用天然物质。

(2)加工深度不同。食品配料为深加工,食品添加剂为精深加工。

(3)安全性不同。因配料为常见食品成分,加工前后生理功能未变,安全性高,不需作用量限制。

(4)配料价廉、用量大。

(5)配料应用技术含量低于食品添加剂。

(二)联系

两者之间来源、用途、功能有相近之处,常常配合使用,有时也可相互替代,其效果可能有相乘作用或相互抵消作用,例如,淀粉和瓜尔豆胶都有增稠作用。

目前,食品配料尚无卫生标准和管理办法,不像食品添加剂那样受到严格的监管,还没有严格的报批程序及使用范围、使用量的限制。

五、食品配料与食品主料的区别和联系

(一)区别

(1)加工程度:食品主料未加工或只经初级加工,食品配料需经深加工,生产工艺复杂,形态或成分发生明显改变。

(2)价格:配料价格较高,有时可高出主料数倍。

(3)功能:配料具有特殊功能。

(4)用量:配料用量少。例如,冷饮中添加糊精较多,但一般不超过5%。

(二)联系

来源相同,部分功能交叉,如配料当中的面包专用粉等。生产食品配料的原料一般是食品主料。

(三)食品原料归类举例

见表13-1。

表13-1　食品原料归类举例

食品原料	归类	主要理由
鲜蛋	食品主料	天然农产品
蛋粉	食品配料	天然,经深加工
蛋黄提取的卵磷脂	食品添加剂	经精深加工,用量少,被列入GB 2760—2011中
糊精	食品配料	天然,经深加工
氨基酸	食品配料	天然,经深加工

依照上述区别和联系,基本可将所有原料归类。但由于历史原因,少数物质暂时出现归类

困难的情况。如低聚糖、功能性脂肪酸等,因 GB 2760—2011 只列出部分品种,人们习惯将其列入配料,但已列入的品种只能暂时算作是食品添加剂。又如明胶,已被列入到了 GB 2760—2011 中,暂时算作是食品添加剂,但列入食品配料中更恰当。再如变性淀粉和化学改性蛋白,因化学结构发生了变化,应归为食品添加剂,规定使用范围和使用量。随着 GB 2760—2011 的不断完善和食品配料管理办法的出台,这些问题就会逐步得到解决。

第二节 蛋白类配料

蛋白质是食品工业的重要配料,它是一种复杂的生物大分子,构成单位为氨基酸。蛋白质也会和脂类、糖类结合构成脂蛋白或糖蛋白。蛋白质是生物体细胞的重要组成成分;蛋白质还是食品的主要成分,给机体提供必需氨基酸,是一类重要的产能营养素,具有良好的营养功能。蛋白质会对食品的质构、风味和加工性状产生重大影响,这主要是因为蛋白质具有不同的功能性质。蛋白质的功能性质是指食品体系在加工、贮藏、制备和消费期间影响蛋白质在食品体系中性能的那些物理和化学性质,如蛋白质的凝胶作用、溶解性、起泡性、乳化作用和增稠作用等。

一、蛋白质在食品工业中的作用

(一)蛋白质的乳化特性

乳化性是指两种以上的互不相溶的液体,例如油和水,经机械搅拌或添加乳化液,形成乳浊液的性能。一些天然加工食品,如牛奶、蛋黄、椰奶、豆奶、奶油、色拉酱、冷冻甜食、香肠和蛋糕,都是乳状液类型产品。在这些食品中,蛋白质起着乳化的作用,例如在天然牛奶中,脂肪球是由脂蛋白膜稳定的,当牛奶被均质时,脂蛋白膜被酪蛋白胶束和乳清蛋白组成的膜所取代。在防止乳状液分层方面均质牛奶比天然牛奶较为稳定,这是因为酪蛋白胶束 - 乳清蛋白质膜比天然蛋白质膜机械强度更好。

(二)蛋白质的起泡性质

泡沫通常是指气泡分散在含有表面活性剂的连续液相或半固体构成的分散体系。许多加工食品是泡沫型产品,如搅打奶油、蛋糕、蛋白甜饼、面包、蛋奶酥、冰淇淋、啤酒等。例如鸡蛋清中的水溶性蛋白质在鸡蛋液搅打时可被吸附到气泡表面来降低表面张力,又因为搅打过程中的变性,逐渐凝固在气液界面间形成有一定刚性和弹性的薄膜,从而使泡沫稳定。

(三)蛋白质的胶凝作用

变性的蛋白质分子聚集并形成有序的蛋白质网络结构过程称为胶凝作用。食品蛋白凝胶大致可以分为:加热后再冷却形成的凝胶;在加热下形成的凝胶;与金属盐形成的凝胶;不加热而经部分水解或 pH 调整形成的凝胶等。食品蛋白质胶凝作用不仅可以形成固态弹性凝胶,而且还能增稠,提高吸水性、颗粒黏结、乳浊液或者泡沫的稳定性。

(四)与风味物质结合

蛋白质本身是没有味道的,然而它可以与风味物质结合,影响食品的感官品质。例如食品中存在着醛、酮、酸、酚和氧化脂肪的分解产物,可以产生相应的异味,这些物质与蛋白质或其他物质产生结合,在加工过程中或食用时释放出来,被食用者所察觉,从而影响食品的感官质量。蛋白质与风味物质的结合包括物理吸附和化学吸附。物理吸附是通过范德华力和毛细血管作用吸附;化学吸附主要是静电吸附、氢键的结合和共价键的结合等。蛋白质结合风味物质的性质也有非常有利的一面,在制作食品时,蛋白质可以用作风味物的载体和改良剂,在加工含有植物蛋白质的仿真肉制品时,成功地模仿肉类风味是这类产品能使消费者接受的关键。为使蛋白质起到风味载体的作用,必须同风味物牢固结合并在加工中保留它们,当食品被咀嚼时,风味就能释放出来。

(五)蛋白质与其他物质结合

蛋白质除了与水分、脂类、挥发性物质结合之外,还可以与金属离子、色素等物质结合,也可以与其他生物活性的物质结合。这种结合会产生解毒作用,但有时还会使蛋白质的营养价值降低,甚至产生毒性增强作用。从有利的角度看,蛋白质与金属离子的结合会促进一些矿物质的吸收,与色素的结合可以便于对蛋白质的定量分析,而大豆蛋白与异黄酮的结合,保证了大豆蛋白健康有益的作用。

此外,蛋白质还有吸水保油性、溶解性、增黏性、成团等作用,在食品中也有重要意义。

二、植物来源蛋白类配料

蛋白类配料按其来源可分为:植物蛋白类配料、动物蛋白类配料和微生物蛋白类配料3种。

(一)谷朊粉

谷朊粉又称活性面筋粉,是以小麦为原料,经过深加工提取的一种天然谷物蛋白。

谷朊粉蛋白质含量70%~80%由多种氨基酸组成,钙、磷、铁等矿物质含量较高,是营养丰富物美价廉的植物蛋白源,当谷朊粉吸水后形成具有网状结构的湿面筋,具有优良的黏弹性、延伸性、热凝固性、乳化性以及薄膜成型性,可广泛用于各类食品如面包、面条、古老肉、素肠、素鸡、肉制品等。

在焙烤食品应用:谷朊粉最基本的用途就是用来调整面粉面筋含量和质量。许多地方面粉生产厂家通过添加谷朊粉到低筋粉中,以达到面包粉的要求,而不必混合昂贵的、进口高筋粉。谷朊粉的独特的黏弹性能改善面团强度、混合性和处理性能;其成膜发泡能力能够保存空气用以控制膨胀度,改善体积、匀称度和纹理;其热凝固性能提供了必要的结构强度和咀嚼特性;其吸水能力提高了烘烤产品的产量、柔软度和保质期。根据烘烤食品特定的用途、纹理和保质期的要求,谷朊粉的用量各有不同。例如,在小麦粉中增加约1%谷朊粉能降低椒盐脆饼成品的破损率,但增加了太多谷朊粉可导致椒盐脆饼吃起来太硬。在预切汉堡和热狗面包中使用大约2%谷朊粉,可以改善其强度,并能给小面包提供想要的的脆皮特性。

在挂面生产中的应用:添加1%~2%谷朊粉时,由于面片成型好,柔软性增加,所以起到了提高操作性,增加筋力,改良触感的效果。煮面时,能减少面条成分向汤中溶出,有提高煮面得率,防止面条过软或断条,增加面延伸效果。

谷类食品和营养小吃中的应用:由于谷朊粉特有的风味和营养,被谷朊粉强化的谷物食品已被消费者广泛地接受,如和牛奶混合的某饮品,已流行数 10 年。因为谷朊粉不仅提供必需的营养需求,而且有助于在加工中将维生素和矿物质黏合在一起,强化谷物食品。在营养小吃中,谷朊粉提供丰富的营养和酥脆性。一般添加量为 1% ~2% 。但在澳大利亚,一些产品的谷朊粉质量分数达到 30% ~45% 。其中一个高蛋白小吃的例子就是包含土豆条、面包屑和谷朊粉的一种面食。

调味品:谷朊粉也用于制备酱油、制造味精,谷朊粉的高谷氨酰胺含量使它成为制造后者的理想的初级材料。用谷朊粉制造的酱油同传统酱油相比,拥有优良的风味和良好的稠度。

(二)功能性大豆浓缩蛋白(FSPC)

功能性大豆浓缩蛋白(Functional SPC,FSPC)是通过醇法对大豆浓缩蛋白进行适当的改性而研制出的成果。

功能性大豆浓缩蛋白,蛋白质含量较低(70% 左右)。但由于在不同阶段分别对大豆蛋白质分子实施了理化等改性技术,使蛋白质分子的多肽结构发生变化,反应基团暴露,从而有效地提高了大豆蛋白的乳化能力和乳化稳定性质,同时也大幅度地提高了大豆蛋白的凝胶性、持水性和持油性等多种功能特性。功能性大豆浓缩蛋白的某些功能性质已超过大豆分离蛋白。

功能性大豆浓缩蛋白在肉制品、面制品等食品中的应用如下表所示。

项目	Items	大豆浓缩蛋白 Soy protein concentrate	组织大豆浓缩蛋白 Textured Soy protein concentrate	功能性大豆浓缩蛋白 Functional Soy protein concentrate
肉制品 Meat products	粗碎肉制品 Coarse ground meat systems			
	肉饼 Meat patties			
	牛肉,猪肉,家禽,鱼内 Beef, pork poul-	×	×	×
	try, fish	×	×	×
	肉丸 Meat balls		×	×
	比萨饼配菜 Pizza toppings			
	粉碎肉制品 Conuninuted meat systems			×
	法兰克福香肠 Frankfurters			×
	博洛亚腊肠 Bologna			×
	整块肉制品 Whole muscle products			×
	火腿 Ham			
	腌牛肉 Corned beef			
烘焙食品 Baked foods	谷物 Cereals	×		×
	面包,蛋糕,甜甜圈 Bread, cakes doughnuts	×		×
奶类制品 Dairy products	乳饮料 Beverage powders			×
	婴儿配方奶粉 Infant formulas			×
	咖啡增白剂 Coffee whiteners			×

注:×代表可以应用在左侧所列产品中;空白代表一般不能应用。

应用：在碎肉类制品使用 FSPC，主要是利用其吸水、吸油特性作为添加物料来改善产品质地（减少脂肪游离），增加得率，降低成本，提高营养价值。在碎肉制品中，FSPC 可以与盐溶蛋白混合，形成稳定的乳状液，而且 FSPC 对于盐不敏感。因此在斩拌机中加盐，使盐溶蛋白溶出之后，FSPC 可以直接添加。在整块或大肉类制品中使用 FSPC，主要是提高产品质地、得率及营养指标，使产品切面、形态、组织结构得到明显改善。在国际上，火腿产品水的使用量比以前有很大提高。FSPC 在火腿产品中的应用量占总量的 2% ~3% 。

FSPC 具有良好的吸水、保水性，在面粉中添加 FSPC，可使面包质地柔软，防止面包老化，延长贮存期。饼干中添加 FSPC，可提高其蛋白质含量，增加韧性、酥性，还具有保鲜作用。FSPC 具有与脱脂奶粉相似的功能特性。在乳品中可用以替代部分奶粉。

（三）丝素蛋白

丝素中的氨基酸组成非常独特，含有丰富的甘氨酸、丝氨酸、酪氨酸和丙氨酸。研究表明：甘氨酸、丝氨酸可以降低血液中胆固醇的浓度，丙氨酸能促进酒精代谢，酪氨酸有防止衰老的作用。富含几种氨基酸的丝素肽对于生理机能和免疫系统有调节作业。因此，丝素不仅有使用价值，而且具有药用价值，是很有应用前景的功能性食品配料。

应用：蛋糕气孔的均匀性是衡量蛋糕品质优劣的指标之一。添加丝素后的蛋糕气孔较小且较均匀，这应归功于丝素具有良好的起泡性、乳化性和形成凝胶的能力。在鸡蛋液中添加丝素，提高了蛋糊中的泡沫稳定定性，使之在烘烤过程中泡沫不易逸出。但是研究发现当添加 2%（M/V）的丝素时，蛋糕的体积却略小，这可能是一方面丝素与鸡蛋中的一些组分发生了相互作用，影响了鸡蛋的发泡力；另一方面，随着蛋白质浓度的增加，蛋糊中起泡界面膜增厚，影响了起泡的膨胀。因此，控制丝素的添加量在 0.5% ~1%，这样既改善了蛋糕的部分品质，又能起到营养强化作用。有待进一步研究丝素与其他组分之间的相互作用，选择最佳条件使产品品质得以最大的改善。

此外，因丝素具有良好的乳化性，直接以丝素为壁材对薄荷油进行微胶囊化，该产品具有良好的缓释性能。

为了实现丝素在食品中的广泛应用，需要解决的关键问题是实现丝素溶液或可溶性丝素粉末的规模化生产。

（四）花生蛋白粉

花生蛋白粉是花生蛋白的粗制品，包括全脂花生粉、部分脱脂花生粉、脱脂花生粉等。

花生中蛋白质的含量为 25% ~36%，与几种主要油料作物相比，仅次于大豆而高于芝麻和油菜籽。研究表明，花生蛋白是一种营养价值较高的植物蛋白，它含有人体必需的 8 种氨基酸，易被人体消化和吸收。

应用于肉制品：利用花生蛋白的吸水、保水、吸油、乳化等特性，可以作为肉制品的黏合剂。若将其添加到香肠、鱼肉肠、火腿、法兰克福肠、午餐肉等畜禽肉制品中，可有效保持肉汁水分不流失，加工中风味物质不损失，促进脂肪吸收，防止制品产生走油现象。通过添加花生蛋白粉，还可以使制品组织细腻、质地良好、风味诱人、富有弹性。在火腿肠的应用中，添加 4% 的花生蛋白粉可以明显提高肉糜得率，对肉糜的质构特性有明显改善，并且通过与大豆蛋白粉的应用比较，花生蛋白的功能性优于大豆蛋白粉。

饮料及乳制品:牛奶中添加花生蛋白粉制作酸奶,可以有效改善产品的质构和感官品质,使产品具有花生蛋白和牛奶的双重风味和营养作用,体现了动物蛋白与植物蛋白的有效结合,提高了它们的生物利用率和食品的营养价值。

三、动物来源蛋白配料

(一)乳蛋白

乳蛋白通常指酪蛋白、酪蛋白酸盐和乳清蛋白,是乳制品加工中的副产品。

乳蛋白的主要特性为:①具有极高热稳定性,保证乳在杀菌、浓缩、干燥过程中很少发生物理性质及感官性质的变化;②在凝乳酶作用发生蛋白水解时,能与钙凝集成胶体粒结构(干酪和少数功能性蛋白的生产即利用此特点);③在等电点为4.6时发生凝结,这一性质广泛用于发酵乳制品、新鲜干酪和大多数功能性蛋白的生产中。

干酪中的蛋白质,在凝乳酶及微生物蛋白分解作用下,发酵成氨基酸、肽、胨等易为人体消化吸收的成分,其消化率可达96%~98%。干酪产品量的50%作为其他食品的配料成分来使用,如在三明治中涂抹或切丁,凉盘中用于调味等。

乳中还含有一类生物活性蛋白,其中最有应用价值的是:①乳过氧化物酶,是一种十分有效的杀菌剂,在乳中具有冷杀菌作用,这种酶的分离物可添加于喂饲幼牛的代用乳中充当杀菌剂(人乳中几乎不含它);②乳铁蛋白,是一种载铁蛋白;③免疫球蛋白。

(二)胶原蛋白

有人认为胶原蛋白的水解产物为明胶。但两者规格多样,结构性能并没有严格的界限。明胶已被列入GB 2760—2011中,但依其来源性质,和食品配料更为接近。

胶原蛋白是细胞外基质的结构蛋白质,其分子在细胞外基质中聚集为超分子结构。胶原蛋白最普遍的结构特征是三螺旋结构。其由3条a链多肽组成,每一条胶原链都是左手螺旋构型。3条左手螺旋链又相互缠绕成右手螺旋结构,即超螺旋结构。胶原蛋白独特的三重螺旋结构,使其分子结构非常稳定,并且具有低免疫原性和良好的生物相容性等。

胶原不同程度地存在于一切器官中。胶原对发育中的组织有定向作用。另外,胶原的分子结构可被修饰以适应特定组织的功能要求。

具有优良的胶体保护性、表面活性、黏稠性、成膜性、悬乳性、缓冲性、浸润性、稳定性和水易溶性。

糕点和糖果中的应用:胶原多肽可添加至面包中,添加量3%~5%可延长面包的老化时间,增加面包的体积及面包的松软度。明胶具有吸水和支撑骨架的作用,其微粒溶于水后,能相互交织成网状结构,凝聚后使柔软的糖果保持形态稳定,即使承受较大的荷载也不会变形,还可开发低热量糖果。

肉制品中的应用:用作肉制品改良剂。胶原蛋白粉可直接加入到肉制品,以影响肉类的嫩度和肉类蒸煮后肌肉的纹理。通过破坏胶原蛋白分子内的氢键,使原有的紧密超螺旋结构破坏,形成分子较小、结构较为松散的明胶,既可改善肉质的嫩度又可提高其使用价值,使其具有良好的品质,增加蛋白质含量,既口感好又有营养。胶原蛋白还具有良好的染色性,可用红曲等天然食用色素染成近似肌肉的颜色,增加了产品的可接受性,使消费者易于接受。研究表明将酸法制得的胶原蛋白粉添加到肉制品中,不仅能改善产品品质(如口感好、多汁),而且能提高产品的蛋白质的含量,并且无不良气味。

冷饮中的应用:可使其组织细腻,增加抗融性。

此外,胶原蛋白还可以作为保健食品基料,如补钙、防心血管疾病、美容、防衰老等保健食品。

(三)蛋粉

由新鲜鸡蛋经清洗、磕蛋、分离、巴氏杀菌、喷雾干燥而制成的,产品包括全蛋粉、蛋黄粉、蛋白粉以及高功能性蛋粉产品。

鸡蛋白粉具有良好的功能性如凝胶性、乳化性、保水性、保脂肪性等,应用于火腿肠等肉制品中以改善制品质量。蛋粉不仅很好的保持了鸡蛋应有的营养成分,而且具有显著的功能性质,具有使用方便卫生,易于贮存和运输等特点,广泛的应用于糕点、肉制品、冰淇淋、调味酱、热反应香精等产品中。

在肉制品中的应用:鸡蛋白粉加入肉制品中可以提高产品质量,延长货架期,并强化产品营养。

在糕点中的应用:①能增加产品的营养价值,增大面包体积,使心子柔软,提高产品的风味;②在面团中混合后,能使面团具有更高的气体包含能力;③焙烤中,卵磷脂分解和焦化可使饼干上色美观;④含有 -SH 基团,同时还有丰富的卵磷脂,可提高产品保存期。

在冰淇淋中的应用:鸡蛋黄粉是一种天然的乳化剂,增加了脂肪的凝聚性,提高冰淇淋的保形性,另外,还可以改善产品的风味。使用方法:全蛋粉、蛋黄粉可依据不同生产工艺加入,建议在与其他物料混合时,先将蛋粉与物料混湿润再应用。1kg 全蛋粉加入 3kg 水即可还原成相当于 5kg 鲜鸡蛋所出全蛋液。

(四)血浆蛋白

血浆是动物被屠宰后最先获得的副产物,血浆中的蛋白质部分称为血浆蛋白,是多种蛋白质的总称,可以分为清蛋白、球蛋白、纤维蛋白原等几种成分。

血浆蛋白可以用于饲料工业、医药工业、食品工业等。在食品工业中可以应用于肉制品中,如在香肠、灌肠、火腿和肉脯中,利用其乳化性能,提高产品的保水性、切片性、弹性、粒度、产率等;用于菜肴烹饪中,保持菜肴味道鲜美、润滑可口、营养丰富、色香味俱佳;还因其含有丰富的蛋白质、矿物质元素等可以作为营养添加剂、营养补充剂等。此外,血浆还可以应用于糖果糕点中等。

(五)浓缩鱼蛋白

鱼蛋白不仅可以作为食品,也可以作为饲料。它是先将鱼磨粉,再以有机溶剂抽提,并除去脂肪与水分,以蒸汽赶走有机溶剂,剩下的是蛋白质粗粉,再经处理即成无臭、无味的浓缩鱼蛋白,其蛋白质含量可达到75%以上。

浓缩鱼蛋白的氨基酸组成与鸡蛋、酪蛋白略相同,虽然其营养价值高,但因其溶解度、分散性、吸湿性等不适于食品加工,浓缩鱼蛋白在食品中的用途还有待于进一步的研究。

四、微生物来源蛋白配料

(一)酵母风味强化剂

酵母风味强化剂又称酵母抽提物、酵母精,代号为YE,酵母风味强化剂的主要成分为氨基酸、多肽、呈味核苷酸、B族维生素及微量元素。国际水解蛋白委员会在1997年规定"酵母抽提物是用作天然调味料的食品配料"。

酵母风味强化剂以新鲜食用活性酵母为原料,采用先进的生物工程技术精制加工而成。具有纯天然使用安全性好、营养丰富、味道鲜美、香气浓郁的特点,相对传统鲜味剂—味精来说有着无可比拟的优越性,因此又被誉为"第三代味精"。

应用:广泛应用于各种食品,如汤类、酱油、香肠、焙烤食品等。如在酱油、鸡精、各种酱类、腐乳、食醋等加入1%~5%的酵母抽提物,可与调味料中的动植物提取物以及各种香辛料配合,引发出强烈的鲜香味,具有相乘效果。添加0.5%~1.5%酵母抽提物的葱油饼、炸薯条、玉米等经高温烘烤,更加美味可口。榨菜、咸菜、梅干菜等,添加0.8%~1.5%酵母抽提物,可以起到降低咸味的效果,并可掩盖异味,使酸味更加柔和,风味更加香浓持久。

(二)海藻蛋白

海藻的蛋白质含量由于品种不同而有所差异。一般来说,棕海藻的蛋白质含量(干重3%~15%)比绿海藻或者红海藻(干重10%~47%)低,氨基酸组成由一般氨基酸和特殊氨基酸。其中特殊氨基酸包括褐藻氨酸(海带氨酸)、海人草酸、软骨藻酸、牛磺酸、凝集素等。

应用:由于其高蛋白质含量和特殊的氨基酸组成,红海藻作为一种潜在食物蛋白资源引起广泛关注。在欧洲,海藻已被开发成一种新型的功能性食品,尤其是高蛋白含量的品种。另外,海藻中还含有色素蛋白,按照吸收波长的差异分为藻红蛋白(PE)和藻蓝蛋白(PC)。藻红蛋白可用于免疫荧光反应中染色。PE中色素达到蛋白质含量的一半。PE作为一种食品着色剂,对热和pH变化相对不稳定是其应用中存在的主要问题。有研究报道,在较温和条件下,酶液化红海藻可以改善蛋白的溶解性,尤其是PE。紫菜可以作为藻红蛋白的提取原藻,采用单细胞藻光生物反应器生产藻红蛋白具有广阔的商业前景。藻蓝蛋白(PC)是天然蓝色素的资源宝库,在体积较大海藻中含量较少,但在螺旋藻中含量异常丰富。藻蓝蛋白可以通过刺激免疫系统来实现抗肿瘤作用。藻蓝蛋白吸收光能,选择性地富集于病灶,可用于动脉粥样硬化及癌症如皮肤癌、乳腺癌的光动态治疗,这一治疗作用已经获得美国FDA的批准。

第三节　油脂及其替代品

油脂是高级脂肪酸甘油酯,是一种有机物。是油料在成熟过程中由糖转化而形成的一种复杂的混合物,是油籽中主要的化学成分。油脂的主要成分是各种高级脂肪酸的甘油酯。从植物种子中得到的大多为油,来自动物的大多为脂肪。动物中多为固体,植物中多为液体。油脂是人类的主要营养物质和主要食物之一,也是重要的工业原料。

油脂能增加食物的滋味,增进食欲,保证机体的正常生理功能。但摄入过量脂肪,可能引起肥胖、高血脂、高血压,也可能会诱发乳腺癌、肠癌等恶性肿瘤。因此在饮食中要注意控制油脂的摄入量。保持体温,人体的备用油箱,重要的功能物质,合成其他物质的原料,承担贮存和供热等多种生理功能,油脂同时还有保持体温和保护内脏器官的作用。

油脂是食物组成中的重要部分,也是同质量产生能量最高的营养物质。1g 油脂在完全氧化(生成二氧化碳和水)时,放出热量约 39kJ,大约是糖或蛋白质的 2 倍。成人每日需进食 50~60g 脂肪,可提供日需热量的 20%~25%。

油脂主要包括植物油脂、动物油脂、人造油脂。常见的植物油脂包括豆油、花生油、菜籽油、芝麻油、玉米油等;常见的动物油脂包括猪油、牛油、羊油、鱼油等;人造油脂主要有氢化油、人造奶油、起酥油等。

在室温下呈固态或半固态的叫脂肪,呈液态的叫油。

一、奶油

(1)奶油(butter),又名黄油,白脱。奶油是从牛奶、羊奶中提取的黄色或白色脂肪性半固体食品,所以,有些地方又把它叫做“牛油”。奶油中大约含有 80% 的脂肪,剩下的 20% 是水及其他牛奶成分,拥有天然的浓郁乳香。奶油在冷藏的状态下是比较坚硬的固体,而在 28℃左右,会变得非常软,这个时候,可以通过搅打使其裹入空气,体积变得膨大,俗称“打发”。在 34℃以上,黄油会溶化成液态。需要注意的是,奶油只有在软化状态才能打发,溶化后是不能打发的。

(2)人造奶油(margarine),又名人造黄油、人工奶油、植物黄油、玛琪琳、麦琪林等。人造奶油是可塑性的或液体乳化状食品,主要是油包水型(W/O),原则上是由食用油脂加工而成。实际上用植物油加部分动物油、水、调味料经调配加工而成的可塑性的油脂品,用以代替从牛奶取得的天然奶油。制备方法是:先按配方要求把液体油脂和固体油脂(氢化油脂)送入配和罐,再把食盐、糖、香味料、食用色素、奶粉、乳化剂、防腐剂、水等调配成水溶液。边搅拌边添加,使水溶液与油形成乳化液。然后通过激冷机进行速冷捏合,再包装为成品。因为是人造的,所以,它拥有很灵活的熔点。不同的植物黄油,熔点差别很大。

黄油的熔点 34℃左右,28℃时非常软,0~4℃冷藏的时候非常硬。但植物黄油则大大不同。根据不同的品种,有的即使冷藏也保持软化状态,这类植物黄油适合用来涂抹面包;有的即使在 28℃的时候仍非常硬,这类植物黄油适合用来做裹入用油,用它来制作千层酥皮,会比黄油要容易操作的多。

植物黄油的第一个弱点就是香味和口感差。人工香料又怎么能比得上黄油的天然香味?而且,它的口感吃起来让人觉得不舒服。所以,如果想要作出档次高的西点,烘焙师们仍然坚持使用黄油。植物黄油的第二个弱点是,植物油经过氢化后,会产生有害的反式脂肪酸。婴幼儿食品禁用植物奶油,植物奶油即氢化油,也被称作植物黄油,目前在面包、奶酪、人造奶油等方面广泛使用,但是,氢化油可以产生大量的反式脂肪酸,增加心血管的患病风险。在卫生部例会上,卫生部新闻发言人邓海华说,反式脂肪酸是一个老问题,卫生部已经对反式脂肪酸进行管理。他说,在《食品安全国家标准婴儿配方食品》中,规定了婴幼儿食品原料中不得使用氢化油脂,反式脂肪酸最高含量应当小于总脂肪酸的 3%。

动物性奶油用于西式料理,可以起到提味、增香的作用,还能让点心变得更加松脆可口。但是,由于人们对健康的重视程度越来越高,目前,植物性奶油以不含胆固醇且口味与动物性奶油相近等优点成为奶油消费中的主导,多数情况下,几乎将动物性奶油取而代之。

按其形状分为硬质、软质、液状和粉末4种。按其用途分为家庭用及食品工业用2种，前者又分餐用、涂抹面包用、烹调用和制作冰淇淋。后者又分面包糕点用、制作酥皮点心用及制作馅饼用。其主要区别是配方、使用的原料油脂和改质的要求不同。奶油的用途广泛，可以制作冰淇淋、装饰蛋糕、烹饪浓汤、以及冲泡咖啡和茶等。

二、起酥油

起酥油是指经精炼的动植物油脂、氢化油或上述油脂的混合物，经急冷、捏合而成的固态油脂，或不经急冷、捏合而成的固态或流动态的油脂产品。起酥油具有可塑性和乳化性等加工性能，一般不宜直接食用，而是用于加工糕点、面包或煎炸食品，所以必须具有良好的加工性能。起酥油的性状不同，生产工艺也各异。和奶油不同，起酥油一般不含水分。

由于起酥油是作为食品加工的原料油脂，所以其功能特性尤其重要，主要包括可塑性、酪化性、起酥性、乳化性、吸水性等。

(1)可塑性。是针对固态起酥油而言。可塑性，是指在外力作用下，可以改变其形状，甚至可以像液体一样流动。从理论上讲，若使固态油脂具有可塑性，必须其成分中包括一定的固体脂和液体油。起酥油产品基本具备这种脂肪组成。由于起酥油所具有的可塑性所决定，在食品加工中和面团混合时，能形成细条纹薄膜状。而在相同条件下，液体油只能分散成粒状或球状。用可塑性好的起酥油加工面团时，面团的延展性好，且能吸入或保持相当量的空气，对焙烤食品生产十分有利。

(2)酪化性。起酥油在空气中经高速搅拌起泡时，空气中的细小气泡被起酥油吸入，油脂的这种含气性质称为酪化性。酪化性的大小用酪化值来表示，即1g试样中所含空气毫升数的100倍。酪化性是食品加工的重要性质，将起酥油加入面浆中，经搅拌后可使面浆体积增大，制出的食品疏松、柔软。

(3)起酥性。起酥性是指食品具有酥脆易碎的性质，对饼干、薄酥饼及酥皮等焙烤食品尤其重要。用起酥油调制食品时，油脂由于其成膜性覆盖于面粉的周围，隔断了面粉之间的相互结合，防止面筋与淀粉固着。此外，起酥油在层层分布的焙烤食品组织中，起润滑作用，使食品组织变弱易碎。

(4)是炸薯条原料。在制作爆米花时也加起酥油，可以做到提高膨胀率，增加酥脆程度。

起酥油的添加剂有乳化剂、消泡剂、着色剂和香料。

三、氢化油脂

是普通植物油在一定温度和压力下加氢催化的产物，在加热含不饱和脂肪酸多的植物油时，加入金属催化剂(镍系、铜-铬系等)，通入氢气，使不饱和脂肪酸分子中的双键与氢原子结合成为不饱和程度较低的脂肪酸，其结果是油脂的熔点升高(硬度加大)。因为在上述反应中添加了氢气，而且使油脂出现了"硬化"，所以经过这样处理而获得的油脂与原来的性质不同，叫作"氢化油"或"硬化油"。因为它不但能延长保质期，还能让糕点更酥脆，同时，由于熔点高，室温下能保持固体形状，因此广泛用于食品加工。氢化过程使植物油饱和度增加，或使其中的顺式脂肪酸变为反式脂肪酸。这种油存在于大部分的西点与饼干里。人们用它抹面包，炸薯条、炸鸡块，做蛋糕、曲奇饼和饼干、面包；制作植脂末添加在冰淇淋和咖啡伴侣中，做奶油糖、奶茶、奶昔和热巧克力。做出蛋糕、饼干、冰淇淋不易被氧化变质且风味好，延长保质期，还能让糕点更酥脆。

四、特种油脂

(1)改性脂肪。是以天然油脂为原料,通过化学法或酶法对甘油三酯的部分组成进行改造,主要是改变脂肪酸链的长度和饱和度,使得脂肪酶对酯键的水解减弱,从而使人体对其的消化吸收能力下降,因而降低其能量值。改性脂肪具有与普通甘油酯相类似的物化性质和加工特性,并且能被部分代谢,可应用于高温和油炸食品中。中链甘三酯(Medium - Chain Triglyceride,MCT)就是一类通过脂肪改性制成的油脂新产品,具有很多天然长链甘三酯(LCT)所未有的功能特性。

(2)可可脂。又称可可白脱,从可可豆或可可液块中取出的乳黄色硬性天然植物油脂,有浓重而优美的独特香味,不易发哈酸败,有很短的塑性范围,27℃以下,几乎全部是固体(27.7℃开始熔化)。随温度的升高会迅速熔化,到35℃就完全熔化,是一种既有硬度,溶解得又快的油脂。可可脂是已知的最稳定的食用油脂,含有丰富的天然抗氧化剂多酚,能贮存2~5年,代表巧克力的“含金量”。可用于食品以外的用途。

(3)代可可脂(简称CBS)。是一类能迅速熔化的人造硬脂,其三甘酯的组成与天然可可脂完全不同,而在物理性能上接近天然可可脂,制作巧克力时无须调温,也称非调温型硬脂,这也是与类可可脂不同的地方,可采用不同类型的原料油脂进行加工。

(4)植脂末。又称粉末油脂、奶精、脂肪粉,是以精炼氢化植物油和多种食品辅料为原料,经调配、乳化、杀菌、喷雾干燥而成。该产品具有良好的分散性、水溶性、稳定性,用于各种食品中可提高营养价值和发热量、提高速溶性和冲调性、改善口感,使产品更加美味可口。在生产过程中可按其标准生产低脂、中脂、高脂产品。具有良好的水溶性,多乳多散性,在水中形成均匀的奶液状。植脂末能改善食品的内部组织,增香增脂,使口感细腻,润滑厚实,故又是咖啡制品的好伴侣,可用于速溶麦片、蛋糕、饼干等,使蛋糕组织细腻,提高弹性。饼干可提高起酥性,不易走油等。透过香精调味风味近似“牛奶”,在食品加工中可以代替奶粉或减少用奶量,从而在保持产品品质稳定的前提下,可降低生产成本。微胶囊化产品更易贮存,不易氧化,稳定性好,风味不易散失,还可替代昂贵的牛奶脂肪、可可脂肪或部分乳蛋白。饮料:咖啡饮料、含乳饮料、速溶奶粉、婴儿饮料、冰淇淋等。食品:即溶麦片、快餐面汤料、方便食品、面包、饼干、调味酱、巧克力、米粉奶油等。应用在休闲饮品、副食品中较多。

五、脂肪替代品

(一)分类

一般分为3类:蛋白质基质脂肪替代品,人工合成类脂肪替代品及碳水化合物型脂肪替代品,这3类各有各自的特点。碳水化合物型脂肪替代品能替代脂肪的机理是:其能形成凝胶、持水性较高、增加水相黏度,从而改善水相的结构特性,产生奶油状润滑的黏稠度以增加脂肪的口感特性。此类型的脂肪替代品具有食品安全性,但不能用于高温食品,不能完全替代脂肪,用量过多时会带来不良的风味。但以这种机理来取代脂肪的产品,口感差,对热、酸、碱等因素较敏感。大多数消费者不愿意以牺牲较大的口感来减少热量的摄入。

根据油脂替代品基础原料的不同可分为代脂肪(Oil and fat substitute)、模拟脂肪(Oil and

fat mimics）和改性脂肪（Modified fats）3 大类。

（二）代脂肪

脂肪酸和多元醇物质为原料进行酯化反应而得到的大分子聚酯，因其分子空间结构较大，脂肪酶难于接近，不易被人体所消化吸收，因此能量较低或完全没有。这一类脂肪替代品具有与普通甘油酯非常接近的物化性质和加工特性，并且通过改变聚酯中脂肪酸链的长度和饱和度可获得特有的物化性质和加工特性，因此可有针对性地用于高温和油炸处理的食品中应用：①可作为油炸食品加工用油替代品；②作为起酥油替代品；③做人造奶油的油脂替代品。

（三）模拟脂肪

模拟脂肪是以蛋白质或碳水化合物为基础成分的产品，因此又可分为蛋白质型模拟脂肪和碳水化合物型模拟脂肪。它们是以水状液体系来模拟被代替油脂的油状液体系，这点与代脂肪完全不同。

1. 蛋白质型模拟脂肪

蛋白质模拟脂肪的物化性质与生理功效以蛋白质为基料的脂肪替代品，具有和脂肪相似的细腻的质构和口感特性，而且，蛋白质本身的营养价值没有改变，通过凝胶电泳分析、氨基酸自动分析、蛋白质功效比与过敏性试验表明，微粒化过程不会改变氨基酸排列顺序与蛋白质的三维结构，唯一变化的是蛋白质分子聚集的物理存在方式。模拟脂肪含有部分水，在高温条件下易失去水分变性或焦化，对热不稳定，故不能在焙烤与煎炸食品中使用，这类代脂品只限在低、中温处理的食品中的应用。不会造成蛋白质过量而破坏膳食平衡，而且可以显著降低能量的摄取量。

可用于配制多种蒸煮食品、巴氏杀菌产品和烧烤食品，包括蛋糕、馅饼、布丁、汤料等。热量比常规油脂的热量低得多，可在多种食品中应用：冷冻甜点、色拉调料、涂抹食品、调味汁、酸牛奶及一系列乳酪制品均已进入实用阶段；也可以应用于配制低脂焙烤食品如馅饼皮。

2. 碳水化合物型模拟脂肪

是由碳水化合物经过物理、化学改性制得的模拟脂肪，主要有改性淀粉、麦芽糊精、葡聚糖、纤维素和天然胶。碳水化合物型模拟脂肪作为增稠剂和稳定剂，已被应用在食品加工中。以淀粉为基料的脂肪替代品，具有保持食物中的水分含量并取代脂肪的功能。变性淀粉作为脂肪代用品，将其添加于冰淇淋等冷饮甜品，可部分替代乳固体和昂贵的稳定剂，降低热量，产品具有良好的抗融化性和贮存稳定性，或被应用于饼干、面包到蛋糕。

第四节　糖类配料

糖类，又称碳水化合物（carbohydrate 或 saccharide），是多羟基醛或多羟基酮及其缩聚物和某些衍生物的总称。依分子聚合程度，可分为单糖、双糖、低聚糖、多糖和糖衍生物；根据其官能团类别分成醛糖或酮糖；根据官能团变化分为糖、糖醇、糖酸、糖醛酸等。糖类是生物体维持生命活动所需能量的主要来源，是合成其他化合物的基本原料，同时也是生物体的主要结构成分。本节主要介绍淀粉糖和一些功能性糖。

一、淀粉糖

利用淀粉为原料生产的甜味剂统称为淀粉糖,其产品种类多,生产历史久。淀粉糖既是提供甜味,又是提供热能的甜味剂。淀粉制糖始于我国,据古书记载,早在公元前1000年左右,我国劳动人民已采用酶水解法制造淀粉糖,古称“饴”。目前,我国仍沿用饴糖这个名称。近三四十年以来,淀粉糖在欧美和日本发展很快。我国虽然生产淀粉糖的历史很久,但产品和产量较低。年人均消费量不过0.4kg上下,还远低于国外水平。

淀粉糖常按不同的转化程度分为3类,在每一类中,根据不同要求又有不同产品:

低转化糖浆:DE值在20%以下(低DE值糖浆)

中转化糖浆:DE值在38%~40%之间(中DE值糖浆)

高转化糖浆:DE值在60%~70%之间(高DE值糖浆)

DE值即葡萄糖值,是淀粉经水解转化为葡萄糖的数值。

淀粉糖的主要品种:

(一)麦芽糊精

麦芽糊精水溶性糊精、酶法糊精,简称MD,是一种介于淀粉和淀粉糖之间的、以淀粉为原料经酶法工艺控制水解转化而成的低程度水解产品,是用途广泛、生产规模发展较快、市场前景较好的淀粉深加工产品之一。一般的外观为白色或微带浅黄色阴影无定形粉末;具有麦芽糊精固有的特殊气味,无异味;不甜或微甜、无臭、无异味。我国现能生产3个系列、5种不同规格的麦芽糊精。

(二)葡麦糖浆

淀粉经酶或酸不完全水解可得到含有葡萄糖、麦芽糖、低聚糖、糊精等的混合糖浆。以玉米为原料生产的叫玉米糖浆,用酸法水解的称为酸水解淀粉糖浆。酸法制造淀粉糖已有百余年的历史。

目前市售的普麦糖浆以中转化糖浆为主,称为普通糖浆、标准糖浆,一般也称液体葡萄糖,有些地区称为糊精糖或化学稀。其糖分组成大致为葡萄糖23%、麦芽糖21%、三糖和四糖20%、糊精36%。

不同DE值糖浆的形状和相对甜度也不同。有一种市售的高转化葡麦糖浆,俗称高转化糖,DE值在60%~70%之间,这类产品要求控制葡萄糖和麦芽糖含量均在35%~40%范围内,一般采用酸酶法工艺生产:先用酸法转化至DE值50,再用葡萄糖酶继续转化至DE值63,糖分组成为葡萄糖37.5%、麦芽糖34.2%、三糖和四糖16.1%、糊精12.2%,与酸法DE值63的糖浆比较则具有葡萄糖含量减少,麦芽糖含量增高,甜度高,黏度低,于4℃以上不析出结晶等特点。

(三)麦芽糖浆

麦芽糖浆是以淀粉或含淀粉的粮谷类为原料,经酶法和酸酶法水解而制得的以麦芽糖为主的的糖浆。自然界中不存在游离的麦芽糖。

现今市售的麦芽糖浆共3种:饴糖(麦芽糖浆)(40%~60%)、高麦芽糖浆(45%~70%)

和超高麦芽糖浆(70% ~85%)。

饴糖是以大米为原料,麦芽为糖化剂制得。制得的饴糖具有清香气味,这种作坊式操作工艺在我国已流传了1500年,到20世纪60年代中期,采用双酶糖化法新工艺才走了工业化生产的道路。饴糖在我国用量较大,其外观和感官要求为:外观呈黏稠状微透明液体、无肉眼可见杂质;色泽为淡黄色至棕黄色;具有麦芽饴糖正常的气味;口感舒润纯正,无异味。

高麦芽糖浆又分普通高麦芽糖浆和霉菌 α - 淀粉酶高麦芽糖浆。

普通高麦芽糖浆:采用的糖化剂除麦芽外也常用 β - 淀粉酶,麦芽糖的含量要求达到50%以上。

霉菌 α - 淀粉酶高麦芽糖浆:又称改良高麦芽糖浆,其产品的组分:麦芽糖50% ~60%,麦芽三糖约20%,葡萄糖2% ~7%。

超高麦芽糖浆,其麦芽糖含量超过70%,其中发酵性糖的含量达90%或以上。麦芽糖含量超过90%的也称液体麦芽糖。超高麦芽糖浆主要用以制造纯麦芽糖和麦芽糖醇。超高麦芽糖浆的糖化剂常用:并用 β - 淀粉酶和脱支酶;并用 β - 淀粉酶和支链淀粉酶;并用 β - 淀粉酶、麦芽糖生成酶和支链淀粉酶等生产工艺。

(四)麦芽糖

麦芽糖是麦芽二糖的简称。因麦芽糖是由两个葡萄糖单位组成,有 α、β 两种同分异构体存在,在水溶液中 α 型和 β 型之比是42:58。麦芽糖的甜度是蔗糖的40%,甜味温和、可口性强、结晶性低、在冷冻食品中也不会有晶体析出,还有防止其他糖产生结晶的效果,有防止淀粉凝沉的作用;黏度低、吸湿性低、保湿性高,保持了一分子结晶水的麦芽糖非常稳定,但当吸收6% ~12%的水分后,就不再吸水也不释水,这种特性有助于抑制食品脱水和防止淀粉食品的老化,使食品保持柔软而延长货架期,对热和酸均比较稳定,在pH3和120℃加热90min几乎不分解,熬糖温度可达160℃,加热时不易发生麦拉德反应而变色,故在常温下不会因麦芽糖的分解而应起食品变质、变味。麦芽糖在医药上由于它不需要胰岛素就能被吸收,不会引起血糖升高,可用于糖尿病患者。

麦芽糖的生产,过去是以饴糖为原料,用酒精沉淀除去糊精而制得,手续繁、收率低、不易制得纯品。自从脱支酶的生产和应用得到开发后,大规模高质量的麦芽糖生产才成为可能。目前,含麦芽糖90%的麦芽糖全粉是用超高麦芽糖浆精制而得;纯麦芽糖则用含麦芽糖80% ~90%的超高麦芽糖浆经结晶、吸附、溶剂沉淀、膜分离等制取。

(五)结晶果糖

果糖是自然界中甜度最高的糖,相对甜度为180,广泛存在于各种水果中,也是蜂蜜的主要成分。由于多含于水果中,所以取名为水果糖,后又定名为果糖。由于果糖具有优越的代谢特性和甜味特性,引起了人们的注意和着手工业生产。早期利用菊芋、菊苣、大丽花灯根茎中含有的菊糖(多聚果糖)进行水解制造果糖,但产量有限,成本太高,不能提供足够数量供食品工业应用。20世纪60年代欧洲开始以蔗糖为原料,经酸解或酶解转化成果糖和葡萄糖,再经分离、纯化而制得结晶果糖;近年来,以42%果葡糖浆为原料,经色谱分离得含果糖97%(干基)的高纯度果糖富集液,再精制得无水 β - D - 果糖晶体。

结晶果糖被视为是一种优异的功能性甜味剂,用于低能量蛋糕、运动员饮料、低能量饮料和饮料混合粉;或用于由果糖与糖精、甜味素的复配甜味剂以制造低能量食品。

(六)果葡糖浆

果葡糖浆又称为高果糖浆。由于这种糖浆是由玉米淀粉为原料,所以又称高果玉米糖浆,简称 HFCS。

果葡糖浆是20世纪70年代投入工业生产新型甜味剂,主要糖分组成是果糖和葡萄糖,故名果葡糖浆。

果葡糖浆甜味纯正,在食品工业的许多领域里可以替代蔗糖。1965年由日本研制成功,1968年美国正式投产,发展很快,产量不断上升,从1970年产6.8万t(干基计)到1989年猛增至540万t,1995年达到635万t,目前还在不断增产中。

果葡糖浆的市售商品共有3种:

F-42:淀粉经酶法水解得含95%~97%葡萄糖的糖化液,再经葡萄糖异构酶转化其中部分葡萄糖为果糖,得F-42果葡糖浆(F表示果糖,其后数字表示果糖含量占干物质的百分率);

F-90:以F-42果葡糖浆为原料经色谱分离得果糖含量90%以上的糖浆;

F-55:由F-42和F-90适量混合而得含果糖55%的糖浆。

果葡糖浆特性与应用:

(1)甜味纯正,越冷越甜,且具有甜味比其他甜味剂消失快的口感。用以配制的汽水、饮料等入口后带来一种爽神的清凉感。

(2)对果汁、果肉型饮料的风味具有不掩盖的特点,可保持果品的原色、原香。

(3)吸湿保潮性好,用以加工的蛋糕质地松软,久贮不干保鲜性能好,尤其是面包加工的色、香、味俱佳。

(4)冰点温度低,适用于冰淇淋等冷饮加工,可克服经常出现冰晶的缺点,使产品细腻可口。

(七)结晶葡萄糖

葡萄糖也称右旋糖,以游离状态广泛存在于植物和动物中。正常人的血液中含有80~100mg/100mL葡萄糖。葡萄糖是中央的营养品,是机体能量的重要来源,也是许多糖类的组成部分,相对甜度为蔗糖甜度的70%。

葡萄糖结晶有3种形式的异构体:

(1)一水α-D-六环葡萄糖(简称含水α-葡萄糖);

(2)无水α-D-六环葡萄糖(简称无水α-葡萄糖);

(3)无水β-D-六环葡萄糖(简称无水β-葡萄糖)。

葡萄糖的工业化生产始于1942年。20世纪50年代以后我国开始生产结晶葡萄糖,多属酸法口服糖,少量注射葡萄糖;20世纪80年代开始用酸酶法生产;20世纪80年代后期引进双酶法(即全酶法)技术;1994年开始以玉米淀粉为原料,采用双酶法大规模生产,使高纯度结晶葡萄糖的生产步入世界先进行列。

结晶葡萄糖的产品种类:

(1)注射用葡萄糖(也可用作化学纯试剂和细菌培养剂);

(2)口服用葡萄糖(也用于生产维生素C级山梨醇原料);

(3)工业用葡萄糖(用作抗生素和发酵制品培养剂以及普通级山梨醇原料);

(4)湿固糖(即不经烘干的结晶葡萄糖,可直接作为深加工原料)。

各类结晶葡萄糖产品与生产方法的关系:

酸法:一水 α - D - 注射用葡萄糖
　　一水 α - D - 口服用葡萄糖
　　工业葡萄糖

酸酶法:一水 α - D - 口服用葡萄糖
　　工业葡萄糖

双酶法:一水 α - D - 注射用葡萄糖
　　一水 α - D - 口服用葡萄糖
　　无水 α - D - 注射用葡萄糖
　　无水 α - D - 口服用葡萄糖
　　无水 β - D - 注射用葡萄糖

(八)全糖

全糖是指淀粉经液化、糖化所得的糖化液,不经结晶分离,全部成为商品的淀粉糖。商品形态有全糖浆和全糖粉。按其生产方法又可分为酸法全糖和酶法全糖。

酶法全糖的糖化是以盐酸或硫酸为催化剂,使大分子淀粉水解为葡萄糖。这种全糖色泽深,味道差,不适合食用,称为粗葡萄糖。主要用作皮革铬鞣的还原剂。

酶法全糖是以耐高温淀粉酶将淀粉转化成糖,转化率可达 97% ~98%,糖液 DE 值达到 97% ~98%。糖液经脱色、交换、浓缩至 75% 以上,得到全糖糖浆,再经结晶固化、切削粉碎或喷雾干燥可得到全糖粉。

二、功能性糖类

(一)活性多糖

多糖是由多个单糖分子缩合、失水而成,是一类分子机构复杂且庞大的糖类物质。活性多糖是一类具有多种生理活性和特殊保健功能的高分子碳水化合物聚合体。它们广泛存在于自然界中的动物、植物、微生物和海洋生物等所有生物体内,资源十分丰富,一般由 7 个以上一种或两种以上的单糖以特殊糖苷键缩合而成的单一聚糖、杂聚糖或黏多糖。是当今医药和食品工业共同关注的热点,是一类重要的保健食品因子。

1. 分类

根据原料来源的不同可将其分为 5 大类:

(1)食用菌类多糖;

(2)植物多糖类;

(3)动物类多糖;

(4)微生物类多糖;

(5)海洋生物多糖。

2. 功能

(1)抗肿瘤功能。能增强细胞体液和非特异性免疫活性,明显增加胸腺、淋巴和肝等免疫器官的重量。此外,能降低红细胞的微黏度,使膜的流动性升高,有助于机体红细胞免疫功能的调整,使损伤的跨膜信号传递链索恢复正常,提高对肿瘤细胞的杀伤力,或通过改变细胞形态,影响细胞 DNA 和恢复细胞间通讯来产生抗肿瘤作用。海藻酸钠由海带或马尾藻中提取,由甘露糖醛酸和古洛糖醛酸通过 β -(1→4)苷键连接。实验证明上述多糖都有较强的抗肿瘤活性,其机制是通过提高寄主的免疫功能,包括增强细胞免疫和体液免疫两方面的作用。

(2)抗氧化功能。能使肝组织中谷胱甘肽过氧化物酶的活性恢复至正常水平,增强了机体抗氧化及抗自由基损伤的能力。壳聚糖、硫酸酚多糖等能在内皮细胞表面形成一层糖屏障,保护膜结构的完整性,防止了氧自由基的攻击。还可与 · OH 形成有关的金属子相结合,抑制了 · OH 的产生。

(3)抗心血管疾病功能。褐藻胶卡拉胶和琼胶等都具有明显降低高血脂大鼠血清总胆固醇、甘油三酯和低密度脂蛋白以及升高高密度脂蛋白作用。其机理在于多糖能与血清中的脂类物质结合,作为一种载体参与了胆固醇、脂蛋白的代谢活动,加速了脂类物质的转运和排泄,并能使胆固醇更快地氧化成胆酸,影响其代谢途径。

(4)抗疲劳功能。枸杞多糖能显著增加小鼠肌糖原、肝糖原贮备量,显著提高糖原恢复率。百合多糖能明显增加对用锯末烟熏所致肺气虚模型小鼠的游泳死亡时间,具有较显著的抗缺氧、抗疲劳作用。

银耳多糖,是由 α -(1→3)连接的甘露聚糖,支链由葡萄糖醛酸和木糖组成;另外,研究发现它们还有抗衰老、降血糖等作用。由于这些多糖和从动物血液中提取的免疫球蛋白相比具有更大的实用性而日益受到人们的重视。真菌多糖可采用深层发酵的方法生产,规模大、产量高、成本低,可制成饮料、片剂、复合奶粉等保健食品。

此外,生物活性多糖还有抗菌消炎、抗艾滋病、抗紫外线、X 射线辐射、抗突变的功能。

(二)膳食纤维

1. 膳食纤维的定义

膳食纤维是指那些不被人体消化吸收的多糖类碳水化合物与木质素的总称。主要来自于植物的细胞壁,包含纤维素、半纤维素、树脂、果胶及木质素等。

2. 膳食纤维的化学组成

(1)纤维素。纤维素是葡萄糖经 β(1→4)糖苷键连接起来,聚合度数千。

(2)木质素。木质素是由松柏醇、芥子醇和对羟基肉桂醇 3 种单体分子组成。

(3)果胶及果胶类物质。果胶分子主链是经 α -1,4 -糖苷键连接而成的聚 GalA(半乳糖醛酸),主链中连有(1→2)Rha(鼠李糖),部分 GalA 经常被甲酯化。果胶类物质主要有阿拉伯聚糖、半乳聚糖和阿拉伯半乳聚糖等。果胶或果胶类物质均能溶于水形成凝胶,对维持膳食纤维的结构有重要作用。

(4)半纤维素。半纤维素的种类很多,有的可溶于水,但绝大部分都不溶于水。组成谷物和豆类膳食纤维中的半纤维素,主要有阿拉伯木聚糖、木糖葡聚糖、半乳糖甘露聚糖和 β(1→3,1→4)葡聚糖等。另外,一些水溶性胶也属于半纤维素。

3. 膳食纤维的主要特性

(1)吸水作用。膳食纤维有很强的吸水能力或与水结合的能力。此作用可使肠道中粪便的体积增大,加快其转运速度,减少其中有害物质接触肠壁的时间。

(2)黏滞作用。一些膳食纤维具有很强的黏滞性,能形成黏液型溶液,包括果胶、树胶、海藻多糖等。

(3)结合有机化合物作用。膳食纤维具有结合胆酸和胆固醇的作用。

(4)阳离子交换作用。其作用与糖醛酸的羧基有关,可在胃肠内结合无机盐,如钾、钠、铁等阳离子形成膳食纤维复合物,影响其吸收。

(5)细菌发酵作用。膳食纤维在肠道易被细菌酵解,其中可溶性纤维可完全被细菌酵解,而不溶性膳食纤维则不易被酵解。而酵解后产生的短链脂肪酸如乙酯酸、丙酯酸和丁酯酸均可作为肠道细胞和细菌的能量来源。

4. 膳食纤维的有效摄入量

美国 FDA 推荐的成人总膳食纤维摄入量为 20 ~ 35g/d。美国能量委员会推荐的总膳食纤维中,不溶性纤维占 70% ~75%,可溶性纤维占 25% ~30%。我国低能量摄入(7.5MJ)的成年人,其膳食纤维的适宜摄入量为 25g/d,中等能量摄入的(10MJ)为 30g/d,高能量摄入的(12MJ)为 35g/d。

(三)功能性低聚糖

1. 功能性低聚糖的定义

功能性低聚糖,或称寡糖,是由 2 ~ 10 个单糖通过糖苷键连接形成直链或支链的低度聚合糖,分功能性低聚糖和普通低聚糖两大类。人体肠道内没有水解它们(除异麦芽酮糖外)的酶系统,因而它们不被消化吸收而直接进入大肠内优先为双歧杆菌所利用,是双歧杆菌的增殖因子。

2. 低聚糖的生理功能

改善维生素代谢、防癌及保护肝脏、低能量或零能量、低龋齿性、防止便秘、降低血清胆固醇、增强机体免疫能力、抗肿瘤等。

3. 功能性低聚糖的摄入量

功能性低聚糖的有效剂量:低聚糖每日摄取的最低有效剂量是:低聚果糖 3g,低聚半乳糖 2 ~ 2.5g,大豆低聚糖 2g,低聚木糖 0.7g。

4. 举例

(1)大豆低聚糖

大豆低聚糖是指大豆中含有低聚糖类总称,含量约 10%,主要由蔗糖、棉子糖、水苏糖等组成。由 2 ~ 10 个相同或不同单糖由糖苷键结合而成一种不能成为人体营养源,但能对人体有特别生理功能的功能性低聚糖。

大豆低聚糖能促进人体肠道内固有有益菌双歧杆菌增殖,抑制腐败菌生长,并减少有毒发酵产物形成,是重要食品基料。大豆低聚糖甜度约为蔗糖 70%,甜味柔和甘美,热值为蔗糖 50%,糖浆外观为无色透明液体,黏度比异构糖高,比麦芽糖低,在酸性条件下加热处理至 140℃时才开始热分解,可适用于清凉饮料和需进行加热杀菌酸性食品。保湿性比蔗糖小,但优于果葡糖浆,水分活度接近蔗糖,可用于清凉饮料和焙烤食品;也可降低水分活度,抑制微生物繁殖,还可起到保鲜、保湿效果。另外,大豆低聚糖具有美拉德反应特性,这主要是其含有少量还原性单糖类,因此应用于焙烤食品可保持其着色度。大豆低聚糖还可抑制淀粉老化,将其用于糕点面包,使面包难以固化保持松软。在55℃下保存180 d,大豆低聚糖浆不会析出结晶,在低温下可长期保存,且经急性、亚急性毒性试验和诱变性试验结果证实,其不存在安全性问题。

(2) 甲壳低聚糖

甲壳低聚糖是由甲壳素和壳聚糖经水解后产生的一类低聚合度、可溶于水的氨基糖类化合物。水溶性好,容易被吸收利用,且生物活性比壳聚糖更强。特别是聚合度为6左右的壳寡糖,具有许多独特的生理活性和功能性质。

甲壳低聚糖对羟自由基和超氧阴离子的清除效果显著,当浓度为30mg/mL时,对羟自由基和超氧阴离子的清除率分别达到92.9%和97.6%;对脂质的吸附能力也较强,300mg的甲壳低聚糖可吸附油脂139.3mg,对脱氧胆酸钠和牛磺胆酸钠的吸附率分别为90.0%和71.1%,100mg的甲壳低聚糖对胆固醇吸附率为87.5%。

甲壳低聚糖功能:抗菌作用、抗肿瘤作用、调节肠道菌群作用、抗氧化作用、降血糖作用等。

第五节　其他配料

一、专用面粉

专用面粉,俗称专用粉,是区别于普通小麦面粉的一类面粉的统称。所谓"专用",是指该种面粉对某种特定食品具有专一性。专用面粉必须满足以下两个条件:一是必须满足食品的品质要求,即能满足食品的色、香、味、口感及外观特征;二是满足食品的加工工艺,即能满足食品的加工制作要求及工艺过程。

专用面粉主要有面包粉、饼干粉、糕点粉、汤用面粉、面糊用粉、香肠馅用粉、自发面粉、家庭用粉、面条粉、出口面粉等。

(一)面包粉

用面包粉能制作松软而富于弹性的面包,这是由蛋白质的特性所决定的。以筋力强的小麦加工的面粉,制成的面团有弹性,可经受成型和模制,能生产出体积大、结构细密而均匀的面包。面包质量根据面包体积而定。它和面粉的蛋白质含量成正比,并与蛋白质的质量有关。为此,制作面包用的面粉,必须具有数量多而质量好的蛋白质,蛋白质含量在12%以上。

(二)饼干粉

饼干粉主要分为3类:一是发酵饼干粉,因制作时用鲜酵母作发酵膨松剂,要求含较高的蛋白质,中等或较高的面筋含量,弹性强或适中;二是硬面团饼干粉,脆而略甜,要求稳定时间短,通常使用蛋白质含量约为9%的低弹性、高伸展性的软麦面粉,使切割后的饼干坯不产生过多的收缩;三是其他饼干粉,一般采用软麦粉。低蛋白面粉用于制作薄饼,很细的面粉能生产出明亮、软而脆的薄饼。

（三）自发面粉

自发面粉是在家庭用粉内添加发酵剂。由于面团在烘烤时气体产生得相当快，得到充分膨胀，因此，保证面粉有足够的筋力，才能保持所产生的气体。此种面粉水分不得超过13.5%，以免使面团的发酵剂超过反应，而减少充气能力。家用自发面粉通常添加的发酵剂有碳酸氢钠和酸性磷酸钙，在有水的情况下产生反应，生成二氧化碳。

二、茶类配料

在茶叶浸提过程中，提出有效成分的同时也会浸出胶体、淀粉、纤维、蛋白、鞣质等杂质，这些杂质将会严重影响茶叶的口感、溶解性和澄清度。生产中，需要加入果胶酶、纤维素酶、蛋白酶、淀粉酶等酶制剂，需要动用膜分离等新技术来去除杂质、提高得率。这些工作需要专门的茶类配料生产企业来做。茶饮料、冰淇淋、果冻、糖果、糕点、茶豆腐等含茶食品加工过程中，由于技术和成本原因，一般不会直接用茶叶做原料，而是用深加工过的茶粉、浓缩茶汁等做原料。

（一）速溶茶粉

速溶茶粉是通过萃取手段提炼茶叶中的有效成分，属于植物提取物。速溶茶粉可以完全溶于水，一般可以直接饮用或者经调配后饮用。

高香型速溶茶是经过膜浓缩与真空冷冻干燥等工艺研制而成，是速溶茶实现技术突破的重要手段，解决了以往热浓缩加喷雾干燥制备速溶茶香低、色暗、味淡、溶解性差的难题，保持了茶叶原料的原有自然品质。并且，以此为主剂调制的茶饮料澄清透明、乳酪沉淀少，利用膜分离浓缩、真空冷冻干燥等新技术，研制多茶类多品种的高品质速溶茶粉，不断开发冷溶性佳香气高、滋味浓的纯茶型或调味型速溶茶。

基本工艺流程为：茶叶→纯净水→浸提→加酶处理→初滤→制冷→超滤→反渗透膜浓缩（温控23℃以下，温升小于5℃）→调配→真空冷冻干燥→包装→低温贮藏。

（二）超微茶粉

是用鲜茶叶经高温蒸汽杀青及特殊工艺处理后，瞬间粉碎成400目以上的纯天然茶叶超微细粉末，最大限度地保持茶叶原有的色泽以及营养成分，不含任何化学添加剂，除供直接饮用外，可广泛添加于各类面制品（蛋糕、面包、挂面、饼干、豆腐）；冷冻品（奶冻、冰淇淋、速冻汤圆、雪糕、酸奶）；糖果巧克力、瓜子、月饼专用馅料、医药保健品、日用化工品等之中，以强化其营养保健功效，不同的茶叶可以做成不同茶粉，同一种茶叶制作的工序不同，也会有很大的区别。该类产品还可赋予食品天然的绿色（超微绿茶粉）、红色（超微红茶粉）色泽；能有效防止食品氧化变质，延长食品的保质期；超微茶粉可溶于冷、热、冰水，在饮料行业中作为即冲即饮的瓶装茶水原料。

（三）浓缩茶汁

适合配制茶饮料的茶浓缩汁，除要求保持原茶叶所具有的色香味外，还要求具有良好的溶解性、澄清度，不易出现浑浊或沉淀。目前有膜分离浓缩工艺和热蒸发浓缩工艺，应用微滤、超滤、纳滤及反渗透等膜分离技术，从而达到分离杂质、浓缩的目的。该技术无相变，无化学反应,低温运行,节能无污染等特点,可用于茶饮料的水处理、澄清、除菌及茶汤浓缩等。

(四)其他茶提取物

茶叶中茶多酚、咖啡因、茶油、茶色素、茶皂素、茶多糖、茶色素、茶氨酸等广泛应用于医药和食品行业。

1. 茶多酚

茶多酚(Tea Polyphenols)是一种从茶叶中提取的纯天然复合物,可分为儿茶素类(黄烷醇类)、花色苷类、黄酮类、黄酮醇类和酚酸类等。其中以儿茶素类最为重要,约占茶多酚总量的60% ~80%;儿茶素类化合物因含酚性羟基,故极易发生氧化、聚合、缩合等反应,这决定了其具有较好的抗氧化能力和消除自由基的能力。茶叶中茶多酚含量为20% ~35%。茶多酚是各类茶中都含有的水溶性化合物,许多生理和药理作用实验表明它对人体无毒、无副作用,是一种天然、高效、安全的抗氧化剂。茶多酚的抗氧化特性是由于其中的儿茶素分子中的酚性羟基具有提供活泼质子的能力,能捕获如油脂自动氧化而形成的自由基,使连锁反应中断,从而防止油脂的自动氧化,而其本身则形成稳定态的抗氧化自由基。因而茶多酚对油脂和含油脂食品具有良好的抗氧化作用,其抗氧化效果高于人工合成的BHA和BHT等抗氧化剂。茶多酚还具有抑制细菌的作用,可以防止食品腐败变质,尤其是在炎热的夏季,可有效防止食物中毒和痢疾性肠道传染等疾病。在烘烤食品中加入茶多酚不仅可以提高烘烤食品的色泽和感官性状,而且具有保护维生素的作用。

2. 茶色素

茶红素是茶色素的主体组分,其含量占茶色素总量85%以上,是一类酚性氧化聚合物的异质类群,从中已检出儿茶素二聚物,低聚合物和少量高聚合体。茶色素具有抗脂质过氧化、增强免疫力功能、降血脂、双向调节血压血脂、抗动脉粥样硬化、降低血黏度、改善微循环、抑制实验性肿瘤等药理作用。

3. 茶皂素

茶皂素又名茶皂甙,是由茶树种子中提取出来的一类糖甙化合物,茶皂甙属于三萜类皂角甙,具有苦辛辣味,是一种天然非离子型表面活性剂。具有良好的乳化、分散、发泡、湿润等功能,并且具有消炎、镇痛,抗渗透等作用。

4. 茶氨酸

茶氨酸又名谷氨酰乙胺,在干茶中占重量的1% ~2%,是茶叶中生津润甜的主要成分。茶氨酸不具有催眠作用,又可以解消疲劳、降低血压和提高学习记忆能力。

5. 茶多糖

茶多糖是一种酸性糖蛋白,并结合有大量的矿质元素。其蛋白部分主要由约20种常见的氨基酸组成,糖的部分主要由阿拉伯糖、木糖、岩藻糖、葡萄糖、半乳糖等,矿质元素主要由钙、镁、铁、锰等及少量的微量元素组成。具有降血糖、降血脂、增强免疫力、降血压、减慢心率、增加冠脉流量、抗凝血、抗血栓和耐缺氧等作用,近年来发现茶多糖还具有治疗糖尿病的功效。

三、各种馅料

食品馅料国家标准(GB/T 21270—2007)中规定,食品馅料是指以植物的果实或块茎、畜禽肉制品、水产制品等为原料,加糖或不加糖,添加或不添加其他辅料,经加热、杀菌、包装的产品。

产品按用途分为焙烤食品用馅料、冷冻饮品用馅料、速冻食品用馅料；按工艺分为常温保存馅料和冷链保存馅料。其中焙烤食品用馅料主要是用于制作糕点、面包、月饼等焙烤食品的食品馅料；冷冻饮品用馅料，主要是用于制作冰淇淋、雪糕、冰品等冷冻饮品的食品馅料；速冻食品用馅料，主要是用于制作速冻食品如速冻豆沙包、速冻汤圆等的食品馅料。常温保存馅料是经高温杀菌后可以在常温状态下保存的食品馅料；冷链保存馅料是经低温（或高温）杀菌后冷链保存的食品馅料。

（一）月饼馅料

月饼馅料有软口和硬口两大系列，软口馅料有莲蓉、豆蓉和枣蓉等；硬口馅料有伍仁等。

（二）咸馅

在馅心制作中，咸馅的用途广，种类也多。根据用料的使用和制作，一般分为素馅和荤馅两大类。咸馅的调制方法主要有生拌、熟制两种。素馅生拌是为了使馅心鲜嫩、柔软、味美，荤馅生拌是为使馅心汁多、肉嫩、味鲜。素馅的熟制，一般采用"焯"、"烹"、"拌"以及综合制法，以适应多种蔬菜的特点；荤馅的熟制，必须根据原料的性质，分别下料。

思考题

1. 食品配料的定义是什么？
2. 食品配料与食品添加剂的区别是什么？
3. 蛋白质在食品加工中的作用是什么？
4. 起酥油的功能特性有哪些？
5. 果葡糖浆有哪些特性与应用？
6. 活性多糖的功能是什么？
7. 专用粉的定义是什么？

主要参考文献

[1]范继善.实用食品添加剂.天津:天津科学技术出版社,1993.

[2]高世年.实用食品添加剂.天津:天津科学技术出版社,2000.

[3]郝利平,等.食品添加剂.北京:中国农业大学出版社,2002.

[4]侯振建.食品添加剂及其应用技术.北京:化学工业出版社,2004.

[5]黄来发.食品增稠剂.北京:中国轻工业出版社,2000.

[6]金时俊.食品添加剂,现状、生产、性能、应用.上海:华东化工学院出版社,1992.

[7]凌关庭,等.食品添加剂手册.北京:化学工业出版社,2003.

[8]刘纯洁,张娟亭.食品添加剂手册.北京:中国展望出版社,1988.

[9]刘树兴,李宏梁,黄峻榕.食品添加剂.北京:中国石化出版社,2001.

[10]刘志皋,高彦祥等.食品添加剂基础.北京:中国轻工业出版社,1998.

[11]刘钟栋.食品添加剂原理及应用技术.第2版.北京:中国轻工业出版社,2000.

[12]彭珊珊,钟瑞敏,李琳.食品添加剂,北京:中国轻工业出版社,2004.

[13]天津进出口商品检验局.各国食品添加剂.天津:天津科学技术出版社,1989.

[14]天津轻工业学院食品工业教学研究室.食品添加剂.北京:中国轻工业出版社,1985.

[15]万素英,李琳,王慧君.食品防腐与食品防腐剂.北京:中国轻工业出版社,1998.

[16]万素英,等.食品抗氧化剂.北京:中国轻工业出版社,1998.

[17]姚焕章.食品添加剂.北京:中国物资出版社,2001.

[18]于信令,林云芬.食品添加剂检验方法.北京:中国轻工业出版社,1992.

[19]张万福.食品乳化剂.北京:中国轻工业出版社,1993.

[20]赵丹宇,郑云雁,李晓瑜.食品添加剂与污染物.北京:中国标准出版社,2003.

[21]赵谋明.调味品.北京:化学工业出版社,2001.

[22]周家华,等.食品添加剂.北京:化学工业出版社,2001.

[23]侯汉学,董海洲,刘传富,汪健民.我国变性淀粉的应用现状及发展趋势.粮食与饲料工业,2001,2:44~46.

[24]朱思明,于淑娟,彭志英,徐俊.海藻酸(盐)的生产、应用及研究现状.中国食品添加剂,2003,6:61~66.

[25]黄雪松,杜秉海.海藻酸丙二酯性质及其在食品工业中的应用研究.食品研究与开发,1996,17:13~16.

[26]胡国华.阿拉伯胶在食品工业内的应用.粮油食品科技,2003,2:7~8.

[27]王卫平.阿拉伯胶的种类及性质与功能的研究.中国食品添加剂,2002,2:22~28.

[28]隋战鹰.卡拉胶在食品工业中的应用.沈阳师范学院学报,2001,1990(1):54~57.

[29]Adisak Akesowan. Effect of Combined Stabilizers Containing Konjac Flour and κ-Carrageenan on Ice Cream AU J. T. 12(2):81-85 (Oct. 2008).

[30]天津轻工业学院食品工业教研室.食品添加剂(修订版).北京:中国轻工业出版

主要参考文献

社,1985.

[31]万素英,李琳,王慧君.食品防腐与食品防腐剂.北京:中国轻工业出版社.1998.

[32]冷关庭,王亦芸,唐述潮,等.食品添加剂手册.北京:化学工业出版社.1993.

[33]刘志皋,高彦祥,等.食品添加剂基础.北京:中国轻工业出版社,1994.

[34]N. J. Russell, G. W. Gould. Food preservatives, Biackie. 1991.

[35]Lewis, R. J. Food Additives Handbook VNR New York. 1989.

[36]Branen A. L. at a1. Food Additives, New York and Marcel Dekker INC. 1990.

[37]岸真之辅,等.食品添加物便览.日本:食品と科学社,1988.

[38]《食品安全国家标准　食品添加剂使用标准》GB 2760—2011.

[39]曹平.天然抗氧化剂抑制油脂氧化的研究进展.中国油脂,2005,30(7):49-53.

[40]曹栋,章立群.新型营养性抗氧剂L-抗坏血酸棕榈酸酯抗氧性研究.粮食与油脂,2002,1:3-4.

[41]钟正升,王运吉,张苓花.天然食品添加剂植酸的多功能性介绍.中国食品添加剂,2003,2:4- 77.

[42]代红丽,魏安池,张谦益.生姜抗氧化成分的提取与应用.广州食品工业科技,2003,19(4):39-42.

[43]龙秀,李国基,耿予欢.茶多酚对干果类食品抗氧化作用的研究.现代食品科技,2005,21(3):118-121.

[44]罗雯,魏决,肖青.紫苏油的氧化与抗氧化研究.中国油脂,2003,28(5):34-36.

[45]吴侯,翁新楚.天然生育酚抗氧化活性的研究.上海大学学报(自然科学版),2001,7(2):142-146.

[46]竺尚武.肌肉食品中内源性生育酚的抗氧化作用.肉类工业,2004,10:29-32.

[47]王文中,王颖.迷迭香的研究及其应用-抗氧化剂.中国食品添加剂,2002,5:60-65.

[48]张保顺,袁吕江,冯敏,张伟敏.迷迭香天然抗氧化剂的研究及其应用.四川食品与发酵,2004,40(4):24-26.

[49]钟正升,王运吉,张苓花.天然食品添加剂植酸的多功能性介绍.中国食品添加剂,2003,2:74-77.

[50]代红丽,魏安池,张谦益.生姜抗氧化成分的提取与应用.广州食品工业科技,2003,19(4):39-42.

[51]Watanabe M. Catechins as antioxidants from buckwheat groats. J. agric. Food Chem., 1998,46:839- 845.

[52]Sanchez. Moreno C, Larrauri JA, Saura. Calixto F. Free radical scavenging capacity of selected red rose and white wine. J. Sci. Food Agric., 1999,79:1301- 1304.

[53]Antonio Jimenez-Escrig, Lars Ove Dragsted, Bahram Daneshvar. In vitro antioxidant activities of edible Artichoke(Cynara scolymus L.)and efect on biomakers of antioxidants in rats. J. Agric. Food Chem., 2003,51:5540-5545.

[54]Requel Pulido, Laura Bravo, Fulgencio Saura - Calixto. Antioxidant activity of dietary polyphonels determined by a modified ferric reducing/antioxidant power assay. J. Agric. Food Chem., 2000,48:3396- 3402.

[55]Cardner PT, White TAC, Mc Phail DB, Duthie GG. The relative contributions of vitamine C, carotenoids and phenolics to the antioxidant potential of fruit juice. Food Chem., 2000, 68: 471 - 474.

[56]Marial Gil, Franciso A, et a1. Antioxidant activity of pomegranate juice and its relationship with phenolic composition and pressing. J. Agric. Food Chem., 2000, 48: 4561 - 4569.

[57]万素英,等.食品抗氧化剂.北京:中国轻工业出版社,1998.

[58]温辉梁,等.食品添加剂生产技术与应用配方.南昌:江西科学技术出版社,2002.

[59]陈正行,狄济乐.食品添加剂新产品与新技术.南京:江苏科学技术出版社,2002.

[60]郑裕国,等.抗氧化剂的生产及应用.北京:化学工业出版社,2004.

[61]郝利平,等.食品添加剂(第2版)[M].北京:中国农业大学出版社,2009.

[62]孙平.食品添加剂[M].北京:中国轻工业出版社,2009.

[63]孙宝国.食品添加剂[M].北京:化学工业出版社,2008.

[64]L. M. Nijssen, C. A. Visscher, H. Maarse, L. C. Willemsens, Volatile Compounds in Food, TNO Nutrition and Food Research Institute, The Netherlands, 1996.

[65]Chang et al., J. Food Sci. 42 (1997) 298.

[66]MacLeod, Food Chem. 40 (1991) 113.

[67]Gallardo et al., Int. J. Food Sci. Technol. 25 (1990) 78.

[68]Baloga et al., J. Agric. Food Chem. 38 (1990) 2021.

[69]Dupuy et al., Warmed - over Flavor of Meat, Academic Press, New York (1987) 165.

[70]MacLeod et al., Flavour Fragr. J. 1 (1986) 91.

[71]Mottram., Prog. Flavour Res., Proc. Weurman Flavour Res. Symp. 4th, 1984 (1985) 323.

[72]Gorbatov et al., Meat Sci. 4 (1980) 209.

[73]Hedrick et al., Proc. Eur. Meet. Meat Res. Work., 26th (1980) 307.

[74]F. V. Wells, Perfumery Technology, Ellis Horwood Limited Press, 1975, England.

[75]肖作兵,等.天然肉味香精的新技术.食品工业,2002年第三期,上海..

[76]肖作兵,等.肉味香料前体物的制备技术研究.香料香精化妆品,2005年第五期,上海.

[77]中国香料香精化妆品工业协会.中国香料香精发展史.中国标准出版社,2001,北京.

[78]汪清华,等.调香术.中国轻工出版社,1985,北京.

[79]孙宝国,等.食用调香术.化学工业出版社,2003,北京.

[80]夏延斌,迟玉杰,邓后勤,等.食品风味化学.北京:化学工业出版社,2008.

[81]丁耐克.食品风味化学.北京:中国轻工业出版社,2001.

[82]郝利平,聂乾忠,陈永泉,等.食品添加剂(第二版).北京:中国农业大学出版社,2009.

[83]范继善.实用食品添加剂.天津:天津科学技术出版社,1993.

[84]高世年.实用食品添加剂.天津:天津科学技术出版社,2000.

[85]侯振建.食品添加剂及其应用技术.北京:化学工业出版社,2004.

[86]凌关庭,等.食品添加剂手册.北京:化学工业出版社,2003.

[87]刘纯洁,张娟亭.食品添加剂手册.北京:中国展望出版社,1988.

[88]刘树兴,李宏梁,黄峻榕.食品添加剂.北京:中国石化出版社,2001.

[89]刘志皋,高彦祥,等.食品添加剂基础.北京:中国轻工业出版社,1998.

[90]刘钟栋.食品添加剂原理及应用技术.第2版.北京:中国轻工业出版社,2000.

[91]彭珊珊,钟瑞敏,李琳.食品添加剂,北京:中国轻工业出版社,2004.

[92]天津轻工业学院食品工业教学研究室.食品添加剂.北京:中国轻工业出版社,1985.

[93]姚焕章.食品添加剂.北京:中国物资出版社,2001.

[94]赵丹宇,郑云雁,李晓瑜.食品添加剂与污染物.北京:中国标准出版社,2003.

[95]赵谋明.调味品.北京:化学工业出版社,2001.

[96]周家华,等.食品添加剂.北京:化学工业出版社,2001.

[97]章克昌.调味品、食品添加剂与人体健康.北京:化学工业出版社,1997.

[98]刘文君.调味的基本原理和方法.中国调味品,2003(9):35-37.

[99]杨荣华.食品的滋味研究.中国调味品,2003(6):44-47.

[100]徐满清,郑为完.浅谈调味品工业及其发展趋势和市场动向.中国食品添加剂,2003(1):35-38.

[101]郭勇,郑穗平.食品增味剂.北京:中国轻工业出版社,2000.

[102]高世年.实用食品添加剂.天津:天津科学技术出版社,2000.

[103]郝利平,等.食品添加剂.北京:中国农业大学出版社,2002.

[104]侯振建.食品添加剂及其应用技术.北京:化学工业出版社,2004.

[105]凌关庭,等.食品添加剂手册.北京:化学工业出版社,2003.

[106]刘树兴,李宏梁,黄峻榕.食品添加剂.北京:中国石化出版社,2001.

[107]刘志皋,高彦祥,等.食品添加剂基础.北京:中国轻工业出版社,1998.

[108]刘钟栋.食品添加剂原理及应用技术.第2版.北京:中国轻工业出版社,2000.

[109]彭珊珊,钟瑞敏,李琳.食品添加剂,北京:中国轻工业出版社,2004.

[110]姚焕章.食品添加剂.北京:中国物资出版社,2001.

[111]凌关庭.食品添加剂手册.北京:化学工业出版社,2003.

[112]刘程,周汝忠.食品添加剂实用大全.北京:北京工业大学出版社,1994.

[113]孙平.食品添加剂手册.北京:化学工业出版社,2004.

[114]中国食品添加剂生产应用工业协会.食品添加剂手册.北京:中国轻工业出版社,1996.

[115]王璋.食品酶学.北京:中国轻工业出版社,1991.

[116]侯振建.食品添加剂及其应用技术.北京:化学工业出版社,2004.

[117]刘程.食品添加剂实用大全.北京:北京工业大学出版社,2004.

[118]天津轻工业学院食品工业教研室.食品添加剂.北京:中国轻工业出版社,2004.

[119]中国食品添加剂生产应用工业协会.食品添加剂手册.北京:中国轻工业出版社,1996.

[120]凌关庭.食品添加剂手册.北京:化学工业出版社,1999.

[121]张绵厘.实用逻辑教程[M].中国人民大学出版社,1993.10:54-56.

[122]中国法制出版社.中华人民共和国食品安全法[M].中国法制出版社,2009.3.

[123]GB 2760—2011.食品添加剂使用卫生标准 [M].中国标准出版社,2008.6.

[124]侯振建.食品添加剂及其应用技术[M].北京:化学工业出版社,2004.9.

相关网站

1)http://www.food-fac.com/ 中国食品添加剂网

2)http://www.cnfoodadd.com/ 中国食品添加剂应用网

3)http://www.chinaadditive.com/ 中国食品添加剂信息网

4)http://www.cfiin.com/中国食品工业网

5)http://www.cnfoodadditive.com/中国食品技术网